姜万录　等编著

现代控制理论基础

FOUNDATION OF MODERN CONTROL THEORY

化学工业出版社

·北京·

本书突出了以下基本知识点。

① 典型物理系统的状态方程和输出方程的建立，包括微分方程，传递函数、状态变量图、系统结构图转换为状态空间表达式，状态方程线性变换为对角标准型和约当标准型。

② 状态方程的求解，状态转移矩阵的计算，系统的自由运动和受控运动，连续系统的离散化。

③ 李雅普诺夫稳定性分析方法及其在线性系统与非线性系统中的应用。

④ 能控性和能观测性的判别，对偶原理，化状态方程为能控标准型和能观测标准型，系统的结构分解，系统的实现。

⑤ 系统的状态反馈极点配置方法，系统的解耦控制，全维状态观测器和降维观测器的设计方法，用观测器构成的状态负反馈闭环系统。

⑥ 应用变分法求解最优控制问题，极大值原理的应用，线性二次型指标最优控制问题的求解，最小时间系统的控制问题。

⑦ 利用 MATLAB 软件实现现代控制理论辅助分析和设计。

本书适合非自动化专业研究生使用，也可作为自动化类专业本科生的教材，还可供广大相关科技工作者自学参考。

图书在版编目（CIP）数据

现代控制理论基础/姜万录等编著. —北京：化学工业出版社，2018. 8
ISBN 978-7-122-32384-2

Ⅰ. ①现… Ⅱ. ①姜… Ⅲ. ①现代控制理论
Ⅳ. ①O231

中国版本图书馆 CIP 数据核字（2018）第 127381 号

责任编辑：黄　滢　　　　文字编辑：张燕文
责任校对：边　涛　　　　装帧设计：刘丽华

出版发行：化学工业出版社（北京市东城区青年湖南街 13 号　邮政编码 100011）
印　　刷：北京京华铭诚工贸有限公司
装　　订：北京瑞隆泰达装订有限公司
787mm×1092mm　1/16　印张 17½　字数 442 千字　2018 年 8 月北京第 1 版第 1 次印刷

购书咨询：010-64518888（传真：010-64519686）　售后服务：010-64518899
网　　址：http://www.cip.com.cn
凡购买本书，如有缺损质量问题，本社销售中心负责调换。

定　　价：88.00 元　

前言

FOREWORD

现代控制理论所包含的内容很多，范围也很广，与其他学科的交叉融合越来越强。因此，在编写本书时结合了笔者多年从事现代控制理论课程的教学实践，考虑读者的实际需要，并综合吸收国内相关优秀教材的结构体系和主要内容，反复取舍、修改、精简，最终完成。在本书内容选取、重点和难点分布、详略安排、例题和习题选择等方面，都经过了深思熟虑和长期的教学实践。

本书是按照“突出基础、理论讲透、概念准确、公式规范、通俗易懂、重在应用”的宗旨进行编写的。在内容编排上突出现代控制理论的基础部分，主要体现在第2章到第6章，力求内容的完整性和严谨性。第7章对最优控制进行基本概念和基本理论的介绍，目的是拓宽学生的视野，为以后现代控制理论其他部分内容的拓展学习起到承前启后的作用。

全书结构贯穿一条主线，即线性系统的状态空间描述（系统的数学建模）→系统的运动、稳定性和能控性、能观测性（系统的性能分析）→状态反馈与状态观测器设计（系统的综合与设计）→线性系统的最优控制问题（现代控制理论的主要问题）。在保持理论体系完整性的前提下，重点突出，强调基本概念、基本原理和基本方法。理论阐述力求严谨简练，不刻意追求定理证明中数学上的严密性，而是突出物理概念，力求概念准确清楚、公式符号规范。

遵从认识规律，全书内容阐述力求深入浅出、层次分明、通俗易懂；使学生由浅入深、抓住重点，对线性系统理论有较全面和较深入的理解。为便于学生消化理解理论内容，各章都安排了较典型的例题和课后习题，在选题上力求理论结合工程实践，激发学生的学习兴趣。另外，从第2章开始，在每一章都安排了一节利用MATLAB软件实现相关问题的计算机辅助分析和设计的内容，有利于培养学生控制系统计算机辅助分析和设计方面的能力。

本书由燕山大学组织编写，姜万录、陈刚、张生编著，姜万录编写了第1章、第6章、第7章；陈刚和姜万录共同编写了第2章、第3章；张生编写了第4章、第5章。全书由姜万录统稿并定稿。在本书成稿期间，硕士研究生张佳慧、苏晓同学参与了部分书稿的整理和部分插图的绘制工作，在此表示衷心感谢。

本书编写过程中参考了多部国内相关优秀教材，在此对相关作者表示衷心感谢。

由于我们的水平所限，书中错漏之处在所难免，恳请广大读者给予批评指正。

本书得到了燕山大学机械工程学院研究生课程建设重点项目立项资助。

编著者
2018年5月
于秦皇岛　燕山大学

目录

CONTENTS

第 3 章 线性控制系统的运动与离散化 / 048

第 6 章 状态负反馈和状态观测器设计 / 176

第 7 章 最优控制原理及系统设计 / 221

第1章
绪论

1.1 控制理论的产生及其发展历程

控制理论研究的是如何按照被控对象和环境的特性，通过能动地采集和运用信息施加控制作用而使系统在变化或不确定的条件下保持预定的功能。

控制理论和社会生产及科学技术的发展密切相关，现代社会生产及科学技术的迅速发展，对自动控制的程度、精度、速度、范围及其适应能力的要求越来越高，从而推动了自动控制理论和技术的迅速发展。特别是20世纪60年代以来，电子计算机技术的迅猛发展，奠定了自动控制理论和技术的物质基础，使控制理论逐步形成了一门现代科学分支。控制理论学科的发展一般划分为以下四个阶段。

1.1.1 经典控制理论阶段

人类发明具有“自动”功能的装置，可以追溯到公元前14～11世纪在中国、古埃及和古巴比伦出现的自动计时漏壶。公元前4世纪，希腊柏拉图（Platon）首先使用了“控制论”一词。公元235年，我国发明了按开环控制的自动指示方向的指南车。公元1086年，我国宋代苏颂等发明了按闭环控制工作的具有自动调节机构和报时机构的天文钟“水运仪象台”。运用反馈原理设计出来并得到成功应用的是英国瓦特（J. Watt）于1788年发明的蒸汽机用的离心式飞锤调速器。后来，英国学者麦克斯韦（J. C. Maxwell）于1868年发表了《论调速器》一文，对它的稳定性进行了分析，指出控制系统的品质可用微分方程来描述，系统的稳定性可用特征方程根的位置和形式来研究。该文当属最早的控制理论工作成果。1875年劳斯（E. J. Routh）和1895年赫尔维茨（A. Hurwitz）先后提出了根据代数方程系数判别系统稳定性的准则。1892年李雅普诺夫（A. M. Lyapunov）在其博士论文《论运动稳定性的一般问题》中提出的利用一种能量函数的正定性及其导数的负定性判别系统稳定性的准则，建立了从概念到方法的关于稳定性理论的完整体系。1948年美国科学家维纳（N. Wiener）出版了《控制论——关于在动物和机器中控制和通信的科学》这一专著，系统地论述了控制理论的一般原理和方法，推广了反馈的概念，为控制理论作为一门独立学科的发展奠定了基础。

在20世纪30～40年代，奈奎斯特（H. Nyquist）、伯德（H. W. Bode）、维纳（N. Wiener）等的著作为自动控制理论的初步形成夯实了基础。第二次世界大战后，经众多学者的努力，在总结了以往的实践和关于反馈理论、频率响应理论并加以发展的基础上，形成了较为完善的自动控制系统设计的频率法理论；1948年又出现了根轨线法。至此，自动控制理论发展的第一阶段基本形成。这种建立在频率法和根轨线法基础上的理论，通常被称为经典（古典）控制理论。

这一时期的主要代表人物和标志性成果如下。1932年奈奎斯特（H. Nyquist）提出了根据频率特性判断反馈系统稳定性的准则，即奈奎斯特判据，被认为是控制学科发展的开端。伯德（H. W. Bode）于1945年出版了《网络分析和反馈放大器设计》一书，提出了基于频率特性分析与综合反馈控制系统的理论和方法，即简便而实用的伯德图法。埃文斯（W. R. Evans）于1948年提出了直观而简便的图解分析法，即根轨线法，为以复变量理论为基础的控制系统的分析、设计理论和方法开辟了新的途径。

由此可见，经典控制理论主要是解决单输入单输出控制系统的分析与设计，研究的对象主要是线性定常系统，如机床和轧钢机中常用的调速系统、发电机的自动电压调节系统以及冶炼炉的温度自动控制系统等。如果把某个干扰考虑在内，也只是将它们进行线性叠加而已。对于非线性系统，除了线性化及渐近展开计算以外，主要采用相平面分析和描述函数法（即谐波平衡法）研究。非线性系统中的相平面法也只含两个变量。

经典控制理论以拉普拉斯变换为数学工具，以单输入单输出的线性定常系统为主要的研究对象，将描述系统的微分方程或差分方程变换到复数域中，得到系统的传递函数，并以此为基础在频率域中对系统进行分析与设计，确定控制器的结构和参数。通常是采用负反馈控制，构成闭环控制系统。解决上述问题时，采用频率法、根轨线法、奈氏稳定判据、伯德图及期望对数频率特性综合等方法是比较方便的，所得结果在对精确度要求不是很高的情况下是完全可用的。

经典控制理论能够较好地解决单输入单输出反馈控制系统的问题，在武器控制和工业控制中得到了成功的应用。但它具有明显的局限性，特别是难以有效地应用于时变系统、多变量系统，也难以揭示系统更为深刻的本质特性。经典控制理论是与生产过程的局部自动化相适应的，它具有依靠手工进行分析和综合的特点，这个特点是与20世纪40～50年代生产发展的状况，以及电子计算机技术的发展水平尚处于初期阶段密切相关的。

1.1.2 现代控制理论阶段

从20世纪50年代末开始，由于电子数字计算机技术、航空航天技术的迅速发展，导致控制理论进入了一个多样化发展的时期，控制理论迅速拓广并取得了许多重大成果。控制理论所研究的对象不再局限于单输入单输出的、线性的、定常的、连续的系统，而扩展为多输入多输出的、非线性的、时变的、离散的系统。它不仅涉及系统辨识和建模、统计估计和滤波、线性控制、非线性控制、最优控制、鲁棒控制、自适应控制、大系统或复杂系统以及控制系统CAD等理论和方法，同时，它在与信号处理、数字计算等学科相交叉中又形成了许多新的研究分支。其中，线性系统理论是发展最完善也是最活跃的分支。它以线性代数和微分方程为主要数学工具，以状态空间法为基础，来分析和设计控制系统。状态空间法本质上是一种时域分析方法，它不仅描述了系统输入输出的外部特性，而且揭示了系统内部状态变化的本质特征。在状态空间法的基础上，又出现了线性系统的几何理论、线性系统的代数理论和线性系统的多变量频域方法等。现代控制理论分析和综合系统的目标是在揭示其内在规律的基础上，实现系统在某种意义上的最优化。它的构成带有更高的仿生特点，即不限于单纯的闭环，而扩展为适应环、学习环等。

现代控制理论主要用来解决多输入多输出系统的控制问题，系统可以是线性或非线性的、定常或时变的。例如，现在对加工机械有了更高的要求，在磨床加工过程中，只靠恒速或恒转速控制，即使加上砂轮自动补偿也是不够的。因为磨床在磨削过程中，砂轮质量是不断变化的，砂轮的半径越来越小，切线速度处在变化中，如果保持恒转速，磨削效率就会越来越低。为了提高效率，可以使转速提高，因此需要调速。但这种调速与通常的调速含义不同，而且由于考虑了另一个变量（砂轮半径），所以系统已是一个时变系统。显然，其他加工机械都有类似情况，在精密加工机械的使用中，有的控制变量多达七个，经典控制理论对此无能为力。

这一时期的主要代表人物和标志性成果如下。贝尔曼（R. Bellman）于1956年发表了《动态规划理论在控制过程中的应用》一文，提出了寻求最优控制的动态规划法。1958年，卡尔曼（R. E. Kalman）提出递推估计的自动优化控制原理，奠定了自校正控制器的基础。1960年，他发表了《控制系统的一般理论》一文，引入状态空间法分析系统，提出能控性、能观测性、最优调节器和卡尔曼滤波等概念。两年后，卡尔曼等又提出最优控制反问题，并得到若干有关鲁棒性的结果。卡尔曼的滤波理论和线性二次型高斯（LQG）控制器设计成为现代控制理论的基石。1961年，庞特里亚金（Pontryagin）在《最优过程的数学理论》一文中，提出了关于系统最优轨道的极大值原理，开创了在状态与控制都存在约束的条件下，利用不连续控制函数研究最优轨线的方法，同时还揭示了该方法与变分法的内在联系，使最优控制理论得到极大发展。1973年，旺纳姆（W. M. Wonham）出版了《线性多变量控制：一种几何方法》专著，创立和发展了线性系统的几何理论。

在这期间，李雅普诺夫理论在广度和深度上有了很大的发展，一直是稳定性理论中最具重要性和普遍性的方法。阿斯特勒姆（K. J. Astrom）于1967年提出最小二乘辨识，解决了线性定常系统的参数估计问题和定阶方法，他和朗道（L. D. Landau）等在自适应控制理论和应用方面做出了重要贡献。1970年，罗森布罗克（H. H. Rosenbroek）、沃罗维奇（W. A. Wolovich）等提出的多变量频域控制理论和多项式矩阵方法，以及1975年麦克法伦（A. G. MacFalane）提出的特征轨线法大大丰富了现代控制理论的内容。

总之，现代控制理论是由20世纪60年代人类探索空间的需求而催生的，也是电子计算机飞速发展和普及的产物。现代控制理论不仅在航天飞行器、导弹、火炮的控制方面应用广泛，而且随着工业生产对产品的质量和产量要求的提高，现代控制理论也日渐为人们所关注。

应当看到，和经典控制理论相同，现代控制理论的分析、综合和设计都是建立在严格和精确的数学模型基础之上的。但是，随着被控对象的复杂性、不确定性和大规模性，环境的复杂性、控制任务的多目标和时变性，传统的基于精确数学模型的控制理论的局限性日益明显。

1.1.3 大系统理论和智能控制理论阶段

20世纪60年代以来，控制理论进入了一个多样化发展的时期，在广度和深度上进入了新的阶段，出现了大系统理论和智能控制理论。

大系统是指规模庞大、结构复杂、变量众多的信息与控制系统，涉及生产过程、交通运输、生物控制、计划管理、环境保护、空间技术等方面的控制与信息处理问题。

智能控制系统是具有某些仿人类智能的工程控制与信息处理系统，其中最为典型的就是智能机器人。具体地说，智能控制是一种能够更好地模仿人类智能（学习、推理等）、适应不断变化的环境、处理多种信息以减少不确定性、以安全可靠的方式进行规划、产生和执行控制作用、获得系统全局最优性能指标的非传统的控制方法。智能控制理论是控制理论发展的高级阶段，它所采用的理论方法主要源于自动控制、人工智能、信息科学、思维科学、认知科学、人工神经网络、计算机科学以及运筹学等学科，由此产生了各种智能控制方法和理论。它的几个重要分支为专家控制理论、模糊控制理论、神经网络控制理论和进化控制理论等。

这一时期的主要代表人物和标志性成果如下。1960 年，史密斯（F. W. Smith）提出采用性能识别器来学习最优控制方法的思想，用模式识别技术来解决复杂系统的控制问题。1965 年扎德（L. A. Zadeh）创立了模糊集合论，为解决复杂系统的控制提供了新的数学工具，并奠定了模糊控制的基础。1965 年，菲根鲍姆（Fegenbaum）研制了第一个专家系统 DENDRAL，开创了专家系统的研究。1966 年，门德尔（J. M. Mendel）在空间飞行器的学习系统中应用了人工智能技术，并提出了“人工智能控制”的概念。1968 年，傅京孙（K. S. Fu）和桑托斯（E. S. Saridis）等从控制论角度总结了人工智能与自适应、自组织、自学习控制的关系，提出用模糊神经元概念研究复杂大系统行为，提出了智能控制是人工智能与控制理论的交叉的二元论，并创立了人-机交互式分级递阶智能控制的系统结构。1977 年，桑托斯在此基础上引入了运筹学，提出了三元论的智能控制概念。

1.1.4　网络化控制系统理论阶段

21 世纪是一个以互联网为核心的信息时代，计算机信息技术、网络技术的迅猛发展正在深刻改变着人们的生活和工作方式，对整个社会信息化和自动化的发展也产生了巨大影响。计算机技术、信息技术、控制技术、网络技术和通信技术的结合，为网络化控制系统（Networked Control Systems，NCS）的产生提供了技术保障。网络化控制系统是通过网络进行数据传输、形成控制闭环的系统，它具有不同于传统点对点控制系统的结构，是当今物联网的巨大发展在控制系统中的具体体现。

与传统的点对点数据传输的控制系统相比，网络化控制系统各部件之间通过一个公共的通信网络连接，相关的数据通过通信网络进行传输，避免了彼此间铺设专线，并且可以实现资源共享、远程操作和控制，降低了系统的成本、重量和电能消耗，简化了系统的安装和维护，提高了系统的灵活性和可靠性。这些突出的优点使网络化系统的概念一经提出便得到了飞速的发展，并已在复杂工业过程的控制、现代交通工具内基于通信网络的复杂控制系统（如无人机、水下车等）、运载工具群的协调控制（如高速公路车辆调度、机场飞机调度等）、智能家居等领域显露出广泛的应用前景。

通信网络引入控制系统使系统的分析和综合变得异常复杂，网络化控制系统的复杂性主要是由通信网络自身的特点决定的，主要表现在以下四个方面。

① 网络诱导时滞问题。网络时延受到网络拓扑结构、所采用的通信协议、路由算法、负载情况、传输速率等诸多因素的影响，呈现出随机、无界的特征。

② 数据包丢失问题。如果某一时刻采样获得的数据包在下一采样时刻之后到达接收器，该数据包将会被丢弃。数据包丢失的发生相当于信息传输通道暂时被断开，使系统的结构和参数发生较大的变化。

③ 多包传输问题。网络化系统的传感器和控制器一般分布在一个较大的物理空间中，这样，就不可能把同一时间的所有数据利用同一个数据包进行传输。而且由于网络带宽的限制，数据包容量有限以至于无法包含一个时刻的全部采样数据，这必须通过多个数据包进行先后传输。

④ 通信约束问题。量化问题、采样速率、通信速率、编码位数等问题也是网络化控制

系统中所必须考虑的通信约束问题。以上这些问题的存在，不仅会降低系统的控制性能，而且还可能引起系统的不稳定。

网络化控制系统作为一种新兴的控制系统形式，目前得到了越来越广泛的研究和关注。在物联网飞速发展的大背景下，研究网络化控制系统的控制理论和方法，构造、实现更多的网络化控制系统为国民经济服务，是值得广泛深入研究的问题。

总之，当今随着工业生产和科学技术的迅猛发展，控制理论的应用范围在不断扩大，控制理论与许多学科相互交叉、渗透、融合的趋势在进一步加强，由实际工程的需求而导致产生的新问题、新思想、新方法发展迅速。随着社会的发展与科学技术的进步，控制理论将会不断完善。

1.2　现代控制理论与经典控制理论的区别

（1）适用的对象不同　一般来说，经典控制理论只是对单输入单输出线性定常系统的分析与综合是有效的。而现代控制理论则适用领域广泛，可适用于线性和非线性、定常和时变、单变量和多变量、连续和离散系统等，使其成为更有普遍性和通用性的理论。

（2）采用的数学工具不同　由于经典控制理论主要限于处理单变量的线性定常问题，反映到数学上就是单变量的常系数微分方程问题，因此拉氏变换就成了它的主要数学工具，数学模型主要采用的是传递函数模型。而现代控制理论要处理多变量问题，因此矩阵和向量空间理论是它的主要数学工具。此外，涉及的数学理论还包括泛函分析、变分法、概率论与数理统计等。

（3）研究方法不同　经典控制理论主要是一种频域方法，它以系统的输入输出特性作为研究的依据。而现代控制理论本质上是一种时域方法，它建立在状态空间描述方法的基础上。因此，经典控制理论着眼于系统的输出，而现代控制理论则着眼于系统的状态。

（4）分析及综合方法不同　经典控制理论着眼于系统外部联系，是在给定一类特定的输入情况下，分析系统输出的响应；在综合问题上，是根据给定的某种指标来设计系统的校正网络。而现代控制理论着眼于系统的状态，主要揭示系统状态对控制和初始状态的依赖关系，以及控制作用对状态和输出影响的性质和程度，揭示系统在一定的指标提法和其他限制条件下可能达到的最佳状态（即最优控制）。

（5）控制器的实现方法不同　经典控制理论的控制器即校正装置，是由能实现典型控制规律的调节器构成的，包括有源或无源 *RC* 网络组成的 PID 调节器、滞后校正、超前校正、滞后超前校正环节等。而现代控制理论的控制器则是能实现任意控制规律的数字计算机。

（6）基本内容和主要问题不同　经典控制理论的基本内容有时域法、频率法、根轨线法、描述函数法、相平面法、代数与几何稳定判据、校正网络设计等，研究的主要问题是稳定性、快速性和准确性问题。而现代控制理论的基本内容有线性系统理论、系统辨识、最优控制、自适应控制及最佳滤波等，研究的主要问题是最优化问题。

1.3　现代控制理论的主要内容

现代控制理论的出现，是由人类探索空间的客观需要而催生的。状态与状态空间概念和方法的引入，在现代控制理论中起了很重要的作用，如果说经典控制理论是研究控制系统输出的分析与综合的理论，那么可以说，现代控制理论是对系统的状态进行分析和综合的理论。现代控制理论主要包括以下五个分支。

1.3.1 线性系统理论

线性系统理论是现代控制理论的基础，也是现代控制理论中理论最完善、技术上最成熟、应用也最广泛的部分。与经典控制理论不同，线性系统理论采用的数学模型是状态空间模型，其中状态方程不但描述了系统的输入输出关系，而且描述了系统内部的状态变量随时间变化的关系。它主要研究线性系统在输入作用下状态运动过程的规律和改变这些规律的可能性与措施，揭示系统的结构性质、动态行为和性能之间的关系。线性系统理论主要包括系统的状态空间描述、能控性、能观测性和稳定性分析，状态反馈、状态观测器的理论和设计方法等内容。可以把它归纳为线性系统定量分析理论、线性系统定性分析理论和线性系统综合理论。线性系统定量分析理论着重于建立和求解系统的状态方程，分析系统的运动和性能；线性系统定性分析理论着重于对系统基本结构特性的研究，即对系统的能控性、能观测性和稳定性等的分析；而线性系统综合理论则是研究如何确定控制器的结构和参数使系统的性能达到期望的指标或实现某种意义上的最优化，以及解决控制器的工程实现的理论问题。

状态空间理论、线性系统几何理论、线性系统代数理论和线性系统多变量频域方法构成了线性系统的完整理论体系，但如何在实际控制工程中真正发挥其优越性，成为现代线性系统理论实用化的重要研究内容。

1.3.2 系统辨识

建立动态系统的状态空间模型，使其能正确反映系统输入、状态、输出之间的本质关系，是对系统进行分析、综合和控制的出发点。由于系统结构比较复杂，往往不能通过解析的方法直接建立模型。控制理论中建模的核心问题是所建立的模型必须能正确反映系统输入输出间的基本关系，实际的建模过程一般是先用机理分析的方法得到模型的结构，再对模型的参数和其他缺乏先验知识的部分进行实测辨识。系统辨识就是在系统输入输出试验数据的基础上，从一组给定的模型类中确定一个与所测系统本质特征等价的模型。如果模型的结构已经确定，只需确定其参数，就是参数估计问题。若模型的结构和参数需同时确定，就是系统辨识问题。

系统辨识理论不但广泛用于工业、国防、农业和交通等工程控制系统中，而且还应用于计量经济学、社会学、生理学、生物医学和生态学等领域。由于研究对象越来越复杂，许多问题已很难用定量模型来描述，因此出现了许多新的模型，诸如具有不同宏、微观层次及混沌等复杂动态行为的非线性系统；能处理逻辑、符号量及图形信息的复杂算法过程；离散事件动态系统；由经验规则、专家知识、模糊关系的定性描述手段建立知识库作为系统的定性模型等。对于社会、经济的更加复杂的人类活动系统，则必须采用定性与定量相结合的建模思想。

1.3.3 最优滤波理论

最优滤波理论研究的对象是由随机微分方程或随机差分方程所描述的随机系统。由于这类系统除了具有描述系统与外部联系的输入与输出之外，还承受不确定因素（随机噪声）的作用。当系统中有随机干扰时，其综合就必须同时应用概率和统计的方法来进行，即在系统数学模型已经建立的基础上，通过对系统输入与输出数据的测量，按照某种判别准则，利用统计方法对系统的状态进行估计。换言之，为了实现对随机系统的最优控制，首先就需要求出系统状态的最优估计。

最优估计理论也称最优滤波理论。经典的维纳（Wiener）滤波理论阐述的是对平稳随机过程在均方意义下的最佳滤波，当系统受到环境噪声或负载干扰时，其不确定性可以用概率和统计的方法进行描述和处理。也就是在系统数学模型已经建立的基础上，利用被噪声等污染的系统输入输出的测量数据，通过统计方法获得有用信号的最优估计。与经典的维纳滤波理论强调对平稳随机过程按均方意义的最优滤波不同，卡尔曼（Kalman）滤波理论和线性二次型高斯（LQG）控制器设计采用状态空间法设计最优滤波器，克服了维纳滤波理论的局限性，实用性强且可适用于非平稳过程，在很多领域中得到广泛应用，是滤波理论的一大突破，成为现代控制理论的基石。在最优滤波领域，非线性滤波和估值是近年来研究的一个热点。

1.3.4 最优控制

最优控制是在给定限制条件和性能指标（即评价函数或目标函数）下，寻找使系统性能在一定意义下为最优的控制规律，最优控制的首要问题是如何选择性能指标来评估系统性能。限制条件即约束条件，指的是物理上对系统所施加的一些约束；而性能指标则是为评价系统在全工作过程中的优劣所规定的标准，它是以系统在整个工作期间的性能作为一个整体而构建的；所寻求的控制规律就是综合出的最优控制器。在解决最优控制问题中，庞特里亚金的极大值原理和贝尔曼动态规划法是两种最重要的方法，它们以不同的形式给出了最优控制所必须满足的条件。此外，用各种“广义”梯度描述的优化方法，以及动态规划的哈密顿-雅可比-贝尔曼（Hamilton-Jacobi-Bellman）方程求解的新方法正在形成并用于非线性系统的优化控制中。

当前，最优控制已推广到非光滑（不连续、不可微）对象的优化、大型复杂对象中的多时标病态计算、离散对象的组合优化等方面。最优控制的应用范围已远远超过了工程技术领域，而延伸到工业设计、生产管理、经济计划、资源规划和生态保护等众多领域。凡是作为一个多步决策过程的最优化问题，往往都能转化成用离散型动态规划或极大值原理来求解。

1.3.5 自适应控制

自适应控制是现代控制理论中近年来发展较快的一个分支。自适应控制是指一类控制系统，既能适应内部参数变化，又能适应外部环境变化，而随时辨识系统的数学模型并按照当前的模型去自动调整控制律，使系统达到一定意义下的最优。也就是说，当被控对象的内部结构和参数以及外部的环境特性和扰动存在不确定时，在系统运行期间，系统自身能够在线测量和处理有关信息，在线相应地修改控制器的结构和参数以及控制作用，以保持系统所要求的最优性能，使之处于所要求的最优状态，得到人们所期望的控制效果。自适应控制的两大基本类型是模型参考自适应控制和自校正自适应控制。

模型参考自适应控制系统中有一个理想的参考模型，它由两个环路组成，一是由控制器和被控对象组成内环，二是由参考模型和自适应机构组成外环。命令信号同时输入到实际系统和参考模型，参考模型的理想输出与实际系统的输出之间的误差以及被控对象的输入和输出用来设计最优校正，然后相应调整控制器的参数，使系统的实际输出跟上理想输出。实际上，该系统是在常规的反馈控制回路上再附加一个参考模型和控制器参数的自动调节回路而形成。

自校正自适应控制系统则是把系统辨识和最优控制相结合，随时根据被控对象的输入和输出辨识出被控对象的参数，根据当前对象的参数和目标函数，求出最优控制器参数。该系统由两个环路组成，一个环路由参数可调的调节器和被控系统所组成，称为内环，它类似于通常的反馈控制系统；另一个环路由递推参数估计器与调节器参数计算环节所组成，称为外环。

近期自适应理论的发展包括新的自适应控制方案和模型，系统稳定性、鲁棒性和参数收敛性，多变量和最小相位系统自适应控制，频域自适应算法，广义预测控制，万用镇定器机理，鲁棒稳定的自适应系统以及引入了人工智能技术的自适应控制等。自适应控制理论的最新发展是自学习、自组织系统理论。

第2章 线性控制系统的状态空间描述

在现代控制理论中，控制系统的建模问题，就是确定控制系统的状态空间描述，即建立控制系统在状态空间中的数学模型——状态空间表达式，包括状态方程和输出方程。这是现代控制理论的一个基本问题，也是现代控制理论中分析和综合控制系统的前提，其重要性就像经典控制理论中确定系统的传递函数模型一样。

2.1 状态空间描述的概念

2.1.1 状态空间描述的基本概念

(1) 状态变量 能够完整地、确定地描述动力学系统时域行为的最小个数的一组变量称为状态变量。变量之间最大线性无关组即为最小变量组，这一组变量是线性无关的。一个用 n 阶微分方程描述的系统，就有 n 个独立变量，当这 n 个独立变量的时间响应都求得时，系统的运动状态也就被揭示无遗了。

一个系统，究竟选取哪些变量作为独立变量，这种选择不是唯一的，但重要的是这些变量应该是相互独立的，且其个数应等于微分方程的阶数。由于微分方程的阶数唯一地取决于系统中独立储能元件的个数，因此状态变量的个数就应等于系统独立储能元件的个数。从理论上说，并不要求状态变量在物理上一定是可以测量的量，但在工程实践上，选取那些容易测量的量作为状态变量为宜，因为在状态反馈控制中，往往需要将状态变量作为反馈量。

n 阶微分方程式要有唯一确定的解，必须知道 n 个独立的初始条件。很明显，这 n 个独立的初始条件就是一组状态变量在初始时刻 t_0 的值。如果给定了 $t=t_0$ 时刻这组变量的值和 $t\geqslant t_0$ 时系统输入的时间函数，那么系统在 $t\geqslant t_0$ 的任何瞬时的行为就完全确定了，这样的一组变量称为状态变量。

(2) 状态向量 以 n 个独立状态变量为元素所组成的向量，称为状态向量。如果 $x_1(t)$，$x_2(t)$，…，$x_n(t)$ 是系统的一组 n 个独立状态变量，则状态向量就是以这组状态变量为分量的向量 $\boldsymbol{x}(t)$，即

$$\boldsymbol{x}(t)=\begin{bmatrix} x_1(t) \\ x_2(t) \\ \vdots \\ x_n(t) \end{bmatrix}，或\ \boldsymbol{x}(t)=[x_1(t)\quad x_2(t)\quad \cdots\quad x_n(t)]^{\mathrm{T}}$$

(3) 状态空间 以 n 个独立状态变量 x_1，x_2，…，x_n 为两两正交的坐标轴所构成的 n 维正交空间，称为状态空间。状态空间中的每一点都代表了状态变量的唯一的、特定的一组

值。在经典控制理论中，分析非线性系统所采用的相平面就是一个特殊的二维状态空间。

(4) 状态轨线　在特定时刻 t，控制系统的状态向量 $\boldsymbol{x}(t)$ 在状态空间中是一点。已知初始时刻 t_0 的状态 $\boldsymbol{x}(t_0)$，就得到状态空间中的一个初始点。随着时间的推移演化，$\boldsymbol{x}(t)$ 将在状态空间中描绘出一条轨线，称为状态轨线。

(5) 状态方程　由系统的状态变量构成的一阶微分方程组称为系统的状态方程。它反映了系统状态以及系统输入对系统状态变化的影响。

(6) 输出方程　在指定系统输出的情况下，该输出与状态变量以及系统输入之间的函数关系，称为系统的输出方程。它反映了系统状态以及系统输入对系统输出的影响。

(7) 状态空间表达式　状态方程和输出方程联合起来，构成对一个系统完整的动态描述，称为系统的状态空间表达式。

2.1.2　控制系统的状态空间描述举例

下面通过两个例子，说明列写线性系统状态方程和输出方程的步骤，得出被控系统状态空间描述即状态空间表达式的形式与规律。

【例 2-1】　设有如图 2-1 所示的 RLC 网络，u 为输入变量，u_C 为输出变量。试求其状态空间描述。

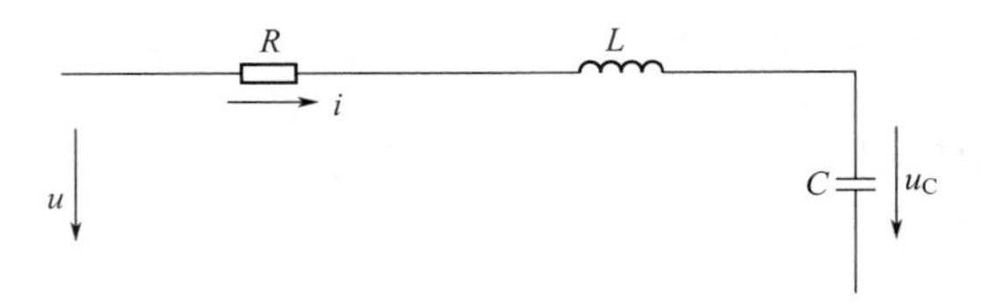

图 2-1　例 2-1 的 RLC 电路

解

① 确定状态变量。选择电容两端电压 $u_C(t)$ 和电感通过的电流 $i(t)$ 作为系统的两个状态变量。

② 列写微分方程并化为一阶微分方程组。根据基尔霍夫电压定律，列方程

$$\begin{cases} C\dfrac{\mathrm{d}u_C}{\mathrm{d}t}=i \\ L\dfrac{\mathrm{d}i}{\mathrm{d}t}+Ri+u_C=u \end{cases} \tag{2-1}$$

消去中间量 $i(t)$，得到该电路系统的微分方程

$$LC\frac{\mathrm{d}^2u_C}{\mathrm{d}t^2}+RC\frac{\mathrm{d}u_C}{\mathrm{d}t}+u_C=u \tag{2-2}$$

根据式(2-1) 得到由两个一阶微分方程构成的一阶微分方程组，即状态方程

$$\begin{cases} \dot{u}_C=\dfrac{\mathrm{d}u_C}{\mathrm{d}t}=\dfrac{1}{C}i \\ \dot{i}=\dfrac{\mathrm{d}i}{\mathrm{d}t}=-\dfrac{1}{L}u_C-\dfrac{R}{L}i+\dfrac{1}{L}u \end{cases} \tag{2-3}$$

因为电路的输出为电容两端电压 $u_C(t)$，故输出方程为

$$u_C=u_C \tag{2-4}$$

③ 列出状态空间描述。式(2-3) 和式(2-4) 分别用向量矩阵形式表示

$$\begin{cases}\begin{bmatrix}\dot{u}_C\\ \dot{i}\end{bmatrix}=\begin{bmatrix}0 & \dfrac{1}{C}\\ -\dfrac{1}{L} & -\dfrac{R}{L}\end{bmatrix}\begin{bmatrix}u_C\\ i\end{bmatrix}+\begin{bmatrix}0\\ \dfrac{1}{L}\end{bmatrix}u\\ u_C=\begin{bmatrix}1 & 0\end{bmatrix}\begin{bmatrix}u_C\\ i\end{bmatrix}\end{cases} \tag{2-5}$$

令 $\boldsymbol{A}=\begin{bmatrix}0 & \dfrac{1}{C}\\ -\dfrac{1}{L} & -\dfrac{R}{L}\end{bmatrix}$，$\boldsymbol{b}=\begin{bmatrix}0\\ \dfrac{1}{L}\end{bmatrix}$，$\boldsymbol{c}=\begin{bmatrix}1 & 0\end{bmatrix}$，$\boldsymbol{x}=\begin{bmatrix}u_C\\ i\end{bmatrix}$，$\dot{\boldsymbol{x}}=\begin{bmatrix}\dot{u}_C\\ \dot{i}\end{bmatrix}$，输出变量$y=u_C$。

因此，该电路的状态空间描述即状态空间表达式可表示为状态方程与输出方程，即

$$\begin{cases}\dot{\boldsymbol{x}}=\boldsymbol{A}\boldsymbol{x}+\boldsymbol{b}u\\ y=\boldsymbol{c}\boldsymbol{x}\end{cases}$$

在此 RLC 电路中，若已知电流初值 $i(t_0)$、电压初值 $u_C(t_0)$ 以及 $t\geqslant t_0$ 时的输入电压 $u(t)$，则 $t\geqslant t_0$ 时的状态可完全确定。因此 $i(t)$、$u_C(t)$ 是这个系统的一组状态变量。

【例 2-2】 RLC 网络如图 2-2 所示。其中 $e(t)$ 为输入变量，u_{R_2} 为输出变量，试求其状态空间描述。

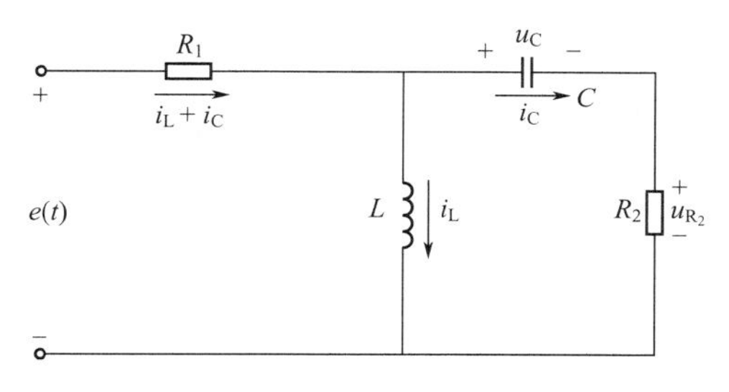

图 2-2　例 2-2 的 RLC 电路

解

① 确定状态变量。此网络 u_C 和 i_L 可构成最小变量组，当给定 u_C 和 i_L 的初始值及 $e(t)$后，网络各部分的电流、电压在 $t\geqslant 0$ 的动态过程就完全确定了。所以可以选择 u_C 和 i_L 作为状态变量，由它们组成的状态向量为 $\boldsymbol{x}=[u_C \quad i_L]^{\mathrm{T}}$。

② 列写微分方程并化为一阶微分方程组。取两个回路，根据基尔霍夫定律可得

$$R_1(i_L+i_C)+L\frac{\mathrm{d}i_L}{\mathrm{d}t}=e(t) \tag{2-6}$$

$$R_1(i_L+i_C)+u_C+R_2 i_C=e(t) \tag{2-7}$$

因为 i_C 不是所确定的状态变量，所以需将 $i_C=C\dfrac{\mathrm{d}u_C}{\mathrm{d}t}$代入式(2-6) 和式(2-7) 中消去 i_C，即

$$R_1 i_L+R_1 C\frac{\mathrm{d}u_C}{\mathrm{d}t}+L\frac{\mathrm{d}i_L}{\mathrm{d}t}=e(t) \tag{2-8}$$

$$R_1 i_L+R_1 C\frac{\mathrm{d}u_C}{\mathrm{d}t}+u_C+R_2 C\frac{\mathrm{d}u_C}{\mathrm{d}t}=e(t) \tag{2-9}$$

由式(2-9) 可得

$$(R_1+R_2)C\frac{\mathrm{d}u_C}{\mathrm{d}t}=-u_C-R_1i_L+e(t)$$

即
$$\frac{\mathrm{d}u_C}{\mathrm{d}t}=-\frac{1}{(R_1+R_2)C}u_C-\frac{R_1}{(R_1+R_2)C}i_L+\frac{1}{(R_1+R_2)C}e(t)\tag{2-10}$$

由式(2-8) 可得

$$L\frac{\mathrm{d}i_L}{\mathrm{d}t}=-R_1C\frac{\mathrm{d}u_C}{\mathrm{d}t}-R_1i_L+e(t)$$

将式(2-10) 代入上式可得

$$\begin{aligned}L\frac{\mathrm{d}i_L}{\mathrm{d}t}&=-R_1C\left[-\frac{1}{(R_1+R_2)\ C}u_C-\frac{R_1}{(R_1+R_2)\ C}i_L+\frac{1}{(R_1+R_2)\ C}e(t)\right]-R_1i_L+e(t)\\&=\frac{R_1}{R_1+R_2}u_C+\frac{R_1^2}{R_1+R_2}i_L-\frac{R_1}{R_1+R_2}e(t)\ -R_1i_L+e(t)\\&=\frac{R_1}{R_1+R_2}u_C-\frac{R_1R_2}{R_1+R_2}i_L+\frac{R_2}{R_1+R_2}e(t)\end{aligned}$$

即
$$\frac{\mathrm{d}i_L}{\mathrm{d}t}=\frac{R_1}{L(R_1+R_2)}u_C-\frac{R_1R_2}{L(R_1+R_2)}i_L+\frac{R_2}{L(R_1+R_2)}e(t)\tag{2-11}$$

③ 列出状态空间描述。将式(2-10) 和式(2-11) 用向量矩阵形式表示

$$\begin{bmatrix}\dot{u}_C\\ \dot{i}_L\end{bmatrix}=\begin{bmatrix}-\dfrac{1}{(R_1+R_2)C} & -\dfrac{R_1}{(R_1+R_2)C}\\ \dfrac{R_1}{L(R_1+R_2)} & -\dfrac{R_1R_2}{L(R_1+R_2)}\end{bmatrix}\begin{bmatrix}u_C\\ i_L\end{bmatrix}+\begin{bmatrix}\dfrac{1}{(R_1+R_2)C}\\ \dfrac{R_2}{L(R_1+R_2)}\end{bmatrix}e(t)\tag{2-12}$$

输出方程为

$$u_{R_2}=R_2i_C=R_2C\frac{\mathrm{d}u_C}{\mathrm{d}t}=-\frac{R_2}{R_1+R_2}u_C-\frac{R_1R_2}{R_1+R_2}i_L+\frac{R_2}{R_1+R_2}e(t)$$

写成向量矩阵形式为

$$u_{R_2}=\begin{bmatrix}-\dfrac{R_2}{R_1+R_2} & -\dfrac{R_1R_2}{R_1+R_2}\end{bmatrix}\begin{bmatrix}u_C\\ i_L\end{bmatrix}+\frac{R_2}{R_1+R_2}e(t)\tag{2-13}$$

式(2-12) 和式(2-13) 即为系统的状态方程与输出方程，它们构成了被控系统的状态空间描述即状态空间表达式。

令 $\boldsymbol{A}=\begin{bmatrix}-\dfrac{1}{(R_1+R_2)C} & -\dfrac{R_1}{(R_1+R_2)C}\\ \dfrac{R_1}{L(R_1+R_2)} & -\dfrac{R_1R_2}{L(R_1+R_2)}\end{bmatrix},\boldsymbol{b}=\begin{bmatrix}\dfrac{1}{(R_1+R_2)C}\\ \dfrac{R_2}{L(R_1+R_2)}\end{bmatrix},$

$\boldsymbol{c}=\begin{bmatrix}-\dfrac{R_2}{R_1+R_2} & -\dfrac{R_1R_2}{R_1+R_2}\end{bmatrix},d=\dfrac{R_2}{R_1+R_2},\boldsymbol{x}=\begin{bmatrix}u_C\\ i_L\end{bmatrix},\dot{\boldsymbol{x}}=\begin{bmatrix}\dot{u}_C\\ \dot{i}_L\end{bmatrix}$，输入变量 $u=e(t)$，输出变量 $y=u_{R_2}$。

则该电路系统的状态空间描述的状态空间表达式可表示为状态方程与输出方程，即

$$\begin{cases}\dot{\boldsymbol{x}}=\boldsymbol{A}\boldsymbol{x}+\boldsymbol{b}u\\ y=\boldsymbol{c}\boldsymbol{x}+du\end{cases}$$

2.1.3　线性系统的状态空间描述的一般形式

设单输入单输出线性定常系统，其状态变量为 x_1，x_2，…，x_n，则状态方程的一般形式为

$$\begin{aligned}\dot{x}_1&=a_{11}x_1+a_{12}x_2+\cdots+a_{1n}x_n+b_1u\\ \dot{x}_2&=a_{21}x_1+a_{22}x_2+\cdots+a_{2n}x_n+b_2u\\ &\vdots\\ \dot{x}_n&=a_{n1}x_1+a_{n2}x_2+\cdots+a_{nn}x_n+b_nu\end{aligned}$$

输出方程则有如下一般形式，即

$$y=c_1x_1+c_2x_2+\cdots+c_nx_n+du$$

因此单输入单输出的线性定常系统，用向量矩阵形式表示时的状态空间表达式为

$$\begin{cases}\dot{\boldsymbol{x}}=\boldsymbol{A}\boldsymbol{x}+\boldsymbol{b}u\\ y=\boldsymbol{c}\boldsymbol{x}+du\end{cases}$$

式中　$\boldsymbol{x}$——n 维状态向量，$\boldsymbol{x}=\begin{bmatrix}x_1\\x_2\\\vdots\\x_n\end{bmatrix}$；

$\boldsymbol{A}$——系统矩阵（或状态矩阵），反映了系统状态的内在联系，为 $n\times n$ 方阵，

$$\boldsymbol{A}=\begin{bmatrix}a_{11}&a_{12}&\cdots&a_{1n}\\a_{21}&a_{22}&\cdots&a_{2n}\\\vdots&\vdots&\ddots&\vdots\\a_{n1}&a_{n2}&\cdots&a_{nn}\end{bmatrix};$$

$\boldsymbol{b}$——输入矩阵（或控制矩阵），反映了输入对状态的作用，此处为 $n\times1$ 的列矩阵，

$$\boldsymbol{b}=\begin{bmatrix}b_1\\b_2\\\vdots\\b_n\end{bmatrix};$$

$\boldsymbol{c}$——输出矩阵（或观测矩阵），反映了系统状态对输出的影响和作用，此处为 $1\times n$ 的行矩阵，$\boldsymbol{c}=[c_1\quad c_2\quad\cdots\quad c_n]$；

d——直接传递系数（或前馈系数），反映了输入对输出的直接作用，此处为 1×1 的标量。

对于一个多输入多输出的线性定常复杂系统，假设具有 r 个输入、m 个输出，此时状态方程的一般形式为

$$\begin{aligned}\dot{x}_1&=a_{11}x_1+a_{12}x_2+\cdots+a_{1n}x_n+b_{11}u_1+b_{12}u_2+\cdots+b_{1r}u_r\\ \dot{x}_2&=a_{21}x_1+a_{22}x_2+\cdots+a_{2n}x_n+b_{21}u_1+b_{22}u_2+\cdots+b_{2r}u_r\\ &\vdots\\ \dot{x}_n&=a_{n1}x_1+a_{n2}x_2+\cdots+a_{nn}x_n+b_{n1}u_1+b_{n2}u_2+\cdots+b_{nr}u_r\end{aligned}$$

其输出方程，不仅是状态变量的组合，而且在特殊情况下，还可能有输入向量的直接传

递，因而有如下的一般形式，即

$$
\begin{aligned}
y_1&=c_{11}x_1+c_{12}x_2+\cdots+c_{1n}x_n+d_{11}u_1+d_{12}u_2+\cdots+d_{1r}u_r\\
y_2&=c_{21}x_1+c_{22}x_2+\cdots+c_{2n}x_n+d_{21}u_1+d_{22}u_2+\cdots+d_{2r}u_r\\
&\vdots\\
y_m&=c_{m1}x_1+c_{m2}x_2+\cdots+c_{mn}x_n+d_{m1}u_1+d_{m2}u_2+\cdots+d_{mr}u_r
\end{aligned}
$$

因而多输入多输出的线性定常系统，用向量矩阵形式表示时的状态空间表达式的一般形式为

$$
\begin{cases}\dot{\boldsymbol{x}}=\boldsymbol{A}\boldsymbol{x}+\boldsymbol{B}\boldsymbol{u}\\ \boldsymbol{y}=\boldsymbol{C}\boldsymbol{x}+\boldsymbol{D}\boldsymbol{u}\end{cases}
$$

式中　$\boldsymbol{x}$——n 维状态向量；

$\boldsymbol{A}$——$n\times n$ 系统矩阵；

$\boldsymbol{u}$——r 维输入向量，$\boldsymbol{u}=\begin{bmatrix}u_1\\u_2\\\vdots\\u_r\end{bmatrix}$；

$\boldsymbol{y}$——m 维输出向量，$\boldsymbol{y}=\begin{bmatrix}y_1\\y_2\\\vdots\\y_m\end{bmatrix}$；

$\boldsymbol{B}$——$n\times r$ 输入矩阵，$\boldsymbol{B}=\begin{bmatrix}b_{11}&b_{12}&\cdots&b_{1r}\\b_{21}&b_{22}&\cdots&b_{2r}\\\vdots&\vdots&\ddots&\vdots\\b_{n1}&b_{n2}&\cdots&b_{nr}\end{bmatrix}$；

$\boldsymbol{C}$——$m\times n$ 输出矩阵（或测量矩阵），$\boldsymbol{C}=\begin{bmatrix}c_{11}&c_{12}&\cdots&c_{1n}\\c_{21}&c_{22}&\cdots&c_{2n}\\\vdots&\vdots&\ddots&\vdots\\c_{m1}&c_{m2}&\cdots&c_{mn}\end{bmatrix}$；

$\boldsymbol{D}$——$m\times r$ 直接传递矩阵，$\boldsymbol{D}=\begin{bmatrix}d_{11}&d_{12}&\cdots&d_{1r}\\d_{21}&d_{22}&\cdots&d_{2r}\\\vdots&\vdots&\ddots&\vdots\\d_{m1}&d_{m2}&\cdots&d_{mr}\end{bmatrix}$。

系数矩阵 $\boldsymbol{A}$、$\boldsymbol{B}$、$\boldsymbol{C}$、$\boldsymbol{D}$ 完整地表征了系统的动态特性，故把一个指定系统简记为系统 $\Sigma(\boldsymbol{A},\boldsymbol{B},\boldsymbol{C},\boldsymbol{D})$。本书除特别说明外，在输出方程中，均不考虑输入向量对输出向量的直接传递作用，即令 $\boldsymbol{D}=\boldsymbol{0}$。

对于线性时变系统，系数矩阵 $\boldsymbol{A}$、$\boldsymbol{B}$、$\boldsymbol{C}$、$\boldsymbol{D}$ 中至少有一个元素与时间 t 有关，所以状态空间描述为

$$
\begin{cases}\dot{\boldsymbol{x}}=\boldsymbol{A}(t)\boldsymbol{x}+\boldsymbol{B}(t)\boldsymbol{u}\\ \boldsymbol{y}=\boldsymbol{C}(t)\boldsymbol{x}+\boldsymbol{D}(t)\boldsymbol{u}\end{cases}
$$

状态空间描述用结构图表示，如图 2-3 所示。

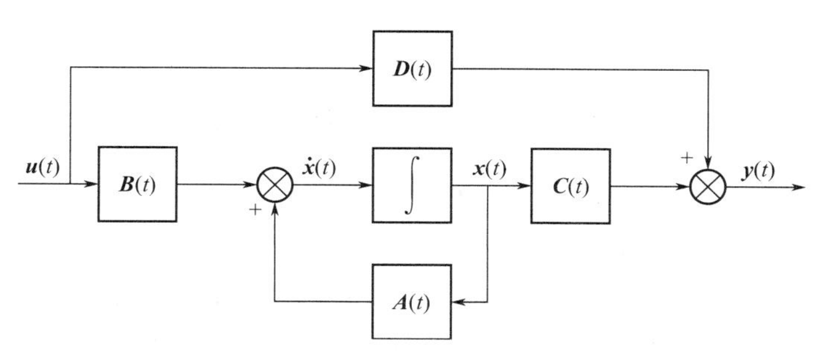

图 2-3　线性系统状态空间描述的结构图

2.1.4　状态空间描述的特点

通过以上对状态空间描述的阐述，可总结出如下特点。

① 状态空间描述刻画了“输入→状态→输出”这一信息传递过程，其中它考虑了被经典控制理论的输入→输出描述所忽略的状态，因此它揭示了系统运动的本质，即输入引起状态的变化，而状态决定了输出。

② 输入引起状态的变化是一个动态过程。数学上表现为向量的微分方程，即状态方程。状态决定输出是一个变换过程，数学上表现为变换方程，即代数方程。

③ 从物理意义来说，系统的状态变量个数仅等于物理系统包含的独立储能元件的个数，因此一个 n 阶系统仅有 n 个状态变量可以选择。

④ 一般来说，对于给定的 n 阶系统，状态变量的选样不是唯一的。如果 $\boldsymbol{x}$ 是系统的一个状态向量，只要矩阵 $\boldsymbol{P}$ 是非奇异的，那么 $\hat{\boldsymbol{x}}=\boldsymbol{P}^{-1}\boldsymbol{x}$ 也是一个状态向量。

⑤ 一般来说，状态变量不一定是物理上可测量的量，但从便于控制系统的状态反馈可实现的角度来说，把状态变量选为可测量的量更为合适。

⑥ 对于结构和参数已知的系统，建立状态方程的步骤是：首先选择状态变量；其次根据物理机理或定律列写微分方程，并将其化为状态变量的一阶微分方程组；最后将一阶微分方程组化为向量矩阵形式，即得状态空间描述，即状态空间表达式。对于结构和参数未知的系统，通常只能通过系统辨识的途径建立状态方程。

⑦ 系统的状态空间分析法是时域内的一种矩阵运算方法，特别适合于用电子计算机来计算。

2.2　线性系统的时域微分方程化为状态空间表达式

在经典控制理论中，线性控制系统的时域模型通常可描述为系统输出与其输入间的一个高阶微分方程，它具有如下一般形式，即

$$y^{(n)}+a_1y^{(n-1)}+\cdots+a_{n-1}\dot{y}+a_ny=b_0u^{(n)}+b_1u^{(n-1)}+\cdots+b_{n-1}\dot{u}+b_nu$$

由 2.1 节可知，线性定常系数的状态空间表达式为

$$\begin{cases}\dot{\boldsymbol{x}}=\boldsymbol{A}\boldsymbol{x}+\boldsymbol{B}\boldsymbol{u}\\ \boldsymbol{y}=\boldsymbol{C}\boldsymbol{x}+\boldsymbol{D}\boldsymbol{u}\end{cases}$$

因此将一般时域高阶微分方程化为状态空间表达式的关键问题是适当选择系统的状态变量，并由 $a_i(i=1,2,\cdots,n)$、$b_j(j=0,1,\cdots,n)$定出相应的系数矩阵 $\boldsymbol{A}$、$\boldsymbol{B}$、$\boldsymbol{C}$、$\boldsymbol{D}$。下面分

两种情况进行讨论。

2.2.1　微分方程右端不包含输入变量的各阶导数

线性微分方程中的输入变量为 $u(t)$，不包含输入变量各阶导数的微分方程形式为

$$y^{(n)}+a_1y^{(n-1)}+\cdots+a_{n-1}\dot{y}+a_ny=b_nu$$

① 选择状态变量。一个 n 阶系统，具有 n 个状态变量，当给定 $y(0)$、$\dot{y}(0)$、$\ddot{y}(0)$、…、$y^{(n-1)}(0)$ 和 $t\geqslant 0$ 的输入 $u(t)$ 时，系统在 $t\geqslant 0$ 时的运动状态就可以完全确定。取 y、$\dot{y}$、$\ddot{y}$、…、$y^{(n-1)}$ 为系统的一组状态变量，并令

$$\begin{cases} x_1=y \\ x_2=\dot{y} \\ \vdots \\ x_n=y^{(n-1)} \end{cases}$$

② 将高阶微分方程化为状态变量 x_1、x_2、…、x_n 的一阶微分方程组。

$$\begin{cases} \dot{x}_1=\dot{y}=x_2 \\ \dot{x}_2=\ddot{y}=x_3 \\ \vdots \\ \dot{x}_{n-1}=y^{(n-1)}=x_n \\ \dot{x}_n=y^{(n)}=-a_ny-a_{n-1}\dot{y}-\cdots-a_1y^{(n-1)}+b_nu \\ \quad =-a_nx_1-a_{n-1}x_2-\cdots-a_1x_n+b_nu \end{cases}$$

系统输出的关系式为 $y=x_1$。

③ 将一阶微分方程组化为向量矩阵形式。状态方程为

$$\begin{bmatrix} \dot{x}_1 \\ \dot{x}_2 \\ \vdots \\ \dot{x}_n \end{bmatrix}=\begin{bmatrix} 0 & 1 & 0 & \cdots & 0 \\ 0 & 0 & 1 & \cdots & 0 \\ \vdots & \vdots & \vdots & \vdots & \vdots \\ -a_n & -a_{n-1} & -a_{n-2} & \cdots & -a_1 \end{bmatrix}\begin{bmatrix} x_1 \\ x_2 \\ \vdots \\ x_n \end{bmatrix}+\begin{bmatrix} 0 \\ 0 \\ \vdots \\ b_n \end{bmatrix}u$$

输出方程为

$$y=\begin{bmatrix} 1 & 0 & \cdots & 0 \end{bmatrix}\begin{bmatrix} x_1 \\ x_2 \\ \vdots \\ x_n \end{bmatrix}$$

【例 2-3】 设系统输出与输入间的微分方程为

$$\dddot{y}+6\ddot{y}+11\dot{y}+6y=6u$$

求该系统的状态空间表达式。

解　选取 $x_1=y$，$x_2=\dot{y}$，$x_3=\ddot{y}$，可导出该系统的状态方程和输出方程分别为

$$\begin{bmatrix} \dot{x}_1 \\ \dot{x}_2 \\ \dot{x}_3 \end{bmatrix}=\begin{bmatrix} 0 & 1 & 0 \\ 0 & 0 & 1 \\ -6 & -11 & -6 \end{bmatrix}\begin{bmatrix} x_1 \\ x_2 \\ x_3 \end{bmatrix}+\begin{bmatrix} 0 \\ 0 \\ 6 \end{bmatrix}u,\ y=\begin{bmatrix} 1 & 0 & 0 \end{bmatrix}\begin{bmatrix} x_1 \\ x_2 \\ x_3 \end{bmatrix}$$

2.2.2　微分方程右端包含输入变量的各阶导数

此时线性系统的微分方程为

$$y^{(n)}+a_1y^{(n-1)}+\cdots+a_{n-1}\dot{y}+a_ny=b_0u^{(n)}+b_1u^{(n-1)}+\cdots+b_{n-1}\dot{u}+b_nu$$

将上面的微分方程化为状态空间描述时要注意的问题是，因为方程式右端出现了 u 的各阶导数项，所以选择的状态变量要使导出的一阶微分方程组等式右端不出现 u 的各阶导数项。为此，通常把状态变量取为输出 y 和输入 u 的各阶导数的适当组合。

① 选择状态变量。令

$$\begin{cases}x_1=y-\beta_0u\\x_2=\dot{y}-\beta_0\dot{u}-\beta_1u\\x_3=\ddot{y}-\beta_0\ddot{u}-\beta_1\dot{u}-\beta_2u\\\vdots\\x_n=y^{(n-1)}-\beta_0u^{(n-1)}-\beta_1u^{(n-2)}-\cdots-\beta_{n-2}\dot{u}-\beta_{n-1}u\\x_{n+1}=y^{(n)}-\beta_0u^{(n)}-\beta_1u^{(n-1)}-\cdots-\beta_{n-1}\dot{u}-\beta_nu\end{cases}\tag{2-14}$$

式中的系数 β_0、β_1、…、β_n 待定，可由下面方法确定。

用 a_n、a_{n-1}、…、a_1 分别乘以式(2-14) 中前 n 个方程的两端，并移项得

$$\begin{cases}a_ny=a_nx_1+a_n\beta_0u\\a_{n-1}\dot{y}=a_{n-1}x_2+a_{n-1}\beta_0\dot{u}+a_{n-1}\beta_1u\\a_{n-2}\ddot{y}=a_{n-2}x_3+a_{n-2}\beta_0\ddot{u}+a_{n-2}\beta_1\dot{u}+a_{n-2}\beta_2u\\\vdots\\a_1y^{(n-1)}=a_1x_n+a_1\beta_0u^{(n-1)}+\cdots+a_1\beta_{n-2}\dot{u}+a_1\beta_{n-1}u\\y^{(n)}=x_{n+1}+\beta_0u^{(n)}+\beta_1u^{(n-1)}\cdots+\beta_{n-1}\dot{u}+\beta_nu\end{cases}$$

不难发现，上述各方程左端相加等于微分方程的左端，因此上述各方程右端相加也应该等于微分方程的右端，即

$$\begin{aligned}&[x_{n+1}+a_1x_n+\cdots+a_{n-1}x_2+a_nx_1]+[\beta_0u^{(n)}+(\beta_1+a_1\beta_0)u^{(n-1)}\\&+(\beta_2+a_1\beta_1+a_2\beta_0)u^{(n-2)}+\cdots+(\beta_{n-1}+a_1\beta_{n-2}\cdots+a_{n-2}\beta_1+a_{n-1}\beta_0)\dot{u}\\&+(\beta_n+a_1\beta_{n-1}+\cdots+a_{n-1}\beta_1+a_n\beta_0)u]\\&=b_0u^{(n)}+b_1u^{(n-1)}+\cdots+b_{n-1}\dot{u}+b_nu\end{aligned}\tag{2-15}$$

等式两边 $u^{(k)}(k=0,1,\cdots,n)$ 的系数应相等，有

$$\begin{cases}\beta_0=b_0\\\beta_1=b_1-a_1\beta_0\\\beta_2=b_2-a_1\beta_1-a_2\beta_0\\\vdots\\\beta_n=b_n-a_1\beta_{n-1}-\cdots-a_{n-1}\beta_1-a_n\beta_0\end{cases}\tag{2-16}$$

这就是由 a_i 和 b_j 计算 β_k $(k=0,1,\cdots,n)$ 的递推关系式。

② 导出状态变量的一阶微分方程组和输出关系式。对式(2-14) 求导，并考虑到式(2-15) 中的 $x_{n+1}+a_1x_n+\cdots+a_{n-1}x_2+a_nx_1=0$，可得

$$\begin{cases}\dot{x}_1=\dot{y}-\beta_0\dot{u}=x_2+\beta_1 u\\ \dot{x}_2=\ddot{y}-\beta_0\ddot{u}-\beta_1\dot{u}=x_3+\beta_2 u\\ \vdots\\ \dot{x}_{n-1}=x_n+\beta_{n-1}u\\ \dot{x}_n=x_{n+1}+\beta_n u=-a_n x_1-a_{n-1}x_2-\cdots-a_1 x_n+\beta_n u\end{cases}$$

$$y=x_1+\beta_0 u$$

③ 化为向量矩阵形式。

状态方程为

$$\begin{bmatrix}\dot{x}_1\\ \dot{x}_2\\ \vdots\\ \dot{x}_n\end{bmatrix}=\begin{bmatrix}0 & 1 & 0 & \cdots & 0\\ 0 & 0 & 1 & \cdots & 0\\ \vdots & \vdots & \vdots & \ddots & \vdots\\ -a_n & -a_{n-1} & -a_{n-2} & \cdots & -a_1\end{bmatrix}\begin{bmatrix}x_1\\ x_2\\ \vdots\\ x_n\end{bmatrix}+\begin{bmatrix}\beta_1\\ \beta_2\\ \vdots\\ \beta_n\end{bmatrix}u$$

输出方程为

$$y=\begin{bmatrix}1 & 0 & \cdots & 0\end{bmatrix}\begin{bmatrix}x_1\\ x_2\\ \vdots\\ x_n\end{bmatrix}+\beta_0 u$$

【例 2-4】 设系统的输出-输入微分方程为

$$\dddot{y}+18\ddot{y}+192\dot{y}+640y=160\dot{u}+640u$$

试求其状态空间描述的状态空间表达式。

解 系数 $a_1=18$，$a_2=192$，$a_3=640$，$b_0=b_1=0$，$b_2=160$，$b_3=640$。

按式(2-16) 求出

$$\begin{cases}\beta_0=b_0=0\\ \beta_1=b_1-a_1\beta_0=0\\ \beta_2=b_2-a_1\beta_1-a_2\beta_0=160\\ \beta_3=b_3-a_1\beta_2-a_2\beta_1-a_3\beta_0=640-18\times160=-2240\end{cases}$$

按式(2-14) 状态变量为

$$\begin{cases}x_1=y-\beta_0 u=y\\ x_2=\dot{y}-\beta_0\dot{u}-\beta_1 u=\dot{y}\\ x_3=\ddot{y}-\beta_0\ddot{u}-\beta_1\dot{u}-\beta_2 u=\ddot{y}-160u\end{cases}$$

所以向量矩阵形式的状态方程和输出方程为

$$\begin{bmatrix}\dot{x}_1\\ \dot{x}_2\\ \dot{x}_3\end{bmatrix}=\begin{bmatrix}0 & 1 & 0\\ 0 & 0 & 1\\ -640 & -192 & -18\end{bmatrix}\begin{bmatrix}x_1\\ x_2\\ x_3\end{bmatrix}+\begin{bmatrix}0\\ 160\\ -2240\end{bmatrix}u$$

$$y=\begin{bmatrix}1 & 0 & 0\end{bmatrix}\begin{bmatrix}x_1\\ x_2\\ x_3\end{bmatrix}$$

2.3 线性系统的频域传递函数化为状态空间表达式

线性控制系统的传递函数

$$G(s)=\frac{Y(s)}{U(s)}=\frac{b_1s^{n-1}+\cdots+b_{n-1}s+b_n}{s^n+a_1s^{n-1}+\cdots+a_{n-1}s+a_n} \tag{2-17}$$

按其极点分布情况，用部分分式法可得与之相应的状态空间描述，这样，状态方程与控制系统的极点直接建立了联系。

2.3.1 系统传递函数的极点为两两相异的单根

将式(2-17) 化为部分分式的形式，即

$$G(s)=\frac{Y(s)}{U(s)}=\frac{k_1}{s-s_1}+\frac{k_2}{s-s_2}+\cdots+\frac{k_n}{s-s_n}$$

式中　$G(s)$ ——系统的传递函数；

s_1，s_2，…，s_n——系统中两两相异的极点；

$k_i(i=1,2,\cdots,n)$ ——待定常数。

$k_i(i=1,2,\cdots,n)$ 可按下式计算

$$k_i=\lim_{s\to s_i}G(s)(s-s_i)$$

则有　$$Y(s)=k_1\frac{1}{s-s_1}U(s)+k_2\frac{1}{s-s_2}U(s)+\cdots+k_n\frac{1}{s-s_n}U(s)$$

① 选择状态变量。令 $x_i(s)=\frac{1}{s-s_i}U(s)(i=1,2,\cdots,n)$ 为各状态变量的拉氏变换式，即

$$\begin{cases}x_1(s)=\frac{1}{s-s_1}U(s)\\ x_2(s)=\frac{1}{s-s_2}U(s)\\ \vdots\\ x_{n-1}(s)=\frac{1}{s-s_{n-1}}U(s)\\ x_n(s)=\frac{1}{s-s_n}U(s)\end{cases}$$

② 化为状态变量的一阶微分方程组。

$$\begin{cases}sx_1(s)=s_1x_1(s)+U(s)\\ sx_2(s)=s_2x_2(s)+U(s)\\ \vdots\\ sx_{n-1}(s)=s_{n-1}x_{n-1}(s)+U(s)\\ sx_n(s)=s_nx_n(s)+U(s)\end{cases}\qquad Y(s)=k_1x_1(s)+k_2x_2(s)+\cdots+k_nx_n(s)$$

对上面两式进行拉普拉斯反变换，得

$$\begin{cases}\dot{x}_1=s_1x_1+u\\ \dot{x}_2=s_2x_2+u\\ \vdots\\ \dot{x}_{n-1}=s_{n-1}x_{n-1}+u\\ \dot{x}_n=s_nx_n+u\end{cases}\qquad y=k_1x_1+k_2x_2+\cdots+k_nx_n$$

③ 化成向量矩阵形式。

$$\begin{bmatrix}\dot{x}_1\\ \dot{x}_2\\ \vdots\\ \dot{x}_n\end{bmatrix}=\begin{bmatrix}s_1&0&\cdots&0\\ 0&s_2&\cdots&0\\ \vdots&\vdots&\ddots&\vdots\\ 0&0&\cdots&s_n\end{bmatrix}\begin{bmatrix}x_1\\ x_2\\ \vdots\\ x_n\end{bmatrix}+\begin{bmatrix}1\\ 1\\ \vdots\\ 1\end{bmatrix}u\qquad y=[k_1\quad k_2\quad\cdots\quad k_n]\begin{bmatrix}x_1\\ x_2\\ \vdots\\ x_n\end{bmatrix}$$

称其为对角标准型。

【例 2-5】 设系统的传递函数 $G(s)=\dfrac{Y(s)}{U(s)}=\dfrac{6}{s^3+6s^2+11s+6}$，试求其状态空间描述。

解 该系统的极点为 $s_1=-1$，$s_2=-2$，$s_3=-3$，而待定常数 k_i（$i=1$，2，3）为

$$k_1=\lim_{s\to-1}G(s)(s+1)=\lim_{s\to-1}\frac{6}{(s+2)(s+3)}=3$$

$$k_2=\lim_{s\to-2}G(s)(s+2)=\lim_{s\to-2}\frac{6}{(s+1)(s+3)}=-6$$

$$k_3=\lim_{s\to-3}G(s)(s+3)=\lim_{s\to-3}\frac{6}{(s+1)(s+2)}=3$$

因此，该系统的状态空间表达式为

$$\begin{bmatrix}\dot{x}_1\\ \dot{x}_2\\ \dot{x}_3\end{bmatrix}=\begin{bmatrix}-1&0&0\\ 0&-2&0\\ 0&0&-3\end{bmatrix}\begin{bmatrix}x_1\\ x_2\\ x_3\end{bmatrix}+\begin{bmatrix}1\\ 1\\ 1\end{bmatrix}u\qquad y=[3\quad -6\quad 3]\begin{bmatrix}x_1\\ x_2\\ x_3\end{bmatrix}$$

2.3.2 系统传递函数的极点为重根

(1) 系统传递函数的极点为一个 n 重根 将式(2-17) 化为部分分式的形式，即

$$G(s)=\frac{Y(s)}{U(s)}=\frac{k_{11}}{(s-s_1)^n}+\frac{k_{12}}{(s-s_1)^{n-1}}+\cdots+\frac{k_{1n}}{s-s_1}$$

式中 s_1——n 重极点；

$k_{1i}(i=1,2,\cdots,n)$——待定常数。

k_{1i}（$i=1$，2，…，n）可按下式计算

$$k_{1i}=\lim_{s\to s_1}\frac{1}{(i-1)!}\times\frac{\mathrm{d}^{i-1}}{\mathrm{d}s^{i-1}}[G(s)(s-s_1)^n]$$

所以 $Y(s)=k_{11}\dfrac{1}{(s-s_1)^n}U(s)+k_{12}\dfrac{1}{(s-s_1)^{n-1}}U(s)+\cdots+k_{1n}\dfrac{1}{s-s_n}U(s)$

① 选择状态变量。

$$x_1(s)=\frac{1}{(s-s_1)^n}U(s)=\frac{1}{s-s_1}x_2(s)$$

$$x_2(s)=\frac{1}{(s-s_1)^{n-1}}U(s)=\frac{1}{s-s_1}x_3(s)$$

$$\vdots$$

$$x_{n-1}(s)=\frac{1}{(s-s_1)^2}U(s)=\frac{1}{s-s_1}x_n(s)$$

$$x_n(s)=\frac{1}{s-s_1}U(s)$$

② 化为状态变量的一阶微分方程组。

$$\begin{cases} sx_1(s)=s_1x_1(s)+x_2(s) \\ sx_2(s)=s_1x_2(s)+x_3(s) \\ \vdots \\ sx_{n-1}(s)=s_1x_{n-1}(s)+x_n(s) \\ sx_n(s)=s_1x_n(s)+U(s) \end{cases} \qquad Y(s)=k_{11}x_1(s)+k_{12}x_2(s)+\cdots+k_{1n}x_n(s)$$

对上面两式进行拉普拉斯反变换，得

$$\begin{cases} \dot{x}_1=s_1x_1+x_2 \\ \dot{x}_2=s_1x_2+x_3 \\ \vdots \\ \dot{x}_{n-1}=s_1x_{n-1}+x_n \\ \dot{x}_n=s_1x_n+u \end{cases} \qquad y=k_{11}x_1+k_{12}x_2+\cdots+k_{1n}x_n$$

③ 化为向量矩阵形式。

$$\begin{bmatrix} \dot{x}_1 \\ \dot{x}_2 \\ \vdots \\ \dot{x}_{n-1} \\ \dot{x}_n \end{bmatrix}=\begin{bmatrix} s_1 & 1 & 0 & \cdots & 0 \\ 0 & s_1 & 1 & \cdots & 0 \\ \vdots & \vdots & \vdots & \ddots & \vdots \\ 0 & 0 & 0 & \cdots & 1 \\ 0 & 0 & 0 & \cdots & s_1 \end{bmatrix}\begin{bmatrix} x_1 \\ x_2 \\ \vdots \\ x_{n-1} \\ x_n \end{bmatrix}+\begin{bmatrix} 0 \\ 0 \\ \vdots \\ 0 \\ 1 \end{bmatrix}u \qquad y=[k_{11} \quad k_{12} \quad \cdots \quad k_{1n}]\begin{bmatrix} x_1 \\ x_2 \\ \vdots \\ x_n \end{bmatrix}$$

【例 2-6】 设系统的传递函数 $G(s)=\dfrac{2s^2+5s+1}{(s-2)^3}$，试求其状态空间表达式。

解　系统有一个三重极点 $s=2$，待定系数 $k_{1i}(i=1,2,3)$ 为

$$k_{11}=\lim_{s\to 2}G(s)(s-2)^3=\lim_{s\to 2}(2s^2+5s+1)=19$$

$$k_{12}=\lim_{s\to 2}\frac{\mathrm{d}}{\mathrm{d}s}[G(s)(s-2)^3]=\lim_{s\to 2}(4s+5)=13$$

$$k_{13}=\lim_{s\to 2}\frac{1}{2!}\times\frac{\mathrm{d}^2}{\mathrm{d}s^2}[G(s)(s-2)^3]=\frac{4}{2}=2$$

因此，系统的状态空间表达式为

$$\begin{bmatrix} \dot{x}_1 \\ \dot{x}_2 \\ \dot{x}_3 \end{bmatrix}=\begin{bmatrix} 2 & 1 & 0 \\ 0 & 2 & 1 \\ 0 & 0 & 2 \end{bmatrix}\begin{bmatrix} x_1 \\ x_2 \\ x_3 \end{bmatrix}+\begin{bmatrix} 0 \\ 0 \\ 1 \end{bmatrix}u \qquad y=[19 \quad 13 \quad 2]\begin{bmatrix} x_1 \\ x_2 \\ x_3 \end{bmatrix}$$

(2) 系统传递函数的极点为 k 个重根 设 s_1 为 l_1 重根，s_2 为 l_2 重根，…，s_k 为 l_k 重根，且 $l_1+l_2+\cdots+l_k=n$。参照上述极点为一个 n 重根的情况，不难直接得出状态空间描述为

$$\begin{bmatrix}\dot{x}_1\\ \dot{x}_2\\ \vdots\\ \dot{x}_{l_1}\\ \hline \dot{x}_{l_1+1}\\ \dot{x}_{l_1+2}\\ \vdots\\ \dot{x}_{l_1+l_2}\\ \hline \vdots\\ \hline \dot{x}_{n-l_k+1}\\ \dot{x}_{n-l_k+2}\\ \vdots\\ \dot{x}_n\end{bmatrix}=\left[\begin{array}{c|c|c|c}\begin{matrix}s_1&1&&\mathbf{0}\\&s_1&\ddots&\\&&\ddots&1\\ \mathbf{0}&&&s_1\end{matrix}&\mathbf{0}&\cdots&\mathbf{0}\\ \hline \mathbf{0}&\begin{matrix}s_2&1&&\mathbf{0}\\&s_2&\ddots&\\&&\ddots&1\\ \mathbf{0}&&&s_2\end{matrix}&\cdots&\mathbf{0}\\ \hline \vdots&\vdots&\ddots&\vdots\\ \hline \mathbf{0}&\mathbf{0}&\cdots&\begin{matrix}s_k&1&&\mathbf{0}\\&s_k&\ddots&\\&&\ddots&1\\ \mathbf{0}&&&s_k\end{matrix}\end{array}\right]\begin{bmatrix}x_1\\ x_2\\ \vdots\\ x_{l_1}\\ \hline x_{l_1+1}\\ x_{l_1+2}\\ \vdots\\ x_{l_1+l_2}\\ \hline \vdots\\ \hline x_{n-l_k+1}\\ x_{n-l_k+2}\\ \vdots\\ x_n\end{bmatrix}+\begin{bmatrix}0\\0\\ \vdots\\1\\ \hline 0\\0\\ \vdots\\1\\ \hline \vdots\\ \hline 0\\0\\ \vdots\\1\end{bmatrix}u$$

及
$$y=\left[\begin{array}{cccc|cccc|c|cccc}k_{11}&k_{12}&\cdots&k_{1l_1}&k_{21}&k_{22}&\cdots&k_{2l_2}&\cdots&k_{k1}&k_{k2}&\cdots&k_{kl_k}\end{array}\right]\begin{bmatrix}x_1\\x_2\\ \vdots\\x_n\end{bmatrix}$$

令
$$\boldsymbol{J}_1=\begin{bmatrix}s_1&1&&\mathbf{0}\\&s_1&\ddots&\\&&\ddots&1\\ \mathbf{0}&&&s_1\end{bmatrix},\boldsymbol{J}_2=\begin{bmatrix}s_2&1&&\mathbf{0}\\&s_2&\ddots&\\&&\ddots&1\\ \mathbf{0}&&&s_2\end{bmatrix},\cdots,\boldsymbol{J}_k=\begin{bmatrix}s_k&1&&\mathbf{0}\\&s_k&\ddots&\\&&\ddots&1\\ \mathbf{0}&&&s_k\end{bmatrix}$$

$$\boldsymbol{b}_1=\begin{bmatrix}0\\ \vdots\\1\end{bmatrix},\ \boldsymbol{b}_2=\begin{bmatrix}0\\ \vdots\\1\end{bmatrix},\ \cdots,\ \boldsymbol{b}_k=\begin{bmatrix}0\\ \vdots\\1\end{bmatrix}$$

$$\boldsymbol{c}_1=[k_{11}\quad k_{12}\quad\cdots\quad k_{1l_1}],\ \boldsymbol{c}_2=[k_{21}\quad k_{22}\quad\cdots\quad k_{2l_2}],\ \cdots,$$

$$\boldsymbol{c}_{k1}=[k_{k1}\quad k_{k2}\quad\cdots\quad k_{kl_k}]$$

故
$$\dot{\boldsymbol{x}}=\begin{bmatrix}\boldsymbol{J}_1&\mathbf{0}&\cdots&\mathbf{0}\\ \mathbf{0}&\boldsymbol{J}_2&\cdots&\mathbf{0}\\ \vdots&\vdots&\ddots&\vdots\\ \mathbf{0}&\mathbf{0}&\cdots&\boldsymbol{J}_k\end{bmatrix}\boldsymbol{x}+\begin{bmatrix}\boldsymbol{b}_1\\ \boldsymbol{b}_1\\ \vdots\\ \boldsymbol{b}_k\end{bmatrix}u\quad y=[\boldsymbol{c}_1\quad \boldsymbol{c}_2\quad\cdots\quad \boldsymbol{c}_k]\boldsymbol{x}$$

此状态空间表达式称为约当（Jordan）标准型。

2.3.3 系统传递函数同时具有单极点和重极点

令 s_1，s_2，…，s_k 为单极点，s_{k+1}为 l_1 重极点，s_{k+2}为 l_2 重极点，…，s_{k+m}为 l_m 重

极点，且 $k+l_1+l_2+\cdots+l_m=k+\sum_{i=1}^{m}l_i=n$ 成立。

据上述两种情况的讨论结果，可直接列出此时系统的状态空间描述为

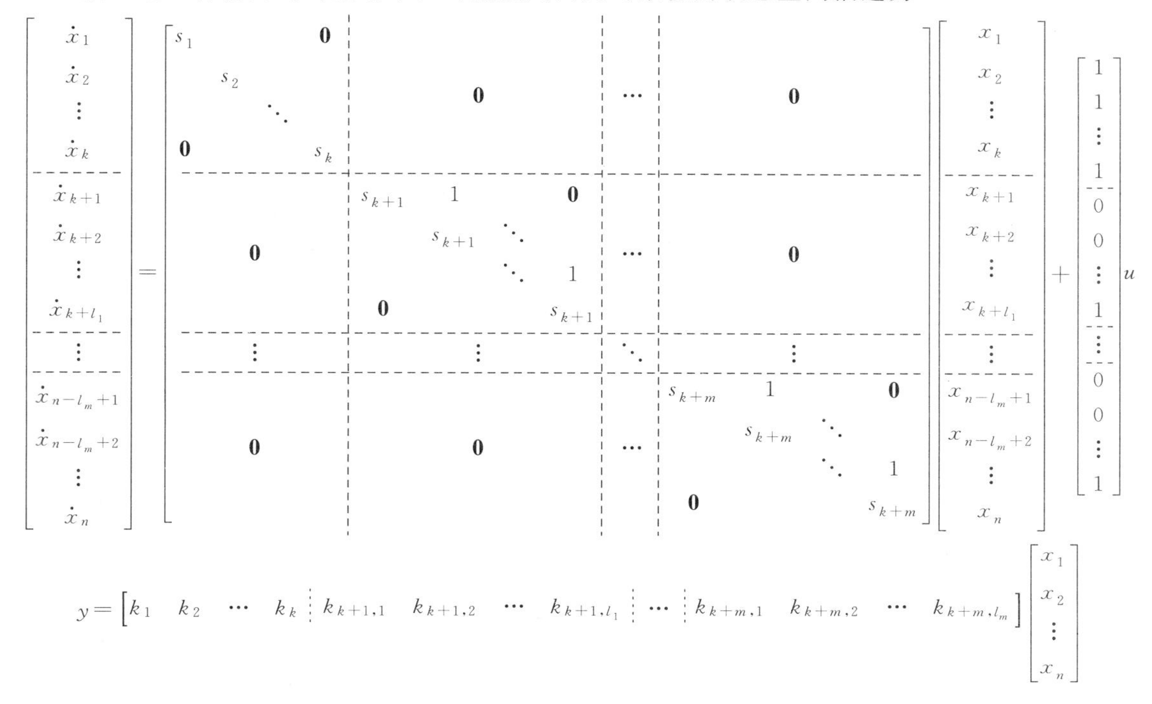

2.4　根据线性系统的状态变量图列写状态空间表达式

根据 2.1 节对系统状态空间描述问题的讨论以及状态变量的启示，使我们更明确了选择独立储能元件的储能变量作为状态变量是比较容易掌握的。因此在线性系统的传递函数确定后，可用结构图将其化为由积分器、放大器、比较器（即加法器）各环节组成的形式，取积分环节的输出作为状态变量，进而根据信号传递关系导出线性系统的状态空间描述，这就是本节的基本思想。

所谓状态变量图，是由积分器、放大器和加法器构成的系统结构的图形表示，图中每个积分器的输出定为一个状态变量。状态变量图既描述了状态变量间的相互关系，又说明了状态变量的物理意义。可以说，状态变量图是系统相应结构图的拉普拉斯反变换图形。

2.4.1　一阶线性系统的状态空间表达式

(1) 运动方程中不含输入变量的导数项　运动方程为

$$T\dot{y}+y=Ku$$

对其进行拉普拉斯变换，得传递函数

$$\frac{Y(s)}{U(s)}=\frac{K}{Ts+1}$$

式中　y——系统的输出变量；

u——系统的输入变量；

T——时间常数；

K——放大系数。

上式可变化为

$$\frac{Y(s)}{U(s)}=\frac{K}{T}\times\frac{s^{-1}}{1+\frac{1}{T}s^{-1}} \tag{2-18}$$

根据梅逊（Mason）增益公式，可以画出式(2-18) 对应的一阶系统结构图，如图 2-4 所示。再将该结构图改画成图 2-5 所示的时域一阶系统状态变量图。指定积分器的输出为状态变量 x_1，系统的输出变量为 $y=x_1$。

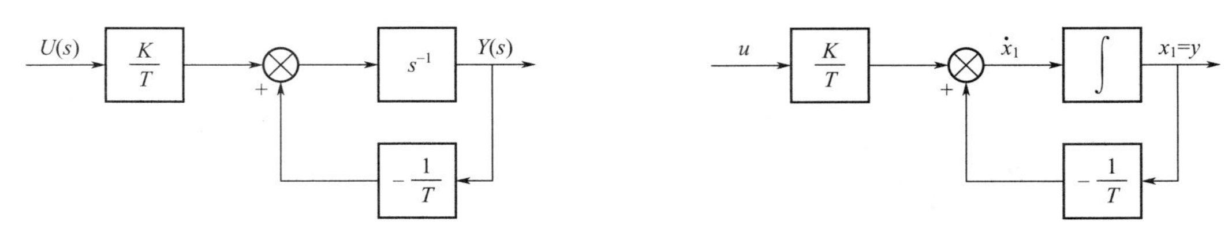

图 2-4　一阶系统结构图　　　　图 2-5　一阶系统状态变量图

由状态变量图写出系统的状态方程为

$$\dot{x}=-\frac{1}{T}x_1+\frac{K}{T}u$$

系统的输出方程为

$$y=x_1$$

(2) 运动方程中包含输入变量的导数项　运动方程为

$$T\dot{y}+y=K(\tau\dot{u}+u)$$

这一问题可参照上面的过程按如下步骤处理。

① 对传递函数进行处理，则

$$\frac{Y(s)}{U(s)}=K\ \frac{\tau s+1}{Ts+1}=\frac{K}{T}\left(\frac{s^{-1}}{1+\frac{1}{T}s^{-1}}+\frac{\tau}{1+\frac{1}{T}s^{-1}}\right) \tag{2-19}$$

② 根据式(2-19)，画出如图 2-6 所示的含有输入变量导数项的一阶系统运动方程的结构图。

③ 将结构图改画成如图 2-7 所示的状态变量图。具体方法是把积分环节改画成积分器，选定积分器输出作为系统的状态变量 x_1。

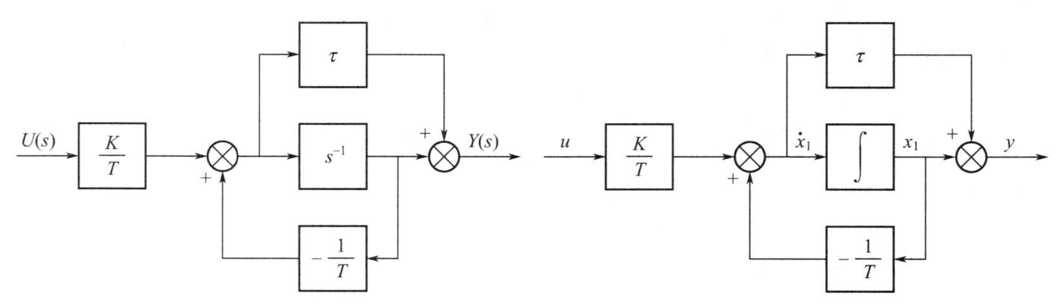

图 2-6　一阶系统结构图（含 $\dot{u}$）　　　　图 2-7　一阶系统状态变量图（含 $\dot{u}$）

④ 根据状态变量图，写出含有输入变量导数项的一阶线性系统的状态方程与输出方

程，即

$$\dot{x}_1=-\frac{1}{T}x_1+\frac{K}{T}u \quad y=x_1+\tau\dot{x}_1=(1-\frac{\tau}{T})x_1+\frac{K\tau}{T}u$$

2.4.2　二阶线性系统的状态空间表达式

(1) 运动方程中不含输入变量的导数项　运动方程为

$$T^2\ddot{y}+2\zeta T\dot{y}+y=Ku$$

式中　ζ——阻尼比。

① 对传递函数进行处理，则

$$\frac{Y(s)}{U(s)}=\frac{K}{T^2s^2+2\zeta Ts+1}=\frac{K}{T^2}\times\frac{s^{-2}}{1+\frac{2\zeta}{T}s^{-1}+\frac{1}{T^2}s^{-2}} \tag{2-20}$$

② 根据式(2-20) 可以直接画出如图 2-8 所示的状态变量图，图中积分器的输出选定为系统的状态变量 $x_1=y$ 及 $x_2=\dot{x}_1$。

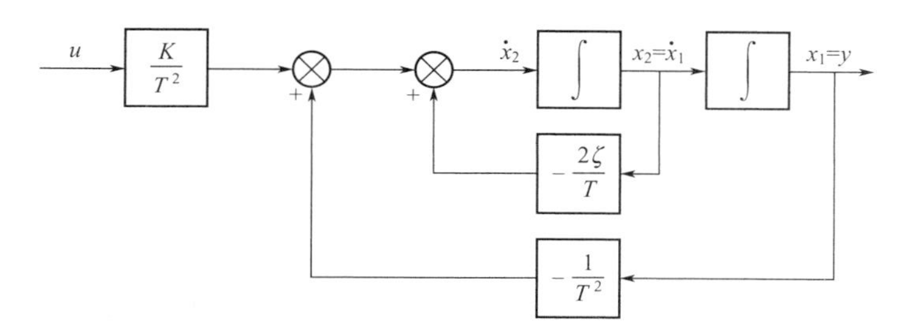

图 2-8　二阶系统状态变量图

③ 根据状态变量图，写出不含输入变量导数项时二阶线性系统的状态方程和输出方程，它们分别为

$$\begin{cases}\dot{x}_1=x_2\\ \dot{x}_2=-\frac{1}{T^2}x_1-\frac{2\zeta}{T}x_2+\frac{K}{T^2}u\end{cases} \quad y=x_1$$

即

$$\begin{bmatrix}\dot{x}_1\\ \dot{x}_2\end{bmatrix}=\begin{bmatrix}0 & 1\\ -\frac{1}{T^2} & -\frac{2\zeta}{T}\end{bmatrix}\begin{bmatrix}x_1\\ x_2\end{bmatrix}+\begin{bmatrix}0\\ \frac{K}{T^2}\end{bmatrix}u \quad y=[1 \quad 0]\begin{bmatrix}x_1\\ x_2\end{bmatrix}$$

(2) 运动方程中含有输入变量的一阶导数

$$T^2\ddot{y}+2\zeta T\dot{y}+y=K(\tau\dot{u}+u)$$

式中　τ——输入变量一阶导数 $\dot{u}$ 的常系数。

① 对传递函数进行处理。

$$\frac{Y(s)}{U(s)}=\frac{K(\tau s+1)}{T^2s^2+2\zeta Ts+1}=\frac{K}{T^2}\left[\frac{s^{-2}}{1+\frac{2\zeta}{T}s^{-1}+\frac{1}{T^2}s^{-2}}+\frac{\tau s^{-1}}{1+\frac{2\zeta}{T}s^{-1}+\frac{1}{T^2}s^{-2}}\right] \tag{2-21}$$

② 根据式(2-21) 可以直接画出如图 2-9 所示的状态变量图，图中积分器的输出选定为系统的状态变量 x_1、x_2。

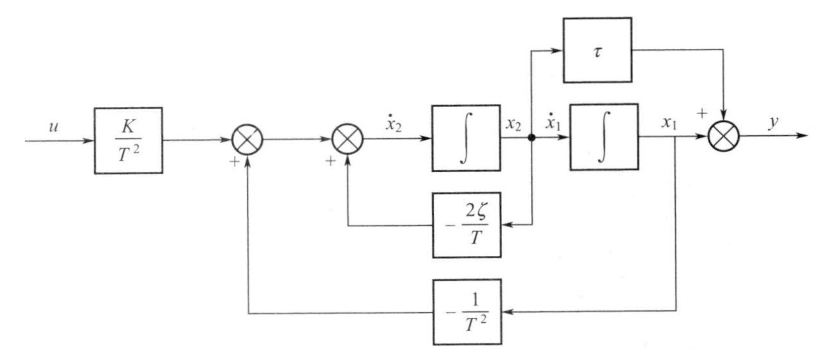

图 2-9　二阶系统状态变量图（含 $\dot{u}$）

③ 根据状态变量图，写出相应的状态方程与输出方程，它们分别为

$$\begin{cases}\dot{x}_1=x_2\\ \dot{x}_2=-\dfrac{1}{T^2}x_1-\dfrac{2\zeta}{T}x_2+\dfrac{K}{T^2}u\end{cases}\qquad y=x_1+\tau x_2$$

即
$$\begin{bmatrix}\dot{x}_1\\ \dot{x}_2\end{bmatrix}=\begin{bmatrix}0 & 1\\ -\dfrac{1}{T^2} & -\dfrac{2\zeta}{T}\end{bmatrix}\begin{bmatrix}x_1\\ x_2\end{bmatrix}+\begin{bmatrix}0\\ \dfrac{K}{T^2}\end{bmatrix}u\quad y=\begin{bmatrix}1 & \tau\end{bmatrix}\begin{bmatrix}x_1\\ x_2\end{bmatrix}$$

2.4.3　n 阶线性系统的状态空间表达式

设 n 阶线性系统的传递函数为

$$\frac{Y(s)}{U(s)}=\frac{b_1s^{n-1}+\cdots+b_{n-1}s+b_n}{s^n+a_1s^{n-1}+\cdots+a_{n-1}s+a_n}\tag{2-22}$$

将式(2-22) 分子和分母同除以 s^n 得

$$\frac{Y(s)}{U(s)}=\frac{b_1s^{-1}+\cdots+b_{n-1}s^{-(n-1)}+b_ns^{-n}}{1+a_1s^{-1}+\cdots+a_{n-1}s^{-(n-1)}+a_ns^{-n}}$$

求得输出变量的拉氏变换为

$$Y(s)=U(s)\frac{b_1s^{-1}+\cdots+b_{n-1}s^{-(n-1)}+b_ns^{-n}}{1+a_1s^{-1}+\cdots+a_{n-1}s^{-(n-1)}+a_ns^{-n}}$$

令
$$\varepsilon(s)=U(s)\frac{1}{1+a_1s^{-1}+\cdots+a_{n-1}s^{-(n-1)}+a_ns^{-n}}$$

或
$$\varepsilon(s)=U(s)-a_1s^{-1}\varepsilon(s)-a_2s^{-2}\varepsilon(s)-\cdots-a_ns^{-n}\varepsilon(s)\tag{2-23}$$

可得
$$\begin{aligned}Y(s)&=\varepsilon(s)[b_1s^{-1}+\cdots+b_{n-1}s^{-(n-1)}+b_ns^{-n}]\\&=b_1s^{-1}\varepsilon(s)+\cdots+b_{n-1}s^{-(n-1)}\varepsilon(s)+b_ns^{-n}\varepsilon(s)\end{aligned}\tag{2-24}$$

根据式(2-23)、式(2-24) 可画出系统结构图（图 2-10）与系统状态变量图（图 2-11）。由状态变量图很容易写出 n 阶线性系统的状态方程，即

$$\begin{cases}\dot{x}_1=x_2\\ \dot{x}_2=x_3\\ \vdots\\ \dot{x}_{n-1}=x_n\\ \dot{x}_n=-a_nx_1-a_{n-1}x_2-\cdots-a_2x_{n-1}-a_1x_n+u\end{cases}$$

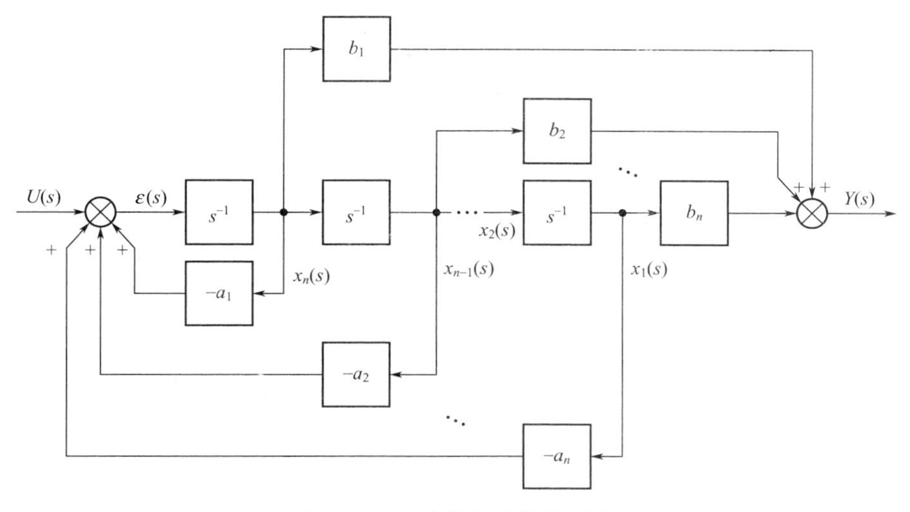

图 2-10　n 阶线性系统结构图

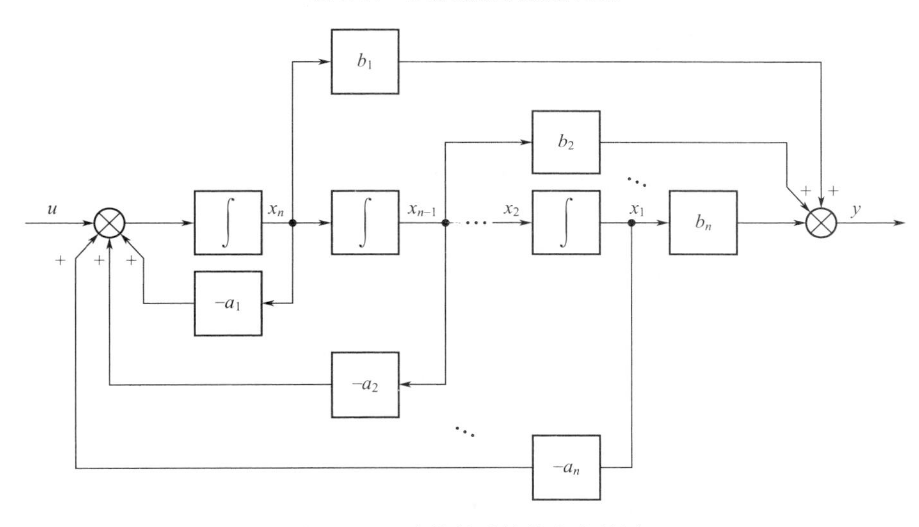

图 2-11　n 阶线性系统状态变量图

即
$$\begin{bmatrix} \dot{x}_1 \\ \dot{x}_2 \\ \vdots \\ \dot{x}_{n-1} \\ \dot{x}_n \end{bmatrix} = \begin{bmatrix} 0 & 1 & 0 & \cdots & 0 \\ 0 & 0 & 1 & \cdots & 0 \\ \vdots & \vdots & \vdots & \ddots & \vdots \\ 0 & 0 & 0 & \cdots & 1 \\ -a_n & -a_{n-1} & -a_{n-2} & \cdots & -a_1 \end{bmatrix} \begin{bmatrix} x_1 \\ x_2 \\ \vdots \\ x_{n-1} \\ x_n \end{bmatrix} + \begin{bmatrix} 0 \\ 0 \\ \vdots \\ 0 \\ 1 \end{bmatrix} u \tag{2-25}$$

输出方程为

$$y = b_n x_1 + b_{n-1} x_2 + \cdots + b_2 x_{n-1} + b_1 x_n$$

即
$$y = \begin{bmatrix} b_n & b_{n-1} & \cdots & b_2 & b_1 \end{bmatrix} \begin{bmatrix} x_1 \\ x_2 \\ \vdots \\ x_{n-1} \\ x_n \end{bmatrix} \tag{2-26}$$

【例 2-7】 设线性系统的传递函数为

$$\frac{Y(s)}{U(s)}=\frac{s^2+3s+2}{s(s^2+7s+12)}$$

试画出系统的状态变量图，并根据状态变量图写出系统的状态空间表达式。

解 将已知的传递函数改写为如下形式，即

$$\frac{Y(s)}{U(s)}=\frac{s^{-1}+3s^{-2}+2s^{-3}}{1+7s^{-1}+12s^{-2}}$$

根据式(2-23)、式(2-24)，由上式可求得

$$\varepsilon(s)=U(s)\frac{1}{1+7s^{-1}+12s^{-2}} \quad Y(s)=\varepsilon(s)(s^{-1}+3s^{-2}+2s^{-3})$$

画出系统的状态变量图，如图 2-12 所示，图中各积分器的输出选定为状态变量 x_1、x_2、x_3。

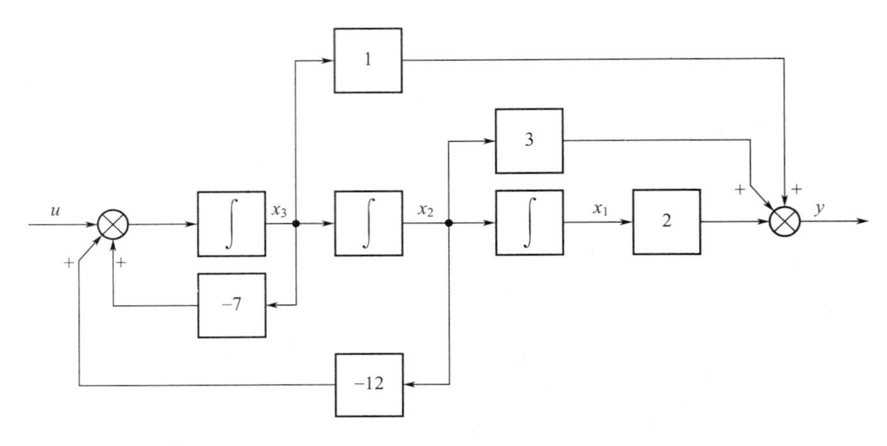

图 2-12 例 2-7 系统状态变量图

由图 2-12 可直接写出系统的状态方程及输出方程，它们分别为

$$\begin{bmatrix}\dot{x}_1\\ \dot{x}_2\\ \dot{x}_3\end{bmatrix}=\begin{bmatrix}0 & 1 & 0\\ 0 & 0 & 1\\ 0 & -12 & -7\end{bmatrix}\begin{bmatrix}x_1\\ x_2\\ x_3\end{bmatrix}+\begin{bmatrix}0\\ 0\\ 1\end{bmatrix}u \quad y=\begin{bmatrix}2 & 3 & 1\end{bmatrix}\begin{bmatrix}x_1\\ x_2\\ x_3\end{bmatrix}$$

2.5 根据线性系统的结构图导出状态空间表达式

当系统的模型是以结构图形式给出时，无需求出总的传递函数，可直接导出其相应的状态空间描述。但需指出，受上面状态变量图启示，系统结构图中的二阶以上环节，可化为由积分环节与一阶惯性环节组成，显然它们的输出即为系统状态变量的拉普拉斯变换。该过程利用下例进行说明。

【例 2-8】 已知系统的结构图如图 2-13 所示，试导出该系统的状态空间描述，图中 z、p、a、K 均为常值。

解

① 把各环节传递函数化成最简形式$\frac{K_i}{s+p_i}$（积分环节或一阶惯性环节）的组合。对此

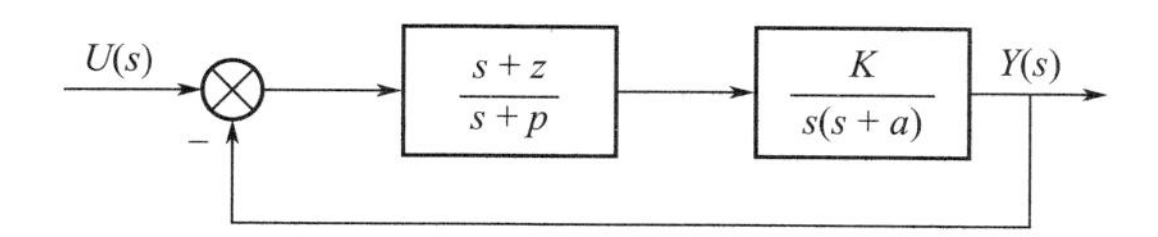

图 2-13　例 2-8 系统结构图

例有

$$\frac{s+z}{s+p}=1+\frac{z-p}{s+p} \qquad \frac{K}{s(s+a)}=\frac{K}{s}\times\frac{1}{s+a}$$

依据这种处理，将系统原结构图化为图 2-14 所示形式。

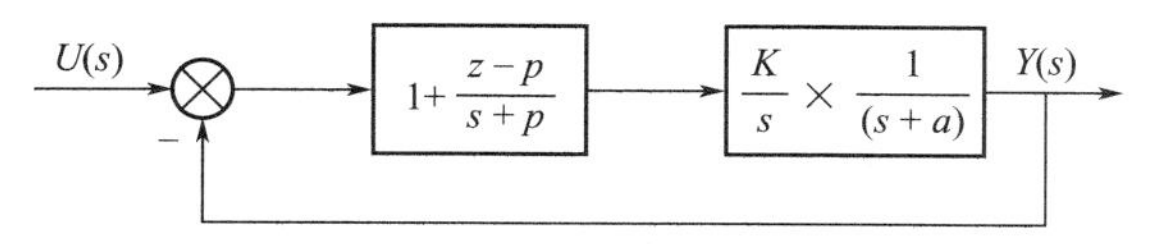

图 2-14　处理后的例 2-8 系统结构图

② 把具有最简环节相乘的环节化为最简结构的串联，把具有最简环节相加的环节化为最简结构的并联，从而可将系统化为图 2-15 所示的形式。

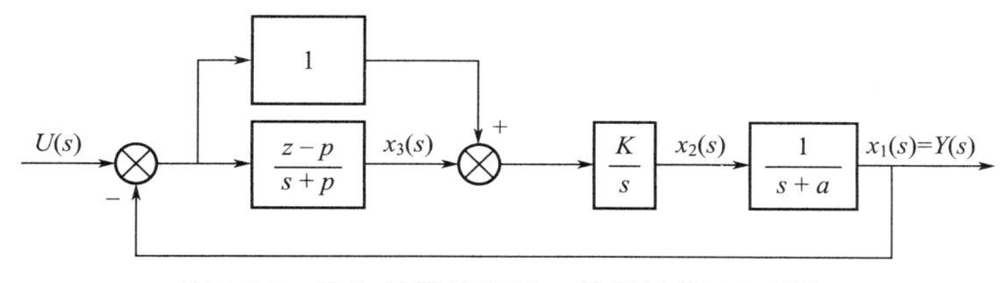

图 2-15　化为最简结构串、并联的例 2-8 系统

③ 把具有最简单传递函数$\left(\frac{K_i}{s+p_i}\right)$环节的输出选取为状态变量，根据信号传递关系有

$$\begin{cases} x_1(s)=\dfrac{1}{s+a}x_2(s) \\ x_2(s)=\dfrac{K}{s}x_3(s)+\dfrac{K}{s}[U(s)-x_1(s)] \\ x_3(s)=\dfrac{z-p}{s+p}[U(s)-x_1(s)] \end{cases}$$

上式可化为

$$\begin{cases} sx_1(s)=-ax_1(s)+x_2(s) \\ sx_2(s)=-Kx_1(s)+Kx_3(s)+KU(s) \\ sx_3(s)=(p-z)x_1(s)-px_3(s)+(z-p)U(s) \end{cases}$$

上式进行拉普拉斯反变换，得

$$\begin{cases} \dot{x}_1=-ax_1+x_2 \\ \dot{x}_2=-Kx_1+Kx_3+Ku \\ \dot{x}_3=(p-z)x_1-px_3+(z-p)u \end{cases}$$

表示为向量矩阵形式为

$$\begin{bmatrix} \dot{x}_1 \\ \dot{x}_2 \\ \dot{x}_3 \end{bmatrix}=\begin{bmatrix} -a & 1 & 0 \\ -K & 0 & K \\ p-z & 0 & -p \end{bmatrix}\begin{bmatrix} x_1 \\ x_2 \\ x_3 \end{bmatrix}+\begin{bmatrix} 0 \\ K \\ z-p \end{bmatrix}u \qquad y=[1\quad 0\quad 0]\begin{bmatrix} x_1 \\ x_2 \\ x_3 \end{bmatrix}$$

2.6 将线性系统状态方程化为标准形式

2.6.1 线性系统的特征值及其不变性

线性定常系统的状态方程为

$$\dot{\boldsymbol{x}}=\boldsymbol{A}\boldsymbol{x}+\boldsymbol{B}\boldsymbol{u}$$

式中 $\boldsymbol{A}$——$n\times n$ 常矩阵；

$\boldsymbol{B}$——$n\times r$ 常矩阵。

系统的特征值，就是其系统矩阵 $\boldsymbol{A}$ 的特征值，即特征方程 $|\lambda\mathbf{I}-\boldsymbol{A}|=0$ 的根。对于线性定常系统，可用特征值作为描述系统动力学特性的重要参量。系统特征值的形态不同，其状态方程的标准形式也不同。不难理解，系统的特征值就是系统传递函数的极点。因此，明确特征值的性质有重要意义。

特征值的性质如下。

① 一个 n 维系统的 $n\times n$ 方阵 $\boldsymbol{A}$，有且仅有 n 个特征值。

② 物理上存在的系统，方阵 $\boldsymbol{A}$ 为实常矩阵，其 n 个特征值或为实数，或为共轭复数对。

③ 对系统进行线性非奇异变换，其特征值不变。

证明 作 $\hat{\boldsymbol{x}}=\boldsymbol{P}^{-1}\boldsymbol{x}$ 线性非奇异变换，则有 $\boldsymbol{x}=\boldsymbol{P}\hat{\boldsymbol{x}}$，因此

$$\dot{\hat{\boldsymbol{x}}}=\boldsymbol{P}^{-1}\dot{\boldsymbol{x}}=\boldsymbol{P}^{-1}\boldsymbol{A}\boldsymbol{x}+\boldsymbol{P}^{-1}\boldsymbol{B}\boldsymbol{u}=\boldsymbol{P}^{-1}\boldsymbol{A}\boldsymbol{P}\hat{\boldsymbol{x}}+\boldsymbol{P}^{-1}\boldsymbol{B}\boldsymbol{u}=\hat{\boldsymbol{A}}\hat{\boldsymbol{x}}+\hat{\boldsymbol{B}}u$$

$$\boldsymbol{y}=\boldsymbol{C}\boldsymbol{x}=\boldsymbol{C}\boldsymbol{P}\hat{\boldsymbol{x}}=\hat{\boldsymbol{C}}\hat{\boldsymbol{x}}$$

为证明线性变换下系统特征值不变，必须证明

$$|\lambda\mathbf{I}-\boldsymbol{A}|=|\lambda\mathbf{I}-\boldsymbol{P}^{-1}\boldsymbol{A}\boldsymbol{P}|$$

由于乘积的行列式是每个行列式的乘积，所以

$$|\lambda\mathbf{I}-\boldsymbol{P}^{-1}\boldsymbol{A}\boldsymbol{P}|=|\lambda\boldsymbol{P}^{-1}\boldsymbol{P}-\boldsymbol{P}^{-1}\boldsymbol{A}\boldsymbol{P}|=|\boldsymbol{P}^{-1}(\lambda\mathbf{I}-\boldsymbol{A})\boldsymbol{P}|=|\boldsymbol{P}^{-1}|\,|\lambda\mathbf{I}-\boldsymbol{A}|\,|\boldsymbol{P}|=|\lambda\mathbf{I}-\boldsymbol{A}|$$

④ 设 λ_i 为 $\boldsymbol{A}$ 的一个特征值，若存在某个 n 维非零向量 $\boldsymbol{v}_i$，使 $\boldsymbol{A}\boldsymbol{v}_i=\lambda_i\boldsymbol{v}_i$，则称 $\boldsymbol{v}_i$ 为属于 λ_i 的特征向量，其中

$$\boldsymbol{v}_i=[v_{1i}\quad v_{2i}\quad\cdots\quad v_{ni}]^{\mathrm{T}}(i=1,2,\cdots,n)$$

⑤ 设 λ_1、λ_2、…、λ_n 为系统矩阵 $\boldsymbol{A}$ 的特征值，$\boldsymbol{v}_1$、$\boldsymbol{v}_2$、…、$\boldsymbol{v}_n$ 是矩阵 $\boldsymbol{A}$ 的分别属于这些特征值的特征向量，当 λ_1、λ_2、…、λ_n 两两相异时，$\boldsymbol{v}_1$、$\boldsymbol{v}_2$、…、$\boldsymbol{v}_n$ 线性无关，因此由这些特征向量组成的矩阵 $\boldsymbol{P}$ 必是非奇异的，其中

$$\boldsymbol{P}=[\boldsymbol{v}_1\quad\boldsymbol{v}_2\quad\cdots\quad\boldsymbol{v}_n]=\begin{bmatrix}v_{11}&v_{12}&\cdots&v_{1n}\\v_{21}&v_{22}&\cdots&v_{2n}\\\vdots&\vdots&\ddots&\vdots\\v_{n1}&v_{n2}&\cdots&v_{nn}\end{bmatrix}$$

⑥ 若系统矩阵 $\boldsymbol{A}$ 具有如下形式，即

$$\boldsymbol{A}=\begin{bmatrix}0&1&0&\cdots&0\\0&0&1&\cdots&0\\\vdots&\vdots&\vdots&\ddots&\vdots\\0&0&0&\cdots&1\\-a_n&-a_{n-1}&-a_{n-2}&\cdots&-a_1\end{bmatrix}$$

则其特征多项式为

$$|\lambda \mathbf{I}-\boldsymbol{A}|=\lambda^{n}+a_{1}\lambda^{n-1}+\cdots+a_{n-1}\lambda+a_{n}$$

其特征方程 $|\lambda \mathbf{I}-\boldsymbol{A}|=\lambda^{n}+a_{1}\lambda^{n-1}+\cdots+a_{n-1}\lambda+a_{n}=0$ 的根就是该系统的极点，即系统的特征值。

2.6.2　将线性系统状态方程化为对角标准型

(1) 系统矩阵 $\boldsymbol{A}$ 具有任意形式

定理 2-1　对于线性定常系统，如果其特征值 λ_1、λ_2、…、λ_n 是两两相异的，则必存在非奇异矩阵 $\boldsymbol{P}$，通过变换 $\hat{\boldsymbol{x}}=\boldsymbol{P}^{-1}\boldsymbol{x}$，状态方程将被化为对角标准型，即

$$\dot{\hat{\boldsymbol{x}}}=\hat{\boldsymbol{A}}\hat{\boldsymbol{x}}+\hat{\boldsymbol{B}}\boldsymbol{u}$$

其中

$$\hat{\boldsymbol{A}}=\begin{bmatrix}\lambda_1 & 0 & \cdots & 0\\ 0 & \lambda_2 & \cdots & 0\\ \vdots & \vdots & \ddots & \vdots\\ 0 & 0 & \cdots & \lambda_n\end{bmatrix}$$

证明

① 由特征值性质⑤知，特征向量可组成非奇异矩阵 $\boldsymbol{P}$，即

$$\boldsymbol{P}=[\boldsymbol{v}_1\quad \boldsymbol{v}_2\quad \cdots\quad \boldsymbol{v}_n]=\begin{bmatrix}v_{11} & v_{12} & \cdots & v_{1n}\\ v_{21} & v_{22} & \cdots & v_{2n}\\ \vdots & \vdots & \ddots & \vdots\\ v_{n1} & v_{n2} & \cdots & v_{nn}\end{bmatrix}$$

② 由特征值性质④知 $\boldsymbol{A}\boldsymbol{v}_i=\lambda_i\boldsymbol{v}_i$，因此

$$\begin{aligned}\boldsymbol{AP}&=\boldsymbol{A}[\boldsymbol{v}_1\quad \boldsymbol{v}_2\quad \cdots\quad \boldsymbol{v}_n]=[\boldsymbol{A}\boldsymbol{v}_1\quad \boldsymbol{A}\boldsymbol{v}_2\quad \cdots\quad \boldsymbol{A}\boldsymbol{v}_n]\\&=[\lambda_1\boldsymbol{v}_1\quad \lambda_2\boldsymbol{v}_2\quad \cdots\quad \lambda_n\boldsymbol{v}_n]\\&=[\boldsymbol{v}_1\quad \boldsymbol{v}_2\quad \cdots\quad \boldsymbol{v}_n]\begin{bmatrix}\lambda_1 & 0 & \cdots & 0\\ 0 & \lambda_2 & \cdots & 0\\ \vdots & \vdots & \ddots & \vdots\\ 0 & 0 & \cdots & \lambda_n\end{bmatrix}=\boldsymbol{P}\begin{bmatrix}\lambda_1 & 0 & \cdots & 0\\ 0 & \lambda_2 & \cdots & 0\\ \vdots & \vdots & \ddots & \vdots\\ 0 & 0 & \cdots & \lambda_n\end{bmatrix}\end{aligned}$$

上式两端左乘$\boldsymbol{P}^{-1}$,得

$$\boldsymbol{P}^{-1}\boldsymbol{AP}=\begin{bmatrix}\lambda_1 & 0 & \cdots & 0\\ 0 & \lambda_2 & \cdots & 0\\ \vdots & \vdots & \ddots & \vdots\\ 0 & 0 & \cdots & \lambda_n\end{bmatrix}$$

③ 由特征值性质③知，线性定常系统 $\dot{\boldsymbol{x}}=\boldsymbol{Ax}+\boldsymbol{Bu}$ 经 $\hat{\boldsymbol{x}}=\boldsymbol{P}^{-1}\boldsymbol{x}$ 变换后为$\dot{\hat{\boldsymbol{x}}}=\hat{\boldsymbol{A}}\hat{\boldsymbol{x}}+\hat{\boldsymbol{B}}\boldsymbol{u}$。

变换前后状态方程的系数矩阵的关系为 $\hat{\boldsymbol{A}}=\boldsymbol{P}^{-1}\boldsymbol{AP}$，$\hat{\boldsymbol{B}}=\boldsymbol{P}^{-1}\boldsymbol{B}$。

由此定理得证。

【例 2-9】　线性定常系统 $\dot{\boldsymbol{x}}=\boldsymbol{Ax}+\boldsymbol{b}u$，其中

$$A=\begin{bmatrix}2&-1&-1\\0&-1&0\\0&2&1\end{bmatrix},b=\begin{bmatrix}7\\2\\3\end{bmatrix}$$

将该状态方程化为标准形式。

解

① 确定系统的特征值。

$$|\lambda I-A|=\begin{vmatrix}\lambda-2&1&1\\0&\lambda+1&0\\0&-2&\lambda-1\end{vmatrix}=(\lambda-2)(\lambda-1)(\lambda+1)=0$$

得 $\lambda_1=2$，$\lambda_2=1$，$\lambda_3=-1$。由于该系统的特征值为两两相异的，所以状态方程可化为对角标准型。

② 确定非奇异矩阵 P。首先求出 A 的分别属于 λ_1、λ_2、λ_3 的特征向量。

因为 $Av_i=\lambda_i v_i$ $(i=1,2,3)$

所以
$$\begin{bmatrix}2&-1&-1\\0&-1&0\\0&2&1\end{bmatrix}\begin{bmatrix}v_{11}\\v_{21}\\v_{31}\end{bmatrix}=2\begin{bmatrix}v_{11}\\v_{21}\\v_{31}\end{bmatrix}$$

即
$$\begin{cases}v_{21}+v_{31}=0\\3v_{21}=0\\2v_{21}-v_{31}=0\end{cases}$$

不难得出 $v_{11}=K$（任意常数），$v_{21}=0$，$v_{31}=0$

取基本解
$$v_1=\begin{bmatrix}1\\0\\0\end{bmatrix}$$

同理可得
$$v_2=\begin{bmatrix}1\\0\\1\end{bmatrix},v_3=\begin{bmatrix}0\\1\\-1\end{bmatrix}$$

因此特征向量组成的矩阵 P 为

$$P=[v_1\quad v_2\quad v_3]=\begin{bmatrix}1&1&0\\0&0&1\\0&1&-1\end{bmatrix}$$

矩阵 P 的逆矩阵为

$$P^{-1}=\frac{P^*}{|P|}=\begin{bmatrix}1&-1&-1\\0&1&1\\0&1&0\end{bmatrix}$$

③ 求系数矩阵 $\hat{A}$ 与 $\hat{b}$。

$$\hat{A}=P^{-1}AP=\begin{bmatrix}1&-1&-1\\0&1&1\\0&1&0\end{bmatrix}\begin{bmatrix}2&-1&-1\\0&-1&0\\0&2&1\end{bmatrix}\begin{bmatrix}1&1&0\\0&0&1\\0&1&-1\end{bmatrix}=\begin{bmatrix}2&0&0\\0&1&0\\0&0&-1\end{bmatrix}$$

$$\hat{b}=P^{-1}b=\begin{bmatrix}1&-1&-1\\0&1&1\\0&1&0\end{bmatrix}\begin{bmatrix}7\\2\\3\end{bmatrix}=\begin{bmatrix}2\\5\\2\end{bmatrix}$$

故该系统状态方程的对角标准型为

$$\dot{\hat{\boldsymbol{x}}}=\begin{bmatrix}2&0&0\\0&1&0\\0&0&-1\end{bmatrix}\hat{\boldsymbol{x}}+\begin{bmatrix}2\\5\\2\end{bmatrix}u$$

(2) 系统矩阵 $\boldsymbol{A}$ 具有特定形式

$$\boldsymbol{A}=\begin{bmatrix}0&1&0&\cdots&0\\0&0&1&\cdots&0\\\vdots&\vdots&\vdots&\ddots&\vdots\\0&0&0&\cdots&1\\-a_n&-a_{n-1}&-a_{n-2}&\cdots&-a_1\end{bmatrix}$$

定理 2-2 对线性定常系统，如果其特征值 λ_1、λ_2、…、λ_n 是两两相异的，且系统矩阵 $\boldsymbol{A}$ 具有如上特定形式，则将系统状态方程化为对角标准型的非奇异矩阵 $\boldsymbol{P}$ 可由下式构造

$$\boldsymbol{P}=\begin{bmatrix}1&1&\cdots&1\\\lambda_1&\lambda_2&\cdots&\lambda_n\\\lambda_1^2&\lambda_2^2&\cdots&\lambda_n^2\\\vdots&\vdots&\ddots&\vdots\\\lambda_1^{n-1}&\lambda_2^{n-1}&\cdots&\lambda_n^{n-1}\end{bmatrix}$$

即 $$\dot{\hat{\boldsymbol{x}}}=\hat{\boldsymbol{A}}\hat{\boldsymbol{x}}+\hat{\boldsymbol{B}}\boldsymbol{u}$$

其中 $$\hat{\boldsymbol{A}}=\boldsymbol{P}^{-1}\boldsymbol{A}\boldsymbol{P}=\begin{bmatrix}\lambda_1&0&\cdots&0\\0&\lambda_2&\cdots&0\\\vdots&\vdots&\ddots&\vdots\\0&0&\cdots&\lambda_n\end{bmatrix},\hat{\boldsymbol{B}}=\boldsymbol{P}^{-1}\boldsymbol{B}$$

证明

① 由特征值性质⑤可知，由两两相异的特征值 λ_1、λ_2、…、λ_n 对应的特征向量组成的矩阵 $\boldsymbol{P}$ 必是非奇异矩阵，即

$$\boldsymbol{P}=[\boldsymbol{v}_1\quad\boldsymbol{v}_2\quad\cdots\quad\boldsymbol{v}_n]=\begin{bmatrix}v_{11}&v_{12}&\cdots&v_{1n}\\v_{21}&v_{22}&\cdots&v_{2n}\\\vdots&\vdots&\ddots&\vdots\\v_{n1}&v_{n2}&\cdots&v_{nn}\end{bmatrix}$$

② 由特征值性质④有

$$\boldsymbol{A}\,\boldsymbol{v}_i=\lambda_i\,\boldsymbol{v}_i\,(i=1,2,\cdots,n)$$

即 $$\begin{bmatrix}0&1&0&\cdots&0\\0&0&1&\cdots&0\\\vdots&\vdots&\vdots&\ddots&\vdots\\0&0&0&\cdots&1\\-a_n&-a_{n-1}&-a_{n-2}&\cdots&-a_1\end{bmatrix}\begin{bmatrix}v_{1i}\\v_{2i}\\\vdots\\v_{(n-1)i}\\v_{ni}\end{bmatrix}=\lambda_i\begin{bmatrix}v_{1i}\\v_{2i}\\\vdots\\v_{(n-1)i}\\v_{ni}\end{bmatrix}(i=1,2,\cdots,n)$$

③ 根据上式可导出

$$\begin{cases} v_{2i}=\lambda_i v_{1i} \\ v_{3i}=\lambda_i v_{2i} \\ \vdots \\ v_{ni}=\lambda_i v_{(n-1)i} \\ -(a_n v_{1i}+a_{n-1}v_{2i}+\cdots+a_1 v_{ni})=\lambda_i v_{ni} \end{cases}$$

整理得

$$\begin{cases} v_{2i}=\lambda_i v_{1i} \\ v_{3i}=\lambda_i^2 v_{1i} \\ \vdots \\ v_{ni}=\lambda_i^{n-1} v_{1i} \\ (\lambda_i^n+a_1\lambda_i^{n-1}+\cdots+a_{n-1}\lambda_i+a_n)v_{1i}=0 \end{cases}$$

④ 求得特征向量为

$$\begin{cases} v_{1i}=K \\ v_{2i}=\lambda_i K \\ \vdots \\ v_{ni}=\lambda_i^{n-1} K \end{cases} \quad (i=1,2,\cdots,n)$$

式中 K——任意常数。

取基本解 $K=1$，则

$$\boldsymbol{v}_i=\begin{bmatrix} 1 \\ \lambda_i \\ \lambda_i^2 \\ \vdots \\ \lambda_i^{n-1} \end{bmatrix}(i=1,2,\cdots,n)$$

因此

$$\boldsymbol{P}=[\boldsymbol{v}_1 \quad \boldsymbol{v}_2 \quad \cdots \quad \boldsymbol{v}_n]=\begin{bmatrix} 1 & 1 & \cdots & 1 \\ \lambda_1 & \lambda_2 & \cdots & \lambda_n \\ \lambda_1^2 & \lambda_2^2 & \cdots & \lambda_n^2 \\ \vdots & \vdots & \ddots & \vdots \\ \lambda_1^{n-1} & \lambda_2^{n-1} & \cdots & \lambda_n^{n-1} \end{bmatrix}$$

至此，定理得证。

【例 2-10】 一线性定常系统 $\dot{\boldsymbol{x}}=\boldsymbol{A}\boldsymbol{x}+\boldsymbol{b}u$，其中

$$\boldsymbol{A}=\begin{bmatrix} 0 & 1 & 0 \\ 0 & 0 & 1 \\ -2 & 1 & 2 \end{bmatrix},\boldsymbol{b}=\begin{bmatrix} 9 \\ 7 \\ 15 \end{bmatrix}$$

将该状态方程化为标准型。

解

① 确定系统的特征值。

$$|\lambda\mathbf{I}-\boldsymbol{A}|=\begin{vmatrix} \lambda & -1 & 0 \\ 0 & \lambda & -1 \\ 2 & -1 & \lambda-2 \end{vmatrix}=\lambda^3-2\lambda^2-\lambda+2=(\lambda-2)(\lambda-1)(\lambda+1)=0$$

因此，系统的特征值为 $\lambda_1=2$，$\lambda_2=1$，$\lambda_3=-1$，它们是两两相异的，且系统矩阵 $\boldsymbol{A}$ 具有定理 2-2 中的特定结构。

② 确定非奇异矩阵 $\boldsymbol{P}$。

$$\boldsymbol{P}=\begin{bmatrix}1 & 1 & 1\\ \lambda_1 & \lambda_2 & \lambda_3\\ \lambda_1^2 & 2\lambda_2 & \lambda_3^2\end{bmatrix}=\begin{bmatrix}1 & 1 & 1\\ 2 & 1 & -1\\ 4 & 1 & 1\end{bmatrix}$$

矩阵 $\boldsymbol{P}$ 的逆矩阵为

$$\boldsymbol{P}^{-1}=\frac{\boldsymbol{P}^*}{|\boldsymbol{P}|}=\begin{bmatrix}-\frac{1}{3} & 0 & \frac{1}{3}\\ 1 & \frac{1}{2} & -\frac{1}{2}\\ \frac{1}{3} & -\frac{1}{2} & \frac{1}{6}\end{bmatrix}$$

③ 求系数矩阵 $\hat{\boldsymbol{A}}$ 与 $\hat{\boldsymbol{b}}$。

$$\hat{\boldsymbol{A}}=\boldsymbol{P}^{-1}\boldsymbol{A}\boldsymbol{P}=\begin{bmatrix}-\frac{1}{3} & 0 & \frac{1}{3}\\ 1 & \frac{1}{2} & -\frac{1}{2}\\ \frac{1}{3} & -\frac{1}{2} & \frac{1}{6}\end{bmatrix}\begin{bmatrix}0 & 1 & 0\\ 0 & 0 & 1\\ -2 & 1 & 2\end{bmatrix}\begin{bmatrix}1 & 1 & 1\\ 2 & 1 & -1\\ 4 & 1 & 1\end{bmatrix}=\begin{bmatrix}2 & 0 & 0\\ 0 & 1 & 0\\ 0 & 0 & -1\end{bmatrix}$$

$$\hat{\boldsymbol{b}}=\boldsymbol{P}^{-1}\boldsymbol{b}=\begin{bmatrix}-\frac{1}{3} & 0 & \frac{1}{3}\\ 1 & \frac{1}{2} & -\frac{1}{2}\\ \frac{1}{3} & -\frac{1}{2} & \frac{1}{6}\end{bmatrix}\begin{bmatrix}9\\ 7\\ 15\end{bmatrix}=\begin{bmatrix}2\\ 5\\ 2\end{bmatrix}$$

故该系统状态方程的对角标准型为

$$\dot{\hat{\boldsymbol{x}}}=\begin{bmatrix}2 & 0 & 0\\ 0 & 1 & 0\\ 0 & 0 & -1\end{bmatrix}\hat{\boldsymbol{x}}+\begin{bmatrix}2\\ 5\\ 2\end{bmatrix}u$$

2.6.3　将线性系统状态方程化为约当标准型

定理 2-3　线性定常系统 $\dot{\boldsymbol{x}}=\boldsymbol{A}\boldsymbol{x}+\boldsymbol{B}\boldsymbol{u}$，如果系统矩阵的形式为

$$\boldsymbol{A}=\begin{bmatrix}0 & 1 & 0 & \cdots & 0\\ 0 & 0 & 1 & \cdots & 0\\ \vdots & \vdots & \vdots & \ddots & \vdots\\ 0 & 0 & 0 & \cdots & 1\\ -a_n & -a_{n-1} & -a_{n-2} & \cdots & -a_1\end{bmatrix}$$

且其特征值 λ_1 是 m 重根，λ_2、λ_3、…、λ_l 是两两相异的，则将系统状态方程化为约当标准型的非奇异矩阵 $\boldsymbol{Q}$ 的形式如下。

当 $m=2$ 时

$$Q=\begin{bmatrix} 1 & 0 & 1 & \cdots & 1 \\ \lambda_1 & 1 & \lambda_2 & \cdots & \lambda_l \\ \lambda_1^2 & 2\lambda_1 & \lambda_2^2 & \cdots & \lambda_l^2 \\ \lambda_1^3 & 3\lambda_1^2 & \lambda_2^3 & \cdots & \lambda_l^3 \\ \vdots & \vdots & \vdots & \cdots & \vdots \\ \lambda_1^{n-1} & (n-1)\lambda_1^{n-2} & \lambda_2^{n-1} & \cdots & \lambda_l^{n-1} \end{bmatrix}$$

当 $m=3$ 时

$$Q=\begin{bmatrix} 1 & 0 & 0 & 1 & \cdots & 1 \\ \lambda_1 & 1 & 0 & \lambda_2 & \cdots & \lambda_l \\ \lambda_1^2 & 2\lambda_1 & 1 & \lambda_2^2 & \cdots & \lambda_l^2 \\ \lambda_1^3 & 3\lambda_1^2 & 3\lambda_1 & \lambda_2^3 & \cdots & \lambda_l^3 \\ \vdots & \vdots & \vdots & \vdots & \vdots & \vdots \\ \lambda_1^{n-1} & (n-1)\lambda_1^{n-2} & \dfrac{(n-1)(n-2)}{2}\lambda_1^{n-3} & \lambda_2^{n-1} & \cdots & \lambda_l^{n-1} \end{bmatrix}$$

因此，状态方程的约当标准型为

$$\dot{\hat{x}}=\hat{A}\hat{x}+\hat{B}u$$

其中，$\hat{A}=Q^{-1}AQ$，$\hat{B}=Q^{-1}B$，$\hat{C}=CQ$。

【例 2-11】 一线性定常系统 $\dot{x}=Ax+bu$，其中

$$A=\begin{bmatrix} 0 & 1 & 0 \\ 0 & 0 & 1 \\ 8 & -12 & 6 \end{bmatrix}, b=\begin{bmatrix} 6 \\ 1 \\ 5 \end{bmatrix}$$

将该系统的状态方程化为约当标准型。

解

① 确定系统的特征值。

$$|\lambda I-A|=\begin{bmatrix} \lambda & -1 & 0 \\ 0 & \lambda & -1 \\ -8 & 12 & \lambda-6 \end{bmatrix}=\lambda^3-5\lambda^2+12\lambda-8=(\lambda-2)^3=0$$

因此系统的特征值为 $\lambda_1=2$，是三重根，即 $m=3$。

② 确定非奇异矩阵 Q。

$$Q=\begin{bmatrix} 1 & 0 & 0 \\ \lambda_1 & 1 & 0 \\ \lambda_1^2 & 2\lambda_1 & 1 \end{bmatrix}=\begin{bmatrix} 1 & 0 & 0 \\ 2 & 1 & 0 \\ 4 & 4 & 1 \end{bmatrix}$$

矩阵 Q 的逆矩阵为

$$Q^{-1}=\frac{Q^*}{|Q|}=\begin{bmatrix} 1 & 0 & 0 \\ -2 & 1 & 0 \\ 4 & -4 & 1 \end{bmatrix}$$

③ 求系数矩阵 $\hat{A}$ 与 $\hat{b}$。

$$\hat{A}=Q^{-1}AQ=\begin{bmatrix}1&0&0\\-2&1&0\\4&-4&1\end{bmatrix}\begin{bmatrix}0&1&0\\0&0&1\\8&-12&6\end{bmatrix}\begin{bmatrix}1&0&0\\2&1&0\\4&4&1\end{bmatrix}=\begin{bmatrix}2&1&0\\0&2&1\\0&0&2\end{bmatrix}$$

$$\hat{b}=Q^{-1}b=\begin{bmatrix}1&0&0\\-2&1&0\\4&-4&1\end{bmatrix}\begin{bmatrix}6\\1\\5\end{bmatrix}=\begin{bmatrix}6\\-11\\25\end{bmatrix}$$

故该系统状态方程的约当标准型为

$$\dot{\hat{x}}=\begin{bmatrix}2&1&0\\0&2&1\\0&0&2\end{bmatrix}\hat{x}+\begin{bmatrix}6\\-11\\25\end{bmatrix}u$$

2.7 基于MATLAB的控制系统状态空间描述

MATLAB控制系统工具箱中提供了很多函数用来进行系统的状态空间描述。

2.7.1 利用MATLAB描述控制系统模型

(1) 系统传递函数模型的MATLAB描述　已知单输入-单输出系统的传递函数为

$$G(s)=\frac{Y(s)}{U(s)}=\frac{b_1s^{n-1}+\cdots+b_{n-1}s+b_n}{s^n+a_1s^{n-1}+\cdots+a_{n-1}s+a_n}$$

在MATLAB中可以由其分子和分母多项式系数所构成的两个向量唯一描述出来，即

$$\text{num}=[b_0\quad b_1\quad\cdots\quad b_m],\text{den}=[1\quad a_1\quad a_2\quad\cdots\quad a_n]$$

【例2-12】　若给定系统的传递函数为

$$G(s)=\frac{6s^3+12s^2+6s+10}{s^4+2s^3+3s^2+s+1}$$

利用MATLAB语句描述该系统模型。

解　MATLAB程序如下。

```
>>num=[6 12 6 10]; den=[1 2 3 1 1]
>>printsys(num,den)
```

执行结果为

```
num/den=
    6 s^3+12 s^2+6 s+10
--------------------------------
s^4 + 2 s^3 + 3 s^2 + s + 1
```

当传递函数的分子或分母由若干个多项式乘积表示时，它可由MATLAB提供的多项式乘法运算函数conv（）来处理，以获得分子和分母多项式系数向量，此函数的调用格式为

$$c=\text{conv}(a,b)$$

其中，a 和 b 分别为由两个多项式系数构成的向量；c 为 a 和 b 多项式的乘积多项式系数向量。conv（）函数的调用是允许多级嵌套的。

【例2-13】　若给定系统的传递函数为

$$G(s)=\frac{4(s+2)(s^2+6s+6)}{s\ (s+1)^3(s^3+3s^2+2s+5)}$$

利用 MATLAB 语句描述该系统模型。

解 可以用下列 MATLAB 语句表示。

```
>>num=4 * conv([1 2],[1 6 6])
>>den= conv([1 0],conv([1 1],conv([1 1],conv([1 1],[1 3 2 5]))))
```

执行结果为

```
num=
  4   32   72   48
den=
     1   6   14   21   24   17   5   0
```

对于离散时间系统，其动态模型一般是以差分方程来描述的，假设在采样 k 时刻系统的输入信号为 $u(kT)$，且输出信号为 $y(kT)$，其中 T 为采样周期，则此系统的前向差分方程可表示为

$$y(k+n)+a_1y(k+n-1)+\cdots+a_{n-1}y(k+1)+a_ny(k)=$$
$$b_0u(k+m)+b_1u(k+m-1)+\cdots+b_mu(k)$$

对上述差分方程进行 z 变换，在初始条件为零时，可得系统的脉冲传递函数为

$$G(z)=\frac{Y(z)}{U(z)}=\frac{b_0z^m+b_1z^{m-1}+\cdots+b_{m-1}z+b_m}{z^n+a_1z^{n-1}+\cdots+a_{n-1}z+a_n}$$

离散时间系统在 MATLAB 中也可以由其分子和分母系数构成的两个向量来唯一确定，即

$$\text{num}=[b_0\quad b_1\quad \cdots\quad b_m],\ \text{den}=[1\quad a_1\quad a_2\quad \cdots\quad a_n]$$

对具有 r 个输入和 m 个输出的多变量系统，可把 $m\times r$ 的传递函数矩阵 $\boldsymbol{G}(s)$ 写成和单变量系统传递函数类似的形式，即

$$\boldsymbol{G}(s)=\frac{\boldsymbol{B}_0s^m+\boldsymbol{B}_1s^{m-1}+\cdots+\boldsymbol{B}_{m-1}s+\boldsymbol{B}_m}{s^n+a_1s^{n-1}+\cdots+a_{n-1}s+a_n}$$

式中 $\boldsymbol{B}_0$，$\boldsymbol{B}_1$，…，$\boldsymbol{B}_m$——$m\times r$ 实常数矩阵；

$s^n+a_1s^{n-1}+\cdots+a_{n-1}s+a_n$——该传递函数矩阵的特征多项式。

在 MATLAB 中，多输入多输出系统的表示方法为

$$\text{num}=[\boldsymbol{B}_0\quad \boldsymbol{B}_1\quad \cdots\quad \boldsymbol{B}_m],\ \text{den}=[1\quad a_1\quad a_2\quad \cdots\quad a_n]$$

其中，分子系数包含在矩阵 num 中，num 行数与输出 $\boldsymbol{y}$ 的维数一致，每行对应一个输出；den 是行向量，为传递函数矩阵公分母多项式系数。

因此，系统的传递函数矩阵在 MATLAB 命令中也可以用两个系数向量来唯一描述。

(2) 系统状态空间表达式模型的 MATLAB 描述 若线性定常连续系统的状态空间表达式如式(2-27) 所示，则系统状态空间表达式的 MATLAB 描述通过例 2-14 来说明。

$$\begin{cases}\dot{\boldsymbol{x}}(t)=\boldsymbol{A}\boldsymbol{x}(t)+\boldsymbol{B}\boldsymbol{u}(t)\\ \boldsymbol{y}(t)=\boldsymbol{C}\boldsymbol{x}(t)+\boldsymbol{D}\boldsymbol{u}(t)\end{cases}\tag{2-27}$$

【例 2-14】 设系统的状态空间表达式为

$$\begin{bmatrix}\dot{x}_1\\ \dot{x}_2\\ \dot{x}_3\end{bmatrix}=\begin{bmatrix}0 & 0 & 1\\ -3/2 & -2 & -1/2\\ -3 & 0 & -4\end{bmatrix}\begin{bmatrix}x_1\\ x_2\\ x_3\end{bmatrix}+\begin{bmatrix}1 & 1\\ -1 & -1\\ -1 & -3\end{bmatrix}\begin{bmatrix}u_1\\ u_2\end{bmatrix}$$

$$\begin{bmatrix} y_1 \\ y_2 \end{bmatrix} = \begin{bmatrix} 1 & 0 & 0 \\ 0 & 1 & 0 \end{bmatrix} \begin{bmatrix} x_1 \\ x_2 \\ x_3 \end{bmatrix}$$

利用 MATLAB 语句描述该系统模型。

解　此系统可由下面的 MATLAB 语句唯一地描述出来。

```
>>A=[0 0 1; -3/2 -2 -1/2; -3 0 -4],B=[1 1; -1 -1; -1 -3]
>>C=[1 0 0; 0 1 0],D=zeros(2,2)
```

执行结果为

```
A=                                         B=
        0         0       1.0000           1    1
  -1.5000   -2.0000      -0.5000          -1   -1
  -3.0000         0      -4.0000          -1   -3

C=                                         D=
  1    0    0                              0    0
  0    1    0                              0    0
```

2.7.2　状态空间表达式与传递函数矩阵的相互转换

在控制系统分析和设计时，在一些场合下需要用到系统的一种模型，另一场合下可能又需要另一种模型，而这些模型之间又有某种内在的等效关系。应用 MATLAB 很容易实现由一种模型到另外一种模型的转换。

(1) 状态空间表达式到传递函数的转换　如果系统的状态空间表达式如式(2-27) 所示，则系统的传递函数矩阵可表示为

$$\boldsymbol{G}(s)=\boldsymbol{C}(s\mathbf{I}-\boldsymbol{A})^{-1}\boldsymbol{B}+\boldsymbol{D}=\frac{\boldsymbol{B}_0 s^m+\boldsymbol{B}_1 s^{m-1}+\cdots+\boldsymbol{B}_{m-1}s+\boldsymbol{B}_m}{s^n+a_1 s^{n-1}+\cdots+a_{n-1}s+a_n} \tag{2-28}$$

式中　$\boldsymbol{B}_0$，$\boldsymbol{B}_1$，…，$\boldsymbol{B}_m$——$m\times r$ 实常数矩阵。

在 MATLAB 控制系统工具箱中，给出一个根据状态空间表达式求取系统传递函数的函数 ss2tf（ ），其调用格式为

[num，den] =ss2tf (**A**，**B**，**C**，**D**，iu)

其中，**A**、**B**、**C** 和 **D** 为状态空间表达式的各系数矩阵；iu 为输入的序号，用来指定第几个输入，对于单输入单输出系统 iu=1，对多输入多输出系统，不能用此函数一次地求出对所有输入信号的整个传递函数矩阵，而必须对各个输入信号逐个地求取传递函数子矩阵，最后获得整个传递函数矩阵；返回结果 den 为传递函数分母多项式按 s 降幂排列的系数；传递函数分子系数则包含在矩阵 num 中，num 的行数与输出 $\boldsymbol{y}$ 的维数一致，每行对应一个输出。

【例 2-15】 对于例 2-14 中给出的 2 输入 2 输出系统，利用 MATLAB 命令分别对各个输入信号求取传递函数向量，然后求出整个系统的传递函数矩阵。

解　利用下列 MATLAB 语句。

```
>>[num1,den1]=ss2tf(A,B,C,D,1),[num2,den2]=ss2tf(A,B,C,D,2)
```

结果显示为

```
num1=
0        1.0000     5.0000     6.0000
0       -1.0000    -5.0000    -6.0000
den1=
1    6    11    6
num2=
0        1.0000     3.0000     2.0000
0       -1.0000    -4.0000    -3.0000
den2=
1    6    11    6
```

从而可求得整个系统的传递函数矩阵为

$$G(s)=\frac{1}{s^3+6s^2+11s+6}\begin{bmatrix} s^2+5s+6 & s^2+3s+2 \\ -(s^2+5s+6) & -(s^2+4s+3) \end{bmatrix}=\begin{bmatrix} \dfrac{1}{s+1} & \dfrac{1}{s+3} \\ \dfrac{-1}{s+1} & \dfrac{-1}{s+2} \end{bmatrix}$$

(2) 传递函数到状态空间表达式的转换 已知系统的传递函数模型，求取系统状态空间表达式的方法并不是唯一的，这里只介绍一种比较常用的实现方法。

对于单输入多输出系统

$$\boldsymbol{G}(s)=\frac{\boldsymbol{b}_1 s^{n-1}+\cdots+\boldsymbol{b}_{n-1}s+\boldsymbol{b}_n}{s^n+a_1 s^{n-1}+\cdots+a_{n-1}s+a_n}+\boldsymbol{d}_0$$

适当地选择系统的状态变量，则系统的状态空间表达式可以写成

$$\begin{bmatrix} \dot{x}_1 \\ \dot{x}_2 \\ \vdots \\ \dot{x}_n \end{bmatrix}=\begin{bmatrix} -a_1 & \cdots & -a_{n-1} & -a_n \\ 1 & \cdots & 0 & 0 \\ \vdots & \ddots & \vdots & \vdots \\ 0 & \cdots & 1 & 0 \end{bmatrix}\begin{bmatrix} x_1 \\ x_2 \\ \vdots \\ x_n \end{bmatrix}+\begin{bmatrix} 1 \\ 0 \\ \vdots \\ 0 \end{bmatrix}u$$

$$\begin{bmatrix} y_1 \\ y_2 \\ \vdots \\ y_m \end{bmatrix}=[\boldsymbol{b}_1 \quad \boldsymbol{b}_2 \quad \cdots \quad \boldsymbol{b}_n]\begin{bmatrix} x_1 \\ x_2 \\ \vdots \\ x_n \end{bmatrix}+\boldsymbol{d}_0 u$$

在 MATLAB 控制系统工具箱中称这种方法为能控标准型实现方法，并给出了直接实现函数，该函数的调用格式为

[**A**,**B**,**C**,**D**]=tf2ss(num,den)

其中，num 的每一行为相应于某输出的按 s 的降幂顺序排列的分子系数，其行数为输出的个数；行向量 den 为按 s 的降幂顺序排列的公分母系数；返回量 **A**、**B**、**C**、**D** 为状态空间表达式形式的各系数矩阵。

【例 2-16】 在 MATLAB 中将系统

$$G(s)=\frac{\begin{bmatrix} 2s+3 \\ s^2+2s+1 \end{bmatrix}}{s^2+0.4s+1}$$

变换成状态空间表达式形式的模型。

解 MATLAB 命令如下。

```
>>num=[0 2 3; 1 2 1]; den=[1 0.4 1]
>>[A,B,C,D]=tf2ss(num,den)
```

结果显示为

```
A=                          B=
-0.4000   -1.0000           1
1.0000     0                0

C=                          D=
2.0000   3.0000             0
1.6000   0                  1
```

在 MATLAB 的多变量频域设计（MFD）工具箱中，对多变量系统的状态空间表达式与传递函数矩阵间的相互转换给出了更简单的转换函数，它们的调用格式分别为

[num,dencom]=mvss2tf(**A**,**B**,**C**,**D**)

[**A**,**B**,**C**,**D**]=mvtf2ss(num,dencom)

2.7.3 系统的线性变换

(1) 矩阵的特征值与特征向量计算　矩阵的特征值与特征向量由 MATLAB 提供的函数 eig（ ）可以很容易地求出，该函数的调用格式为

$$[\boldsymbol{V},\boldsymbol{D}]=\mathrm{eig}(\boldsymbol{A})$$

其中，$\boldsymbol{A}$ 为要处理的矩阵；$\boldsymbol{D}$ 为一个对角矩阵，其对角线上的元素为矩阵 $\boldsymbol{A}$ 的特征值，而每个特征值对应的 $\boldsymbol{V}$ 矩阵的列为该特征值的特征向量，该矩阵是一个满秩矩阵，它满足 $\boldsymbol{AV}=\boldsymbol{VD}$，且每个特征向量各元素的平方和（即 2 范数）均为 1。如果调用该函数时只给出一个返回变量，则将只返回矩阵 $\boldsymbol{A}$ 的特征值。即使 $\boldsymbol{A}$ 为复数矩阵，也同样可以由 eig（ ）函数得出其特征值与特征向量矩阵。

【例 2-17】　求矩阵 $\boldsymbol{A}$ 的特征向量与特征值。

$$\boldsymbol{A}=\begin{bmatrix}0 & 1 & 0\\ 0 & 0 & 1\\ -6 & -11 & -6\end{bmatrix}$$

解　MATLAB 命令语句如下。

```
>>A=[0 1 0; 0 0 1; -6 -11 -6];
>>[V,D]=eig(A)
```

结果显示为

```
V=                                   D =
-0.5774    0.2182    -0.1048         -1.0000    0          0
 0.5774   -0.4364     0.3145         0          -2.0000    0
-0.5774    0.8729    -0.9435         0          0          -3.0000
```

故系统的特征向量为

$$\boldsymbol{v}_1=\begin{bmatrix}-0.5774\\ 0.5774\\ -0.5774\end{bmatrix},\boldsymbol{v}_2=\begin{bmatrix}0.2182\\ -0.4364\\ 0.8729\end{bmatrix},\boldsymbol{v}_3=\begin{bmatrix}-0.1048\\ 0.3145\\ -0.9435\end{bmatrix}$$

特征值为 $\lambda_1=-1$，$\lambda_2=-2$，$\lambda_3=-3$。

(2) 矩阵的特征多项式、特征方程和特征根　MATLAB 提供了求取矩阵特征多项式系

数的函数 ploy（ ），其调用格式为

$$\boldsymbol{P}=\text{ploy}(\boldsymbol{A})$$

其中，$\boldsymbol{A}$ 为给定的矩阵。返回值 $\boldsymbol{P}$ 为一个行向量，其各个分量为矩阵 $\boldsymbol{A}$ 的降幂排列的特征多项式系数，即

$$\boldsymbol{P}=[a_0 \quad a_1 \quad \cdots \quad a_n]$$

MATLAB 中根据矩阵特征多项式求特征根的函数为 roots（ ），其调用格式为

$$\boldsymbol{V}=\text{roots}(\boldsymbol{P})$$

其中，$\boldsymbol{P}$ 为特征多项式的系数向量；$\boldsymbol{V}$ 为特征多项式的解，即原始矩阵的特征根。

【例 2-18】 求例 2-17 所示矩阵 **A** 的特征方程及其特征值。

解　MATIAB 命令语句如下。

```
>>A=[0 1 0; 0 0 1; -6 -11 -6];
>>P=poly(A),V=roots(P)
```

结果显示为

```
P =
1.0000    6.0000    11.0000    6.0000
V=
-1.0000
-2.0000
-3.0000
```

故系统的特征方程为

$$s^3+6s^2+11s+6=0$$

特征根为 $\lambda_1=-1$，$\lambda_2=-2$，$\lambda_3=-3$。

(3) 系统的线性变换　MATLAB 控制系统工具箱给出了一个直接完成系统线性变换的函数 ss2ss（ ），该函数的调用格式为

$$[\boldsymbol{A}_1,\boldsymbol{B}_1,\boldsymbol{C}_1,\boldsymbol{D}_1]=\text{ss2ss}(\boldsymbol{A},\boldsymbol{B},\boldsymbol{C},\boldsymbol{D},\boldsymbol{P})$$

【例 2-19】 已知某系统的状态空间表达式为

$$\begin{bmatrix}\dot{x}_1\\ \dot{x}_2\\ \dot{x}_3\end{bmatrix}=\begin{bmatrix}0 & 1 & 0\\ 0 & 0 & 1\\ -6 & -11 & -6\end{bmatrix}\begin{bmatrix}x_1\\ x_2\\ x_3\end{bmatrix}+\begin{bmatrix}0\\ 0\\ 6\end{bmatrix}u \quad y=[1 \quad 0 \quad 0]\begin{bmatrix}x_1\\ x_2\\ x_3\end{bmatrix}$$

将其变换为对角标准型。

解　由例 2-17 知系统的特征值为 $\lambda_1=-1$，$\lambda_2=-2$，$\lambda_3=-3$。变换矩阵 $\boldsymbol{P}$ 根据范德蒙德矩阵可得

$$\boldsymbol{P}^{-1}=\begin{bmatrix}1 & 1 & 1\\ \lambda_1 & \lambda_2 & \lambda_3\\ \lambda_1^2 & \lambda_2^2 & \lambda_3^2\end{bmatrix}=\begin{bmatrix}1 & 1 & 1\\ -1 & -2 & -3\\ 1 & 4 & 9\end{bmatrix}$$

MATLAB 命令语句如下。

```
>>A=[0 1 0; 0 0 1; -6 -11 -6]; B=[ 0; 0; 6]; C=[1 0 0]; D=0;
>>P=inv([1 1 1; -1 -2 -3; 1 4 9]);
>>[A1,B1,C1,D1]=ss2ss(A,B,C,D,P)
```

结果显示为

```
A1=
-1.0000    0.0000    0.0000
 0.0000   -2.0000    0.0000
 0.0000    0.0000   -3.0000
C1=
1.0000  1.0000  1.0000
```

```
B1=
3.0000
-6.0000
3.0000
D1=
0
```

可得系统变换后的对角标准型为

$$\begin{bmatrix}\dot{\hat{x}}_1\\ \dot{\hat{x}}_2\\ \dot{\hat{x}}_3\end{bmatrix}=\begin{bmatrix}-1 & 0 & 0\\ 0 & -2 & 0\\ 0 & 0 & -3\end{bmatrix}\begin{bmatrix}\hat{x}_1\\ \hat{x}_2\\ \hat{x}_3\end{bmatrix}+\begin{bmatrix}3\\ -6\\ 3\end{bmatrix}u \quad y=[1 \quad 1 \quad 1]\begin{bmatrix}\hat{x}_1\\ \hat{x}_2\\ \hat{x}_3\end{bmatrix}$$

2.7.4 系统模型的连接

在MATLAB控制系统工具箱中，提供了大量对控制系统的简单模型进行连接的函数。

(1) 串联连接 在MATLAB控制系统工具箱中，提供了系统的串联连接处理函数series( )，它既可处理由状态方程表示的系统，也可处理由传递函数矩阵表示的单输入多输出系统，其调用格式为

$[\boldsymbol{A}, \boldsymbol{B}, \boldsymbol{C}, \boldsymbol{D}]$ =series ($\boldsymbol{A}_1$, $\boldsymbol{B}_1$, $\boldsymbol{C}_1$, $\boldsymbol{D}_1$, $\boldsymbol{A}_2$, $\boldsymbol{B}_2$, $\boldsymbol{C}_2$, $\boldsymbol{D}_2$)

和

[num,den]=series(num1,den1,num2,den2)

其中，$\boldsymbol{A}_1$、$\boldsymbol{B}_1$、$\boldsymbol{C}_1$、$\boldsymbol{D}_1$ 和 $\boldsymbol{A}_2$、$\boldsymbol{B}_2$、$\boldsymbol{C}_2$、$\boldsymbol{D}_2$ 分别为系统1和系统2的状态空间形式的系数矩阵；$\boldsymbol{A}$、$\boldsymbol{B}$、$\boldsymbol{C}$、$\boldsymbol{D}$ 为串联连接后系统的整体状态空间表达式形式的系数矩阵；num1、den1和num2、den2分别为系统1和系统2的传递函数矩阵的分子和分母多项式系数向量；num、den则为串联连接后系统的整体传递函数矩阵的分子和分母多项式系数向量。

(2) 并联连接 在MATLAB控制系统工具箱中，提供了系统的并联连接处理函数parallel( )，该函数的调用格式为

$[\boldsymbol{A}, \boldsymbol{B}, \boldsymbol{C}, \boldsymbol{D}]$ =parallel ($\boldsymbol{A}_1$, $\boldsymbol{B}_1$, $\boldsymbol{C}_1$, $\boldsymbol{D}_1$, $\boldsymbol{A}_2$, $\boldsymbol{B}_2$, $\boldsymbol{C}_2$, $\boldsymbol{D}_2$)

和

[num,den]=parallel(num1,den1,num2,den2)

其中，前一式用来处理由状态空间表达式表示的系统；后一式仅用来处理由传递函数(矩阵)表示的单输入多输出系统。

(3) 反馈连接 在MATLAB控制系统工具箱中，还提供了系统反馈连接处理函数feedback( )，其调用格式为

$[\boldsymbol{A}, \boldsymbol{B}, \boldsymbol{C}, \boldsymbol{D}]$ =feedback ($\boldsymbol{A}_1$, $\boldsymbol{B}_1$, $\boldsymbol{C}_1$, $\boldsymbol{D}_1$, $\boldsymbol{A}_2$, $\boldsymbol{B}_2$, $\boldsymbol{C}_2$, $\boldsymbol{D}_2$, sign)

和

[num,den]=feedback(num1,den1,num2,den2,sign)

其中，前一式用来处理由状态空间表达式表示的系统；后一式用来处理由传递函数(矩阵)表示的系统；sign为反馈极性，对于正反馈sign取1，对于负反馈取−1或默认。

特别地，对于单位反馈系统，MATLAB提供了更简单的处理函数cloop( )，其调用格式为

$[\boldsymbol{A},\boldsymbol{B},\boldsymbol{C},\boldsymbol{D}]$=cloop($\boldsymbol{A}_1$,$\boldsymbol{B}_1$,$\boldsymbol{C}_1$,$\boldsymbol{D}_1$,sign)

[num,den]=cloop(num1,den1,sign)

和

$[\boldsymbol{A},\boldsymbol{B},\boldsymbol{C},\boldsymbol{D}]$=cloop($\boldsymbol{A}_1$,$\boldsymbol{B}_1$,$\boldsymbol{C}_1$,$\boldsymbol{D}_1$,outputs,inputs)

其中，第三式表示将指定的输出 outputs 反馈到指定的输入 inputs，以此构成闭环系统，outputs 指定反馈的输出序号，inputs 指定反馈输入序号。

【例 2-20】 已知系统的结构图如图 2-16 所示，求系统的传递函数。

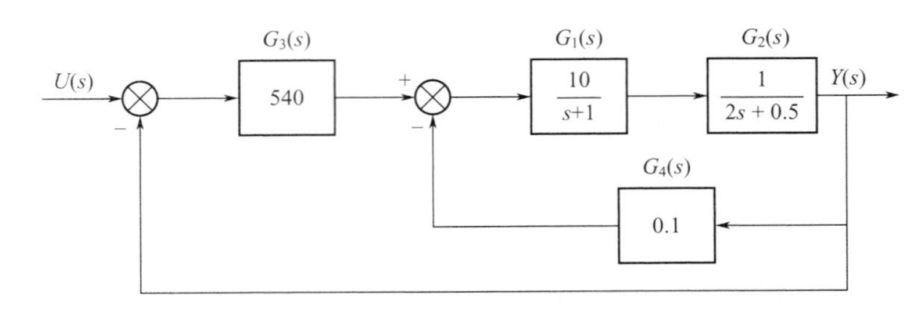

图 2-16　例 2-20 系统结构图

解　MATLAB 命令语句如下。

```
>>num1=[10]; den1=[1 1]; num2=[1]; den2=[2 0.5];
>>num3=[540]; den3=[1]; num4=[0.1]; den4=[1];
>>[na,da]=series(num1,den1,num2,den2);
>>[nb,db]=feedback(na,da,num4,den4,-1);
>>[nc,dc]=series(num3,den3,nb,db);
>>[num,den]=cloop(nc,dc,-1);
>>printsys(num,den)
```

结果显示为

```
num/den=
             5400
------------------------
2s^2+2.5 s+5401.5
```

2.8 小结

现代控制理论是以线性代数和微分方程为主要数学工具，以状态空间法为基础，对控制系统进行分析与设计的理论。

① 状态空间表达式由状态方程和输出方程组成；状态方程是一个一阶微分方程组，反映了系统状态的内在联系以及输入对状态的控制作用；输出方程是一个代数方程，反映了系统状态对输出的影响以及输入对输出的直接作用。状态空间描述了“输入→状态→输出”这一信息传递过程，考虑了被经典控制理论的输入→输出描述所忽略的系统状态，因此它揭示了系统运动的本质和全部信息，即输入引起状态的变化，而状态决定了输出。对于给定的控制系统，首先根据其物理机理建立微分方程，然后通过定义状态变量可转换为状态空间表达式。

② 对于同一个控制系统，由于状态变量的选择不唯一，故建立的状态空间表达式也不

是唯一的。但是同一系统的传递函数矩阵却是唯一的，即所谓传递函数矩阵的不变性。状态变量个数等于系统中独立储能元件的个数，但由于状态变量选择的非唯一性，对于同一系统，其状态空间表达式可能不同，但状态变量个数却是相同的。

③ 系统的微分方程、传递函数和结构图与状态空间表达式之间可以相互转换。根据系统的传递函数可直接写出系统的能控标准型实现。当系统的数学模型以微分方程的形式描述且输入变量包含导数项时，可先将其等效地转换为系统的传递函数，然后利用传递函数的转换方法来建立系统的状态空间表达式，这种方法可大大简化其建模过程。

④ 线性变换不改变系统的特征值和传递函数矩阵。状态空间表达式经线性变换可将系统矩阵 $\boldsymbol{A}$ 转换为对角标准型或约当标准型。若系统矩阵 $\boldsymbol{A}$ 的特征值互异，必存在非奇异变换矩阵，将系统矩阵 $\boldsymbol{A}$ 转换为对角标准型。当系统矩阵 $\boldsymbol{A}$ 的特征值有重根时，一般来说，经线性变换，可将 $\boldsymbol{A}$ 转换为约当标准型。

习　题

2-1　试求用三阶微分方程 $a\dddot{y}(t)+b\ddot{y}(t)+c\dot{y}(t)+dy(t)=u(t)$ 表示的系统的状态空间表达式。

2-2　题 2-2 图所示的 LRC 串联电路，$e_{\mathrm{i}}(t)$ 为系统的输入，$e_{\mathrm{C}}(t)$ 为系统的输出。若取 $q(t)=\int i(t)\mathrm{d}t$ 和 $i(t)$ 为状态变量，试求该电路系统的状态方程和输出方程。如果把 R 两端的电压 $e_{\mathrm{R}}(t)$ 也作为另一个输出来研究，求这种情况下的输出方程。

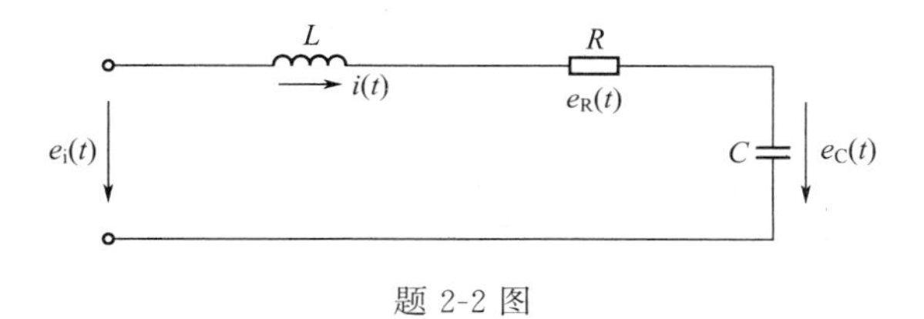

题 2-2 图

2-3　试求题 2-3 图所示的 RC 电路系统的状态方程和输出方程。

2-4　描述系统的微分方程为 $\dddot{y}(t)+3\ddot{y}(t)+2\dot{y}(t)=u(t)$，试选取状态变量，导出系统的状态空间表达式，并使系统矩阵为对角矩阵。

2-5　试写出题 2-5 图所示系统的状态空间表达式。

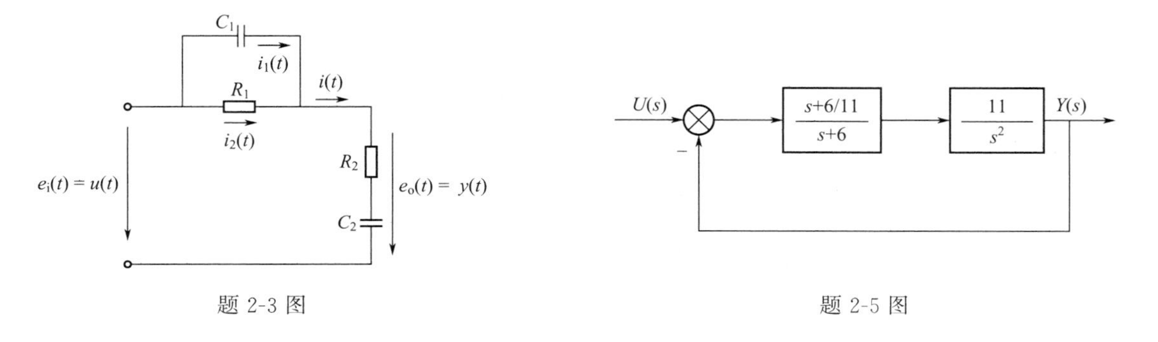

题 2-3 图　　题 2-5 图

2-6　求系统 $G(s)=\dfrac{2s^2+5s+1}{(s-1)(s-2)^3}$ 的状态空间表达式。

2-7　某系统的系统矩阵为

$$\mathbf{A}=\begin{bmatrix}0 & 1 & -1\\ -6 & -11 & 6\\ -6 & -11 & 5\end{bmatrix}$$

求将其化为标准型的变换矩阵。

2-8　系统结构图如题 2-8 图所示，选 x_1、x_2、x_3 作为状态变量，试推导系统的状态空间表达式，图中 a、a_1、a_2、a_3 为标量常数。

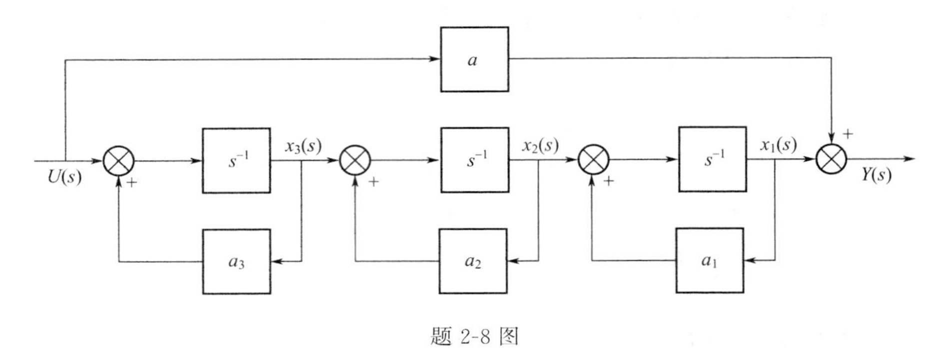

题 2-8 图

2-9　系统的结构图如题 2-9 图所示。

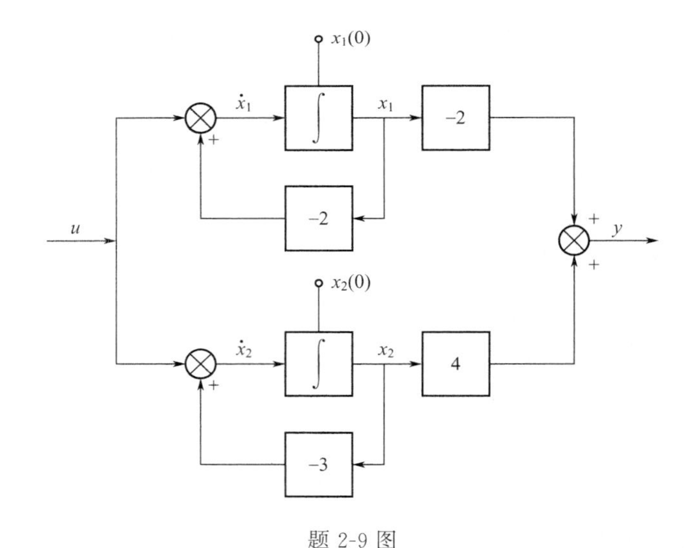

题 2-9 图

（1）以 x_1、x_2 作为状态变量，试推导出系统的状态空间表达式；

（2）以 $x_1(0)$、$x_2(0)$ 为初始状态值，试求输出 y 的初始值 $y(0)$、$\dot{y}(0)$。

2-10　将标量微分方程

$$\dddot{y}(t)+5\ddot{y}(t)+6\dot{y}(t)=\dot{u}(t)+u(t)$$

化为状态空间表达式，并画出其结构图。

（1）一般型（由时域描述推导）；

（2）对角标准型（由频域描述推导）。

2-11　某系统的结构图如题 2-11 图所示，以 x_1、x_2 作为状态变量，推导其状态空间表达式，图中 a_1、a_2、r_1、r_2 为标量常数。

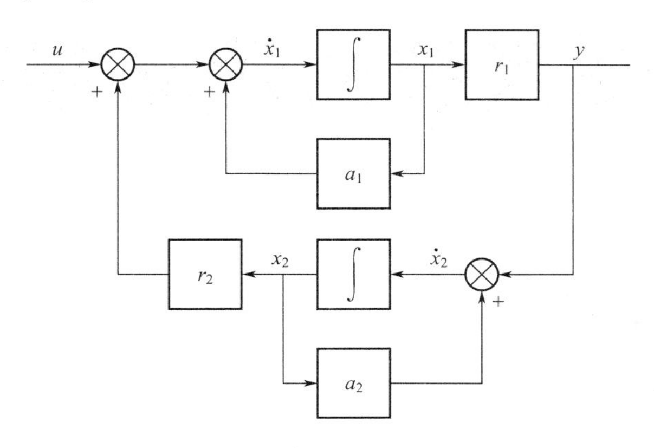

题 2-11 图

2-12　系统的结构图如题 2-12 图所示。

(1) 以 x_1、x_2 作为状态变量，推导出系统的状态空间表达式；

(2) 以 $x_1(0)$、$x_2(0)$ 为初始状态值，求输出 y 的初始值 $y(0)$、$\dot{y}(0)$。

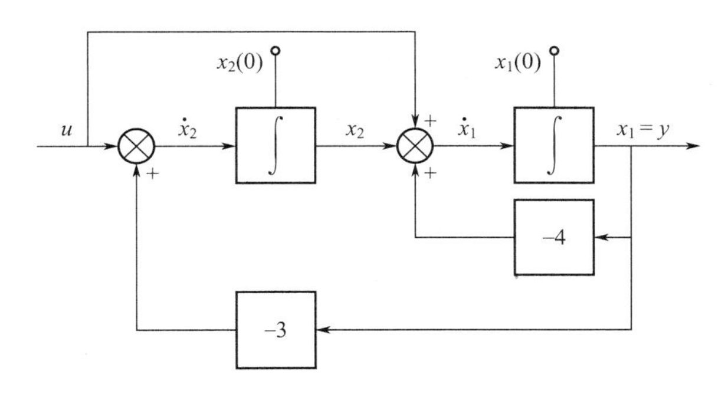

题 2-12 图

2-13　某系统的微分方程为 $\dddot{y}+3\ddot{y}+2\dot{y}+y=\ddot{u}+2\dot{u}+u$，试写出该系统的状态空间表达式。

2-14　设某系统的传递函数为

$$G(s)=\frac{s^2+4s+5}{s^3+6s^2+11s+6}$$

试求该系统对角标准型的状态空间表达式。

第3章 线性控制系统的运动与离散化

3.1 线性定常系统的自由运动

3.1.1 自由运动的定义

线性定常系统在没有控制作用时，由初始条件引起的运动称为自由运动，如图3-1所示。自由运动由齐次状态方程 $\dot{\boldsymbol{x}}=\boldsymbol{A}\boldsymbol{x}$ 来表征。在初始状态 $\boldsymbol{x}(t_0)$、定义区间为 $[t_0,\infty)$ 时，自由运动的解可表示为 $\boldsymbol{x}(t)=\boldsymbol{\Phi}(t-t_0)\boldsymbol{x}(t_0)$，其中 $\boldsymbol{\Phi}(t-t_0)$ 为 $n\times n$ 矩阵。它满足

$$
\begin{aligned}
&\dot{\boldsymbol{\Phi}}(t-t_0)=\boldsymbol{A}\boldsymbol{\Phi}(t-t_0)\\
&\boldsymbol{\Phi}(0)=\boldsymbol{I}
\end{aligned}
\tag{3-1}
$$

称 $\boldsymbol{\Phi}(t-t_0)$ 为系统的状态转移矩阵。

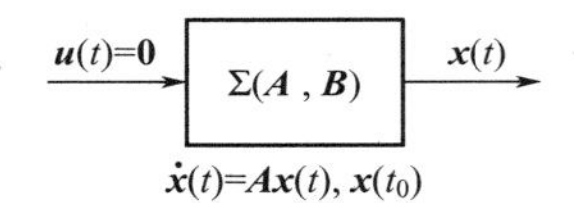

图3-1 线性定常系统的自由运动

自由运动的解为 $\boldsymbol{x}(t)=\boldsymbol{\Phi}(t-t_0)\boldsymbol{x}(t_0)$，这可根据式(3-1)满足系统的状态方程和初始条件而得到证明。

$$
\begin{aligned}
&\dot{\boldsymbol{x}}(t)=\dot{\boldsymbol{\Phi}}(t-t_0)\boldsymbol{x}(t_0)=\boldsymbol{A}\boldsymbol{\Phi}(t-t_0)\boldsymbol{x}(t_0)=\boldsymbol{A}\boldsymbol{x}(t)\\
&\boldsymbol{x}(t)|_{t=t_0}=\boldsymbol{\Phi}(t_0-t_0)\boldsymbol{x}(t_0)=\boldsymbol{\Phi}(0)\boldsymbol{x}(t_0)=\boldsymbol{x}(t_0)
\end{aligned}
$$

3.1.2 自由运动的讨论

① $\boldsymbol{x}(t)=\boldsymbol{\Phi}(t-t_0)\boldsymbol{x}(t_0)$说明了自由运动的解可由状态转移矩阵表达为统一的形式。物理上的含义是：系统在 $t\geqslant t_0$，任一瞬时的状态 $\boldsymbol{x}(t)$，仅仅是初始状态 $\boldsymbol{x}(t_0)$ 的转移，这也是称 $\boldsymbol{\Phi}(t-t_0)$ 为状态转移矩阵的原因。

② 系统自由运动的状态由状态转移矩阵唯一决定，它包含了系统自由运动的全部信息。

③ 对于线性定常系统，状态转移矩阵为

$$\boldsymbol{\Phi}(t-t_0)=\mathrm{e}^{\boldsymbol{A}(t-t_0)}$$

证明 已知状态转移矩阵满足

$$
\begin{aligned}
&\dot{\boldsymbol{\Phi}}(t-t_0)=\boldsymbol{A}\boldsymbol{\Phi}(t-t_0)\\
&\boldsymbol{\Phi}(0)=\boldsymbol{I}
\end{aligned}
$$

与通常的标量微分方程类似，设解 $\boldsymbol{\Phi}(t-t_0)$ 的形式为如下向量幂级数，即

$$\boldsymbol{\Phi}(t-t_0)=\boldsymbol{F}_0+\boldsymbol{F}_1(t-t_0)+\boldsymbol{F}_2(t-t_0)^2+\cdots \tag{3-2}$$

$\boldsymbol{F}_0$，$\boldsymbol{F}_1$ 等为待定的矩阵，由方程与初始条件决定。

把式(3-2) 代入 $\dot{\boldsymbol{\Phi}}(t-t_0)=\boldsymbol{A}\boldsymbol{\Phi}(t-t_0)$ 中，可导出

$$\boldsymbol{F}_1+2\boldsymbol{F}_2(t-t_0)+3\boldsymbol{F}_3(t-t_0)^2+\cdots=\boldsymbol{A}[\boldsymbol{F}_0+\boldsymbol{F}_1(t-t_0)+\boldsymbol{F}_2(t-t_0)^2+\cdots]$$

把初始条件 $\boldsymbol{\Phi}(0)=\mathbf{I}$（即 $t=t_0$时的状态矩转移矩阵）代入式(3-2)，得

$$\boldsymbol{F}_0=\mathbf{I}$$

故$\boldsymbol{F}_1+2\boldsymbol{F}_2(t-t_0)+3\boldsymbol{F}_3(t-t_0)^2+\cdots=\boldsymbol{A}[\mathbf{I}+\boldsymbol{F}_1(t-t_0)+\boldsymbol{F}_2(t-t_0)^2+\cdots]$

等式两边对应项系数应相等，即

$$\begin{cases}\boldsymbol{F}_0=\mathbf{I}\\ \boldsymbol{F}_1=\boldsymbol{A}\\ \boldsymbol{F}_2=\dfrac{1}{2}\boldsymbol{A}\,\boldsymbol{F}_1=\dfrac{1}{2!}\boldsymbol{A}^2\\ \boldsymbol{F}_3=\dfrac{1}{3!}\boldsymbol{A}^3\\ \vdots\\ \boldsymbol{F}_k=\dfrac{1}{k!}\boldsymbol{A}^k\end{cases}$$

则式(3-2) 变为

$$\boldsymbol{\Phi}(t-t_0)=\mathbf{I}+\boldsymbol{A}(t-t_0)+\frac{1}{2!}\boldsymbol{A}^2(t-t_0)^2+\cdots=\sum_{k=0}^{\infty}\frac{1}{k!}\boldsymbol{A}^k(t-t_0)^k$$

因标量指数定义为

$$\mathrm{e}^{a(t-t_0)}=1+a(t-t_0)+\frac{1}{2!}a^2(t-t_0)^2+\cdots=\sum_{k=0}^{\infty}\frac{1}{k!}a^k(t-t_0)^k$$

故定义 $\boldsymbol{\Phi}(t-t_0)=\mathrm{e}^{A(t-t_0)}$。

对于线性定常系统，自由运动的解为

$$\boldsymbol{x}(t)=\boldsymbol{\Phi}(t-t_0)\boldsymbol{x}(t_0)=\mathrm{e}^{\boldsymbol{A}(t-t_0)}\boldsymbol{x}(t_0)$$

当 $t_0=0$ 时，状态转移矩阵为 $\boldsymbol{\Phi}(t)=\mathrm{e}^{\boldsymbol{A}t}$，此时线性定常系统自由运动的解为

$$\boldsymbol{x}(t)=\boldsymbol{\Phi}(t)\boldsymbol{x}(0)=\mathrm{e}^{\boldsymbol{A}t}\boldsymbol{x}(0) \tag{3-3}$$

④ 状态转移矩阵 $\boldsymbol{\Phi}(t-t_0)$ 的性质如下。

可逆性（是非奇异的）　$\boldsymbol{\Phi}^{-1}(t-t_0)=\boldsymbol{\Phi}(t_0-t)$

证明　$\boldsymbol{\Phi}(t-t_0)\boldsymbol{\Phi}(t_0-t)=\mathrm{e}^{\boldsymbol{A}(t-t_0)}\mathrm{e}^{\boldsymbol{A}(t_0-t)}=\mathrm{e}^{\boldsymbol{A}\cdot 0}=\mathbf{I}$

分解性　$\boldsymbol{\Phi}(t_1+t_2)=\boldsymbol{\Phi}(t_1)\boldsymbol{\Phi}(t_2)$

证明　$\boldsymbol{\Phi}(t_1+t_2)=\mathrm{e}^{\boldsymbol{A}(t_1+t_2)}=\mathrm{e}^{\boldsymbol{A}t_1}\mathrm{e}^{\boldsymbol{A}t_2}=\boldsymbol{\Phi}(t_1)\boldsymbol{\Phi}(t_2)$

传递性　$\boldsymbol{\Phi}(t_2-t_1)\boldsymbol{\Phi}(t_1-t_0)=\boldsymbol{\Phi}(t_2-t_0)$

证明　（利用分解性来证明）

$$\begin{aligned}\boldsymbol{\Phi}(t_2-t_1)\boldsymbol{\Phi}(t_1-t_0)&=\boldsymbol{\Phi}(t_2)\boldsymbol{\Phi}(-t_1)\boldsymbol{\Phi}(t_1)\boldsymbol{\Phi}(-t_0)\\&=\boldsymbol{\Phi}(t_2)\boldsymbol{\Phi}(0)\boldsymbol{\Phi}(-t_0)=\boldsymbol{\Phi}(t_2)\boldsymbol{\Phi}(-t_0)=\boldsymbol{\Phi}(t_2-t_0)\end{aligned}$$

3.2　状态转移矩阵 e^{At}的计算方法

对线性定常系统来说，$\boldsymbol{\Phi}(t)=\mathrm{e}^{\boldsymbol{A}t}$，$\boldsymbol{A}$ 为 $n\times n$ 矩阵，所以状态转移矩阵在这里也称矩

阵指数，求自由运动的解就归结为求状态转移矩阵问题。

3.2.1 根据状态转移矩阵的定义求解

$$e^{\boldsymbol{A}t}=\boldsymbol{I}+\boldsymbol{A}t+\frac{1}{2!}\boldsymbol{A}^2t^2+\cdots=\sum_{k=0}^{\infty}\frac{1}{k!}\boldsymbol{A}^kt^k$$

已知 $\boldsymbol{A}$，用乘法与加法即可求出 $e^{\boldsymbol{A}t}$。其优点是运用计算机计算时，程序简单，容易编制；缺点是由于结果为无穷级数，所以收敛速度很难判断。这种方法的求解结果为数值而不是解析式，不适于手工计算。

3.2.2 用拉普拉斯反变换法求解

对线性定常齐次状态方程 $\dot{\boldsymbol{x}}(t)=\boldsymbol{A}\boldsymbol{x}(t)$ 两边进行拉普拉斯变换，得

$$s\boldsymbol{X}(s)-\boldsymbol{x}(0)=\boldsymbol{A}\boldsymbol{X}(s)$$

$$(s\boldsymbol{I}-\boldsymbol{A})\boldsymbol{X}(s)=\boldsymbol{x}(0)$$

等式两边左乘$(s\boldsymbol{I}-\boldsymbol{A})^{-1}$，有

$$\boldsymbol{X}(s)=(s\boldsymbol{I}-\boldsymbol{A})^{-1}\boldsymbol{x}(0)$$

上式两边进行拉普拉斯反变换，可得齐次状态方程的解为

$$\boldsymbol{x}(t)=L^{-1}[(s\boldsymbol{I}-\boldsymbol{A})^{-1}]\boldsymbol{x}(0) \tag{3-4}$$

比较式(3-4) 与式(3-3)，且根据定常微分方程组解的唯一性，有

$$e^{\boldsymbol{A}t}=\boldsymbol{\Phi}(t)=L^{-1}[(s\boldsymbol{I}-\boldsymbol{A})^{-1}]$$

3.2.3 将 e^{At}化为 $\boldsymbol{A}$ 的有限多项式来求解

用状态转移矩阵的定义计算 $e^{\boldsymbol{A}t}$，可归结为计算一个无穷项的矩阵和，这显然很不方便。根据凯莱-哈密顿（Cayley-Hamilton）定理，可将这个无穷级数化为 $\boldsymbol{A}$ 的有限项的多项式。

(1) 凯莱-哈密顿定理 凯莱-哈密顿定理：设矩阵 $\boldsymbol{A}$ 为 $n\times n$ 方阵，则 $\boldsymbol{A}$ 满足其自身的特征方程，即若

$$f(\lambda)=|\lambda\boldsymbol{I}-\boldsymbol{A}|=\lambda^n+a_1\lambda^{n-1}+\cdots+a_{n-1}\lambda+a_n=0$$

则

$$f(\boldsymbol{A})=\boldsymbol{A}^n+a_1\boldsymbol{A}^{n-1}+\cdots+a_{n-1}\boldsymbol{A}+a_n\boldsymbol{I}=\boldsymbol{0}$$

从凯莱-哈密顿定理出发，可以导出

$$\boldsymbol{A}^n+a_1\boldsymbol{A}^{n-1}+\cdots+a_{n-1}\boldsymbol{A}+a_n\boldsymbol{I}=\boldsymbol{0}$$

这表明$\boldsymbol{A}^n$ 可表示为$\boldsymbol{A}^{n-1}$，$\boldsymbol{A}^{n-2}$，…，$\boldsymbol{A}$，$\boldsymbol{I}$ 的线性组合，即

$$\boldsymbol{A}^n=-a_1\boldsymbol{A}^{n-1}-a_2\boldsymbol{A}^{n-2}-\cdots-a_{n-1}\boldsymbol{A}-a_n\boldsymbol{I}$$

又因为

$$\begin{aligned}\boldsymbol{A}^{n+1}&=\boldsymbol{A}\times\boldsymbol{A}^n=\boldsymbol{A}(-a_1\boldsymbol{A}^{n-1}-a_2\boldsymbol{A}^{n-2}-\cdots-a_{n-1}\boldsymbol{A}-a_n\boldsymbol{I})\\&=-a_1\boldsymbol{A}^n-a_2\boldsymbol{A}^{n-1}-\cdots-a_{n-1}\boldsymbol{A}^2-a_n\boldsymbol{A}\\&=-a_1(-a_1\boldsymbol{A}^{n-1}-a_2\boldsymbol{A}^{n-2}-\cdots-a_{n-1}\boldsymbol{A}-a_n\boldsymbol{I})-a_2\boldsymbol{A}^{n-1}-\cdots-a_{n-1}\boldsymbol{A}^2-a_n\boldsymbol{A}\\&=(a_1^2-a_2)\boldsymbol{A}^{n-1}+(a_1a_2-a_3)\boldsymbol{A}^{n-2}+\cdots+(a_1a_{n-1}-a_n)\boldsymbol{A}+a_1a_n\boldsymbol{I}\end{aligned}$$

这表明$\boldsymbol{A}^{n+1}$也可以表示为$\boldsymbol{A}^{n-1}$,$\boldsymbol{A}^{n-2}$,…,$\boldsymbol{A}$,$\boldsymbol{I}$ 的线性组合，依此类推，$\boldsymbol{A}^{n+2}$、$\boldsymbol{A}^{n+3}$等均可表示为$\boldsymbol{A}^{n-1}$,$\boldsymbol{A}^{n-2}$,…,$\boldsymbol{A}$,$\boldsymbol{I}$ 的线性组合，即

$$A^k=\sum_{i=0}^{n-1}c_i A^i,\ k\geqslant n$$

所以对矩阵指数

$$e^{At}=I+At+\frac{1}{2!}A^2t^2+\cdots+\frac{1}{k!}A^kt^k+\cdots$$

的无穷项多项式可表示为A^{n-1}，A^{n-2}，…，A，I的有限项多项式，即

$$e^{At}=a_0(t)I+a_1(t)A+\cdots+a_{n-1}(t)A^{n-1}$$

式中　$a_0(t)$，$a_1(t)$，…，$a_{n-1}(t)$——t 的函数。

(2) 化 e^{At} 为 A 的有限项多项式　下面按 A 的特征值形态分别讨论。

① A 的特征值λ_1，λ_2，…，λ_n 两两相异，则

$$\begin{bmatrix}a_0(t)\\a_1(t)\\\vdots\\a_{n-1}(t)\end{bmatrix}=\begin{bmatrix}1&\lambda_1&\lambda_1^2&\cdots&\lambda_1^{n-1}\\1&\lambda_2&\lambda_2^2&\cdots&\lambda_2^{n-1}\\\vdots&\vdots&\vdots&&\vdots\\1&\lambda_n&\lambda_n^2&\cdots&\lambda_n^{n-1}\end{bmatrix}^{-1}\begin{bmatrix}e^{\lambda_1t}\\e^{\lambda_2t}\\\vdots\\e^{\lambda_nt}\end{bmatrix}\tag{3-5}$$

证明　因为矩阵 A 及其特征值都满足特征方程，即 $f(A)=0$，$f(\lambda)=0$，所以既然 e^{At} 可以表示为A 的 $n-1$ 次多项式，则同样也可以证明 $e^{\lambda t}$ 也可以表示为λ 的 $n-1$ 次多项式，而且两者的系数 $a_i(t)(i=0，1，\cdots，n-1)$应该是相同的，即有

$$\begin{cases}e^{\lambda_1t}=a_0(t)+a_1(t)\lambda_1+\cdots+a_{n-1}(t)\lambda_1^{n-1}\\e^{\lambda_2t}=a_0(t)+a_1(t)\lambda_2+\cdots+a_{n-1}(t)\lambda_2^{n-1}\\\qquad\vdots\\e^{\lambda_nt}=a_0(t)+a_1(t)\lambda_n+\cdots+a_{n-1}(t)\lambda_n^{n-1}\end{cases}$$

解此方程组，可求出系数 $a_i(t)(i=0，1，\cdots，n-1)$，即可得到式(3-5)。

② A 的特征值为λ_1(n 重根)，则

$$\begin{bmatrix}a_0(t)\\a_1(t)\\\vdots\\a_{n-2}(t)\\a_{n-1}(t)\end{bmatrix}=\begin{bmatrix}0&0&\cdots&0&1\\0&0&\cdots&1&(n-1)\lambda_1\\\vdots&\vdots&\ddots&\vdots&\vdots\\0&1&2\lambda_1&\cdots&\frac{n-1}{1!}\lambda_1^{n-2}\\1&\lambda_1&\lambda_1^2&\cdots&\lambda_1^{n-1}\end{bmatrix}^{-1}\begin{bmatrix}\frac{1}{(n-1)!}t^{n-1}e^{\lambda_1t}\\\frac{1}{(n-2)!}t^{n-2}e^{\lambda_1t}\\\vdots\\\frac{1}{1!}te^{\lambda_1t}\\e^{\lambda_1t}\end{bmatrix}\tag{3-6}$$

证明　设 A 有 n 个重特征值λ_1，则显然下式成立。

$$e^{\lambda_1t}=a_0(t)+a_1(t)\lambda_1+\cdots+a_{n-1}(t)\lambda_1^{n-1}$$

但是只此一个方程式，为了解出 $a_i(t)(i=0，1，\cdots，n-1)$，必须添上 $n-1$ 个方程式，方法是对上式依次对 λ_1 求导，直到 $n-1$ 次，其结果是

$$\begin{cases}e^{\lambda_1t}=a_0(t)+a_1(t)\lambda_1+\cdots+a_{n-1}(t)\lambda_1^{n-1}\\te^{\lambda_1t}=a_1(t)+2a_2(t)\lambda_1+\cdots+(n-1)a_{n-1}(t)\lambda_1^{n-2}\\t^2e^{\lambda_1t}=2a_2(t)+6a_3(t)\lambda_1+\cdots+(n-1)(n-2)a_{n-1}(t)\lambda_1^{n-3}\\\qquad\vdots\\t^{n-1}e^{\lambda_1t}=(n-1)!\ a_{n-1}(t)\end{cases}$$

从而得到关于 $a_i(t)(i=0, 1, \cdots, n-1)$的 n 个方程，从中可以解出这些系数来，即可得到式(3-6)。

如果有几个重特征值，则分别对每个重特征值按上述方法进行处理，这样总会有所需个数的独立方程存在，从中求出 n 个系数来。

3.2.4 通过非奇异变换法求解

① 当 $\boldsymbol{A}$ 的特征值 $\lambda_1, \lambda_2, \cdots, \lambda_n$ 为两两相异时，则

$$\mathrm{e}^{\boldsymbol{A}t}=\boldsymbol{P}\begin{bmatrix} \mathrm{e}^{\lambda_1 t} & & \boldsymbol{0} \\ & \ddots & \\ \boldsymbol{0} & & \mathrm{e}^{\lambda_n t} \end{bmatrix}\boldsymbol{P}^{-1}$$

式中 $\boldsymbol{P}$——使 $\boldsymbol{A}$ 化为对角标准型的变换矩阵。

② 当 $\boldsymbol{A}$ 的特征值为 λ_1（n 重根）时，则

$$\mathrm{e}^{\boldsymbol{A}t}=\boldsymbol{Q}\begin{bmatrix} \mathrm{e}^{\lambda_1 t} & t\mathrm{e}^{\lambda_1 t} & \cdots & \cdots & \frac{1}{(n-1)!}t^{n-1}\mathrm{e}^{\lambda_1 t} \\ & \ddots & \ddots & & \vdots \\ & & \ddots & \ddots & \vdots \\ & & & \ddots & t\mathrm{e}^{\lambda_1 t} \\ \boldsymbol{0} & & & & \mathrm{e}^{\lambda_1 t} \end{bmatrix}\boldsymbol{Q}^{-1}$$

式中 $\boldsymbol{Q}$——使 $\boldsymbol{A}$ 化为约当标准型的变换矩阵。

【例 3-1】 求 $\boldsymbol{A}=\begin{bmatrix} 0 & 1 \\ -2 & -3 \end{bmatrix}$时的状态转移矩阵 $\mathrm{e}^{\boldsymbol{A}t}$。

解

① 用第一种方法求解：

$$\mathrm{e}^{\boldsymbol{A}t}=\mathbf{I}+\boldsymbol{A}t+\frac{\boldsymbol{A}^2}{2!}t^2+\cdots=\begin{bmatrix} 1 & 0 \\ 0 & 1 \end{bmatrix}+\begin{bmatrix} 0 & 1 \\ -2 & -3 \end{bmatrix}t+\begin{bmatrix} 0 & 1 \\ -2 & -3 \end{bmatrix}^2\frac{t^2}{2!}+\cdots=$$

$$\begin{bmatrix} 1 & 0 \\ 0 & 1 \end{bmatrix}+\begin{bmatrix} 0 & 1 \\ -2 & -3 \end{bmatrix}t+\begin{bmatrix} -2 & -3 \\ 6 & 7 \end{bmatrix}\frac{t^2}{2!}+\cdots=\begin{bmatrix} (1+0\cdot t-2\cdot\frac{t^2}{2!}+\cdots) & (0+t-3\cdot\frac{t^2}{2!}-\cdots) \\ (0-2t+6\cdot\frac{t^2}{2!}+\cdots) & (1-3t+7\cdot\frac{t^2}{2!}+\cdots) \end{bmatrix}=$$

$$\begin{bmatrix} 2(1-t+\frac{t^2}{2!}-\cdots)-(1-2t+4\cdot\frac{t^2}{2!}-\cdots) & (1-t+\frac{t^2}{2!}-\cdots)-(1-2t+4\cdot\frac{t^2}{2!}-\cdots) \\ -2(1-t+\frac{t^2}{2!}-\cdots)+2(1-2t+4\cdot\frac{t^2}{2!}-\cdots) & -(1-t+\frac{t^2}{2!}-\cdots)+2(1-2t+4\cdot\frac{t^2}{2!}-\cdots) \end{bmatrix}=$$

$$\begin{bmatrix} 2\mathrm{e}^{-t}-\mathrm{e}^{-2t} & \mathrm{e}^{-t}-\mathrm{e}^{-2t} \\ -2\mathrm{e}^{-t}+2\mathrm{e}^{-2t} & -\mathrm{e}^{-t}+2\mathrm{e}^{-2t} \end{bmatrix}$$

② 用第二种方法求解：

$$\mathrm{e}^{\boldsymbol{A}t}=L^{-1}[(s\mathbf{I}-\boldsymbol{A})^{-1}]$$

$$s\mathbf{I}-\boldsymbol{A}=\begin{bmatrix} s & -1 \\ 2 & s+3 \end{bmatrix}$$

$$|s\mathbf{I}-\boldsymbol{A}|=\begin{vmatrix} s & -1 \\ 2 & s+3 \end{vmatrix}=s^2+3s+2=(s+1)(s+2)$$

$$(s\mathbf{I}-\mathbf{A})^{-1}=\frac{\mathrm{adj}\ (s\mathbf{I}-\mathbf{A})}{|s\mathbf{I}-\mathbf{A}|}=\frac{1}{(s+1)\ (s+2)}\begin{bmatrix}s+3 & 1\\ -2 & s\end{bmatrix}$$

$$=\begin{bmatrix}\dfrac{s+3}{(s+1)\ (s+2)} & \dfrac{1}{(s+1)\ (s+2)}\\ \dfrac{-2}{(s+1)\ (s+2)} & \dfrac{s}{(s+1)\ (s+2)}\end{bmatrix}=\begin{bmatrix}\dfrac{2}{s+1}-\dfrac{1}{s+2} & \dfrac{1}{s+1}-\dfrac{1}{s+2}\\ \dfrac{-2}{s+1}+\dfrac{2}{s+2} & \dfrac{-1}{s+1}+\dfrac{2}{s+2}\end{bmatrix}$$

故得

$$\mathrm{e}^{\mathbf{A}t}=L^{-1}\ [\ (s\mathbf{I}-\mathbf{A})^{-1}]\ =\begin{bmatrix}L^{-1}\left(\dfrac{2}{s+1}-\dfrac{1}{s+2}\right) & L^{-1}\left(\dfrac{1}{s+1}-\dfrac{1}{s+2}\right)\\ L^{-1}\left(\dfrac{-2}{s+1}+\dfrac{2}{s+2}\right) & L^{-1}\left(\dfrac{-1}{s+1}+\dfrac{2}{s+2}\right)\end{bmatrix}$$

$$=\begin{bmatrix}2\mathrm{e}^{-t}-\mathrm{e}^{-2t} & \mathrm{e}^{-t}-\mathrm{e}^{-2t}\\ -2\mathrm{e}^{-t}+2\mathrm{e}^{-2t} & -\mathrm{e}^{-t}+2\mathrm{e}^{-2t}\end{bmatrix}$$

③ 用第三种方法求解：

$$\mathrm{e}^{\mathbf{A}t}=a_0(t)\mathbf{I}+a_1(t)\mathbf{A}$$

其中
$$\begin{bmatrix}a_0(t)\\ a_1(t)\end{bmatrix}=\begin{bmatrix}1 & \lambda_1\\ 1 & \lambda_2\end{bmatrix}^{-1}\begin{bmatrix}\mathrm{e}^{\lambda_1 t}\\ \mathrm{e}^{\lambda_2 t}\end{bmatrix}$$

因为
$$|\lambda\mathbf{I}-\mathbf{A}|=\begin{vmatrix}\lambda & -1\\ 2 & \lambda+3\end{vmatrix}=\lambda^2+3\lambda+2=(\lambda+1)(\lambda+2)$$

所以
$$\lambda_1=-1,\lambda_2=-2$$

$$\begin{vmatrix}1 & \lambda_1\\ 1 & \lambda_2\end{vmatrix}=\begin{vmatrix}1 & -1\\ 1 & -2\end{vmatrix}=-1$$

$$\begin{bmatrix}1 & \lambda_1\\ 1 & \lambda_2\end{bmatrix}^{-1}=\frac{1}{-1}\begin{bmatrix}-2 & 1\\ -1 & 1\end{bmatrix}=\begin{bmatrix}2 & -1\\ 1 & -1\end{bmatrix}$$

$$\begin{bmatrix}a_0(t)\\ a_1(t)\end{bmatrix}=\begin{bmatrix}2 & -1\\ 1 & -1\end{bmatrix}\begin{bmatrix}\mathrm{e}^{-t}\\ \mathrm{e}^{-2t}\end{bmatrix}=\begin{bmatrix}2\mathrm{e}^{-t}-\mathrm{e}^{-2t}\\ \mathrm{e}^{-t}-\mathrm{e}^{-2t}\end{bmatrix}$$

故
$$\mathrm{e}^{\mathbf{A}t}=(2\mathrm{e}^{-t}-\mathrm{e}^{-2t})\begin{bmatrix}1 & 0\\ 0 & 1\end{bmatrix}+(\mathrm{e}^{-t}-\mathrm{e}^{-2t})\begin{bmatrix}0 & 1\\ -2 & -3\end{bmatrix}=$$

$$\begin{bmatrix}2\mathrm{e}^{-t}-\mathrm{e}^{-2t} & 0\\ 0 & 2\mathrm{e}^{-t}-\mathrm{e}^{-2t}\end{bmatrix}+\begin{bmatrix}0 & \mathrm{e}^{-t}-\mathrm{e}^{-2t}\\ -2(\mathrm{e}^{-t}-\mathrm{e}^{-2t}) & -3(\mathrm{e}^{-t}-\mathrm{e}^{-2t})\end{bmatrix}=$$

$$\begin{bmatrix}2\mathrm{e}^{-t}-\mathrm{e}^{-2t} & \mathrm{e}^{-t}-\mathrm{e}^{-2t}\\ -2(\mathrm{e}^{-t}-\mathrm{e}^{-2t}) & -\mathrm{e}^{-t}+2\mathrm{e}^{-2t}\end{bmatrix}=\begin{bmatrix}2\mathrm{e}^{-t}-\mathrm{e}^{-2t} & \mathrm{e}^{-t}-\mathrm{e}^{-2t}\\ -2\mathrm{e}^{-t}+2\mathrm{e}^{-2t} & -\mathrm{e}^{-t}+2\mathrm{e}^{-2t}\end{bmatrix}$$

④ 用第四种方法求解：

$$\mathrm{e}^{\mathbf{A}t}=\boldsymbol{P}\begin{bmatrix}\mathrm{e}^{\lambda_1 t} & 0\\ 0 & \mathrm{e}^{\lambda_2 t}\end{bmatrix}\boldsymbol{P}^{-1}$$

其中，$\lambda_1=-1$，$\lambda_2=-2$。

$$\boldsymbol{P}=\begin{bmatrix}1 & 1\\ \lambda_1 & \lambda_2\end{bmatrix}$$

$$|\boldsymbol{P}|=\begin{vmatrix}1 & 1\\ \lambda_1 & \lambda_2\end{vmatrix}=\begin{vmatrix}1 & 1\\ -1 & -2\end{vmatrix}=-1$$

$$\boldsymbol{P}^{-1}=\frac{\boldsymbol{P}^*}{|\boldsymbol{P}|}=-\begin{bmatrix}-2 & -1\\ 1 & 1\end{bmatrix}=\begin{bmatrix}2 & 1\\ -1 & -1\end{bmatrix}$$

因此　$$\mathrm{e}^{\boldsymbol{A}t}=\begin{bmatrix}1 & 1\\ -1 & -2\end{bmatrix}\begin{bmatrix}\mathrm{e}^{-t} & 0\\ 0 & \mathrm{e}^{-2t}\end{bmatrix}\begin{bmatrix}2 & 1\\ -1 & -1\end{bmatrix}=\begin{bmatrix}1 & 1\\ -1 & -2\end{bmatrix}\begin{bmatrix}2\mathrm{e}^{-t} & \mathrm{e}^{-t}\\ -\mathrm{e}^{-2t} & -\mathrm{e}^{-2t}\end{bmatrix}$$

$$=\begin{bmatrix}2\mathrm{e}^{-t}-\mathrm{e}^{-2t} & \mathrm{e}^{-t}-\mathrm{e}^{-2t}\\ -2\mathrm{e}^{-t}+2\mathrm{e}^{-2t} & -\mathrm{e}^{-t}+2\mathrm{e}^{-2t}\end{bmatrix}$$

3.3　线性定常系统的受控运动

线性定常系统在控制作用下的运动，称为强迫运动。数学表征为非齐次状态方程，如图3-2所示。

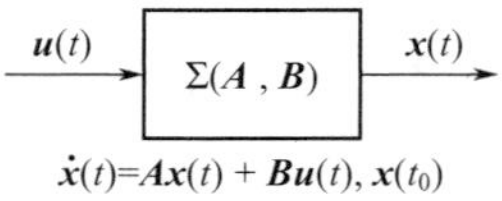

$\boldsymbol{u}(t)$ → $\Sigma(\boldsymbol{A},\boldsymbol{B})$ → $\boldsymbol{x}(t)$

$\dot{\boldsymbol{x}}(t)=\boldsymbol{A}\boldsymbol{x}(t)+\boldsymbol{B}\boldsymbol{u}(t),\ \boldsymbol{x}(t_0)$

图3-2　线性定常系统的受控运动

定理3-1　若非齐次状态方程 $\dot{\boldsymbol{x}}=\boldsymbol{A}\boldsymbol{x}+\boldsymbol{B}\boldsymbol{u}$ 初始状态为 $\boldsymbol{x}(t_0)$ 的解存在，则必具有如下形式，即

$t_0=0$ 时　　$$\boldsymbol{x}(t)=\boldsymbol{\Phi}(t)\boldsymbol{x}(0)+\int_0^t\boldsymbol{\Phi}(t-\tau)\boldsymbol{B}\boldsymbol{u}(\tau)\mathrm{d}\tau,\ t\in[0,\infty)$$

$t_0\neq0$ 时　　$$\boldsymbol{x}(t)=\boldsymbol{\Phi}(t-t_0)\boldsymbol{x}(t_0)+\int_{t_0}^t\boldsymbol{\Phi}(t-\tau)\boldsymbol{B}\boldsymbol{u}(\tau)\mathrm{d}\tau,\ t\in[t_0,\infty)$$

证明　先把状态方程 $\dot{\boldsymbol{x}}=\boldsymbol{A}\boldsymbol{x}+\boldsymbol{B}\boldsymbol{u}$ 写成

$$\dot{\boldsymbol{x}}-\boldsymbol{A}\boldsymbol{x}=\boldsymbol{B}\boldsymbol{u}$$

上式两边左乘 $\mathrm{e}^{-\boldsymbol{A}t}$，得

$$\mathrm{e}^{-\boldsymbol{A}t}[\dot{\boldsymbol{x}}-\boldsymbol{A}\boldsymbol{x}]=\frac{\mathrm{d}}{\mathrm{d}t}[\mathrm{e}^{-\boldsymbol{A}t}\boldsymbol{x}]=\mathrm{e}^{-\boldsymbol{A}t}\boldsymbol{B}\boldsymbol{u}$$

对上式进行由 $0\to t$ 的积分，得

$$[\mathrm{e}^{\boldsymbol{A}\tau}\boldsymbol{x}(\tau)]\big|_0^t=\int_0^t\mathrm{e}^{-\boldsymbol{A}\tau}\boldsymbol{B}\boldsymbol{u}(\tau)\mathrm{d}\tau$$

化简为　　$$\mathrm{e}^{-\boldsymbol{A}t}\boldsymbol{x}(t)=\boldsymbol{x}(0)+\int_0^t\mathrm{e}^{-\boldsymbol{A}\tau}\boldsymbol{B}\boldsymbol{u}(\tau)\mathrm{d}\tau$$

上式两边再左乘 $\mathrm{e}^{\boldsymbol{A}t}$，且有 $\mathrm{e}^{-\boldsymbol{A}t}\cdot e^{\boldsymbol{A}t}=\mathbf{I}$，则有

$$\boldsymbol{x}(t)=\mathrm{e}^{\boldsymbol{A}t}\boldsymbol{x}(0)+\int_0^t\mathrm{e}^{\boldsymbol{A}(t-\tau)}\boldsymbol{B}\boldsymbol{u}(\tau)\mathrm{d}\tau=\boldsymbol{\Phi}(t)\boldsymbol{x}(0)+\int_0^t\boldsymbol{\Phi}(t-\tau)\boldsymbol{B}\boldsymbol{u}(\tau)\mathrm{d}\tau,t\in[0,\infty)$$

同理，有

$$\boldsymbol{x}(t)=\boldsymbol{\Phi}(t-t_0)\boldsymbol{x}(t_0)+\int_{t_0}^t\boldsymbol{\Phi}(t-\tau)\boldsymbol{B}\boldsymbol{u}(\tau)\mathrm{d}\tau,t\in[t_0,\infty)$$

显然，线性系统的强迫运动由两部分构成，第一部分为初始状态的转移项（自由运动），第二部分为控制作用下的受控项，这说明强迫运动的响应满足线性系统的叠加原理。由于第

二部分存在，故可通过选择 $\boldsymbol{u}(t)$ 使 $\boldsymbol{x}(t)$ 的轨线满足特定要求。

【例 3-2】 设一线性系统的状态方程为

$$\begin{bmatrix}\dot{x}_1\\ \dot{x}_2\end{bmatrix}=\begin{bmatrix}0 & 1\\ -2 & -3\end{bmatrix}\begin{bmatrix}x_1\\ x_2\end{bmatrix}+\begin{bmatrix}0\\ 1\end{bmatrix}u \qquad (t\geqslant 0)$$

其中，$u(t)=1(t)$ 为单位阶跃函数，求该方程的解。

解 该系统的状态转移矩阵在例 3-1 中已求得为

$$\boldsymbol{\Phi}(t)=\mathrm{e}^{\boldsymbol{A}t}=\begin{bmatrix}2\mathrm{e}^{-t}-\mathrm{e}^{-2t} & \mathrm{e}^{-t}-\mathrm{e}^{-2t}\\ -2\mathrm{e}^{-t}+2\mathrm{e}^{-2t} & -\mathrm{e}^{-t}+2\mathrm{e}^{-2t}\end{bmatrix}$$

因此 $$\boldsymbol{x}(t)=\boldsymbol{\Phi}(t)\boldsymbol{x}(0)+\int_0^t\boldsymbol{\Phi}(t-\tau)\boldsymbol{bu}(\tau)\mathrm{d}\tau, t\in[0,\infty)$$

$$\begin{bmatrix}x_1(t)\\ x_2(t)\end{bmatrix}=\begin{bmatrix}2\mathrm{e}^{-t}-\mathrm{e}^{-2t} & \mathrm{e}^{-t}-\mathrm{e}^{-2t}\\ -2\mathrm{e}^{-t}+2\mathrm{e}^{-2t} & -\mathrm{e}^{-t}+2\mathrm{e}^{-2t}\end{bmatrix}\begin{bmatrix}x_1(0)\\ x_2(0)\end{bmatrix}$$

$$+\int_0^t\begin{bmatrix}2\mathrm{e}^{-(t-\tau)}-\mathrm{e}^{-2(t-\tau)} & \mathrm{e}^{-(t-\tau)}-\mathrm{e}^{-2(t-\tau)}\\ -2\mathrm{e}^{-(t-\tau)}+2\mathrm{e}^{-2(t-\tau)} & -\mathrm{e}^{-(t-\tau)}+2\mathrm{e}^{-2(t-\tau)}\end{bmatrix}\begin{bmatrix}0\\ 1\end{bmatrix}\mathrm{d}\tau=*+**$$

上式第一项,即自由运动项为

$$*=\begin{bmatrix}(2\mathrm{e}^{-t}-\mathrm{e}^{-2t})x_1(0)+(\mathrm{e}^{-t}-\mathrm{e}^{-2t})x_2(0)\\ (-2\mathrm{e}^{-t}+2\mathrm{e}^{-2t})x_1(0)+(-\mathrm{e}^{-t}+2\mathrm{e}^{-2t})x_2(0)\end{bmatrix}$$

上式第二项，即受控运动项为

$$**=\int_0^t\begin{bmatrix}\mathrm{e}^{-(t-\tau)}-\mathrm{e}^{-2(t-\tau)}\\ -\mathrm{e}^{-(t-\tau)}+2\mathrm{e}^{-2(t-\tau)}\end{bmatrix}\mathrm{d}\tau=\begin{bmatrix}\int_0^t(\mathrm{e}^{-(t-\tau)}-\mathrm{e}^{-2(t-\tau)})\mathrm{d}\tau\\ \int_0^t(-\mathrm{e}^{-(t-\tau)}+2\mathrm{e}^{-2(t-\tau)})\mathrm{d}\tau\end{bmatrix}$$

$$=\begin{bmatrix}(\mathrm{e}^{-t}\cdot\mathrm{e}^{\tau}-\frac{1}{2}\mathrm{e}^{-2t}\cdot\mathrm{e}^{2\tau})\big|_0^t\\ (-\mathrm{e}^{-t}\cdot\mathrm{e}^{\tau}+\mathrm{e}^{-2t}\cdot\mathrm{e}^{2\tau})\big|_0^t\end{bmatrix}=\begin{bmatrix}\frac{1}{2}-\mathrm{e}^{-t}+\frac{1}{2}\mathrm{e}^{-2t}\\ \mathrm{e}^{-t}-\mathrm{e}^{-2t}\end{bmatrix}$$

故 $$\begin{bmatrix}x_1(t)\\ x_2(t)\end{bmatrix}=\begin{bmatrix}(2\mathrm{e}^{-t}-\mathrm{e}^{-2t})x_1(0)+(\mathrm{e}^{-t}-\mathrm{e}^{-2t})x_2(0)+\left(\frac{1}{2}-\mathrm{e}^{-t}+\frac{1}{2}\mathrm{e}^{-2t}\right)\\ (-2\mathrm{e}^{-t}+2\mathrm{e}^{-2t})x_1(0)+(-\mathrm{e}^{-t}+2\mathrm{e}^{-2t})x_2(0)+(\mathrm{e}^{-t}-\mathrm{e}^{-2t})\end{bmatrix}$$

【例 3-3】 试用状态转移矩阵求解二阶微分方程 $\frac{\mathrm{d}^2y}{\mathrm{d}t^2}+2\zeta\frac{\mathrm{d}y}{\mathrm{d}t}+y=0$；在该二阶系统已知初始状态 $\boldsymbol{x}(t_0)$ 的情况下，求其受控制作用 $u(t)$ 后所做强迫运动的解。

解

（1）求二阶微分方程的解

① 化为状态方程。令 $x_1=y$，$x_2=\dot{y}=\dot{x}_1$，则

$$\begin{cases}\dot{x}_1=x_2\\ \dot{x}_2=-x_1-2\zeta x_2\end{cases}$$

即 $$\begin{bmatrix}\dot{x}_1\\ \dot{x}_2\end{bmatrix}=\begin{bmatrix}0 & 1\\ -1 & -2\zeta\end{bmatrix}\begin{bmatrix}x_1\\ x_2\end{bmatrix}$$

② 根据 $\boldsymbol{x}(t)=\boldsymbol{\Phi}(t-t_0)\boldsymbol{x}(t_0)$求解。因为 $\boldsymbol{\Phi}(t-t_0)=\mathrm{e}^{\boldsymbol{A}(t-t_0)}$

$$|s\mathbf{I}-\mathbf{A}|=\begin{vmatrix} s & -1 \\ 1 & s+2\zeta \end{vmatrix}=s^2+2\zeta s+1$$

$$(s\mathbf{I}-\mathbf{A})^{-1}=\frac{1}{s^2+2\zeta s+1}\begin{bmatrix} s+2\zeta & 1 \\ -1 & s \end{bmatrix}=\begin{bmatrix} \dfrac{s+2\zeta}{s^2+2\zeta s+1} & \dfrac{1}{s^2+2\zeta s+1} \\ \dfrac{-1}{s^2+2\zeta s+1} & \dfrac{s}{s^2+2\zeta s+1} \end{bmatrix}$$

根据下式信号与其拉普拉斯变换的对应关系

$$\frac{s}{s^2+2\zeta\omega_n s+\omega_n^2}\Longleftrightarrow-\frac{1}{\sqrt{1-\zeta^2}}\mathrm{e}^{-\zeta\omega_n t}[\zeta\sin\sqrt{1-\zeta^2}\,\omega_n t-\sqrt{1-\zeta^2}\cos\sqrt{1-\zeta^2}\,\omega_n t]$$

$$\frac{\omega_n^2}{s^2+2\zeta\omega_n s+\omega_n^2}\Longleftrightarrow\frac{\omega_n}{\sqrt{1-\zeta^2}}\mathrm{e}^{-\zeta\omega_n t}\sin\sqrt{1-\zeta^2}\,\omega_n t$$

有　$\boldsymbol{\Phi}(t-t_0)=\mathrm{e}^{\mathbf{A}(t-t_0)}=L^{-1}[(s\mathbf{I}-\mathbf{A})^{-1}]$

$$=\begin{bmatrix} \mathrm{e}^{-\zeta(t-t_0)}\left\{\cos\sqrt{1-\zeta^2}(t-t_0)+\dfrac{\zeta}{\sqrt{1-\zeta^2}}\sin\sqrt{1-\zeta^2}(t-t_0)\right\} & \dfrac{\mathrm{e}^{-\zeta(t-t_0)}}{\sqrt{1-\zeta^2}}\sin\sqrt{1-\zeta^2}(t-t_0) \\ -\dfrac{\mathrm{e}^{-\zeta(t-t_0)}}{\sqrt{1-\zeta^2}}\sin\sqrt{1-\zeta^2}(t-t_0) & \mathrm{e}^{-\zeta(t-t_0)}\left\{\cos\sqrt{1-\zeta^2}(t-t_0)-\dfrac{\zeta}{\sqrt{1-\zeta^2}}\sin\sqrt{1-\zeta^2}(t-t_0)\right\} \end{bmatrix}$$

所以，系统的自由运动为

$$\begin{bmatrix} x_1(t) \\ x_2(t) \end{bmatrix}=\boldsymbol{\Phi}(t-t_0)\begin{bmatrix} x_1(t_0) \\ x_2(t_0) \end{bmatrix}$$

$$=\begin{bmatrix} x_1(t_0)\mathrm{e}^{-\zeta(t-t_0)}\left\{\cos\sqrt{1-\zeta^2}(t-t_0)+\dfrac{\zeta}{\sqrt{1-\zeta^2}}\sin\sqrt{1-\zeta^2}(t-t_0)\right\}+x_2(t_0)\dfrac{\mathrm{e}^{-\zeta(t-t_0)}}{\sqrt{1-\zeta^2}}\sin\sqrt{1-\zeta^2}(t-t_0) \\ -x_1(t_0)\dfrac{\mathrm{e}^{-\zeta(t-t_0)}}{\sqrt{1-\xi^2}}\sin\sqrt{1-\zeta^2}(t-t_0)+x_2(t_0)\mathrm{e}^{-\zeta(t-t_0)}\left\{\cos\sqrt{1-\zeta^2}(t-t_0)-\dfrac{\zeta}{\sqrt{1-\zeta^2}}\sin\sqrt{1-\zeta^2}(t-t_0)\right\} \end{bmatrix}$$

故方程的解为

$$y(t)=x_1(t)=x_1(t_0)\mathrm{e}^{-\zeta(t-t_0)}\left\{\cos\sqrt{1-\zeta^2}(t-t_0)+\frac{\zeta}{\sqrt{1-\zeta^2}}\sin\sqrt{1-\zeta^2}(t-t_0)\right\}$$
$$+x_2(t_0)\frac{\mathrm{e}^{-\zeta(t-t_0)}}{\sqrt{1-\zeta^2}}\sin\sqrt{1-\zeta^2}(t-t_0)$$

(2) 求强迫运动的解

微分方程为

$$\frac{\mathrm{d}^2 y}{\mathrm{d}t^2}+2\xi\frac{\mathrm{d}y}{\mathrm{d}t}+y=u(t)$$

取状态变量 $x_1=y$，$x_2=\dot{y}=\dot{x}_1$，则

$$\begin{cases} \dot{x}_1=x_2 \\ \dot{x}_2=-x_1-2\zeta x_2+u(t) \end{cases}\qquad y=x_1$$

即
$$\begin{bmatrix}\dot{x}_1\\ \dot{x}_2\end{bmatrix}=\begin{bmatrix}0 & 1\\ -1 & -2\zeta\end{bmatrix}\begin{bmatrix}x_1\\ x_2\end{bmatrix}+\begin{bmatrix}0\\ 1\end{bmatrix}u \quad y=\begin{bmatrix}1 & 0\end{bmatrix}\begin{bmatrix}x_1\\ x_2\end{bmatrix}$$

系统的运动为 $\boldsymbol{x}(t)=\boldsymbol{\Phi}(t-t_0)\boldsymbol{x}(t_0)+\int_{t_0}^{t}\boldsymbol{\Phi}(t-\tau)\boldsymbol{b}u(\tau)\mathrm{d}\tau=*+**$

上式第一项 $*$，即系统的自由运动，已在（1）中求得。第二项 $**$，即受控运动解得

$$**=\begin{bmatrix}\displaystyle\int_{t_0}^{t}\frac{\mathrm{e}^{-\zeta(t-\tau)}}{\sqrt{1-\zeta^2}}\sin\sqrt{1-\zeta^2}(t-\tau)u(\tau)\mathrm{d}\tau\\ \displaystyle\int_{t_0}^{t}\mathrm{e}^{-\zeta(t-\tau)}\left\{\cos\sqrt{1-\zeta^2}(t-\tau)-\frac{\zeta}{\sqrt{1-\zeta^2}}\cdot\sin\sqrt{1-\zeta^2}(t-\tau)\right\}u(\tau)\mathrm{d}\tau\end{bmatrix}$$

故非齐次微分方程的解为

$$\begin{aligned}y(t)=x_1(t)=&x_1(t_0)\mathrm{e}^{-\zeta(t-t_0)}\left\{\cos\sqrt{1-\zeta^2}(t-t_0)+\frac{\zeta}{\sqrt{1-\zeta^2}}\sin\sqrt{1-\zeta^2}(t-t_0)\right\}\\&+x_2(t_0)\frac{\mathrm{e}^{-\zeta(t-t_0)}}{\sqrt{1-\zeta^2}}\sin\sqrt{1-\zeta^2}(t-t_0)\\&+\int_{t_0}^{t}\frac{\mathrm{e}^{-\zeta(t-\tau)}}{\sqrt{1-\zeta^2}}\sin\sqrt{1-\zeta^2}(t-\tau)u(\tau)\mathrm{d}\tau\end{aligned}$$

3.4 线性时变连续系统状态方程求解

严格来说，一般控制系统都是时变系统。系统中的某些参数随时间而变化，如火箭燃料的消耗会使其质量 $m(t)$ 发生变化；电阻的温度上升会导致电阻阻值变化，则电阻应为时变电阻 $R(t)$ 等。这说明系统参数都是时间的函数，即系统是时变系统。当参数时变较小且满足工程允许的精度要求时，变化量可忽略不计，可将时变参数看成常数，时变系统近似为定常系统。而线性时变系统比线性定常系统更具有普遍性，更接近实际系统。

线性时变系统的状态空间表达式为

$$\begin{cases}\dot{\boldsymbol{x}}(t)=\boldsymbol{A}(t)\boldsymbol{x}(t)+\boldsymbol{B}(t)\boldsymbol{u}(t)\\ \boldsymbol{y}(t)=\boldsymbol{C}(t)\boldsymbol{x}(t)+\boldsymbol{D}(t)\boldsymbol{u}(t)\end{cases} \tag{3-7}$$

与线性定常系统类似，可求出其解为

$$\boldsymbol{x}(t)=\boldsymbol{\Phi}(t,t_0)\boldsymbol{x}(t_0)+\int_{t_0}^{t}\boldsymbol{\Phi}(t,\tau)\boldsymbol{B}\boldsymbol{u}(\tau)\mathrm{d}\tau \tag{3-8}$$

一般情况下，线性时变系统的状态转移矩阵 $\boldsymbol{\Phi}(t,t_0)$ 只能表示成一个无穷项之和，只有在特殊情况下，才能写成矩阵指数函数的形式。

3.4.1 时变齐次状态方程的解

当输入函数 $\boldsymbol{u}(t)=\boldsymbol{0}$ 时，线性时变系统的状态方程为齐次状态方程，即

$$\dot{\boldsymbol{x}}(t)=\boldsymbol{A}(t)\boldsymbol{x}(t) \tag{3-9}$$

已知初始时刻 $t=t_0$ 和初始状态 $\boldsymbol{x}(t_0)$，且在 $[t_0, t]$ 的时间段内，$\boldsymbol{A}(t)$ 的各元素是 t 的分段连续函数。

先讨论标量时变系统

$$\dot{x}(t)=a(t)x(t) \tag{3-10}$$

的解，已知初始时刻 $t=t_0$ 和初始状态 $x(t_0)$。

采用分离变量法，可得到式(3-10)的解为

$$x(t)=\mathrm{e}^{\int_{t_0}^{t}a(\tau)\mathrm{d}\tau}x(t_0) \tag{3-11}$$

式(3-9)与式(3-10)相比较，并参照定常齐次状态方程矩阵指数的含义，时变齐次状态方程式(3-9)的解应为

$$\boldsymbol{x}(t)=\mathrm{e}^{\int_{t_0}^{t}A(\tau)\mathrm{d}\tau}\boldsymbol{x}(t_0) \tag{3-12}$$

但这里，只有当 $\boldsymbol{A}(t)$ 与 $\int_{t_0}^{t}\boldsymbol{A}(\tau)\mathrm{d}\tau$ 满足矩阵乘法可交换条件时式(3-12)才成立。下面对该结论进行证明。

证明 设 $\boldsymbol{x}(t)=\mathrm{e}^{\int_{t_0}^{t}\boldsymbol{A}(\tau)\mathrm{d}\tau}\boldsymbol{x}(t_0)$ 是时变齐次状态方程式(3-9)的解，则必须有

$$\frac{\mathrm{d}}{\mathrm{d}t}\left[\mathrm{e}^{\int_{t_0}^{t}\boldsymbol{A}(\tau)\mathrm{d}\tau}\boldsymbol{x}(t_0)\right]=\boldsymbol{A}(t)\mathrm{e}^{\int_{t_0}^{t}\boldsymbol{A}(\tau)\mathrm{d}\tau}\boldsymbol{x}(t_0) \tag{3-13}$$

将矩阵指数函数 $\mathrm{e}^{\int_{t_0}^{t}\boldsymbol{A}(\tau)\mathrm{d}\tau}$ 展开为幂级数为

$$\mathrm{e}^{\int_{t_0}^{t}\boldsymbol{A}(\tau)\mathrm{d}\tau}=\boldsymbol{I}+\int_{t_0}^{t}\boldsymbol{A}(\tau)\mathrm{d}\tau+\frac{1}{2!}\left[\int_{t_0}^{t}\boldsymbol{A}(\tau)\mathrm{d}\tau\right]^2+\cdots+\frac{1}{k!}\left[\int_{t_0}^{t}\boldsymbol{A}(\tau)\mathrm{d}\tau\right]^k+\cdots \tag{3-14}$$

将上式两边对 t 求导，得

$$\begin{aligned}&\frac{\mathrm{d}}{\mathrm{d}t}\left[\mathrm{e}^{\int_{t_0}^{t}\boldsymbol{A}(\tau)\mathrm{d}\tau}\right]\\&=\boldsymbol{A}(t)+\frac{1}{2!}\left[\boldsymbol{A}(t)\int_{t_0}^{t}\boldsymbol{A}(\tau)\mathrm{d}\tau+\int_{t_0}^{t}\boldsymbol{A}(\tau)\mathrm{d}\tau\cdot\boldsymbol{A}(t)\right]+\\&\frac{1}{3!}\left\{\boldsymbol{A}(t)\left[\int_{t_0}^{t}\boldsymbol{A}(\tau)\mathrm{d}\tau\right]^2+\int_{t_0}^{t}\boldsymbol{A}(\tau)\mathrm{d}\tau\left[\boldsymbol{A}(t)\int_{t_0}^{t}\boldsymbol{A}(\tau)\mathrm{d}\tau+\int_{t_0}^{t}\boldsymbol{A}(\tau)\mathrm{d}\tau\cdot\boldsymbol{A}(t)\right]\right\}+\cdots\end{aligned} \tag{3-15}$$

将式(3-15)和式(3-14)代入式(3-13)，可得

$$\begin{aligned}&\left\{\boldsymbol{A}(t)+\frac{1}{2!}\left[\boldsymbol{A}(t)\int_{t_0}^{t}\boldsymbol{A}(\tau)\mathrm{d}\tau+\int_{t_0}^{t}\boldsymbol{A}(\tau)\mathrm{d}\tau\cdot\boldsymbol{A}(t)\right]+\right.\\&\left.\frac{1}{3!}\left\{\boldsymbol{A}(t)\left[\int_{t_0}^{t}\boldsymbol{A}(\tau)\mathrm{d}\tau\right]^2+\int_{t_0}^{t}\boldsymbol{A}(\tau)\mathrm{d}\tau\left[\boldsymbol{A}(t)\int_{t_0}^{t}\boldsymbol{A}(\tau)\mathrm{d}\tau+\int_{t_0}^{t}\boldsymbol{A}(\tau)\mathrm{d}\tau\cdot\boldsymbol{A}(t)\right]\right\}+\cdots\right\}\boldsymbol{x}(t_0)\\&=\left\{\boldsymbol{A}(t)+\boldsymbol{A}(t)\int_{t_0}^{t}\boldsymbol{A}(\tau)\mathrm{d}\tau+\frac{1}{2!}\boldsymbol{A}(t)\left[\int_{t_0}^{t}\boldsymbol{A}(\tau)\mathrm{d}\tau\right]^2+\frac{1}{3!}\boldsymbol{A}(t)\left[\int_{t_0}^{t}\boldsymbol{A}(\tau)\mathrm{d}\tau\right]^3+\cdots\right\}\boldsymbol{x}(t_0)\end{aligned} \tag{3-16}$$

要使式(3-16)两边相等，其充分必要条件是

$$\boldsymbol{A}(t)\int_{t_0}^{t}\boldsymbol{A}(\tau)\mathrm{d}\tau=\int_{t_0}^{t}\boldsymbol{A}(\tau)\mathrm{d}\tau\cdot\boldsymbol{A}(t) \tag{3-17}$$

上式表明，$\boldsymbol{A}(t)$ 与 $\int_{t_0}^{t}\boldsymbol{A}(\tau)\mathrm{d}\tau$ 满足矩阵乘法可交换条件，此时式(3-9)的解即为式(3-12)。

由式(3-17)得

$$\boldsymbol{A}(t)\int_{t_0}^{t}\boldsymbol{A}(\tau)\mathrm{d}\tau-\int_{t_0}^{t}\boldsymbol{A}(\tau)\mathrm{d}\tau\cdot\boldsymbol{A}(t)=\boldsymbol{0}$$

$$\int_{t_0}^{t}[\boldsymbol{A}(t)\boldsymbol{A}(\tau)-\boldsymbol{A}(\tau)\boldsymbol{A}(t)]\mathrm{d}\tau=\boldsymbol{0} \tag{3-18}$$

上式必须对任意时间 t 成立，若对任意的 t_1 和 t_2 有

$$\boldsymbol{A}(t_1)\boldsymbol{A}(t_2)=\boldsymbol{A}(t_2)\boldsymbol{A}(t_1) \tag{3-19}$$

成立，则 $\boldsymbol{A}(t)$ 与 $\int_{t_0}^{t}\boldsymbol{A}(\tau)\mathrm{d}\tau$ 是可交换的。由此得到如下结论。

当式(3-19) 对任意时间 t_1 和 t_2 成立时，线性时变齐次状态方程的解为式(3-12)，系统的状态转移矩阵为

$$\boldsymbol{\Phi}(t,t_0)=\mathrm{e}^{\int_{t_0}^{t}\boldsymbol{A}(\tau)\mathrm{d}\tau}=\mathbf{I}+\int_{t_0}^{t}\boldsymbol{A}(\tau)\mathrm{d}\tau+\frac{1}{2!}\left[\int_{t_0}^{t}\boldsymbol{A}(\tau)\mathrm{d}\tau\right]^2+\cdots+\frac{1}{k!}\left[\int_{t_0}^{t}\boldsymbol{A}(\tau)\mathrm{d}\tau\right]^k+\cdots \tag{3-20}$$

一般情况下，时变系统的状态转移矩阵得不到像定常系统状态转移矩阵一样的封闭解析式形式。

【例 3-4】 系统状态方程为

$$\dot{\boldsymbol{x}}(t)=\boldsymbol{A}(t)\boldsymbol{x}(t)$$

其中

$$\boldsymbol{A}(t)=\begin{bmatrix}0 & \dfrac{1}{(t+1)^2}\\ 0 & 0\end{bmatrix}$$

求当 $t_0=0$、$\boldsymbol{x}(t_0)=\begin{bmatrix}0\\1\end{bmatrix}$时，状态方程的解。

解 因为

$$\boldsymbol{A}(t_1)\boldsymbol{A}(t_2)=\begin{bmatrix}0 & \dfrac{1}{(t_1+1)^2}\\ 0 & 0\end{bmatrix}\begin{bmatrix}0 & \dfrac{1}{(t_2+1)^2}\\ 0 & 0\end{bmatrix}=\mathbf{0}=\boldsymbol{A}(t_2)\boldsymbol{A}(t_1)$$

所以 $\boldsymbol{A}(t)$ 与 $\int_{t_0}^{t}\boldsymbol{A}(\tau)\mathrm{d}\tau$ 满足可交换条件，系统的状态转移矩阵可由式(3-20) 给出，即

$$\begin{aligned}\boldsymbol{\Phi}(t,\ t_0)&=\mathrm{e}^{\int_{t_0}^{t}\boldsymbol{A}(\tau)\mathrm{d}\tau}=\mathbf{I}+\int_{t_0}^{t}\boldsymbol{A}(\tau)\mathrm{d}\tau+\frac{1}{2!}\left[\int_{t_0}^{t}\boldsymbol{A}(\tau)\mathrm{d}\tau\right]^2+\cdots\\ &=\mathbf{I}+\begin{bmatrix}0 & \dfrac{t-t_0}{(t+1)(t_0+1)}\\ 0 & 0\end{bmatrix}+\frac{1}{2!}\begin{bmatrix}0 & \dfrac{t-t_0}{(t+1)(t_0+1)}\\ 0 & 0\end{bmatrix}^2+\cdots\end{aligned}$$

因为

$$\begin{bmatrix}0 & \dfrac{t-t_0}{(t+1)(t_0+1)}\\ 0 & 0\end{bmatrix}^k=\mathbf{0},\ k=2,3,\cdots$$

所以

$$\boldsymbol{\Phi}(t,t_0)=\mathbf{I}+\begin{bmatrix}0 & \dfrac{t-t_0}{(t+1)(t_0+1)}\\ 0 & 0\end{bmatrix}=\begin{bmatrix}1 & \dfrac{t-t_0}{(t+1)(t_0+1)}\\ 0 & 1\end{bmatrix}$$

$$\boldsymbol{x}(t)=\boldsymbol{\Phi}(t,t_0)\boldsymbol{x}(t_0)=\boldsymbol{\Phi}(t,0)\boldsymbol{x}(0)=\begin{bmatrix}1 & \dfrac{t}{t+1}\\ 0 & 1\end{bmatrix}\begin{bmatrix}0\\1\end{bmatrix}=\begin{bmatrix}\dfrac{t}{t+1}\\ 1\end{bmatrix}$$

若 $\boldsymbol{A}(t)$ 与 $\int_{t_0}^{t}\boldsymbol{A}(\tau)\mathrm{d}\tau$ 不满足可交换条件时，时变系统状态方程的求解可采用逐次逼近法。

将时变齐次状态方程式(3-9) 改写为

$$\mathrm{d}\boldsymbol{x}(t)=\boldsymbol{A}(t)\boldsymbol{x}(t)\mathrm{d}t \tag{3-21}$$

上式两边积分

$$\boldsymbol{x}(t)-\boldsymbol{x}(t_0)=\int_{t_0}^{t}\boldsymbol{A}(\tau)\boldsymbol{x}(\tau)\mathrm{d}\tau \tag{3-22}$$

取一次近似解为 $\boldsymbol{x}(t)\approx\boldsymbol{x}(t_0)$，代入上式右端，得到

$$\boldsymbol{x}(t)=\boldsymbol{x}(t_0)+\int_{t_0}^{t}\boldsymbol{A}(\tau)\boldsymbol{x}(t_0)\mathrm{d}\tau=\boldsymbol{x}(t_0)+\left[\int_{t_0}^{t}\boldsymbol{A}(\tau)\mathrm{d}\tau\right]\boldsymbol{x}(t_0)$$

取二次近似解为 $\boldsymbol{x}(t)\approx\boldsymbol{x}(t_0)+\left[\int_{t_0}^{t}\boldsymbol{A}(\tau)\mathrm{d}\tau\right]\boldsymbol{x}(t_0)$，代入式(3-22) 右端，得到

$$\begin{aligned}\boldsymbol{x}(t)&=\boldsymbol{x}(t_0)+\int_{t_0}^{t}\boldsymbol{A}(\tau)\left[\boldsymbol{x}(t_0)+\left[\int_{t_0}^{t}\boldsymbol{A}(\tau)\mathrm{d}\tau\right]\boldsymbol{x}(t_0)\right]\mathrm{d}\tau\\&=\boldsymbol{x}(t_0)+\left[\int_{t_0}^{t}\boldsymbol{A}(\tau)\mathrm{d}\tau\right]\boldsymbol{x}(t_0)+\left[\int_{t_0}^{t}\boldsymbol{A}(\tau_1)\int_{t_0}^{\tau_1}\boldsymbol{A}(\tau_2)\mathrm{d}\tau_2\mathrm{d}\tau_1\right]\boldsymbol{x}(t_0)\end{aligned}$$

依此类推，可得到高次近似解

$$\begin{aligned}\boldsymbol{x}(t)=&\left[\mathbf{I}+\int_{t_0}^{t}\boldsymbol{A}(\tau)\mathrm{d}\tau+\int_{t_0}^{t}\boldsymbol{A}(\tau_1)\int_{t_0}^{\tau_1}\boldsymbol{A}(\tau_2)\mathrm{d}\tau_2\mathrm{d}\tau_1\right.\\&\left.+\int_{t_0}^{t}\boldsymbol{A}(\tau_1)\int_{t_0}^{\tau_1}\boldsymbol{A}(\tau_2)\int_{t_0}^{\tau_2}\boldsymbol{A}(\tau_3)\mathrm{d}\tau_3\mathrm{d}\tau_2\mathrm{d}\tau_1+\cdots\right]\boldsymbol{x}(t_0)\end{aligned} \tag{3-23}$$

以上为时变齐次状态方程的解，只需要验证它满足时变系统齐次状态方程和初始条件即可，即

$$\begin{aligned}\frac{\mathrm{d}\boldsymbol{x}(t)}{\mathrm{d}t}=&\frac{\mathrm{d}}{\mathrm{d}t}\left[\mathbf{I}+\int_{t_0}^{t}\boldsymbol{A}(\tau)\mathrm{d}\tau+\int_{t_0}^{t}\boldsymbol{A}(\tau_1)\int_{t_0}^{\tau_1}\boldsymbol{A}(\tau_2)\mathrm{d}\tau_2\mathrm{d}\tau_1\right.\\&\left.+\int_{t_0}^{t}\boldsymbol{A}(\tau_1)\int_{t_0}^{\tau_1}\boldsymbol{A}(\tau_2)\int_{t_0}^{\tau_2}\boldsymbol{A}(\tau_3)\mathrm{d}\tau_3\mathrm{d}\tau_2\mathrm{d}\tau_1+\cdots\right]\boldsymbol{x}(t_0)\\=&\boldsymbol{A}(t)\left[\mathbf{I}+\int_{t_0}^{t}\boldsymbol{A}(\tau_2)\mathrm{d}\tau_2+\int_{t_0}^{t}\boldsymbol{A}(\tau_2)\int_{t_0}^{\tau_2}\boldsymbol{A}(\tau_3)\mathrm{d}\tau_3\mathrm{d}\tau_2+\cdots\right]\boldsymbol{x}(t_0)\\=&\boldsymbol{A}(t)\boldsymbol{x}(t)\end{aligned}$$

初始条件为

$$\begin{aligned}\boldsymbol{x}(t_0)=&\left[\mathbf{I}+\int_{t_0}^{t_0}\boldsymbol{A}(\tau)\mathrm{d}\tau+\int_{t_0}^{t_0}\boldsymbol{A}(\tau_1)\int_{t_0}^{\tau_1}\boldsymbol{A}(\tau_2)\mathrm{d}\tau_2\mathrm{d}\tau_1\right.\\&\left.+\int_{t_0}^{t_0}\boldsymbol{A}(\tau_1)\int_{t_0}^{\tau_1}\boldsymbol{A}(\tau_2)\int_{t_0}^{\tau_2}\boldsymbol{A}(\tau_3)\mathrm{d}\tau_3\mathrm{d}\tau_2\mathrm{d}\tau_1+\cdots\right]\boldsymbol{x}(t_0)\\=&\boldsymbol{x}(t_0)\end{aligned}$$

上式成立的条件是无穷级数必须收敛，$\boldsymbol{A}(t)$ 的所有元素在积分区间内是有界的。可以证明该条件一定是满足的。这就证明了式(3-23) 是时变齐次状态方程式(3-9) 的解，系统的状态转移矩阵为

$$\begin{aligned}\boldsymbol{\Phi}(t,\ t_0)=&\mathbf{I}+\int_{t_0}^{t}\boldsymbol{A}(\tau)\mathrm{d}\tau+\int_{t_0}^{t}\boldsymbol{A}(\tau_1)\int_{t_0}^{\tau_1}\boldsymbol{A}(\tau_2)\mathrm{d}\tau_2\mathrm{d}\tau_1\\&+\int_{t_0}^{t}\boldsymbol{A}(\tau_1)\int_{t_0}^{\tau_1}\boldsymbol{A}(\tau_2)\int_{t_0}^{\tau_2}\boldsymbol{A}(\tau_3)\mathrm{d}\tau_3\mathrm{d}\tau_2\mathrm{d}\tau_1+\cdots\end{aligned} \tag{3-24}$$

该级数称为皮亚诺-贝克（Peano-Baker）级数。

【例 3-5】 时变系统齐次状态方程为

$$\dot{\boldsymbol{x}}(t)=\begin{bmatrix}0 & 1\\ 0 & t\end{bmatrix}\boldsymbol{x}(t)$$

试求该状态方程的解。

解 对任意时间 t_1 和 t_2 有

$$\boldsymbol{A}(t_1)\boldsymbol{A}(t_2)=\begin{bmatrix}0 & 1\\ 0 & t_1\end{bmatrix}\begin{bmatrix}0 & 1\\ 0 & t_2\end{bmatrix}=\begin{bmatrix}0 & t_2\\ 0 & t_1t_2\end{bmatrix}$$

$$\boldsymbol{A}(t_2)\boldsymbol{A}(t_1)=\begin{bmatrix}0 & 1\\ 0 & t_2\end{bmatrix}\begin{bmatrix}0 & 1\\ 0 & t_1\end{bmatrix}=\begin{bmatrix}0 & t_1\\ 0 & t_2t_1\end{bmatrix}$$

因为 $\boldsymbol{A}(t_1)\boldsymbol{A}(t_2)\neq\boldsymbol{A}(t_2)\boldsymbol{A}(t_1)$，所以 $\boldsymbol{A}(t)$ 与 $\int_{t_0}^{t}\boldsymbol{A}(\tau)\mathrm{d}\tau$ 是不可交换的。时变系统的状态转移矩阵采用逐次逼近法为

$$\boldsymbol{\Phi}(t,\ t_0)=\mathbf{I}+\int_{t_0}^{t}\boldsymbol{A}(\tau)\mathrm{d}\tau+\int_{t_0}^{t}\boldsymbol{A}(\tau_1)\int_{t_0}^{\tau_1}\boldsymbol{A}(\tau_2)\mathrm{d}\tau_2\mathrm{d}\tau_1+\cdots$$

$$=\begin{bmatrix}1 & 0\\ 0 & 1\end{bmatrix}+\begin{bmatrix}0 & t-t_0\\ 0 & \frac{1}{2}(t^2-t_0^2)\end{bmatrix}+\begin{bmatrix}0 & \frac{1}{6}(t-t_0)^2(t+2t_0)\\ 0 & \frac{1}{8}(t^2-t_0^2)^2\end{bmatrix}+\cdots$$

$$=\begin{bmatrix}1 & (t-t_0)+\frac{1}{6}(t-t_0)^2(t+2t_0)+\cdots\\ 0 & 1+\frac{1}{2}(t^2-t_0^2)+\frac{1}{8}(t^2-t_0^2)^2+\cdots\end{bmatrix}$$

故时变系统状态方程的解为

$$\boldsymbol{x}(t)=\boldsymbol{\Phi}(t,\ t_0)\boldsymbol{x}(t_0)$$

$$=\begin{bmatrix}1 & (t-t_0)+\frac{1}{6}(t-t_0)^2(t+2t_0)+\cdots\\ 0 & 1+\frac{1}{2}(t^2-t_0^2)+\frac{1}{8}(t^2-t_0^2)^2+\cdots\end{bmatrix}\boldsymbol{x}(t_0)$$

3.4.2 线性时变系统状态转移矩阵

虽然线性时变系统齐次状态方程的解一般不能像线性定常系统那样写出封闭的解析式，但它仍可以表示成如下形式，即

$$\boldsymbol{x}(t)=\boldsymbol{\Phi}(t,t_0)\boldsymbol{x}(t_0) \tag{3-25}$$

式中 $\boldsymbol{\Phi}(t,\ t_0)$ ——线性时变系统的状态转移矩阵。

$\boldsymbol{\Phi}(t,\ t_0)$ 是一个 $n\times n$ 时变函数矩阵，是时间 t 和初始时刻 t_0 的函数，即

$$\boldsymbol{\Phi}(t,t_0)=\begin{bmatrix}\Phi_{11}(t,t_0) & \Phi_{12}(t,t_0) & \cdots & \Phi_{1n}(t,t_0)\\ \Phi_{21}(t,t_0) & \Phi_{22}(t,t_0) & \cdots & \Phi_{2n}(t,t_0)\\ \vdots & \vdots & \ddots & \vdots\\ \Phi_{n1}(t,t_0) & \Phi_{n2}(t,t_0) & \cdots & \Phi_{nn}(t,t_0)\end{bmatrix} \tag{3-26}$$

由前面状态方程的解，可知时变系统状态转移矩阵 $\boldsymbol{\Phi}(t, t_0)$ 为一个无穷级数，即

$$\boldsymbol{\Phi}(t, t_0)=\mathbf{I}+\int_{t_0}^{t}\mathbf{A}(\tau)\mathrm{d}\tau+\int_{t_0}^{t}\mathbf{A}(\tau_1)\int_{t_0}^{\tau_1}\mathbf{A}(\tau_2)\mathrm{d}\tau_2\mathrm{d}\tau_1$$

$$+\int_{t_0}^{t}\mathbf{A}(\tau_1)\int_{t_0}^{\tau_1}\mathbf{A}(\tau_2)\int_{t_0}^{\tau_2}\mathbf{A}(\tau_3)\mathrm{d}\tau_3\mathrm{d}\tau_2\mathrm{d}\tau_1+\cdots \tag{3-27}$$

一般情况下，它不能写成封闭形式，但可以按一定的精度要求，采用数值计算的方法近似求 $\boldsymbol{\Phi}(t, t_0)$。

下面讨论线性时变系统状态转移矩阵 $\boldsymbol{\Phi}(t, t_0)$ 的性质。

① 状态转移矩阵 $\boldsymbol{\Phi}(t, t_0)$ 满足如下矩阵微分方程和初始条件，即

$$\begin{cases}\dot{\boldsymbol{\Phi}}(t,t_0)=\mathbf{A}(t)\boldsymbol{\Phi}(t,t_0)\\ \boldsymbol{\Phi}(t_0,t_0)=\mathbf{I}\end{cases} \tag{3-28}$$

证明 状态方程的解 $\boldsymbol{x}(t)$ 为

$$\boldsymbol{x}(t)=\boldsymbol{\Phi}(t,t_0)\boldsymbol{x}(t_0)$$

代入状态方程式(3-9)，有

$$[\dot{\boldsymbol{\Phi}}(t,t_0)-\mathbf{A}(t)\boldsymbol{\Phi}(t,t_0)]\boldsymbol{x}(t_0)=\mathbf{0} \tag{3-29}$$

又因为 $x(t_0)$ 是任意的，要使上式成立，其充分必要条件为

$$\dot{\boldsymbol{\Phi}}(t,t_0)-\mathbf{A}(t)\boldsymbol{\Phi}(t,t_0)=\mathbf{0}$$

即

$$\dot{\boldsymbol{\Phi}}(t,t_0)=\mathbf{A}(t)\boldsymbol{\Phi}(t,t_0)$$

当 $t=t_0$ 时，代入状态方程的解得到

$$\boldsymbol{x}(t_0)=\boldsymbol{\Phi}(t_0,t_0)\boldsymbol{x}(t_0)$$

所以

$$\boldsymbol{\Phi}(t_0,t_0)=\mathbf{I} \tag{3-30}$$

② $\boldsymbol{\Phi}(t_2, t_0)=\boldsymbol{\Phi}(t_2, t_1)\boldsymbol{\Phi}(t_1, t_0)$

证明 根据状态方程的解，有

$$\boldsymbol{x}(t_1)=\boldsymbol{\Phi}(t_1,t_0)\boldsymbol{x}(t_0),\boldsymbol{x}(t_2)=\boldsymbol{\Phi}(t_2,t_0)\boldsymbol{x}(t_0)$$

$$\boldsymbol{x}(t_2)=\boldsymbol{\Phi}(t_2,t_1)\boldsymbol{x}(t_1)=\boldsymbol{\Phi}(t_2,t_1)\boldsymbol{\Phi}(t_1,t_0)\boldsymbol{x}(t_0)$$

所以

$$\boldsymbol{\Phi}(t_2,t_0)=\boldsymbol{\Phi}(t_2,t_1)\boldsymbol{\Phi}(t_1,t_0)$$

③ $\boldsymbol{\Phi}(t, t_0)$ 可逆，且其逆为 $\boldsymbol{\Phi}(t_0, t)$，即

$$\boldsymbol{\Phi}^{-1}(t,t_0)=\boldsymbol{\Phi}(t_0,t) \tag{3-31}$$

证明 因为

$$\boldsymbol{\Phi}(t,t_0)\boldsymbol{\Phi}(t_0,t)=\boldsymbol{\Phi}(t,t)=\mathbf{I}$$

$$\boldsymbol{\Phi}(t_0,t)\boldsymbol{\Phi}(t,t_0)=\boldsymbol{\Phi}(t_0,t_0)=\mathbf{I}$$

所以

$$\boldsymbol{\Phi}^{-1}(t,t_0)=\boldsymbol{\Phi}(t_0,t)$$

3.4.3 线性时变系统非齐次状态方程的解

定理 3-2 线性时变系统非齐次状态方程为

$$\dot{\boldsymbol{x}}(t)=\mathbf{A}(t)\boldsymbol{x}(t)+\boldsymbol{B}(t)\boldsymbol{u}(t) \tag{3-32}$$

式中 $\boldsymbol{x}(t)$ ——n 维状态向量；

$\boldsymbol{u}(t)$ ——r 维输入向量；

$\mathbf{A}(t)$ ——$n\times n$ 系统矩阵；

$\boldsymbol{B}(t)$ ——$n\times r$ 输入矩阵。

$\mathbf{A}(t)$ 和 $\boldsymbol{B}(t)$ 的各元素在时间区域 $[t_0,t]$ 内分段连续，则线性时变非齐次状态方程

的解为

$$\boldsymbol{x}(t)=\boldsymbol{\Phi}(t,t_0)\boldsymbol{x}(t_0)+\int_{t_0}^{t}\boldsymbol{\Phi}(t,\tau)\boldsymbol{B}(\tau)\boldsymbol{u}(\tau)\mathrm{d}\tau \tag{3-33}$$

式中 $\boldsymbol{\Phi}(t, t_0)$ ——线性时变系统的状态转移矩阵，它可由式(3-27) 确定。

证明 将式(3-33) 两边对 t 求导，并考虑状态转移矩阵 $\boldsymbol{\Phi}(t, t_0)$ 的性质及积分公式

$$\frac{\partial}{\partial t}\int_{t_0}^{t}f(t,\tau)\mathrm{d}\tau=f(t,\tau)\mid_{\tau=t}+\int_{t_0}^{t}\frac{\partial}{\partial t}f(t,\tau)\mathrm{d}\tau$$

可得

$$\begin{aligned}\frac{\mathrm{d}}{\mathrm{d}t}\boldsymbol{x}(t)&=\frac{\partial}{\partial t}\boldsymbol{\Phi}(t,t_0)\boldsymbol{x}(t_0)+\frac{\partial}{\partial t}\int_{t_0}^{t}\boldsymbol{\Phi}(t,\tau)\boldsymbol{B}(\tau)\boldsymbol{u}(\tau)\mathrm{d}\tau\\&=\boldsymbol{A}(t)\boldsymbol{\Phi}(t,t_0)\boldsymbol{x}(t_0)+\boldsymbol{\Phi}(t,\tau)\boldsymbol{B}(\tau)\boldsymbol{u}(\tau)\mid_{\tau=t}+\int_{t_0}^{t}\frac{\partial}{\partial t}[\boldsymbol{\Phi}(t,\tau)\boldsymbol{B}(\tau)\boldsymbol{u}(\tau)]\mathrm{d}\tau\\&=\boldsymbol{A}(t)\boldsymbol{\Phi}(t,t_0)\boldsymbol{x}(t_0)+\boldsymbol{\Phi}(t,t)\boldsymbol{B}(t)\boldsymbol{u}(t)+\int_{t_0}^{t}\boldsymbol{A}(t)\boldsymbol{\Phi}(t,\tau)\boldsymbol{B}(\tau)\boldsymbol{u}(\tau)\mathrm{d}\tau\\&=\boldsymbol{A}(t)\boldsymbol{\Phi}(t,t_0)\boldsymbol{x}(t_0)+\boldsymbol{B}(t)\boldsymbol{u}(t)+\boldsymbol{A}(t)\int_{t_0}^{t}\boldsymbol{\Phi}(t,\tau)\boldsymbol{B}(\tau)\boldsymbol{u}(\tau)\mathrm{d}\tau\\&=\boldsymbol{A}(t)[\boldsymbol{\Phi}(t,t_0)\boldsymbol{x}(t_0)+\int_{t_0}^{t}\boldsymbol{\Phi}(t,\tau)\boldsymbol{B}(\tau)\boldsymbol{u}(\tau)\mathrm{d}\tau]+\boldsymbol{B}(t)\boldsymbol{u}(t)\end{aligned}$$

上式表明式(3-33) 满足系统的非齐次状态方程式(3-32)。

当 $t=t_0$ 时，将其代入式(3-33)，有

$$\boldsymbol{x}(t_0)=\boldsymbol{\Phi}(t_0,t_0)\boldsymbol{x}(t_0)+\int_{t_0}^{t_0}\boldsymbol{\Phi}(t,\tau)\boldsymbol{B}(\tau)\boldsymbol{u}(\tau)\mathrm{d}\tau=\mathbf{I}\boldsymbol{x}(t_0)+\mathbf{0}=\boldsymbol{x}(t_0)$$

显然，当 $t=t_0$ 时，式(3-33) 也满足系统的初始状态。所以，式(3-33) 是线性时变系统非齐次状态方程式(3-32) 的解。

根据线性系统的叠加定理，式(3-33) 右边第一项 $\boldsymbol{\Phi}(t, t_0)\boldsymbol{x}(t_0)$ 是线性时变系统输入向量为零时系统初始状态 $\boldsymbol{x}(t_0)$ 的转移，称为系统的零输入的状态转移（自由运动）；式(3-33) 右边第二项是线性时变系统初始状态为零时，由输入向量 $\boldsymbol{u}(t)$ 引起的状态转移，称为系统的零状态的状态转移（受控运动）。

将系统状态方程的解代入系统的输出方程，可得到线性时变系统输出响应为

$$\boldsymbol{y}(t)=\boldsymbol{C}(t)\boldsymbol{x}(t)=\boldsymbol{C}(t)\boldsymbol{\Phi}(t,t_0)\boldsymbol{x}(t_0)+\boldsymbol{C}(t)\int_{t_0}^{t}\boldsymbol{\Phi}(t,\tau)\boldsymbol{B}(\tau)\boldsymbol{u}(\tau)\mathrm{d}\tau \tag{3-34}$$

类似于线性定常系统，上式右边第一项称为线性时变系统输出的零输入响应，右边第二项是线性时变系统输出的零状态响应。

【例 3-6】 已知线性时变系统的状态空间表达式为

$$\begin{bmatrix}\dot{x}_1(t)\\\dot{x}_2(t)\end{bmatrix}=\begin{bmatrix}0 & t\\0 & \mathrm{e}^{-t}\end{bmatrix}\begin{bmatrix}x_1(t)\\x_2(t)\end{bmatrix}+\begin{bmatrix}0 & 0\\0 & 1\end{bmatrix}\begin{bmatrix}u_1(t)\\u_2(t)\end{bmatrix}$$

$$y(t)=\begin{bmatrix}0 & 1\end{bmatrix}\begin{bmatrix}x_1(t)\\x_2(t)\end{bmatrix}$$

试求初始时刻 $t_0=0$、初始状态 $\boldsymbol{x}(t_0)=\mathbf{0}$ 时，输入均为单位阶跃信号 $u(t)=1(t)$ 作用下系统的输出响应。

解 对任意时间 t_1 和 t_2，有

$$\boldsymbol{A}(t_1)\boldsymbol{A}(t_2)=\begin{bmatrix}0 & t_1\\0 & \mathrm{e}^{-t_1}\end{bmatrix}\begin{bmatrix}0 & t_2\\0 & \mathrm{e}^{-t_2}\end{bmatrix}=\begin{bmatrix}0 & t_1\mathrm{e}^{-t_2}\\0 & \mathrm{e}^{-t_1}\mathrm{e}^{-t_2}\end{bmatrix}$$

$$\boldsymbol{A}(t_2)\boldsymbol{A}(t_1)=\begin{bmatrix}0 & t_2\\0 & \mathrm{e}^{-t_2}\end{bmatrix}\begin{bmatrix}0 & t_1\\0 & \mathrm{e}^{-t_1}\end{bmatrix}=\begin{bmatrix}0 & t_2\mathrm{e}^{-t_1}\\0 & \mathrm{e}^{-t_2}\mathrm{e}^{-t_1}\end{bmatrix}$$

因为 $\boldsymbol{A}(t_1)\boldsymbol{A}(t_2)\neq\boldsymbol{A}(t_2)\boldsymbol{A}(t_1)$，所以 $\boldsymbol{A}(t)$ 与 $\int_{t_0}^{t}\boldsymbol{A}(\tau)\mathrm{d}\tau$ 是不可交换的。此时，时变系统的状态转移矩阵 $\boldsymbol{\Phi}(t,0)$ 可按式(3-27)近似计算得到，即

$$\begin{aligned}\boldsymbol{\Phi}(t,0)=&\boldsymbol{I}+\int_0^t\boldsymbol{A}(\tau)\mathrm{d}\tau+\int_0^t\boldsymbol{A}(\tau_1)\int_0^{\tau_1}\boldsymbol{A}(\tau_2)\mathrm{d}\tau_2\mathrm{d}\tau_1\\&+\int_0^t\boldsymbol{A}(\tau_1)\int_0^{\tau_1}\boldsymbol{A}(\tau_2)\int_0^{\tau_2}\boldsymbol{A}(\tau_3)\mathrm{d}\tau_3\mathrm{d}\tau_2\mathrm{d}\tau_1+\cdots\end{aligned}$$

其中

$$\int_0^t\boldsymbol{A}(\tau)\mathrm{d}\tau=\int_0^t\begin{bmatrix}0 & \tau\\0 & \mathrm{e}^{-\tau}\end{bmatrix}\mathrm{d}\tau=\begin{bmatrix}0 & \frac{1}{2}t^2\\0 & 1-\mathrm{e}^{-t}\end{bmatrix}$$

$$\int_0^t\boldsymbol{A}(\tau_1)\int_0^{\tau_1}\boldsymbol{A}(\tau_2)\mathrm{d}\tau_2\mathrm{d}\tau_1=\int_0^t\begin{bmatrix}0 & \tau_1\\0 & \mathrm{e}^{-\tau_1}\end{bmatrix}\int_0^{\tau_1}\begin{bmatrix}0 & \tau_2\\0 & \mathrm{e}^{-\tau_2}\end{bmatrix}\mathrm{d}\tau_2\mathrm{d}\tau_1=\begin{bmatrix}0 & \frac{1}{2}t^2-t\mathrm{e}^{-t}+\mathrm{e}^{-t}-1\\0 & \frac{1}{2}-\mathrm{e}^{-t}+\frac{1}{2}\mathrm{e}^{-2t}\end{bmatrix}$$

线性时变系统的状态转移矩阵为

$$\boldsymbol{\Phi}(t,0)=\begin{bmatrix}1 & t^2-t\mathrm{e}^{-t}+\mathrm{e}^{-t}-1+\cdots\\0 & \frac{5}{2}-2\mathrm{e}^{-t}+\frac{1}{2}\mathrm{e}^{-2t}+\cdots\end{bmatrix}$$

线性时变系统非齐次状态方程的解为

$$\begin{aligned}\boldsymbol{x}(t)&=\boldsymbol{\Phi}(t,0)\boldsymbol{x}(0)+\int_0^t\boldsymbol{\Phi}(t,\tau)\boldsymbol{B}(\tau)\boldsymbol{u}(\tau)\mathrm{d}\tau\\&=\int_0^t\begin{bmatrix}1 & (t-\tau)^2-(t-\tau)\mathrm{e}^{-(t-\tau)}+\mathrm{e}^{-(t-\tau)}-1+\cdots\\0 & \frac{5}{2}-2\mathrm{e}^{-(t-\tau)}+\frac{1}{2}\mathrm{e}^{-2(t-\tau)}+\cdots\end{bmatrix}\begin{bmatrix}0 & 0\\0 & 1\end{bmatrix}\begin{bmatrix}1\\1\end{bmatrix}\mathrm{d}\tau\\&=\begin{bmatrix}\frac{1}{3}t^3-t+2-2\mathrm{e}^{-t}-t\mathrm{e}^{-t}+\cdots\\\frac{5}{2}t-\frac{7}{4}+2\mathrm{e}^{-t}-\frac{1}{4}\mathrm{e}^{-2t}+\cdots\end{bmatrix}\end{aligned}$$

系统的输出响应为

$$\boldsymbol{y}(t)=\boldsymbol{c}(t)\boldsymbol{x}(t)=\begin{bmatrix}0 & 1\end{bmatrix}\begin{bmatrix}x_1(t)\\x_2(t)\end{bmatrix}=\frac{5}{2}t-\frac{7}{4}+2\mathrm{e}^{-t}-\frac{1}{4}\mathrm{e}^{-2t}+\cdots$$

3.5 离散时间系统的状态空间描述

前述章节，我们分析的都是连续时间系统，它的特点是用时间上连续的信号去控制系统。离散控制系统也称为采样控制系统，是将信号按时间分割，在离散的时间瞬时，用采样信号去控制系统。随着计算机技术的发展和广泛应用，采样控制的重要性正与日俱增。

采样控制系统的数学描述在时间变量上是不连续的，故被称为离散时间系统，但是分析连续时间系统的数学描述中的一些方法，在离散时间系统里也是适用的。

在经典控制理论中，离散时间系统的动力学特性，通常是用输出量和输入量采样值间的一个高阶差分方程来描述，对周期性采样的线性定常系统而言，这个前向差分方程具有如下的一般形式，即

$$\begin{aligned}&y(k+n)+a_1y(k+n-1)+\cdots+a_{n-1}y(k+1)+a_ny(k)=\\&b_0u(k+n)+b_1u(k+n-1)+\cdots+b_nu(k)\qquad (k=0,1,2,\cdots)\end{aligned}\tag{3-35}$$

式中　k——系统运动过程的第 k 个采样时刻。

也可以用经过 z 变换导出的反映系统输出-输入特性的脉冲传递函数作为系统的频域描述，这个脉冲传递函数的一般形式为

$$G(z)=\frac{Y(z)}{U(z)}=\frac{b_0z^n+b_1z^{n-1}+\cdots+b_{n-1}z+b_n}{z^n+a_1z^{n-1}+\cdots+a_{n-1}z+a_n}$$

但是，和连续系统一样，基于输出-输入特性的描述，无论是差分方程还是脉冲传递函数，都不能完全反映离散时间系统的动力学本质。

3.5.1　将标量差分方程化为状态空间表达式

把式(3-35) 的标量差分方程化为相应的状态空间表达式的变换过程，和把标量微分方程化为状态空间表达式的变换过程是类同的，下面分两种情况进行讨论。

(1) 差分方程中不包含输入变量的各阶差分　此时标量差分方程具有如下形式，即

$$y(k+n)+a_1y(k+n-1)+\cdots+a_{n-1}y(k+1)+a_ny(k)=b_nu(k)$$

① 选择状态变量。

$$\begin{cases}x_1(k)=y(k)\\x_2(k)=y(k+1)\\x_3(k)=y(k+2)\\\quad\vdots\\x_n(k)=y(k+n-1)\end{cases}$$

② 化为一阶差分方程组。

$$\begin{cases}x_1(k+1)=y(k+1)=x_2(k)\\x_2(k+1)=y(k+2)=x_3(k)\\\quad\vdots\\x_{n-1}(k+1)=y(k+n-1)=x_n(k)\\x_n(k+1)=y(k+n)=-a_ny(k)-a_{n-1}y(k+1)-\cdots-a_1y(k+n-1)+b_nu(k)\\\qquad\qquad=-a_nx_1(k)-a_{n-1}x_2(k)-\cdots-a_1x_n(k)+b_nu(k)\end{cases}$$

及

$$y(k)=x_1(k)$$

③ 相应的状态空间表达式为

$$\begin{bmatrix}x_1(k+1)\\x_2(k+1)\\\vdots\\x_{n-1}(k+1)\\x_n(k+1)\end{bmatrix}=\begin{bmatrix}0&1&0&\cdots&0\\0&0&1&\cdots&0\\\vdots&\vdots&\vdots&\ddots&\vdots\\0&0&0&\cdots&1\\-a_n&-a_{n-1}&-a_{n-2}&\cdots&-a_1\end{bmatrix}\begin{bmatrix}x_1(k)\\x_2(k)\\\vdots\\x_{n-1}(k)\\x_n(k)\end{bmatrix}+\begin{bmatrix}0\\0\\\vdots\\0\\b_n\end{bmatrix}u(k)$$

及
$$y(k)=\begin{bmatrix}1 & 0 & \cdots & 0\end{bmatrix}\begin{bmatrix}x_1(k)\\x_2(k)\\\vdots\\x_n(k)\end{bmatrix}$$

令 $\boldsymbol{x}(k)=\begin{bmatrix}x_1(k)\\x_2(k)\\\vdots\\x_n(k)\end{bmatrix}$，$\boldsymbol{G}=\begin{bmatrix}0 & 1 & 0 & \cdots & 0\\0 & 0 & 1 & \cdots & 0\\\vdots & \vdots & \vdots & \ddots & \vdots\\0 & 0 & 0 & \cdots & 1\\-a_n & -a_{n-1} & -a_{n-2} & \cdots & -a_1\end{bmatrix}$，

$\boldsymbol{h}=\begin{bmatrix}0\\0\\\vdots\\0\\b_n\end{bmatrix}$，$\boldsymbol{c}=\begin{bmatrix}1 & 0 & \cdots & 0\end{bmatrix}$

则
$$\boldsymbol{x}(k+1)=\boldsymbol{G}\boldsymbol{x}(k)+\boldsymbol{h}u(k)$$
$$y(k)=\boldsymbol{c}\boldsymbol{x}(k)$$

(2) 差分方程中包含输入变量的各阶差分　此时差分方程为

$$y(k+n)+a_1y(k+n-1)+\cdots+a_{n-1}y(k+1)+a_ny(k)=$$
$$b_0u(k+n)+b_1u(k+n-1)+\cdots+b_nu(k)$$

其处理方法同连续系统一样。选择状态变量，使导出的一阶差分方程等式右边不出现输入变量 u 的差分项。

$$\begin{cases}x_1(k)=y(k)-h_0u(k)\\x_2(k)=x_1(k+1)-h_1u(k)\\x_3(k)=x_2(k+1)-h_2u(k)\\\qquad\vdots\\x_n(k)=x_{n-1}(k+1)-h_{n-1}u(k)\end{cases}\tag{3-36}$$

待定系数 h_0、h_1、…、h_n 的计算关系式为

$$\begin{cases}h_0=b_0\\h_1=b_1-a_1h_0\\h_2=b_2-a_1h_1-a_2h_0\\\qquad\vdots\\h_n=b_n-a_1h_{n-1}-\cdots-a_{n-1}h_1-a_nh_0\end{cases}$$

由式(3-36) 可导出

$$\begin{cases}x_1(k+1)=x_2(k)+h_1u(k)\\x_2(k+1)=x_3(k)+h_2u(k)\\\qquad\vdots\\x_{n-1}(k+1)=x_n(k)+h_{n-1}u(k)\\x_n(k+1)=-a_nx_1(k)-a_{n-1}x_2(k)-\cdots-a_1x_n(k)+h_nu(k)\end{cases}$$

$$y(k)=x_1(k)+h_0u(k)$$

得相应的状态空间描述为

$$\begin{bmatrix} x_1(k+1) \\ x_2(k+1) \\ \vdots \\ x_{n-1}(k+1) \\ x_n(k+1) \end{bmatrix} = \begin{bmatrix} 0 & 1 & 0 & \cdots & 0 \\ 0 & 0 & 1 & \cdots & 0 \\ \vdots & \vdots & \vdots & \ddots & \vdots \\ 0 & 0 & 0 & \cdots & 1 \\ -a_n & -a_{n-1} & -a_{n-2} & \cdots & -a_1 \end{bmatrix} \begin{bmatrix} x_1(k) \\ x_2(k) \\ \vdots \\ x_{n-1}(k) \\ x_n(k) \end{bmatrix} + \begin{bmatrix} h_1 \\ h_2 \\ \vdots \\ h_{n-1} \\ h_n \end{bmatrix} u(k)$$

$$y = [1 \quad 0 \quad \cdots \quad 0] \begin{bmatrix} x_1(k) \\ x_2(k) \\ \vdots \\ x_n(k) \end{bmatrix} + h_0 u(k)$$

3.5.2 将脉冲传递函数化为状态空间表达式

脉冲传递函数为

$$G(z) = \frac{Y(z)}{U(z)} = \frac{b_0 z^n + b_1 z^{n-1} + \cdots + b_{n-1} z + b_n}{z^n + a_1 z^{n-1} + \cdots + a_{n-1} z + a_n}$$

(1) 脉冲传递函数的极点为两两相异的单极点 令 $G(z)$ 的极点为 z_1，z_2，…，z_n，$z_i \neq z_j (i \neq j)$。将其用部分分式法展开，$G(z)$ 可表示为

$$G(z) = \frac{Y(z)}{U(z)} = \frac{k_1}{z-z_1} + \frac{k_2}{z-z_2} + \cdots + \frac{k_n}{z-z_n}$$

其中 $$k_i = \lim_{z \to z_i} [G(z)(z-z_i)] (i=1,2,\cdots,n)$$

令 $$\begin{cases} x_1(z) = \dfrac{U(z)}{z-z_1} \\ x_2(z) = \dfrac{U(z)}{z-z_2} \\ \quad \vdots \\ x_n(z) = \dfrac{U(z)}{z-z_n} \end{cases}$$

则 $$Y(z) = k_1 x_1(z) + k_2 x_2(z) + \cdots + k_n x_n(z)$$

根据 z 变换的微分定理，对上两式进行 z 反变换，则相应的状态空间表达式为

$$\begin{bmatrix} x_1(k+1) \\ x_2(k+1) \\ \vdots \\ x_n(k+1) \end{bmatrix} = \begin{bmatrix} z_1 & 0 & \cdots & 0 \\ 0 & z_2 & \cdots & 0 \\ \vdots & \vdots & \ddots & \vdots \\ 0 & 0 & \cdots & z_n \end{bmatrix} \begin{bmatrix} x_1(k) \\ x_2(k) \\ \vdots \\ x_n(k) \end{bmatrix} + \begin{bmatrix} 1 \\ 1 \\ \vdots \\ 1 \end{bmatrix} u(k)$$

$$y(k) = [k_1 \quad k_2 \quad \cdots \quad k_n] \begin{bmatrix} x_1(k) \\ x_2(k) \\ \vdots \\ x_n(k) \end{bmatrix}$$

(2) 脉冲传递函数的极点为重极点 令 z_1 为 $G(z)$ 的 n 重极点，用部分分式法展开，

$G(z)$ 可表示为

$$G(z)=\frac{Y(z)}{U(z)}=\frac{k_{11}}{(z-z_1)^n}+\frac{k_{12}}{(z-z_1)^{n-1}}+\cdots+\frac{k_{1n}}{(z-z_1)}$$

其中
$$k_{1i}=\lim_{z\to z_i}\frac{1}{(i-1)!}\times\frac{\mathrm{d}^{i-1}}{\mathrm{d}z^{i-1}}[G(z)(z-z_1)^n](i=1,2,\cdots,n)$$

令
$$\begin{cases} x_1(z)=\dfrac{U(z)}{(z-z_1)^n}=\dfrac{x_2(z)}{z-z_1} \\ x_2(z)=\dfrac{U(z)}{(z-z_2)^{n-1}}=\dfrac{x_3(z)}{z-z_1} \\ \vdots \\ x_{n-1}(z)=\dfrac{U(z)}{(z-z_n)^2}=\dfrac{x_n(z)}{z-z_1} \\ x_n(z)=\dfrac{U(z)}{z-z_n} \end{cases}$$

则
$$Y(z)=k_{11}x_1(z)+k_{12}x_2(z)+\cdots+k_{1n}x_n(z)$$

根据 z 变换的微分定理，对上两式进行 z 反变换，则相应的状态空间表达式为

$$\begin{bmatrix} x_1(k+1) \\ x_2(k+1) \\ \vdots \\ x_{n-1}(k+1) \\ x_n(k+1) \end{bmatrix}=\begin{bmatrix} z_1 & 1 & 0 & \cdots & 0 \\ 0 & z_1 & 1 & \cdots & 0 \\ \vdots & \vdots & \vdots & \ddots & \vdots \\ 0 & 0 & 0 & \cdots & 1 \\ 0 & 0 & 0 & \cdots & z_1 \end{bmatrix}\begin{bmatrix} x_1(k) \\ x_2(k) \\ \vdots \\ x_{n-1}(k) \\ x_n(k) \end{bmatrix}+\begin{bmatrix} 0 \\ 0 \\ \vdots \\ 0 \\ 1 \end{bmatrix}u(k)$$

$$y(k)=[k_{11} \quad k_{12} \quad \cdots \quad k_{1n}]\begin{bmatrix} x_1(k) \\ x_2(k) \\ \vdots \\ x_n(k) \end{bmatrix}$$

3.5.3 离散时间系统状态空间表达式的一般形式

对于线性离散时变系统，离散时间状态空间表达式的一般形式可表示为

$$\boldsymbol{x}(k+1)=\boldsymbol{G}(k)\boldsymbol{x}(k)+\boldsymbol{H}(k)\boldsymbol{u}(k)$$
$$\boldsymbol{y}(k)=\boldsymbol{C}(k)\boldsymbol{x}(k)+\boldsymbol{D}(k)\boldsymbol{u}(k)$$

用结构图表示，如图 3-3 所示。

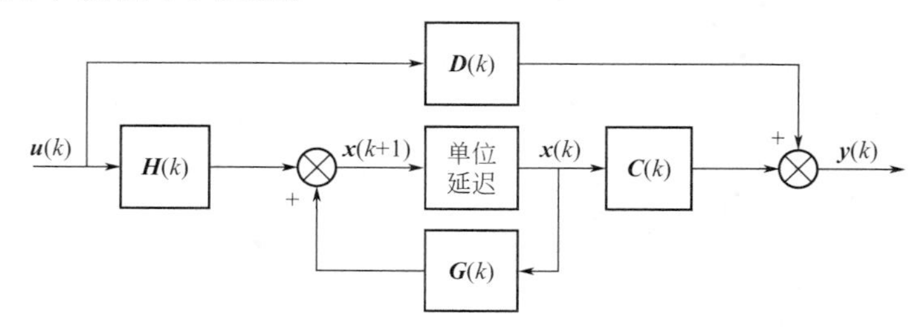

图 3-3 离散系统结构图

对于线性离散定常系统，离散时间状态空间表达式的一般形式可表示为

$$\boldsymbol{x}(k+1)=\boldsymbol{G}\boldsymbol{x}(k)+\boldsymbol{H}\boldsymbol{u}(k)$$
$$\boldsymbol{y}(k)=\boldsymbol{C}\boldsymbol{x}(k)+\boldsymbol{D}\boldsymbol{u}(k)$$

式中　$\boldsymbol{G}$——系统矩阵（或状态矩阵）；

$\boldsymbol{H}$——控制矩阵（或输入矩阵）；

$\boldsymbol{C}$——输出矩阵（或观测矩阵）；

$\boldsymbol{D}$——直接传递矩阵（或前馈矩阵）。

$\boldsymbol{G}$、$\boldsymbol{H}$、$\boldsymbol{C}$、$\boldsymbol{D}$ 分别与连续时间系统 $\boldsymbol{A}$、$\boldsymbol{B}$、$\boldsymbol{C}$、$\boldsymbol{D}$ 四个矩阵的定义及物理意义相同。

3.6 离散时间系统状态方程的求解

离散时间系统状态方程的求解方法主要有两类，一类是用矩阵差分方程的迭代法，另一类是 z 反变换法。

3.6.1 迭代法

迭代法对于线性定常及线性时变离散时间系统的状态方程都适用。设状态方程为

$$\boldsymbol{x}(k+1)=\boldsymbol{G}(k)\boldsymbol{x}(k)+\boldsymbol{H}(k)\boldsymbol{u}(k) \tag{3-37}$$

给定 $k=0$ 时的初始状态 $\boldsymbol{x}(0)$ 以及 $k=0,1,2,\cdots$时的 $\boldsymbol{u}(k)$，对于 $k>0$ 的任意时刻，方程式(3-37) 的解可直接用迭代法求出，即

$$\boldsymbol{x}(1)=\boldsymbol{G}(0)\boldsymbol{x}(0)+\boldsymbol{H}(0)\boldsymbol{u}(0)$$
$$\boldsymbol{x}(2)=\boldsymbol{G}(1)\boldsymbol{x}(1)+\boldsymbol{H}(1)\boldsymbol{u}(1)$$
$$\boldsymbol{x}(3)=\boldsymbol{G}(2)\boldsymbol{x}(2)+\boldsymbol{H}(2)\boldsymbol{u}(2)$$
$$\vdots$$

时变离散时间系统的状态方程只能用这种解法。

对于定常离散时间系统的状态方程，由于 $\boldsymbol{G}$、$\boldsymbol{H}$ 都是定常矩阵，其状态方程为

$$\boldsymbol{x}(k+1)=\boldsymbol{G}\boldsymbol{x}(k)+\boldsymbol{H}\boldsymbol{u}(k) \tag{3-38}$$

在任意的采样时刻 $k(k>0)$ 的解 $\boldsymbol{x}(k)$ 可用迭代法求得，这种数值解法便于在计算机上进行，其迭代求解过程如下。

将 $k=0$，1，2，…，$k-1$ 逐次代入式(3-38) 后，得

$$\boldsymbol{x}(1)=\boldsymbol{G}\boldsymbol{x}(0)+\boldsymbol{H}\boldsymbol{u}(0)$$
$$\boldsymbol{x}(2)=\boldsymbol{G}\boldsymbol{x}(1)+\boldsymbol{H}\boldsymbol{u}(1)=\boldsymbol{G}^2\boldsymbol{x}(0)+\boldsymbol{G}\boldsymbol{H}\boldsymbol{u}(0)+\boldsymbol{H}\boldsymbol{u}(1)$$
$$\boldsymbol{x}(3)=\boldsymbol{G}\boldsymbol{x}(2)+\boldsymbol{H}\boldsymbol{u}(2)=\boldsymbol{G}^3\boldsymbol{x}(0)+\boldsymbol{G}^2\boldsymbol{H}\boldsymbol{u}(0)+\boldsymbol{G}\boldsymbol{H}\boldsymbol{u}(1)+\boldsymbol{H}\boldsymbol{u}(2)$$
$$\vdots$$

因此

$$\boldsymbol{x}(k)=\boldsymbol{G}^k\boldsymbol{x}(0)+\sum_{i=0}^{k-1}\boldsymbol{G}^{k-i-1}\boldsymbol{H}\boldsymbol{u}(i) \tag{3-39}$$

对解式(3-39) 进行如下讨论。

① 解的表达式是状态空间中的一条离散轨线，它与连续系统状态方程的解很相似。解的第一部分$\boldsymbol{G}^k\boldsymbol{x}(0)$ 只与系统的初始状态有关，它是由初始状态引起的自由运动分量。第二部分是由输入的各次采样信号引起的强迫运动分量，其值与控制作用 $\boldsymbol{u}(k)$ 的大小、性质及

系统的结构有关。

② 在输入引起的响应中，第 k 个时刻的状态只取决于所有此时刻前（0，1，2，…，$k-1$）的输入采样值，与第 k 个时刻的输入采样值无关。这说明惯性是一切实际物理系统的基本性质。

③ 与 3.1 节讲过的连续时间系统自由运动的解进行对照，可以看出，在离散时间系统中，状态转移矩阵就是$\boldsymbol{G}^k$，即

$$\boldsymbol{\Phi}(k)=\boldsymbol{G}^k$$

显然它也存在如下关系，即

$$\boldsymbol{\Phi}(k+1)=\boldsymbol{G}\boldsymbol{\Phi}(k)$$

$$\boldsymbol{\Phi}(0)=\mathbf{I}$$

利用状态转移矩阵 $\boldsymbol{\Phi}(k)$，可将式(3-39) 写成

$$\boldsymbol{x}(k)=\boldsymbol{\Phi}(k)\boldsymbol{x}(0)+\sum_{i=0}^{k-1}\boldsymbol{\Phi}(k-i-1)\boldsymbol{Hu}(i)$$

$$=\boldsymbol{\Phi}(k)\boldsymbol{x}(0)+\boldsymbol{\Phi}(k-1)\boldsymbol{Hu}(0)+\boldsymbol{\Phi}(k-2)\boldsymbol{Hu}(1)+\cdots+\boldsymbol{\Phi}(1)\boldsymbol{Hu}(k-2)+\boldsymbol{\Phi}(0)\boldsymbol{Hu}(k-1)$$

也可表示成矩阵形式，即

$$\begin{bmatrix}\boldsymbol{x}(1)\\\boldsymbol{x}(2)\\\vdots\\\boldsymbol{x}(k)\end{bmatrix}=\begin{bmatrix}\boldsymbol{\Phi}(1)\\\boldsymbol{\Phi}(2)\\\vdots\\\boldsymbol{\Phi}(k)\end{bmatrix}\boldsymbol{x}(0)+\begin{bmatrix}\boldsymbol{\Phi}(0)\boldsymbol{H} & 0 & \cdots & 0\\\boldsymbol{\Phi}(1)\boldsymbol{H} & \boldsymbol{\Phi}(0)\boldsymbol{H} & \cdots & 0\\\vdots & \vdots & \ddots & \vdots\\\boldsymbol{\Phi}(k-1)\boldsymbol{H} & \boldsymbol{\Phi}(k-2)\boldsymbol{H} & \cdots & \boldsymbol{\Phi}(0)\boldsymbol{H}\end{bmatrix}\begin{bmatrix}\boldsymbol{u}(0)\\\boldsymbol{u}(1)\\\vdots\\\boldsymbol{u}(k-1)\end{bmatrix}$$

相应的系统输出方程为

$$\boldsymbol{y}(k)=\boldsymbol{Cx}(k)+\boldsymbol{Du}(k)=\boldsymbol{C\Phi}(k)\boldsymbol{x}(0)+\boldsymbol{C}\sum_{i=0}^{k-1}\boldsymbol{\Phi}(k-i-1)\boldsymbol{Hu}(i)+\boldsymbol{Du}(k)$$

虽然上面解式的计算很繁琐，但在计算机上计算却是非常方便的。

3.6.2　z 反变换法

定常离散时间系统的状态方程可采用 z 变换及反变换法求解，其状态方程为

$$\boldsymbol{x}(k+1)=\boldsymbol{Gx}(k)+\boldsymbol{Hu}(k)$$

对上式两边进行 z 变换，可得

$$z\boldsymbol{X}(z)-z\boldsymbol{x}(0)=\boldsymbol{GX}(z)+\boldsymbol{HU}(z)$$

整理得

$$(z\mathbf{I}-\boldsymbol{G})\boldsymbol{X}(z)=z\boldsymbol{x}(0)+\boldsymbol{HU}(z)$$

两边左乘$(z\mathbf{I}-\boldsymbol{G})^{-1}$得

$$\boldsymbol{X}(z)=(z\mathbf{I}-\boldsymbol{G})^{-1}z\boldsymbol{x}(0)+(z\mathbf{I}-\boldsymbol{G})^{-1}\boldsymbol{HU}(z)$$

上式两边进行 z 反变换，可得

$$\boldsymbol{x}(k)=Z^{-1}[(z\mathbf{I}-\boldsymbol{G})^{-1}z]\boldsymbol{x}(0)+Z^{-1}[(z\mathbf{I}-\boldsymbol{G})^{-1}\boldsymbol{HU}(z)]\tag{3-40}$$

比较式(3-39) 与式(3-40) 可得

$$\boldsymbol{G}^k=Z^{-1}[(z\mathbf{I}-\boldsymbol{G})^{-1}z]\tag{3-41}$$

$$\sum_{i=0}^{k-1}\boldsymbol{G}^{k-i-1}\boldsymbol{Hu}(i)=Z^{-1}[(z\mathbf{I}-\boldsymbol{G})^{-1}\boldsymbol{HU}(z)]\tag{3-42}$$

【例 3-7】 已知定常离散时间系统的状态方程为

$$\boldsymbol{x}(k+1)=\boldsymbol{Gx}(k)+\boldsymbol{h}u(k)$$

其中

$$\boldsymbol{G}=\begin{bmatrix}0 & 1\\-0.16 & -1\end{bmatrix},\boldsymbol{h}=\begin{bmatrix}1\\1\end{bmatrix}$$

给定初始状态为

$$\boldsymbol{x}(0)=\begin{bmatrix}1\\-1\end{bmatrix}$$

以及 $k=0$，1，2，…时，$u(k)=1$。试用迭代法求解 $\boldsymbol{x}(k)$。

解　利用式(3-39)，得

$$\boldsymbol{x}(1)=\boldsymbol{G}\boldsymbol{x}(0)+\boldsymbol{h}u(0)=\begin{bmatrix}0&1\\-0.16&-1\end{bmatrix}\begin{bmatrix}1\\-1\end{bmatrix}+\begin{bmatrix}1\\1\end{bmatrix}=\begin{bmatrix}0\\1.84\end{bmatrix}$$

$$\boldsymbol{x}(2)=\boldsymbol{G}\boldsymbol{x}(1)+\boldsymbol{h}u(1)=\begin{bmatrix}0&1\\-0.16&-1\end{bmatrix}\begin{bmatrix}0\\1.84\end{bmatrix}+\begin{bmatrix}1\\1\end{bmatrix}=\begin{bmatrix}2.84\\-0.84\end{bmatrix}$$

$$\boldsymbol{x}(3)=\boldsymbol{G}\boldsymbol{x}(2)+\boldsymbol{h}u(2)=\begin{bmatrix}0&1\\-0.16&-1\end{bmatrix}\begin{bmatrix}2.84\\-0.84\end{bmatrix}+\begin{bmatrix}1\\1\end{bmatrix}=\begin{bmatrix}0.16\\1.386\end{bmatrix}$$

因此

$$\boldsymbol{x}(k)=\begin{bmatrix}x_1(k)\\x_2(k)\end{bmatrix}=\begin{bmatrix}1&0&2.84&0.16&\cdots\\-1&1.84&-0.84&1.386&\cdots\end{bmatrix}$$

显然迭代法求得的是一个序列解，而不是一个封闭解，适合于用计算机对其求解。

【例 3-8】　用 z 反变换法求例 3-7 的状态方程的状态转移矩阵及解，状态方程为

$$\boldsymbol{x}(k+1)=\boldsymbol{G}\boldsymbol{x}(k)+\boldsymbol{h}u(k)$$

其中　$\boldsymbol{G}=\begin{bmatrix}0&1\\-0.16&-1\end{bmatrix},\boldsymbol{h}=\begin{bmatrix}1\\1\end{bmatrix},\boldsymbol{x}(0)=\begin{bmatrix}1\\-1\end{bmatrix},u(k)=1(k=0,1,2,\cdots)$

解　由式(3-41) 知　$\boldsymbol{\Phi}(k)=\boldsymbol{G}^k=Z^{-1}[(z\mathbf{I}-\boldsymbol{G})^{-1}z]$

先计算$(z\mathbf{I}-\boldsymbol{G})^{-1}$：

$$\det(z\mathbf{I}-\boldsymbol{G})=\begin{vmatrix}z&-1\\0.16&z+1\end{vmatrix}=z^2+z+0.16=(z+0.2)(z+0.8)$$

$$(z\mathbf{I}-\boldsymbol{G})^{-1}=\frac{1}{(z+0.2)(z+0.8)}\begin{bmatrix}z+1&1\\-0.16&z\end{bmatrix}$$

$$=\begin{bmatrix}\dfrac{\frac{4}{3}}{z+0.2}-\dfrac{\frac{1}{3}}{z+0.8}&\dfrac{\frac{5}{3}}{z+0.2}-\dfrac{\frac{5}{3}}{z+0.8}\\-\dfrac{\frac{0.8}{3}}{z+0.2}+\dfrac{\frac{0.8}{3}}{z+0.8}&-\dfrac{\frac{1}{3}}{z+0.2}+\dfrac{\frac{4}{3}}{z+0.8}\end{bmatrix}$$

考虑到

$$Z^{-1}\left[\frac{z}{z+a}\right]=(-a)^k$$

所以

$$\boldsymbol{\Phi}(k)=\boldsymbol{G}^k=Z^{-1}[(z\mathbf{I}-\boldsymbol{G})^{-1}z]$$

$$=Z^{-1}\begin{bmatrix}\frac{4}{3}\times\frac{z}{z+0.2}-\frac{1}{3}\times\frac{z}{z+0.8}&\frac{5}{3}\times\frac{z}{z+0.2}-\frac{5}{3}\times\frac{z}{z+0.8}\\-\frac{0.8}{3}\times\frac{z}{z+0.2}+\frac{0.8}{3}\times\frac{z}{z+0.8}&-\frac{1}{3}\times\frac{z}{z+0.2}+\frac{4}{3}\times\frac{z}{z+0.8}\end{bmatrix}$$

$$=\begin{bmatrix}\frac{4}{3}(-0.2)^k-\frac{1}{3}(-0.8)^k&\frac{5}{3}(-0.2)^k-\frac{5}{3}(-0.8)^k\\-\frac{0.8}{3}(-0.2)^k+\frac{0.8}{3}(-0.8)^k&-\frac{1}{3}(-0.2)^k+\frac{4}{3}(-0.8)^k\end{bmatrix}$$

然后计算 $\boldsymbol{x}(k)$：

因为 $u(k)=1(k=0,1,2,\cdots)$，所以 $U(z)=\dfrac{z}{z-1}$，则

$$z\boldsymbol{x}(0)+\boldsymbol{h}U(z)=\begin{bmatrix} z \\ -z \end{bmatrix}+\begin{bmatrix} \dfrac{z}{z-1} \\ \dfrac{z}{z-1} \end{bmatrix}=\begin{bmatrix} \dfrac{z^2}{z-1} \\ \dfrac{-z^2+2z}{z-1} \end{bmatrix}$$

根据式(3-40)，得

$$\boldsymbol{X}(z)=(z\mathbf{I}-\boldsymbol{G})^{-1}[z\boldsymbol{x}(0)+\boldsymbol{h}U(z)]$$

$$=\begin{bmatrix} \dfrac{(z^2+2)z}{(z+0.2)(z+0.8)(z-1)} \\ \dfrac{(-z+1.84)z^2}{(z+0.2)(z+0.8)(z-1)} \end{bmatrix}=\begin{bmatrix} \dfrac{-\dfrac{17}{6}z}{z+0.2}+\dfrac{\dfrac{22}{9}z}{z+0.8}+\dfrac{\dfrac{25}{18}z}{z-1} \\ \dfrac{\dfrac{3.4}{6}z}{z+0.2}+\dfrac{-\dfrac{17.6}{9}z}{z+0.8}+\dfrac{\dfrac{7}{18}z}{z-1} \end{bmatrix}$$

因此
$$\boldsymbol{x}(k)=\begin{bmatrix} -\dfrac{17}{6}(-0.2)^k+\dfrac{22}{9}(-0.8)^k+\dfrac{25}{18} \\ \dfrac{3.4}{6}(-0.2)^k-\dfrac{17.6}{9}(-0.8)^k+\dfrac{7}{18} \end{bmatrix}$$

显然，z 反变换法求得的是封闭形式的解析解，将 $k=0,1,2,\cdots$代入 $\boldsymbol{x}(k)$，所得结果与例 3-7 一致。

3.7 线性连续时间系统的离散化

时间离散系统也被称为采样系统或计算机控制系统，因为在该类控制系统中有了采样器，所以原来的连续时间系统就变成了离散时间系统。随着计算机科学与技术的飞速发展，其广泛应用于工业控制领域，作为控制手段对连续被控对象进行计算机控制。但计算机所需要的输入信号和其输出的控制信号都是数字式的，即在时间上是离散的，因此计算机控制系统就其在时间上的特性来说是离散时间系统。只有当计算机的运算速度极高，采样器的采样周期极短时，离散系统可近似用连续系统的特性来描述。

因为计算机是在离散方式下工作的，所以要将连续系统变换为离散系统，以适应计算机的工作方式，这就是连续系统状态方程的离散化问题。

连续时间系统离散化过程采用以下基本假定。

① 采用等间隔周期采样。采样周期为 T，采样脉冲宽度远小于采样周期，因而忽略不计。在采样间隔内函数值为零值。

② 采样周期 T 的选择满足香农（Shanon）采样定理。即离散信号可以不失真地复原为连续信号的条件为 $\omega_s \geqslant 2\omega_{max}$ 或 $T \leqslant \pi/\omega_{max}$，其中 $\omega_s=2\pi/T$ 为采样角频率，ω_{max} 为连续信号频谱的上限角频率。

③ 采样保持器采用零阶保持器。

3.7.1 时域中线性连续系统的离散化

(1) 连续时变系统状态方程的离散化

定理 3-3 连续时变系统状态方程

$$\dot{\boldsymbol{x}}(t)=\boldsymbol{A}(t)\boldsymbol{x}(t)+\boldsymbol{B}(t)\boldsymbol{u}(t)$$
$$\boldsymbol{y}(t)=\boldsymbol{C}(t)\boldsymbol{x}(t)+\boldsymbol{D}(t)\boldsymbol{u}(t)$$

满足上述基本假定，则其离散化方程为

$$\boldsymbol{x}(k+1)=\boldsymbol{G}(k)\boldsymbol{x}(k)+\boldsymbol{H}(k)\boldsymbol{u}(k)$$
$$\boldsymbol{y}(k)=\boldsymbol{C}(k)\boldsymbol{x}(k)+\boldsymbol{D}(k)\boldsymbol{u}(k)$$

两者系数矩阵的关系为

$$\boldsymbol{G}(k)=\boldsymbol{G}(kT)=\boldsymbol{\Phi}[(k+1)T,kT] \quad \boldsymbol{C}(k)=[\boldsymbol{C}(t)]_{t=kT}$$

$$\boldsymbol{H}(k)=\boldsymbol{H}(kT)=\int_{kT}^{(k+1)T}\boldsymbol{\Phi}[(k+1)T,\tau]\boldsymbol{B}(\tau)\mathrm{d}\tau \quad \boldsymbol{D}(k)=[\boldsymbol{D}(t)]_{t=kT}$$

式中 $\boldsymbol{\Phi}(t,t_0)$——连续时变系统的状态转移矩阵。

证明 状态方程 $\dot{\boldsymbol{x}}(t)=\boldsymbol{A}(t)\boldsymbol{x}(t)+\boldsymbol{B}(t)\boldsymbol{u}(t)$ 在区间$[t_0,t]$存在唯一解，即为

$$\boldsymbol{x}(t)=\boldsymbol{\Phi}(t,t_0)\boldsymbol{x}(t_0)+\int_{t_0}^{t}\boldsymbol{\Phi}(t,\tau)\boldsymbol{B}(\tau)\boldsymbol{u}(\tau)\mathrm{d}\tau \tag{3-43}$$

将式(3-43) 离散化：

将 $t=(k+1)T$ 和 $t_0=0$ 代入式(3-43)，得

$$\boldsymbol{x}[(k+1)T]=\boldsymbol{\Phi}[(k+1)T,0]\boldsymbol{x}(0)+\int_{0}^{(k+1)T}\boldsymbol{\Phi}[(k+1)T,\tau]\boldsymbol{B}(\tau)\boldsymbol{u}(\tau)\mathrm{d}\tau \tag{3-44}$$

再将 $t=kT$ 和 $t_0=0$ 代入式(3-43)，得

$$\boldsymbol{x}(kT)=\boldsymbol{\Phi}(kT,0)\boldsymbol{x}(0)+\int_{0}^{kT}\boldsymbol{\Phi}(kT,\tau)\boldsymbol{B}(\tau)\boldsymbol{u}(\tau)\mathrm{d}\tau$$

用 $\boldsymbol{\Phi}[(k+1)T, kT]$乘上式两端，得

$$\boldsymbol{\Phi}[(k+1)T,kT]\boldsymbol{x}(kT)=\boldsymbol{\Phi}[(k+1)T,kT]\boldsymbol{\Phi}(kT,0)\boldsymbol{x}(0)$$
$$+\int_{0}^{kT}\boldsymbol{\Phi}[(k+1)T,kT]\boldsymbol{\Phi}(kT,\tau)\boldsymbol{B}(\tau)\boldsymbol{u}(\tau)\mathrm{d}\tau$$

利用状态转移矩阵 $\boldsymbol{\Phi}(t, t_0)$ 的传递性，有

$$\boldsymbol{\Phi}[(k+1)T,kT]\boldsymbol{x}(kT)=\boldsymbol{\Phi}[(k+1)T,0]x(0)+\int_{0}^{kT}\boldsymbol{\Phi}[(k+1)T,\tau]\boldsymbol{B}(\tau)\boldsymbol{u}(\tau)\mathrm{d}\tau \tag{3-45}$$

式(3-44) 减式(3-45)，有

$$\boldsymbol{x}[(k+1)T]=\boldsymbol{\Phi}[(k+1)T,kT]\boldsymbol{x}(kT)+\int_{kT}^{(k+1)T}\boldsymbol{\Phi}[(k+1)T,\tau]\boldsymbol{B}(\tau)\boldsymbol{u}(\tau)\mathrm{d}\tau$$

由于采样保持器为零阶保持器，有 $\boldsymbol{u}(\tau)=\boldsymbol{u}(kT)$，$\tau\in[kT, (k+1)T)$，因此

$$\boldsymbol{x}[(k+1)T]=\boldsymbol{\Phi}[(k+1)T,kT]\boldsymbol{x}(kT)+\left\{\int_{kT}^{(k+1)T}\boldsymbol{\Phi}[(k+1)T,\tau]\boldsymbol{B}(\tau)\mathrm{d}\tau\right\}\boldsymbol{u}(kT)$$

令

$$\boldsymbol{G}(k)=\boldsymbol{G}(kT)=\boldsymbol{\Phi}[(k+1)T,kT]$$
$$\boldsymbol{H}(k)=\boldsymbol{H}(kT)=\int_{kT}^{(k+1)T}\boldsymbol{\Phi}[(k+1)T,\tau]\boldsymbol{B}(\tau)\mathrm{d}\tau \tag{3-46}$$

得

$$\boldsymbol{x}(k+1)=\boldsymbol{G}(k)\boldsymbol{x}(k)+\boldsymbol{H}(k)\boldsymbol{u}(k)$$

对于输出方程 $\boldsymbol{y}(t)=\boldsymbol{C}(t)\boldsymbol{x}(t)+\boldsymbol{D}(t)\boldsymbol{u}(t)$的离散化，以 $t=kT$ 代入，得

$$\boldsymbol{y}(k)=\boldsymbol{C}(k)\boldsymbol{x}(k)+\boldsymbol{D}(k)\boldsymbol{u}(k)$$

其中 $\boldsymbol{C}(k)=[\boldsymbol{C}(t)]_{t=kT}\quad \boldsymbol{D}(k)=[\boldsymbol{D}(t)]_{t=kT}$

定理得证。

由于线性连续时变系统状态方程的状态转移矩阵在一般情况下不能写成解析式，为此可采用如下近似的方法得到离散状态方程，取

$$\dot{\boldsymbol{x}}(kT)\approx\frac{1}{T}\{\boldsymbol{x}[(k+1)T]-\boldsymbol{x}(kT)\} \tag{3-47}$$

式中 T——采样周期。

将式(3-47) 看作等式并代入连续状态方程中，再令 $t=kT$，则有

$$\dot{\boldsymbol{x}}(kT)=\frac{1}{T}\{\boldsymbol{x}[(k+1)T]-\boldsymbol{x}(kT)\}=\boldsymbol{A}(kT)\boldsymbol{x}(kT)+\boldsymbol{B}(kT)\boldsymbol{u}(kT)$$

或

$$\begin{aligned}\boldsymbol{x}[(k+1)T]&=[\mathbf{I}+T\boldsymbol{A}(kT)]\boldsymbol{x}(kT)+T\boldsymbol{B}(kT)\boldsymbol{u}(kT)\\&=\boldsymbol{G}(kT)\boldsymbol{x}(kT)+\boldsymbol{H}(kT)\boldsymbol{u}(kT)\end{aligned} \tag{3-48}$$

其中 $\boldsymbol{G}(kT)=\mathbf{I}+T\boldsymbol{A}(kT)\quad \boldsymbol{H}(kT)=T\boldsymbol{B}(kT)$

显然，采样周期 T 越小，近似的精度越高。

【例 3-9】 某连续时变系统的状态方程为

$$\dot{\boldsymbol{x}}(t)=\boldsymbol{A}(t)\boldsymbol{x}(t)+\boldsymbol{B}(t)\boldsymbol{u}(t)$$

其中 $\boldsymbol{A}(t)=\begin{bmatrix}0 & 5(1-e^{-5t})\\0 & 5e^{-5t}\end{bmatrix},\boldsymbol{B}(t)=\begin{bmatrix}5 & 5e^{-5t}\\0 & 5(1-e^{-5t})\end{bmatrix}$

试求其离散化方程，并求当输入和初始状态分别为

$$\boldsymbol{u}(t)=\begin{bmatrix}0\\1\end{bmatrix},\ \boldsymbol{x}(0)=\begin{bmatrix}0\\0\end{bmatrix}$$

时，采样时刻的状态轨线序列近似值。

解 取 $T=0.2$s，由式(3-48) 有

$$\boldsymbol{G}(kT)=\mathbf{I}+T\boldsymbol{A}(kT)=\begin{bmatrix}1 & 0\\0 & 1\end{bmatrix}+0.2\begin{bmatrix}0 & 5(1-e^{-5kT})\\0 & 5e^{-5kT}\end{bmatrix}=\begin{bmatrix}1 & 0\\0 & 1\end{bmatrix}+\begin{bmatrix}0 & 1-e^{-k}\\0 & e^{-k}\end{bmatrix}=\begin{bmatrix}1 & 1-e^{-k}\\0 & 1+e^{-k}\end{bmatrix}$$

$$\boldsymbol{H}(kT)=T\boldsymbol{B}(kT)=0.2\begin{bmatrix}5 & 5e^{-5kT}\\0 & 5(1-e^{-5kT})\end{bmatrix}=\begin{bmatrix}1 & e^{-k}\\0 & 1-e^{-k}\end{bmatrix}$$

于是，离散化方程为

$$\begin{bmatrix}x_1[(k+1)T]\\x_2[(k+1)T]\end{bmatrix}=\begin{bmatrix}1 & 1-e^{-k}\\0 & 1+e^{-k}\end{bmatrix}\begin{bmatrix}x_1(kT)\\x_2(kT)\end{bmatrix}+\begin{bmatrix}1 & e^{-k}\\0 & 1-e^{-k}\end{bmatrix}\begin{bmatrix}u_1(kT)\\u_2(kT)\end{bmatrix}$$

用迭代法求解得到状态轨线序列，即

$$\begin{bmatrix}x_1(0)\\x_2(0)\end{bmatrix}=\begin{bmatrix}0\\0\end{bmatrix}$$

$$\begin{bmatrix}x_1(0.2)\\x_2(0.2)\end{bmatrix}=\begin{bmatrix}1 & 0\\0 & 2\end{bmatrix}\begin{bmatrix}0\\0\end{bmatrix}+\begin{bmatrix}1 & 1\\0 & 0\end{bmatrix}\begin{bmatrix}0\\1\end{bmatrix}=\begin{bmatrix}1\\0\end{bmatrix}$$

$$\begin{bmatrix}x_1(0.4)\\x_2(0.4)\end{bmatrix}=\begin{bmatrix}1 & 0.632\\0 & 1.368\end{bmatrix}\begin{bmatrix}1\\0\end{bmatrix}+\begin{bmatrix}1 & 0.368\\0 & 0.632\end{bmatrix}\begin{bmatrix}0\\1\end{bmatrix}=\begin{bmatrix}1.368\\0.632\end{bmatrix}$$

$$\begin{bmatrix}x_1(0.6)\\x_2(0.6)\end{bmatrix}=\begin{bmatrix}1 & 0.865\\0 & 1.135\end{bmatrix}\begin{bmatrix}1.368\\0.632\end{bmatrix}+\begin{bmatrix}1 & 0.135\\0 & 0.865\end{bmatrix}\begin{bmatrix}0\\1\end{bmatrix}=\begin{bmatrix}2.050\\1.582\end{bmatrix}$$

$$\vdots$$

(2) 连续定常系统状态方程的离散化

定理 3-4　线性定常系统

$$\dot{\boldsymbol{x}}(t)=\boldsymbol{A}\boldsymbol{x}(t)+\boldsymbol{B}\boldsymbol{u}(t)$$
$$\boldsymbol{y}(t)=\boldsymbol{C}\boldsymbol{x}(t)+\boldsymbol{D}\boldsymbol{u}(t)$$

满足上述基本假定，则其离散化方程为

$$\begin{aligned}\boldsymbol{x}(k+1)&=\boldsymbol{G}\boldsymbol{x}(k)+\boldsymbol{H}\boldsymbol{u}(k)\\ \boldsymbol{y}(k)&=\boldsymbol{C}\boldsymbol{x}(k)+\boldsymbol{D}\boldsymbol{u}(k)\end{aligned}\qquad k=0,1,2,\cdots$$

$\boldsymbol{G}$、$\boldsymbol{H}$、$\boldsymbol{C}$、$\boldsymbol{D}$ 为常数矩阵，且

$$\boldsymbol{G}=\mathrm{e}^{\boldsymbol{A}T}\quad \boldsymbol{H}=\left(\int_0^T \mathrm{e}^{\boldsymbol{A}t}\,\mathrm{d}t\right)\boldsymbol{B}$$

证明　因为定常系统是时变系统的特例，所以时变系统离散化定理对其同样适用，因此由式(3-46) 得

$$\boldsymbol{G}=\boldsymbol{\Phi}[(k+1)T,kT]=\boldsymbol{\Phi}(T)=\mathrm{e}^{\boldsymbol{A}T}$$

$$\boldsymbol{H}=\int_{kT}^{(k+1)T}\boldsymbol{\Phi}[(k+1)T-\tau]\boldsymbol{B}\,\mathrm{d}\tau=\left\{\int_{kT}^{(k+1)T}\boldsymbol{\Phi}[(k+1)T-\tau]\mathrm{d}\tau\right\}\boldsymbol{B}$$

令 $t=(k+1)T-\tau$，有 $\mathrm{d}t=-\mathrm{d}\tau$，所以 kT 到 $(k+1)T$ 对 τ 的积分变为 T 到 0 对 t 的积分，因此

$$\boldsymbol{H}=\left[-\int_T^0\boldsymbol{\Phi}(t)\,\mathrm{d}t\right]\boldsymbol{B}=\left(\int_0^T \mathrm{e}^{\boldsymbol{A}t}\,\mathrm{d}t\right)\boldsymbol{B}$$

定理得证。

【例 3-10】　设某线性连续定常系统的状态方程为

$$\begin{bmatrix}\dot{x}_1\\ \dot{x}_2\end{bmatrix}=\begin{bmatrix}0 & 1\\ 0 & -2\end{bmatrix}\begin{bmatrix}x_1\\ x_2\end{bmatrix}+\begin{bmatrix}0\\ 1\end{bmatrix}u$$

试求其离散状态方程。

解

① 求 $\boldsymbol{\Phi}(t)=\mathrm{e}^{\boldsymbol{A}t}$。

$$|s\mathbf{I}-\boldsymbol{A}|=\begin{vmatrix}s & -1\\ 0 & s+2\end{vmatrix}=s(s+2)$$

$$(s\mathbf{I}-\boldsymbol{A})^{-1}=\frac{1}{s(s+2)}\begin{bmatrix}s+2 & 1\\ 0 & s\end{bmatrix}=\begin{bmatrix}\dfrac{1}{s} & \dfrac{1}{2}\left(\dfrac{1}{s}-\dfrac{1}{s+2}\right)\\ 0 & \dfrac{1}{s+2}\end{bmatrix}$$

$$\boldsymbol{\Phi}(t)=\mathrm{e}^{\boldsymbol{A}t}=L^{-1}[(s\mathbf{I}-\boldsymbol{A})^{-1}]=\begin{bmatrix}1 & \dfrac{1}{2}(1-\mathrm{e}^{-2t})\\ 0 & \mathrm{e}^{-2t}\end{bmatrix}$$

② 求 $\boldsymbol{G}=\mathrm{e}^{\boldsymbol{A}T}$。

$$\boldsymbol{G}=\mathrm{e}^{\boldsymbol{A}t}\big|_{t=T}=\begin{bmatrix}1 & \dfrac{1}{2}(1-\mathrm{e}^{-2t})\\ 0 & \mathrm{e}^{-2t}\end{bmatrix}_{t=T}=\begin{bmatrix}1 & \dfrac{1}{2}(1-\mathrm{e}^{-2T})\\ 0 & \mathrm{e}^{-2T}\end{bmatrix}$$

③ 求 $\boldsymbol{h}=\left(\int_0^T \mathrm{e}^{\boldsymbol{A}t}\,\mathrm{d}t\right)\boldsymbol{b}$。

$$\int_0^T e^{At}dt=\int_0^T\begin{bmatrix}1 & \frac{1}{2}(1-e^{-2t})\\0 & e^{-2t}\end{bmatrix}dt=\begin{bmatrix}T & \frac{1}{2}T+\frac{1}{4}e^{-2T}-\frac{1}{4}\\0 & -\frac{1}{2}e^{-2T}+\frac{1}{2}\end{bmatrix}$$

所以 $$\boldsymbol{h}=\begin{bmatrix}T & \frac{1}{2}T+\frac{1}{4}e^{-2T}-\frac{1}{4}\\0 & -\frac{1}{2}e^{-2T}+\frac{1}{2}\end{bmatrix}\begin{bmatrix}0\\1\end{bmatrix}=\begin{bmatrix}\frac{1}{2}(T+\frac{e^{-2T}-1}{2})\\\frac{1}{2}(1-e^{-2T})\end{bmatrix}$$

④ 列写离散化状态方程。

$$\begin{bmatrix}x_1(k+1)\\x_2(k+1)\end{bmatrix}=\begin{bmatrix}1 & \frac{1}{2}(1-e^{-2T})\\0 & e^{-2T}\end{bmatrix}\begin{bmatrix}x_1(k)\\x_2(k)\end{bmatrix}+\begin{bmatrix}\frac{1}{2}\left(T+\frac{e^{-2T}-1}{2}\right)\\\frac{1}{2}(1-e^{-2T})\end{bmatrix}u(k)$$

假设采样周期 $T=1\text{s}$，则上述离散状态方程可写为

$$\begin{bmatrix}x_1(k+1)\\x_2(k+1)\end{bmatrix}=\begin{bmatrix}1 & 0.432\\0 & 0.135\end{bmatrix}\begin{bmatrix}x_1(k)\\x_2(k)\end{bmatrix}+\begin{bmatrix}0.284\\0.432\end{bmatrix}u(k)$$

【例 3-11】 一采样控制系统的结构图如图 3-4 所示。对象部分由模拟元件组成，采样开关及零阶保持器为系统实际的环节。试求系统的开环及闭环离散时间状态空间表达式。

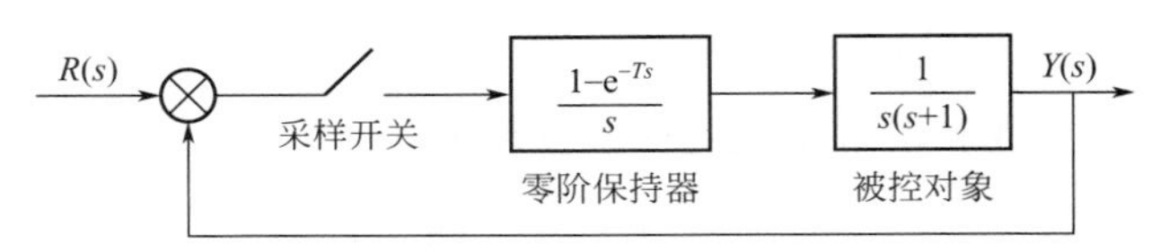

图 3-4 例 3-11 系统结构图

解

① 求系统开环离散时间状态空间表达式。

首先求系统开环连续时间的状态空间表达式。根据被控对象的传递函数，可选取一组状态变量。于是开环状态方程和输出方程为

$$\begin{bmatrix}\dot{x}_1\\\dot{x}_2\end{bmatrix}=\begin{bmatrix}0 & 1\\0 & -1\end{bmatrix}\begin{bmatrix}x_1\\x_2\end{bmatrix}+\begin{bmatrix}0\\1\end{bmatrix}u$$

$$y=[1\quad 0]\begin{bmatrix}x_1\\x_2\end{bmatrix}$$

$$\boldsymbol{A}=\begin{bmatrix}0 & 1\\0 & -1\end{bmatrix},\boldsymbol{b}=\begin{bmatrix}0\\1\end{bmatrix},\boldsymbol{c}=[1\quad 0]$$

其次求离散化状态空间表达式。

计算 $e^{At}=L^{-1}[(s\boldsymbol{I}-\boldsymbol{A})^{-1}]$

$$\det(s\boldsymbol{I}-\boldsymbol{A})=\begin{vmatrix}s & -1\\0 & s+1\end{vmatrix}=s(s+1),\text{adj}(s\boldsymbol{I}-\boldsymbol{A})=\begin{bmatrix}s+1 & 1\\0 & s\end{bmatrix}$$

所以 $$(s\boldsymbol{I}-\boldsymbol{A})^{-1}=\frac{\text{adj}(s\boldsymbol{I}-\boldsymbol{A})}{\det(s\boldsymbol{I}-\boldsymbol{A})}=\begin{bmatrix}\frac{1}{s} & \frac{1}{s}-\frac{1}{s+1}\\0 & \frac{1}{s+1}\end{bmatrix}$$

得
$$e^{\boldsymbol{A}t}=\begin{bmatrix}1 & 1-e^{-t}\\0 & e^{-t}\end{bmatrix}$$

所以
$$\boldsymbol{G}=e^{\boldsymbol{A}T}=\begin{bmatrix}1 & 1-e^{-T}\\0 & e^{-T}\end{bmatrix}$$

$$\boldsymbol{h}=\left(\int_0^T e^{\boldsymbol{A}t}\,dt\right)\boldsymbol{b}=\int_0^T\begin{bmatrix}1 & 1-e^{-t}\\0 & e^{-t}\end{bmatrix}\begin{bmatrix}0\\1\end{bmatrix}dt=\int_0^T\begin{bmatrix}1-e^{-t}\\e^{-t}\end{bmatrix}dt=\begin{bmatrix}T-1+e^{-T}\\1-e^{-T}\end{bmatrix}$$

故得系统开环的离散状态方程和输出方程为

$$\begin{bmatrix}x_1(k+1)\\x_2(k+1)\end{bmatrix}=\begin{bmatrix}1 & 1-e^{-T}\\0 & e^{-T}\end{bmatrix}\begin{bmatrix}x_1(k)\\x_2(k)\end{bmatrix}+\begin{bmatrix}T-1+e^{-T}\\1-e^{-T}\end{bmatrix}u(k)$$

$$y(k)=[1\quad 0]\begin{bmatrix}x_1(k)\\x_2(k)\end{bmatrix}$$

假定 $T=1$s，则

$$\boldsymbol{G}=\begin{bmatrix}1 & 0.632\\0 & 0.368\end{bmatrix},\boldsymbol{h}=\begin{bmatrix}0.368\\0.632\end{bmatrix}$$

$$\begin{bmatrix}x_1(k+1)\\x_2(k+1)\end{bmatrix}=\begin{bmatrix}1 & 0.632\\0 & 0.368\end{bmatrix}\begin{bmatrix}x_1(k)\\x_2(k)\end{bmatrix}+\begin{bmatrix}0.368\\0.632\end{bmatrix}u(k)\quad y(k)=[1\quad 0]\begin{bmatrix}x_1(k)\\x_2(k)\end{bmatrix}$$

② 求系统闭环离散时间状态空间表达式。

由图 3-4 可知，闭环后

$$u(k)=r(k)-y(k)=r(k)-\boldsymbol{cx}(k)$$

所以闭环离散化状态方程是

$$\boldsymbol{x}(k+1)=\boldsymbol{Gx}(k)+\boldsymbol{h}u(k)=\boldsymbol{Gx}(k)+\boldsymbol{h}[r(k)-\boldsymbol{cx}(k)]=[\boldsymbol{G}-\boldsymbol{hc}]\boldsymbol{x}(k)+\boldsymbol{h}r(k)$$

将 $\boldsymbol{G}$、$\boldsymbol{h}$、$\boldsymbol{c}$ 代入，得

$$\begin{bmatrix}x_1(k+1)\\x_2(k+1)\end{bmatrix}=\begin{bmatrix}2-T-e^{-T} & 1-e^{-T}\\e^{-T}-1 & e^{-T}\end{bmatrix}\begin{bmatrix}x_1(k)\\x_2(k)\end{bmatrix}+\begin{bmatrix}T-1+e^{-T}\\1-e^{-T}\end{bmatrix}r(k)$$

$$y(k)=[1\quad 0]\begin{bmatrix}x_1(k)\\x_2(k)\end{bmatrix}$$

以 $T=1$s 代入，得

$$\begin{bmatrix}x_1(k+1)\\x_2(k+1)\end{bmatrix}=\begin{bmatrix}0.632 & 0.632\\-0.632 & 0.368\end{bmatrix}\begin{bmatrix}x_1(k)\\x_2(k)\end{bmatrix}+\begin{bmatrix}0.368\\0.632\end{bmatrix}r(k)$$

$$y(k)=[1\quad 0]\begin{bmatrix}x_1(k)\\x_2(k)\end{bmatrix}$$

3.7.2　频域中线性连续系统的离散化

该方法首先求系统的脉冲传递函数，求脉冲传递函数的过程就是离散化的过程，得到脉冲传递函数后，可按 3.5 中所介绍的方法，写出系统离散化状态空间表达式。

【例 3-12】 用脉冲传递函数求例 3-11 中系统的离散化状态空间表达式。

解　由图 3-4 知，系统的开环连续传递函数是

$$G(s)=\frac{1-e^{-Ts}}{s}\times\frac{1}{s(s+1)}=\left[\frac{1}{s^2}-\frac{1}{s}+\frac{1}{s+1}\right]-\left[\frac{1}{s^2}-\frac{1}{s}+\frac{1}{s+1}\right]e^{-Ts}$$

几种典型信号的拉普拉斯变换和 z 变换的关系为

$$f(t)=1\to F(s)=\frac{1}{s}\to F(z)=\frac{z}{z-1}$$

$$f(t)=t\to F(s)=\frac{1}{s^2}\to F(z)=\frac{Tz}{(z-1)^2}$$

$$f(t)=\mathrm{e}^{-t}\to F(s)=\frac{1}{s+1}\to F(z)=\frac{z}{z-\mathrm{e}^{-T}}$$

$$\mathrm{e}^{-Ts}=z^{-1}$$

根据连续系统离散化的冲击响应不变法，利用上述关系，得到开环脉冲传递函数为

$$\begin{aligned}G(z)&=\left[\frac{Tz}{(z-1)^2}-\frac{z}{z-1}+\frac{z}{z-\mathrm{e}^{-T}}\right]-z^{-1}\left[\frac{Tz}{(z-1)^2}-\frac{z}{z-1}+\frac{z}{z-\mathrm{e}^{-T}}\right]\\&=\frac{(T-1+\mathrm{e}^{-T})z^2+(1-\mathrm{e}^{-T}-T\mathrm{e}^{-T})z}{(z-1)^2(z-\mathrm{e}^{-T})}-\frac{(T-1+\mathrm{e}^{-T})z+(1-\mathrm{e}^{-T}-T\mathrm{e}^{-T})}{(z-1)^2(z-\mathrm{e}^{-T})}\\&=\frac{(T-1+\mathrm{e}^{-T})z+(1-\mathrm{e}^{-T}-T\mathrm{e}^{-T})}{z^2-(1+\mathrm{e}^{-T})z+\mathrm{e}^{-T}}\end{aligned}$$

采用 3.5 中的方法，可知

$a_1=-(1+\mathrm{e}^{-T})$，$a_2=\mathrm{e}^{-T}$

$b_0=0$，$b_1=T-1+\mathrm{e}^{-T}$，$b_2=1-\mathrm{e}^{-T}-T\mathrm{e}^{-T}$

则系统开环离散化状态方程与输出方程为

$$\begin{bmatrix}x_1(k+1)\\x_2(k+1)\end{bmatrix}=\begin{bmatrix}0&1\\-\mathrm{e}^{-T}&1+\mathrm{e}^{-T}\end{bmatrix}\begin{bmatrix}x_1(k)\\x_2(k)\end{bmatrix}+\begin{bmatrix}0\\1\end{bmatrix}u(k)$$

$$y(k)=\begin{bmatrix}1-\mathrm{e}^{-T}-T\mathrm{e}^{-T}&T-1+\mathrm{e}^{-T}\end{bmatrix}\begin{bmatrix}x_1(k)\\x_2(k)\end{bmatrix}$$

下面求系统闭环离散时间状态空间表达式。

闭环后 $u(k)=r(k)-y(k)=r(k)-\boldsymbol{cx}(k)$

所以闭环离散化状态方程为

$$\begin{aligned}\boldsymbol{x}(k+1)&=\boldsymbol{Gx}(k)+\boldsymbol{hu}(k)=\boldsymbol{Gx}(k)+\boldsymbol{h}[r(k)-\boldsymbol{cx}(k)]\\&=(\boldsymbol{G}-\boldsymbol{hc})\boldsymbol{x}(k)+\boldsymbol{h}r(k)\end{aligned}$$

将 $\boldsymbol{G}$、$\boldsymbol{h}$、$\boldsymbol{c}$ 代入，得

$$\begin{bmatrix}x_1(k+1)\\x_2(k+1)\end{bmatrix}=\begin{bmatrix}0&1\\T\mathrm{e}^{-T}-1&2-T\end{bmatrix}\begin{bmatrix}x_1(k)\\x_2(k)\end{bmatrix}+\begin{bmatrix}0\\1\end{bmatrix}r(k)$$

$$y(k)=\begin{bmatrix}1-\mathrm{e}^{-T}-T\mathrm{e}^{-T}&T-1+\mathrm{e}^{-T}\end{bmatrix}\begin{bmatrix}x_1(k)\\x_2(k)\end{bmatrix}$$

显然该例所得开环和闭环离散状态空间表达式与例 3-11 都不一样，这是因为两例所选的状态变量不同。但可以通过非奇异线性矩阵变换，证明两者所得结果是一样的。

3.7.3 离散化过程中采样周期 T 的合理选取

对于闭环系统，必须合理地选取采样周期 T 的值。这是因为闭环采样控制系统，只是在采样瞬时才构成闭环控制，在两次采样时刻中间，闭环系统实际处于开环状态，所以采样周期 T 选得过大，即采样频率过低时，系统大部分时间处于开环控制状态，必然得不到准

确的控制结果，甚至使原来渐近稳定的系统出现大幅度振荡。

这说明在构成采样控制系统时，采样周期 T 的选择不但需要考虑输入信号的频谱范围，即满足采样定理规定的 $\omega_s=2\pi/T\geqslant 2\omega_{max}$（$\omega_{max}$是输入信号的最高角频率），而且还要考虑被控对象的频带宽度。

3.8　利用 MATLAB 求解系统的状态空间表达式

MATLAB 控制系统工具箱中提供了很多函数用来求解系统状态空间表达式，相关函数见参考文献 [8]。

3.8.1　连续时间系统状态方程的求解

【例 3-13】 求如下状态方程

$$\begin{bmatrix}\dot{x}_1\\ \dot{x}_2\\ \dot{x}_3\end{bmatrix}=\begin{bmatrix}0 & 1 & 0\\ 0 & 0 & 1\\ -6 & -11 & -6\end{bmatrix}\begin{bmatrix}x_1\\ x_2\\ x_3\end{bmatrix}$$

在初始条件 $\boldsymbol{x}(0)=[1\quad 1\quad 1]^{\mathrm{T}}$ 下的解。

解　状态转移矩阵 $\mathrm{e}^{\boldsymbol{A}t}$ 和系统自由运动解的数学表达式分别为

$$\mathrm{e}^{\boldsymbol{A}t}=\mathbf{I}+\boldsymbol{A}t+\frac{1}{2!}\boldsymbol{A}^2t^2+\cdots+\frac{1}{k!}\boldsymbol{A}^kt^k+\cdots$$

$$\boldsymbol{x}(t)=\mathrm{e}^{\boldsymbol{A}t}\boldsymbol{x}(0)$$

根据以上表达式和初始条件 $\boldsymbol{x}(0)=[1\quad 1\quad 1]^{\mathrm{T}}$ 可得以下 MATLAB 命令语句。

```
>>A=[0 1 0; 0 0 1; -6 -11 -6]; x0=[1; 1; 1];
>>t=0: 0.1: 10; x=zeros(3,length(t));
>>for i=1: length(t)
>>x(:,i)=expm(A * t(i)) * x0;
>>end
>>plot(t,x(1,:),t,x(2,:),t,x(3,:))
```

利用以上程序可得在初始条件 $\boldsymbol{x}(0)=[1\quad 1\quad 1]^{\mathrm{T}}$ 下，系统状态方程的解，即系统的自由运动，如图 3-5 所示。

3.8.2　离散时间系统状态方程的求解

【例 3-14】 已知系统的状态方程为

$$\boldsymbol{x}(k+1)=\boldsymbol{G}\boldsymbol{x}(k)+\boldsymbol{h}u(k)$$

其中

$$\boldsymbol{G}=\begin{bmatrix}0 & 1\\ -0.16 & -1\end{bmatrix},\boldsymbol{h}=\begin{bmatrix}0\\ 0\end{bmatrix},\boldsymbol{x}(0)=\begin{bmatrix}1\\ -1\end{bmatrix}$$

试求 $u(k)=1$ 时状态方程的解。

解　根据迭代法和系统的已知条件可得如下 MATLAB 命令语句。

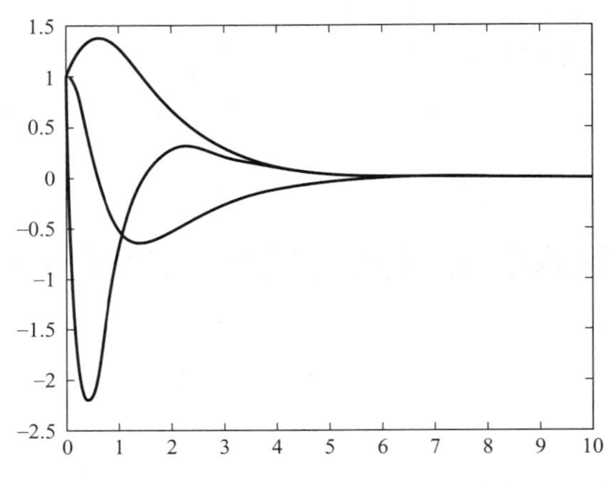

图 3-5 例 3-13 系统的状态变量曲线

```
>>G=[0 1; -0.16 -1]; H=[0; 0];
>>x0=[1; -1]; u=1; x=x0;
>>for k=1 : 1 : 5
>>x1=G * x0+H * u;
>>x=[x x1]; x0=x1;
>>end
>>x
```

执行以上程序可得

```
x=
 1.0000   -1.0000    0.8400    -0.6800    0.5456   -0.4368
-1.0000    0.8400   -0.6800     0.5456   -0.4368    0.3495
```

以上即为系统状态方程在 $k=1$、$k=2$、$k=3$、$k=4$、$k=5$ 时的解。

3.8.3 线性系统状态空间表达式的离散化

利用 MATLAB 控制系统工具箱中提供的函数可将连续系统的模型离散化，也可将离散系统的模型连续化。

(1) 连续系统的离散化 已知连续系统的状态空间表达式为

$$\begin{cases}\dot{\boldsymbol{x}}(t)=\boldsymbol{Ax}(t)+\boldsymbol{Bu}(t)\\ \boldsymbol{y}(t)=\boldsymbol{Cx}(t)+\boldsymbol{Du}(t)\end{cases}$$

在采样周期 T 下离散化后的状态空间表达式可表示为

$$\begin{cases}\boldsymbol{x}(k+1)=\boldsymbol{Gx}(k)+\boldsymbol{Hu}(k)\\ \boldsymbol{y}(k)=\boldsymbol{Cx}(k)+\boldsymbol{Du}(k)\end{cases}$$

其中

$$\boldsymbol{G}=\mathrm{e}^{\boldsymbol{A}T},\boldsymbol{H}=\left(\int_0^T \mathrm{e}^{\boldsymbol{A}t}\,\mathrm{d}t\right)\boldsymbol{B}$$

在 MATLAB 中，若已知连续系统的状态方程模型 $\Sigma(\boldsymbol{A},\boldsymbol{B})$ 和采样周期 T，便可利用函数 $[\boldsymbol{G},\boldsymbol{H}]=\mathrm{c2d}(\boldsymbol{A},\boldsymbol{B},T)$ 方便地求得系统离散化后的系数矩阵 $\boldsymbol{G}$ 和 $\boldsymbol{H}$。

在 MATLAB 控制系统工具箱中，还提供了功能更强的求取连续系统离散化系数矩阵的函数 c2dm ( )，其调用格式为

$$[\boldsymbol{G},\boldsymbol{H},\boldsymbol{C},\boldsymbol{D}]=\mathrm{c2dm}(\boldsymbol{A},\boldsymbol{B},\boldsymbol{C},\boldsymbol{D},T,'\text{选项}')$$

或

$$[\text{numd},\text{dend}]=\text{c2dm}(\text{num},\text{den},T,'\text{选项}')$$

其中，num、den为连续系统传递函数的分子、分母多项式系数，numd、dend为离散化后脉冲传递函数的分子、分母多项式系数。可见，此函数即可用于状态空间形式又可用于传递函数形式。

【例3-15】 对如下连续系统

$$G(s)=\frac{6(s+3)}{(s+1)(s+2)(s+5)}$$

在采样周期 $T=0.1\text{s}$ 时进行离散化。

解 MATLAB命令语句如下。

```
>>K=6; Z=[-3]; P=[-1; -2; -5]; T=0.1;
>>[A,B,C,D]=zp2ss(Z,P,K)
>>[G1,H1]=c2d(A,B,T),[G2,H2,C2,D2]=c2dm(A,B,C,D,T,'zoh')
>>[G3,H3,C3,D3]=c2dm(A,B,C,D,T,'foh')
>>[G4,H4,C4,D4]=c2dm(A,B,C,D,T,'tustin')
```

其中，选项'zoh'在变换中输入端采用零阶保持器；'foh'在变换中输入端采用一阶保持器；'tustin'在变换中采用双线性逼近导数。

运行结果为

```
A=                                          B=
-1.0000          0          0               1
2.0000     -7.0000    -3.1623               1
     0      3.1623          0               0
C=                                          D=
0      0    1.8974                          0
G1=                                         H1=
0.9048          0          0                0.0952
0.1338     0.4651    -0.2237                0.0782
0.0243     0.2237     0.9602                0.0135
G2=                                         H2=
0.9048          0          0                0.0952
0.1338     0.4651    -0.2237                0.0782
0.0243     0.2237     0.9602                0.0135
C2=                                         D2=
0      0    1.8972                          0
G3=                                         H3=
0.9048          0          0                0.0906
0.1338     0.4651    -0.2237                0.0611
0.0243     0.2237    -0.9602                0.0240
C3=                                         D3=
0      0    1.8974                          0.0089
G4=                                         H4=
0.9048          0          0                0.9524
0.1385     0.4545    -0.2300                0.7965
0.0219     0.2300     0.9636                0.1259
```

```
C4=                                  D4=
0.0021  0.0218  0.1863               0.0119
```

(2) 离散系统的连续化 在MATLAB中，还提供了从离散化系统转换为连续系统各系数矩阵求取的命令函数，其调用格式为

$$[\boldsymbol{A},\boldsymbol{B}]=\mathrm{d2c}(\boldsymbol{G},\boldsymbol{H},T)$$

或

$$[\boldsymbol{A},\boldsymbol{B},\boldsymbol{C},\boldsymbol{D}]=\mathrm{d2cm}(\boldsymbol{G},\boldsymbol{H},\boldsymbol{C},\boldsymbol{D},T,\text{'选项'})$$

3.9 小结

① 线性定常连续系统非齐次状态方程的解，是零输入的状态转移（自由运动）和零状态的状态转移（受控运动）的叠加；系统的输出响应由零输入响应和零状态响应两部分组成。

$$\boldsymbol{x}(t)=\boldsymbol{\Phi}(t-t_0)\boldsymbol{x}(t_0)+\int_{t_0}^{t}\boldsymbol{\Phi}(t-\tau)\boldsymbol{Bu}(\tau)\mathrm{d}\tau$$

② 线性定常连续系统齐次状态方程的解可表示为

$$\boldsymbol{x}(t)=\boldsymbol{\Phi}(t-t_0)\boldsymbol{x}(t_0)=\mathrm{e}^{\boldsymbol{A}(t-t_0)}\boldsymbol{x}(t_0)$$

③ 状态转移矩阵包含了系统运动的全部信息，它可以完全表征系统的动态特性。

④ 线性时变系统非齐次状态方程的解在形式上类似于线性定常系统，即

$$\boldsymbol{x}(t)=\boldsymbol{\Phi}(t,t_0)\boldsymbol{x}(t_0)+\int_{t_0}^{t}\boldsymbol{\Phi}(t,\tau)\boldsymbol{Bu}(\tau)\mathrm{d}\tau$$

式中，$\boldsymbol{\Phi}(t,t_0)$ 为线性时变系统的状态转移矩阵，与线性定常系统状态转移矩阵 $\boldsymbol{\Phi}(t-t_0)$ 有着显著区别。

⑤ 离散系统状态方程可以采用迭代法和 z 反变换法来求解。

⑥ 线性定常连续系统进行离散化后，离散化的状态空间表达式为

$$\begin{cases}\boldsymbol{x}(k+1)=\boldsymbol{Gx}(k)+\boldsymbol{Hu}(k)\\ \boldsymbol{y}(k)=\boldsymbol{Cx}(k)+\boldsymbol{Du}(k)\end{cases}$$

其中

$$\boldsymbol{G}=\mathrm{e}^{\boldsymbol{A}T},\boldsymbol{H}=\left(\int_0^T\mathrm{e}^{\boldsymbol{A}t}\mathrm{d}t\right)\boldsymbol{B}$$

⑦ 线性时变连续系统进行离散化后，离散化的状态空间表达式为

$$\begin{cases}\boldsymbol{x}(k+1)=\boldsymbol{G}(k)\boldsymbol{x}(k)+\boldsymbol{H}(k)\boldsymbol{u}(k)\\ \boldsymbol{y}(k)=\boldsymbol{C}(k)\boldsymbol{x}(k)+\boldsymbol{D}(k)\boldsymbol{u}(k)\end{cases}$$

其中

$$\begin{cases}\boldsymbol{C}(k)=\boldsymbol{C}(t)\big|_{t=kT}\\ \boldsymbol{D}(k)=\boldsymbol{D}(t)\big|_{t=kT}\end{cases}$$

习 题

3-1 系统状态方程为 $\begin{bmatrix}\dot{x}_1\\ \dot{x}_2\end{bmatrix}=\begin{bmatrix}0 & 1\\ -3 & -2\end{bmatrix}\begin{bmatrix}x_1\\ x_2\end{bmatrix}$

初始状态为
$$\begin{bmatrix} x_1(0) \\ x_2(0) \end{bmatrix} = \begin{bmatrix} 1 \\ -1 \end{bmatrix}$$
试求 $x_1(t)$、$x_2(t)$。

3-2　系统状态方程为
$$\begin{bmatrix} \dot{x}_1 \\ \dot{x}_2 \\ \dot{x}_3 \end{bmatrix} = \begin{bmatrix} 2 & 1 & 0 \\ 0 & 2 & 1 \\ 0 & 0 & 2 \end{bmatrix} \begin{bmatrix} x_1 \\ x_2 \\ x_3 \end{bmatrix}$$
初始状态为 $x_1(0)$、$x_2(0)$、$x_3(0)$，试求状态方程的解。

3-3　系统状态方程为
$$\begin{bmatrix} \dot{x}_1 \\ \dot{x}_2 \end{bmatrix} = \begin{bmatrix} 0 & 1 \\ -2 & -3 \end{bmatrix} \begin{bmatrix} x_1 \\ x_2 \end{bmatrix} + \begin{bmatrix} 2 \\ 0 \end{bmatrix} u$$
初始状态为
$$\begin{bmatrix} x_1(0) \\ x_2(0) \end{bmatrix} = \begin{bmatrix} 0 \\ 1 \end{bmatrix}$$
其中
$$\begin{cases} u(t) = 0 \ (t < 0) \\ u(t) = \mathrm{e}^{-t} \ (t \geqslant 0) \end{cases}$$
试求 $x_1(t)$、$x_2(t)$。

3-4　系统状态方程为
$$\begin{bmatrix} \dot{x}_1 \\ \dot{x}_2 \end{bmatrix} = \begin{bmatrix} 0 & 1 \\ -1 & 0 \end{bmatrix} \begin{bmatrix} x_1 \\ x_2 \end{bmatrix} + \begin{bmatrix} 0 \\ 1 \end{bmatrix} u$$
初始状态为
$$\begin{bmatrix} x_1(0) \\ x_2(0) \end{bmatrix} = \begin{bmatrix} 1 \\ 0 \end{bmatrix}$$
(1) 试求没有施加控制作用 u 时，系统状态方程的解；(2) 试求施加控制作用 u 时，系统的运动情况。

3-5　时变系统的状态方程为
$$\begin{bmatrix} \dot{x}_1 \\ \dot{x}_2 \end{bmatrix} = \begin{bmatrix} 0 & 1 \\ -1 & t \end{bmatrix} \begin{bmatrix} x_1 \\ x_2 \end{bmatrix}, \boldsymbol{\Phi}(0,0) = \mathbf{I}$$
试求系统的状态转移矩阵 $\boldsymbol{\Phi}(t, 0)$。

3-6　系统 $\dot{\boldsymbol{x}} = \boldsymbol{A}\boldsymbol{x}$ 的状态转移矩阵为
$$\boldsymbol{\Phi}(t,0) = \begin{bmatrix} 2\mathrm{e}^{-t} - \mathrm{e}^{-2t} & 2(\mathrm{e}^{-2t} - \mathrm{e}^{-t}) \\ \mathrm{e}^{-t} - \mathrm{e}^{-2t} & 2\mathrm{e}^{-2t} - \mathrm{e}^{-t} \end{bmatrix}$$
试求系统矩阵 $\boldsymbol{A}$。

3-7　系统矩阵为
$$\boldsymbol{A} = \begin{bmatrix} 0 & 1 & 0 & 0 \\ 0 & 0 & 1 & 0 \\ 0 & 0 & 0 & 1 \\ 0 & 0 & 0 & 0 \end{bmatrix}$$
分别用下面方法求状态转移矩阵 $\boldsymbol{\Phi}(t, 0) = \mathrm{e}^{\boldsymbol{A}t}$。

(1) 按 $\mathrm{e}^{\boldsymbol{A}t}$ 的定义求解；(2) 用拉普拉斯反变换法。

3-8　系统状态方程为
$$\begin{bmatrix} \dot{x}_1 \\ \dot{x}_2 \end{bmatrix} = \begin{bmatrix} 0 & 1 \\ -ab & -(a+b) \end{bmatrix} \begin{bmatrix} x_1 \\ x_2 \end{bmatrix} + \begin{bmatrix} 0 \\ 1 \end{bmatrix} u, a \neq b$$

分别求系统在单位脉冲输入和单位斜坡输入时的系统运动。

3-9　求解方程

$$\begin{bmatrix}\dot{x}_1\\\dot{x}_2\end{bmatrix}=\begin{bmatrix}0&1\\-3&-4\end{bmatrix}\begin{bmatrix}x_1\\x_2\end{bmatrix}+\begin{bmatrix}0\\1\end{bmatrix}\delta(t),\begin{bmatrix}x_1(0)\\x_2(0)\end{bmatrix}=\begin{bmatrix}0\\0\end{bmatrix}$$

式中，$\delta(t)$ 表示单位脉冲函数。

3-10　求解方程

$$\begin{cases}\dot{x}_1=x_2\\\dot{x}_2=-x_1-2x_2+\sin t+\cos t\end{cases}$$

已知初始状态为

$$\begin{bmatrix}x_1(0)\\x_2(0)\end{bmatrix}=\begin{bmatrix}1\\0\end{bmatrix}$$

3-11　证明系统

$$\dot{\boldsymbol{x}}=\begin{bmatrix}2&-\mathrm{e}^{-t}\\\mathrm{e}^{-t}&1\end{bmatrix}\boldsymbol{x}$$

的状态转移矩阵为

$$\boldsymbol{\Phi}(t,0)=\begin{bmatrix}\mathrm{e}^{2t}\cos t&-\mathrm{e}^{2t}\sin t\\\mathrm{e}^{t}\sin t&\mathrm{e}^{t}\cos t\end{bmatrix}$$

并求出 $\boldsymbol{\Phi}(t,1)$。

3-12　设系统的运动方程为

$$y(k+3)+3y(k+2)+2y(k+1)+y(k)=u(k+2)+2u(k+1)+u(k)$$

试求出系统的状态空间表达式。

3-13　已知单变量离散系统的脉冲传递函数为

$$G(z)=\frac{Y(z)}{U(z)}=\frac{z^2+2z+1}{z^2+5z+6}$$

试求其对角标准型的状态空间表达式。

3-14　连续时间系统的状态方程为

$$\begin{bmatrix}\dot{x}_1\\\dot{x}_2\end{bmatrix}=\begin{bmatrix}0&1\\0&0\end{bmatrix}\begin{bmatrix}x_1\\x_2\end{bmatrix}+\begin{bmatrix}0\\1\end{bmatrix}u$$

试将其离散化，并写出离散的状态方程。

3-15　连续时间系统的状态方程为

$$\begin{bmatrix}\dot{x}_1\\\dot{x}_2\end{bmatrix}=\begin{bmatrix}0&1\\-1&-2\zeta\end{bmatrix}\begin{bmatrix}x_1\\x_2\end{bmatrix}+\begin{bmatrix}0\\1\end{bmatrix}u$$

设采样周期 $T=1\mathrm{s}$，阻尼比 $\zeta=1$，求系统的离散状态方程。

3-16　有下列方程组

$$\begin{cases}x_1(k+1)=1.01\times[0.996x_1(k)+0.02x_2(k)]\\x_2(k+1)=1.01\times[0.04x_1(k)+0.98x_2(k)]\end{cases}$$

初始条件

$$\begin{cases}x_1(0)=10^7\\x_2(0)=9\times10^7\end{cases}$$

试求 $\boldsymbol{x}(10)$。

第 4 章
控制系统的李雅普诺夫稳定性分析

稳定性是自动控制系统最重要的特性。要确保一个自动控制系统能完成预期任务，它首先必须是一个稳定的系统，即系统在受到外界干扰后偏离原来的平衡状态，而在扰动消失后，系统自身有能力恢复到原来的平衡状态继续工作。在经典控制理论中，对于单输入单输出的线性定常系统，应用劳斯（Routh）判据和赫尔维茨（Hurwitz）判据等代数方法可以非常方便有效地确定系统的稳定性。频域中，奈奎斯特（Nyquist）判据和对数判据不仅可以判定系统是否稳定，还能指明改善系统稳定性的方向。这些方法都是以分析系统特征方程的根在复平面上的分布为基础的，对于非线性和时变系统，这些判据就不适用了。

1892 年，俄国数学家李雅普诺夫（Lyapunov）提出了两种判断系统稳定性问题的方法——李雅普诺夫第一法和李雅普诺夫第二法。李雅普诺夫第一法（也称间接法）是求解系统的微分方程，根据解的性质来判定系统的稳定性，基本思路和分析方法与经典控制理论一致；而对于非线性系统，在工作点附近，可以用线性化了的微分方程近似描述。李雅普诺夫第二法（也称直接法）不必求解系统的微分方程，而是通过构造李雅普诺夫函数来直接判断系统的稳定性，它给出的稳定信息是确定而非近似的，既适用于线性定常系统，也适用于难以求解的非线性系统和时变系统。李雅普诺夫第二法除了用于系统稳定性分析之外，还可用于对系统瞬态响应的质量进行评价以及求解参数优化问题。现代控制理论中，在最优系统设计、最优估值、最优滤波以及自适应系统设计等方面，李雅普诺夫理论都有广泛的应用。

4.1 李雅普诺夫稳定性的基本概念

稳定性是指系统在平衡状态下受到扰动后，系统自由运动的性质。在经典控制理论中，线性定常系统的稳定性只取决于系统的结构和参数，与系统的初始条件和外界扰动的大小无关，通常只存在唯一的一个平衡状态，因此可以将平衡状态的稳定性视为整个系统的稳定性。但是，非线性系统的稳定性还与初始条件和外界扰动的大小有关，平衡状态不止一个，系统中不同的平衡状态有不同的稳定性，我们只能讨论某一平衡状态的稳定性。

4.1.1 系统的平衡状态

研究系统的稳定性问题，实质上是研究系统平衡状态的情况，设系统的状态方程为

$$\dot{\boldsymbol{x}}=\boldsymbol{f}(\boldsymbol{x},t) \tag{4-1}$$

式中 $\boldsymbol{x}$——n 维状态向量；

$\boldsymbol{f}(\boldsymbol{x},t)$——$\boldsymbol{x}$ 的各元素 x_1，x_2，…，x_n 和时间变量 t 的 n 维向量函数，显含时间变

量 t 为时变的非线性系统，不显含时间变量 t 为定常的非线性系统。

设式(4-1) 在给定初始条件（$\boldsymbol{x}_0$，t_0）下有唯一解，即

$$\boldsymbol{x}=\boldsymbol{\Phi}(t;\boldsymbol{x}_0,t_0) \tag{4-2}$$

式中 $\boldsymbol{x}_0$——$\boldsymbol{x}$ 在初始时刻 t_0 时的状态，$\boldsymbol{x}_0=\boldsymbol{\Phi}$（$t_0$；$\boldsymbol{x}_0$，$t_0$）；

t——从 t_0 时刻开始观察的时间变量。

式(4-2) 实际上描述了式(4-1) 在 n 维状态空间中从初始条件（$\boldsymbol{x}_0$，t_0）出发的一条状态运动的轨线，称为系统的运动或状态轨线。

如果式(4-1) 存在状态向量$\boldsymbol{x}_e$，在任意时刻都能满足

$$\boldsymbol{f}(\boldsymbol{x}_e,t)\equiv\boldsymbol{0} \tag{4-3}$$

则称$\boldsymbol{x}_e$为系统的平衡状态。

对线性定常系统

$$\dot{\boldsymbol{x}}=\boldsymbol{f}(\boldsymbol{x},t)=\boldsymbol{A}\boldsymbol{x} \tag{4-4}$$

当 $\boldsymbol{A}$ 为非奇异矩阵时，满足 $\boldsymbol{A}\boldsymbol{x}\equiv\boldsymbol{0}$ 的解 $\boldsymbol{x}_e=\boldsymbol{0}$ 是系统唯一存在的平衡状态；当 $\boldsymbol{A}$ 为奇异矩阵时，系统将有无穷多个平衡状态。

显然，对于线性定常系统来说，$\boldsymbol{A}$ 为非奇异的，只有坐标原点是系统唯一的平衡点。对于非线性系统来说，$\boldsymbol{f}$（$\boldsymbol{x}_e$，t）$=\boldsymbol{0}$ 的解有多个，系统存在多个平衡状态。例如

$$\begin{cases}\dot{x}_1=-x_1\\ \dot{x}_2=x_1+x_2-x_2^3\end{cases} \tag{4-5}$$

其平衡状态应满足下列方程，即

$$\begin{cases}-x_1=0\\ x_1+x_2-x_2^3=0\end{cases} \tag{4-6}$$

解得

$$\begin{cases}x_1=0\\ x_2=0,1,-1\end{cases}$$

因此，该系统有三个平衡状态，即

$$\boldsymbol{x}_{e1}=\begin{bmatrix}0\\0\end{bmatrix},\boldsymbol{x}_{e2}=\begin{bmatrix}0\\1\end{bmatrix},\boldsymbol{x}_{e3}=\begin{bmatrix}0\\-1\end{bmatrix}$$

由于任意一个已知的平衡状态都可以通过坐标变换将其移到坐标原点 $\boldsymbol{x}_e=\boldsymbol{0}$ 处，因此为了便于讨论且不失一般性，今后只取坐标原点作为系统的平衡点。

4.1.2 范数的概念

李雅普诺夫稳定性定义中采用了范数的概念，范数的含义是在 n 维状态空间中，向量 $\boldsymbol{x}$ 的长度，用 $\|\boldsymbol{x}\|$ 表示，定义为

$$\|\boldsymbol{x}\|=\sqrt{x_1^2+x_2^2+\cdots+x_n^2}=(\boldsymbol{x}^{\mathrm{T}}\boldsymbol{x})^{\frac{1}{2}} \tag{4-7}$$

则向量 $\boldsymbol{x}-\boldsymbol{x}_e$ 的范数可表示为

$$\|\boldsymbol{x}-\boldsymbol{x}_e\|=\sqrt{(x_1-x_{e1})^2+(x_2-x_{e2})^2+\cdots+(x_n-x_{en})^2} \tag{4-8}$$

通常将 $\|\boldsymbol{x}-\boldsymbol{x}_e\|$ 称为 $\boldsymbol{x}$ 与$\boldsymbol{x}_e$ 的距离。

有扰动使系统在 $t=t_0$ 时的状态为 $\boldsymbol{x}_0$，产生的初始偏差为 $\|\boldsymbol{x}_0-\boldsymbol{x}_e\|$，则当 $t\geqslant t_0$ 后系

统的运动状态从 $\boldsymbol{x}_0$ 开始随时间发生变化。当向量 $\boldsymbol{x}_0-\boldsymbol{x}_e$ 的范数限定在某一范围内时，记为

$$\|\boldsymbol{x}_0-\boldsymbol{x}_e\|\leqslant\delta,\ \delta>0 \tag{4-9}$$

$\|\boldsymbol{x}_0-\boldsymbol{x}_e\|\leqslant\delta$ 表示初始偏差都在以平衡状态 $\boldsymbol{x}_e$ 为中心、以 δ 为半径的超球域 $S(\delta)$ 中。

同样

$$\|\boldsymbol{x}-\boldsymbol{x}_e\|\leqslant\varepsilon,\ \varepsilon>0 \tag{4-10}$$

$\|\boldsymbol{x}-\boldsymbol{x}_e\|\leqslant\varepsilon$ 表示动态偏差都在以平衡状态 $\boldsymbol{x}_e$ 为中心、以 ε 为半径的超球域 $S(\varepsilon)$ 中。这表明系统内初态 $\boldsymbol{x}_0$ 或者短暂扰动引起的自由运动是有界的，李雅普诺夫根据系统的自由运动是否有界把系统的稳定性定义为四种情况。

4.1.3 李雅普诺夫稳定性的定义

(1) 稳定和一致稳定

定义 4-1 对于系统 $\dot{\boldsymbol{x}}=\boldsymbol{f}(\boldsymbol{x},t)$，若对任意给定的正实数 $\varepsilon>0$，都对应存在另一个正实数 $\delta(\varepsilon,t_0)>0$，使一切满足 $\|\boldsymbol{x}_0-\boldsymbol{x}_e\|\leqslant\delta(\varepsilon,t_0)$ 的任意初始状态 $\boldsymbol{x}_0$ 所对应的状态轨线 $\boldsymbol{x}$ 在所有时间内都满足

$$\|\boldsymbol{x}-\boldsymbol{x}_e\|\leqslant\varepsilon,\ t\geqslant t_0 \tag{4-11}$$

则称系统的平衡状态 $\boldsymbol{x}_e$ 是李雅普诺夫意义下的稳定。若 δ 与初始时刻 t_0 无关，则称平衡状态 $\boldsymbol{x}_e$ 是一致稳定的。

几何意义 上述定义中给出了两个球域：一个是范数 $\|\boldsymbol{x}_0-\boldsymbol{x}_e\|\leqslant\delta$ 所规定的以 $\boldsymbol{x}_e$ 为球心、以 δ 为半径的初始状态 $\boldsymbol{x}_0$ 的球域 $S(\delta)$；另一个是范数 $\|\boldsymbol{x}-\boldsymbol{x}_e\|\leqslant\varepsilon$ 所规定的以 $\boldsymbol{x}_e$ 为球心、以 ε 为半径的状态轨线 $\boldsymbol{x}$ 的球域 $S(\varepsilon)$。若从初始状态球域 $S(\delta)$ 内出发的所有状态轨线 $\boldsymbol{x}$，在 $t\geqslant t_0$ 时间区间内总不超出球域 $S(\varepsilon)$，则称 $\boldsymbol{x}_e$ 是李雅普诺夫意义下稳定的。李雅普诺夫意义下的稳定等价于工程上的临界稳定，即等幅振荡状态。几何解释如图 4-1 所示。

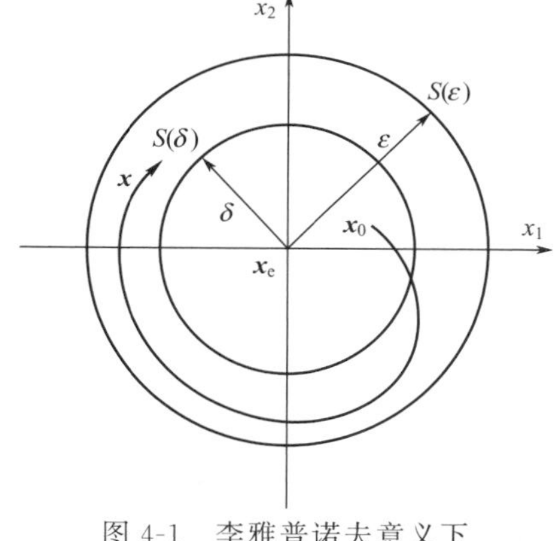

图 4-1　李雅普诺夫意义下稳定的几何解释

(2) 渐近稳定和一致渐近稳定

定义 4-2 对于系统 $\dot{\boldsymbol{x}}=\boldsymbol{f}(\boldsymbol{x},t)$，若对于任意给定的正实数 $\varepsilon>0$，总存在另一个正实数 $\delta(\varepsilon,t_0)>0$，使从 $\|\boldsymbol{x}_0-\boldsymbol{x}_e\|\leqslant\delta$ 内任意初始状态 $\boldsymbol{x}_0$ 出发的状态轨线 $\boldsymbol{x}$ 在所有时间内满足

$$\lim_{t\to\infty}\|\boldsymbol{x}-\boldsymbol{x}_e\|=0,t\geqslant t_0 \tag{4-12}$$

则称平衡状态 $\boldsymbol{x}_e$ 是渐近稳定的。若 δ 与初始时刻 t_0 无关，则平衡状态 $\boldsymbol{x}_e$ 为一致渐近稳定。渐近稳定等价于工程意义上的稳定性。

几何意义 上述定义指出，如果平衡状态 $\boldsymbol{x}_e$ 是李雅普诺夫定义下的稳定，并且从球域 $S(\delta)$ 内出发的任意状态轨线 $\boldsymbol{x}$，当 $t\to\infty$ 时，不仅不会超出球域 $S(\varepsilon)$，而且会最终收敛于 $\boldsymbol{x}_e$，则称 $\boldsymbol{x}_e$ 是渐近稳定的。其几何解释如图 4-2 所示。

(3) 大范围渐近稳定

定义 4-3 如果系统 $\dot{\boldsymbol{x}}=\boldsymbol{f}(\boldsymbol{x},t)$ 的从整个状态空间中任意初始状态 $\boldsymbol{x}_0$ 出发的状态轨

线，当 $t\to\infty$ 时都收敛于 $\boldsymbol{x}_e$，则称系统的平衡状态 $\boldsymbol{x}_e$ 是大范围渐近稳定的。

实质上，大范围渐近稳定是把状态轨线的运动范围 $S(\varepsilon)$ 和初始状态的取值范围 $S(\delta)$ 都扩展到整个状态空间。对于状态空间中的所有点，无论初始偏差有多大，如果从这些状态出发的状态轨线都具有渐近稳定性，则称该平衡状态为大范围渐近稳定。

由于从状态空间中的所有点出发的轨线都要收敛于 $\boldsymbol{x}_e$，故这类系统只能有一个平衡状态。对于线性定常系统，当 $\boldsymbol{A}$ 为非奇异矩阵时，系统只有一个平衡状态 $\boldsymbol{x}_e=\boldsymbol{0}$，若线性定常系统是稳定的，则一定是大范围渐近稳定的。而对于非线性系统，由于系统有多个平衡状态，只能在小范围内渐近稳定。

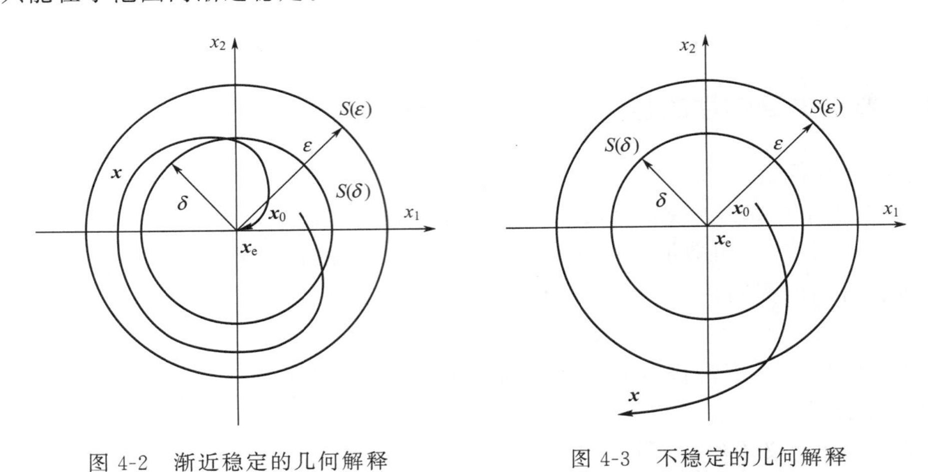

图 4-2　渐近稳定的几何解释　　　　图 4-3　不稳定的几何解释

(4) 不稳定

定义 4-4　如果对于一个正实数 $\varepsilon>0$ 和任意一个正实数 $\delta>0$，不管实数 δ 多么小，在球域 $S(\delta)$ 内总存在一个初始状态 $\boldsymbol{x}_0$，使从这一初始状态出发的轨线最终将超出球域 $S(\varepsilon)$，则称该平衡状态是不稳定的。

几何意义　对于线性定常系统，若平衡状态是不稳定的，其运动轨线理论上趋于无穷远。而对于非线性系统，通常有多个平衡状态，所以其不稳定的平衡状态，对应的运动轨线不一定趋于无穷远，而有可能趋于 $S(\varepsilon)$ 以外的其他某个平衡状态。不稳定的几何解释如图 4-3 所示。

4.2 李雅普诺夫稳定性理论

李雅普诺夫稳定性理论的主要内容是提出了判别系统稳定性的两种方法，即李雅普诺夫第一法和李雅普诺夫第二法。特别是李雅普诺夫第二法是一种具有普遍意义的稳定性判别方法，适用于线性系统、非线性系统及时变系统的稳定性分析。

4.2.1 李雅普诺夫第一法

李雅普诺夫第一法也称间接法，其基本思想是利用系统的特征方程或状态方程的解的性质来判断系统的稳定性。对于线性定常系统和线性时变系统，只需解出特征方程的根即可得出稳定性的判断。对于非线性系统，在工作点附近的一定范围内，可以利用小偏差理论通过线性化处理，取其一次近似得到线性化方程，然后再根据特征根来判断系统的稳定性。

(1) 线性系统的稳定判据　单输入单输出线性定常系统$\sum(\boldsymbol{A},\boldsymbol{b},\boldsymbol{c})$

$$\begin{cases}\dot{\boldsymbol{x}}=\boldsymbol{A}\boldsymbol{x}+\boldsymbol{b}u\\ y=\boldsymbol{c}\boldsymbol{x}\end{cases}\tag{4-13}$$

其平衡状态 $\boldsymbol{x}_e=\boldsymbol{0}$ 渐近稳定的充要条件是矩阵 $\boldsymbol{A}$ 的所有特征值具有负实部。

上述讨论都是指系统的状态稳定性，而从工程意义上来看，更重视系统的输出稳定性。如果系统对于有界输入 u 所引起的输出 y 是有界的，则称系统为输出稳定。

线性定常系统$\sum(\boldsymbol{A},\boldsymbol{b},\boldsymbol{c})$输出稳定的充要条件是其传递函数

$$G(s)=\boldsymbol{c}(s\mathbf{I}-\boldsymbol{A})^{-1}\boldsymbol{b}\tag{4-14}$$

的极点全部位于 s 平面的左半平面。

【例 4-1】 设系统的状态空间表达式为

$$\dot{\boldsymbol{x}}=\begin{bmatrix}-1&0\\0&1\end{bmatrix}\boldsymbol{x}+\begin{bmatrix}1\\1\end{bmatrix}u\quad y=[1\quad 0]\boldsymbol{x}$$

试分析系统的状态稳定性与输出稳定性。

解

① 由 $\boldsymbol{A}$ 矩阵的特征方程

$$|\lambda\mathbf{I}-\boldsymbol{A}|=(\lambda+1)(\lambda-1)=0$$

可得特征值 $\lambda_1=-1$，$\lambda_2=1$。故系统的状态不是渐近稳定的。

② 由系统的传递函数

$$G(s)=\boldsymbol{c}(s\mathbf{I}-\boldsymbol{A})^{-1}\boldsymbol{b}=[1\quad 0]\begin{bmatrix}s+1&0\\0&s-1\end{bmatrix}\begin{bmatrix}1\\1\end{bmatrix}=\frac{s-1}{(s+1)(s-1)}=\frac{1}{s+1}$$

可见，传递函数的极点 $s=-1$ 位于 s 平面的左半平面，系统的输出稳定。这是因为具有正实部的特征值 $\lambda_2=1$ 被系统的零极点 $s=1$ 对消了，所以在系统的输入输出特性中没有表现出来。因此只有当系统的传递函数 $G(s)$ 不出现零极点对消现象，即矩阵 $\boldsymbol{A}$ 的特征值与系统传递函数 $G(s)$ 的极点相同，系统的状态稳定性与输出稳定性才一致。

(2) 非线性系统的稳定判据　设系统的状态方程为

$$\dot{\boldsymbol{x}}=\boldsymbol{f}(\boldsymbol{x},t)\tag{4-15}$$

$\boldsymbol{x}_e$ 为其平衡状态。$\boldsymbol{f}(\boldsymbol{x},t)$ 为与 $\boldsymbol{x}$ 同维的向量函数，对 $\boldsymbol{x}$ 具有连续的偏导数。讨论系统在 $\boldsymbol{x}_e$ 处的稳定性，可将非线性向量函数 $\boldsymbol{f}(\boldsymbol{x},t)$ 在 $\boldsymbol{x}_e$ 邻域内展开成泰勒级数，得到

$$\dot{\boldsymbol{x}}=\frac{\partial\boldsymbol{f}}{\partial\boldsymbol{x}}(\boldsymbol{x}-\boldsymbol{x}_e)+\boldsymbol{R}(\boldsymbol{x})\tag{4-16}$$

式中　$\boldsymbol{R}(\boldsymbol{x})$——级数展开式中的高阶导数项。

而

$$\frac{\partial\boldsymbol{f}}{\partial\boldsymbol{x}}=\begin{bmatrix}\frac{\partial f_1}{\partial x_1}&\frac{\partial f_1}{\partial x_2}&\cdots&\frac{\partial f_1}{\partial x_n}\\ \frac{\partial f_2}{\partial x_1}&\frac{\partial f_2}{\partial x_2}&\cdots&\frac{\partial f_2}{\partial x_n}\\ \vdots&\vdots&\ddots&\vdots\\ \frac{\partial f_n}{\partial x_1}&\frac{\partial f_n}{\partial x_2}&\cdots&\frac{\partial f_n}{\partial x_n}\end{bmatrix}\tag{4-17}$$

称为雅可比（Jacobian）矩阵。

若令 $\Delta \boldsymbol{x}=\boldsymbol{x}-\boldsymbol{x}_e$，并取式(4-16) 的一次近似式，可得到系统的线性化方程为

$$\Delta \dot{\boldsymbol{x}}=\boldsymbol{A}\Delta \boldsymbol{x} \tag{4-18}$$

其中

$$\boldsymbol{A}=\frac{\partial \boldsymbol{f}}{\partial \boldsymbol{x}}\bigg|_{x=x_e} \tag{4-19}$$

在此基础上，李雅普诺夫给出如下结论。

① 如果方程式(4-18) 中系数矩阵 $\boldsymbol{A}$ 的所有特征值都具有负实部，则原非线性系统式(4-15) 的平衡状态$\boldsymbol{x}_e$ 是渐近稳定的，而且系统的稳定性与 $\boldsymbol{R}(\boldsymbol{x})$ 无关。

② 如果 $\boldsymbol{A}$ 的特征值至少有一个具有正实部，则原非线性系统式(4-15) 的平衡状态$\boldsymbol{x}_e$是不稳定的。

③ 如果 $\boldsymbol{A}$ 的特征值至少有一个实部为零，其余特征值都具有负实部，系统处于临界状态，此时原非线性系统式(4-15) 的平衡状态$\boldsymbol{x}_e$ 的稳定性取决于高阶导数项 $\boldsymbol{R}(\boldsymbol{x})$，而非 $\boldsymbol{A}$ 的特征值符号。

【例 4-2】 设系统的状态方程为

$$\begin{cases}\dot{x}_1=x_1-x_1x_2\\ \dot{x}_2=-x_2+x_1x_2\end{cases}$$

试分析系统在平衡状态的稳定性。

解 系统具有两个平衡状态$\boldsymbol{x}_{e1}=[0\quad 0]^{\mathrm{T}}$，$\boldsymbol{x}_{e2}=[1\quad 1]^{\mathrm{T}}$。

在$\boldsymbol{x}_{e1}$处将其线性化，得到

$$\begin{cases}\dot{x}_1=x_1\\ \dot{x}_2=-x_2\end{cases}$$

即

$$\boldsymbol{A}=\begin{bmatrix}1 & 0\\ 0 & -1\end{bmatrix}$$

其特征值为 $\lambda_1=-1$，$\lambda_2=+1$，可见非线性系统在$\boldsymbol{x}_{e1}$处是不稳定的。

在$\boldsymbol{x}_{e2}$处将其线性化，得到

$$\begin{cases}\dot{x}_1=-x_2+1\\ \dot{x}_2=x_1-1\end{cases}$$

即

$$\boldsymbol{A}=\begin{bmatrix}0 & -1\\ 1 & 0\end{bmatrix}$$

其特征值为±j1，实部为零，不能得出原系统在$\boldsymbol{x}_{e2}$处稳定性的结论。此时需要利用李雅普诺夫第二法进行判定。

4.2.2 二次型函数

在李雅普诺夫第二法中，用到了一类重要的标量函数，即二次型函数。下面进行介绍。

(1) 二次型函数的定义 设 $\boldsymbol{x}$ 是 n 维列向量，称标量函数

$$V(\boldsymbol{x})=\boldsymbol{x}^{\mathrm{T}}\boldsymbol{P}\boldsymbol{x}$$

$$=[x_1\quad x_2\quad \cdots\quad x_n]\begin{bmatrix}p_{11} & p_{12} & \cdots & p_{1n}\\ p_{21} & p_{22} & \cdots & p_{2n}\\ \vdots & \vdots & \ddots & \vdots\\ p_{n1} & p_{n2} & \cdots & p_{nn}\end{bmatrix}\begin{bmatrix}x_1\\ x_2\\ \vdots\\ x_n\end{bmatrix}=\sum_{i,j=1}^{n}p_{ij}x_ix_j \tag{4-20}$$

为二次型函数，并称 $n\times n$ 方阵 $\boldsymbol{P}$ 为二次型矩阵。式(4-20)可展开为

$$V(\boldsymbol{x})=\boldsymbol{x}^{\mathrm{T}}\boldsymbol{P}\boldsymbol{x}=\sum_{i,j=1}^{n}p_{ij}x_ix_j=p_{11}x_1^2+p_{12}x_1x_2+\cdots+p_{nn}x_n^2 \tag{4-21}$$

二次型函数实质上是关于 x_i 和 x_j 的二次多项式，其中，$p_{ij}x_ix_j$ 与 $p_{ji}x_jx_i$ 为同类项，合并后可再平分系数，可整理成为对称系数，即一个二次型函数总是可以化为矩阵 $\boldsymbol{P}$ 为实对称矩阵的二次型函数。

(2) 二次型函数的定号性 设 $V(\boldsymbol{x})$ 为由 n 维向量 $\boldsymbol{x}$ 所定义的标量函数，$\boldsymbol{x}\in\Omega$，且在 $\boldsymbol{x}=\boldsymbol{0}$ 处，恒有 $V(\boldsymbol{x})=0$，所有在域 Ω 中的非零向量 $\boldsymbol{x}$，如果有

① $V(\boldsymbol{x})>0$，则称 $V(\boldsymbol{x})$ 为正定的，例如，$V(\boldsymbol{x})=x_1^2+x_2^2$；

② $V(\boldsymbol{x})\geqslant0$，则称 $V(\boldsymbol{x})$ 为半正定(或非负定)的，例如，$V(\boldsymbol{x})=(x_1+x_2)^2$；

③ $V(\boldsymbol{x})<0$，则称 $V(\boldsymbol{x})$ 为负定的，例如，$V(\boldsymbol{x})=-(x_1^2+2x_2^2)$；

④ $V(\boldsymbol{x})\leqslant0$，则称 $V(\boldsymbol{x})$ 为半负定(或非正定)的，例如，$V(\boldsymbol{x})=-(x_1+x_2)^2$；

⑤ $V(\boldsymbol{x})>0$ 或 $V(\boldsymbol{x})<0$，则称 $V(\boldsymbol{x})$ 为不定的，例如，$V(\boldsymbol{x})=x_1x_2+x_2^2$。

矩阵 $\boldsymbol{P}$ 的定号性定义如下。

设 $\boldsymbol{P}$ 为 $n\times n$ 实对称方阵，$V(\boldsymbol{x})=\boldsymbol{x}^{\mathrm{T}}\boldsymbol{P}\boldsymbol{x}$ 为由 $\boldsymbol{P}$ 决定的二次型函数。

① 若 $V(\boldsymbol{x})$ 为正定，则称 $\boldsymbol{P}$ 为正定，记作 $\boldsymbol{P}>0$；

② 若 $V(\boldsymbol{x})$ 为负定，则称 $\boldsymbol{P}$ 为负定，记作 $\boldsymbol{P}<0$；

③ 若 $V(\boldsymbol{x})$ 为半正定(非负定)，则称 $\boldsymbol{P}$ 为半正定(非负定)，记作 $\boldsymbol{P}\geqslant0$；

④ 若 $V(\boldsymbol{x})$ 为半负定(非正定)，则称 $\boldsymbol{P}$ 为半负定(非正定)，记作 $\boldsymbol{P}\leqslant0$。

可见矩阵 $\boldsymbol{P}$ 的定号性与其决定的二次型函数的定号性完全一致，因此要判别二次型函数 $V(\boldsymbol{x})$ 的定号性，只需要判别矩阵 $\boldsymbol{P}$ 的定号性即可。矩阵 $\boldsymbol{P}$ 的定号性可由塞尔维斯特(Sylvester) 判据进行判定。

(3) 塞尔维斯特判据 设实对称矩阵为

$$\boldsymbol{P}=\begin{bmatrix}p_{11} & p_{12} & \cdots & p_{1n}\\ p_{21} & p_{22} & \cdots & p_{2n}\\ \vdots & \vdots & \ddots & \vdots\\ p_{n1} & p_{n2} & \cdots & p_{nn}\end{bmatrix},p_{ij}=p_{ji} \tag{4-22}$$

$\Delta_i(i=1,2,\cdots,n)$ 为其各阶顺序主子行列式，即

$$\Delta_1=p_{11},\Delta_2=\begin{vmatrix}p_{11} & p_{12}\\ p_{21} & p_{22}\end{vmatrix},\cdots,\Delta_n=|\boldsymbol{P}| \tag{4-23}$$

矩阵 $\boldsymbol{P}$ [或 $V(\boldsymbol{x})$] 定号性的充要条件如下。

① 若 $\Delta_i>0(i=1,\ 2,\ \cdots,\ n)$，则 $\boldsymbol{P}$ 或 $V(\boldsymbol{x})$ 为正定的。

② 若 $\Delta_i\begin{cases}>0, & i\text{ 为偶数}\\ <0, & i\text{ 为奇数}\end{cases}$，则 $\boldsymbol{P}$ 或 $V(\boldsymbol{x})$ 为负定的。

③ 若 $\Delta_i\begin{cases}>0, & i=1,\ 2,\ \cdots,\ n-1\\ <0, & i=n\end{cases}$，则 $\boldsymbol{P}$ 或 $V(\boldsymbol{x})$ 为半正定(非负定)的。

④ 若 $\Delta_i\begin{cases}\geqslant0, & i\text{ 为偶数}\\ \leqslant0, & i\text{ 为奇数}\\ =0, & i=n\end{cases}$，则 $\boldsymbol{P}$ 或 $V(\boldsymbol{x})$ 为半负定(非正定)的。

【例 4-3】 已知 $V(\boldsymbol{x})=10x_1^2+4x_2^2+2x_1x_2$，试判断 $V(\boldsymbol{x})$ 的定号性。

解 $V(\boldsymbol{x})=10x_1^2+x_1x_2+x_1x_2+4x_2^2=[x_1 \quad x_2]\begin{bmatrix}10 & 1\\1 & 4\end{bmatrix}\begin{bmatrix}x_1\\x_2\end{bmatrix}$

矩阵 $\boldsymbol{P}$ 的各阶顺序主子行列式为

$$\Delta_1=10>0,\ \Delta_2=\begin{vmatrix}10 & 1\\1 & 4\end{vmatrix}>0$$

所以，$V(\boldsymbol{x})$ 是正定的。

4.2.3 李雅普诺夫第二法

李雅普诺夫第二法又称为直接法，它不必通过对系统方程的求解而直接确定系统平衡状态的稳定性。它的基本思想是用能量的观点来分析系统的稳定性，任何物理系统的运动都需要消耗能量，并且能量总是大于零的。对于一个不受外部作用的系统，如果系统的能量随系统的运动和时间的增长而连续减少，一直到平衡状态为止，则系统的能量将减少到最小，那系统就是渐近稳定的。由于系统形式的多样性，无法找到一种能量函数的统一表达式，李雅普诺夫引入了一个虚构的能量函数（广义能量函数），称为李雅普诺夫函数，记作 $V(\boldsymbol{x})$。

李雅普诺夫第二法可用如下定理进行描述。

定理 4-1 设系统的状态方程为

$$\dot{\boldsymbol{x}}=\boldsymbol{f}(\boldsymbol{x},t) \tag{4-24}$$

其平衡状态为$\boldsymbol{x}_e$，如果存在一个正定的标量函数 $V(\boldsymbol{x})$，具有连续的一阶偏导数 $\dot{V}(\boldsymbol{x})$，且满足条件：

① $\dot{V}(\boldsymbol{x})$ 在平衡点附近的邻域是负定的，则系统在平衡点处为渐近稳定；

② $\dot{V}(\boldsymbol{x})$ 在平衡点附近的邻域是半负定的，且随着系统状态的运动，$\dot{V}(\boldsymbol{x})$ 不恒为零，则系统在平衡点处为渐近稳定；

③ $\dot{V}(\boldsymbol{x})$ 在平衡点附近的邻域是半负定的，且随着系统状态的运动，$\dot{V}(\boldsymbol{x})$ 恒为零，则系统在平衡点处为李雅普诺夫意义下的稳定；

④ $\dot{V}(\boldsymbol{x})$ 在平衡点附近的邻域是正定的，则系统在平衡点处为不稳定；

⑤ 若系统在平衡点处为渐近稳定，且当 $\|\boldsymbol{x}\|\rightarrow\infty$时，有 $V(\boldsymbol{x})\rightarrow\infty$，则系统在平衡点处为大范围渐近稳定。

应当指出，上述判据只给出了判断系统稳定性的充分条件，而非充要条件，即对于给定系统，如果找到满足判据条件的李雅普诺夫函数则能对系统的稳定性得出肯定的结论，但是不能因为没有找到李雅普诺夫函数就得出否定的结论。

【例 4-4】 设非线性系统的状态方程为

$$\begin{cases}\dot{x}_1=x_2-x_1(x_1^2+x_2^2)\\ \dot{x}_2=-x_1-x_2(x_1^2+x_2^2)\end{cases}$$

试分析其平衡状态的稳定性。

解 坐标原点 $\boldsymbol{x}_e=\boldsymbol{0}$ 是给定系统唯一的平衡状态。

设正定的标量函数为

$$V(\boldsymbol{x})=x_1^2+x_2^2$$

沿任意轨线求 $V(\boldsymbol{x})$ 对时间的导数，得

$$\dot{V}(\boldsymbol{x})=\frac{\partial V}{\partial x_1}\times\frac{\mathrm{d}x_1}{\mathrm{d}t}+\frac{\partial V}{\partial x_2}\times\frac{\mathrm{d}x_2}{\mathrm{d}t}=2x_1\dot{x}_1+2x_2\dot{x}_2$$

将状态方程代入上式，得到系统沿运动轨线的 $\dot{V}(\boldsymbol{x})$ 为

$$\dot{V}(\boldsymbol{x})=-2(x_1^2+x_2^2)^2$$

是负定的。因此，所选的 $V(\boldsymbol{x})=x_1^2+x_2^2$ 是满足判据条件的一个李雅普诺夫函数。而且当 $\|\boldsymbol{x}\|\to\infty$ 时，有 $V(\boldsymbol{x})\to\infty$，因此，系统在平衡点处为大范围渐近稳定。其几何意义如图 4-4 所示，$V(\boldsymbol{x})=x_1^2+x_2^2=C$ 的几何图形是（x_1，x_2）平面上的以原点为圆心、以 $\sqrt{C}$ 为半径的一簇圆，它表示系统存储的能量，储能越多，圆的半径越大，表示相应状态向量到原点之间的距离越远。$\dot{V}(\boldsymbol{x})$ 为负定，表示系统的状态在沿状态轨线从圆的外侧向内侧运动，能量随着时间的推移而衰减，并最终收敛于原点。由此可见，如果 $V(\boldsymbol{x})$ 表示状态 $\boldsymbol{x}$ 与坐标原点间的距离，那么 $\dot{V}(\boldsymbol{x})$ 就表示状态 $\boldsymbol{x}$ 沿轨线趋向坐标原点的速度，就是状态从 $\boldsymbol{x}_0$ 向 $\boldsymbol{x}_e$ 趋近的速度。

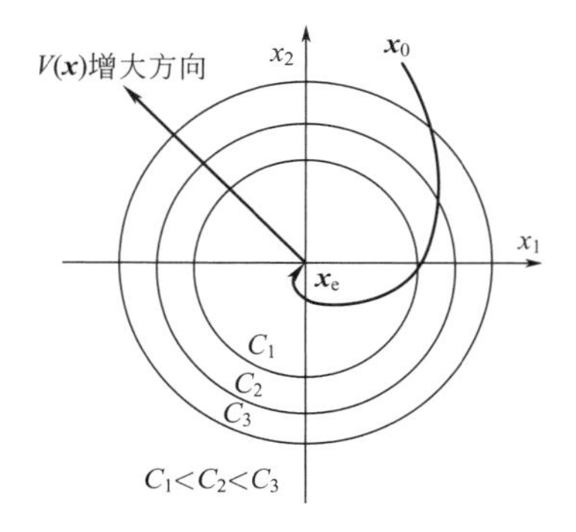

图 4-4　渐近稳定示意图

【例 4-5】 设系统的状态方程为

$$\dot{\boldsymbol{x}}=\begin{bmatrix}0 & 1\\-1 & -1\end{bmatrix}\boldsymbol{x}$$

试分析系统平衡状态的稳定性。

解　原点 $\boldsymbol{x}_e=\boldsymbol{0}$ 是其唯一的平衡状态。选取标准二次型函数为李雅普诺夫函数

$$V(\boldsymbol{x})=x_1^2+x_2^2$$

为正定的，则

$$\dot{V}(\boldsymbol{x})=2x_1\dot{x}_1+2x_2\dot{x}_2=-2x_2^2$$

当 $x_1=0$，$x_2=0$ 时，$\dot{V}(\boldsymbol{x})=0$；当 $x_1\neq0$，$x_2=0$ 时，$\dot{V}(\boldsymbol{x})=0$，因此 $\dot{V}(\boldsymbol{x})$ 为半负定。根据判据，可知系统在平衡位置处是李雅普诺夫意义下的稳定。是否渐近稳定还需进一步分析，即分析当 $x_1\neq0$，$x_2=0$ 时 $\dot{V}(\boldsymbol{x})$ 是否恒为零。

假设 $\dot{V}(\boldsymbol{x})=-2x_2^2$ 恒等于零，必然要求 x_2 在 $t>t_0$ 时恒等于零；而 x_2 恒等于零又要求 $\dot{x}_2$ 恒等于零。但是从状态方程 $\dot{x}_2=-x_1-x_2$ 可知，在 $t>t_0$ 时，若要求 $\dot{x}_2=0$ 和 $x_2=0$，必须满足 $x_1=0$ 的条件。表明在 $x_1\neq0$ 时，$\dot{V}(\boldsymbol{x})$ 不可能恒为零。因此，当 $x_1\neq0$，$x_2=0$ 时 $\dot{V}(\boldsymbol{x})=0$ 的情况只能出现在某一点上，且 $\|\boldsymbol{x}\|\to\infty$ 时，有 $V(\boldsymbol{x})\to\infty$，因此系统在原点处为大范围渐近稳定。

如果另选一个李雅普诺夫函数

$$V(\boldsymbol{x})=\frac{1}{2}[(x_1+x_2)^2+2x_1^2+x_2^2]=[x_1\quad x_2]\begin{bmatrix}\frac{3}{2} & \frac{1}{2}\\ \frac{1}{2} & 1\end{bmatrix}\begin{bmatrix}x_1\\x_2\end{bmatrix}$$

为正定的，而

$$\dot{V}(\boldsymbol{x})=(x_1+x_2)(\dot{x}_1+\dot{x}_2)+2x_1\dot{x}_1+x_2\dot{x}_2=-(x_1^2+x_2^2)$$

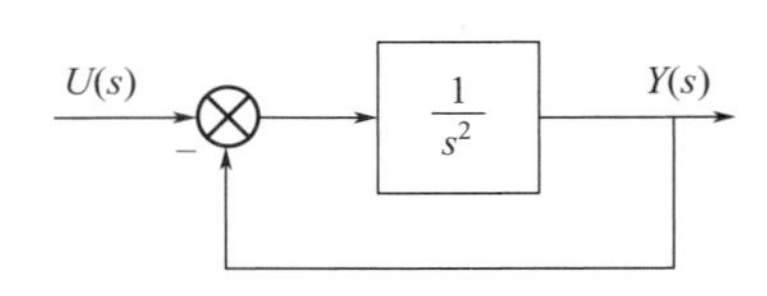

图 4-5 临界稳定系统

是负定的，且当 $\|x\|\to\infty$ 时，有 $V(\boldsymbol{x})\to\infty$，能直接得出原点是大范围渐近稳定的结论。

【例 4-6】 设闭环系统如图 4-5 所示。试分析系统的稳定性。

解 由经典控制理论可知，所给系统是一个临界稳定系统。它的自由解是一个等幅的正弦振荡。

闭环系统的状态方程为

$$\dot{\boldsymbol{x}}=\begin{bmatrix}0 & 1\\ -1 & 0\end{bmatrix}\boldsymbol{x}+\begin{bmatrix}0\\ 1\end{bmatrix}u$$

其齐次方程为

$$\begin{cases}\dot{x}_1=x_2\\ \dot{x}_2=-x_1\end{cases}$$

显然，原点为系统唯一的平衡状态。选李雅普诺夫函数

$$V(\boldsymbol{x})=x_1^2+x_2^2$$

为正定的，则有

$$\dot{V}(\boldsymbol{x})=2x_1\dot{x}_1+2x_2\dot{x}_2=2(x_1x_2-x_1x_2)\equiv 0$$

可见，$\dot{V}(\boldsymbol{x})$ 在任意 $\boldsymbol{x}\neq\boldsymbol{0}$ 的值上均可保持为零，而 $V(\boldsymbol{x})$ 保持为某常数，即

$$V(\boldsymbol{x})=x_1^2+x_2^2=C$$

这表示系统运动的相轨线是一系列以原点为圆心、$\sqrt{C}$ 为半径的圆。这时系统为李雅普诺夫意义下的稳定。但在经典控制理论中，这种临界稳定情况属于工程不稳定。

【例 4-7】 设系统状态方程为

$$\begin{cases}\dot{x}_1=x_2\\ \dot{x}_2=-(1-|x_1|)x_2-x_1\end{cases}$$

试分析平衡状态的稳定性。

解 原点是该系统唯一的平衡状态。初选李雅普诺夫函数

$$V(\boldsymbol{x})=x_1^2+x_2^2$$

为正定的，则有

$$\dot{V}(\boldsymbol{x})=-2x_2^2(1-|x_1|)$$

如图 4-6 所示，当 $|x_1|=1$ 时，即在单位圆 $x_1^2+x_2^2=1$ 上有 $\dot{V}(\boldsymbol{x})=0$，平衡点是李雅普诺夫意义下的稳定；当 $|x_1|>1$ 时，即在单位圆外 $\dot{V}(\boldsymbol{x})>0$ 是正定的，可见该系统在单位圆外是不稳定的；当 $|x_1|<1$ 时，即在单位圆内 $\dot{V}(\boldsymbol{x})<0$ 是负定的，因此，在单位圆内系统平衡点是渐近稳定的。圆 $x_1^2+x_2^2=1$ 称为不稳定的极限环。

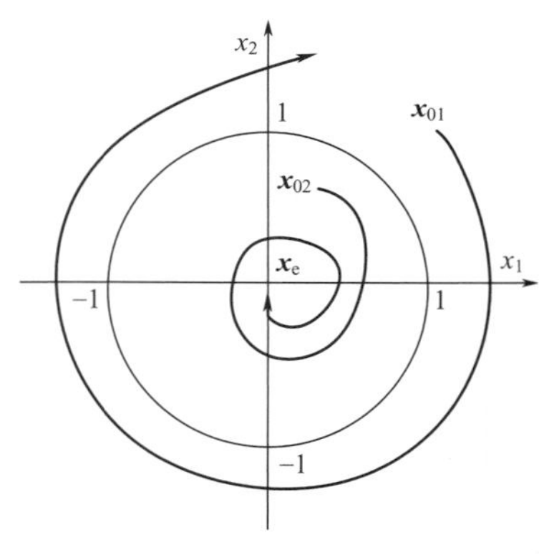

图 4-6 不稳定的极限环

【例 4-8】 设系统状态方程为

$$\dot{\boldsymbol{x}}=\begin{bmatrix}1 & 1\\ -1 & 1\end{bmatrix}\boldsymbol{x}$$

试分析 $\boldsymbol{x}_e=\boldsymbol{0}$ 处的稳定性。

解 选取李雅普诺夫函数 $V(\boldsymbol{x})=x_1^2+x_2^2$

为正定的，同时有

$$\dot{V}(\boldsymbol{x})=2x_1\dot{x}_1+2x_2\dot{x}_2=2(x_1^2+x_2^2)$$

也为正定的，所以所给系统在 $\boldsymbol{x}_e=\mathbf{0}$ 处是不稳定的。

实际上，由特征方程

$$|s\mathbf{I}-\boldsymbol{A}|=\begin{vmatrix} s-1 & -1 \\ 1 & s-1 \end{vmatrix}=s^2-2s+2=0$$

可知，方程各系数不同号，系统必然不稳定。

综上可知，运用李雅普诺夫第二法的关键就在于寻找一个满足判据条件的李雅普诺夫函数 $V(\boldsymbol{x})$。但是，李雅普诺夫稳定性理论本身并没有提供选取 $V(\boldsymbol{x})$ 的一般方法。尽管原理上简单，但是应用上却不易。因此，有必要对 $V(\boldsymbol{x})$ 的性质进行一些讨论。

① $V(\boldsymbol{x})$ 是满足稳定性判据条件的一个正定的标量函数，且对 $\boldsymbol{x}$ 应具有连续的一阶偏导数。

② 对于一个给定系统，如果 $V(\boldsymbol{x})$ 是可找到的，那么通常是非唯一的，但是不影响结论的一致性。

③ $V(\boldsymbol{x})$ 的最简单形式是二次型函数 $V(\boldsymbol{x})=\boldsymbol{x}^{\mathrm{T}}\boldsymbol{P}\boldsymbol{x}$，其中 $\boldsymbol{P}$ 是实对称矩阵，它的元素可以是定常的或者时变的。但是，$V(\boldsymbol{x})$ 并不一定都是简单的二次型。

④ 如果 $V(\boldsymbol{x})$ 为二次型，且可表示为

$$V(\boldsymbol{x})=x_1^2+x_2^2+\cdots+x_n^2=\sum_{i=1}^{n}x_i^2=\boldsymbol{x}^{\mathrm{T}}\boldsymbol{x} \tag{4-25}$$

则 $V(\boldsymbol{x})=C_k$，$C_k<C_{k+1}$，$k=1,2,\cdots$，在几何上表示以原点为中心、以 $\sqrt{C_k}$ 为半径的超球面，C_k 必位于 C_{k+1} 的球面内。若 $V(\boldsymbol{x})$ 表示从原点至 $\boldsymbol{x}$ 的距离，则 $\dot{V}(\boldsymbol{x})$ 便表征了系统相对原点运动的速度。

若这个距离随着时间的推移而减小，即 $\dot{V}(\boldsymbol{x})<0$，$\boldsymbol{x}(t)$ 必将收敛于原点，则原点是渐近稳定的。若这个距离随着时间的推移而非增，即 $\dot{V}(\boldsymbol{x})\leqslant 0$，则原点是李雅普诺夫意义下的稳定。若这个距离随着时间的推移而增加，即 $\dot{V}(\boldsymbol{x})>0$，则原点是不稳定的。

⑤ $V(\boldsymbol{x})$ 函数只表示系统在平衡状态附近某邻域内局部运动的稳定情况，丝毫不能提供域外运动的任何信息。

⑥ 由于构造 $V(\boldsymbol{x})$ 函数需要较多技巧，因此李雅普诺夫第二法主要用于确定那些使用别的方法无效或者难以判别其稳定性的问题，例如高阶的非线性系统或者时变系统。

4.3 线性系统的李雅普诺夫稳定性分析

针对常见的线性系统，包括线性定常系统、线性时变系统及线性离散系统，根据李雅普诺夫第二法，只要想办法构造出李雅普诺夫函数，根据系统渐近稳定判定的充要条件，即可使线性系统渐近稳定的判别变得简单。

4.3.1 线性定常连续系统的渐近稳定判据

定理 4-2 设线性定常连续系统为

$$\dot{\boldsymbol{x}}=\boldsymbol{A}\boldsymbol{x} \tag{4-26}$$

$\boldsymbol{x}$ 是 n 维状态向量；$\boldsymbol{A}$ 是 $n\times n$ 常数矩阵，且是非奇异的。在平衡状态 $\boldsymbol{x}_e=\boldsymbol{0}$ 处，系统渐近稳定的充要条件：对于任意给定的一个正定实对称矩阵 $\boldsymbol{Q}$，存在一个正定实对称矩阵 $\boldsymbol{P}$，且满足矩阵方程

$$\boldsymbol{A}^{\mathrm{T}}\boldsymbol{P}+\boldsymbol{P}\boldsymbol{A}=-\boldsymbol{Q} \tag{4-27}$$

而标量函数 $V(\boldsymbol{x})=\boldsymbol{x}^{\mathrm{T}}\boldsymbol{P}\boldsymbol{x}$ 是该系统的一个二次型形式的李雅普诺夫函数。

式(4-27) 称为李雅普诺夫矩阵代数方程，简称李雅普诺夫方程。

证明

充分性 如果满足上述要求的 $\boldsymbol{P}$ 存在，则系统在 $\boldsymbol{x}_e=\boldsymbol{0}$ 处是渐近稳定的。

设 $\boldsymbol{P}$ 是存在的，且 $\boldsymbol{P}$ 是正定实对称的，故选 $V(\boldsymbol{x})=\boldsymbol{x}^{\mathrm{T}}\boldsymbol{P}\boldsymbol{x}$。由塞尔维斯特判据知，$V(\boldsymbol{x})$ 也是正定实对称的，则

$$\begin{aligned}\dot{V}(\boldsymbol{x})&=\frac{\mathrm{d}}{\mathrm{d}t}(\boldsymbol{x}^{\mathrm{T}}\boldsymbol{P}\boldsymbol{x})=\dot{\boldsymbol{x}}^{\mathrm{T}}\boldsymbol{P}\boldsymbol{x}+\boldsymbol{x}^{\mathrm{T}}\boldsymbol{P}\dot{\boldsymbol{x}}\\&=(\boldsymbol{A}\boldsymbol{x})^{\mathrm{T}}\boldsymbol{P}\boldsymbol{x}+\boldsymbol{x}^{\mathrm{T}}\boldsymbol{P}(\boldsymbol{A}\boldsymbol{x})\\&=\boldsymbol{x}^{\mathrm{T}}\boldsymbol{A}^{\mathrm{T}}\boldsymbol{P}\boldsymbol{x}+\boldsymbol{x}^{\mathrm{T}}\boldsymbol{P}\boldsymbol{A}\boldsymbol{x}\\&=\boldsymbol{x}^{\mathrm{T}}(\boldsymbol{A}^{\mathrm{T}}\boldsymbol{P}+\boldsymbol{P}\boldsymbol{A})\boldsymbol{x}\\&=\boldsymbol{x}^{\mathrm{T}}(-\boldsymbol{Q})\boldsymbol{x}\end{aligned}$$

已知 $\boldsymbol{Q}$ 为正定，故 $-\boldsymbol{Q}$ 为负定，即 $\dot{V}(\boldsymbol{x})$ 是负定的。可知，系统在 $\boldsymbol{x}_e=\boldsymbol{0}$ 处是渐近稳定的。

必要性 如果系统在 $\boldsymbol{x}_e=\boldsymbol{0}$ 处是渐近稳定的，则必存在正定实对称矩阵 $\boldsymbol{P}$，满足矩阵方程 $\boldsymbol{A}^{\mathrm{T}}\boldsymbol{P}+\boldsymbol{P}\boldsymbol{A}=-\boldsymbol{Q}$。

设式(4-27) 实对称矩阵 $\boldsymbol{Q}$ 正定，令 $\boldsymbol{P}=\int_0^{\infty}\mathrm{e}^{\boldsymbol{A}^{\mathrm{T}}t}\boldsymbol{Q}\mathrm{e}^{\boldsymbol{A}t}\mathrm{d}t$，被积函数是具有 $t^k\mathrm{e}^{\lambda_i t}$ 形式的诸项之和，其中，λ_i 是矩阵 $\boldsymbol{A}$ 的特征值。因为系统是渐近稳定的，所以必然有 $\mathrm{Re}(\lambda_i)<0$，积分项一定存在。将 $\boldsymbol{P}$ 代入式(4-27)，可得

$$\begin{aligned}\boldsymbol{A}^{\mathrm{T}}\boldsymbol{P}+\boldsymbol{P}\boldsymbol{A}&=\int_0^{\infty}(\boldsymbol{A}^{\mathrm{T}}\mathrm{e}^{\boldsymbol{A}^{\mathrm{T}}t}\boldsymbol{Q}\mathrm{e}^{\boldsymbol{A}t}+\mathrm{e}^{\boldsymbol{A}^{\mathrm{T}}t}\boldsymbol{Q}\mathrm{e}^{\boldsymbol{A}t}\boldsymbol{A})\mathrm{d}t\\&=\int_0^{\infty}\mathrm{d}(\mathrm{e}^{\boldsymbol{A}^{\mathrm{T}}t}\boldsymbol{Q}\mathrm{e}^{\boldsymbol{A}t})\\&=\mathrm{e}^{\boldsymbol{A}^{\mathrm{T}}t}\boldsymbol{Q}\mathrm{e}^{\boldsymbol{A}t}\Big|_0^{\infty}=-\boldsymbol{Q}\end{aligned}$$

说明满足矩阵方程式(4-27) 的 $\boldsymbol{P}$ 存在。

证明 $\boldsymbol{P}$ 的正定性，因为 $\boldsymbol{Q}$ 为实对称的正定矩阵，故 $\boldsymbol{x}^{\mathrm{T}}\boldsymbol{Q}\boldsymbol{x}$ 为正定函数，则有 $\int_0^{\infty}\boldsymbol{x}^{\mathrm{T}}\boldsymbol{Q}\boldsymbol{x}\,\mathrm{d}t>0$。

$$\begin{aligned}\int_0^{\infty}\boldsymbol{x}^{\mathrm{T}}\boldsymbol{Q}x\,\mathrm{d}t&=\int_0^{\infty}\boldsymbol{x}^{\mathrm{T}}(-\boldsymbol{A}^{\mathrm{T}}\boldsymbol{P}-\boldsymbol{P}\boldsymbol{A})\boldsymbol{x}\,\mathrm{d}t\\&=\int_0^{\infty}(-\boldsymbol{x}^{\mathrm{T}}\boldsymbol{A}^{\mathrm{T}}\boldsymbol{P}\boldsymbol{x}-\boldsymbol{x}^{\mathrm{T}}\boldsymbol{P}\boldsymbol{A}\boldsymbol{x})\mathrm{d}t\\&=\int_0^{\infty}\frac{\mathrm{d}}{\mathrm{d}t}(-\boldsymbol{x}^{\mathrm{T}}\boldsymbol{P}\boldsymbol{x})\mathrm{d}t\\&=[-\boldsymbol{x}^{\mathrm{T}}\boldsymbol{P}\boldsymbol{x}]_0^{\infty}\\&=\boldsymbol{x}^{\mathrm{T}}(0)\boldsymbol{P}\boldsymbol{x}(0)>0\end{aligned}$$

所以，$\boldsymbol{P}$ 为正定矩阵。

证明 $\boldsymbol{P}$ 矩阵的实对称性，当 $\boldsymbol{Q}$ 为实对称的正定矩阵时，有

$$\boldsymbol{P}=\int_0^{\infty}\mathrm{e}^{\boldsymbol{A}^{\mathrm{T}}t}\boldsymbol{Q}\mathrm{e}^{\boldsymbol{A}t}\mathrm{d}t$$

$$\boldsymbol{P}^{\mathrm{T}}=\int_0^{\infty}(\mathrm{e}^{\boldsymbol{A}^{\mathrm{T}}t}\boldsymbol{Q}\mathrm{e}^{\boldsymbol{A}t})^{\mathrm{T}}\mathrm{d}t=\int_0^{\infty}(\mathrm{e}^{\boldsymbol{A}t})^{\mathrm{T}}\boldsymbol{Q}^{\mathrm{T}}(\mathrm{e}^{\boldsymbol{A}^{\mathrm{T}}t})^{\mathrm{T}}\mathrm{d}t=\int_0^{\infty}\mathrm{e}^{\boldsymbol{A}^{\mathrm{T}}t}\boldsymbol{Q}\mathrm{e}^{\boldsymbol{A}t}\mathrm{d}t=\boldsymbol{P}$$

因此，$\boldsymbol{P}$ 为实对称矩阵。

证明 $\boldsymbol{P}$ 矩阵的唯一性，设 $\overline{\boldsymbol{P}}$ 是$\boldsymbol{A}^{\mathrm{T}}\boldsymbol{P}+\boldsymbol{P}\boldsymbol{A}=-\boldsymbol{Q}$ 的任意解，则$\boldsymbol{A}^{\mathrm{T}}\overline{\boldsymbol{P}}+\overline{\boldsymbol{P}}\boldsymbol{A}=-\boldsymbol{Q}$ 成立，有

$$\begin{aligned}\boldsymbol{P}&=\int_0^{\infty}\mathrm{e}^{\boldsymbol{A}^{\mathrm{T}}t}\boldsymbol{Q}\mathrm{e}^{\boldsymbol{A}t}\mathrm{d}t=-\int_0^{\infty}\mathrm{e}^{\boldsymbol{A}^{\mathrm{T}}t}(\boldsymbol{A}^{\mathrm{T}}\overline{\boldsymbol{P}}+\overline{\boldsymbol{P}}\boldsymbol{A})\mathrm{e}^{\boldsymbol{A}t}\mathrm{d}t\\&=-\int_0^{\infty}\frac{\mathrm{d}}{\mathrm{d}t}(\mathrm{e}^{\boldsymbol{A}^{\mathrm{T}}t}\overline{\boldsymbol{P}}\mathrm{e}^{\boldsymbol{A}t})\mathrm{d}t=-[\mathrm{e}^{\boldsymbol{A}^{\mathrm{T}}t}\overline{\boldsymbol{P}}\mathrm{e}^{\boldsymbol{A}^{\mathrm{T}}t}]_0^{\infty}=\overline{\boldsymbol{P}}\end{aligned}$$

故在系统渐近稳定的前提下，任给 $\boldsymbol{Q}>0$，满足$\boldsymbol{A}^{\mathrm{T}}\boldsymbol{P}+\boldsymbol{P}\boldsymbol{A}=-\boldsymbol{Q}$ 矩阵方程的正定实对称唯一的 $\boldsymbol{P}$ 矩阵是存在的。必要性得证。

在应用上述定理时，应注意以下几点。

① 如果任意取一个正定矩阵 $\boldsymbol{Q}$，则满足矩阵方程$\boldsymbol{A}^{\mathrm{T}}\boldsymbol{P}+\boldsymbol{P}\boldsymbol{A}=-\boldsymbol{Q}$ 的实对称矩阵 $\boldsymbol{P}$ 是唯一的。若 $\boldsymbol{P}$ 是正定的，系统在 $\boldsymbol{x}_{\mathrm{e}}=\boldsymbol{0}$ 处是渐近稳定的。$\boldsymbol{P}$ 的正定性是一个充要条件。

② 如果 $\dot{V}(\boldsymbol{x})=\boldsymbol{x}^{\mathrm{T}}(-\boldsymbol{Q})\boldsymbol{x}$ 沿任一轨线不恒等于零，则 $\boldsymbol{Q}$ 可取为半正定的，结论不变。

③ 为计算方便，在选定正定实对称矩阵 $\boldsymbol{Q}$ 时，可取 $\boldsymbol{Q}=\mathbf{I}$，矩阵 $\boldsymbol{P}$ 可按式(4-27) 确定，然后检验 $\boldsymbol{P}$ 是不是正定的。

利用定理 4-2 判断线性定常连续系统渐近稳定的一般步骤如下。

① 确定系统的平衡状态$\boldsymbol{x}_{\mathrm{e}}$。

② 取矩阵 $\boldsymbol{Q}=\mathbf{I}$，并且设实对称矩阵 $\boldsymbol{P}$ 为下面的形式，即

$$\boldsymbol{P}=\begin{bmatrix}p_{11}&p_{12}&\cdots&p_{1n}\\p_{12}&p_{22}&\cdots&p_{2n}\\\vdots&\vdots&\ddots&\vdots\\p_{1n}&p_{2n}&\cdots&p_{nn}\end{bmatrix}$$

③ 解矩阵方程$\boldsymbol{A}^{\mathrm{T}}\boldsymbol{P}+\boldsymbol{P}\boldsymbol{A}=-\mathbf{I}$，求出 $\boldsymbol{P}$。

④ 利用塞尔维斯特判据，判断 $\boldsymbol{P}$ 的正定性。若 $\boldsymbol{P}$ 正定，系统渐近稳定，且 $V(\boldsymbol{x})=\boldsymbol{x}^{\mathrm{T}}\boldsymbol{P}\boldsymbol{x}$。

【例 4-9】 设一系统的状态方程为

$$\dot{\boldsymbol{x}}=\begin{bmatrix}0&1\\-2&-3\end{bmatrix}\boldsymbol{x}$$

试分析系统在平衡点 $\boldsymbol{x}_{\mathrm{e}}=\boldsymbol{0}$ 处的稳定性。

解 设

$$\boldsymbol{P}=\begin{bmatrix}p_{11}&p_{12}\\p_{12}&p_{22}\end{bmatrix},\boldsymbol{Q}=\mathbf{I}$$

代入式(4-27)，得

$$\begin{bmatrix}0&1\\-2&-3\end{bmatrix}^{\mathrm{T}}\begin{bmatrix}p_{11}&p_{12}\\p_{12}&p_{22}\end{bmatrix}+\begin{bmatrix}p_{11}&p_{12}\\p_{12}&p_{22}\end{bmatrix}\begin{bmatrix}0&1\\-2&-3\end{bmatrix}=\begin{bmatrix}-1&0\\0&-1\end{bmatrix}$$

展开上式，并令等式两端矩阵对应各元素相等，可得

$$\begin{cases}-4p_{12}=-1\\p_{11}-3p_{12}-2p_{22}=0\\2p_{12}-6p_{22}=-1\end{cases}$$

解得

$$\boldsymbol{P}=\begin{bmatrix}\frac{5}{4}&\frac{1}{4}\\\frac{1}{4}&\frac{1}{4}\end{bmatrix}$$

根据塞尔维斯特判据可知

$$\Delta_1=\frac{5}{4}>0，\Delta_2=\begin{vmatrix}\frac{5}{4} & \frac{1}{4}\\ \frac{1}{4} & \frac{1}{4}\end{vmatrix}=\frac{1}{4}>0$$

故矩阵 $\boldsymbol{P}$ 是正定的，因而系统在平衡点处是大范围渐近稳定的。

而系统的李雅普诺夫函数

$$V(\boldsymbol{x})=\boldsymbol{x}^{\mathrm{T}}\boldsymbol{P}\boldsymbol{x}=\frac{1}{4}(5x_1^2+2x_1x_2+x_2^2)$$

是正定的，其导数

$$\dot{V}(\boldsymbol{x})=\boldsymbol{x}^{\mathrm{T}}(-\boldsymbol{Q})\boldsymbol{x}=-(x_1^2+x_2^2)$$

是负定的。也可得出同样的结论，即系统在平衡点处是大范围渐近稳定的。

【例 4-10】 已知某系统的状态方程为

$$\dot{\boldsymbol{x}}=\begin{bmatrix}0 & 1 & 0\\ 0 & -2 & 1\\ -K & 0 & -1\end{bmatrix}\boldsymbol{x}$$

试确定使系统渐近稳定的 K 的取值范围。

解　因 $|\boldsymbol{A}|=-K\neq 0$，故原点是系统唯一的平衡状态。假设选取半正定的实对称矩阵 $\boldsymbol{Q}$ 为

$$\boldsymbol{Q}=\begin{bmatrix}0 & 0 & 0\\ 0 & 0 & 0\\ 0 & 0 & 1\end{bmatrix}$$

为了说明这样选取半正定的 $\boldsymbol{Q}$ 是正确的，需证明 $\dot{V}(\boldsymbol{x})$ 沿任意非零状态轨线应不恒等于零。

由于

$$\dot{V}(\boldsymbol{x})=\boldsymbol{x}^{\mathrm{T}}(-\boldsymbol{Q})\boldsymbol{x}=-x_3^2$$

显然，$\dot{V}(\boldsymbol{x})\equiv 0$ 的条件是 $x_3\equiv 0$，但由状态方程可知，此时 $x_1\equiv 0$，$x_2\equiv 0$，说明只有在原点即平衡状态 $\boldsymbol{x}_{\mathrm{e}}=\boldsymbol{0}$ 处才使 $\dot{V}(\boldsymbol{x})\equiv 0$，而沿任意非零状态轨线 $\dot{V}(\boldsymbol{x})$ 均不会恒等于零。因此，选择 $\boldsymbol{Q}$ 为半正定是正确的。

根据式(4-27) 有

$$\begin{bmatrix}0 & 0 & -K\\ 1 & -2 & 0\\ 0 & 1 & -1\end{bmatrix}\begin{bmatrix}p_{11} & p_{12} & p_{13}\\ p_{12} & p_{22} & p_{23}\\ p_{13} & p_{23} & p_{33}\end{bmatrix}+\begin{bmatrix}p_{11} & p_{12} & p_{13}\\ p_{12} & p_{22} & p_{23}\\ p_{13} & p_{23} & p_{33}\end{bmatrix}\begin{bmatrix}0 & 1 & 0\\ 0 & -2 & 1\\ -K & 0 & -1\end{bmatrix}=\begin{bmatrix}0 & 0 & 0\\ 0 & 0 & 0\\ 0 & 0 & -1\end{bmatrix}$$

可解出矩阵

$$\boldsymbol{P}=\begin{bmatrix}\frac{K^2+12K}{12-2K} & \frac{6K}{12-2K} & 0\\ \frac{6K}{12-2K} & \frac{3K}{12-2K} & \frac{K}{12-2K}\\ 0 & \frac{K}{12-2K} & \frac{6}{12-2K}\end{bmatrix}$$

为使 $\boldsymbol{P}$ 为正定矩阵，根据塞尔维斯特判据，其充要条件为 $12-2K>0$ 和 $K>0$，即 $0<K<6$。说明当 $0<K<6$ 时，系统在原点处是大范围渐近稳定的。

4.3.2 线性时变连续系统的渐近稳定判据

定理 4-3　设线性时变连续系统的状态方程为

$$\dot{\boldsymbol{x}}=\boldsymbol{A}(t)\boldsymbol{x}(t) \tag{4-28}$$

则系统在平衡点 $\boldsymbol{x}_e=\boldsymbol{0}$ 处大范围渐近稳定的充要条件为：对于任意给定的连续实对称正定矩阵 $\boldsymbol{Q}(t)$，必存在一个连续实对称正定矩阵 $\boldsymbol{P}(t)$，满足

$$\dot{\boldsymbol{P}}(t)=-\boldsymbol{A}^{\mathrm{T}}(t)\boldsymbol{P}(t)-\boldsymbol{P}(t)\boldsymbol{A}(t)-\boldsymbol{Q}(t) \tag{4-29}$$

而系统的李雅普诺夫函数为

$$V(\boldsymbol{x},t)=\boldsymbol{x}^{\mathrm{T}}(t)\boldsymbol{P}(t)\boldsymbol{x}(t) \tag{4-30}$$

证明　设李雅普诺夫函数取为

$$V(\boldsymbol{x},t)=\boldsymbol{x}^{\mathrm{T}}(t)\boldsymbol{P}(t)\boldsymbol{x}(t)$$

$\boldsymbol{P}(t)$ 为连续的正定实对称矩阵。取 $V(\boldsymbol{x},t)$对时间的全导数，得

$$\begin{aligned}\dot{V}(\boldsymbol{x},t)&=\dot{\boldsymbol{x}}^{\mathrm{T}}(t)\boldsymbol{P}(t)\boldsymbol{x}(t)+\boldsymbol{x}^{\mathrm{T}}(t)\dot{\boldsymbol{P}}(t)\boldsymbol{x}(t)+\boldsymbol{x}^{\mathrm{T}}(t)\boldsymbol{P}(t)\dot{\boldsymbol{x}}(t)\\&=\boldsymbol{x}^{\mathrm{T}}(t)\boldsymbol{A}^{\mathrm{T}}(t)\boldsymbol{P}(t)\boldsymbol{x}(t)+\boldsymbol{x}^{\mathrm{T}}(t)\dot{\boldsymbol{P}}(t)\boldsymbol{x}(t)+x^{\mathrm{T}}(t)\boldsymbol{P}(t)\boldsymbol{A}(t)\boldsymbol{x}(t)\\&=\boldsymbol{x}^{\mathrm{T}}(t)[\boldsymbol{A}^{\mathrm{T}}(t)\boldsymbol{P}(t)+\dot{\boldsymbol{P}}(t)+\boldsymbol{P}(t)\boldsymbol{A}(t)]\boldsymbol{x}(t)\end{aligned}$$

即

$$\dot{V}(\boldsymbol{x},t)=-\boldsymbol{x}^{\mathrm{T}}(t)\boldsymbol{Q}(t)\boldsymbol{x}(t) \tag{4-31}$$

其中

$$\boldsymbol{Q}(t)=-\boldsymbol{A}^{\mathrm{T}}(t)\boldsymbol{P}(t)-\dot{\boldsymbol{P}}(t)-\boldsymbol{P}(t)\boldsymbol{A}(t)$$

由稳定性判据可知，当 $\boldsymbol{P}(t)$ 为正定实对称矩阵时，若 $\boldsymbol{Q}(t)$ 也是一个正定实对称矩阵，则 $\dot{V}(\boldsymbol{x},t)$ 是负定的，于是系统在平衡点处便是渐近稳定的。

式(4-29) 是黎卡提（Riccati）矩阵微分方程的特殊情况，其解为

$$\boldsymbol{P}(t)=\boldsymbol{\Phi}^{\mathrm{T}}(t_0,t)\boldsymbol{P}(t_0)\boldsymbol{\Phi}(t_0,t)-\int_{t_0}^{t}\boldsymbol{\Phi}^{\mathrm{T}}(\tau,t)\boldsymbol{Q}(\tau)\boldsymbol{\Phi}(\tau,t)\mathrm{d}\tau \tag{4-32}$$

$\boldsymbol{\Phi}(\tau,t)$ 为系统式(4-28) 的状态转移矩阵；$\boldsymbol{P}(t_0)$ 为矩阵微分方程式(4-29) 的初始条件。

特别当取 $\boldsymbol{Q}(t)=\boldsymbol{Q}=\boldsymbol{I}$ 时，得

$$\boldsymbol{P}(t)=\boldsymbol{\Phi}^{\mathrm{T}}(t_0,t)\boldsymbol{P}(t_0)\boldsymbol{\Phi}(t_0,t)-\int_{t_0}^{t}\boldsymbol{\Phi}^{\mathrm{T}}(\tau,t)\boldsymbol{\Phi}(\tau,t)\mathrm{d}\tau \tag{4-33}$$

当选取正定实对称矩阵 $\boldsymbol{Q}=\boldsymbol{I}$ 时，可由 $\boldsymbol{\Phi}(\tau,t)$ 计算出 $\boldsymbol{P}(t)$；再根据 $\boldsymbol{P}(t)$ 是否具有连续、实对称、正定性来判别线性时变系统的稳定性。

4.3.3 线性定常离散系统的渐近稳定判据

定理 4-4　设线性定常离散系统的状态方程为

$$\boldsymbol{x}(k+1)=\boldsymbol{G}\boldsymbol{x}(k) \tag{4-34}$$

$\boldsymbol{G}$ 是 $n\times n$ 常系数非奇异矩阵。系统在平衡状态 $\boldsymbol{x}_e=\boldsymbol{0}$ 处渐近稳定的充要条件为：对任意给定的正定实对称矩阵 $\boldsymbol{Q}$，存在一个正定实对称矩阵 $\boldsymbol{P}$，满足矩阵方程

$$\boldsymbol{G}^{\mathrm{T}}\boldsymbol{P}\boldsymbol{G}-\boldsymbol{P}=-\boldsymbol{Q} \tag{4-35}$$

并且

$$V[\boldsymbol{x}(k)]=\boldsymbol{x}^{\mathrm{T}}(k)\boldsymbol{P}\boldsymbol{x}(k) \tag{4-36}$$

式(4-36) 是这个系统的李雅普诺夫函数。

证明　设所选的李雅普诺夫函数为

$$V[\boldsymbol{x}(k)]=\boldsymbol{x}^{\mathrm{T}}(k)\boldsymbol{P}\boldsymbol{x}(k)$$

因为 $\boldsymbol{P}$ 是实对称正定矩阵，所以 $V[\boldsymbol{x}(k)]$是正定的。对于离散系统，要用差分方程 $\Delta V[\boldsymbol{x}(k)]$ 来代替连续系统中的微分 $\dot{V}(\boldsymbol{x})$。因此

$$
\begin{aligned}
\Delta V[\boldsymbol{x}(k)] &= V[\boldsymbol{x}(k+1)]-V[\boldsymbol{x}(k)] \\
&= \boldsymbol{x}^{\mathrm{T}}(k+1)\boldsymbol{P}\boldsymbol{x}(k+1)-\boldsymbol{x}^{\mathrm{T}}(k)\boldsymbol{P}\boldsymbol{x}(k) \\
&= [\boldsymbol{G}\boldsymbol{x}(k)]^{\mathrm{T}}\boldsymbol{P}[\boldsymbol{G}\boldsymbol{x}(k)]-\boldsymbol{x}^{\mathrm{T}}(k)\boldsymbol{P}\boldsymbol{x}(k) \\
&= \boldsymbol{x}^{\mathrm{T}}(k)\boldsymbol{G}^{\mathrm{T}}\boldsymbol{P}\boldsymbol{G}\boldsymbol{x}(k)-\boldsymbol{x}^{\mathrm{T}}(k)\boldsymbol{P}\boldsymbol{x}(k) \\
&= \boldsymbol{x}^{\mathrm{T}}(k)[\boldsymbol{G}^{\mathrm{T}}\boldsymbol{P}\boldsymbol{G}-\boldsymbol{P}]\boldsymbol{x}(k) \\
&= \boldsymbol{x}^{\mathrm{T}}(k)(-\boldsymbol{Q})\boldsymbol{x}(k)
\end{aligned}
$$

由于 $V[\boldsymbol{x}(k)]$是正定的，根据渐近稳定条件

$$\Delta V[\boldsymbol{x}(k)]=-x^{\mathrm{T}}(k)\boldsymbol{Q}\boldsymbol{x}(k)$$

应是负定的，即

$$\boldsymbol{Q}=-(\boldsymbol{G}^{\mathrm{T}}\boldsymbol{P}\boldsymbol{G}-\boldsymbol{P})$$

应是正定的。因此，对于 $\boldsymbol{P}$ 为正定，系统渐近稳定的充要条件是 $\boldsymbol{Q}$ 为正定。

反之，与线性连续系统类似，先给定一个实对称正定矩阵 $\boldsymbol{Q}$，然后由矩阵方程$\boldsymbol{G}^{\mathrm{T}}\boldsymbol{P}\boldsymbol{G}-\boldsymbol{P}=-\boldsymbol{Q}$ 解出 $\boldsymbol{P}$，若要系统在平衡状态 $\boldsymbol{x}_{\mathrm{e}}=\boldsymbol{0}$ 是渐近稳定的，则矩阵 $\boldsymbol{P}$ 实对称正定就是充要条件。

一般选取实对称正定矩阵 $\boldsymbol{Q}=\mathbf{I}$，则矩阵方程为$\boldsymbol{G}^{\mathrm{T}}\boldsymbol{P}\boldsymbol{G}-\boldsymbol{P}=-\mathbf{I}$，解出 $\boldsymbol{P}$。然后判断矩阵 $\boldsymbol{P}$ 的实对称正定性，若 $\boldsymbol{P}$ 为正定，则系统是渐近稳定的，且系统的李雅普诺夫函数为 $V[\boldsymbol{x}(k)]=\boldsymbol{x}^{\mathrm{T}}(k)\boldsymbol{P}\boldsymbol{x}(k)$。

【例 4-11】 设线性离散系统的状态方程为

$$\boldsymbol{x}(k+1)=\begin{bmatrix}\lambda_1 & 0\\ 0 & \lambda_2\end{bmatrix}\boldsymbol{x}(k)$$

试确定系统在平衡点处渐近稳定的条件。

解 由式$\boldsymbol{G}^{\mathrm{T}}\boldsymbol{P}\boldsymbol{G}-\boldsymbol{P}=-\mathbf{I}$ 得到

$$\begin{bmatrix}\lambda_1 & 0\\ 0 & \lambda_2\end{bmatrix}\begin{bmatrix}p_{11} & p_{12}\\ p_{12} & p_{22}\end{bmatrix}\begin{bmatrix}\lambda_1 & 0\\ 0 & \lambda_2\end{bmatrix}-\begin{bmatrix}p_{11} & p_{12}\\ p_{12} & p_{22}\end{bmatrix}=\begin{bmatrix}-1 & 0\\ 0 & -1\end{bmatrix}$$

整理得

$$\begin{cases}p_{11}(1-\lambda_1^2)=1\\ p_{12}(1-\lambda_1\lambda_2)=0\\ p_{22}(1-\lambda_2^2)=1\end{cases}$$

解得

$$\boldsymbol{P}=\begin{bmatrix}\dfrac{1}{1-\lambda_1^2} & 0\\ 0 & \dfrac{1}{1-\lambda_2^2}\end{bmatrix}$$

如果要使其为正定矩阵，必须满足$|\lambda_1|<1$ 和$|\lambda_2|<1$ ，即只有当系统的极点落在 z 平面单位圆$|z|=1$ 内时，系统在平衡点处才是大范围渐近稳定的。

4.3.4 线性时变离散系统的渐近稳定判据

定理 4-5 设线性时变离散系统的状态方程为

$$\begin{cases}\boldsymbol{x}(k+1)=\boldsymbol{G}(k+1,k)\boldsymbol{x}(k)\\ \boldsymbol{x}_{\mathrm{e}}=\boldsymbol{0}\end{cases}\tag{4-37}$$

系统在平衡点 $\boldsymbol{x}_e=\boldsymbol{0}$ 处是大范围渐近稳定的充要条件是：对于任意给定的实对称正定矩阵 $\boldsymbol{Q}(k)$存在一个实对称正定矩阵 $\boldsymbol{P}(k+1)$，满足矩阵方程

$$\boldsymbol{G}^{\mathrm{T}}(k+1,k)\boldsymbol{P}(k+1)\boldsymbol{G}(k+1,k)-\boldsymbol{P}(k)=-\boldsymbol{Q}(k) \tag{4-38}$$

且标量函数

$$V[\boldsymbol{x}(k),k]=\boldsymbol{x}^{\mathrm{T}}(k)\boldsymbol{P}(k)\boldsymbol{x}(k) \tag{4-39}$$

为系统的李雅普诺夫函数。

证明　设选取李雅普诺夫函数为

$$V[\boldsymbol{x}(k),k]=\boldsymbol{x}^{\mathrm{T}}(k)\boldsymbol{P}(k)\boldsymbol{x}(k)$$

由于 $\boldsymbol{P}(k)$ 是实对称正定的，故 $V[\boldsymbol{x}(k),k]$是正定的。取李雅普诺夫函数的一阶差分

$$\begin{aligned}\Delta V[\boldsymbol{x}(k),k]&=V[\boldsymbol{x}(k+1),k+1]-V[\boldsymbol{x}(k),k]\\&=\boldsymbol{x}^{\mathrm{T}}(k+1)\boldsymbol{P}(k+1)\boldsymbol{x}(k+1)-\boldsymbol{x}^{\mathrm{T}}(k)\boldsymbol{P}(k)\boldsymbol{x}(k)\\&=\boldsymbol{x}^{\mathrm{T}}(k)\boldsymbol{G}^{\mathrm{T}}(k+1,k)\boldsymbol{P}(k+1)\boldsymbol{G}(k+1,k)\boldsymbol{x}(k)-\boldsymbol{x}^{\mathrm{T}}(k)\boldsymbol{P}(k)\boldsymbol{x}(k)\\&=\boldsymbol{x}^{\mathrm{T}}(k)[\boldsymbol{G}^{\mathrm{T}}(k+1,k)\boldsymbol{P}(k+1)\boldsymbol{G}(k+1,k)-\boldsymbol{P}(k)]\boldsymbol{x}(k)\\&=\boldsymbol{x}^{\mathrm{T}}(k)[-\boldsymbol{Q}(k)]\boldsymbol{x}(k)\end{aligned}$$

因此

$$\boldsymbol{Q}(k)=-[\boldsymbol{G}^{\mathrm{T}}(k+1,k)\boldsymbol{P}(k+1)\boldsymbol{G}(k+1,k)-\boldsymbol{P}(k)]$$

由渐近稳定的充分条件可知，当 $\boldsymbol{P}(k)$ 正定时，$\boldsymbol{Q}(k)$ 必须是正定的，才能使

$$\Delta V[\boldsymbol{x}(k),k]=\boldsymbol{x}^{\mathrm{T}}(k)[-\boldsymbol{Q}(k)]\boldsymbol{x}(k)$$

为负定。

在利用定理进行稳定性判别时，先确定系统的平衡状态，然后选择正定实对称矩阵 $\boldsymbol{Q}(k)$ 代入矩阵方程式(4-38)，解出矩阵 $\boldsymbol{P}(k+1)$，该方程为矩阵差分方程，其解形式为

$$\boldsymbol{P}(k+1)=\boldsymbol{\Phi}^{\mathrm{T}}(0,k+1)\boldsymbol{P}(0)\boldsymbol{\Phi}(0,k+1)-\sum_{i=0}^{k}\boldsymbol{\Phi}^{\mathrm{T}}(i,k+1)\boldsymbol{Q}(i)\boldsymbol{\Phi}(i,k+1) \tag{4-40}$$

$\boldsymbol{\Phi}(i,k+1)$为状态转移矩阵；$\boldsymbol{P}(0)$ 为初始条件。当 $\boldsymbol{Q}(i)=\boldsymbol{I}$ 时，有

$$\boldsymbol{P}(k+1)=\boldsymbol{\Phi}^{\mathrm{T}}(0,k+1)\boldsymbol{P}(0)\boldsymbol{\Phi}(0,k+1)-\sum_{i=0}^{k}\boldsymbol{\Phi}^{\mathrm{T}}(i,k+1)\boldsymbol{\Phi}(i,k+1) \tag{4-41}$$

最后，判断 $\boldsymbol{P}(k+1)$ 的实对称正定性，若为正定，则系统是渐近稳定的，且李雅普诺夫函数为 $V[\boldsymbol{x}(k),k]=\boldsymbol{x}^{\mathrm{T}}(k)\boldsymbol{P}(k)\boldsymbol{x}(k)$。

4.4　非线性系统的李雅普诺夫稳定性分析

线性系统的稳定性具有全局性质，稳定判据的条件是充分必要的。但是，非线性系统的稳定性却可能是只具有局部性质。例如，不是大范围渐近稳定的平衡状态，却可能是局部渐近稳定的；而局部不稳定的平衡状态并不能说明系统就是不稳定的。此外，李雅普诺夫第二法只给出判断非线性系统的渐近稳定的充分条件，而不是必要条件。

4.4.1　雅可比矩阵法

雅可比（Jacobian）矩阵法也称克拉索夫斯基（Krasovskii）法，两者表达形式略有不同，但基本思路是一致的。实际上，它们都是寻找线性系统李雅普诺夫函数方法的一种推广。

定理 4-6 设非线性系统的状态方程是

$$\dot{\boldsymbol{x}}=\boldsymbol{f}(\boldsymbol{x}) \tag{4-42}$$

$\boldsymbol{x}$ 为 n 维状态向量，$\boldsymbol{f}$ 为与 $\boldsymbol{x}$ 同维的非线性向量函数。假设原点 $\boldsymbol{x}_e=\boldsymbol{0}$ 是平衡状态，$\boldsymbol{f}(\boldsymbol{x})$ 对 $x_i(i=1,2,\cdots,n)$ 可微，系统的雅可比矩阵为

$$\boldsymbol{J}(\boldsymbol{x})=\frac{\partial \boldsymbol{f}(\boldsymbol{x})}{\partial \boldsymbol{x}^{\mathrm{T}}}=\begin{bmatrix} \frac{\partial f_1}{\partial x_1} & \frac{\partial f_1}{\partial x_2} & \cdots & \frac{\partial f_1}{\partial x_n} \\ \frac{\partial f_2}{\partial x_1} & \frac{\partial f_2}{\partial x_2} & \cdots & \frac{\partial f_2}{\partial x_n} \\ \vdots & \vdots & \ddots & \vdots \\ \frac{\partial f_n}{\partial x_1} & \frac{\partial f_n}{\partial x_2} & \cdots & \frac{\partial f_n}{\partial x_n} \end{bmatrix} \tag{4-43}$$

则系统在原点渐近稳定的充分条件是：任给正定实对称矩阵 $\boldsymbol{P}$，使矩阵

$$\boldsymbol{Q}(\boldsymbol{x})=-[\boldsymbol{J}^{\mathrm{T}}(\boldsymbol{x})\boldsymbol{P}+\boldsymbol{P}\boldsymbol{J}(\boldsymbol{x})] \tag{4-44}$$

为实对称正定的，并且

$$V(\boldsymbol{x})=\dot{\boldsymbol{x}}^{\mathrm{T}}\boldsymbol{P}\dot{\boldsymbol{x}}=\boldsymbol{f}^{\mathrm{T}}(\boldsymbol{x})\boldsymbol{P}\boldsymbol{f}(\boldsymbol{x}) \tag{4-45}$$

是系统的一个李雅普诺夫函数。如果当 $\|\boldsymbol{x}\|\to\infty$ 时，还有 $V(\boldsymbol{x})\to\infty$，则系统在 $\boldsymbol{x}_e=\boldsymbol{0}$ 处是大范围渐近稳定的。

证明 选取二次型函数 $V(\boldsymbol{x})=\dot{\boldsymbol{x}}^{\mathrm{T}}\boldsymbol{P}\dot{\boldsymbol{x}}=\boldsymbol{f}^{\mathrm{T}}(\boldsymbol{x})\boldsymbol{P}\boldsymbol{f}(\boldsymbol{x})$
为李雅普诺夫函数，其中 $\boldsymbol{P}$ 为正定实对称矩阵，因而 $V(\boldsymbol{x})$ 正定。

考虑到 $\boldsymbol{f}(\boldsymbol{x})$ 是 $\boldsymbol{x}$ 的显函数，不是时间 t 的显函数，因而有下列关系，即

$$\frac{\mathrm{d}\boldsymbol{f}(\boldsymbol{x})}{\mathrm{d}t}=\dot{\boldsymbol{f}}(\boldsymbol{x})=\frac{\partial \boldsymbol{f}(\boldsymbol{x})}{\partial \boldsymbol{x}}\times\frac{\mathrm{d}\boldsymbol{x}}{\mathrm{d}t}=\frac{\partial \boldsymbol{f}(\boldsymbol{x})}{\partial \boldsymbol{x}}\dot{\boldsymbol{x}}=\boldsymbol{J}(\boldsymbol{x})\boldsymbol{f}(\boldsymbol{x})$$

将 $V(\boldsymbol{x})$ 沿状态轨线对 t 求全导数，可得

$$\begin{aligned}\dot{V}(\boldsymbol{x})&=\dot{\boldsymbol{f}}^{\mathrm{T}}(\boldsymbol{x})\boldsymbol{P}\boldsymbol{f}(\boldsymbol{x})+\boldsymbol{f}^{\mathrm{T}}(\boldsymbol{x})\boldsymbol{P}\dot{\boldsymbol{f}}(\boldsymbol{x})\\&=[\boldsymbol{J}(\boldsymbol{x})\boldsymbol{f}(\boldsymbol{x})]^{\mathrm{T}}\boldsymbol{P}\boldsymbol{f}(\boldsymbol{x})+\boldsymbol{f}^{\mathrm{T}}(\boldsymbol{x})\boldsymbol{P}\boldsymbol{J}(\boldsymbol{x})\boldsymbol{f}(\boldsymbol{x})\\&=\boldsymbol{f}^{\mathrm{T}}(\boldsymbol{x})[\boldsymbol{J}^{\mathrm{T}}(\boldsymbol{x})\boldsymbol{P}+\boldsymbol{P}\boldsymbol{J}(\boldsymbol{x})]\boldsymbol{f}(\boldsymbol{x})\end{aligned}$$

或

$$\dot{V}(\boldsymbol{x})=-\boldsymbol{f}^{\mathrm{T}}(\boldsymbol{x})\boldsymbol{Q}(\boldsymbol{x})\boldsymbol{f}(\boldsymbol{x}) \tag{4-46}$$

其中

$$\boldsymbol{Q}(\boldsymbol{x})=-[\boldsymbol{J}^{\mathrm{T}}(\boldsymbol{x})\boldsymbol{P}+\boldsymbol{P}\boldsymbol{J}(\boldsymbol{x})]$$

式(4-46) 表明，要使系统渐近稳定，$\dot{\boldsymbol{V}}(\boldsymbol{x})$ 必须是负定的，因此 $\boldsymbol{Q}(\boldsymbol{x})$ 必须是正定的。若当 $\|\boldsymbol{x}\|\to\infty$时，还有 $V(\boldsymbol{x})\to\infty$，则系统在原点是大范围渐近稳定的。

显然，要使 $\boldsymbol{Q}(\boldsymbol{x})$ 为正定，必须使 $\boldsymbol{J}(\boldsymbol{x})$ 主对角线上的所有元素不恒为零。如果 $\boldsymbol{f}(\boldsymbol{x})$ 中不包含 x_i，那么 $\boldsymbol{J}(\boldsymbol{x})$ 主对角线上相对应的元素$\frac{\partial f_i}{\partial x_i}$必定恒为零，则 $\boldsymbol{Q}(\boldsymbol{x})$ 就不可能是正定的，因而 $\boldsymbol{x}_e=\boldsymbol{0}$ 就不可能是渐近稳定的。

如果 $\boldsymbol{P}=\mathbf{I}$，则

$$\boldsymbol{Q}(\boldsymbol{x})=-[\boldsymbol{J}^{\mathrm{T}}(\boldsymbol{x})+\boldsymbol{J}(\boldsymbol{x})] \tag{4-47}$$

称式(4-47) 为克拉索夫斯基表达式。这时有

$$V(\boldsymbol{x})=\boldsymbol{f}^{\mathrm{T}}(\boldsymbol{x})\boldsymbol{f}(\boldsymbol{x}) \tag{4-48}$$

和

$$\dot{V}(\boldsymbol{x})=\boldsymbol{f}^{\mathrm{T}}(\boldsymbol{x})[\boldsymbol{J}^{\mathrm{T}}(\boldsymbol{x})+\boldsymbol{J}(\boldsymbol{x})]\boldsymbol{f}(\boldsymbol{x}) \tag{4-49}$$

应用该定理困难之处在于，对所有 $\boldsymbol{x}\neq\boldsymbol{0}$，要求 $\boldsymbol{Q}(\boldsymbol{x})$ 为正定这个条件过严。因为对相

当多的非线性系统未必能满足这一要求。此外，这个判据只给出了渐近稳定的充分条件。

推论　对于线性定常系统 $\dot{\boldsymbol{x}}=\boldsymbol{A}\boldsymbol{x}$，若矩阵 $\boldsymbol{A}$ 非奇异，且矩阵$\boldsymbol{A}^{\mathrm{T}}+\boldsymbol{A}$ 为负定，则系统在平衡状态 $\boldsymbol{x}_{\mathrm{e}}=\mathbf{0}$ 处是大范围渐近稳定的。

【例 4-12】　设系统的状态方程为

$$\begin{cases}\dot{x}_1=-3x_1+x_2\\ \dot{x}_2=x_1-x_2-x_2^3\end{cases}$$

试用克拉索夫斯基法分析系统在 $\boldsymbol{x}_{\mathrm{e}}=\mathbf{0}$ 处的稳定性。

解　这里

$$\boldsymbol{f}(\boldsymbol{x})=\begin{bmatrix}-3x_1+x_2\\ x_1-x_2-x_2^3\end{bmatrix}$$

计算雅可比矩阵

$$\boldsymbol{J}(\boldsymbol{x})=\frac{\partial \boldsymbol{f}(\boldsymbol{x})}{\partial \boldsymbol{x}}=\begin{bmatrix}-3 & 1\\ 1 & -1-3x_2^2\end{bmatrix}$$

取 $\boldsymbol{P}=\mathbf{I}$，得

$$\boldsymbol{Q}(\boldsymbol{x})=-[\boldsymbol{J}^{\mathrm{T}}(\boldsymbol{x})+\boldsymbol{J}(\boldsymbol{x})]=-\begin{bmatrix}-3 & 1\\ 1 & -1-3x_2^2\end{bmatrix}-\begin{bmatrix}-3 & 1\\ 1 & -1-3x_2^2\end{bmatrix}=\begin{bmatrix}6 & -2\\ -2 & 2+6x_2^2\end{bmatrix}$$

根据塞尔维斯特判据，有

$$\Delta_1=6>0,\ \Delta_2=\begin{vmatrix}6 & -2\\ -2 & 2+6x_2^2\end{vmatrix}=8+36x_2^2>0$$

这表明对于 $\boldsymbol{x}\neq\mathbf{0}$，$\boldsymbol{Q}(\boldsymbol{x})$ 是正定的。

此外，当 $\|\boldsymbol{x}\|\to\infty$时，有

$$\begin{aligned}\boldsymbol{V}(\boldsymbol{x})&=\boldsymbol{f}^{\mathrm{T}}(\boldsymbol{x})\boldsymbol{f}(\boldsymbol{x})=[-3x_1+x_2\quad x_1-x_2-x_2^3]\begin{bmatrix}-3x_1+x_2\\ x_1-x_2-x_2^3\end{bmatrix}\\ &=(-3x_1+x_2)^2+(x_1-x_2-x_2^3)^2\to\infty\end{aligned}$$

因此，系统在平衡状态 $\boldsymbol{x}_{\mathrm{e}}=\mathbf{0}$ 处为大范围渐近稳定的。

4.4.2　变量梯度法

变量梯度法也称舒茨-基布逊（Shultz-Gibson）法，是由这两位学者在 1962 年提出的一种寻求李雅普诺夫函数较为实用的方法。

变量梯度法是以下列事实为基础的：如果找到一个特定的李雅普诺夫函数 $V(\boldsymbol{x})$，能够证明所给系统的平衡状态为渐近稳定的，那么这个李雅普诺夫函数 $V(\boldsymbol{x})$ 的梯度

$$\nabla\boldsymbol{V}=\mathrm{grad}V(\boldsymbol{x})=\frac{\partial V}{\partial \boldsymbol{x}}=\begin{bmatrix}\dfrac{\partial V}{\partial x_1}\\ \dfrac{\partial V}{\partial x_2}\\ \vdots\\ \dfrac{\partial V}{\partial x_n}\end{bmatrix}\tag{4-50}$$

必定存在且唯一。于是 $V(\boldsymbol{x})$ 对时间的导数可表达为

$$\dot{V}(\boldsymbol{x})=\frac{\partial V}{\partial x_1}\times\frac{\mathrm{d}x_1}{\mathrm{d}t}+\frac{\partial V}{\partial x_2}\times\frac{\mathrm{d}x_2}{\mathrm{d}t}+\cdots+\frac{\partial V}{\partial x_n}\times\frac{\mathrm{d}x_n}{\mathrm{d}t}$$

写成向量形式，得

$$\dot{V}(\boldsymbol{x})=\begin{bmatrix}\frac{\partial V}{\partial x_1} & \frac{\partial V}{\partial x_2} & \cdots & \frac{\partial V}{\partial x_n}\end{bmatrix}\begin{bmatrix}\dot{x}_1\\ \dot{x}_2\\ \vdots\\ \dot{x}_n\end{bmatrix}=[\nabla \boldsymbol{V}]^{\mathrm{T}}\dot{\boldsymbol{x}} \tag{4-51}$$

由此，舒茨和基布逊提出，从假设旋度为零的梯度$\nabla \boldsymbol{V}$着手，然后根据式(4-51)的关系确定$V(\boldsymbol{x})$，如果这样确定的$\dot{V}(\boldsymbol{x})$和$V(\boldsymbol{x})$都满足判据条件，那么这个$V(\boldsymbol{x})$就是要构造的李雅普诺夫函数。

这个方法在推求$V(\boldsymbol{x})$过程中，要用到场论中关于梯度、线积分和旋度等有关概念，下面进行简要介绍。

(1) 有关场论的几个基本概念

① 标量函数的梯度　设$V(\boldsymbol{x})$为向量$\boldsymbol{x}$的标量函数，那么$V(\boldsymbol{x})$沿向量$\boldsymbol{x}$方向的变化率就是$V(\boldsymbol{x})$的梯度，用$\nabla \boldsymbol{V}$表示，有

$$\nabla \boldsymbol{V}=\frac{\partial V}{\partial \boldsymbol{x}}=\begin{bmatrix}\frac{\partial V}{\partial x_1}\\ \frac{\partial V}{\partial x_2}\\ \vdots\\ \frac{\partial V}{\partial x_n}\end{bmatrix}$$

显然梯度$\nabla \boldsymbol{V}$是与向量$\boldsymbol{x}$同维数的向量。例如，若用$V(\boldsymbol{x})$表示三维几何空间$\boldsymbol{x}=[x_1\quad x_2\quad x_3]^{\mathrm{T}}$中的温度，则$\nabla \boldsymbol{V}$就表示温度梯度，它描述了三维空间中温度场的变化情况。

② 向量的曲线积分　任意向量$\boldsymbol{H}$沿给定曲线的积分可用曲线积分$\int_L \boldsymbol{H}\mathrm{d}L$表示，其中$L$表示积分路径。

若向量沿曲线的积分，只决定于积分路径起点与终点的位置，则积分与路径无关。例如，向量$\boldsymbol{H}$从坐标原点$\boldsymbol{x}=\boldsymbol{0}$出发，沿任意积分路径到达$\boldsymbol{x}$，其积分结果都相同，那么，该曲线积分可表示为$\int_0^{\boldsymbol{x}} \boldsymbol{H}\mathrm{d}\boldsymbol{x}$。

③ 向量的旋度　在三维空间中，设向量$\boldsymbol{H}$用三个分量表示为$\boldsymbol{H}=H_x\boldsymbol{i}+H_y\boldsymbol{j}+H_z\boldsymbol{k}$，则向量$\boldsymbol{H}$的旋度$\mathrm{rot}\boldsymbol{H}$也是具有三个分量的向量，定义为

$$\begin{aligned}\mathrm{rot}\boldsymbol{H}&=\begin{vmatrix}\boldsymbol{i} & \boldsymbol{j} & \boldsymbol{k}\\ \frac{\partial}{\partial x} & \frac{\partial}{\partial y} & \frac{\partial}{\partial z}\\ H_x & H_y & H_z\end{vmatrix}\\ &=\left(\frac{\partial H_z}{\partial y}-\frac{\partial H_y}{\partial z}\right)\boldsymbol{i}+\left(\frac{\partial H_x}{\partial z}-\frac{\partial H_z}{\partial x}\right)\boldsymbol{j}+\left(\frac{\partial H_y}{\partial x}-\frac{\partial H_x}{\partial y}\right)\boldsymbol{k}\end{aligned}$$

若旋度为零，即

$$\mathrm{rot}\boldsymbol{H}=\boldsymbol{0}$$

可得旋度方程

$$\frac{\partial H_z}{\partial y}=\frac{\partial H_y}{\partial z}$$

$$\frac{\partial H_x}{\partial z}=\frac{\partial H_z}{\partial x}$$
$$\frac{\partial H_y}{\partial x}=\frac{\partial H_x}{\partial y}$$

在场论中已经证明，若向量 $\boldsymbol{H}$ 的旋度为零，则 $\boldsymbol{H}$ 的曲线积分与积分路径无关。

(2) 变量梯度法　设非线性系统　$\dot{\boldsymbol{x}}=\boldsymbol{f}(\boldsymbol{x})$　(4-52)

在平衡状态 $\boldsymbol{x}_e=\boldsymbol{0}$ 是渐近稳定的。

假设 $V(\boldsymbol{x})$ 是向量 $\boldsymbol{x}$ 的标量函数，但不是时间 t 的显函数，因此有

$$\dot{V}(\boldsymbol{x})=\frac{\partial V}{\partial x_1}\dot{x}_1+\frac{\partial V}{\partial x_2}\dot{x}_2+\cdots+\frac{\partial V}{\partial x_n}\dot{x}_n$$

或写成向量形式，得

$$\dot{V}(\boldsymbol{x})=\begin{bmatrix}\frac{\partial V}{\partial x_1} & \frac{\partial V}{\partial x_2} & \cdots & \frac{\partial V}{\partial x_n}\end{bmatrix}\begin{bmatrix}\dot{x}_1\\ \dot{x}_2\\ \vdots\\ \dot{x}_n\end{bmatrix}=(\nabla \boldsymbol{V})^{\mathrm{T}}\dot{\boldsymbol{x}} \tag{4-53}$$

$(\nabla \boldsymbol{V})^{\mathrm{T}}$ 为 $\nabla \boldsymbol{V}$ 的转置。

根据式(4-53) 所确立的 $\nabla \boldsymbol{V}$ 与 $\dot{V}(\boldsymbol{x})$ 的关系，舒茨和基布逊提出，先假定 $\nabla \boldsymbol{V}$ 为某一形式，譬如一个带待定系数的 n 维向量，即

$$\nabla \boldsymbol{V}=\begin{bmatrix}\nabla V_1\\ \nabla V_2\\ \vdots\\ \nabla V_n\end{bmatrix}=\begin{bmatrix}a_{11}x_1+a_{12}x_2+\cdots+a_{1n}x_n\\ a_{21}x_1+a_{22}x_2+\cdots+a_{2n}x_n\\ \vdots\\ a_{n1}x_1+a_{n2}x_2+\cdots+a_{nn}x_n\end{bmatrix} \tag{4-54}$$

然后根据 $\dot{V}(\boldsymbol{x})$ 为负定（或半负定）的要求确定待定系数 $a_{ij}(i,j=1,2,\cdots,n)$，再由这个 $\nabla \boldsymbol{V}$ 通过下列线积分来导出 $V(\boldsymbol{x})$，即 $V(\boldsymbol{x})=\int_0^{\boldsymbol{x}}(\nabla \boldsymbol{V})^{\mathrm{T}}\mathrm{d}\boldsymbol{x}$。　(4-55)

它是对整个状态空间中任意点 $\boldsymbol{x}=[x_1\quad x_2\quad \cdots\quad x_n]^{\mathrm{T}}$ 的线积分。这个线积分可以做到与积分路径无关。显然最简单的积分路径是采用逐点积分法，即

$$\begin{aligned}V(\boldsymbol{x})=&\int_0^{x_1(x_2=x_3=\cdots=x_n=0)}\nabla V_1\mathrm{d}x_1+\\&\int_0^{x_2(x_1=x_1,x_3=x_4=\cdots=x_n=0)}\nabla V_2\mathrm{d}x_2+\cdots+\\&\int_0^{x_n(x_1=x_1,x_2=x_2,\cdots,x_{n-1}=x_{n-1})}\nabla V_n\mathrm{d}x_n\end{aligned} \tag{4-56}$$

设单位向量为

$$\boldsymbol{e}_1=\begin{bmatrix}1\\0\\0\\ \vdots\\0\end{bmatrix},\boldsymbol{e}_2=\begin{bmatrix}0\\1\\0\\ \vdots\\0\end{bmatrix},\cdots,\boldsymbol{e}_n=\begin{bmatrix}0\\0\\0\\ \vdots\\1\end{bmatrix} \tag{4-57}$$

那么式(4-56) 中的积分路径是从坐标原点开始的，沿着 $\boldsymbol{e}_1$ 到达 x_1，再由这点沿着 $\boldsymbol{e}_2$

到达 $x_2,\cdots$，最后沿着$\boldsymbol{e}_n$ 到达 $\boldsymbol{x}=[x_1 \quad x_2 \quad \cdots \quad x_n]^{\mathrm{T}}$。

为了使式(4-55) 的线积分与积分路径无关，必须保证$\nabla\boldsymbol{V}$ 的旋度为零。这就要求满足 n 维广义旋度方程

$$\frac{\partial \nabla V_i}{\partial x_j}=\frac{\partial \nabla V_j}{\partial x_i}(i,j=1,2,\cdots,n\ ;i\neq j) \tag{4-58}$$

式(4-58) 表明，由$\dfrac{\partial \nabla V_i}{\partial x_j}$ 所组成的雅可比矩阵

$$\boldsymbol{J}=\frac{\partial \nabla \boldsymbol{V}}{\partial \boldsymbol{x}^{\mathrm{T}}}=\begin{bmatrix} \dfrac{\partial \nabla V_1}{\partial x_1} & \dfrac{\partial \nabla V_1}{\partial x_2} & \cdots & \dfrac{\partial \nabla V_1}{\partial x_n} \\ \dfrac{\partial \nabla V_2}{\partial x_1} & \dfrac{\partial \nabla V_2}{\partial x_2} & \cdots & \dfrac{\partial \nabla V_2}{\partial x_n} \\ \vdots & \vdots & \ddots & \vdots \\ \dfrac{\partial \nabla V_n}{\partial x_1} & \dfrac{\partial \nabla V_n}{\partial x_2} & \cdots & \dfrac{\partial \nabla V_n}{\partial x_n} \end{bmatrix} \tag{4-59}$$

必须是对称的。因此，对 n 维系统应有$\dfrac{n(n-1)}{2}$个旋度方程。例如 $n=3$，则应有三个方程，即

$$\begin{gathered} \frac{\partial \nabla V_2}{\partial x_1}=\frac{\partial \nabla V_1}{\partial x_2} \\ \frac{\partial \nabla V_3}{\partial x_1}=\frac{\partial \nabla V_1}{\partial x_3} \\ \frac{\partial \nabla V_3}{\partial x_2}=\frac{\partial \nabla V_2}{\partial x_3} \end{gathered} \tag{4-60}$$

如果由式(4-56) 求得的 $V(\boldsymbol{x})$ 是正定的，那么平衡状态是渐近稳定的。如若当 $\|\boldsymbol{x}\|\to\infty$时，有 $V(\boldsymbol{x})\to\infty$，则平衡状态是大范围渐近稳定的。

① 按式(4-54) 设定$\nabla\boldsymbol{V}$，式中的待定系数 a_{ij}，可能是常数或时间 t 的函数或状态变量的函数。显然，不同的系数选择法可能求出不同的 $V(\boldsymbol{x})$。通常把 a_{nn} 选为常数或 t 的函数是方便的。有些 a_{ij} 可选为零，或者根据 $\dot{V}(\boldsymbol{x})$ 的约束条件或者旋度方程的要求来选定。

② 由$\nabla\boldsymbol{V}$ 按式(4-53) 确定 $\dot{V}(\boldsymbol{x})$。

③ 根据 $\dot{V}(\boldsymbol{x})$ 是负定或至少是半负定并满足$\dfrac{n(n-1)}{2}$个旋度方程的条件，确定$\nabla\boldsymbol{V}$ 中余下的未知系数，由此得出 $\dot{V}(\boldsymbol{x})$，可能会改变第②步算得的 $\dot{V}(\boldsymbol{x})$，因此要重新校核 $\dot{V}(\boldsymbol{x})$ 的定号性质。

④ 由式(4-56) 确定 $V(\boldsymbol{x})$。

⑤ 校核是否满足若当 $\|\boldsymbol{x}\|\to\infty$时，有 $V(\boldsymbol{x})\to\infty$的条件或确定使 $V(\boldsymbol{x})$ 为正定的渐近稳定范围。

应该指出，如果用上述方法求不出合适的 $V(\boldsymbol{x})$，那也并不意味着平衡状态是不稳定的。

【例 4-13】 试用变量梯度法确定下列非线性系统

$$\begin{cases} \dot{x}_1=-x_1 \\ \dot{x}_2=-x_2+x_1x_2^2 \end{cases}$$

的李雅普诺夫函数，并分析系统在平衡状态$\boldsymbol{x}_e=\mathbf{0}$处的稳定性。

解

① 假设$V(\boldsymbol{x})$的梯度。

$$\nabla \boldsymbol{V}=\begin{bmatrix} a_{11}x_1+a_{12}x_2 \\ a_{21}x_1+a_{22}x_2 \end{bmatrix}=\begin{bmatrix} \nabla V_1 \\ \nabla V_2 \end{bmatrix}$$

② 按式(4-53)计算$V(\boldsymbol{x})$的导数。

$$\dot{V}(\boldsymbol{x})=(\nabla \boldsymbol{V})^{\mathrm{T}}\dot{\boldsymbol{x}}=[a_{11}x_1+a_{12}x_2 \quad a_{21}x_1+a_{22}x_2]\begin{bmatrix} -x_1 \\ -x_2+x_1x_2^2 \end{bmatrix}$$

$$=-a_{11}x_1^2-(a_{12}+a_{21})x_1x_2-a_{22}x_2^2+a_{21}x_1^2x_2^2+a_{22}x_1x_2^3$$

③ 选择参数。

若试选$a_{11}=a_{22}=1$，$a_{12}=a_{21}=0$，则

$$\dot{V}(\boldsymbol{x})=-x_1^2-(1-x_1x_2)x_2^2$$

如果使$1-x_1x_2>0$或$x_1x_2<1$，则$\dot{V}(\boldsymbol{x})$是负定的。因此，$x_1x_2<1$是x_1和x_2的约束条件。于是得

$$\nabla \boldsymbol{V}=\begin{bmatrix} x_1 \\ x_2 \end{bmatrix}$$

显然满足旋度方程

$$\frac{\partial \nabla V_1}{\partial x_2}=\frac{\partial \nabla V_2}{\partial x_1} \quad 即 \quad \frac{\partial x_1}{\partial x_2}=\frac{\partial x_2}{\partial x_1}=0$$

这表明上述选择的参数是合理的。

④ 按式(4-56)计算$V(\boldsymbol{x})$。

$$V(\boldsymbol{x})=\int_0^{x_1(x_2=0)}x_1\mathrm{d}x_1+\int_0^{x_2(x_1=x_1)}x_2\mathrm{d}x_2=\frac{1}{2}(x_1^2+x_2^2)$$

$V(\boldsymbol{x})$是正定的，因此，在$x_1x_2<1$范围内，$\boldsymbol{x}_e=\mathbf{0}$是渐近稳定的。

为了说明李雅普诺夫函数选择的非唯一性，现在再选参数$a_{11}=1$，$a_{12}=x_2^2$，$a_{21}=3x_2^2$，$a_{22}=3$，此时有

$$\nabla \boldsymbol{V}=\begin{bmatrix} x_1+x_2^3 \\ 3x_1x_2^2+3x_2 \end{bmatrix}$$

则
$$\dot{V}(\boldsymbol{x})=(\nabla \boldsymbol{V})^{\mathrm{T}}\dot{\boldsymbol{x}}=[x_1+x_2^3 \quad 3x_1x_2^2+3x_2]\begin{bmatrix} -x_1 \\ -x_2+x_1x_2^2 \end{bmatrix}$$

$$=-x_1^2-x_1x_2^3-3x_1x_2^3-3x_2^2+3x_1^2x_2^4+3x_1x_2^3$$

$$=-x_1^2-3x_2^2-(x_1x_2-3x_1^2x_2^2)x_2^2$$

欲使$\dot{V}(\boldsymbol{x})$为负定，则可取 $x_1x_2(1-3x_1x_2)>0$

即
$$0<x_1x_2<\frac{1}{3}$$

此时同样满足旋度方程

$$\frac{\partial \nabla V_1}{\partial x_2}=3x_2^2 \quad \frac{\partial \nabla V_2}{\partial x_1}=3x_2^2$$

因此有

$$V(\boldsymbol{x})=\int_0^{x_1(x_2=0)} x_1 \mathrm{d}x_1+\int_0^{x_2(x_1=x_1)}(3x_1x_2^2+3x_2)\mathrm{d}x_2$$

$$=\frac{1}{2}x_1^2+\frac{3}{2}x_2^2+x_1x_2^3$$

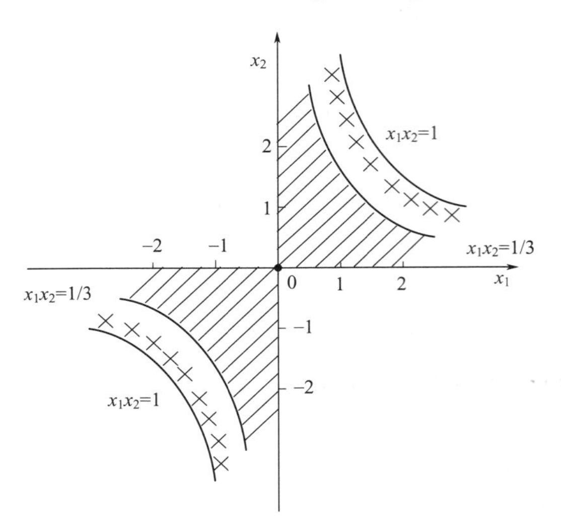

图 4-7　例 4-13 的稳定区域

在约束条件 $0<x_1x_2<1/3$ 下，$V(\boldsymbol{x})$ 是正定的。因而，在 $0<x_1x_2<1/3$ 范围内，系统在 $\boldsymbol{x}_e=\boldsymbol{0}$ 是渐近稳定的。

上述分析表明，即使对同一系统，当选择不同的 a_{ij} 参数时，所得到的李雅普诺夫函数 $V(\boldsymbol{x})$ 不同，因而渐近稳定的区域也不同。显然前者选取的 $V(\boldsymbol{x})$ 比后者要好。它们的稳定区域范围如图 4-7 所示，其中阴影区表示在 $0<x_1x_2<1/3$ 条件下的稳定范围，它比 $x_1x_2<1$ 条件下窄了许多。

【例 4-14】 设时变系统状态方程为

$$\dot{\boldsymbol{x}}=\boldsymbol{A}(t)\boldsymbol{x}=\begin{bmatrix}0 & 1\\ -\dfrac{1}{t+1} & -10\end{bmatrix}\boldsymbol{x},\ t\geqslant 0$$

试分析平衡点 $\boldsymbol{x}_e=\boldsymbol{0}$ 的稳定性。

解　设 $V(\boldsymbol{x})$ 的梯度为

$$\nabla \boldsymbol{V}=\begin{bmatrix}a_{11}x_1+a_{12}x_2\\ a_{21}x_1+a_{22}x_2\end{bmatrix}$$

则
$$\dot{V}(\boldsymbol{x})=(\nabla \boldsymbol{V})^{\mathrm{T}}\dot{\boldsymbol{x}}=[a_{11}x_1+a_{12}x_2\quad a_{21}x_1+a_{22}x_2]\begin{bmatrix}x_2\\ -\dfrac{x_1}{t+1}-10x_2\end{bmatrix}$$

$$=(a_{11}x_1+a_{12}x_2)x_2+(a_{21}x_1+a_{22}x_2)\left(-\frac{x_1}{t+1}-10x_2\right)$$

若取 $a_{12}=a_{21}=0$，可满足旋度方程。因为

$$\nabla \boldsymbol{V}=\begin{bmatrix}a_{11}x_1\\ a_{22}x_2\end{bmatrix},\ \frac{\partial \nabla V_1}{\partial x_2}=0,\ \frac{\partial \nabla V_2}{\partial x_1}=0$$

于是得

$$\dot{V}(\boldsymbol{x})=a_{11}x_1x_2+a_{22}x_2\left(-\frac{x_1}{t+1}-10x_2\right)$$

再取 $a_{11}=1$ 和 $a_{22}=t+1$，即得梯度

$$\nabla \boldsymbol{V}=\begin{bmatrix}x_1\\ (t+1)x_2\end{bmatrix}$$

然后积分得

$$V(\boldsymbol{x})=\int_0^{x_1(x_2=0)} x_1\mathrm{d}x_1+\int_0^{x_2(x_1=x_1)}(t+1)x_2\mathrm{d}x_2=\frac{1}{2}[x_1^2+(t+1)x_2^2]$$

$V(\boldsymbol{x})$ 是正定的，其导数为

$$\dot{V}(\boldsymbol{x})=\dot{x}_1x_1+\frac{x_2^2}{2}+(t+1)\dot{x}_2x_2=-(10t+9.5)x_2^2$$

显然 $\dot{V}(\boldsymbol{x})$ 是半负定的。但当 $\boldsymbol{x}\neq\boldsymbol{0}$ 时，$\dot{V}(\boldsymbol{x})$ 不恒等于零，故系统在原点是大范围渐近稳定的。

4.5 利用 MATLAB 分析系统的稳定性

利用 MATLAB 分析系统的稳定性应用的命令如下。

① lyap——求解线性定常系统李雅普诺夫方程命令语句。语句形式为 $\boldsymbol{X}$=lyap($\boldsymbol{A}$，$\boldsymbol{Q}$)，函数的形参为系统矩阵 $\boldsymbol{A}$，李雅普诺夫方程中的矩阵 $\boldsymbol{Q}$，返回参数为李雅普诺夫方程中的 $\boldsymbol{P}$ 矩阵及其各阶主子式向量 delt $\boldsymbol{P}$。

② dlyap——求解线性定常离散系统李雅普诺夫方程命令语句。语句形式为 $\boldsymbol{X}$=dlyap($\boldsymbol{A}$，$\boldsymbol{Q}$)，函数的形参为系统矩阵 $\boldsymbol{A}$，李雅普诺夫方程中的矩阵 $\boldsymbol{Q}$，返回参数为李雅普诺夫方程中的 $\boldsymbol{P}$ 矩阵及其各阶主子式向量 delt $\boldsymbol{P}$。

③ dlyap2——利用特征值分解技术求解李雅普诺夫方程命令语句。语句形式为 $\boldsymbol{X}$=dlyap2($\boldsymbol{A}$，$\boldsymbol{Q}$)，函数的形参为系统矩阵 $\boldsymbol{A}$，李雅普诺夫方程中的矩阵 $\boldsymbol{Q}$，返回参数为李雅普诺夫方程中的 $\boldsymbol{P}$ 矩阵。

可定义稳定性判断函数 stabanaly 如下。

```
function [P,deltP]=stabanaly(A,Q)
n=size(A,1);deltP=[];
P=lyap(A,Q);%若为线性定常离散系统时此函数为 P=dlyap(A,Q)
for i=1:n
    delt=delt(P(1:i,1:i));
    deltP=[deltP;delt];
end
```

在 Command Window 窗口输入矩阵 $\boldsymbol{A}$ 和 $\boldsymbol{Q}$，调用函数 stabanaly，MATLAB 即可完成计算并输出矩阵 $\boldsymbol{P}$ 及各阶主子式向量 delt $\boldsymbol{P}$。

【例 4-15】 设系统的自由运动方程为

$$\dot{\boldsymbol{x}}(t)=\begin{bmatrix}0 & 3\\-4 & -7\end{bmatrix}\boldsymbol{x}(t)$$

试判断系统的稳定性，并求李雅普诺夫函数。

解

① 常规分析　因系统矩阵 $\boldsymbol{A}=\begin{bmatrix}0 & 3\\-4 & -7\end{bmatrix}$ 非奇异，故该系统只有一个位于状态空间原点的平衡状态，即

$$\boldsymbol{x}_{\mathrm{e}}=\boldsymbol{0}$$

李雅普诺夫方程为

$$\boldsymbol{A}^{\mathrm{T}}\boldsymbol{P}+\boldsymbol{P}\boldsymbol{A}=-\boldsymbol{Q}$$

其中，$\boldsymbol{P}=\begin{bmatrix}p_{11} & p_{12}\\p_{12} & p_{22}\end{bmatrix}$。

若取 $Q=\begin{bmatrix}0 & 0\\0 & 1\end{bmatrix}$，那么 $x^{T}Qx=x_2^2$。如果 $x^{T}Qx\equiv 0$，必有 $x_2^2=0$。根据给定的状态方程 $\dot{x}_2=-4x_1-7x_2$，当 $x_2=0$，必有 $x_1=0$。可见，只有在 $x_e=\mathbf{0}$ 处，$x^{T}Qx=\mathbf{0}$。除此之外，$x^{T}Qx$ 不恒为零。于是由李雅普诺夫稳定性方程可得

$$\begin{bmatrix}0 & -4\\3 & -7\end{bmatrix}\begin{bmatrix}p_{11} & p_{12}\\p_{12} & p_{22}\end{bmatrix}+\begin{bmatrix}p_{11} & p_{12}\\p_{12} & p_{22}\end{bmatrix}\begin{bmatrix}0 & 3\\-4 & -7\end{bmatrix}=-\begin{bmatrix}0 & 0\\0 & 1\end{bmatrix}$$

解方程可得

$$\boldsymbol{P}=\begin{bmatrix}\frac{2}{21} & 0\\0 & \frac{1}{14}\end{bmatrix}$$

$\boldsymbol{P}$ 为正定实对称矩阵，$\boldsymbol{Q}$ 为半正定实对称矩阵且 $x^{T}Qx$ 不恒为零，满足稳定的充分必要条件，故该系统在 $x_e=\mathbf{0}$ 处大范围渐近稳定，李雅普诺夫函数为

$$V(x)=x^{T}Px=\frac{2}{21}x_1^2+\frac{1}{14}x_2^2$$

② MATLAB 分析　运用 MATLAB 函数 stabanaly 分析计算可得到矩阵 $\boldsymbol{P}$ 及各阶主子式向量 delt $\boldsymbol{P}$。

输入

```
>> A=[0 3;-4 -7];Q=[0 0;0 1];
>> [P,deltP]=stabanaly(A,Q)
```

获得结果为

$$\boldsymbol{P}=\begin{bmatrix}0.0536 & 0\\0 & 0.0714\end{bmatrix}$$

$\Delta_1=0.0536>0$

$\Delta_2=0.0038>0$

因 $\boldsymbol{P}$ 为正定实对称矩阵，故系统是大范围渐近稳定的。

需要指出的是，利用 MATLAB 命令函数 $\boldsymbol{X}=\text{lyap}(\boldsymbol{A},\boldsymbol{Q})$ 计算出的矩阵 $\boldsymbol{P}$ 不完全符合李雅普诺夫方程，但是矩阵 $\boldsymbol{P}$ 的定号性是正确的。

【例 4-16】 已知线性定常系统如图 4-8 所示，试求系统的状态方程；选择正定的实对称矩阵 $\boldsymbol{Q}$ 后计算李雅普诺夫方程的解，并利用李雅普诺夫函数确定系统的稳定性。

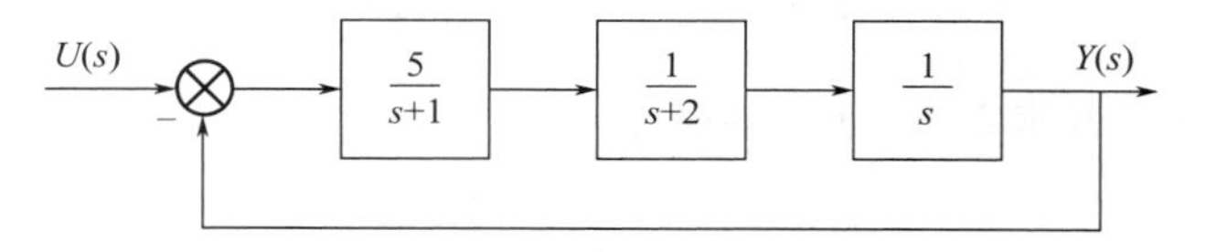

图 4-8　例 4-16 线性定常系统结构图

解　讨论系统的稳定性时，可令给定输入 $u(t)=0$。根据题目要求，因为需要调用函数 lyap( )，故首先将系统转换为状态空间模型。选择半正定矩阵 $\boldsymbol{Q}$ 为

$$\boldsymbol{Q}=\begin{bmatrix}0 & 0 & 0\\0 & 0 & 0\\0 & 0 & 1\end{bmatrix}$$

为了确定系统的稳定性，需验证 $\boldsymbol{P}$ 矩阵的正定性，这可以对各主子式的行列式进行校

验。给出程序

```
n1=5; d1=[1  1]; s1=tf(n1, d1);
n2=1; d2=[1  2]; s2=tf(n2 d2);
n3=1; d3=[1  0]; s3=tf(n3, d3);
s123=s1 * s2 * s3; sb=feedback(s123,1);
[a]=tf2ss(sb.num{1},sb.den{1});
Q=[0 0 0; 0 0 0; 0 0 1];
if det(a)~=0
  p=lyap(a,Q)
  delt1=det(p(1,1))
  delt2=det(p(2,2))
  deltp=det(p)
end
```

运行程序得

$$P=\begin{bmatrix}12.5 & 0 & -7.5\\ 0 & 7.5 & -0.5\\ -7.5 & -0.5 & 4.7\end{bmatrix}\quad \begin{aligned}&\text{delt1}=12.5\\ &\text{delt2}=93.75\\ &\text{deltP}=15.625\end{aligned}$$

即系统得状态方程为

$$\begin{bmatrix}\dot{x}_1\\ \dot{x}_2\\ \dot{x}_3\end{bmatrix}=\begin{bmatrix}-3 & -2 & -5\\ 1 & 0 & 0\\ 0 & 1 & 1\end{bmatrix}\begin{bmatrix}x_1\\ x_2\\ x_3\end{bmatrix}$$

李雅普诺夫方程解为

$$\boldsymbol{P}=\begin{bmatrix}12.5 & 0 & -7.5\\ 0 & 7.5 & -0.5\\ -7.5 & -0.5 & 4.7\end{bmatrix}$$

因为

$$\boldsymbol{Q}=\begin{bmatrix}0 & 0 & 0\\ 0 & 0 & 0\\ 0 & 0 & 1\end{bmatrix}$$

是半正定矩阵，由式 $\dot{V}(\boldsymbol{x})=-\boldsymbol{x}^{\mathrm{T}}\boldsymbol{Q}\boldsymbol{x}=-x_3^2$，可知 $\dot{V}(\boldsymbol{x})$ 是半负定的，最后各主子行列式进行校验说明 $\boldsymbol{P}$ 矩阵是正定矩阵，因此本系统在坐标原点 $\boldsymbol{x}_e=\boldsymbol{0}$ 的平衡状态是稳定的，而且是大范围渐近稳定的。

4.6 小结

① 稳定性的基本概念：李雅普诺夫意义下的稳定和一致稳定；渐近稳定和一致渐近稳定；大范围渐近稳定；不稳定。概括了经典控制理论和现代控制理论中对系统运动稳定性的描述，为稳定性分析奠定了严格的理论基础。

② 李雅普诺夫第二法的基本判据，不仅对于线性系统，而且对于非线性系统，也能给出在大范围内稳定性的信息。定理的形式简单，但在应用中需注意以下两点。

a. 构造一个合理的李雅普诺夫函数，是李雅普诺夫第二法的关键。李雅普诺夫函数是一个标量函数；在原点的邻域，李雅普诺夫函数是一个正定函数；对于一个给定系统，李雅普诺夫函数不是唯一的。

b. 李雅普诺夫第二法确定的仅仅是稳定性的充分条件。即如果包含状态空间原点在内的邻域内，可以找到一个李雅普诺夫函数，就可以用它来判断原点的稳定性或渐近稳定性，然而却不一定意味着，从这一邻域外的一个状态出发的轨线都趋于无穷大。

③ 线性系统的渐近稳定属于大范围渐近稳定。线性定常系统的李雅普诺夫函数可以用简单的二次型函数 $V(\boldsymbol{x})=\boldsymbol{x}^{\mathrm{T}}\boldsymbol{P}\boldsymbol{x}$，满足李雅普诺夫方程 $\boldsymbol{A}^{\mathrm{T}}\boldsymbol{P}+\boldsymbol{P}\boldsymbol{A}=-\boldsymbol{Q}$。线性定常离散系统的李雅普诺夫函数 $V[\boldsymbol{x}(k)]=\boldsymbol{x}^{\mathrm{T}}(k)\boldsymbol{P}\boldsymbol{x}(k)$，满足 $\boldsymbol{G}^{\mathrm{T}}\boldsymbol{P}\boldsymbol{G}-\boldsymbol{P}=-\boldsymbol{Q}$。

④ 非线性系统的李雅普诺夫稳定性分析较为复杂，没有统一的规律可循，只能具体问题具体分析。雅可比矩阵法实际上是属于线性化的方法，由此构造出的李雅普诺夫函数具有二次型的形式，计算较为方便。变量梯度法构造的李雅普诺夫函数不属于二次型，但所取的梯度向量模式可较好地满足各种约束条件，应用性较强。

需要强调的是，如果应用李雅普诺夫第二法时，无法找到一个合适的李雅普诺夫函数，也并不意味着平衡状态是不稳定的，不能得出任何结论。

最后介绍了利用 MATLAB 实现系统的李雅普诺夫稳定分析的方法。

习　题

4-1　判断下列二次型函数的定号性：

(1) $V(\boldsymbol{x})=-x_1^2-3x_2^2-11x_3^2+2x_1x_2-x_2x_3-2x_1x_3$；

(2) $V(\boldsymbol{x})=x_1^2+4x_2^2+x_3^2-2x_1x_2-6x_2x_3-2x_1x_3$。

4-2　已知二阶系统的状态方程为

$$\dot{\boldsymbol{x}}=\begin{bmatrix} a_{11} & a_{12} \\ a_{21} & a_{22} \end{bmatrix}\boldsymbol{x}$$

试确定系统在平衡状态处大范围渐近稳定的条件。

4-3　以李雅普诺夫第二法确定下列系统在状态空间坐标原点的稳定性：

(1) $\dot{\boldsymbol{x}}=\begin{bmatrix} -1 & 1 \\ 2 & -3 \end{bmatrix}\boldsymbol{x}$；(2) $\dot{\boldsymbol{x}}=\begin{bmatrix} -1 & 1 \\ -1 & -1 \end{bmatrix}\boldsymbol{x}$。

4-4　下式是描述两种生物个数的瓦尔特拉（Volterra）方程：

$$\begin{cases} \dot{x}_1=\alpha x_1+\beta x_1x_2 \\ \dot{x}_2=\gamma x_2+\delta x_1x_2 \end{cases}$$

式中，x_1、x_2 分别表示两种生物的个数；α、β、γ、δ 为非 0 实数。

(1) 确定系统的平衡点；(2) 在平衡点附近进行线性化，并讨论系统在平衡点的稳定性。

4-5　试求下列非线性微分方程：

$$\begin{cases} x_1=x_2 \\ x_2=-\sin x_1-x_2 \end{cases}$$

的平衡点，然后对各平衡点进行线性化，并讨论系统在平衡点的稳定性。

4-6　设非线性系统状态方程为

$$\begin{cases}\dot{x}_1=x_2\\ \dot{x}_2=-a(1+x_2)^2x_2-x_1, a>0\end{cases}$$

试确定该系统在平衡状态的稳定性。

4-7　设线性离散系统的状态方程为

$$\begin{cases}x_1(k+1)=x_1(k)+3x_2(k)\\ x_2(k+1)=-3x_1(k)-2x_2(k)-3x_3(k)\\ x_3(k+1)=x_1(k)\end{cases}$$

试确定其在平衡状态的稳定性。

4-8　设线性离散系统的状态方程为

$$\boldsymbol{x}(k+1)=\begin{bmatrix}0 & 1 & 0\\ 0 & 0 & 1\\ 0 & k/2 & 0\end{bmatrix}\boldsymbol{x}(k), k>0$$

试求系统在平衡点$\boldsymbol{x}_{\mathrm{e}}=\boldsymbol{0}$处，系统渐近稳定时$k$的取值范围。

4-9　设非线性系统的状态方程为

$$\begin{cases}\dot{x}_1=x_2\\ \dot{x}_2=-x_1^3-x_2\end{cases}$$

试用雅克比矩阵法确定系统在原点的稳定性。

4-10　已知非线性系统的状态方程为

$$\begin{cases}\dot{x}_1=x_2\\ \dot{x}_2=-(a_1x_1+a_2x_1^2x_2)\end{cases}$$

试证明在$a_1>0$、$a_2>0$时系统是大范围渐近稳定的。

4-11　设非线性系统为

$$\begin{cases}\dot{x}_1=ax_1+x_2\\ \dot{x}_2=x_1-x_2+bx_2^5\end{cases}$$

试用雅克比矩阵法确定原点为大范围渐近稳定时，参数a和b的取值范围。

4-12　试用变量梯度法构造下列系统的李雅普诺夫函数：

(1) $\begin{cases}\dot{x}_1=-x_1+2x_1^2x_2\\ \dot{x}_2=-x_2\end{cases}$；(2) $\begin{cases}\dot{x}_1=x_2\\ \dot{x}_2=a_1(t)x_1+a_2(t)x_2\end{cases}$。

第5章
线性控制系统的能控性和能观测性

现代控制理论中，能控性和能观测性是两个重要的概念，是由卡尔曼（Kalman）在1960年首先提出来的。现代控制理论是建立在用状态空间描述的基础上的，状态方程描述了输入 $\boldsymbol{u}$ 引起状态 $\boldsymbol{x}$ 的变化过程；输出方程则描述了由状态变化引起的输出 $\boldsymbol{y}$ 的变化。能控性是分析输入 $\boldsymbol{u}$ 对状态 $\boldsymbol{x}$ 的控制能力；能观测性是分析输出 $\boldsymbol{y}$ 对状态 $\boldsymbol{x}$ 的反映能力。显然，这两个概念是与状态空间表达式对系统进行内部描述相对应的，是应用状态空间描述系统所带来的新概念。而经典控制理论只限于讨论控制作用（输入）$\boldsymbol{u}$ 对输出 $\boldsymbol{y}$ 的影响，两者之间的关系唯一地由系统的传递函数所确定，只要满足稳定性条件，系统对输出就是能控制的，而输出量本身就是被控制量，对一个实际物理系统而言，它一般是能观测到的。

本章将在详细讨论能控性和能观测性定义的基础上，介绍有关判别系统能控性和能观测性的准则，以及能控性与能观测性之间的对偶关系。然后介绍如何通过非奇异变换把能控系统和能观系统的动力学方程化成能控标准型和能观测标准型，把不完全能控系统和不完全能观系统的动力学方程进行结构分解。最后在系统结构分解的基础上介绍传递函数的最小实现。

5.1 能控性与能观测性的定义

5.1.1 能控性的定义

能控性所考察的只是系统在控制作用 $\boldsymbol{u}$ 的控制下，状态向量 $\boldsymbol{x}$ 的转移情况，而与输出 $\boldsymbol{y}$ 无关，所以只需从系统的状态方程研究出发即可。

(1) 线性连续定常系统的能控性

定义 5-1 线性连续定常系统

$$\dot{\boldsymbol{x}}=\boldsymbol{A}\boldsymbol{x}+\boldsymbol{B}\boldsymbol{u} \tag{5-1}$$

如果存在一个分段连续的输入 $\boldsymbol{u}$，能在有限时间区间 $[t_0,t_f]$ 内，使系统由任意非零初始状态 $\boldsymbol{x}(t_0)$，转移到指定的任一终端状态 $\boldsymbol{x}(t_f)$，则称此系统是状态完全能控的，或简称系统是能控的。

上述定义可以在二阶系统的状态平面上来说明（图5-1）。假定状态平面中的 P 点能在输入的作用下被驱动到任一假定状态 $P_1,P_2,P_3,\cdots,P_n$，那么状态平面的 P 点是能控状态。假如能控状态“充满”整个状态空间，即对于任一初始状态都能找到相应的控制输入 $\boldsymbol{u}$，使

在有限的时间区间 $[t_0, t_f]$ 内，将状态转移到状态空间的任一指定状态，则该系统称为状态完全能控。可以看出，系统中某一状态的能控和系统的状态完全能控在含义上是不同的。

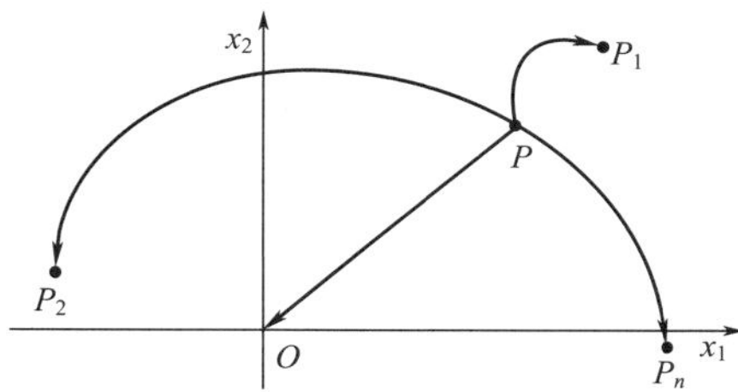

图 5-1　系统能控性示意图

说明如下。

① 在线性定常系统中，可以假定初始时刻 $t_0=0$，初始状态为 $\boldsymbol{x}(0)$，而任意终端状态就指定为平衡状态（坐标原点），即 $\boldsymbol{x}(t_f)=\boldsymbol{0}$。

② 也可以假定 $\boldsymbol{x}(t_0)=\boldsymbol{0}$，而 $\boldsymbol{x}(t_f)$ 为任意终端状态，即若存在一个无约束控制作用 $\boldsymbol{u}(t)$，在有限时间 $[t_0, t_f]$ 内，能将 $\boldsymbol{x}(t)$ 由零状态驱动到任意终端状态 $\boldsymbol{x}(t_f)$，称为状态的能达性。在线性定常系统中，能控性与能达性是完全等价的，即能控系统一定是能达系统，能达系统一定是能控系统。

③ 在讨论能控性问题时，控制作用从理论上说是无约束的，其取值并非唯一的，因为我们关心的只是它能否将 $\boldsymbol{x}(t_0)$ 驱动到 $\boldsymbol{x}(t_f)$，而不计较 $\boldsymbol{x}$ 的轨线如何。

(2) 线性连续时变系统的能控性　线性连续时变系统

$$\dot{\boldsymbol{x}}=\boldsymbol{A}(t)\boldsymbol{x}+\boldsymbol{B}(t)\boldsymbol{u} \tag{5-2}$$

能控性的定义与定常系统的定义相同，但是 $\boldsymbol{A}(t)$、$\boldsymbol{B}(t)$ 是时变矩阵而非常系数矩阵，其状态向量 $\boldsymbol{x}$ 的转移，与初始时刻 t_0 的选取有关，所以在时变系统能控性定义中，应强调在 t_0 时刻系统是能控的。

(3) 线性定常离散系统的能控性

定义 5-2　这里只考虑单输入的 n 阶线性定常离散系统

$$\boldsymbol{x}(k+1)=\boldsymbol{G}\boldsymbol{x}(k)+\boldsymbol{h}u(k) \tag{5-3}$$

$u(k)$ 是标量控制作用，它在 $(k, k+1)$ 区间内是个常值，其能控性定义为：若存在控制作用序列 $u(k), u(k+1), \cdots, u(l-1)$ 能使第 k 步的某个状态 $\boldsymbol{x}(k)$ 在第 l 步上到达零状态，即 $\boldsymbol{x}(l)=\boldsymbol{0}$，其中 l 是大于 k 的有限数，那么就称此状态是能控的。若系统在第 k 步上的所有状态 $\boldsymbol{x}(k)$ 都是能控的，那么此系统是状态完全能控的，称该系统为能控系统。

5.1.2　能观测性的定义

控制系统大多采用反馈控制形式。在现代控制理论中，其反馈信息一般是由系统的状态变量形成的，即状态反馈。但并非系统所有的状态变量在物理上都能测取到，能否通过对输出的测量获得全部状态变量的信息，这便是系统的能观测问题。图 5-2(a) 所示系统是状态完全能观测的，因为系统的每一个状态变量对输出都能产生影响。图 5-2(b) 所示系统是状态不能完全观测的，因为状态 x_2 对输出 y 不产生任何影响，因而要从输出量 y 的信息中获得 x_2 的信息也是不可能的。

能观测性所表示的是输出 $\boldsymbol{y}$ 反映状态向量 $\boldsymbol{x}$ 变化的能力，与控制作用没有直接关系，所以分析能观测性问题时，只需从齐次状态方程和输出方程出发，即

$$\begin{cases}\dot{\boldsymbol{x}}=\boldsymbol{A}\boldsymbol{x}, \boldsymbol{x}(t_0)=\boldsymbol{x}_0\\ \boldsymbol{y}=\boldsymbol{C}\boldsymbol{x}\end{cases} \tag{5-4}$$

定义 5-3　如果对任意给定的输入 $\boldsymbol{u}$，在有限观测时间 $t_f>t_0$，使根据 $[t_0, t_f]$ 期间的输出 $\boldsymbol{y}$ 能唯一地确定系统在初始时刻的状态 $\boldsymbol{x}(t_0)$，则称状态 $\boldsymbol{x}(t_0)$ 是能观测的。若系统的

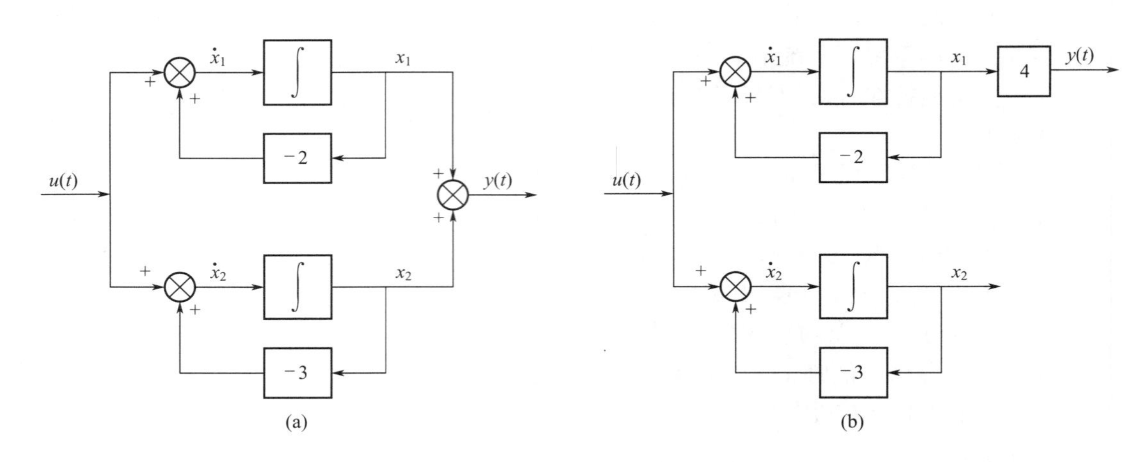

图 5-2　系统模拟结构图

每一个状态都是能观测的，则称系统是状态完全能观测的，或简称系统是能观测的。

对上述定义说明如下。

① 能观测性表示的是 $\boldsymbol{y}$ 反映状态向量 $\boldsymbol{x}$ 的能力，考虑到控制作用所引起的输出是可以计算出的，所以在分析能观测问题时，不妨令 $\boldsymbol{u}=\boldsymbol{0}$，这样只需从齐次状态方程和输出方程出发，或用符号 $\sum(\boldsymbol{A},\boldsymbol{C})$ 表示。

② 从输出方程可以看出，如果输出量 $\boldsymbol{y}$ 的维数等于状态的维数，即 $m=n$，并且 $\boldsymbol{C}$ 是非奇异矩阵，则求解状态是十分简单的，即 $\boldsymbol{x}=\boldsymbol{C}^{-1}\boldsymbol{y}$。

显然，这是不需要观测时间的。可是在一般情况下，输出量的个数总是小于状态变量的个数，即 $m<n$。为了能唯一地求出 n 个状态方程，不得不在不同的时刻多测量几组输出数据 $\boldsymbol{y}(t_0),\boldsymbol{y}(t_1),\cdots,\boldsymbol{y}(t_f)$，使之能构成 n 个方程式。若 $t_0,t_1,\cdots,t_f$ 相隔太近，则 $\boldsymbol{y}(t_0),\boldsymbol{y}(t_1),\cdots,\boldsymbol{y}(t_f)$所构成的 n 个方程虽然在结构上是独立的，但其数值可能相差无几，而破坏了其独立性。因此，在能观测性定义中，观测时间应满足 $t_f \geqslant t_0$ 的要求。

③ 在定义中之所以把能观测性规定为对初始状态的确定，这是因为一旦确定了初始状态，便可根据给定的控制输入 $\boldsymbol{u}$，利用状态转移方程

$$\boldsymbol{x}(t)=\boldsymbol{\Phi}(t-t_0)\boldsymbol{x}(t_0)+\int_{t_0}^{t}\boldsymbol{\Phi}(t-\tau)\boldsymbol{B}u(\tau)\mathrm{d}\tau \tag{5-5}$$

求出各个瞬时的状态。$\boldsymbol{\Phi}(t)$ 为系统的状态转移矩阵。

5.2 线性定常连续系统的能控性

线性定常系统能控性判别准则有两种形式：一种是先将系统进行状态变换，把状态方程化为对角标准型或约当标准型（$\hat{\boldsymbol{A}}$，$\hat{\boldsymbol{B}}$），再根据 $\hat{\boldsymbol{B}}$ 矩阵确定系统的能控性；另一种是直接根据状态方程的 $\boldsymbol{A}$ 矩阵和 $\boldsymbol{B}$ 矩阵定义能控性矩阵 $\boldsymbol{Q}_c$，确定其能控性。

5.2.1 具有对角标准型或约当标准型系统的能控性判别

(1) 单输入系统　具有对角标准型或约当标准型系统矩阵的单输入系统，状态方程为

$$\dot{\boldsymbol{x}}=\boldsymbol{\Lambda x}+\boldsymbol{b}u \tag{5-6}$$

或者

$$\dot{\boldsymbol{x}}=\boldsymbol{J x}+\boldsymbol{b}u \tag{5-7}$$

其中

$$\boldsymbol{\Lambda}=\begin{bmatrix}\lambda_1 & & & & \\ & \lambda_2 & & \boldsymbol{0} & \\ & & \lambda_3 & & \\ & \boldsymbol{0} & & \ddots & \\ & & & & \lambda_n\end{bmatrix} \tag{5-8}$$

$\lambda_1\neq\lambda_2\neq\lambda_3\neq\cdots\neq\lambda_n$，即 n 个互异特征值。

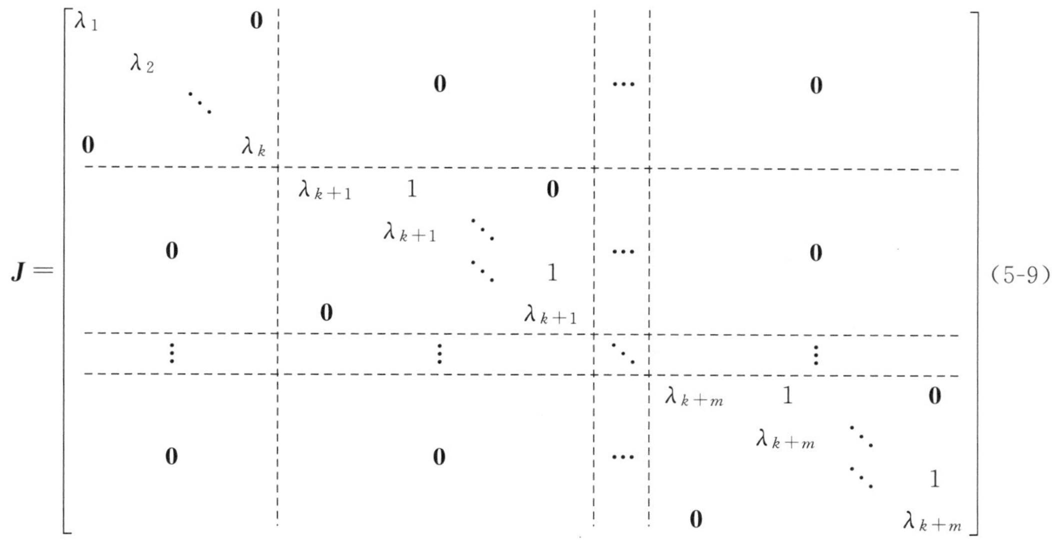

令 λ_1，λ_2，…，λ_k 为单特征值，λ_{k+1}为 l_1 重特征值，s_{k+2}为 l_2 重特征值，…，λ_{k+m} 为 l_m 重特征值，且有 $k+l_1+l_2+\cdots+l_m=k+\sum_{i=1}^{m}l_i=n$ 。

$$\boldsymbol{b}=\begin{bmatrix}b_1\\ b_2\\ \vdots\\ b_n\end{bmatrix} \tag{5-10}$$

下面列举三个具有上述类型的二阶系统，对其能控性进行分析。

$$\dot{\boldsymbol{x}}=\begin{bmatrix}\lambda_1 & 0\\ 0 & \lambda_2\end{bmatrix}\boldsymbol{x}+\begin{bmatrix}0\\ b_2\end{bmatrix}u, y=[c_1 \quad c_2]\boldsymbol{x} \tag{5-11}$$

$$\dot{\boldsymbol{x}}=\begin{bmatrix}\lambda_1 & 1\\ 0 & \lambda_1\end{bmatrix}\boldsymbol{x}+\begin{bmatrix}0\\ b_2\end{bmatrix}u, y=[c_1 \quad c_2]\boldsymbol{x} \tag{5-12}$$

$$\dot{\boldsymbol{x}}=\begin{bmatrix}\lambda_1 & 1\\ 0 & \lambda_1\end{bmatrix}\boldsymbol{x}+\begin{bmatrix}b_1\\ 0\end{bmatrix}u, y=[c_1 \quad c_2]\boldsymbol{x} \tag{5-13}$$

① 对式(5-11) 的系统，系统矩阵 **A** 为对角标准型，其标量微分方程形式为

$$\dot{x}_1=\lambda_1 x_1 \tag{5-14}$$

$$\dot{x}_2=\lambda_2 x_2+b_2 u \tag{5-15}$$

从式(5-15) 可知，$\dot{x}_2$ 可以受控制量 u 的控制，但是从式(5-14) 又知，$\dot{x}_1$ 与 u 无关，

即不受 u 控制。因而只有一个特殊状态：$\overline{\boldsymbol{x}}=\begin{bmatrix}0\\x_2\end{bmatrix}$是能控状态，故为状态不完全能控的，因而为不能控系统。

就状态空间而言，能控部分是图 5-3 中粗线所示的一条线，它属于能控状态子空间，除此子空间以外的整个空间，都是不能控的状态子空间。

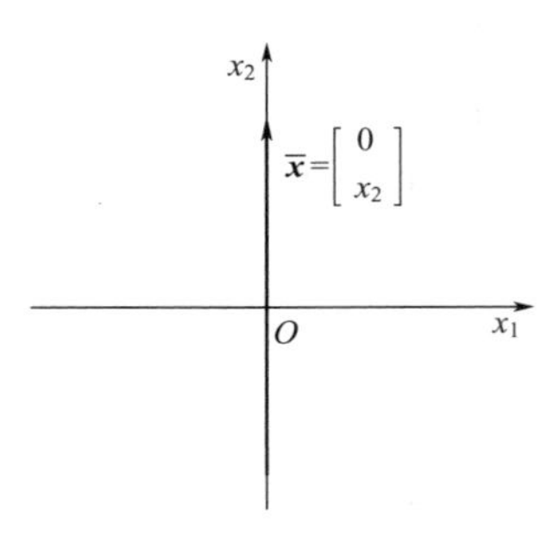

图 5-3 状态不完全能控的状态空间表示

式(5-11) 系统的结构图如图 5-4 所示。它是一个并联型的结构，而对应 x_1 这个方块而言，是一个与 u 无联系的孤立部分，即与它相应的自然模式 $e^{\lambda_1 t}$ 是不能控的。而状态 x_2 受 u 影响，其自然模式 $e^{\lambda_2 t}$ 是能控的。

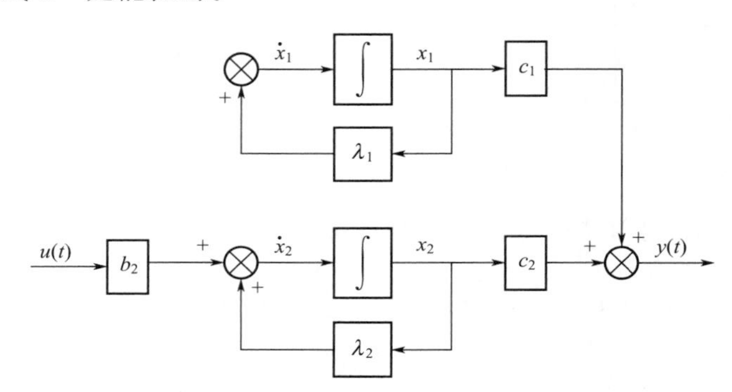

图 5-4 不完全能控系统式(5-11) 的模拟结构图

② 对式(5-12) 的系统，系统矩阵 $\boldsymbol{A}$ 为约当标准型，微分方程组为

$$\dot{x}_1=\lambda_1 x_1+x_2 \tag{5-16}$$

$$\dot{x}_2=\lambda_1 x_2+b_2 u \tag{5-17}$$

虽然式(5-16) 与 u 无直接关系，但它与 x_2 是有联系的，而 x_2 却是受控于 u 的，所以不难断定式(5-12) 的系统是状态完全能控的。根据式(5-16)、式(5-17) 画出系统的结构图如图 5-5 所示。它是一个串联型结构，没有孤立部分，也表明其状态是完全能控的。

③ 对于式(5-13) 的系统，系统矩阵虽也为约当标准型，但输入矩阵第二行的元素却为 0，其微分方程组为

$$\dot{x}_1=\lambda_1 x_1+x_2+b_1 u \tag{5-18}$$

$$\dot{x}_2=\lambda_1 x_2 \tag{5-19}$$

式(5-19) 中只有 x_2 本身，即状态独立，它既不受 u 的直接控制，也不受 x_1 的间接控制而为不能控的，从图 5-6 的结构图中看，存在一个与 u 无关的孤立部分。

通过以上分析可以得出以下几点结论。

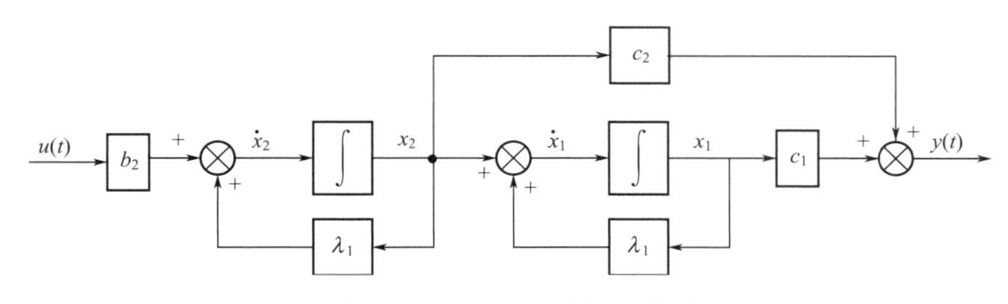

图 5-5　能控系统的模拟结构图

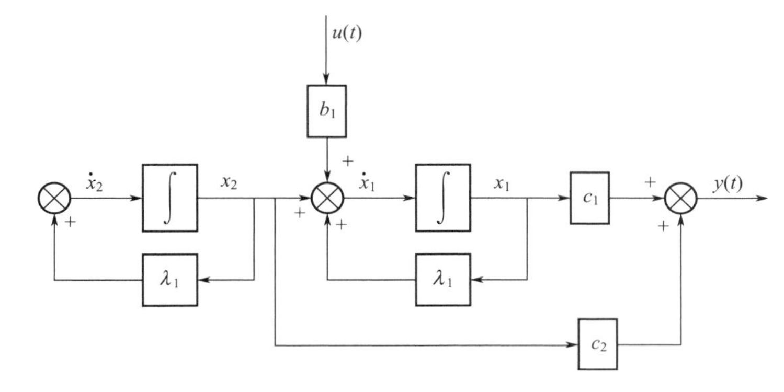

图 5-6　不完全能控系统式(5-13) 的模拟结构图

① 系统的能控性取决于状态方程中的系统矩阵 $\boldsymbol{A}$ 和控制矩阵 $\boldsymbol{B}$。系统矩阵 $\boldsymbol{A}$ 是由系统的结构和内部参数决定的，控制矩阵 $\boldsymbol{B}$ 是与控制作用的施加点有关的，因此系统的能控性完全取决于系统的结构、参数，以及控制作用的施加点。如图 5-4 所示，控制作用只施加于 x_2，未施加于 x_1，图 5-6 则相反，这些没有与输入联系的孤立部分所对应的状态变量是不能控制的。

② 在 $\boldsymbol{A}$ 为对角标准型矩阵的情况下，如果 $\boldsymbol{B}$ 的元素有全为 0 的行，则与之相应的一阶标量状态方程必为齐次微分方程，而与 u 无关；这样，该方程的解无强迫运动分量，在非零初始条件时，系统状态不可能在有限时间 t_f 内衰减到零状态，从状态空间上说，$\boldsymbol{x}=[x_1 \quad x_2 \quad \cdots \quad x_n]^{\mathrm{T}}$ 是不完全能控的。

③ 在 $\boldsymbol{A}$ 为约当标准型矩阵的情况下，由于前一个状态总是受下一个状态的控制，故只有当 $\boldsymbol{B}$ 中相应于约当块的最后一行的元素为零时，相应的为一个一阶标量齐次微分方程，而成为不完全能控的。

④ 不能控的状态，在结构图中表现为存在与 u 无关的孤立方块，它对应的是一阶齐次微分方程的模拟结构图，其自由运动的解是 $x_i(0)\mathrm{e}^{\lambda_i t}$，故为不能控的状态，也表现为与之相应的特征值的自然模式 $\mathrm{e}^{\lambda_i t}$ 的不能控。

(2) 多输入系统　系统的状态方程为

$$\dot{\boldsymbol{x}}=\boldsymbol{A}\boldsymbol{x}+\boldsymbol{B}\boldsymbol{u} \tag{5-20}$$

① 若令 $\boldsymbol{x}=\boldsymbol{T}\boldsymbol{z}$，式(5-20) 可变换为对角标准型或约当标准型，即

$$\dot{\boldsymbol{z}}=\boldsymbol{\Lambda}\boldsymbol{z}+\boldsymbol{T}^{-1}\boldsymbol{B}\boldsymbol{u} \tag{5-21}$$

其中，$\boldsymbol{\Lambda}=\boldsymbol{T}^{-1}\boldsymbol{A}\boldsymbol{T}$ 为对角型矩阵。

或者

$$\dot{\boldsymbol{z}}=\boldsymbol{J}\boldsymbol{z}+\boldsymbol{T}^{-1}\boldsymbol{B}\boldsymbol{u} \tag{5-22}$$

其中，$\boldsymbol{J}=\boldsymbol{T}^{-1}\boldsymbol{A}\boldsymbol{T}$ 为约当型矩阵。

② 可以证明，系统的线性变换不改变系统的能控性条件。

线性变换不改变系统的特征值，若第 i 个状态 x_i 不能控，就是自由运动分量 $x_i(0)e^{\lambda_i t}$ 不能控，亦即相应特征值的自然模式 $e^{\lambda_i t}$ 不能控，既然系统线性变换不改变系统特征值，所以不改变系统的能控性。

③ 据此，可推得一般系统的能控性判据如下。

若系统矩阵 $\boldsymbol{A}$ 的特征值互异，则式(5-20) 可变换为式(5-21) 的形式，$\boldsymbol{A}$ 为对角型系统矩阵，此时系统能控性充分必要条件是控制矩阵 $\boldsymbol{T}^{-1}\boldsymbol{B}$ 的各行元素没有全为 0 的。

若系统矩阵 $\boldsymbol{A}$ 的特征值有相同的，则式(5-20) 可变换为式(5-22) 的形式，$\boldsymbol{J}$ 为约当型系统矩阵，此时系统能控性的充分必要条件是：$\boldsymbol{T}^{-1}\boldsymbol{B}$ 中与 $\boldsymbol{J}$ 中每个相同特征值的约当小块的最后一行相对应的一行的元素没有全为 0 的；$\boldsymbol{T}^{-1}\boldsymbol{B}$ 中与 $\boldsymbol{J}$ 中每个互异特征值的行对应的各行元素没有全为 0 的。

④ 需要注意的是，$\boldsymbol{A}$ 的特征值互异时，其对应的特征向量必然互异，故必然能变换为式(5-21) 的对角标准型。但即使 $\boldsymbol{A}$ 的特征值相同时，其对应的特征向量也有可能是互异的，故也有可能变换为式(5-21) 的对角标准型。若如此，则在 $\boldsymbol{J}=\boldsymbol{T}^{-1}\boldsymbol{A}\boldsymbol{T}$ 中，将出现两个以上与同一特征值有关的约当块。在这种情况下，我们不能简单地按上述③的判据确定系统的能控性。在这种情况下，对单输入系统是不能控的，对多输入系统，则还需考察 $\boldsymbol{T}^{-1}\boldsymbol{B}$ 中，与那些相同特征值对应的约当块的最后一行元素所形成的向量是否线性无关。若它们线性无关，系统才是能控的。

【例 5-1】 判断下列系统的能控性。

①
$$\begin{bmatrix}\dot{x}_1\\ \dot{x}_2\\ \dot{x}_3\end{bmatrix}=\begin{bmatrix}\lambda_1 & 1 & 0\\ 0 & \lambda_1 & 0\\ 0 & 0 & \lambda_3\end{bmatrix}\begin{bmatrix}x_1\\ x_2\\ x_3\end{bmatrix}+\begin{bmatrix}0\\ b_2\\ b_3\end{bmatrix}u;$$

②
$$\begin{bmatrix}\dot{x}_1\\ \dot{x}_2\\ \dot{x}_3\\ \dot{x}_4\\ \dot{x}_5\end{bmatrix}=\left[\begin{array}{ccc|cc}\lambda_1 & 1 & 0 & 0 & 0\\ 0 & \lambda_1 & 1 & 0 & 0\\ 0 & 0 & \lambda_1 & 0 & 0\\ \hline 0 & 0 & 0 & \lambda_4 & 1\\ 0 & 0 & 0 & 0 & \lambda_4\end{array}\right]\begin{bmatrix}x_1\\ x_2\\ x_3\\ x_4\\ x_5\end{bmatrix}+\begin{bmatrix}0 & 1\\ 0 & 0\\ 3 & 0\\ 0 & 0\\ 1 & 2\end{bmatrix}\begin{bmatrix}u_1\\ u_2\end{bmatrix};$$

③
$$\begin{bmatrix}\dot{x}_1\\ \dot{x}_2\\ \dot{x}_3\end{bmatrix}=\begin{bmatrix}\lambda_1 & 1 & 0\\ 0 & \lambda_1 & 0\\ 0 & 0 & \lambda_3\end{bmatrix}\begin{bmatrix}x_1\\ x_2\\ x_3\end{bmatrix}+\begin{bmatrix}b_{11} & b_{12}\\ 0 & 0\\ b_{31} & b_{32}\end{bmatrix}\begin{bmatrix}u_1\\ u_2\end{bmatrix};$$

④
$$\begin{bmatrix}\dot{x}_1\\ \dot{x}_2\\ \dot{x}_3\\ \dot{x}_4\\ \dot{x}_5\end{bmatrix}=\left[\begin{array}{ccc|cc}\lambda_1 & 1 & 0 & 0 & 0\\ 0 & \lambda_1 & 1 & 0 & 0\\ 0 & 0 & \lambda_1 & 0 & 0\\ \hline 0 & 0 & 0 & \lambda_4 & 1\\ 0 & 0 & 0 & 0 & \lambda_4\end{array}\right]\begin{bmatrix}x_1\\ x_2\\ x_3\\ x_4\\ x_5\end{bmatrix}+\begin{bmatrix}b_1\\ b_2\\ b_3\\ b_4\\ 0\end{bmatrix}u。$$

解　①、②两系统属能控系统，而③、④两系统则是状态不完全能控的，为不能控系统。

【例 5-2】 有系统如下，试判断其是否能控。

$$\dot{\boldsymbol{x}}=\begin{bmatrix}-4 & 5\\ 1 & 0\end{bmatrix}\boldsymbol{x}+\begin{bmatrix}-5\\ 1\end{bmatrix}u$$

解 先求其特征值

$$|\lambda\mathbf{I}-\boldsymbol{A}|=\begin{vmatrix}\lambda+4 & -5\\ -1 & \lambda\end{vmatrix}=\lambda^2+4\lambda-5=(\lambda+5)(\lambda-1)=0$$

得
$$\lambda_1=-5,\ \lambda_2=1$$

将其变换为对角标准型，由 $\boldsymbol{A}\boldsymbol{v}_i=\lambda_i\boldsymbol{v}_i$ 求特征值 λ_i 对应的特征向量 $\boldsymbol{v}_i$，从而构造变换矩阵

$$\boldsymbol{T}=[\boldsymbol{v}_1\quad \boldsymbol{v}_2]=\begin{bmatrix}-5 & 1\\ 1 & 1\end{bmatrix},\ \boldsymbol{T}^{-1}=\begin{bmatrix}-\frac{1}{6} & \frac{1}{6}\\ \frac{1}{6} & \frac{5}{6}\end{bmatrix}$$

故
$$\boldsymbol{T}^{-1}\boldsymbol{b}=\begin{bmatrix}-\frac{1}{6} & \frac{1}{6}\\ \frac{1}{6} & \frac{5}{6}\end{bmatrix}\begin{bmatrix}-5\\ 1\end{bmatrix}=\begin{bmatrix}1\\ 0\end{bmatrix}$$

得变换后的状态方程

$$\dot{\boldsymbol{z}}=\boldsymbol{T}^{-1}\boldsymbol{A}\boldsymbol{T}\boldsymbol{z}+\boldsymbol{T}^{-1}\boldsymbol{b}u=\begin{bmatrix}-5 & 0\\ 0 & 1\end{bmatrix}\boldsymbol{z}+\begin{bmatrix}1\\ 0\end{bmatrix}u$$

$\boldsymbol{T}^{-1}\boldsymbol{b}$ 有一行元素为 0，故系统是不能控的，其不能控的自然模式为 e^t。

【例 5-3】 有系统如下，判断其是否能控。

$$\dot{\boldsymbol{x}}=\begin{bmatrix}0 & 1 & 0\\ 0 & 0 & 1\\ -a_3 & -a_2 & -a_1\end{bmatrix}\boldsymbol{x}+\begin{bmatrix}0\\ 0\\ 1\end{bmatrix}u$$

解 若 $\boldsymbol{A}$ 的特征值 λ_1、λ_2、λ_3 互异，将其变换为对角标准型时，变换矩阵

$$\boldsymbol{T}=\begin{bmatrix}1 & 1 & 1\\ \lambda_1 & \lambda_2 & \lambda_3\\ \lambda_1^2 & \lambda_2^2 & \lambda_3^2\end{bmatrix}$$

$$\boldsymbol{T}^{-1}=\frac{1}{|\boldsymbol{T}|}\mathrm{adj}\boldsymbol{T}=\frac{1}{\lambda_3\lambda_2(\lambda_3-\lambda_2)+\lambda_2\lambda_1(\lambda_2-\lambda_1)+\lambda_1\lambda_3(\lambda_1-\lambda_3)}\times\begin{bmatrix}* & * & \lambda_3-\lambda_2\\ * & * & \lambda_1-\lambda_3\\ * & * & \lambda_2-\lambda_1\end{bmatrix}$$

$$\boldsymbol{T}^{-1}\boldsymbol{b}=\frac{1}{\lambda_3\lambda_2(\lambda_3-\lambda_2)+\lambda_2\lambda_1(\lambda_2-\lambda_1)+\lambda_1\lambda_3(\lambda_1-\lambda_3)}\begin{bmatrix}\lambda_3-\lambda_2\\ \lambda_1-\lambda_3\\ \lambda_2-\lambda_1\end{bmatrix}$$

得
$$\dot{\boldsymbol{z}}=\begin{bmatrix}\lambda_1 & 0 & 0\\ 0 & \lambda_2 & 0\\ 0 & 0 & \lambda_3\end{bmatrix}\boldsymbol{z}+\frac{1}{|\boldsymbol{T}|}\begin{bmatrix}\lambda_3-\lambda_2\\ \lambda_1-\lambda_3\\ \lambda_2-\lambda_1\end{bmatrix}u$$

故 $\boldsymbol{T}^{-1}\boldsymbol{b}$ 的各元素不可能为 0，系统为能控的。

若 $\boldsymbol{A}$ 的特征值 $\lambda_1=\lambda_2$，$\lambda_3\neq\lambda_1$。将其变换为约当标准型，变换矩阵

$$\boldsymbol{T}=\begin{bmatrix}1 & 0 & 1\\ \lambda_1 & 1 & \lambda_3\\ \lambda_1^2 & 2\lambda_1 & \lambda_3^2\end{bmatrix}$$

$$\boldsymbol{T}^{-1}=\frac{1}{(\lambda_1-\lambda_3)^2}\begin{bmatrix}* & * & -1\\ * & * & \lambda_1-\lambda_3\\ * & * & 1\end{bmatrix}$$

$$\boldsymbol{T}^{-1}\boldsymbol{b}=\frac{1}{(\lambda_1-\lambda_3)^2}\begin{bmatrix}-1\\ \lambda_1-\lambda_3\\ 1\end{bmatrix}$$

$\boldsymbol{T}^{-1}\boldsymbol{b}$ 的各元素不可能为 0，系统为能控的。

若 $\boldsymbol{A}$ 的特征值 $\lambda_1=\lambda_2=\lambda_3$，则变换阵

$$\boldsymbol{T}=\begin{bmatrix}1 & 0 & 0\\ \lambda_1 & 1 & 0\\ \lambda_1^2 & 2\lambda_1 & \lambda_1\end{bmatrix}\quad \boldsymbol{T}^{-1}=\frac{1}{\lambda_1}\begin{bmatrix}* & * & 0\\ * & * & 0\\ * & * & 1\end{bmatrix}\quad \boldsymbol{T}^{-1}\boldsymbol{b}=\frac{1}{\lambda_1}\begin{bmatrix}0\\ 0\\ 1\end{bmatrix}$$

$\boldsymbol{T}^{-1}\boldsymbol{b}$ 的最后一行元素不为 0，系统也为能控的。

5.2.2 利用能控性矩阵判别系统的能控性

(1) 单输入系统

定理 5-1 线性连续定常单输入系统

$$\dot{\boldsymbol{x}}=\boldsymbol{A}\boldsymbol{x}+\boldsymbol{b}u \tag{5-23}$$

能控的充分必要条件是由 $\boldsymbol{A}$、$\boldsymbol{b}$ 构成的能控性矩阵

$$\boldsymbol{Q}_c=[\boldsymbol{b}\quad \boldsymbol{A}\boldsymbol{b}\quad \boldsymbol{A}^2\boldsymbol{b}\quad \cdots\quad \boldsymbol{A}^{n-1}\boldsymbol{b}] \tag{5-24}$$

满秩，即 $\mathrm{rank}\boldsymbol{Q}_c=n$。否则，当 $\mathrm{rank}\boldsymbol{Q}_c<n$ 时，系统为不完全能控的。

证明 式(5-23) 的解为

$$\boldsymbol{x}(t)=\boldsymbol{\Phi}(t-t_0)\boldsymbol{x}(t_0)+\int_{t_0}^{t}\boldsymbol{\Phi}(t-\tau)\boldsymbol{b}u(\tau)\mathrm{d}\tau,\ t\geqslant t_0 \tag{5-25}$$

根据能控性定义，对任意的初始状态向量 $\boldsymbol{x}(t_0)$，应能找到 $u(t)$，使之在有限时间 $t_f\geqslant t_0$ 内转移到零状态 $\boldsymbol{x}(t_f)=\boldsymbol{0}$。

那么由式(5-25)，令 $t=t_f$，$\boldsymbol{x}(t_f)=\boldsymbol{0}$，并根据状态转移矩阵的可逆性和传递性得

$$\boldsymbol{\Phi}(t_f-t_0)\boldsymbol{x}(t_0)=-\int_{t_0}^{t_f}\boldsymbol{\Phi}(t_f-\tau)\boldsymbol{b}u(\tau)\mathrm{d}\tau \tag{5-26}$$

即
$$\boldsymbol{x}(t_0)=-\int_{t_0}^{t_f}\boldsymbol{\Phi}(t_0-\tau)\boldsymbol{b}u(\tau)\mathrm{d}\tau \tag{5-27}$$

根据凯莱-哈密顿（Cayley-Hamilton）定理：$\boldsymbol{A}$ 的任何次幂，可由 $\boldsymbol{A}$ 的 $0,1,\cdots,(n-1)$ 次幂线性表示，即

$$\boldsymbol{A}^k=\sum_{j=0}^{n-1}\alpha_{jk}\boldsymbol{A}^j,k\geqslant n$$

n 为 $\boldsymbol{A}$ 的维数。又因

$$\boldsymbol{\Phi}(t)=\mathrm{e}^{\boldsymbol{A}t}=\sum_{k=0}^{\infty}\frac{1}{k!}\boldsymbol{A}^k t^k \tag{5-28}$$

故

$$\boldsymbol{\Phi}(t)=\sum_{k=0}^{\infty}\frac{t^k}{k!}\sum_{j=0}^{n-1}\alpha_{jk}\boldsymbol{A}^j=\sum_{j=0}^{n-1}\boldsymbol{A}^j\sum_{k=0}^{\infty}\alpha_{jk}\frac{t^k}{k!}=\sum_{j=0}^{n-1}\beta_j(t)\boldsymbol{A}^j \tag{5-29}$$

其中

$$\beta_j(t)=\sum_{k=0}^{\infty}\alpha_{jk}\frac{t^k}{k!}$$

将上式代入式(5-27)，有

$$\boldsymbol{x}(t_0)=-\sum_{j=0}^{n-1}\boldsymbol{A}^j\boldsymbol{b}\int_{t_0}^{t_\mathrm{f}}\beta_j(t_0-\tau)u(\tau)\mathrm{d}\tau=-\sum_{j=0}^{n-1}\boldsymbol{A}^j\boldsymbol{b}\gamma_j \tag{5-30}$$

其中

$$\gamma_j=\int_{t_0}^{t_\mathrm{f}}\beta_j(t_0-\tau)u(\tau)\mathrm{d}\tau$$

由于 $u(t)$ 为标量，又是定限积分，所以 γ_j 也是标量，将式(5-30) 写成矩阵形式，有

$$\boldsymbol{x}(t_0)=-[\boldsymbol{b}\quad \boldsymbol{A}\boldsymbol{b}\quad \boldsymbol{A}^2\boldsymbol{b}\quad \cdots\quad \boldsymbol{A}^{n-1}\boldsymbol{b}]\begin{bmatrix}\gamma_0\\ \gamma_1\\ \vdots\\ \gamma_{n-1}\end{bmatrix} \tag{5-31}$$

要使系统能控，则对任意给定的初始状态 $\boldsymbol{x}(t_0)$，应能从式(5-31) 解出 γ_0，$\gamma_1,\cdots,\gamma_{n-1}$ 来，即

$$\begin{bmatrix}\gamma_0\\ \gamma_1\\ \vdots\\ \gamma_{n-1}\end{bmatrix}=-[\boldsymbol{b}\quad \boldsymbol{A}\boldsymbol{b}\quad \boldsymbol{A}^2\boldsymbol{b}\quad \cdots\quad \boldsymbol{A}^{n-1}\boldsymbol{b}]^{-1}\begin{bmatrix}x_1(t_0)\\ x_2(t_0)\\ \vdots\\ x_n(t_0)\end{bmatrix} \tag{5-32}$$

必须保证

$$\boldsymbol{Q}_\mathrm{c}=[\boldsymbol{b}\quad \boldsymbol{A}\boldsymbol{b}\quad \boldsymbol{A}^2\boldsymbol{b}\quad \cdots\quad \boldsymbol{A}^{n-1}\boldsymbol{b}] \tag{5-33}$$

的逆存在，亦即其秩必须等于 n。定理得证。

【例 5-4】 有如下系统，判断其是否能控。

$$\dot{\boldsymbol{x}}=\begin{bmatrix}0 & 1 & 0\\ 0 & 0 & 1\\ -a_3 & -a_2 & -a_1\end{bmatrix}\boldsymbol{x}+\begin{bmatrix}0\\ 0\\ 1\end{bmatrix}u$$

解

$$\boldsymbol{b}=\begin{bmatrix}0\\ 0\\ 1\end{bmatrix},\ \boldsymbol{A}\boldsymbol{b}=\begin{bmatrix}0\\ 1\\ -a_1\end{bmatrix},\ \boldsymbol{A}^2\boldsymbol{b}=\begin{bmatrix}1\\ -a_1\\ -a_2+a_1^2\end{bmatrix}$$

故

$$\boldsymbol{Q}_\mathrm{c}=\begin{bmatrix}0 & 0 & 1\\ 0 & 1 & -a_1\\ 1 & -a_1 & -a_2+a_1^2\end{bmatrix}$$

它是一个三角形矩阵，斜对角线元素均为1，无论 a_1、a_2 取何值，其秩为3，系统总是

能控的。因此把凡是具有本例形式的状态方程，称为能控标准型。

【例 5-5】 有如下系统，试判断其是否能控。

$$\dot{\boldsymbol{x}}=\begin{bmatrix}-4 & 5\\1 & 0\end{bmatrix}\boldsymbol{x}+\begin{bmatrix}-5\\1\end{bmatrix}u$$

解

$$\boldsymbol{Q}_c=[\boldsymbol{b}\quad \boldsymbol{Ab}]=\begin{bmatrix}-5 & 25\\1 & -5\end{bmatrix}$$

其秩为 1，非满秩 2，故系统为不能控的。

最后指出，在单输入单输出系统中，根据 $\boldsymbol{A}$ 和 $\boldsymbol{b}$ 还可以从输入和状态向量间的传递函数矩阵确定能控性的充分必要条件。

u-$\boldsymbol{x}$ 间的传递函数矩阵为

$$\boldsymbol{G}_{ux}(s)=(s\mathbf{I}-\boldsymbol{A})^{-1}\boldsymbol{b}$$

状态完全能控的充分必要条件是 $\boldsymbol{G}_{ux}(s)$ 没有零点和极点相消现象。否则，被相消的极点就是不能控的状态，系统为不完全能控的系统。

这是很明显的，因为若传递函数分子和分母约去一个相同公因子之后，就相当于状态变量减少了一维，系统出现了一个低维能控子空间和一个不能控子空间，故属不完全能控系统。

【例 5-6】 系统同例 5-5，从输入和状态向量间的传递函数矩阵确定其能控性。

解 u-$\boldsymbol{x}$ 间的传递函数矩阵为

$$\boldsymbol{G}_{ux}(s)=(s\mathbf{I}-\boldsymbol{A})^{-1}\boldsymbol{b}=\begin{bmatrix}s+4 & -5\\-1 & s\end{bmatrix}^{-1}\begin{bmatrix}-5\\1\end{bmatrix}=\frac{1}{(s+5)(s-1)}\begin{bmatrix}-5(s-1)\\s-1\end{bmatrix}$$

显然，传递函数矩阵中有一个相同的零点和极点，该极点所对应的自然模式为 e^t 是不能控的，所以该系统为不完全能控系统。

【例 5-7】 系统同例 5-4，从输入和状态向量间的传递函数矩阵确定其能控性。

解 u-$\boldsymbol{x}$ 间的传递函数矩阵为

$$\boldsymbol{G}_{ux}(s)=(s\mathbf{I}-\boldsymbol{A})^{-1}\boldsymbol{b}=\begin{bmatrix}s & -1 & 0\\0 & s & -1\\a_3 & a_2 & s+a_1\end{bmatrix}^{-1}\begin{bmatrix}0\\0\\1\end{bmatrix}=\frac{1}{s^3+a_1s^2+a_2s+a_3}\begin{bmatrix}1\\s\\s^2\end{bmatrix}$$

显然，$\boldsymbol{G}_{ux}(s)$ 中不可能出现相同的零点和极点，即其分子和分母不存在公因子的可能性，故能控标准型的状态方程一定是完全能控的。

(2) 多输入系统

定理 5-2 对多输入系统，其状态方程为

$$\dot{\boldsymbol{x}}=\boldsymbol{Ax}+\boldsymbol{Bu}\tag{5-34}$$

$\boldsymbol{B}$ 为 $n\times r$ 矩阵；$\boldsymbol{u}$ 为 r 维列向量。其能控的充分必要条件是矩阵

$$\boldsymbol{Q}_c=[\boldsymbol{B}\quad \boldsymbol{AB}\quad \boldsymbol{A}^2\boldsymbol{B}\quad \cdots\quad \boldsymbol{A}^{n-1}\boldsymbol{B}]$$

的秩为 n。

证明可仿照单输入系统的方法进行，所不同的是在式(5-30) 中，控制 u 不再是标量而为向量 $\boldsymbol{u}$，它是 r 维列向量，相应的 γ_i 变为

$$\boldsymbol{\Gamma}_j=\int_{t_0}^{t_f}\beta_j(t_0-\tau)\boldsymbol{u}(\tau)\mathrm{d}\tau$$

$\boldsymbol{\Gamma}_j$ 也是一个 r 维列向量，故式(5-31) 变为

$$\boldsymbol{x}(t_0)=-[\boldsymbol{B}\quad \boldsymbol{AB}\quad \boldsymbol{A}^2\boldsymbol{B}\quad \cdots\quad \boldsymbol{A}^{n-1}\boldsymbol{B}]\begin{bmatrix}\boldsymbol{\Gamma}_0\\ \boldsymbol{\Gamma}_1\\ \vdots\\ \boldsymbol{\Gamma}_{n-1}\end{bmatrix} \tag{5-35}$$

它不再是有 n 个未知数的 n 个方程的方程组，而是有 nr 个未知数的 nr 个方程的方程组，根据代数理论，非齐次线性方程（5-35）有解的充分必要条件是它的系数矩阵 $\boldsymbol{Q}_c$ 和增广矩阵 $[\boldsymbol{Q}_c \mid \boldsymbol{x}(t_0)]$ 的秩相等，即

$$\operatorname{rank}\boldsymbol{Q}_c=\operatorname{rank}[\boldsymbol{Q}_c \mid \boldsymbol{x}(t_0)]$$

考虑到 $\boldsymbol{x}(t_0)$ 是任意给定的，欲使上面的关系式成立，$\boldsymbol{Q}_c$ 的秩必须是满秩。

综上所述，若要使式(5-34) 的线性定常系统是状态完全能控的，必须从式(5-35) 线性方程组中解出 $\boldsymbol{\Gamma}_j$，而方程组有解的充分必要条件是矩阵 $\boldsymbol{Q}_c$ 满秩，故线性定常系统状态能控的充分必要条件是 $\boldsymbol{Q}_c$ 满秩。

此外，在多输入系统中，$\boldsymbol{Q}_c$ 是 $n\times nr$ 矩阵，不像在单输入系统中是 $n\times n$ 方阵，其秩的确定要复杂一些。由于矩阵 $\boldsymbol{Q}_c$ 与 $\boldsymbol{Q}_c^{\mathrm{T}}$ 的积 $\boldsymbol{Q}_c\boldsymbol{Q}_c^{\mathrm{T}}$ 是方阵，而它的非奇异性等价于 $\boldsymbol{Q}_c$ 的非奇异性，所以在计算行比列少的矩阵的秩时，常用 $\operatorname{rank}\boldsymbol{Q}_c=\operatorname{rank}(\boldsymbol{Q}_c\boldsymbol{Q}_c^{\mathrm{T}})$ 的关系，通过计算方阵 $\boldsymbol{Q}_c\boldsymbol{Q}_c^{\mathrm{T}}$ 的秩确定 $\boldsymbol{Q}_c$ 的秩。

无论单输入或多输入系统，有时不写出 $\boldsymbol{Q}_c$ 矩阵，而记以（$\boldsymbol{A},\boldsymbol{b}$）对或（$\boldsymbol{A},\boldsymbol{B}$）对，$\boldsymbol{Q}_c$ 满秩，也可以说（$\boldsymbol{A},\boldsymbol{b}$）或（$\boldsymbol{A},\boldsymbol{B}$）是能控对。

【例 5-8】 判别下列 3 阶 2 输入系统的能控性。

$$\dot{\boldsymbol{x}}=\begin{bmatrix}1&2&1\\0&1&0\\1&0&3\end{bmatrix}\boldsymbol{x}+\begin{bmatrix}1&0\\0&1\\0&0\end{bmatrix}\begin{bmatrix}u_1\\u_2\end{bmatrix}$$

解

$$\boldsymbol{AB}=\begin{bmatrix}1&2&1\\0&1&0\\1&0&3\end{bmatrix}\begin{bmatrix}1&0\\0&1\\0&0\end{bmatrix}=\begin{bmatrix}1&2\\0&1\\1&0\end{bmatrix}$$

$$\boldsymbol{A}^2\boldsymbol{B}=\begin{bmatrix}1&2&1\\0&1&0\\1&0&3\end{bmatrix}\begin{bmatrix}1&2\\0&1\\1&0\end{bmatrix}=\begin{bmatrix}2&4\\0&1\\4&2\end{bmatrix}$$

$$\boldsymbol{Q}_c=[\boldsymbol{B}\quad \boldsymbol{AB}\quad \boldsymbol{A}^2\boldsymbol{B}]=\begin{bmatrix}1&0&1&2&2&4\\0&1&0&1&0&1\\0&0&1&0&4&2\end{bmatrix}$$

$$\boldsymbol{Q}_c\boldsymbol{Q}_c^{\mathrm{T}}=\begin{bmatrix}26&6&17\\6&3&2\\17&2&21\end{bmatrix}$$

易知 $\boldsymbol{Q}_c\boldsymbol{Q}_c^{\mathrm{T}}$ 非奇异，故 $\boldsymbol{Q}_c$ 满秩，系统是能控的。实际上在本例中，$\boldsymbol{Q}_c$ 的满秩从 $\boldsymbol{Q}_c$ 矩阵前三列即可直接看出，它包含在

$$[\boldsymbol{B}\quad \boldsymbol{AB}]=\begin{bmatrix}1&0&1&2\\0&1&0&1\\0&0&1&0\end{bmatrix}$$

的矩阵中，所以在多输入系统中，有时并不一定要计算出全部 $\boldsymbol{Q}_c$ 矩阵。这也说明，在多输

入系统中，系统的能控条件是较容易满足的。

上述证明思路主要是围绕“把初始状态 $\boldsymbol{x}(t_0)$ 转移到零坐标原点的控制作用 $\boldsymbol{u}$ 是否存在”这个问题，而没有要求求出具体的 $\boldsymbol{u}$。对于多输入系统，$r>1$，故由式(5-35) 线性方程组解出的$\boldsymbol{\Gamma}_j$ 有无穷多个，当然相应的 $\boldsymbol{u}$ 也是无穷多个。对于单输入系统，$r=1$，由式(5-31) 线性方程组解出的 γ_j 是唯一的，但是由于 $\gamma_j=\int_{t_0}^{t_f}\beta_j(t_0-\tau)u(\tau)\mathrm{d}\tau$ ，所以相应的 $u(t)$ 也是无穷多个。

5.3 线性定常系统的能观测性

定常系统能观测性的判别也有两种方法：一种是对系统进行坐标变换，将系统的状态空间表达式变换成对角标准型或约当标准型，然后根据标准型下的 $\hat{\boldsymbol{C}}$ 矩阵，判别其能观测性；另一种是直接根据 $\boldsymbol{A}$ 矩阵和 $\boldsymbol{C}$ 矩阵定义能观测性矩阵$\boldsymbol{Q}_o$来进行判别。

5.3.1 化成对角标准型或约当标准型的判别方法

线性定常系统的状态空间表达式为

$$\begin{cases}\dot{\boldsymbol{x}}=\boldsymbol{A}\boldsymbol{x}, \boldsymbol{x}(t_0)=\boldsymbol{x}_0\\ \boldsymbol{y}=\boldsymbol{C}\boldsymbol{x}\end{cases} \tag{5-36}$$

下面分两种情况进行讨论。

(1) A 为对角标准型矩阵

$$\boldsymbol{A}=\begin{bmatrix}\lambda_1 & 0 & \cdots & 0\\ 0 & \lambda_2 & \cdots & 0\\ \vdots & \vdots & \ddots & \vdots\\ 0 & 0 & \cdots & \lambda_n\end{bmatrix} \qquad \boldsymbol{C}=\begin{bmatrix}c_{11} & c_{12} & \cdots & c_{1n}\\ c_{21} & c_{22} & \cdots & c_{2n}\\ \vdots & \vdots & \ddots & \vdots\\ c_{m1} & c_{m2} & \cdots & c_{mn}\end{bmatrix}$$

这时式(5-36) 用方程组形式表示，有

$$\begin{cases}\dot{x}_1=\lambda_1 x_1\\ \dot{x}_2=\lambda_2 x_2\\ \quad\vdots\\ \dot{x}_n=\lambda_n x_n\end{cases}, \boldsymbol{x}(t)=\begin{bmatrix}\mathrm{e}^{\lambda_1 t}x_{10}\\ \mathrm{e}^{\lambda_2 t}x_{20}\\ \vdots\\ \mathrm{e}^{\lambda_n t}x_{n0}\end{bmatrix} \tag{5-37}$$

$$\begin{cases}y_1=c_{11}x_1+c_{12}x_2+\cdots+c_{1n}x_n\\ y_2=c_{21}x_1+c_{22}x_2+\cdots+c_{2n}x_n\\ \quad\vdots\\ y_m=c_{m1}x_1+c_{m2}x_2+\cdots+c_{mn}x_n\end{cases} \tag{5-38}$$

从而可得结构图如图 5-7 所示。将式(5-37) 代入输出方程式(5-38)，得

$$\boldsymbol{y}=\begin{bmatrix}c_{11} & c_{12} & \cdots & c_{1n}\\ c_{21} & c_{22} & \cdots & c_{2n}\\ \vdots & \vdots & \ddots & \vdots\\ c_{m1} & c_{m2} & \cdots & c_{mn}\end{bmatrix}\begin{bmatrix}\mathrm{e}^{\lambda_1 t}x_{10}\\ \mathrm{e}^{\lambda_2 t}x_{20}\\ \vdots\\ \mathrm{e}^{\lambda_n t}x_{n0}\end{bmatrix} \tag{5-39}$$

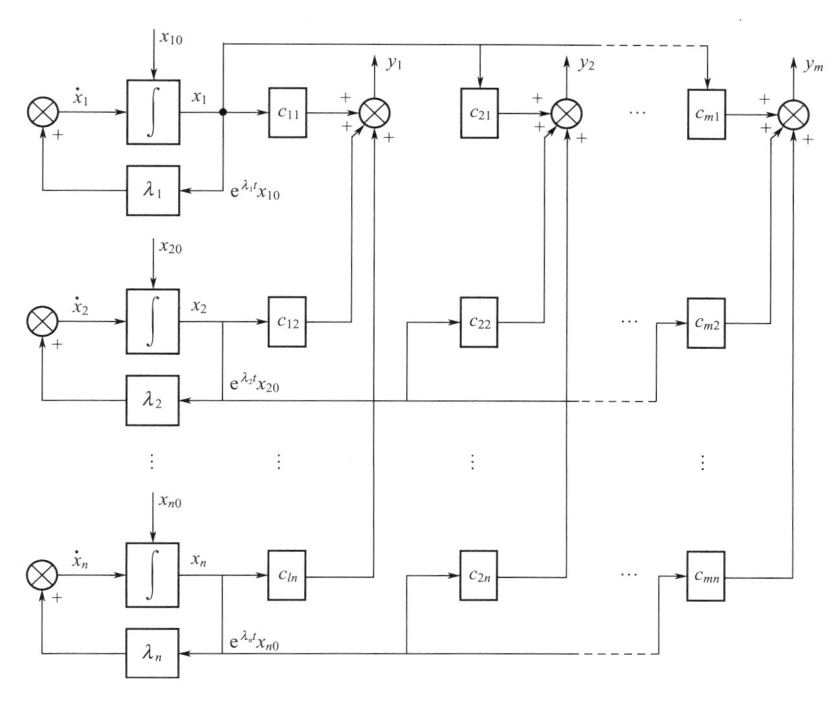

图 5-7　对角标准型系统的模拟结构图

由式(5-39) 可知，假设输出矩阵 $\boldsymbol{C}$ 中有某一列全为零，比如说第二列中均为零，则在 $\boldsymbol{y}$ 中将不包含 $e^{\lambda_2 t}x_{20}$ 这个自由分量，亦即不包含 $x_2(t)$ 这个状态变量，很明显，这个 $x_2(t)$ 不可能从 $\boldsymbol{y}$ 的测量值中推算出来，即 $x_2(t)$ 是不能观测的状态，只有 $x_1(t)$，$x_3(t)$，…，$x_n(t)$ 是能观测的状态。因此，得出在对角标准型下的能观测性判据如下。

定理 5-3　在系统矩阵 $\boldsymbol{A}$ 为对角标准型的情况下，系统能观测的充分必要条件是输出矩阵 $\boldsymbol{C}$ 中没有全为零的列。若第 i 列全为零，则与之相应的 $x_i(t)$ 为不能观测的状态。

(2) $\boldsymbol{A}$ 为约当标准型矩阵　以 3 阶为例，即

$$\boldsymbol{A}=\boldsymbol{J}=\begin{bmatrix}\lambda_1 & 1 & 0\\0 & \lambda_1 & 1\\0 & 0 & \lambda_1\end{bmatrix}\qquad \boldsymbol{C}=\begin{bmatrix}c_{11} & c_{12} & c_{13}\\c_{21} & c_{22} & c_{23}\\c_{31} & c_{32} & c_{33}\end{bmatrix}$$

这时，状态方程的解为

$$\boldsymbol{x}=\begin{bmatrix}x_1(t)\\x_2(t)\\x_3(t)\end{bmatrix}=\begin{bmatrix}e^{\lambda_1 t}x_{10}+te^{\lambda_1 t}x_{20}+\dfrac{1}{2!}t^2e^{\lambda_1 t}x_{30}\\e^{\lambda_1 t}x_{20}+te^{\lambda_1 t}x_{30}\\e^{\lambda_1 t}x_{30}\end{bmatrix}$$

从而

$$\boldsymbol{y}=\begin{bmatrix}y_1(t)\\y_2(t)\\y_3(t)\end{bmatrix}=\begin{bmatrix}c_{11} & c_{12} & c_{13}\\c_{21} & c_{22} & c_{23}\\c_{31} & c_{32} & c_{33}\end{bmatrix}\begin{bmatrix}e^{\lambda_1 t}x_{10}+te^{\lambda_1 t}x_{20}+\dfrac{1}{2!}t^2e^{\lambda_1 t}x_{30}\\e^{\lambda_1 t}x_{20}+te^{\lambda_1 t}x_{30}\\e^{\lambda_1 t}x_{30}\end{bmatrix}\tag{5-40}$$

由式(5-40) 可知，当且仅当输出矩阵 $\boldsymbol{C}$ 中第一列元素不全为零时，$\boldsymbol{y}$ 中总包含着系统的全部自由分量而为完全能观测的。

约当标准型的系统具有串联型的结构，如图 5-8 所示，从中也可以看出，若串联结构中的最后一个状态变量能够测量到，则驱动该状态变量的前面的状态变量 x_2、x_3 也必然能够观测到，因此只要 c_{11}、c_{21}、c_{31} 不全为零，就不可能出现与输出无关的孤立部分，系统就一定是能观测的。因此，在系统矩阵为约当标准型的情况下，得能观测性判据如下。

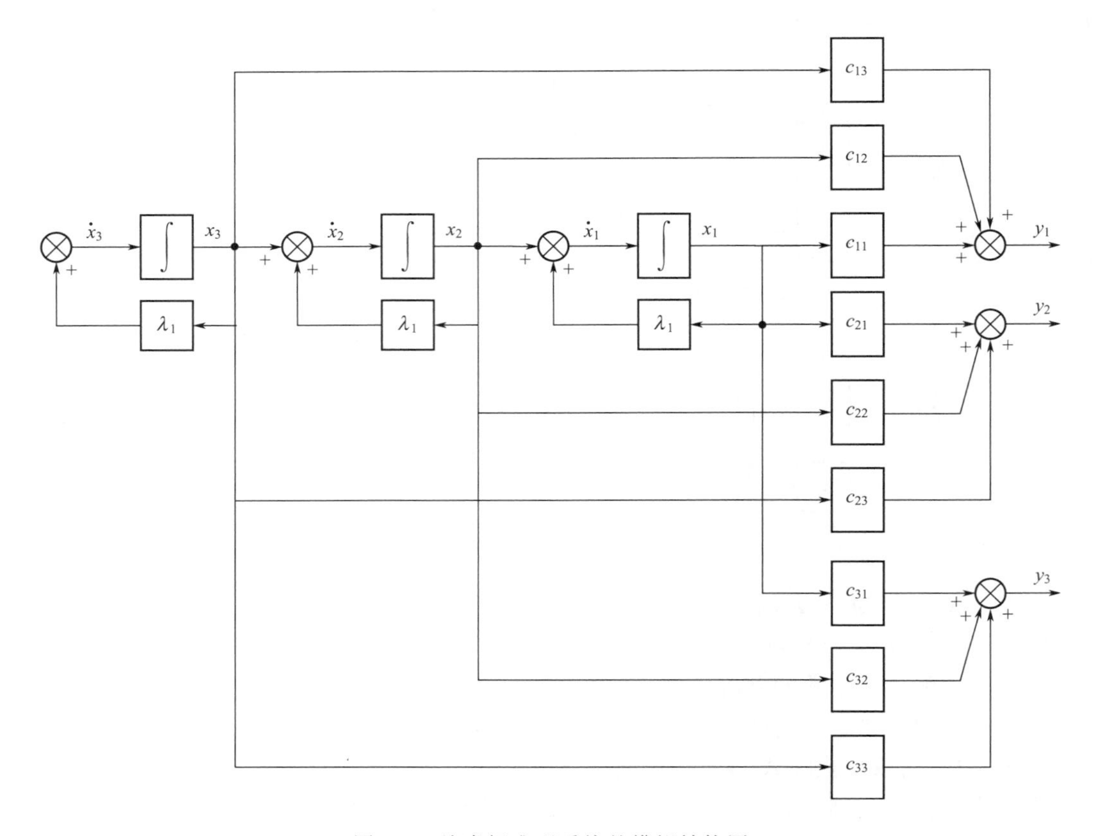

图 5-8 约当标准型系统的模拟结构图

定理 5-4 在系统矩阵 $\boldsymbol{A}$ 为约当标准型的情况下，系统能观测的充分必要条件是输出矩阵 $\boldsymbol{C}$ 中，与每个约当小块的第一行对应的列的元素不全为零（以 $\boldsymbol{J}$ 中每个约当小块的第一行的行号作为列号，对应于 $\boldsymbol{C}$ 中的列）。

总之，由于任意系统矩阵 $\boldsymbol{A}$ 经 $\boldsymbol{T}^{-1}\boldsymbol{AT}$ 变换后，均可变换为对角标准型或约当标准型，此时只需根据输出矩阵 $\boldsymbol{CT}$ 是否有全为零的列，或与约当小块的第一行对应的 $\boldsymbol{CT}$ 的列是否全为零，便可确定系统的能观测性。

5.3.2 利用能观测性矩阵判断系统的能观测性

从式(5-36) 解得

$$\boldsymbol{x}=\boldsymbol{\Phi}(t-t_0)\boldsymbol{x}_0$$

由式(5-29) 有

$$\boldsymbol{\Phi}(t-t_0)=\sum_{j=0}^{n-1}\beta_j(t-t_0)\boldsymbol{A}^j$$

其中
$$\beta_j(t-t_0)=\sum_{k=0}^{\infty}\alpha_{jk}\frac{1}{k!}(t-t_0)^k$$
$$\boldsymbol{y}=\boldsymbol{Cx}=\sum_{j=0}^{n-1}\beta_j(t-t_0)\boldsymbol{CA}^j\boldsymbol{x}_0$$
$$\boldsymbol{y}=[\beta_0(t-t_0)\mathbf{I}\quad \beta_1(t-t_0)\mathbf{I}\quad \cdots\quad \beta_{n-1}(t-t_0)\mathbf{I}]\begin{bmatrix}\boldsymbol{C}\\ \boldsymbol{CA}\\ \vdots\\ \boldsymbol{CA}^{n-1}\end{bmatrix}\boldsymbol{x}_0 \tag{5-41}$$

$\mathbf{I}$ 为 $m\times m$ 的单位矩阵。因此，根据在区间 $t_0\leqslant t\leqslant t_f$ 测量到的 $\boldsymbol{y}$，要能从式(5-41) 唯一确定 $\boldsymbol{x}_0$，即完全能观测的充分必要条件是 $nm\times n$ 矩阵
$$\boldsymbol{Q}_o=\begin{bmatrix}\boldsymbol{C}\\ \boldsymbol{CA}\\ \vdots\\ \boldsymbol{CA}^{n-1}\end{bmatrix} \tag{5-42}$$
的秩为 n。式(5-42) 的 $\boldsymbol{Q}_o$ 称为能观测性矩阵，或称为 $(\boldsymbol{A},\boldsymbol{C})$ 对，当 $\boldsymbol{Q}_o$ 满秩，则称 $(\boldsymbol{A},\boldsymbol{C})$ 为能观测性对。$\boldsymbol{Q}_o$ 也可写为
$$\boldsymbol{Q}_o^{\mathrm{T}}=[\boldsymbol{C}^{\mathrm{T}}\quad \boldsymbol{A}^{\mathrm{T}}\boldsymbol{C}^{\mathrm{T}}\quad \cdots\quad (\boldsymbol{A}^{\mathrm{T}})^{n-1}\boldsymbol{C}^{\mathrm{T}}] \tag{5-43}$$
最后指出，在单输入单输出系统中，根据 $\boldsymbol{A}$ 和 $\boldsymbol{c}$ 还可以从状态向量和输出间的传递函数矩阵确定能观测性的充分必要条件。

$\boldsymbol{x}$-y 间的传递函数矩阵定义为
$$\boldsymbol{G}_{xy}(s)=\boldsymbol{c}(s\mathbf{I}-\boldsymbol{A})^{-1}$$
状态完全能观测的充分必要条件是状态-输出间的传递函数矩阵 $\boldsymbol{G}_{xy}(s)$ 没有零点和极点相消现象。否则，被相消的极点就是不能观测的状态，系统为不完全能观测的系统。

综合起来可以得到，单输入单输出系统状态既完全能控又完全能观测的充分必要条件是输入-输出间的传递函数 $G(s)=\boldsymbol{c}(s\mathbf{I}-\boldsymbol{A})^{-1}\boldsymbol{b}$ 没有零点和极点相消现象。

5.4　线性时变系统的能控性和能观测性

时变系统的系统矩阵 $\boldsymbol{A}(t)$、控制矩阵 $\boldsymbol{B}(t)$ 和输出矩阵 $\boldsymbol{C}(t)$ 的元素是时间的函数，所以不能像定常系统那样，由 $(\boldsymbol{A},\boldsymbol{B})$ 对与 $(\boldsymbol{A},\boldsymbol{C})$ 对构成能控性矩阵和能观测性矩阵，然后检验其秩，而必须由有关时变矩阵构成格拉姆（Gram）矩阵，并由其非奇异性来作为判别的依据。

5.4.1　能控性判别

(1) 线性时变系统能控性的几点说明

① 对于允许控制 $\boldsymbol{u}$ 来说，为了保证系统状态方程的解存在且唯一，在数学上要求其各元素在 $[t_0,\ t_f]$ 区间是平方可积的，即
$$\int_{t_0}^{t_f}|u_j|^2\mathrm{d}t<+\infty,\ j=1,2,\cdots,r$$
任何一个分段连续的时间函数都是平方可积的，对 $\boldsymbol{u}$ 的这一要求在工程上是容易保证的。从物理意义上看，这样的控制作用实际上是能量有限的。

② 定义中的 t_f 是系统在允许控制作用下，由初始状态 $\boldsymbol{x}(t_0)$ 转移到目标状态（原点）的时刻。由于时变系统的状态转移与初始时刻 t_0 有关，所以对时变系统来说，t_f 和初始时刻 t_0 的选取有关。

③ 根据能控性定义，可以导出能控状态和控制作用之间的关系式。

设状态空间中的某一个非零点 $\boldsymbol{x}_0$ 是能控状态，那么根据能控状态的定义必有

$$\boldsymbol{x}(t_f)=\boldsymbol{\Phi}(t_f,t_0)\boldsymbol{x}_0+\int_{t_0}^{t_f}\boldsymbol{\Phi}(t_f,\tau)\boldsymbol{B}(\tau)\boldsymbol{u}(\tau)\mathrm{d}\tau=\boldsymbol{0}$$

即

$$\begin{aligned}\boldsymbol{x}_0&=-\boldsymbol{\Phi}^{-1}(t_f,t_0)\int_{t_0}^{t_f}\boldsymbol{\Phi}(t_f,\tau)\boldsymbol{B}(\tau)\boldsymbol{u}(\tau)\mathrm{d}\tau\\&=-\int_{t_0}^{t_f}\boldsymbol{\Phi}(t_0,\tau)\boldsymbol{B}(\tau)\boldsymbol{u}(\tau)\mathrm{d}\tau\end{aligned}\tag{5-44}$$

如果系统在 t_0 时刻是能控的，则对于某个任意指定的非零状态 $\boldsymbol{x}_0$，满足上述关系式的 $\boldsymbol{u}$ 是存在的。或者说，如果系统在 t_0 时刻是能控的，那么由允许控制 $\boldsymbol{u}$ 按上述关系式所导出的 $\boldsymbol{x}_0$ 为状态空间中的任意非零有限点。

式(5-44) 是一个很重要的关系式，下面一些有关能控性质的推论都是用它推导出来的。

④ 非奇异变换不改变系统的能控性。

设系统在变换前是能控的，它必满足式(5-44) 的关系式，即

$$\boldsymbol{x}_0=-\int_{t_0}^{t_f}\boldsymbol{\Phi}(t_0,\tau)\boldsymbol{B}(\tau)\boldsymbol{u}(\tau)\mathrm{d}\tau$$

若取变换矩阵为 $\boldsymbol{P}$，对 $\boldsymbol{x}$ 进行线性变换，即

$$\boldsymbol{x}=\boldsymbol{P}\widetilde{\boldsymbol{x}}$$

则有

$$\widetilde{\boldsymbol{A}}=\boldsymbol{P}^{-1}\boldsymbol{A}\boldsymbol{P},\ \widetilde{\boldsymbol{B}}=\boldsymbol{P}^{-1}\boldsymbol{B}$$

即

$$\boldsymbol{A}=\boldsymbol{P}\widetilde{\boldsymbol{A}}\boldsymbol{P}^{-1},\ \boldsymbol{B}=\boldsymbol{P}\widetilde{\boldsymbol{B}}$$

将上述关系代入式(5-44)，有

$$\boldsymbol{P}\widetilde{\boldsymbol{x}}_0=-\int_{t_0}^{t_f}\boldsymbol{\Phi}(t_0,\tau)\boldsymbol{P}\widetilde{\boldsymbol{B}}(\tau)\boldsymbol{u}(\tau)\mathrm{d}\tau$$

$$\widetilde{\boldsymbol{x}}_0=-\int_{t_0}^{t_f}\boldsymbol{P}^{-1}\boldsymbol{\Phi}(t_0,\tau)\boldsymbol{P}\widetilde{\boldsymbol{B}}(\tau)\boldsymbol{u}(\tau)\mathrm{d}\tau$$

$$\widetilde{\boldsymbol{x}}_0=-\int_{t_0}^{t_f}\widetilde{\boldsymbol{\Phi}}(t_0,\tau)\widetilde{\boldsymbol{B}}(\tau)\boldsymbol{u}(\tau)\mathrm{d}\tau$$

上式推导表明，如果 $\boldsymbol{x}_0$ 是能控状态，那么变换后的 $\widetilde{\boldsymbol{x}}_0$ 也满足能控状态的关系式，故 $\widetilde{\boldsymbol{x}}_0$ 也是一个能控状态。从而证明了非奇异变换不改变系统的能控性。

⑤ 如果 $\boldsymbol{x}_0$ 是能控状态，则 $\alpha\boldsymbol{x}_0$ 也是能控状态，α 是任意非零实数。

因为 $\boldsymbol{x}_0$ 是能控状态，所以必可构成允许控制 $\boldsymbol{u}$，使之满足

$$\boldsymbol{x}_0=-\int_{t_0}^{t_f}\boldsymbol{\Phi}(t_0,\tau)\boldsymbol{B}(\tau)\boldsymbol{u}(\tau)\mathrm{d}\tau$$

现选 $\boldsymbol{u}^*=\alpha\boldsymbol{u}$，因 α 是非零实数，故 $\boldsymbol{u}^*$ 也一定是允许控制的。上式两端同乘 α，并将 $\boldsymbol{u}^*=\alpha\boldsymbol{u}$ 代入，即有

$$-\int_{t_0}^{t_f}\boldsymbol{\Phi}(t_0,\tau)\boldsymbol{B}(\tau)\boldsymbol{u}^*(\tau)\mathrm{d}\tau=\alpha\boldsymbol{x}_0$$

从而表明 $\alpha\boldsymbol{x}_0$ 也是能控状态。

⑥ 如果 $\boldsymbol{x}_{01}$ 和 $\boldsymbol{x}_{02}$ 是能控状态，则 $\boldsymbol{x}_{01}+\boldsymbol{x}_{02}$ 也必定是能控状态。

因为 $\boldsymbol{x}_{01}$ 和 $\boldsymbol{x}_{02}$ 是能控状态，所以必存在相应的允许控制 $\boldsymbol{u}_1$ 和 $\boldsymbol{u}_2$，且 $\boldsymbol{u}_1+\boldsymbol{u}_2$ 也是允许

控制，若把 $\boldsymbol{u}_1+\boldsymbol{u}_2$ 代入式(5-44) 中，有

$$\begin{aligned}&-\int_{t_0}^{t_f}\boldsymbol{\Phi}(t_0,\tau)\boldsymbol{B}(\tau)[\boldsymbol{u}_1(\tau)+\boldsymbol{u}_2(\tau)]\mathrm{d}\tau\\&=-\int_{t_0}^{t_f}\boldsymbol{\Phi}(t_0,\tau)\boldsymbol{B}(\tau)\boldsymbol{u}_1(\tau)\mathrm{d}\tau+\int_{t_0}^{t_f}\boldsymbol{\Phi}(t_0,\tau)\boldsymbol{B}(\tau)\boldsymbol{u}_2(\tau)\mathrm{d}\tau\\&=\boldsymbol{x}_{01}+\boldsymbol{x}_{02}\end{aligned}$$

从而表明 $\boldsymbol{x}_{01}+\boldsymbol{x}_{02}$ 满足式(5-44) 的关系式，即 $\boldsymbol{x}_{01}+\boldsymbol{x}_{02}$ 也为能控状态。

⑦ 由线性代数关于线性空间的定义可知，系统中所有的能控状态构成状态空间中的一个子空间。此子空间称为系统的能控子空间，记为 $\boldsymbol{X}_c$。

例如系统

$$\begin{bmatrix}\dot{x}_1\\\dot{x}_2\end{bmatrix}=\begin{bmatrix}1&0\\0&1\end{bmatrix}\begin{bmatrix}x_1\\x_2\end{bmatrix}+\begin{bmatrix}1\\1\end{bmatrix}u$$

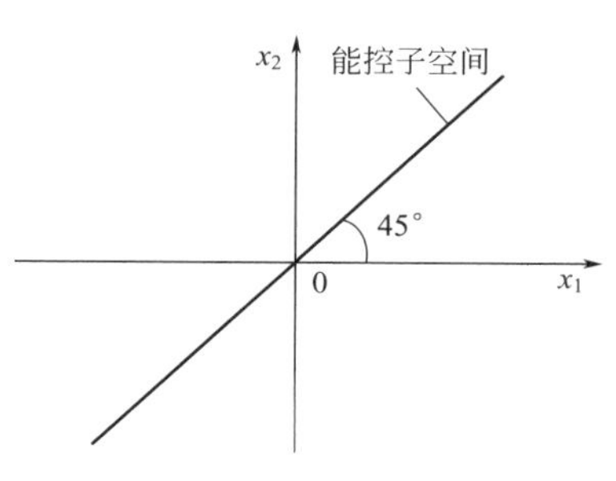

图 5-9　系统能控子空间的状态表示

只有 $x_1=x_2$ 的状态是能控状态。所有能控状态构成的能控子空间 $\boldsymbol{X}_c$ 是二维状态空间中的一条 45°斜线，如图 5-9 中粗线所示。显然，若 $\boldsymbol{X}_c$ 是整个状态空间，即 $\boldsymbol{X}_c=\boldsymbol{R}^n$，则该系统是完全能控的。

(2) 线性连续时变系统的能控性判别

定理 5-5　时变系统的状态方程为

$$\dot{\boldsymbol{x}}=\boldsymbol{A}(t)\boldsymbol{x}+\boldsymbol{B}(t)\boldsymbol{u}\tag{5-45}$$

系统在 $[t_0,t_f]$ 上状态完全能控的充分必要条件是能控性格拉姆（Gram）矩阵

$$\boldsymbol{W}_c(t_0,t_f)=\int_{t_0}^{t_f}\boldsymbol{\Phi}(t_0,t)\boldsymbol{B}(t)\boldsymbol{B}^{\mathrm{T}}(t)\boldsymbol{\Phi}^{\mathrm{T}}(t_0,t)\mathrm{d}t\tag{5-46}$$

为非奇异的。

证明　先证充分性，再证必要性。

充分性：假定 $\boldsymbol{W}_c(t_0,t_f)$ 是非奇异的，即 $\boldsymbol{W}_c^{-1}(t_0,t_f)$ 存在，则系统 $\Sigma[\boldsymbol{A}(t),\boldsymbol{B}(t)]$ 是状态完全能控的。

选择控制作用 $\boldsymbol{u}(t)$ 为

$$\boldsymbol{u}(t)=-\boldsymbol{B}^{\mathrm{T}}(t)\boldsymbol{\Phi}^{\mathrm{T}}(t_0,t)\boldsymbol{W}_c^{-1}(t_0,t_f)\boldsymbol{x}(t_0)\tag{5-47}$$

考察在它的作用下能否使 $\boldsymbol{x}(t_0)$ 在 $[t_0,t_f]$ 内转移到原点。若能，则说明存在式(5-47) 的 $\boldsymbol{u}(t)$，而系统完全能控。

已知式(5-45) 的解为

$$\boldsymbol{x}(t)=\boldsymbol{\Phi}(t,t_0)\boldsymbol{x}(t_0)+\int_{t_0}^{t}\boldsymbol{\Phi}(t,\tau)\boldsymbol{B}(\tau)\boldsymbol{u}(\tau)\mathrm{d}\tau$$

令 $t=t_f$，τ 换成 t，将式(5-47) 代入上式，得

$$\begin{aligned}\boldsymbol{x}(t_f)&=\boldsymbol{\Phi}(t_f,t_0)\boldsymbol{x}(t_0)-\int_{t_0}^{t_f}\boldsymbol{\Phi}(t_f,t)\boldsymbol{B}(t)\boldsymbol{B}^{\mathrm{T}}(t)\boldsymbol{\Phi}^{\mathrm{T}}(t_0,t)\boldsymbol{W}_c^{-1}(t_0,t_f)\boldsymbol{x}(t_0)\mathrm{d}t\\&=\boldsymbol{\Phi}(t_f,t_0)\boldsymbol{x}(t_0)-\boldsymbol{\Phi}(t_f,t_0)\left[\int_{t_0}^{t_f}\boldsymbol{\Phi}(t_0,t)\boldsymbol{B}(t)\boldsymbol{B}^{\mathrm{T}}(t)\boldsymbol{\Phi}^{\mathrm{T}}(t_0,t)\mathrm{d}t\right]\boldsymbol{W}_c^{-1}(t_0,t_f)\boldsymbol{x}(t_0)\\&=\boldsymbol{\Phi}(t_f,t_0)\boldsymbol{x}(t_0)-\boldsymbol{\Phi}(t_f,t_0)\boldsymbol{W}_c(t_0,t_f)\boldsymbol{W}_c^{-1}(t_0,t_f)\boldsymbol{x}(t_0)\\&=\boldsymbol{\Phi}(t_f,t_0)\boldsymbol{x}(t_0)-\boldsymbol{\Phi}(t_f,t_0)\boldsymbol{x}(t_0)\\&=\boldsymbol{0}\end{aligned}$$

所以，只要 $\boldsymbol{W}_c(t_0,t_f)$ 非奇异，则系统完全能控，充分性得证。

必要性：即系统完全能控，而 $\boldsymbol{W}_c(t_0,t_f)$ 必定是非奇异的。

现用反证法，即系统完全能控，而 $\boldsymbol{W}_c(t_0,t_f)$ 却是奇异的。既然 $\boldsymbol{W}_c(t_0,t_f)$ 奇异，则必存在某非零 $\boldsymbol{x}(t_0)$，使 $\boldsymbol{x}^T(t_0)\boldsymbol{W}_c(t_0,t_f)\boldsymbol{x}(t_0)=0$，即有

$$\int_{t_0}^{t_f}\boldsymbol{x}^T(t_0)\boldsymbol{\Phi}(t_0,t)\boldsymbol{B}(t)\boldsymbol{B}^T(t)\boldsymbol{\Phi}^T(t_0,t)\boldsymbol{x}(t_0)\mathrm{d}t=0$$

$$\int_{t_0}^{t_f}[\boldsymbol{B}^T(t)\boldsymbol{\Phi}^T(t_0,t)\boldsymbol{x}(t_0)]^T[\boldsymbol{B}^T(t)\boldsymbol{\Phi}^T(t_0,t)\boldsymbol{x}(t_0)]\mathrm{d}t=0$$

亦即
$$\int_{t_0}^{t}\|\boldsymbol{B}^T(t)\boldsymbol{\Phi}^T(t_0,t)\boldsymbol{x}(t_0)\|^2\mathrm{d}t=0$$

但 $\boldsymbol{B}^T(t)\boldsymbol{\Phi}^T(t_0,t)$对 t 是连续的，故从上式必有

$$\boldsymbol{B}^T(t)\boldsymbol{\Phi}^T(t_0,t)\boldsymbol{x}(t_0)=\boldsymbol{0}$$

又因已假定系统是能控的，因此上述$\boldsymbol{x}_0$ 是能控状态，必满足能控状态关系式(5-44)，即

$$\boldsymbol{x}(t_0)=-\int_{t_0}^{t_f}\boldsymbol{\Phi}(t_0,t)\boldsymbol{B}(t)\boldsymbol{u}(t)\mathrm{d}t$$

由于
$$\|\boldsymbol{x}(t_0)\|^2=\boldsymbol{x}^T(t_0)\boldsymbol{x}(t_0)=\left[-\int_{t_0}^{t_f}\boldsymbol{\Phi}(t_0,t)\boldsymbol{B}(t)\boldsymbol{u}(t)\mathrm{d}t\right]^T\boldsymbol{x}(t_0)$$

$$=-\int_{t_0}^{t_f}\boldsymbol{u}^T(t)\boldsymbol{B}^T(t)\boldsymbol{\Phi}^T(t_0,t)\boldsymbol{x}(t_0)\mathrm{d}t=0$$

说明 $\boldsymbol{x}(t_0)$ 如果是能控的，它绝非是任意的，而只能是 $\boldsymbol{x}(t_0)=\boldsymbol{0}$，这与 $\boldsymbol{x}(t_0)$ 为非零的假设是相矛盾的，因此反设 $\boldsymbol{W}_c(t_0,t_f)$ 为奇异不成立。从而必要性得证。

【例 5-9】 试判别下列系统的能控性。

$$\begin{bmatrix}\dot{x}_1\\\dot{x}_2\end{bmatrix}=\begin{bmatrix}0&t\\0&0\end{bmatrix}\begin{bmatrix}x_1\\x_2\end{bmatrix}+\begin{bmatrix}0\\1\end{bmatrix}u$$

解

① 首先求系统的状态转移矩阵，考虑到该系统的系统矩阵 $\boldsymbol{A}(t)$ 满足

$$\boldsymbol{A}(t_1)\boldsymbol{A}(t_2)=\boldsymbol{A}(t_2)\boldsymbol{A}(t_1)$$

故状态转移矩阵 $\boldsymbol{\Phi}(0,t)$ 可写成封闭形式，即

$$\boldsymbol{\Phi}(0,t)=\mathbf{I}+\int_t^0\begin{bmatrix}0&\tau\\0&0\end{bmatrix}\mathrm{d}\tau+\frac{1}{2!}\left\{\int_t^0\begin{bmatrix}0&\tau\\0&0\end{bmatrix}\mathrm{d}\tau\right\}^2+$$
$$\frac{1}{3!}\left\{\int_t^0\begin{bmatrix}0&\tau\\0&0\end{bmatrix}\mathrm{d}\tau\right\}^3+\cdots\approx\begin{bmatrix}1&-\frac{1}{2}t^2\\0&1\end{bmatrix}$$

② 计算能控性判别矩阵 $\boldsymbol{W}_c(0,t_f)$。

$$\boldsymbol{W}_c(0,t_f)=\int_0^{t_f}\begin{bmatrix}1&-\frac{1}{2}t^2\\0&1\end{bmatrix}\begin{bmatrix}0\\1\end{bmatrix}[0\quad 1]\begin{bmatrix}1&0\\-\frac{1}{2}t^2&1\end{bmatrix}\mathrm{d}t$$

$$=\int_0^{t_f}\begin{bmatrix}\frac{1}{4}t^4&-\frac{1}{2}t^2\\-\frac{1}{2}t^2&1\end{bmatrix}\mathrm{d}t=\begin{bmatrix}\frac{1}{20}t_f^5&-\frac{1}{6}t_f^3\\-\frac{1}{6}t_f^3&t_f\end{bmatrix}$$

③ 判别 $\boldsymbol{W}_c(0,t_f)$ 是否为非奇异。

$$\det\boldsymbol{W}_c(0,t_f)=\frac{1}{20}t_f^6-\frac{1}{36}t_f^6=\frac{1}{45}t_f^6$$

当 $t_f>0$，$\det\boldsymbol{W}_c(0,t_f)>0$。因此，系统在 $[0,t_f]$ 上是能控的。

从上例可以看到，根据式(5-46)的非奇异性判别系统的能控性，首先必须计算出系统的状态转移矩阵。但是，如果时变系统的转移矩阵无法写成闭合解时，上述方法就失去了工程意义。下面介绍一种较为实用的判别准则，该准则只需利用 $\boldsymbol{A}(t)$ 和 $\boldsymbol{B}(t)$ 矩阵的信息就可判别能控性。

设系统的状态方程为

$$\dot{\boldsymbol{x}}=\boldsymbol{A}(t)\boldsymbol{x}+\boldsymbol{B}(t)\boldsymbol{u}$$

$\boldsymbol{A}(t)$、$\boldsymbol{B}(t)$ 的元素对时间 t 分别是 $(n-2)$ 和 $(n-1)$ 次连续可微的，记为

$$\boldsymbol{B}_1(t)=\boldsymbol{B}(t)$$

$$\boldsymbol{B}_i(t)=-\boldsymbol{A}(t)\boldsymbol{B}_{i-1}(t)+\dot{\boldsymbol{B}}_{i-1}(t),\ i=2,3,\cdots,n$$

令

$$\boldsymbol{Q}_c(t)=[\boldsymbol{B}_1(t)\quad \boldsymbol{B}_2(t)\quad \cdots\quad \boldsymbol{B}_n(t)]$$

如果存在某个时刻 $t_f>0$，使

$$\operatorname{rank}\boldsymbol{Q}_c(t_f)=n$$

则该系统在 $[0,\ t_f]$ 上是状态完全能控的。

必须注意，这是一个充分条件，即不满足这个条件的系统，并不一定是不能控的。

【例 5-10】 试用上述方法判别下列系统的能控性。

$$\begin{bmatrix}\dot{x}_1\\ \dot{x}_2\end{bmatrix}=\begin{bmatrix}0 & t\\ 0 & 0\end{bmatrix}\begin{bmatrix}x_1\\ x_2\end{bmatrix}+\begin{bmatrix}0\\ 1\end{bmatrix}u$$

解

$$\boldsymbol{b}_1=\boldsymbol{b}=\begin{bmatrix}0\\ 1\end{bmatrix}\quad \boldsymbol{b}_2(t)=-\boldsymbol{A}(t)\boldsymbol{b}_1(t)+\dot{\boldsymbol{b}}_1(t)=-\begin{bmatrix}0 & t\\ 0 & 0\end{bmatrix}\begin{bmatrix}0\\ 1\end{bmatrix}=\begin{bmatrix}-t\\ 0\end{bmatrix}$$

$$\boldsymbol{Q}_c(t)=[\boldsymbol{b}_1(t)\quad \boldsymbol{b}_2(t)]=\begin{bmatrix}0 & -t\\ 1 & 0\end{bmatrix}\quad \det\boldsymbol{Q}_c(t)=t$$

显然，只要 $t\neq 0$，$\operatorname{rank}\boldsymbol{Q}_c(t)=2=n$，所以系统在时间区间 $[0,t_f]$ 上是状态完全能控的。

5.4.2 能观测性判别

(1) 线性时变系统能观测性的几点说明

① 时间区间 $[t_0,t_f]$ 是识别初始状态 $\boldsymbol{x}(t_0)$ 所需的观测时间，对时变系统来说，这个区间的大小和初始时刻 t_0 的选择有关。

② 根据不能观测的定义，可以写出不能观测状态的数学表达式，即

$$\boldsymbol{C}(t)\boldsymbol{\Phi}(t,t_0)\boldsymbol{x}(t_0)\equiv\boldsymbol{0},\ t\in[t_0,t_f] \tag{5-48}$$

这是一个很重要的关系式，下面的几个推论都是据此推证出来的。

③ 对系统进行线性非奇异变换，不改变其能观测性。

证明 若系统中 $\boldsymbol{x}(t_0)$ 是不能观测的状态，它必满足

$$\boldsymbol{C}(t)\boldsymbol{\Phi}(t,t_0)\boldsymbol{x}(t_0)\equiv\boldsymbol{0}$$

取 $\boldsymbol{P}$ 为变换矩阵，有

$$\boldsymbol{x}=\boldsymbol{P}\tilde{\boldsymbol{x}},\ \tilde{\boldsymbol{x}}=\boldsymbol{P}^{-1}\boldsymbol{x}$$

即

$$\tilde{\boldsymbol{C}}(t)=\boldsymbol{C}(t)\boldsymbol{P},\ \boldsymbol{C}(t)=\tilde{\boldsymbol{C}}(t)\boldsymbol{P}^{-1}$$

代入式(5-48)，有

$$\widetilde{\boldsymbol{C}}(t)\boldsymbol{P}^{-1}\boldsymbol{\Phi}(t,t_0)\boldsymbol{P}\,\widetilde{\boldsymbol{x}}(t_0)\equiv\boldsymbol{0}$$

即

$$\widetilde{\boldsymbol{C}}(t)\widetilde{\boldsymbol{\Phi}}(t,t_0)\widetilde{\boldsymbol{x}}(t_0)\equiv\boldsymbol{0}$$

上式表示，$\widetilde{\boldsymbol{x}}(t_0)$ 为不能观测的状态。亦即不能观测的状态 $\boldsymbol{x}(t_0)$ 经非奇异变换仍是不能观测的。

④ 如果 $\boldsymbol{x}(t_0)$ 是不能观测的，α 为任意非零实数，则 $\alpha\boldsymbol{x}(t_0)$ 也是不能观测的。

证明　因为 $\boldsymbol{x}(t_0)$ 是不能观测的，即

$$\boldsymbol{C}(t)\boldsymbol{\Phi}(t,t_0)\boldsymbol{x}(t_0)\equiv\boldsymbol{0}$$

所以

$$\boldsymbol{C}(t)\boldsymbol{\Phi}(t,t_0)\alpha\boldsymbol{x}(t_0)\equiv\boldsymbol{0}$$

故 $\alpha\boldsymbol{x}(t_0)$ 是不能观测的。

⑤ 如果 $\boldsymbol{x}_{01}$ 和 $\boldsymbol{x}_{02}$ 都是不能观测的，则 $\boldsymbol{x}_{01}+\boldsymbol{x}_{02}$ 也是不能观测的。

证明　因为 $\boldsymbol{x}_{01}$、$\boldsymbol{x}_{02}$ 都是不能观测的，即

$$\boldsymbol{C}(t)\boldsymbol{\Phi}(t,t_0)\boldsymbol{x}_{01}=\boldsymbol{C}(t)\boldsymbol{\Phi}(t,t_0)\boldsymbol{x}_{02}\equiv\boldsymbol{0}$$

所以

$$\boldsymbol{C}(t)\boldsymbol{\Phi}(t,t_0)(\boldsymbol{x}_{01}+\boldsymbol{x}_{02})\equiv\boldsymbol{0}$$

故 $\boldsymbol{x}_{01}+\boldsymbol{x}_{02}$ 是不能观测的。

⑥ 根据前面分析可以看出，系统的不能观测状态构成状态空间的一个子空间，称为不能观测子空间，记为 $\overline{\boldsymbol{X}}_{\mathrm{o}}$。只有当系统的不能观测子空间 $\overline{\boldsymbol{X}}_{\mathrm{o}}$ 在状态空间中是零空间，则该系统才是状态完全能观测的。

例如

$$\begin{bmatrix}\dot{x}_1\\ \dot{x}_2\end{bmatrix}=\begin{bmatrix}1&0\\0&1\end{bmatrix}\begin{bmatrix}x_1\\x_2\end{bmatrix}\qquad y=\begin{bmatrix}1&1\end{bmatrix}\begin{bmatrix}x_1\\x_2\end{bmatrix}$$

由初始状态 $\boldsymbol{x}(t_0)$ 所引起的系统输出 y 为

$$y=x_1(t)+x_2(t)=\mathrm{e}^{t-t_0}x_1(t_0)+\mathrm{e}^{t-t_0}x_2(t_0)$$

若 $x_1(t_0)=-x_2(t_0)$，则

$$y(t)\equiv 0$$

即在状态空间中，所有满足

$$x_1(t_0)=-x_2(t_0)$$

的状态是不能观测状态。这些不能观测的状态构成了一个不能观测的子空间，它是二维状态空间中的一条 $-45°$的斜线，如图 5-10 中的粗线所示。

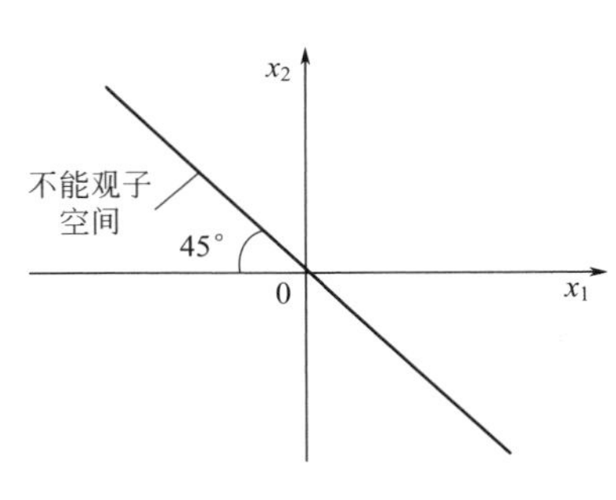

图 5-10　系统不能观子空间的状态空间表示

(2) 线性连续时变系统能观测性判别

定理 5-6　时变系统

$$\begin{cases}\dot{\boldsymbol{x}}=\boldsymbol{A}(t)\boldsymbol{x}+\boldsymbol{B}(t)\boldsymbol{u}\\ \boldsymbol{y}=\boldsymbol{C}(t)\boldsymbol{x}\end{cases}\tag{5-49}$$

在 $[t_0,t_{\mathrm{f}}]$ 上状态完全能观测的充分必要条件是能观测性格拉姆（Gram）矩阵

$$\boldsymbol{W}_{\mathrm{o}}(t_0,t_{\mathrm{f}})=\int_{t_0}^{t_{\mathrm{f}}}\boldsymbol{\Phi}^{\mathrm{T}}(t,t_0)\boldsymbol{C}^{\mathrm{T}}(t)\boldsymbol{C}(t)\boldsymbol{\Phi}(t,t_0)\mathrm{d}t\tag{5-50}$$

为非奇异的。

证明　先证充分性，再证必要性。

充分性　即由 $\boldsymbol{W}_{\mathrm{o}}(t_0,t_{\mathrm{f}})$ 非奇异，推证系统 $\sum[\boldsymbol{A}(t),\boldsymbol{C}(t)]$ 是状态完全能观测的。

时变系统状态方程（5-49）的解为

$$x(t)=\Phi(t,t_0)x(t_0)+\int_{t_0}^{t}\Phi(t,\tau)B(\tau)u(\tau)\mathrm{d}\tau$$

从而输出为

$$y(t)=C(t)\Phi(t,t_0)x(t_0)+C(t)\int_{t_0}^{t}\Phi(t,\tau)B(\tau)u(\tau)\mathrm{d}\tau$$

在确定能观测性时，可以不计控制作用 u，这时上面两式简化为

$$x(t)=\Phi(t,t_0)x(t_0)$$

$$y(t)=C(t)\Phi(t,t_0)x(t_0)$$

两边左乘 $\Phi^{\mathrm{T}}(t,t_0)C^{\mathrm{T}}(t)$，即

$$\Phi^{\mathrm{T}}(t,t_0)C^{\mathrm{T}}(t)y(t)=\Phi^{\mathrm{T}}(t,t_0)C^{\mathrm{T}}(t)C(t)\Phi(t,t_0)x(t_0)$$

两边在 $[t_0,t_f]$ 区间进行积分，得

$$\begin{aligned}\int_{t_0}^{t_f}\Phi^{\mathrm{T}}(t,t_0)C^{\mathrm{T}}(t)y(t)\mathrm{d}t&=\int_{t_0}^{t_f}\Phi^{\mathrm{T}}(t,t_0)C^{\mathrm{T}}(t)C(t)\Phi(t,t_0)x(t_0)\mathrm{d}t\\&=W_o(t_0,t_f)x(t_0)\end{aligned}$$

当且仅当 $W_o(t_0,t_f)$ 为非奇异时，可根据 $[t_0,t_f]$ 上的 $y(t)$ 唯一地确定出 $x(t_0)$。充分性得证。

必要性 即证若系统状态完全能观测，则 $W_o(t_0,t_f)$ 必定是非奇异的。

用反证法，假设系统状态完全能观测，则 $W_o(t_0,t_f)$ 为奇异的。

$$y(t)=C(t)\Phi(t,t_0)x(t_0)$$

因为

$$y^{\mathrm{T}}(t)=x^{\mathrm{T}}(t_0)\Phi^{\mathrm{T}}(t,t_0)C^{\mathrm{T}}(t)$$

则有

$$\begin{aligned}\int_{t_0}^{t_f}y^{\mathrm{T}}(\tau)y(\tau)\mathrm{d}\tau&=\int_{t_0}^{t_f}x^{\mathrm{T}}(t_0)\Phi^{\mathrm{T}}(\tau,t_0)C^{\mathrm{T}}(\tau)C(\tau)\Phi(\tau,t_0)x(t_0)\mathrm{d}\tau\\&=x^{\mathrm{T}}(t_0)W_o(t_0,t_f)x(t_0)\end{aligned}$$

由于 $W_o(t_0,t_f)$ 是奇异的，那么必存在非零初始状态 $x(t_0)$，使

$$x^{\mathrm{T}}(t_0)W_o(t_0,t_f)x(t_0)=0$$

亦即

$$y^{\mathrm{T}}(t)y(t)=\|y(t)\|^2=0$$

或者

$$y(t)=C(t)\Phi(t,t_0)x(t_0)=\mathbf{0}$$

显然 $x(t_0)$ 无法从 $y(t)$ 测得，这和系统完全能观测条件是矛盾的，因此，反设 $W_o(t_0,t_f)$ 为奇异不成立。必要性得证。

和判别时变系统的能控性一样，计算 $W_o(t_0,t_f)$ 的工作量很大。下面介绍一种与判定能控性类似的方法。

设式(5-49) 中的 $A(t)$ 矩阵和 $C(t)$ 矩阵的元素对时间变量 t 分别是（$n-2$）和（$n-1$）次连续可微的，记为

$$C_1(t)=C(t)$$

$$C_i(t)=C_{i-1}A(t)+\dot{C}_{i-1}(t),i=2,3,\cdots,n$$

令

$$Q_o(t)=\begin{bmatrix}C_1(t)\\C_2(t)\\\vdots\\C_n(t)\end{bmatrix}\tag{5-51}$$

如果存在某个时刻 $t_f>0$，使 $\operatorname{rank}Q_o(t_f)=n$，则系统在 $[t_0,t_f]$ 区间上是能观测的。

【例 5-11】 式(5-49) 中的 $\boldsymbol{A}(t)$、$\boldsymbol{C}(t)$ 分别为

$$\boldsymbol{A}(t)=\begin{bmatrix} t & 1 & 0 \\ 0 & t & 0 \\ 0 & 0 & t^2 \end{bmatrix},\ \boldsymbol{c}(t)=[1\quad 0\quad 1]$$

试判别其能观测性。

解

$$\boldsymbol{c}_1(t)=\boldsymbol{c}(t)=[1\quad 0\quad 1]$$

$$\boldsymbol{c}_2(t)=\boldsymbol{c}_1(t)\boldsymbol{A}(t)+\dot{\boldsymbol{c}}_1(t)=[t\quad 1\quad t^2]$$

$$\boldsymbol{c}_3(t)=\boldsymbol{c}_2(t)\boldsymbol{A}(t)+\dot{\boldsymbol{c}}_2(t)=[t^2+1\quad 2t\quad t^4+2t]$$

$$\boldsymbol{Q}_\mathrm{o}(t)=\begin{bmatrix} c_1(t) \\ c_2(t) \\ c_3(t) \end{bmatrix}=\begin{bmatrix} 1 & 0 & 1 \\ t & 1 & t^2 \\ t^2+1 & 2t & t^4+2t \end{bmatrix}$$

容易判别，$t>0$，$\mathrm{rank}\,\boldsymbol{Q}_\mathrm{o}(t)=3=n$，所以该系统在 $[t_0,t_\mathrm{f}]$ 时间区间上是状态完全能观测的。

必须注意，该方法也只是一个充分条件，若系统不满足所述条件，并不能得出该系统是不能观测的结论。

5.4.3 与连续定常系统的判别法则之间的关系

下面阐述连续时变系统能控性和能观测性判别法则与连续定常系统的判别法则之间的关系。设矩阵为

$$\boldsymbol{H}(t_0,t)=[\boldsymbol{h}_1(t_0,t)\quad \boldsymbol{h}_2(t_0,t)\quad \cdots\quad \boldsymbol{h}_n(t_0,t)]$$

$\boldsymbol{h}_i(t_0,t)$ 为列向量，当且仅当由 $\boldsymbol{H}(t_0,t)$ 构成的格拉姆矩阵 $\boldsymbol{G}=\int_{t_0}^{t_\mathrm{f}}\boldsymbol{H}^\mathrm{T}(t_0,\ t)\boldsymbol{H}(t_0,t)\mathrm{d}t$ 为非奇异时，$\boldsymbol{h}_i(t_0,t)(i=1,2,\cdots,n)$列向量是线性无关的。

$$\begin{aligned}\boldsymbol{W}_\mathrm{c}(t_0,t_\mathrm{f})&=\int_{t_0}^{t_\mathrm{f}}\boldsymbol{\Phi}(t_0,t)\boldsymbol{B}(t)\boldsymbol{B}^\mathrm{T}(t)\boldsymbol{\Phi}^\mathrm{T}(t_0,t)\mathrm{d}t\\&=\int_{t_0}^{t_\mathrm{f}}[\boldsymbol{B}^\mathrm{T}(t)\boldsymbol{\Phi}^\mathrm{T}(t_0,t)]^\mathrm{T}[\boldsymbol{B}^\mathrm{T}(t)\boldsymbol{\Phi}^\mathrm{T}(t_0,t)]\mathrm{d}t\end{aligned}$$

因此，矩阵 $\boldsymbol{B}^\mathrm{T}(t)\boldsymbol{\Phi}^\mathrm{T}(t_0,t)$的列向量线性无关与 $\boldsymbol{W}_\mathrm{c}(t_0,t_\mathrm{f})$ 非奇异等价。

在定常系统中，$\boldsymbol{\Phi}(t_0-t)=\mathrm{e}^{\boldsymbol{A}(t_0-t)}$，故 $\boldsymbol{W}_\mathrm{c}(t_0,t_\mathrm{f})$ 的非奇异相当于 $\mathrm{e}^{\boldsymbol{A}(t_0-t)}\boldsymbol{B}$ 的行向量线性无关，根据式(5-29) 有

$$\mathrm{e}^{\boldsymbol{A}(t_0-t)}\boldsymbol{B}=\sum_{j=0}^{n-1}\beta_j(t_0-t)\boldsymbol{A}^j\boldsymbol{B}=[\boldsymbol{B}\quad \boldsymbol{AB}\quad \cdots\quad \boldsymbol{A}^{n-1}\boldsymbol{B}]\begin{bmatrix}\beta_0\\ \beta_1\\ \vdots\\ \beta_{n-1}\end{bmatrix}$$

故 $\boldsymbol{W}_\mathrm{c}(t_0,t_\mathrm{f})$ 非奇异等价于 $[\boldsymbol{B}\quad \boldsymbol{AB}\quad \boldsymbol{A}^2\boldsymbol{B}\quad \cdots\quad \boldsymbol{A}^{n-1}\boldsymbol{B}]$ 行向量线性无关，即等价于 $\mathrm{rank}\,\boldsymbol{Q}_\mathrm{c}=n$。

综合上述分析，时变系统与定常系统的能控性判据是形异而实同，是一脉相承的，格拉姆能控性矩阵是$\Sigma(\boldsymbol{A},\boldsymbol{B})$能控性矩阵$\boldsymbol{Q}_\mathrm{c}$ 的一般形式。

同样，能观测性格拉姆矩阵 $\boldsymbol{W}_\mathrm{o}(t_0,t_\mathrm{f})$ 的非奇异等价于 $\boldsymbol{C}(t)\boldsymbol{\Phi}(t,t_0)$的列向量线性无关。

$$\begin{aligned}\boldsymbol{W}_\mathrm{o}(t_0,t_\mathrm{f})&=\int_{t_0}^{t_\mathrm{f}}\boldsymbol{\Phi}^\mathrm{T}(t,t_0)\boldsymbol{C}^\mathrm{T}(t)\boldsymbol{C}(t)\boldsymbol{\Phi}(t,t_0)\mathrm{d}t\\&=\int_{t_0}^{t_\mathrm{f}}[\boldsymbol{C}(t)\boldsymbol{\Phi}(t,t_0)]^\mathrm{T}[\boldsymbol{C}(t)\boldsymbol{\Phi}(t,t_0)]\mathrm{d}t\end{aligned}$$

根据时变向量线性无关的判别定理，知 $\boldsymbol{W}_\mathrm{o}(t_0,t_\mathrm{f})$ 的非奇异等价于 $\boldsymbol{C}(t)\boldsymbol{\Phi}(t,t_0)$ 列向量线性无关。

在定常系统中，有

$$\boldsymbol{C\Phi}(t-t_0)=\boldsymbol{C}\mathrm{e}^{\boldsymbol{A}(t-t_0)}$$

即
$$\boldsymbol{C}\mathrm{e}^{\boldsymbol{A}(t-t_0)}=\sum_{j=0}^{n-1}\beta_j(t-t_0)\boldsymbol{CA}^j=[\beta_0\quad\beta_1\quad\cdots\quad\beta_{n-1}]\begin{bmatrix}\boldsymbol{C}\\\boldsymbol{CA}\\\vdots\\\boldsymbol{CA}^{n-1}\end{bmatrix}$$

这说明时变系统中 $\boldsymbol{W}_\mathrm{o}(t_0,t_\mathrm{f})$ 的满秩与定常系统 $\Sigma(\boldsymbol{A},\boldsymbol{C})$ 能观测性矩阵 $\boldsymbol{Q}_\mathrm{o}$ 满秩是等价的。

5.5 线性定常离散系统的能控性和能观测性

5.5.1 能控性矩阵及能控性判别

当系统为单输入系统时，离散时间系统的状态方程为

$$\boldsymbol{x}(k+1)=\boldsymbol{Gx}(k)+\boldsymbol{h}u(k)\tag{5-52}$$

式中 $u(k)$——标量控制作用；

$\boldsymbol{x}$——n 维状态向量；

$\boldsymbol{G}$——$n\times n$ 系统矩阵；

$\boldsymbol{h}$——控制矩阵，n 维列矩阵。

采样周期 T 为常数，根据能控性定义，在有限个采样周期内，若能找到阶梯控制信号，能够将任意一个初始状态转移到零状态，那么系统是状态完全能控的。

下面举例说明，设式(5-52) 中

$$\boldsymbol{G}=\begin{bmatrix}1&0&0\\0&2&-2\\-1&1&0\end{bmatrix},\ \boldsymbol{h}=\begin{bmatrix}1\\0\\1\end{bmatrix}$$

任意给定一个初始状态，譬如 $\boldsymbol{x}(0)=[2\quad1\quad0]^\mathrm{T}$，看能否找到阶梯控制 $u(0)$、$u(1)$、$u(2)$，在3个采样周期内使 $\boldsymbol{x}(3)=\boldsymbol{0}$。

利用递推法：

$k=0$ 时　$\boldsymbol{x}(1)=\boldsymbol{Gx}(0)+\boldsymbol{h}u(0)$

$$=\begin{bmatrix}1&0&0\\0&2&-2\\-1&1&0\end{bmatrix}\begin{bmatrix}2\\1\\0\end{bmatrix}+\begin{bmatrix}1\\0\\1\end{bmatrix}u(0)=\begin{bmatrix}2\\2\\-1\end{bmatrix}+\begin{bmatrix}1\\0\\1\end{bmatrix}u(0)$$

$k=1$ 时　$\boldsymbol{x}(2)=\boldsymbol{Gx}(1)+\boldsymbol{h}u(1)=\boldsymbol{G}^2\boldsymbol{x}(0)+\boldsymbol{Gh}u(0)+\boldsymbol{h}u(1)$

$$=\begin{bmatrix}1&0&0\\0&2&-2\\-1&1&0\end{bmatrix}\begin{bmatrix}2\\2\\-1\end{bmatrix}+\begin{bmatrix}1&0&0\\0&2&-2\\-1&1&0\end{bmatrix}\begin{bmatrix}1\\0\\1\end{bmatrix}u(0)+\begin{bmatrix}1\\0\\1\end{bmatrix}u(1)$$

$$=\begin{bmatrix}2\\6\\0\end{bmatrix}+\begin{bmatrix}1\\-2\\-1\end{bmatrix}u(0)+\begin{bmatrix}1\\0\\1\end{bmatrix}u(1)$$

$k=2$ 时 $\quad \boldsymbol{x}(3)=\boldsymbol{G}\boldsymbol{x}(2)+\boldsymbol{h}u(2)=\boldsymbol{G}^3\boldsymbol{x}(0)+\boldsymbol{G}^2\boldsymbol{h}u(0)+\boldsymbol{G}\boldsymbol{h}u(1)+\boldsymbol{h}u(2)$

$$\begin{aligned}&=\begin{bmatrix}1&0&0\\0&2&-2\\-1&1&0\end{bmatrix}\begin{bmatrix}2\\6\\0\end{bmatrix}+\begin{bmatrix}1&0&0\\0&2&-2\\-1&1&0\end{bmatrix}\begin{bmatrix}1\\-2\\-1\end{bmatrix}u(0)\\&\quad+\begin{bmatrix}1&0&0\\0&2&-2\\-1&1&0\end{bmatrix}\begin{bmatrix}1\\0\\1\end{bmatrix}u(1)+\begin{bmatrix}1\\0\\1\end{bmatrix}u(2)\\&=\begin{bmatrix}2\\12\\4\end{bmatrix}+\begin{bmatrix}1\\-2\\-3\end{bmatrix}u(0)+\begin{bmatrix}1\\-2\\-1\end{bmatrix}u(1)+\begin{bmatrix}1\\0\\1\end{bmatrix}u(2)\end{aligned}\tag{5-53}$$

现令 $\boldsymbol{x}(3)=\boldsymbol{0}$，从上式得 3 个标量方程，求解 3 个待求量 $u(0)$、$u(1)$、$u(2)$，写成矩阵方程形式，即

$$\begin{bmatrix}1&1&1\\-2&-2&0\\-3&-1&1\end{bmatrix}\begin{bmatrix}u(0)\\u(1)\\u(2)\end{bmatrix}=-\begin{bmatrix}2\\12\\4\end{bmatrix}\tag{5-54}$$

由于 $\begin{bmatrix}u(0)\\u(1)\\u(2)\end{bmatrix}$ 的系数矩阵 $\begin{bmatrix}1&1&1\\-2&-2&0\\-3&-1&1\end{bmatrix}=[\boldsymbol{G}^2\boldsymbol{h}\quad \boldsymbol{G}\boldsymbol{h}\quad \boldsymbol{h}]$ 是非奇异的，其逆存在，所以式(5-54) 有解，其解为

$$\begin{bmatrix}u(0)\\u(1)\\u(2)\end{bmatrix}=-\begin{bmatrix}1&1&1\\-2&-2&0\\-3&-1&1\end{bmatrix}^{-1}\begin{bmatrix}2\\12\\4\end{bmatrix}=\begin{bmatrix}-5\\11\\-8\end{bmatrix}$$

能找到 $u(0)$、$u(1)$、$u(2)$，使 $\boldsymbol{x}(0)$ 在第 3 步时，将状态转移到 $\boldsymbol{0}$，因而为能控系统。所以有解的充要条件，即能控的充要条件是系数矩阵满秩，其构成为

$$[\boldsymbol{G}^2\boldsymbol{h}\quad \boldsymbol{G}\boldsymbol{h}\quad \boldsymbol{h}]\tag{5-55}$$

只要式(5-55) 满秩，系统就是状态完全能控的，称其为能控性矩阵，记为 $\boldsymbol{Q}_c=[\boldsymbol{h}\quad \boldsymbol{G}\boldsymbol{h}\quad \boldsymbol{G}^2\boldsymbol{h}]$，或称为 $\sum(\boldsymbol{G},\boldsymbol{h})$ 对。

一般，初始状态为 $\boldsymbol{x}(0)$ 时，式(5-52) 的解为

$$\boldsymbol{x}(k)=\boldsymbol{G}^k\boldsymbol{x}(0)+\sum_{j=0}^{k-1}\boldsymbol{G}^{k-j-1}\boldsymbol{h}u(j)\tag{5-56}$$

若系统是能控的，则应在 $k=n$ 时，从上式解得 $u(0),u(1),\cdots,u(n-1)$，使 $\boldsymbol{x}(k)$ 在第 n 个采样时刻为零，即 $\boldsymbol{x}(n)=\boldsymbol{0}$，从而有

$$\sum_{j=0}^{n-1}\boldsymbol{G}^{n-j-1}\boldsymbol{h}u(j)=-\boldsymbol{G}^n\boldsymbol{x}(0)$$

或 $$\boldsymbol{G}^{n-1}\boldsymbol{h}u(0)+\boldsymbol{G}^{n-2}\boldsymbol{h}u(1)+\cdots+\boldsymbol{G}\boldsymbol{h}u(n-2)+\boldsymbol{h}u(n-1)=-\boldsymbol{G}^n\boldsymbol{x}(0)$$

或 $$[\boldsymbol{G}^{n-1}\boldsymbol{h}\quad \boldsymbol{G}^{n-2}\boldsymbol{h}\quad \cdots\quad \boldsymbol{G}\boldsymbol{h}\quad \boldsymbol{h}]\begin{bmatrix}u(0)\\u(1)\\\vdots\\u(n-2)\\u(n-1)\end{bmatrix}=-\boldsymbol{G}^n\boldsymbol{x}(0)\tag{5-57}$$

故式(5-57) 有解的充要条件是能控性矩阵

$$\boldsymbol{Q}_c=[\boldsymbol{h}\quad \boldsymbol{Gh}\quad \cdots\quad \boldsymbol{G}^{n-2}\boldsymbol{h}\quad \boldsymbol{G}^{n-1}\boldsymbol{h}] \tag{5-58}$$

的秩等于 n。

对于单输入系统来讲，式(5-58) 中的 $\boldsymbol{h}$ 是 n 维列向量，因此 $\boldsymbol{Q}_c$ 矩阵是 $n\times n$ 的系数矩阵。对于多输入系统，$\boldsymbol{h}$ 不再是 n 维列向量而是 $n\times r$ 矩阵 $\boldsymbol{H}$，r 为输入向量 $\boldsymbol{u}$ 的维数，因此$\boldsymbol{Q}_c$ 是一个 $n\times nr$ 矩阵。

例如，有一个 3 阶的 3 输入系统，即

$$\boldsymbol{x}(k+1)=\begin{bmatrix}1&2&1\\0&1&0\\1&0&3\end{bmatrix}\boldsymbol{x}(k)+\begin{bmatrix}1&0&0\\0&1&0\\0&0&1\end{bmatrix}\begin{bmatrix}u_1(k)\\u_2(k)\\u_3(k)\end{bmatrix}$$

计算得
$$\boldsymbol{H}=\begin{bmatrix}1&0&0\\0&1&0\\0&0&1\end{bmatrix},\ \boldsymbol{GH}=\begin{bmatrix}1&2&1\\0&1&0\\1&0&3\end{bmatrix},\ \boldsymbol{G}^2\boldsymbol{H}=\begin{bmatrix}2&4&4\\0&1&0\\4&2&10\end{bmatrix}$$

故
$$\boldsymbol{Q}_c=[\boldsymbol{H}\quad \boldsymbol{GH}\quad \boldsymbol{G}^2\boldsymbol{H}]=\begin{bmatrix}1&0&0&1&2&1&2&4&4\\0&1&0&0&1&0&0&1&0\\0&0&1&1&0&3&4&2&10\end{bmatrix}$$

为一个 $3\times(3\times3)=3\times9$ 的矩阵，显然上式是行满秩的，即$\boldsymbol{Q}_c$ 的秩等于 3，系统是状态完全能控的。根据式(5-57) 有

$$\begin{bmatrix}2&4&4&1&2&1&1&0&0\\0&1&0&0&1&0&0&1&0\\4&2&10&1&0&3&0&0&1\end{bmatrix}\begin{bmatrix}u_1(0)\\u_2(0)\\u_3(0)\\u_1(1)\\u_2(1)\\u_3(1)\\u_1(2)\\u_2(2)\\u_3(2)\end{bmatrix}=-\begin{bmatrix}1&2&1\\0&1&0\\1&0&3\end{bmatrix}^3\begin{bmatrix}x_1(0)\\x_2(0)\\x_3(0)\end{bmatrix} \tag{5-59}$$

可以看出，它是一个具有 9 个待求变量而只有三个方程的方程组。

一般地说，在输入个数为 r 的 n 阶系统，方程式的个数 n 总是小于未知数的个数 nr 的，在这种情况下，只要$\boldsymbol{Q}_c$ 行满秩，方程组就有无穷多组解。在研究能控性问题时，关心的问题是是否有解，至于是什么样的控制信号，在此是无关紧要的。

在多输入系统中，n 阶系统的初始状态转移到原点，一般并不一定需要 n 个采样周期，即采样步数 $k\leqslant n$。如果 n 阶系统，输入数 $r=n$，即 $\boldsymbol{H}$ 也是$n\times n$ 方阵，而且 $\boldsymbol{H}$ 又是非奇异矩阵，那么只需一个采样步数，$\boldsymbol{x}(0)$ 就能转移到原点。

如上例，$\boldsymbol{H}$ 是非奇异的，故采样步数 k 可以等于 1。在 $k=1$ 时，式(5-57) 为

$$\boldsymbol{Hu}(0)=-\boldsymbol{Gx}(0)$$

即
$$\begin{bmatrix}1&0&0\\0&1&0\\0&0&1\end{bmatrix}\begin{bmatrix}u_1(0)\\u_2(0)\\u_3(0)\end{bmatrix}=-\begin{bmatrix}1&2&1\\0&1&0\\1&0&3\end{bmatrix}\begin{bmatrix}x_1(0)\\x_2(0)\\x_3(0)\end{bmatrix}$$

由于 $\boldsymbol{x}(0)$ 已知，$\boldsymbol{H}$ 满秩，故可以唯一地确定第一步的控制信号，从而使 $\boldsymbol{x}(0)$ 能在第一个采样周期即达到零状态。

5.5.2　能观测性矩阵及能观测性判别

离散时间系统的能观测性，是从下述两个方程出发的，即

$$\begin{cases}\boldsymbol{x}(k+1)=\boldsymbol{G}\boldsymbol{x}(k)\\ \boldsymbol{y}(k)=\boldsymbol{C}\boldsymbol{x}(k)\end{cases} \tag{5-60}$$

式中　$\boldsymbol{y}$——m 维列向量；

$\boldsymbol{C}$——$m\times n$ 输出矩阵。

其余同式(5-52)。

根据能观测性定义，如果知道有限采样周期内的输出 $\boldsymbol{y}(k)$，就能唯一确定任意初始状态向量 $\boldsymbol{x}(0)$，则系统是完全能观测的，现根据此定义推导能观测性条件。根据式(5-60)，有

$$\begin{cases}\boldsymbol{x}(k)=\boldsymbol{G}^k\boldsymbol{x}(0)\\ \boldsymbol{y}(k)=\boldsymbol{C}\boldsymbol{G}^k\boldsymbol{x}(0)\end{cases} \tag{5-61}$$

若系统能观测，那么在知道 $\boldsymbol{y}(0)$，$\boldsymbol{y}(1)$，…，$\boldsymbol{y}(n-1)$ 时，应能确定出 $\boldsymbol{x}(0)=[x_1(0)\quad x_2(0)\quad \cdots\quad x_n(0)]^{\mathrm{T}}$，现从式(5-60) 可得

$$\begin{aligned}\boldsymbol{y}(0)&=\boldsymbol{C}\boldsymbol{x}(0)\\ \boldsymbol{y}(1)&=\boldsymbol{C}\boldsymbol{G}\boldsymbol{x}(0)\\ &\vdots\\ \boldsymbol{y}(n-1)&=\boldsymbol{C}\boldsymbol{G}^{n-1}\boldsymbol{x}(0)\end{aligned}$$

写成矩阵形式为

$$\begin{bmatrix}\boldsymbol{y}(0)\\ \boldsymbol{y}(1)\\ \vdots\\ \boldsymbol{y}(n-1)\end{bmatrix}=\begin{bmatrix}\boldsymbol{C}\\ \boldsymbol{C}\boldsymbol{G}\\ \vdots\\ \boldsymbol{C}\boldsymbol{G}^{n-1}\end{bmatrix}\begin{bmatrix}x_1(0)\\ x_2(0)\\ \vdots\\ x_n(0)\end{bmatrix} \tag{5-62}$$

$\boldsymbol{x}(0)$ 有唯一解的充要条件是其系数矩阵的秩等于 n。这个系数矩阵称为能观测性矩阵。仿照连续时间系统，仍记为$\boldsymbol{Q}_{\mathrm{o}}$，即

$$\boldsymbol{Q}_{\mathrm{o}}=\begin{bmatrix}\boldsymbol{C}\\ \boldsymbol{C}\boldsymbol{G}\\ \vdots\\ \boldsymbol{C}\boldsymbol{G}^{n-1}\end{bmatrix}\quad 或\quad \boldsymbol{Q}_{\mathrm{o}}^{\mathrm{T}}=[\boldsymbol{C}^{\mathrm{T}}\quad \boldsymbol{G}^{\mathrm{T}}\boldsymbol{C}^{\mathrm{T}}\quad \cdots\quad (\boldsymbol{G}^{n-1})^{\mathrm{T}}\boldsymbol{C}^{\mathrm{T}}] \tag{5-63}$$

5.6　能控性和能观测性的对偶原理

能控性与能观测性的内在关系是由卡尔曼提出的对偶原理确定的，利用对偶关系可以把系统能控性分析转化为其对偶系统的能观测性分析，从而也使最优控制问题和最优估计问题之间联系起来。

5.6.1　线性系统的对偶关系

有两个系统，一个系统Σ_1为

$$\begin{cases}\dot{\boldsymbol{x}}_1=\boldsymbol{A}_1\boldsymbol{x}_1+\boldsymbol{B}_1\boldsymbol{u}_1\\ \boldsymbol{y}_1=\boldsymbol{C}_1\boldsymbol{x}_1\end{cases}$$

另一个系统Σ_2为

$$\begin{cases}\dot{\boldsymbol{x}}_2=\boldsymbol{A}_2\boldsymbol{x}_2+\boldsymbol{B}_2\boldsymbol{u}_2\\ \boldsymbol{y}_2=\boldsymbol{C}_2\boldsymbol{x}_2\end{cases}$$

若满足下述条件，则称Σ_1与Σ_2是互为对偶的。

$$\boldsymbol{A}_2=\boldsymbol{A}_1^{\mathrm{T}},\ \boldsymbol{B}_2=\boldsymbol{C}_1^{\mathrm{T}},\ \boldsymbol{C}_2=\boldsymbol{B}_1^{\mathrm{T}} \tag{5-64}$$

式中　$\boldsymbol{x}_1,\boldsymbol{x}_2$——$n$ 维状态向量；

$\boldsymbol{u}_1,\boldsymbol{u}_2$——$r$ 与 m 维控制向量；

$\boldsymbol{y}_1,\boldsymbol{y}_2$——$m$ 与 r 维输出向量；

$\boldsymbol{A}_1,\boldsymbol{A}_2$——$n\times n$ 系统矩阵；

$\boldsymbol{B}_1,\boldsymbol{B}_2$——$n\times r$ 与 $n\times m$ 控制矩阵；

$\boldsymbol{C}_1,\boldsymbol{C}_2$——$m\times n$ 与 $r\times n$ 输出矩阵。

Σ_1是一个 r 维输入 m 维输出的 n 阶系统，其对偶系统Σ_2是一个 m 维输入 r 维输出的 n 阶系统。图 5-11 是对偶系统Σ_1与Σ_2的结构图，可以看出，互为对偶的两系统，输入端与输出端互换，信号传递方向相反。信号引出点和综合点互换，对应矩阵转置。

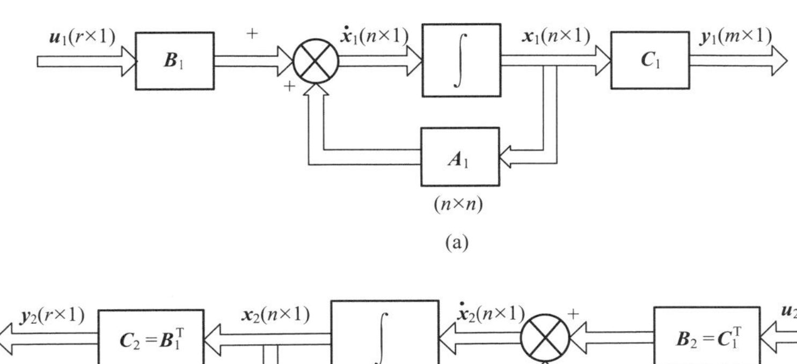

(a)

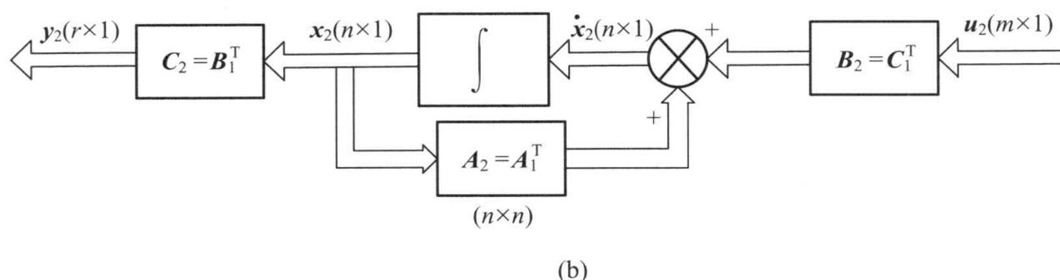

(b)

图 5-11　对偶系统的模拟结构图

再从传递函数矩阵来看对偶系统的关系，根据图 5-11(a)，其传递函数矩阵$\boldsymbol{G}_1(s)$为 $m\times r$矩阵，即

$$\boldsymbol{G}_1(s)=\boldsymbol{C}_1(s\mathbf{I}-\boldsymbol{A}_1)^{-1}\boldsymbol{B}_1 \tag{5-65}$$

根据图 5-11(b)，其传递函数矩阵$\boldsymbol{G}_2(s)$为 $r\times m$ 矩阵，即

$$\boldsymbol{G}_2(s)=\boldsymbol{C}_2(s\mathbf{I}-\boldsymbol{A}_2)^{-1}\boldsymbol{B}_2=\boldsymbol{B}_1^{\mathrm{T}}(s\mathbf{I}-\boldsymbol{A}_1^{\mathrm{T}})^{-1}\boldsymbol{C}_1^{\mathrm{T}}=\boldsymbol{B}_1^{\mathrm{T}}[(s\mathbf{I}-\boldsymbol{A}_1)^{-1}]^{\mathrm{T}}\boldsymbol{C}_1^{\mathrm{T}} \tag{5-66}$$

对$\boldsymbol{G}_2(s)$取转置，即

$$[\boldsymbol{G}_2(s)]^{\mathrm{T}}=\boldsymbol{C}_1(s\mathbf{I}-\boldsymbol{A}_1)^{-1}\boldsymbol{B}_1=\boldsymbol{G}_1(s) \tag{5-67}$$

由此可知，对偶系统的传递函数矩阵是互为转置的。

同样可求得系统输入-状态的传递函数矩阵$(s\mathbf{I}-\boldsymbol{A}_1)^{-1}\boldsymbol{B}_1$，是与其对偶系统的状态-输出的传递函数矩阵$\boldsymbol{C}_2(s\mathbf{I}-\boldsymbol{A}_2)^{-1}$互为转置的。而原系统的状态-输出的传递函数矩阵$\boldsymbol{C}_1(s\mathbf{I}-\boldsymbol{A}_1)^{-1}$，是与其对偶系统输入-状态的传递函数矩阵$(s\mathbf{I}-\boldsymbol{A}_2)^{-1}\boldsymbol{B}_2$互为转置的。

此外，互为对偶的系统，其特征多项式是相同的，即

$$|s\mathbf{I}-\boldsymbol{A}_2|=|s\mathbf{I}-\boldsymbol{A}_1^{\mathrm{T}}|=|s\mathbf{I}-\boldsymbol{A}_1|$$

5.6.2　定常系统的对偶原理

定理 5-7　若系统$\Sigma_1(\boldsymbol{A}_1,\boldsymbol{B}_1,\boldsymbol{C}_1)$和$\Sigma_2(\boldsymbol{A}_2,\boldsymbol{B}_2,\boldsymbol{C}_2)$是互为对偶的两个系统，则$\Sigma_1$的状态能控性等价于$\Sigma_2$的状态能观测性，$\Sigma_1$的状态能观测性等价于$\Sigma_2$的状态能控性。或者说，若$\Sigma_1$是状态完全能控的（或完全能观测的），则$\Sigma_2$是状态完全能观测的（或完全能控的）。

证明　若系统Σ_2的能控性矩阵

$$\boldsymbol{Q}_{c2}=[\boldsymbol{B}_2\quad \boldsymbol{A}_2\boldsymbol{B}_2\quad \boldsymbol{A}_2^2\boldsymbol{B}_2\quad \cdots\quad \boldsymbol{A}_2^{n-1}\boldsymbol{B}_2]$$

的秩为n，则系统状态为完全能控的。

将式(5-64)代入上式有

$$\boldsymbol{Q}_{c2}=[\boldsymbol{C}_1^{\mathrm{T}}\quad \boldsymbol{A}_1^{\mathrm{T}}\boldsymbol{C}_1^{\mathrm{T}}\quad \cdots\quad (\boldsymbol{A}_1^{\mathrm{T}})^{n-1}\boldsymbol{C}_1^{\mathrm{T}}]=\boldsymbol{Q}_{o1}^{\mathrm{T}}$$

说明Σ_1的能观测性矩阵$\boldsymbol{Q}_{o1}$的秩也为n，从而说明Σ_1为状态完全能观测的。

同理有

$$\boldsymbol{Q}_{o2}^{\mathrm{T}}=[\boldsymbol{C}_2^{\mathrm{T}}\quad \boldsymbol{A}_2^{\mathrm{T}}\boldsymbol{C}_2^{\mathrm{T}}\quad \cdots\quad (\boldsymbol{A}_2^{\mathrm{T}})^{n-1}\boldsymbol{C}_2^{\mathrm{T}}]=[\boldsymbol{B}_1\quad \boldsymbol{A}_1\boldsymbol{B}_1\quad \cdots\quad \boldsymbol{A}_1^{n-1}\boldsymbol{B}_1]=\boldsymbol{Q}_{c1}$$

即若Σ_2的能观测性矩阵$\boldsymbol{Q}_{o2}$满秩，为状态完全能观测时，则Σ_1的能控性矩阵$\boldsymbol{Q}_{c1}$亦满秩而为状态完全能控的。

5.6.3　时变系统的对偶原理

时变系统的对偶关系和定常系统稍有不同，且其对偶原理的证明也复杂得多。对于时变系统$\Sigma_1[\boldsymbol{A}_1(t),\boldsymbol{B}_1(t),\boldsymbol{C}_1(t)]$和$\Sigma_2[\boldsymbol{A}_2(t),\boldsymbol{B}_2(t),\boldsymbol{C}_2(t)]$满足下列关系，则称$\Sigma_1$和$\Sigma_2$是互为对偶的。

$$\begin{cases}\boldsymbol{A}_2(t)=-\boldsymbol{A}_1^{\mathrm{T}}(t)\\ \boldsymbol{B}_2(t)=\boldsymbol{C}_1^{\mathrm{T}}(t)\\ \boldsymbol{C}_2(t)=\boldsymbol{B}_1^{\mathrm{T}}(t)\end{cases} \tag{5-68}$$

根据上述定义，可以推出互为对偶的两系统的状态转移矩阵互为转置逆的重要关系式，即

$$\boldsymbol{\Phi}_2^{\mathrm{T}}(t_0,t)=\boldsymbol{\Phi}_1(t,t_0) \tag{5-69}$$

式中　$\boldsymbol{\Phi}_1(t,t_0)$——系统$\Sigma_1$的状态转移矩阵；

$\boldsymbol{\Phi}_2(t,t_0)$——系统$\Sigma_2$的状态转移矩阵。

现推证如下。对于系统Σ_2，有

$$\dot{\boldsymbol{x}}_2=\boldsymbol{A}_2(t)\boldsymbol{x}_2+\boldsymbol{B}_2(t)\boldsymbol{u}_2=-\boldsymbol{A}_1^{\mathrm{T}}(t)\boldsymbol{x}_2+\boldsymbol{C}_1^{\mathrm{T}}(t)\boldsymbol{u}_2 \tag{5-70}$$

其状态转移矩阵$\boldsymbol{\Phi}_2(t,t_0)$应满足下列微分方程，即

$$\begin{cases}\dot{\boldsymbol{\Phi}}_2(t,t_0)=-\boldsymbol{A}_1^{\mathrm{T}}(t)\boldsymbol{\Phi}_2(t,t_0)\\ \boldsymbol{\Phi}_2(t_0,t_0)=\mathbf{I}\end{cases} \tag{5-71}$$

下面来确定$\boldsymbol{\Phi}_2(t,t_0)$ 的转置逆矩阵 $\boldsymbol{\Phi}_2^{\mathrm{T}}(t_0,t)$ 所满足的微分方程。由于

$$\boldsymbol{\Phi}_2^{\mathrm{T}}(t_0,t)\boldsymbol{\Phi}_2^{\mathrm{T}}(t,t_0)=\mathbf{I}$$

两边对时间求导数，有

$$\frac{\mathrm{d}}{\mathrm{d}t}[\boldsymbol{\Phi}_2^{\mathrm{T}}(t_0,t)\boldsymbol{\Phi}_2^{\mathrm{T}}(t,t_0)]=\mathbf{0}$$

于是
$$\dot{\boldsymbol{\Phi}}_2^{\mathrm{T}}(t_0,t)\boldsymbol{\Phi}_2^{\mathrm{T}}(t,t_0)+\boldsymbol{\Phi}_2^{\mathrm{T}}(t_0,t)\dot{\boldsymbol{\Phi}}_2^{\mathrm{T}}(t,t_0)=\mathbf{0}$$

即
$$\dot{\boldsymbol{\Phi}}_2^{\mathrm{T}}(t_0,t)=-\boldsymbol{\Phi}_2^{\mathrm{T}}(t_0,t)\dot{\boldsymbol{\Phi}}_2^{\mathrm{T}}(t,t_0)\boldsymbol{\Phi}_2^{\mathrm{T}}(t_0,t) \tag{5-72}$$

对式(5-71) 第一式两边取转置，得

$$\dot{\boldsymbol{\Phi}}_2^{\mathrm{T}}(t,t_0)=-\boldsymbol{\Phi}_2^{\mathrm{T}}(t,t_0)\boldsymbol{A}_1(t)$$

再代入式(5-72)，有

$$\dot{\boldsymbol{\Phi}}_2^{\mathrm{T}}(t_0,t)=\boldsymbol{\Phi}_2^{\mathrm{T}}(t_0,t)\boldsymbol{\Phi}_2^{\mathrm{T}}(t,t_0)\boldsymbol{A}_1(t)\boldsymbol{\Phi}_2^{\mathrm{T}}(t_0,t)=\boldsymbol{A}_1(t)\boldsymbol{\Phi}_2^{\mathrm{T}}(t_0,t) \tag{5-73}$$

由状态转移矩阵的基本性质知，$\boldsymbol{\Phi}_2^{\mathrm{T}}(t_0,t)$ 必是下列系统

$$\dot{\boldsymbol{x}}_1=\boldsymbol{A}_1(t)\boldsymbol{x}_1$$

的状态转移矩阵，即

$$\boldsymbol{\Phi}_1(t,t_0)=\boldsymbol{\Phi}_2^{\mathrm{T}}(t_0,t) \tag{5-74}$$

也就是说，互为对偶的系统Σ_1和Σ_2，其状态转移矩阵 $\boldsymbol{\Phi}_1(t,t_0)$ 和 $\boldsymbol{\Phi}_2(t,t_0)$ 互为转置逆。这是两个系统存在对偶关系的一个本质特征，据此可推出时变系统的对偶原理。

定理 5-8　若系统$\Sigma_1[\boldsymbol{A}_1(t),\boldsymbol{B}_1(t),\boldsymbol{C}_1(t)]$和$\Sigma_2[\boldsymbol{A}_2(t),\boldsymbol{B}_2(t),\boldsymbol{C}_2(t)]$是互为对偶的两个时变系统，则$\Sigma_1$的状态能观测性等价于$\Sigma_2$的状态能控性，$\Sigma_1$的状态能控性等价于$\Sigma_2$的状态能观测性。

证明　对于Σ_2，其判别能控性的格拉姆矩阵为

$$W_{c2}(t_0,t_f)=\int_{t_0}^{t_f}\boldsymbol{\Phi}_2(t_0,t)\boldsymbol{B}_2(t)\boldsymbol{B}_2^{\mathrm{T}}(t)\boldsymbol{\Phi}_2^{\mathrm{T}}(t_0,t)\mathrm{d}t \tag{5-75}$$

因Σ_2是Σ_1的对偶系统，故有

$$\boldsymbol{\Phi}_2(t_0,t)=\boldsymbol{\Phi}_1^{\mathrm{T}}(t,t_0),\ \boldsymbol{B}_2(t)=\boldsymbol{C}_1^{\mathrm{T}}(t)$$

将上式代入式(5-75)，有

$$\boldsymbol{W}_{c2}(t_0,t_f)=\int_{t_0}^{t_f}\boldsymbol{\Phi}_1^{\mathrm{T}}(t,t_0)\boldsymbol{C}_1^{\mathrm{T}}(t)\boldsymbol{C}_1(t)\boldsymbol{\Phi}_1(t,t_0)\mathrm{d}t$$

显然，这是判别Σ_1能观测性的格拉姆矩阵$W_{o1}(t_0,t_f)$，故可得

$$\boldsymbol{W}_{c2}(t_0,t_f)=\boldsymbol{W}_{o1}(t_0,t_f) \tag{5-76}$$

同理可得
$$\boldsymbol{W}_{o2}(t_0,t_f)=\boldsymbol{W}_{c1}(t_0,t_f) \tag{5-77}$$

定理得证。

对偶原理是现代控制理论中一个十分重要的概念，利用对偶原理可以把系统能控性分析方面所得到的结论用于其对偶系统，从而很容易地得到其对偶系统能观测性方面的结论。

5.7　单输入单输出系统的能控标准型和能观测标准型

由于状态变量选择的非唯一性，系统的状态空间表达式也不是唯一的。在实际应用中，

常常根据所研究问题的需要，将状态空间表达式化成相应的几种标准形式。将系统状态空间表达式化为对角标准型或约当标准型，这对于状态转移矩阵的计算、能控性和能观测性的分析是十分方便的；而对于系统的状态反馈，化为能控标准型是比较方便的；对于系统状态观测器的设计以及系统辨识，则化为能观测标准型是方便的。

把状态空间表达式化成能控标准型（能观测标准型）的理论根据是状态的非奇异变换不改变其能控性（能观测性），只有系统是状态完全能控的（或状态完全能观测的）才能化成能控（或能观测）标准型。

对于一般的 n 维定常系统 $\begin{cases}\dot{\boldsymbol{x}}=\boldsymbol{Ax}+\boldsymbol{Bu}\\ \boldsymbol{y}=\boldsymbol{Cx}\end{cases}$

如果系统是状态完全能控的，即满足

$$\operatorname{rank}\boldsymbol{Q}_c=\operatorname{rank}[\boldsymbol{B}\quad \boldsymbol{AB}\quad \boldsymbol{A}^2\boldsymbol{B}\quad \cdots\quad \boldsymbol{A}^{n-1}\boldsymbol{B}]=n$$

这表明当系统是状态完全能控时，能控性矩阵$\boldsymbol{Q}_c$中至少有 n 个 n 维列向量是线性无关的，故在此 nr 个列向量中选取 n 个线性无关的列向量，以某种线性组合，仍能导出一组 n 个线性无关的列向量，从而导出状态空间表达式的某种能控标准型。对于单输入单输出系统，在能控性矩阵$\boldsymbol{Q}_c$中只有唯一的一组线性无关列向量，因此其能控标准型的形式是唯一的。而对于多输入多输出系统，在能控性矩阵$\boldsymbol{Q}_c$中，从 $n\times nr$ 矩阵中选择出 n 个独立的列向量的取法不是唯一的，因而其能控标准型的形式也不是唯一的。

与上述变换为能控标准型的条件相似，只有当系统是状态完全能观测时，即有

$$\operatorname{rank}\boldsymbol{Q}_o^{\mathrm{T}}=\operatorname{rank}[\boldsymbol{C}^{\mathrm{T}}\quad \boldsymbol{A}^{\mathrm{T}}\boldsymbol{C}^{\mathrm{T}}\quad \cdots\quad (\boldsymbol{A}^{\mathrm{T}})^{n-1}\boldsymbol{C}^{\mathrm{T}}]=n$$

系统的状态空间表达式才可能导出能观测标准型。对于单输入单输出系统，能观测性判别矩阵$\boldsymbol{Q}_o$中只有唯一的一组线性无关的行向量，因此，其能观测标准型也是唯一的。而对于多输入多输出系统，在能观测性判别矩阵中，从 $nm\times n$ 矩阵中选择出 n 个独立的行向量的取法不是唯一的，因此其能观测标准型也不是唯一的。

5.7.1 能控标准型

定理 5-9 设单输入单输出线性定常系统的状态方程为

$$\begin{cases}\dot{\boldsymbol{x}}=\boldsymbol{Ax}+\boldsymbol{b}u\\ y=\boldsymbol{cx}\end{cases}$$

$\boldsymbol{x}$ 为 $n\times1$ 向量；$\boldsymbol{A}$ 为 $n\times n$ 系统矩阵；$\boldsymbol{b}$ 为 $n\times1$ 输入矩阵；$\boldsymbol{c}$ 为 $1\times n$ 输出矩阵；u、y 分别为标量输入和输出。若系统具有状态完全能控性，即其 $n\times n$ 能控性矩阵

$$\boldsymbol{Q}_c=[\boldsymbol{b}\quad \boldsymbol{Ab}\quad \cdots\quad \boldsymbol{A}^{n-1}\boldsymbol{b}]$$

非奇异（满秩），则存在非奇异变换

$$\hat{\boldsymbol{x}}=\boldsymbol{Px},\ \boldsymbol{x}=\boldsymbol{P}^{-1}\hat{\boldsymbol{x}} \tag{5-78}$$

可将状态方程转化为能控标准型

$$\begin{cases}\dot{\hat{\boldsymbol{x}}}=\hat{\boldsymbol{A}}\hat{\boldsymbol{x}}+\hat{\boldsymbol{b}}u\\ y=\hat{\boldsymbol{c}}\hat{\boldsymbol{x}}\end{cases} \tag{5-79}$$

其中
$$\hat{\boldsymbol{A}}=\boldsymbol{PAP}^{-1}=\begin{bmatrix}0&1&0&\cdots&0\\0&0&1&\cdots&0\\\vdots&\vdots&\vdots&\ddots&\vdots\\0&0&0&\cdots&1\\-a_n&-a_{n-1}&-a_{n-2}&\cdots&-a_1\end{bmatrix},\ \hat{\boldsymbol{b}}=\boldsymbol{Pb}=\begin{bmatrix}0\\0\\\vdots\\1\end{bmatrix} \tag{5-80}$$

而 $\hat{\boldsymbol{c}}=\boldsymbol{c}\boldsymbol{P}^{-1}$ 为 $1\times n$ 矩阵。变换矩阵为

$$\boldsymbol{P}=\begin{bmatrix}\boldsymbol{p}_1\\ \boldsymbol{p}_1\boldsymbol{A}\\ \vdots\\ \boldsymbol{p}_1\boldsymbol{A}^{n-1}\end{bmatrix} \tag{5-81}$$

其中 $\boldsymbol{p}_1=[0\quad 0\quad \cdots\quad 1][\boldsymbol{b}\quad \boldsymbol{A}\boldsymbol{b}\quad \cdots\quad \boldsymbol{A}^{n-1}\boldsymbol{b}]^{-1}=[0\quad 0\quad \cdots\quad 1]\boldsymbol{Q}_c^{-1}$

证明　令 $\boldsymbol{x}=[x_1\quad x_2\quad \cdots\quad x_n]^{\mathrm{T}}$，$\hat{\boldsymbol{x}}=[\hat{x}_1\quad \hat{x}_2\quad \cdots\quad \hat{x}_n]^{\mathrm{T}}$

$$\boldsymbol{P}=\begin{bmatrix}p_{11} & p_{12} & \cdots & p_{1n}\\ p_{21} & p_{22} & \cdots & p_{2n}\\ \vdots & \vdots & \vdots & \vdots\\ p_{n1} & p_{n2} & \cdots & p_{nn}\end{bmatrix}=\begin{bmatrix}\boldsymbol{p}_1\\ \boldsymbol{p}_2\\ \vdots\\ \boldsymbol{p}_n\end{bmatrix}$$

其中，$\boldsymbol{p}_i=[p_{i1}\quad p_{i2}\quad \cdots\quad p_{in}](i=1,2,\cdots,n)$，于是由式(5-78) 可得

$$\hat{x}_1=p_{11}x_1+p_{12}x_2+\cdots+p_{1n}x_n=\boldsymbol{p}_1\boldsymbol{x}$$

先证 $\boldsymbol{P}$：将上式两边对时间求导，并考虑式(5-79)、式(5-80) 得

$$\dot{\hat{x}}_1=\hat{x}_2=\boldsymbol{p}_1\dot{\boldsymbol{x}}=\boldsymbol{p}_1\boldsymbol{A}\boldsymbol{x}+\boldsymbol{p}_1\boldsymbol{b}u$$

因为式(5-78) 表明 $\hat{\boldsymbol{x}}$ 只是 $\boldsymbol{x}$ 的函数，所以上式中 $\boldsymbol{p}_1\boldsymbol{b}=0$，于是

$$\dot{\hat{x}}_1=\hat{x}_2=\boldsymbol{p}_1\boldsymbol{A}\boldsymbol{x}$$

将此式再次对时间求导，并考虑 $\boldsymbol{p}_1\boldsymbol{A}\boldsymbol{b}=0$，可得

$$\dot{\hat{x}}_2=\hat{x}_3=\boldsymbol{p}_1\boldsymbol{A}^2\boldsymbol{x}$$

重复上述过程，并考虑 $\boldsymbol{p}_1\boldsymbol{A}^{n-2}\boldsymbol{b}=0$，可得

$$\dot{\hat{x}}_{n-1}=\hat{x}_n=\boldsymbol{p}_1\boldsymbol{A}^{n-1}\boldsymbol{x}$$

于是式(5-78) 可写成

$$\hat{\boldsymbol{x}}=\boldsymbol{P}\boldsymbol{x}=\begin{bmatrix}\boldsymbol{p}_1\\ \boldsymbol{p}_1\boldsymbol{A}\\ \vdots\\ \boldsymbol{p}_1\boldsymbol{A}^{n-1}\end{bmatrix}\boldsymbol{x}$$

其中

$$\boldsymbol{P}=\begin{bmatrix}\boldsymbol{p}_1\\ \boldsymbol{p}_1\boldsymbol{A}\\ \vdots\\ \boldsymbol{p}_1\boldsymbol{A}^{n-1}\end{bmatrix}$$

$\boldsymbol{p}_1$ 必须满足下列条件

$$\boldsymbol{p}_1\boldsymbol{b}=\boldsymbol{p}_1\boldsymbol{A}\boldsymbol{b}=\cdots=\boldsymbol{p}_1\boldsymbol{A}^{n-2}\boldsymbol{b}=0 \tag{5-82}$$

再证 $\boldsymbol{p}_1$：将式(5-78) 对时间求导，可得

$$\begin{cases}\dot{\hat{\boldsymbol{x}}}=\boldsymbol{P}\dot{\boldsymbol{x}}=\boldsymbol{P}\boldsymbol{A}\boldsymbol{x}+\boldsymbol{P}\boldsymbol{b}u=\boldsymbol{P}\boldsymbol{A}\boldsymbol{P}^{-1}\hat{\boldsymbol{x}}+\boldsymbol{P}\boldsymbol{b}u\\ y=\boldsymbol{c}\boldsymbol{x}=\boldsymbol{c}\boldsymbol{P}^{-1}\boldsymbol{x}\end{cases} \tag{5-83}$$

将式(5-83) 与式(5-79) 进行对比得

$$\hat{A}=PAP^{-1} \quad \hat{b}=Pb \quad \hat{c}=cP^{-1}$$

再考虑式(5-82) 与式(5-80)，下式必须成立，即

$$\hat{b}=Pb=\begin{bmatrix} p_1 b \\ p_1 Ab \\ \vdots \\ p_1 A^{n-1}b \end{bmatrix}=\begin{bmatrix} 0 \\ 0 \\ \vdots \\ 1 \end{bmatrix}$$

或者写成 $$p_1[b \quad Ab \quad \cdots \quad A^{n-1}b]=[0 \quad 0 \quad \cdots \quad 1]$$

因为$Q_c=[b \quad Ab \quad \cdots \quad A^{n-1}b]$ 为非奇异矩阵，则

$$p_1=[0 \quad 0 \quad \cdots \quad 1][b \quad Ab \quad \cdots \quad A^{n-1}b]^{-1}=[0 \quad 0 \quad \cdots \quad 1]Q_c^{-1}$$

定理得证。

【例 5-12】 设某一线性定常系统的状态方程为

$$\dot{x}=Ax+bu$$

其中 $$A=\begin{bmatrix} 1 & -1 \\ 0 & -1 \end{bmatrix}, \quad b=\begin{bmatrix} 1 \\ 1 \end{bmatrix}$$

试将状态方程化为能控标准型。

解 系统的能控性矩阵

$$Q_c=[b \quad Ab]=\begin{bmatrix} 1 & 0 \\ 1 & -1 \end{bmatrix}$$

为非奇异，故系统可化为能控标准型，即

$$p_1=[0 \quad 1]Q_c^{-1}=[0 \quad 1][b \quad Ab]^{-1}=[1 \quad -1]$$

变换矩阵为

$$P=\begin{bmatrix} p_1 \\ p_1 A \end{bmatrix}=\begin{bmatrix} 1 & -1 \\ 1 & 0 \end{bmatrix}$$

因此 $$\hat{A}=PAP^{-1}=\begin{bmatrix} 0 & 1 \\ 1 & 0 \end{bmatrix}, \hat{b}=Pb=\begin{bmatrix} 0 \\ 1 \end{bmatrix}$$

故 $$\dot{\hat{x}}=\hat{A}\hat{x}+\hat{b}u=\begin{bmatrix} 0 & 1 \\ 1 & 0 \end{bmatrix}x+\begin{bmatrix} 0 \\ 1 \end{bmatrix}u$$

【例 5-13】 将下列系统的状态方程

$$\dot{x}=\begin{bmatrix} 1 & 0 \\ -1 & 2 \end{bmatrix}x+\begin{bmatrix} -1 \\ 1 \end{bmatrix}u$$

化为能控标准型。

解 系统的能控性矩阵

$$Q_c=[b \quad Ab]=\begin{bmatrix} -1 & -1 \\ 1 & 3 \end{bmatrix}$$

为非奇异，其逆矩阵为

$$Q_c^{-1}=\begin{bmatrix} -\frac{3}{2} & -\frac{1}{2} \\ \frac{1}{2} & \frac{1}{2} \end{bmatrix}$$

故
$$\boldsymbol{p}_1=[0\quad 1]\boldsymbol{Q}_c^{-1}=\begin{bmatrix}\frac{1}{2} & \frac{1}{2}\end{bmatrix}$$

变换矩阵为

$$\boldsymbol{P}=\begin{bmatrix}\boldsymbol{p}_1\\ \boldsymbol{p}_1\boldsymbol{A}\end{bmatrix}=\begin{bmatrix}\frac{1}{2} & \frac{1}{2}\\ 0 & 1\end{bmatrix}\qquad \boldsymbol{P}^{-1}=\begin{bmatrix}2 & -1\\ 0 & 1\end{bmatrix}$$

因此，系统的状态方程可化为

$$\dot{\hat{\boldsymbol{x}}}=\hat{\boldsymbol{A}}\hat{\boldsymbol{x}}+\hat{\boldsymbol{b}}u=\boldsymbol{PAP}^{-1}\hat{\boldsymbol{x}}+\boldsymbol{Pb}u$$
$$=\begin{bmatrix}\frac{1}{2} & \frac{1}{2}\\ 0 & 1\end{bmatrix}\begin{bmatrix}1 & 0\\ -1 & 2\end{bmatrix}\begin{bmatrix}2 & -1\\ 0 & 1\end{bmatrix}\hat{\boldsymbol{x}}+\begin{bmatrix}\frac{1}{2} & \frac{1}{2}\\ 0 & 1\end{bmatrix}\begin{bmatrix}-1\\ 1\end{bmatrix}u=\begin{bmatrix}0 & 1\\ -2 & 3\end{bmatrix}\hat{\boldsymbol{x}}+\begin{bmatrix}0\\ 1\end{bmatrix}u$$

5.7.2 能观测标准型

定理 5-10　设系统的状态方程为

$$\begin{cases}\dot{\boldsymbol{x}}=\boldsymbol{Ax}+\boldsymbol{b}u\\ y=\boldsymbol{cx}\end{cases}\tag{5-84}$$

$\boldsymbol{x}$ 为 $n\times 1$ 向量；$\boldsymbol{A}$ 为 $n\times n$ 矩阵；$\boldsymbol{b}$ 为 $n\times 1$ 矩阵；$\boldsymbol{c}$ 为 $1\times n$ 矩阵；u、y 为标量。若系统状态是完全能观测的，即其 $n\times n$ 能观测性矩阵

$$\boldsymbol{Q}_o=\begin{bmatrix}\boldsymbol{c}\\ \boldsymbol{cA}\\ \vdots\\ \boldsymbol{cA}^{n-1}\end{bmatrix}$$

是非奇异的，则存在非奇异变换

$$\boldsymbol{x}=\boldsymbol{T}\hat{\boldsymbol{x}},\ \hat{\boldsymbol{x}}=\boldsymbol{T}^{-1}\boldsymbol{x}\tag{5-85}$$

可将系统方程化为能观测标准型

$$\begin{cases}\dot{\hat{\boldsymbol{x}}}=\hat{\boldsymbol{A}}\hat{\boldsymbol{x}}+\hat{\boldsymbol{b}}u\\ y=\hat{\boldsymbol{c}}\hat{\boldsymbol{x}}\end{cases}$$

其中
$$\hat{\boldsymbol{A}}=\boldsymbol{T}^{-1}\boldsymbol{AT}=\begin{bmatrix}0 & 0 & \cdots & 0 & -a_n\\ 1 & 0 & \cdots & 0 & -a_{n-1}\\ 0 & 1 & \cdots & 0 & -a_{n-2}\\ \vdots & \vdots & \ddots & \vdots & \vdots\\ 0 & 0 & \cdots & 1 & -a_1\end{bmatrix},\ \hat{\boldsymbol{c}}=\boldsymbol{cT}=[0\quad 0\quad \cdots\quad 1]$$

而 $\hat{\boldsymbol{b}}=\boldsymbol{T}^{-1}\boldsymbol{b}$ 为 $n\times 1$ 矩阵。变换矩阵为

$$\boldsymbol{T}=[\boldsymbol{t}_1\quad \boldsymbol{At}_1\quad \cdots\quad \boldsymbol{A}^{n-1}\boldsymbol{t}_1]$$

其中
$$\boldsymbol{t}_1=\begin{bmatrix}\boldsymbol{c}\\ \boldsymbol{cA}\\ \vdots\\ \boldsymbol{cA}^{n-1}\end{bmatrix}^{-1}\begin{bmatrix}0\\ 0\\ \vdots\\ 1\end{bmatrix}=\boldsymbol{Q}_o^{-1}\begin{bmatrix}0\\ 0\\ \vdots\\ 1\end{bmatrix}\tag{5-86}$$

证明　令非奇异变换为 $\boldsymbol{x}=\boldsymbol{T}\hat{\boldsymbol{x}}=[\boldsymbol{t}_1 \quad \boldsymbol{A}\boldsymbol{t}_1 \quad \cdots \quad \boldsymbol{A}^{n-1}\boldsymbol{t}_1]\hat{\boldsymbol{x}}$

将其代入式(5-84)，得

$$
\begin{aligned}
[\boldsymbol{t}_1 \quad \boldsymbol{A}\boldsymbol{t}_1 \quad \cdots \quad \boldsymbol{A}^{n-1}\boldsymbol{t}_1]\dot{\hat{\boldsymbol{x}}}&=\boldsymbol{A}[\boldsymbol{t}_1 \quad \boldsymbol{A}\boldsymbol{t}_1 \quad \cdots \quad \boldsymbol{A}^{n-1}\boldsymbol{t}_1]\hat{\boldsymbol{x}}+\boldsymbol{b}u\\
&=[\boldsymbol{A}\boldsymbol{t}_1 \quad \boldsymbol{A}^2\boldsymbol{t}_1 \quad \cdots \quad \boldsymbol{A}^n\boldsymbol{t}_1]\hat{\boldsymbol{x}}+\boldsymbol{b}u
\end{aligned}
\tag{5-87}
$$

先证 $\hat{\boldsymbol{A}}$：利用凯莱-哈密顿定理，有

$$
\boldsymbol{A}^n=-a_1\boldsymbol{A}^{n-1}-a_2\boldsymbol{A}^{n-2}-\cdots-a_n\mathbf{I} \tag{5-88}
$$

将式(5-88) 代入式(5-87)，得

$$
[\boldsymbol{t}_1 \quad \boldsymbol{A}\boldsymbol{t}_1 \quad \cdots \quad \boldsymbol{A}^{n-1}\boldsymbol{t}_1]\begin{bmatrix}\dot{\hat{x}}_1\\ \dot{\hat{x}}_2\\ \vdots\\ \dot{\hat{x}}_n\end{bmatrix}
$$

$$
=[\boldsymbol{A}\boldsymbol{t}_1 \quad \boldsymbol{A}^2\boldsymbol{t}_1 \quad \cdots \quad \boldsymbol{A}^{n-1}\boldsymbol{t}_1 \quad (-a_1\boldsymbol{A}^{n-1}-a_2\boldsymbol{A}^{n-2}-\cdots-a_n\mathbf{I})\boldsymbol{t}_1]\begin{bmatrix}\hat{x}_1\\ \hat{x}_2\\ \vdots\\ \hat{x}_n\end{bmatrix}+\boldsymbol{b}u
$$

$$
=[\boldsymbol{t}_1 \quad \boldsymbol{A}\boldsymbol{t}_1 \quad \cdots \quad \boldsymbol{A}^{n-1}\boldsymbol{t}_1]\begin{bmatrix}-a_n\hat{x}_n\\ \hat{x}_1-a_{n-1}\hat{x}_n\\ \vdots\\ \hat{x}_{n-1}-a_1\hat{x}_n\end{bmatrix}+\boldsymbol{b}u
$$

上式等号两边同乘以$\boldsymbol{T}^{-1}$后，得

$$
\begin{bmatrix}\dot{\hat{x}}_1\\ \dot{\hat{x}}_2\\ \vdots\\ \dot{\hat{x}}_n\end{bmatrix}=\begin{bmatrix}-a_n\hat{x}_n\\ \hat{x}_1-a_{n-1}\hat{x}_n\\ \vdots\\ \hat{x}_{n-1}-a_1\hat{x}_n\end{bmatrix}+\boldsymbol{T}^{-1}\boldsymbol{b}u=\begin{bmatrix}0 & 0 & \cdots & 0 & -a_n\\ 1 & 0 & \cdots & 0 & -a_{n-1}\\ 0 & 1 & \cdots & 0 & -a_{n-2}\\ \vdots & \vdots & \ddots & \vdots & \vdots\\ 0 & 0 & \cdots & 1 & -a_1\end{bmatrix}\begin{bmatrix}\hat{x}_1\\ \hat{x}_2\\ \vdots\\ \hat{x}_n\end{bmatrix}+\boldsymbol{T}^{-1}\boldsymbol{b}u
$$

这就是能观测标准型的状态方程。

将式(5-85) 代入原输出方程，即可得到能观测标准型的输出方程。

再证 $\hat{\boldsymbol{c}}$：对式(5-85) 求导，得

$$
\begin{cases}\dot{\hat{\boldsymbol{x}}}=\boldsymbol{T}^{-1}\dot{\boldsymbol{x}}=\boldsymbol{T}^{-1}\boldsymbol{A}\boldsymbol{x}+\boldsymbol{T}^{-1}\boldsymbol{b}u=\boldsymbol{T}^{-1}\boldsymbol{A}\boldsymbol{T}\hat{\boldsymbol{x}}+\boldsymbol{T}^{-1}\boldsymbol{b}u\\ y=\boldsymbol{c}\boldsymbol{x}=\boldsymbol{c}\boldsymbol{T}\hat{\boldsymbol{x}}=\boldsymbol{c}[\boldsymbol{t}_1 \quad \boldsymbol{A}\boldsymbol{t}_1 \quad \cdots \quad \boldsymbol{A}^{n-1}\boldsymbol{t}_1]\hat{\boldsymbol{x}}=[\boldsymbol{c}\boldsymbol{t}_1 \quad \boldsymbol{c}\boldsymbol{A}\boldsymbol{t}_1 \quad \cdots \quad \boldsymbol{c}\boldsymbol{A}^{n-1}\boldsymbol{t}_1]\hat{\boldsymbol{x}}\end{cases} \tag{5-89}
$$

将式(5-89) 与能观测标准型比较，得

$$
\hat{\boldsymbol{A}}=\boldsymbol{T}^{-1}\boldsymbol{A}\boldsymbol{T},\ \hat{\boldsymbol{b}}=\boldsymbol{T}^{-1}\boldsymbol{b},\ \hat{\boldsymbol{c}}=\boldsymbol{c}\boldsymbol{T}
$$

又由式(5-86) 可知

$$\begin{bmatrix} c \\ cA \\ \vdots \\ cA^{n-1} \end{bmatrix} t_1 = \begin{bmatrix} 0 \\ 0 \\ \vdots \\ 1 \end{bmatrix}$$

于是得到

$$ct_1 = cAt_1 = \cdots = cA^{n-2}t_1 = 0,\ cA^{n-1}t_1 = 1$$

代入输出方程得

$$y = [0 \quad 0 \quad \cdots \quad 1]\hat{x}$$

【例 5-14】 设系统的状态空间表达式为

$$\begin{cases} \dot{x} = \begin{bmatrix} 1 & -1 \\ 0 & 2 \end{bmatrix} x \\ y = \begin{bmatrix} -1 & -\frac{1}{2} \end{bmatrix} x \end{cases}$$

试将其变换为能观测标准型。

解 该系统的能观测性矩阵为

$$Q_o = \begin{bmatrix} c \\ cA \end{bmatrix} = \begin{bmatrix} -1 & -\frac{1}{2} \\ -1 & 0 \end{bmatrix}$$

显然是非奇异，由此可求出

$$t_1 = \begin{bmatrix} -1 & -\frac{1}{2} \\ -1 & 0 \end{bmatrix}^{-1} \begin{bmatrix} 0 \\ 1 \end{bmatrix} = \begin{bmatrix} -1 \\ 2 \end{bmatrix}$$

变换矩阵为

$$T = [t_1 \quad At_1] = \begin{bmatrix} -1 & -3 \\ 2 & 4 \end{bmatrix}$$

则系统的能观测标准型为

$$\dot{\hat{x}} = T^{-1}AT\hat{x} = \begin{bmatrix} -1 & -3 \\ 2 & 4 \end{bmatrix}^{-1} \begin{bmatrix} 1 & -1 \\ 0 & 2 \end{bmatrix} \begin{bmatrix} -1 & -3 \\ 2 & 4 \end{bmatrix} \hat{x} = \begin{bmatrix} 0 & -2 \\ 1 & 3 \end{bmatrix} \hat{x}$$

$$y = cTx = \begin{bmatrix} -1 & -\frac{1}{2} \end{bmatrix} \begin{bmatrix} -1 & -3 \\ 2 & 4 \end{bmatrix} x = [0 \quad 1]x$$

5.7.3 根据传递函数确定能控与能观测标准型

对线性定常的单输入单输出系统能控与能观测标准型，由系统传递函数出发，如无零极点相消现象，可直接得到相应的状态方程和输出方程，即能控标准型，并由此可得到能观测标准型。

定理 5-11 设单输入单输出系统是状态完全能控的，且传递函数为

$$G(s) = \frac{Y(s)}{U(s)} = \frac{b_1 s^{n-1} + b_2 s^{n-2} + \cdots + b_{n-1}s + b_n}{s^n + a_1 s^{n-1} + \cdots + a_{n-1}s + a_n}$$

则其能控标准型为

$$\begin{cases} \dot{\hat{x}} = \hat{A}\hat{x} + \hat{b}u \\ y = \hat{c}\hat{x} \end{cases}$$

其中

$$\hat{A}=\begin{bmatrix}0&1&0&\cdots&0\\0&0&1&\cdots&0\\\vdots&\vdots&\vdots&\ddots&\vdots\\0&0&0&\cdots&1\\-a_n&-a_{n-1}&-a_{n-2}&\cdots&-a_1\end{bmatrix},\ \hat{b}=\begin{bmatrix}0\\0\\\vdots\\1\end{bmatrix},\ \hat{c}=[b_n\quad b_{n-1}\quad b_{n-2}\quad\cdots\quad b_1]$$

定理 5-12　设单输入单输出系统是状态完全能观测的，且传递函数为

$$G(s)=\frac{Y(s)}{U(s)}=\frac{b_1s^{n-1}+b_2s^{n-2}+\cdots+b_{n-1}s+b_n}{s^n+a_1s^{n-1}+\cdots a_{n-1}s+a_n}$$

则其能观测标准型为

$$\begin{cases}\dot{\hat{x}}=\hat{A}\hat{x}+\hat{b}u\\y=\hat{c}\hat{x}\end{cases}$$

其中
$$\hat{A}=\begin{bmatrix}0&0&\cdots&0&-a_n\\1&0&\cdots&0&-a_{n-1}\\0&1&\cdots&0&-a_{n-2}\\\vdots&\vdots&\ddots&\vdots&\vdots\\0&0&\cdots&1&-a_1\end{bmatrix},\ \hat{b}=\begin{bmatrix}b_n\\b_{n-1}\\\vdots\\b_1\end{bmatrix},\ \hat{c}=[0\quad 0\quad\cdots\quad 1]$$

5.8　线性系统的结构分解

如果一个系统状态是不完全能控的，则其状态空间中所有的能控状态构成能控子空间，其余为不能控子空间。如果一个系统状态是不完全能观测的，则其状态空间中所有能观测的状态构成能观测子空间，其余为不能观测子空间。但是，在一般形式下，这些子空间并没有被明显地分解出来。本节将讨论如何通过非奇异变换即坐标变换，将系统的状态空间按能控性和能观测性进行结构分解。

把线性系统的状态空间按能控性和能观测性进行结构分解是状态空间分析中的一个重要内容。它揭示了状态空间的本质特征，为最小实现问题的提出提供了理论依据，它与系统的状态反馈、系统镇定等问题解决都有密切的关系。

5.8.1　按能控性进行分解

定理 5-13　设线性定常系统

$$\begin{cases}\dot{x}=Ax+Bu\\y=Cx\end{cases}\tag{5-90}$$

是状态不完全能控的，其能控性矩阵

$$Q_c=[B\quad AB\quad\cdots\quad A^{n-1}B]$$

的秩为

$$\operatorname{rank}Q_c=n_1<n$$

则存在非奇异变换

$$x=T_c\hat{x}\tag{5-91}$$

将状态空间表达式(5-90) 变换为

$$\begin{cases}\dot{\hat{x}}=\hat{A}\hat{x}+\hat{B}u \\ y=\hat{C}\hat{x}\end{cases} \tag{5-92}$$

其中

$$\hat{x}=\begin{bmatrix}\hat{x}_1 \\ \hline \hat{x}_2\end{bmatrix}\begin{matrix}n_1 \\ n-n_1\end{matrix}$$

$$\hat{A}=T_c^{-1}AT_c=\left[\begin{array}{c:c}\hat{A}_{11} & \hat{A}_{12} \\ \hdashline \underbrace{0}_{n_1} & \underbrace{\hat{A}_{22}}_{n-n_1}\end{array}\right]\begin{matrix}\}n_1 \\ \}n-n_1\end{matrix}$$

$$\hat{B}=T_c^{-1}B=\begin{bmatrix}\hat{B}_1 \\ \hdashline 0\end{bmatrix}\begin{matrix}\}n_1 \\ \}n-n_1\end{matrix}$$

$$\hat{C}=CT_c=[\underbrace{\hat{C}_1}_{n_1} \;\vdots\; \underbrace{\hat{C}_2}_{n-n_1}]$$

可以看出，系统状态空间表达式变换为式(5-92) 后，系统的状态空间就被分解成能控的和不能控的两部分子空间，其中 n_1 维子空间

$$\dot{\hat{x}}_1=\hat{A}_{11}\hat{x}_1+\hat{A}_{12}\hat{x}_2+\hat{B}_1u$$

是能控的，而 $n-n_1$ 维子系统

$$\dot{\hat{x}}_2=\hat{A}_{22}\hat{x}_2$$

是不能控的。这种状态结构的分解情况如图 5-12 所示，因为 u 对$\hat{x}_2$ 不起作用，$\hat{x}_2$ 仅作无控的自由运动。显然，若不考虑 $n-n_1$ 维子系统，便可得到一个低维的能控系统。

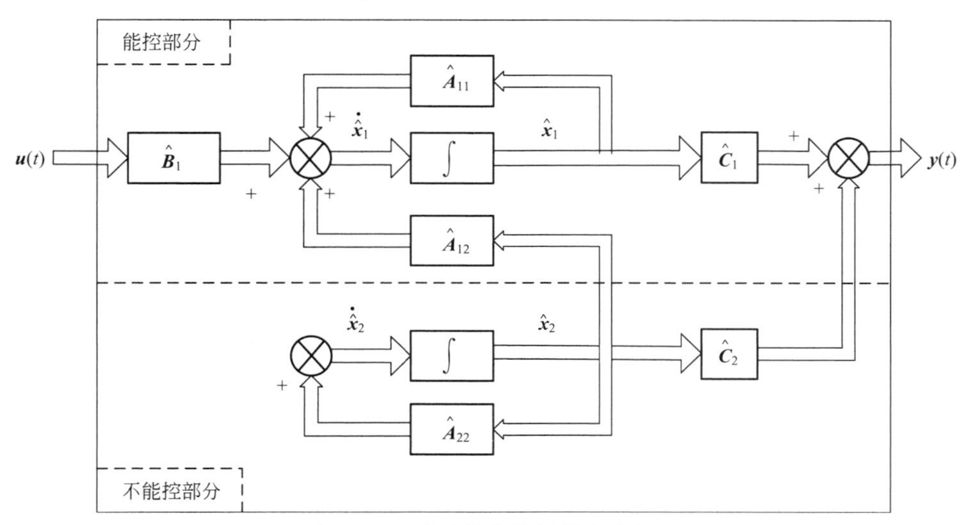

图 5-12 系统能控性的结构分解

非奇异变换矩阵为

$$T_c=[t_1 \quad t_2 \quad \cdots \quad t_{n_1} \quad t_{n_1+1} \quad \cdots \quad t_n] \tag{5-93}$$

其中，n 个列向量可以按如下方法构成，前 n_1 个列向量$t_1,t_2,\cdots,t_{n_1}$ 是能控性矩阵Q_c 中的 n_1 个线性无关的列，另外的 $n-n_1$ 个列向量$t_{n_1+1},\cdots,t_n$ 在确保T_c 为非奇异的条件下，

完全是任意的。

【例 5-15】 设有如下线性定常系统

$$\begin{cases}\dot{\boldsymbol{x}}=\begin{bmatrix}0 & 0 & -1\\1 & 0 & -3\\0 & 1 & -3\end{bmatrix}\boldsymbol{x}+\begin{bmatrix}1\\1\\0\end{bmatrix}u\\ y=\begin{bmatrix}0 & 1 & -2\end{bmatrix}\boldsymbol{x}\end{cases}$$

试判别其状态能控性，若不是状态完全能控的，试将该系统按能控性进行分解。

解 系统能控性矩阵为

$$\boldsymbol{Q}_c=[\boldsymbol{b}\quad \boldsymbol{Ab}\quad \boldsymbol{A}^2\boldsymbol{b}]=\begin{bmatrix}1 & 0 & -1\\1 & 1 & -3\\0 & 1 & -2\end{bmatrix}$$

$$\operatorname{rank}\boldsymbol{Q}_c=2<n=3$$

所以系统状态是不完全能控的。

按式(5-93) 构造非奇异变换矩阵$\boldsymbol{T}_c$，有

$$\boldsymbol{t}_1=\boldsymbol{b}=\begin{bmatrix}1\\1\\0\end{bmatrix},\ \boldsymbol{t}_2=\boldsymbol{Ab}=\begin{bmatrix}0\\1\\1\end{bmatrix},\ \boldsymbol{t}_3=\begin{bmatrix}0\\0\\1\end{bmatrix}$$

即

$$\boldsymbol{T}_c=\begin{bmatrix}1 & 0 & 0\\1 & 1 & 0\\0 & 1 & 1\end{bmatrix}$$

其中$\boldsymbol{t}_3$是任意的，只要能保证$\boldsymbol{T}_c$为非奇异即可。

变换后系统的状态空间表达式为

$$\begin{aligned}\dot{\hat{\boldsymbol{x}}}&=\boldsymbol{T}_c^{-1}\boldsymbol{AT}_c\hat{\boldsymbol{x}}+\boldsymbol{T}_c^{-1}\boldsymbol{b}u\\&=\begin{bmatrix}1 & 0 & 0\\1 & 1 & 0\\0 & 1 & 1\end{bmatrix}^{-1}\begin{bmatrix}0 & 0 & -1\\1 & 0 & -3\\0 & 1 & -3\end{bmatrix}\begin{bmatrix}1 & 0 & 0\\1 & 1 & 0\\0 & 1 & 1\end{bmatrix}\hat{\boldsymbol{x}}+\begin{bmatrix}1 & 0 & 0\\1 & 1 & 0\\0 & 1 & 1\end{bmatrix}^{-1}\begin{bmatrix}1\\1\\0\end{bmatrix}u\\&=\left[\begin{array}{cc:c}0 & -1 & -1\\1 & -2 & -2\\\hdashline 0 & 0 & -1\end{array}\right]\hat{\boldsymbol{x}}+\left[\begin{array}{c}1\\0\\\hdashline 0\end{array}\right]u\end{aligned}$$

$$y=\boldsymbol{CT}_c\hat{\boldsymbol{x}}=\left[\begin{array}{cc:c}1 & -1 & -2\end{array}\right]\hat{\boldsymbol{x}}$$

在构造变换矩阵 $\boldsymbol{T}_c$ 时，其中 $n-n_1$列的选取，是在保证 $\boldsymbol{T}_c$ 为非奇异的条件下任选的。其中，2 维子系统

$$\begin{cases}\dot{\hat{\boldsymbol{x}}}_1=\begin{bmatrix}0 & -1\\1 & -2\end{bmatrix}\hat{\boldsymbol{x}}_1+\begin{bmatrix}1\\0\end{bmatrix}u+\begin{bmatrix}-1\\-2\end{bmatrix}\hat{\boldsymbol{x}}_2\\ y_1=\begin{bmatrix}1 & -1\end{bmatrix}\hat{\boldsymbol{x}}_1\end{cases}$$

满足

$$\operatorname{rank}[\boldsymbol{b}_1\quad \boldsymbol{A}_{11}\boldsymbol{b}_1]=\operatorname{rank}\begin{bmatrix}1 & 0\\0 & 1\end{bmatrix}=2$$

因此，此二维子系统是能控的。

5.8.2 按能观测性进行分解

定理 5-14 设线性定常系统

$$\begin{cases}\dot{\boldsymbol{x}}=\boldsymbol{Ax}+\boldsymbol{Bu}\\ \boldsymbol{y}=\boldsymbol{Cx}\end{cases}\tag{5-94}$$

的状态是不完全能观测的，其能观测性矩阵

$$Q_o=\begin{bmatrix} C \\ CA \\ \vdots \\ CA^{n-1} \end{bmatrix}$$

的秩为

$$\text{rank}\,Q_o=n_1<n$$

则存在非奇异变换

$$x=T_o\tilde{x} \tag{5-95}$$

将状态空间表达式(5-94) 变换为

$$\begin{cases} \dot{\tilde{x}}=\tilde{A}\tilde{x}+\tilde{B}u \\ y=\tilde{C}\tilde{x} \end{cases} \tag{5-96}$$

其中

$$\hat{A}=T_o^{-1}AT_o=\left[\begin{array}{c:c} \tilde{A}_{11} & 0 \\ \hdashline \underbrace{\tilde{A}_{21}}_{n_1} & \underbrace{\tilde{A}_{22}}_{n-n_1} \end{array}\right]\begin{matrix} \}n_1 \\ \}n-n_1 \end{matrix} \tag{5-97}$$

$$\tilde{B}=T_o^{-1}B=\left[\begin{array}{c} \tilde{B}_1 \\ \hdashline \tilde{B}_2 \end{array}\right]\begin{matrix} \}n_1 \\ \}n-n_1 \end{matrix} \tag{5-98}$$

$$\hat{C}=CT_o=[\underbrace{\hat{C}_1}_{n_1} \;\vdots\; \underbrace{0}_{n-n_1}] \tag{5-99}$$

$$\tilde{x}=\left[\begin{array}{c} \tilde{x}_1 \\ \hdashline \tilde{x}_2 \end{array}\right]\begin{matrix} \}n_1 \\ \}n-n_1 \end{matrix}$$

可见，经上述变换后系统分解为能观测的 n_1 维子系统

$$\begin{cases} \dot{\tilde{x}}_1=\tilde{A}_{11}\tilde{x}_1+\tilde{B}_1u \\ y_1=\tilde{C}_1\tilde{x}_1 \end{cases}$$

和不能观测的 $n-n_1$ 维子系统

$$\dot{\tilde{x}}_2=\tilde{A}_{21}\tilde{x}_1+\tilde{A}_{22}\tilde{x}_2+\tilde{B}_2u$$

图 5-13 是其结构图。显然，若不考虑 $n-n_1$ 维不能观测的子系统，便得到一个 n_1 维的状态完全能观测的系统。

非奇异变换可逆矩阵 T_o 可确定为

$$T_o^{-1}=\begin{bmatrix} t_1' \\ t_2' \\ \vdots \\ t_{n_1}' \\ t_{n_1+1}' \\ \vdots \\ t_n' \end{bmatrix} \tag{5-100}$$

其中，前 n_1 个行向量 $t_1',t_2',\cdots,t_{n1}'$ 是能观测性判别矩阵 Q_o 中的 n_1 个线性无关的行，

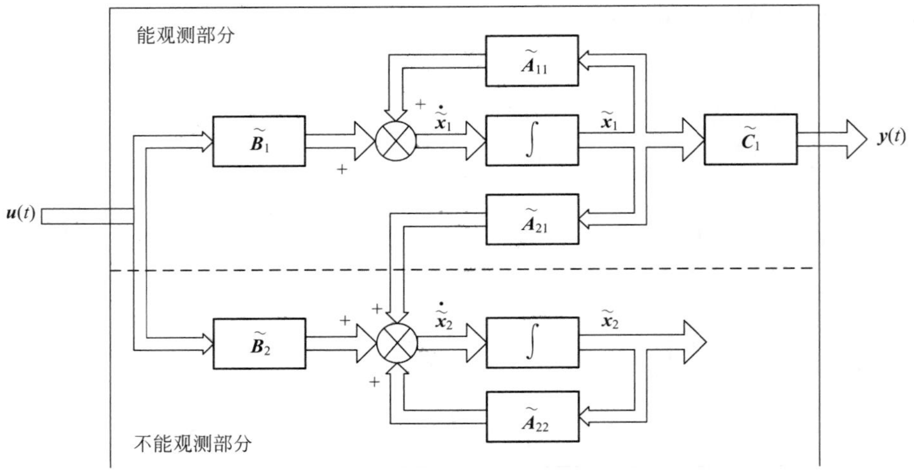

图 5-13 系统按能观测性分解结构图

另外的 $n-n_1$ 个行向量 $\boldsymbol{t}'_{n_1+1},\cdots,\boldsymbol{t}'_n$ 在确保 $\boldsymbol{T}_o^{-1}$ 为非奇异的条件下，完全是任意的。

【例 5-16】 设有一如下线性定常系统

$$\begin{cases}\dot{\boldsymbol{x}}=\begin{bmatrix}0 & 0 & -1\\1 & 0 & -3\\0 & 1 & -3\end{bmatrix}\boldsymbol{x}+\begin{bmatrix}1\\1\\0\end{bmatrix}u\\ y=\begin{bmatrix}0 & 1 & -2\end{bmatrix}\boldsymbol{x}\end{cases}$$

试判别其状态能观测性，若不是状态完全能观测的，将该系统按能观测性进行结构分解。

解 系统的能观测性矩阵为

$$\boldsymbol{Q}_o=\begin{bmatrix}\boldsymbol{c}\\\boldsymbol{cA}\\\boldsymbol{cA}^2\end{bmatrix}=\begin{bmatrix}0 & 1 & -2\\1 & -2 & 3\\-2 & 3 & -4\end{bmatrix}$$

其秩为

$$\operatorname{rank}\boldsymbol{Q}_o=2<n=3$$

所以该系统是状态不完全能观测的。

为构造非奇异变换矩阵 $\boldsymbol{T}_o^{-1}$，取

$$\boldsymbol{t}'_1=\boldsymbol{c}=\begin{bmatrix}0 & 1 & -2\end{bmatrix}$$
$$\boldsymbol{t}'_2=\boldsymbol{cA}=\begin{bmatrix}1 & -2 & 3\end{bmatrix}$$
$$\boldsymbol{t}'_3=\begin{bmatrix}0 & 0 & 1\end{bmatrix}$$

得

$$\boldsymbol{T}_o^{-1}=\begin{bmatrix}0 & 1 & -2\\1 & -2 & 3\\0 & 0 & 1\end{bmatrix},\ \boldsymbol{T}_o=\begin{bmatrix}2 & 1 & 1\\1 & 0 & 2\\0 & 0 & 1\end{bmatrix}$$

其中 $\boldsymbol{t}'_3$ 是在保证 $\boldsymbol{T}_o^{-1}$ 为非奇异的条件下任意选取的。于是系统状态空间表达式变换为

$$\begin{aligned}\dot{\tilde{\boldsymbol{x}}}&=\boldsymbol{T}_o^{-1}\boldsymbol{A}\boldsymbol{T}_o\tilde{\boldsymbol{x}}+\boldsymbol{T}_o^{-1}\boldsymbol{b}u\\&=\begin{bmatrix}0 & 1 & 0\\-1 & -2 & 0\\1 & 1 & -1\end{bmatrix}\tilde{\boldsymbol{x}}+\begin{bmatrix}1\\-1\\0\end{bmatrix}u\end{aligned}$$

$$y=\boldsymbol{c}\boldsymbol{T}_o\tilde{\boldsymbol{x}}=\begin{bmatrix}1 & 0 & 0\end{bmatrix}\tilde{\boldsymbol{x}}$$

5.8.3　按能控性和能观测性进行分解

(1) 分解定理　如果线性系统状态是不完全能控和不完全能观测的，若对该系统同时按能控性和能观测性进行分解，则可把系统分解成能控且能观测、能控不能观测、不能控能观测、不能控不能观测四部分。但是，并非所有系统都能有这四个部分。

定理 5-15　若线性定常系统

$$\begin{cases}\dot{\boldsymbol{x}}=\boldsymbol{A}\boldsymbol{x}+\boldsymbol{B}\boldsymbol{u}\\ \boldsymbol{y}=\boldsymbol{C}\boldsymbol{x}\end{cases} \tag{5-101}$$

不完全能控不完全能观，则存在非奇异变换

$$\boldsymbol{x}=\boldsymbol{T}\tilde{\boldsymbol{x}} \tag{5-102}$$

把式(5-101) 的状态空间表达式变换为

$$\begin{cases}\dot{\tilde{\boldsymbol{x}}}=\tilde{\boldsymbol{A}}\tilde{\boldsymbol{x}}+\tilde{\boldsymbol{B}}\boldsymbol{u}\\ \boldsymbol{y}=\tilde{\boldsymbol{C}}\tilde{\boldsymbol{x}}\end{cases} \tag{5-103}$$

其中

$$\tilde{\boldsymbol{A}}=\boldsymbol{T}^{-1}\boldsymbol{A}\boldsymbol{T}=\begin{bmatrix}\tilde{\boldsymbol{A}}_{11} & \boldsymbol{0} & \tilde{\boldsymbol{A}}_{13} & \boldsymbol{0}\\ \tilde{\boldsymbol{A}}_{21} & \tilde{\boldsymbol{A}}_{22} & \tilde{\boldsymbol{A}}_{23} & \tilde{\boldsymbol{A}}_{24}\\ \boldsymbol{0} & \boldsymbol{0} & \tilde{\boldsymbol{A}}_{33} & \boldsymbol{0}\\ \boldsymbol{0} & \boldsymbol{0} & \tilde{\boldsymbol{A}}_{43} & \tilde{\boldsymbol{A}}_{44}\end{bmatrix} \tag{5-104}$$

$$\tilde{\boldsymbol{B}}=\boldsymbol{T}^{-1}\boldsymbol{B}=\begin{bmatrix}\tilde{\boldsymbol{B}}_1\\ \tilde{\boldsymbol{B}}_2\\ \boldsymbol{0}\\ \boldsymbol{0}\end{bmatrix} \tag{5-105}$$

$$\tilde{\boldsymbol{C}}=\boldsymbol{C}\boldsymbol{T}=\begin{bmatrix}\tilde{\boldsymbol{C}}_1 & \boldsymbol{0} & \tilde{\boldsymbol{C}}_3 & \boldsymbol{0}\end{bmatrix} \tag{5-106}$$

从 $\tilde{\boldsymbol{A}}$，$\tilde{\boldsymbol{B}}$，$\tilde{\boldsymbol{C}}$ 的结构可以看出，整个状态空间分为能控能观测、能控不能观测、不能控能观测、不能控不能观测四个部分，分别用$\tilde{\boldsymbol{x}}_{co}$、$\tilde{\boldsymbol{x}}_{c\bar{o}}$、$\tilde{\boldsymbol{x}}_{\bar{c}o}$、$\tilde{\boldsymbol{x}}_{\overline{co}}$表示。于是式(5-103) 可写成

$$\begin{cases}\begin{bmatrix}\dot{\tilde{\boldsymbol{x}}}_{co}\\ \dot{\tilde{\boldsymbol{x}}}_{c\bar{o}}\\ \dot{\tilde{\boldsymbol{x}}}_{\bar{c}o}\\ \dot{\tilde{\boldsymbol{x}}}_{\overline{co}}\end{bmatrix}=\begin{bmatrix}\tilde{\boldsymbol{A}}_{11} & \boldsymbol{0} & \tilde{\boldsymbol{A}}_{13} & \boldsymbol{0}\\ \tilde{\boldsymbol{A}}_{21} & \tilde{\boldsymbol{A}}_{22} & \tilde{\boldsymbol{A}}_{23} & \tilde{\boldsymbol{A}}_{24}\\ \boldsymbol{0} & \boldsymbol{0} & \tilde{\boldsymbol{A}}_{33} & \boldsymbol{0}\\ \boldsymbol{0} & \boldsymbol{0} & \tilde{\boldsymbol{A}}_{43} & \tilde{\boldsymbol{A}}_{44}\end{bmatrix}\begin{bmatrix}\tilde{\boldsymbol{x}}_{co}\\ \tilde{\boldsymbol{x}}_{c\bar{o}}\\ \tilde{\boldsymbol{x}}_{\bar{c}o}\\ \tilde{\boldsymbol{x}}_{\overline{co}}\end{bmatrix}+\begin{bmatrix}\tilde{\boldsymbol{B}}_1\\ \tilde{\boldsymbol{B}}_2\\ \boldsymbol{0}\\ \boldsymbol{0}\end{bmatrix}\boldsymbol{u}\\ \boldsymbol{y}=\begin{bmatrix}\tilde{\boldsymbol{C}}_1 & \boldsymbol{0} & \tilde{\boldsymbol{C}}_3 & \boldsymbol{0}\end{bmatrix}\begin{bmatrix}\tilde{\boldsymbol{x}}_{co}\\ \tilde{\boldsymbol{x}}_{c\bar{o}}\\ \tilde{\boldsymbol{x}}_{\bar{c}o}\\ \tilde{\boldsymbol{x}}_{\overline{co}}\end{bmatrix}\end{cases} \tag{5-107}$$

① $\widetilde{\Sigma}_{co}(\widetilde{\boldsymbol{A}}_{11},\widetilde{\boldsymbol{B}}_1,\widetilde{\boldsymbol{C}}_1)$是能控又能观测的子系统。

$$\begin{cases}\dot{\widetilde{\boldsymbol{x}}}_{co}=\widetilde{\boldsymbol{A}}_{11}\widetilde{\boldsymbol{x}}_{co}+\widetilde{\boldsymbol{A}}_{13}\widetilde{\boldsymbol{x}}_{\bar{c}o}+\widetilde{\boldsymbol{B}}_1\boldsymbol{u}\\ \boldsymbol{y}_1=\widetilde{\boldsymbol{C}}_1\widetilde{\boldsymbol{x}}_{co}\end{cases}$$

② $\widetilde{\Sigma}_{c\bar{o}}(\widetilde{\boldsymbol{A}}_{22},\widetilde{\boldsymbol{B}}_2,\boldsymbol{0})$是能控但不能观测的子系统。

$$\begin{cases}\dot{\widetilde{\boldsymbol{x}}}_{c\bar{o}}=\widetilde{\boldsymbol{A}}_{21}\widetilde{\boldsymbol{x}}_{co}+\widetilde{\boldsymbol{A}}_{22}\widetilde{\boldsymbol{x}}_{c\bar{o}}+\widetilde{\boldsymbol{A}}_{23}\widetilde{\boldsymbol{x}}_{\bar{c}o}+\widetilde{\boldsymbol{A}}_{24}\widetilde{\boldsymbol{x}}_{\bar{c}\bar{o}}+\widetilde{\boldsymbol{B}}_2\boldsymbol{u}\\ \boldsymbol{y}_2=\boldsymbol{0}\cdot\widetilde{\boldsymbol{x}}_{c\bar{o}}\end{cases}$$

③ $\widetilde{\Sigma}_{\bar{c}o}(\widetilde{\boldsymbol{A}}_{33},\boldsymbol{0},\widetilde{\boldsymbol{C}}_3)$是不能控但能观测的子系统。

$$\begin{cases}\dot{\widetilde{\boldsymbol{x}}}_{\bar{c}o}=\widetilde{\boldsymbol{A}}_{33}\widetilde{\boldsymbol{x}}_{\bar{c}o}+\boldsymbol{0}\cdot\boldsymbol{u}\\ \boldsymbol{y}_3=\widetilde{\boldsymbol{C}}_3\widetilde{\boldsymbol{x}}_{\bar{c}o}\end{cases}$$

④ $\widetilde{\Sigma}_{\bar{c}\bar{o}}(\widetilde{\boldsymbol{A}}_{44},\boldsymbol{0},\boldsymbol{0})$是不能控也不能观测的子系统。

$$\begin{cases}\dot{\widetilde{\boldsymbol{x}}}_{\bar{c}\bar{o}}=\widetilde{\boldsymbol{A}}_{43}\widetilde{\boldsymbol{x}}_{\bar{c}o}+\widetilde{\boldsymbol{A}}_{44}\widetilde{\boldsymbol{x}}_{\bar{c}\bar{o}}+\boldsymbol{0}\cdot\boldsymbol{u}\\ \boldsymbol{y}_4=\boldsymbol{0}\cdot\widetilde{\boldsymbol{x}}_{\bar{c}\bar{o}}\end{cases}$$

式(5-103）的结构图如图 5-14 所示。

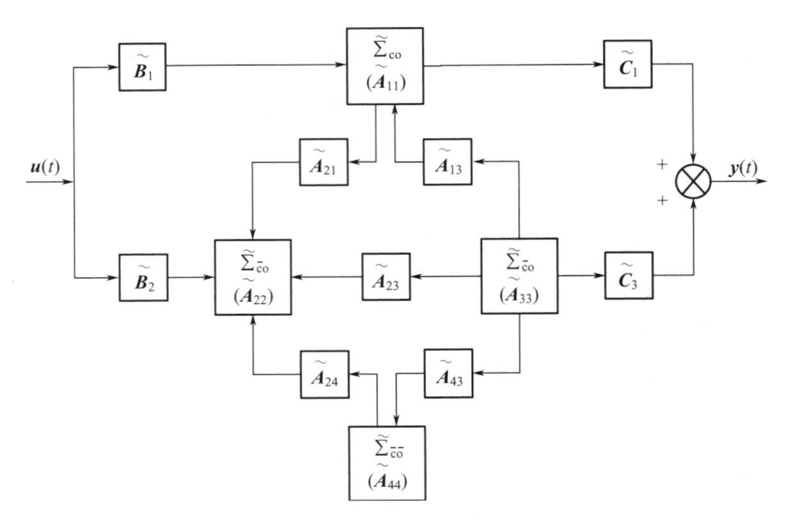

图 5-14　系统的结构图

从结构图可以清楚地看出四个子系统传递信息的情况。在系统的输入 $\boldsymbol{u}$ 和输出 $\boldsymbol{y}$ 之间，只存在一条唯一的单向控制通道，即 $\boldsymbol{u}\rightarrow\widetilde{\boldsymbol{B}}_1\rightarrow\widetilde{\Sigma}_{co}\rightarrow\widetilde{\boldsymbol{C}}_1\boldsymbol{y}$。反映系统输入输出特性的传递函数矩阵 $\boldsymbol{G}(s)$ 只能反映系统中能控且能观测的那个子系统的动力学行为。

$$\boldsymbol{G}(s)=\widetilde{\boldsymbol{C}}(s\mathbf{I}-\widetilde{\boldsymbol{A}})^{-1}\widetilde{\boldsymbol{B}}=\widetilde{\boldsymbol{C}}_1(s\mathbf{I}-\widetilde{\boldsymbol{A}}_{11})^{-1}\widetilde{\boldsymbol{B}}_1 \tag{5-108}$$

这说明传递函数矩阵只是对系统的一种不完全的描述，如果在系统中添加（或去掉）不能控或不能观测的子系统，并不能影响系统的传递函数矩阵。因而根据给定传递函数矩阵对应的状态空间表达式，解将有无穷多个。但是其中维数最小的那个状态空间表达式是最常用的，这就是最小实现问题。

(2) 逐步分解法　变换矩阵 $\boldsymbol{T}$ 确定之后，只需经过一次变换便可对系统同时按能控性和能观测性进行结构分解，但是 $\boldsymbol{T}$ 矩阵的构造需要涉及较多的线性空间知识。现介绍一种逐步分解的方法。这种方法虽然计算麻烦，但较为直观，易于理解，下面介绍该方法的分解步骤。

① 首先将系统 $\Sigma(\boldsymbol{A},\boldsymbol{B},\boldsymbol{C})$ 按能控性进行分解，取状态变换，即

$$\boldsymbol{x}=\boldsymbol{T}_c\begin{bmatrix}\hat{\boldsymbol{x}}_c\\ \hat{\boldsymbol{x}}_{\bar{c}}\end{bmatrix} \tag{5-109}$$

将系统变换为

$$\begin{bmatrix}\dot{\hat{\boldsymbol{x}}}_c\\ \dot{\hat{\boldsymbol{x}}}_{\bar{c}}\end{bmatrix}=\boldsymbol{T}_c^{-1}\boldsymbol{A}\boldsymbol{T}_c\begin{bmatrix}\hat{\boldsymbol{x}}_c\\ \hat{\boldsymbol{x}}_{\bar{c}}\end{bmatrix}+\boldsymbol{T}_c^{-1}\boldsymbol{B}\boldsymbol{u}=\begin{bmatrix}\hat{\boldsymbol{A}}_1 & \hat{\boldsymbol{A}}_2\\ \boldsymbol{0} & \hat{\boldsymbol{A}}_4\end{bmatrix}\begin{bmatrix}\hat{\boldsymbol{x}}_c\\ \hat{\boldsymbol{x}}_{\bar{c}}\end{bmatrix}+\begin{bmatrix}\hat{\boldsymbol{B}}_1\\ \boldsymbol{0}\end{bmatrix}\boldsymbol{u}$$

$$\boldsymbol{y}=\boldsymbol{C}\boldsymbol{T}_c\begin{bmatrix}\hat{\boldsymbol{x}}_c\\ \hat{\boldsymbol{x}}_{\bar{c}}\end{bmatrix}=\begin{bmatrix}\hat{\boldsymbol{C}}_1 & \hat{\boldsymbol{C}}_2\end{bmatrix}\begin{bmatrix}\hat{\boldsymbol{x}}_c\\ \hat{\boldsymbol{x}}_{\bar{c}}\end{bmatrix} \tag{5-110}$$

式中　$\hat{\boldsymbol{x}}_c$——能控状态；

$\hat{\boldsymbol{x}}_{\bar{c}}$——不能控状态；

$\boldsymbol{T}_c$——根据式(5-93) 构造的能控性分解的变换矩阵。

② 将不能控的子系统 $\hat{\Sigma}_{\bar{c}}(\hat{\boldsymbol{A}}_4,\boldsymbol{0},\hat{\boldsymbol{C}}_2)$按能观测性进行分解。

对 $\hat{\boldsymbol{x}}_{\bar{c}}$ 取状态变换，即

$$\hat{\boldsymbol{x}}_{\bar{c}}=\boldsymbol{T}_{o2}\begin{bmatrix}\tilde{\boldsymbol{x}}_{\bar{c}o}\\ \tilde{\boldsymbol{x}}_{\bar{c}\bar{o}}\end{bmatrix}$$

将 $\hat{\Sigma}_{\bar{c}}(\hat{\boldsymbol{A}}_4,\boldsymbol{0},\hat{\boldsymbol{C}}_2)$分解为

$$\begin{cases}\begin{bmatrix}\dot{\tilde{\boldsymbol{x}}}_{\bar{c}o}\\ \dot{\tilde{\boldsymbol{x}}}_{\bar{c}\bar{o}}\end{bmatrix}=\boldsymbol{T}_{o2}^{-1}\hat{\boldsymbol{A}}_4\boldsymbol{T}_{o2}\begin{bmatrix}\tilde{\boldsymbol{x}}_{\bar{c}o}\\ \tilde{\boldsymbol{x}}_{\bar{c}\bar{o}}\end{bmatrix}=\begin{bmatrix}\tilde{\boldsymbol{A}}_{33} & \boldsymbol{0}\\ \tilde{\boldsymbol{A}}_{43} & \tilde{\boldsymbol{A}}_{44}\end{bmatrix}\begin{bmatrix}\tilde{\boldsymbol{x}}_{\bar{c}o}\\ \tilde{\boldsymbol{x}}_{\bar{c}\bar{o}}\end{bmatrix}\\ \boldsymbol{y}_2=\hat{\boldsymbol{C}}_2\boldsymbol{T}_{o2}\begin{bmatrix}\tilde{\boldsymbol{x}}_{\bar{c}o}\\ \tilde{\boldsymbol{x}}_{\bar{c}\bar{o}}\end{bmatrix}=\begin{bmatrix}\tilde{\boldsymbol{C}}_3 & \boldsymbol{0}\end{bmatrix}\begin{bmatrix}\tilde{\boldsymbol{x}}_{\bar{c}o}\\ \tilde{\boldsymbol{x}}_{\bar{c}\bar{o}}\end{bmatrix}\end{cases}$$

式中　$\tilde{\boldsymbol{x}}_{\bar{c}o}$——不能控但能观测的状态；

$\tilde{\boldsymbol{x}}_{\bar{c}\bar{o}}$——不能控不能观测的状态；

$\boldsymbol{T}_{o2}$——根据式(5-100) 对子系统 $\hat{\Sigma}_{\bar{c}}(\hat{\boldsymbol{A}}_4,\boldsymbol{0},\hat{\boldsymbol{C}}_2)$按能观测性分解的变换矩阵。

③ 将能控子系统$\hat{\Sigma}_c(\hat{\boldsymbol{A}}_1,\hat{\boldsymbol{B}}_1,\hat{\boldsymbol{C}}_1)$按能观测性分解。

对$\hat{\boldsymbol{x}}_c$取状态变换，即

$$\hat{\boldsymbol{x}}_c=\boldsymbol{T}_{o1}\begin{bmatrix}\tilde{\boldsymbol{x}}_{co}\\ \tilde{\boldsymbol{x}}_{c\bar{o}}\end{bmatrix}$$

由式(5-110) 有

$$\begin{cases}\dot{\hat{\boldsymbol{x}}}_c=\hat{\boldsymbol{A}}_1\hat{\boldsymbol{x}}_c+\hat{\boldsymbol{A}}_2\hat{\boldsymbol{x}}_{\bar{c}}+\hat{\boldsymbol{B}}_1\boldsymbol{u}\\ \boldsymbol{y}_1=\hat{\boldsymbol{C}}_1\hat{\boldsymbol{x}}_c\end{cases}$$

把状态变换后的关系代入上式，有

$$\boldsymbol{T}_{o1}\begin{bmatrix}\dot{\tilde{\boldsymbol{x}}}_{co}\\ \dot{\tilde{\boldsymbol{x}}}_{c\bar{o}}\end{bmatrix}=\hat{\boldsymbol{A}}_1\boldsymbol{T}_{o1}\begin{bmatrix}\tilde{\boldsymbol{x}}_{co}\\ \tilde{\boldsymbol{x}}_{c\bar{o}}\end{bmatrix}+\hat{\boldsymbol{A}}_2\boldsymbol{T}_{o2}\begin{bmatrix}\tilde{\boldsymbol{x}}_{\bar{c}o}\\ \tilde{\boldsymbol{x}}_{\overline{co}}\end{bmatrix}+\hat{\boldsymbol{B}}_1\boldsymbol{u}$$

两边左乘$\boldsymbol{T}_{o1}^{-1}$，有

$$\begin{aligned}\begin{bmatrix}\dot{\tilde{\boldsymbol{x}}}_{co}\\ \dot{\tilde{\boldsymbol{x}}}_{c\bar{o}}\end{bmatrix}&=\boldsymbol{T}_{o1}^{-1}\hat{\boldsymbol{A}}_1\boldsymbol{T}_{o1}\begin{bmatrix}\tilde{\boldsymbol{x}}_{co}\\ \tilde{\boldsymbol{x}}_{c\bar{o}}\end{bmatrix}+\boldsymbol{T}_{o1}^{-1}\hat{\boldsymbol{A}}_2\boldsymbol{T}_{o2}\begin{bmatrix}\tilde{\boldsymbol{x}}_{\bar{c}o}\\ \tilde{\boldsymbol{x}}_{\overline{co}}\end{bmatrix}+\boldsymbol{T}_{o1}^{-1}\hat{\boldsymbol{B}}_1\boldsymbol{u}\\ &=\begin{bmatrix}\tilde{\boldsymbol{A}}_{11} & \boldsymbol{0}\\ \tilde{\boldsymbol{A}}_{21} & \tilde{\boldsymbol{A}}_{22}\end{bmatrix}\begin{bmatrix}\tilde{\boldsymbol{x}}_{co}\\ \tilde{\boldsymbol{x}}_{c\bar{o}}\end{bmatrix}+\begin{bmatrix}\tilde{\boldsymbol{A}}_{13} & \boldsymbol{0}\\ \tilde{\boldsymbol{A}}_{23} & \tilde{\boldsymbol{A}}_{24}\end{bmatrix}\begin{bmatrix}\tilde{\boldsymbol{x}}_{\bar{c}o}\\ \tilde{\boldsymbol{x}}_{\overline{co}}\end{bmatrix}+\begin{bmatrix}\tilde{\boldsymbol{B}}_1\\ \tilde{\boldsymbol{B}}_2\end{bmatrix}\boldsymbol{u}\end{aligned}$$

$$\boldsymbol{y}_1=\hat{\boldsymbol{C}}_1\boldsymbol{T}_{o1}\begin{bmatrix}\tilde{\boldsymbol{x}}_{co}\\ \tilde{\boldsymbol{x}}_{c\bar{o}}\end{bmatrix}=[\tilde{\boldsymbol{C}}_1\quad \boldsymbol{0}]\begin{bmatrix}\tilde{\boldsymbol{x}}_{co}\\ \tilde{\boldsymbol{x}}_{c\bar{o}}\end{bmatrix}$$

式中 $\tilde{\boldsymbol{x}}_{co}$——能控能观状态；

$\tilde{\boldsymbol{x}}_{c\bar{o}}$——能控不能观状态；

$\boldsymbol{T}_{o1}$——根据式(5-100) 构造的能控子系统$\hat{\Sigma}_c(\hat{\boldsymbol{A}}_1,\hat{\boldsymbol{B}}_1,\hat{\boldsymbol{C}}_1)$按能观测性分解的变换矩阵。

综合以上三次变换，便可导出系统同时按能控性和能观测性进行结构分解的表达式，即

$$\begin{cases}\begin{bmatrix}\dot{\tilde{\boldsymbol{x}}}_{co}\\ \dot{\tilde{\boldsymbol{x}}}_{c\bar{o}}\\ \dot{\tilde{\boldsymbol{x}}}_{\bar{c}o}\\ \dot{\tilde{\boldsymbol{x}}}_{\overline{co}}\end{bmatrix}=\begin{bmatrix}\tilde{\boldsymbol{A}}_{11} & \boldsymbol{0} & \tilde{\boldsymbol{A}}_{13} & \boldsymbol{0}\\ \tilde{\boldsymbol{A}}_{21} & \tilde{\boldsymbol{A}}_{22} & \tilde{\boldsymbol{A}}_{23} & \tilde{\boldsymbol{A}}_{24}\\ \boldsymbol{0} & \boldsymbol{0} & \tilde{\boldsymbol{A}}_{33} & \boldsymbol{0}\\ \boldsymbol{0} & \boldsymbol{0} & \tilde{\boldsymbol{A}}_{43} & \tilde{\boldsymbol{A}}_{44}\end{bmatrix}\begin{bmatrix}\tilde{\boldsymbol{x}}_{co}\\ \tilde{\boldsymbol{x}}_{c\bar{o}}\\ \tilde{\boldsymbol{x}}_{\bar{c}o}\\ \tilde{\boldsymbol{x}}_{\overline{co}}\end{bmatrix}+\begin{bmatrix}\tilde{\boldsymbol{B}}_1\\ \tilde{\boldsymbol{B}}_2\\ \boldsymbol{0}\\ \boldsymbol{0}\end{bmatrix}\boldsymbol{u}\\ \boldsymbol{y}=[\tilde{\boldsymbol{C}}_1\quad \boldsymbol{0}\quad \tilde{\boldsymbol{C}}_3\quad \boldsymbol{0}]\begin{bmatrix}\tilde{\boldsymbol{x}}_{co}\\ \tilde{\boldsymbol{x}}_{c\bar{o}}\\ \tilde{\boldsymbol{x}}_{\bar{c}o}\\ \tilde{\boldsymbol{x}}_{\overline{co}}\end{bmatrix}\end{cases}$$

【例 5-17】 已知系统

$$\dot{\boldsymbol{x}}=\begin{bmatrix}0 & 0 & -1\\ 1 & 0 & -3\\ 0 & 1 & -3\end{bmatrix}\boldsymbol{x}+\begin{bmatrix}1\\ 1\\ 0\end{bmatrix}u$$

$$y=[0\quad 1\quad -2]\boldsymbol{x}$$

是状态不完全能控和不完全能观测的，试将该系统按能控性和能观测性进行结构分解。

解　例 5-15 已将系统按能控性分解，有

$$\boldsymbol{T}_{\mathrm{c}}=\begin{bmatrix}1 & 0 & 0\\ 1 & 1 & 0\\ 0 & 1 & 1\end{bmatrix}$$

经变换后，系统分解为

$$\begin{cases}\begin{bmatrix}\dot{\hat{\boldsymbol{x}}}_{\mathrm{c}}\\ \dot{\hat{\boldsymbol{x}}}_{\bar{\mathrm{c}}}\end{bmatrix}=\begin{bmatrix}0 & -1 & -1\\ 1 & -2 & -2\\ 0 & 0 & -1\end{bmatrix}\begin{bmatrix}\hat{\boldsymbol{x}}_{\mathrm{c}}\\ \hat{\boldsymbol{x}}_{\bar{\mathrm{c}}}\end{bmatrix}+\begin{bmatrix}1\\ 0\\ 0\end{bmatrix}u\\ y=[1\quad -1\quad -2]\begin{bmatrix}\hat{\boldsymbol{x}}_{\mathrm{c}}\\ \hat{\boldsymbol{x}}_{\bar{\mathrm{c}}}\end{bmatrix}\end{cases}$$

不能控子空间$\hat{\boldsymbol{x}}_{\bar{\mathrm{c}}}$仅一维，且显见是能观测的，故无需再进行分解，这里直接取 $\hat{x}_{\bar{\mathrm{c}}}=\tilde{x}_{\bar{\mathrm{c}}\mathrm{o}}$。

下面将能控子系统$\hat{\Sigma}_{\mathrm{c}}$按能观测性进行分解。

$$\dot{\hat{\boldsymbol{x}}}_{\mathrm{c}}=\begin{bmatrix}0 & -1\\ 1 & -2\end{bmatrix}\hat{\boldsymbol{x}}_{\mathrm{c}}+\begin{bmatrix}-1\\ -2\end{bmatrix}\hat{\boldsymbol{x}}_{\bar{\mathrm{c}}}+\begin{bmatrix}1\\ 0\end{bmatrix}u$$

$$y_1=[1\quad -1]\hat{\boldsymbol{x}}_{\mathrm{c}}$$

按能观测性分解，根据式(5-100) 构造非奇异变换矩阵，即

$$\boldsymbol{T}_{\mathrm{o}1}^{-1}=\begin{bmatrix}1 & -1\\ 0 & 1\end{bmatrix},\boldsymbol{T}_{\mathrm{o}1}=\begin{bmatrix}1 & 1\\ 0 & 1\end{bmatrix}$$

将$\hat{\Sigma}_{\mathrm{c}}$按能观测性分解为

$$\begin{aligned}\begin{bmatrix}\dot{\tilde{x}}_{\mathrm{co}}\\ \dot{\tilde{x}}_{\mathrm{c\bar{o}}}\end{bmatrix}&=\boldsymbol{T}_{\mathrm{o}1}^{-1}\begin{bmatrix}0 & -1\\ 1 & -2\end{bmatrix}\boldsymbol{T}_{\mathrm{o}1}\begin{bmatrix}\tilde{x}_{\mathrm{co}}\\ \tilde{x}_{\mathrm{c\bar{o}}}\end{bmatrix}+\boldsymbol{T}_{\mathrm{o}1}^{-1}\begin{bmatrix}-1\\ -2\end{bmatrix}\tilde{x}_{\bar{\mathrm{c}}\mathrm{o}}+\boldsymbol{T}_{\mathrm{o}1}^{-1}\begin{bmatrix}1\\ 0\end{bmatrix}u\\ &=\begin{bmatrix}1 & -1\\ 0 & 1\end{bmatrix}\begin{bmatrix}0 & -1\\ 1 & -2\end{bmatrix}\begin{bmatrix}1 & 1\\ 0 & 1\end{bmatrix}\begin{bmatrix}\tilde{x}_{\mathrm{co}}\\ \tilde{x}_{\mathrm{c\bar{o}}}\end{bmatrix}+\begin{bmatrix}1 & -1\\ 0 & 1\end{bmatrix}\begin{bmatrix}-1\\ -2\end{bmatrix}\tilde{x}_{\bar{\mathrm{c}}\mathrm{o}}+\begin{bmatrix}1 & -1\\ 0 & 1\end{bmatrix}\begin{bmatrix}1\\ 0\end{bmatrix}u\\ &=\begin{bmatrix}-1 & 0\\ 1 & -1\end{bmatrix}\begin{bmatrix}\tilde{x}_{\mathrm{co}}\\ \tilde{x}_{\mathrm{c\bar{o}}}\end{bmatrix}+\begin{bmatrix}1\\ -2\end{bmatrix}\tilde{x}_{\bar{\mathrm{c}}\mathrm{o}}+\begin{bmatrix}1\\ 0\end{bmatrix}u\end{aligned}$$

$$y_1=[1\quad -1]\boldsymbol{T}_{\mathrm{o}1}\begin{bmatrix}\tilde{x}_{\mathrm{co}}\\ \tilde{x}_{\mathrm{c\bar{o}}}\end{bmatrix}=[1\quad -1]\begin{bmatrix}1 & 1\\ 0 & 1\end{bmatrix}\begin{bmatrix}\tilde{x}_{\mathrm{co}}\\ \tilde{x}_{\mathrm{c\bar{o}}}\end{bmatrix}=[1\quad 0]\begin{bmatrix}\tilde{x}_{\mathrm{co}}\\ \tilde{x}_{\mathrm{c\bar{o}}}\end{bmatrix}$$

综合以上两次变换结果，系统按能控性和能观测性分解为

$$
\begin{cases}
\begin{bmatrix} \dot{\tilde{x}}_{co} \\ \dot{\tilde{x}}_{c\bar{o}} \\ \dot{\tilde{x}}_{\bar{c}o} \end{bmatrix} = \begin{bmatrix} -1 & 0 & 1 \\ 1 & -1 & -2 \\ 0 & 0 & -1 \end{bmatrix} \begin{bmatrix} \tilde{x}_{co} \\ \tilde{x}_{c\bar{o}} \\ \tilde{x}_{\bar{c}o} \end{bmatrix} + \begin{bmatrix} 1 \\ 0 \\ 0 \end{bmatrix} u \\
y = \begin{bmatrix} 1 & 0 & -2 \end{bmatrix} \begin{bmatrix} \tilde{x}_{co} \\ \tilde{x}_{c\bar{o}} \\ \tilde{x}_{\bar{c}o} \end{bmatrix}
\end{cases}
$$

(3) 排列变换法　结构分解的另一种方法，先把待分解的系统化成约当标准型，然后按能控判断法则和能观测判断法则判别各状态变量的能控性和能观测性，最后按能控能观测、能控不能观测、不能控能观测、不能控不能观测四种类型排列，即可组成相应的子系统。

例如，给定系统$\Sigma(\boldsymbol{A},\boldsymbol{B},\boldsymbol{C})$的约当标准型为

$$
\begin{bmatrix} \dot{x}_1 \\ \dot{x}_2 \\ \dot{x}_3 \\ \dot{x}_4 \\ \dot{x}_5 \\ \dot{x}_6 \end{bmatrix} = \left[\begin{array}{cc:cc:cc} -4 & 1 & 0 & 0 & 0 & 0 \\ 0 & -4 & 0 & 0 & 0 & 0 \\ \hdashline 0 & 0 & 3 & 1 & 0 & 0 \\ 0 & 0 & 0 & 3 & 0 & 0 \\ \hdashline 0 & 0 & 0 & 0 & -1 & 1 \\ 0 & 0 & 0 & 0 & 0 & -1 \end{array}\right] \begin{bmatrix} x_1 \\ x_2 \\ x_3 \\ x_4 \\ x_5 \\ x_6 \end{bmatrix} + \begin{bmatrix} 1 & 3 \\ 5 & 7 \\ 4 & 3 \\ 0 & 0 \\ 1 & 6 \\ 0 & 0 \end{bmatrix} \begin{bmatrix} u_1 \\ u_2 \end{bmatrix}
$$

$$
\begin{bmatrix} y_1 \\ y_2 \end{bmatrix} = \begin{bmatrix} 3 & 1 & 0 & 5 & 0 & 0 \\ 1 & 4 & 0 & 2 & 0 & 0 \end{bmatrix} \begin{bmatrix} x_1 \\ x_2 \\ x_3 \\ x_4 \\ x_5 \\ x_6 \end{bmatrix}
$$

根据约当标准型的能控判别准则和能观测判别准则：能控且能观测变量x_1、x_2；能控但不能观测变量x_3、x_5；不能控但能观测变量x_4；不能控且不能观测变量x_6。即有

$$
\boldsymbol{x}_{co} = \begin{bmatrix} x_1 \\ x_2 \end{bmatrix},\ \boldsymbol{x}_{c\bar{o}} = \begin{bmatrix} x_3 \\ x_5 \end{bmatrix},\ x_{\bar{c}o} = x_4,\ x_{\overline{co}} = x_6
$$

按此顺序重新排列，就可导出

$$
\begin{bmatrix} \dot{\boldsymbol{x}}_{co} \\ \dot{\boldsymbol{x}}_{c\bar{o}} \\ \dot{x}_{\bar{c}o} \\ \dot{x}_{\overline{co}} \end{bmatrix} = \left[\begin{array}{cc:cc:c:c} -4 & 1 & 0 & 0 & 0 & 0 \\ 0 & -4 & 0 & 0 & 0 & 0 \\ \hdashline 0 & 0 & 3 & 0 & 1 & 0 \\ 0 & 0 & 0 & -1 & 0 & 1 \\ \hdashline 0 & 0 & 0 & 0 & 3 & 0 \\ \hdashline 0 & 0 & 0 & 0 & 0 & -1 \end{array}\right] \left[\begin{array}{c} \boldsymbol{x}_{co} \\ \hdashline \boldsymbol{x}_{c\bar{o}} \\ \hdashline x_{\bar{c}o} \\ \hdashline x_{\overline{co}} \end{array}\right] + \left[\begin{array}{cc} 1 & 3 \\ 5 & 7 \\ \hdashline 4 & 3 \\ 1 & 6 \\ \hdashline 0 & 0 \\ \hdashline 0 & 0 \end{array}\right] \begin{bmatrix} u_1 \\ u_2 \end{bmatrix}
$$

$$\begin{bmatrix} y_1 \\ y_2 \end{bmatrix}=\left[\begin{array}{cc:cc:cc} 3 & 1 & 0 & 0 & 5 & 0 \\ 1 & 4 & 0 & 0 & 2 & 0 \end{array}\right]\begin{bmatrix} \boldsymbol{x}_{co} \\ \boldsymbol{x}_{c\bar{o}} \\ x_{\bar{c}o} \\ x_{\overline{co}} \end{bmatrix}$$

5.9 系统的实现

反映系统输入输出信息传递关系的传递函数矩阵只能反映系统中能控且能观子系统的动力学行为。对于某一给定的传递函数矩阵将有无穷多的状态空间表达式与之对应，即一个传递函数矩阵描述着无穷个不同结构的系统。从工程的观点看在无穷多个内部不同结构的系统中，其中维数最小的一类系统就是所谓的系统最小实现问题。确定最小实现是一个复杂的问题，本节简单介绍系统实现问题的基本概念，并举例介绍寻求系统最小实现的一般步骤。

5.9.1 实现问题的基本概念

对于给定传递函数矩阵 $\boldsymbol{G}(s)$，若有一状态空间表达式$\Sigma(\boldsymbol{A},\boldsymbol{B},\boldsymbol{C},\boldsymbol{D})$，即

$$\begin{cases} \dot{\boldsymbol{x}}=\boldsymbol{A}\boldsymbol{x}+\boldsymbol{B}\boldsymbol{u} \\ \boldsymbol{y}=\boldsymbol{C}\boldsymbol{x}+\boldsymbol{D}\boldsymbol{u} \end{cases} \tag{5-111}$$

满足

$$\boldsymbol{G}(s)=\boldsymbol{C}(s\boldsymbol{I}-\boldsymbol{A})^{-1}\boldsymbol{B}+\boldsymbol{D}$$

则称该状态空间表达式$\Sigma(\boldsymbol{A},\boldsymbol{B},\boldsymbol{C},\boldsymbol{D})$为传递函数矩阵 $\boldsymbol{G}(s)$ 的一个实现。并不是任意一个传递函数矩阵 $\boldsymbol{G}(s)$ 都可以找到其实现，通常它必须满足物理可实现性条件。具体如下。

① 传递函数矩阵 $\boldsymbol{G}(s)$ 中的每一个元素 $G_{ij}(s)(i=1,2,\cdots,m;j=1,2,\cdots,r)$的分子、分母多项式的系数均为实常数。

② $\boldsymbol{G}(s)$ 的元素 $G_{ij}(s)$ 是 s 的真有理分式函数，即 $G_{ij}(s)$ 的分子多项式的次数低于或等于分母多项式的次数。当 $G_{ij}(s)$ 的分子多项式的次数低于分母多项式的次数时，称 $G_{ij}(s)$ 为严格真有理分式。若 $\boldsymbol{G}(s)$ 矩阵中所有元素都为严格真有理分式时，其实现具有$\Sigma(\boldsymbol{A},\boldsymbol{B},\boldsymbol{C})$的形式。当 $\boldsymbol{G}(s)$ 矩阵中哪怕有一个元素 $G_{ij}(s)$ 的分子多项式的次数等于分母多项式的次数时，实现就具有$\Sigma(\boldsymbol{A},\boldsymbol{B},\boldsymbol{C},\boldsymbol{D})$的形式，并且有

$$\boldsymbol{D}=\lim_{s\to\infty}\boldsymbol{G}(s) \tag{5-112}$$

根据上述物理可实现性条件，对于其元素不是严格真有理分式的传递函数矩阵，应首先按式(5-112) 算出 $\boldsymbol{D}$ 矩阵，使 $\boldsymbol{G}(s)-\boldsymbol{D}$ 成为严格真有理分式函数的矩阵，即

$$\boldsymbol{C}(s\boldsymbol{I}-\boldsymbol{A})^{-1}\boldsymbol{B}=\boldsymbol{G}(s)-\boldsymbol{D}$$

然后再根据 $\boldsymbol{G}(s)-\boldsymbol{D}$ 寻求形式为$\Sigma(\boldsymbol{A},\boldsymbol{B},\boldsymbol{C})$的实现。

5.9.2 能控标准型实现和能观测标准型实现

对于一个单输入单输出系统，一旦给出系统的传递函数，便可以直接写出其能控标准型实现和能观测标准型实现。将这些标准型实现推广到多输入多输出系统，必须把 $m\times r$ 维的传递函数矩阵写成和单输入单输出系统的传递函数相类似的形式，即

$$G(s)=\frac{\boldsymbol{\beta}_1 s^{n-1}+\boldsymbol{\beta}_2 s^{n-2}+\cdots+\boldsymbol{\beta}_{n-1}s+\boldsymbol{\beta}_n}{s^n+a_1 s^{n-1}+\cdots+a_{n-1}s+a_n} \tag{5-113}$$

$\boldsymbol{\beta}_1,\boldsymbol{\beta}_2,\cdots,\boldsymbol{\beta}_{n-1},\boldsymbol{\beta}_n$ 均为 $m\times r$ 常数矩阵；分母多项式为该传递函数的特征多项式。

显然 $\boldsymbol{G}(s)$ 是一个严格真有理分式的矩阵，且当 $m=r=1$ 时，$\boldsymbol{G}(s)$ 对应的就是单输入单输出系统的传递函数。

对于式(5-113) 形式的传递函数矩阵的能控标准型实现为

$$\boldsymbol{A}_c=\begin{bmatrix}\mathbf{0}_r & \mathbf{I}_r & \mathbf{0}_r & \cdots & \mathbf{0}_r\\ \mathbf{0}_r & \mathbf{0}_r & \mathbf{I}_r & \cdots & \mathbf{0}_r\\ \vdots & \vdots & \vdots & \ddots & \vdots\\ \mathbf{0}_r & \mathbf{0}_r & \mathbf{0}_r & \cdots & \mathbf{I}_r\\ -a_n\mathbf{I}_r & -a_{n-1}\mathbf{I}_r & -a_2\mathbf{I}_r & \cdots & -a_1\mathbf{I}_r\end{bmatrix} \tag{5-114}$$

$$\boldsymbol{B}_c=\begin{bmatrix}\mathbf{0}_r\\ \mathbf{0}_r\\ \vdots\\ \mathbf{0}_r\\ \mathbf{I}_r\end{bmatrix} \tag{5-115}$$

$$\boldsymbol{C}_c=\begin{bmatrix}\boldsymbol{\beta}_n & \boldsymbol{\beta}_{n-1} & \cdots & \boldsymbol{\beta}_1\end{bmatrix} \tag{5-116}$$

$\mathbf{0}_r$ 和 $\mathbf{I}_r$ 分别为 r 阶零矩阵和单位矩阵；r 为输入向量的维数；n 为式(5-113) 分母多项式的阶数。必须注意，这个实现的维数（即状态变量的个数）是 nr 维。当 $m=r=1$ 时，即可简化为单输入单输出系统时 n 维的形式。

依此类推，其能观测标准型实现为

$$\boldsymbol{A}_o=\begin{bmatrix}\mathbf{0}_m & \mathbf{0}_m & \cdots & \mathbf{0}_m & -a_n\mathbf{I}_m\\ \mathbf{I}_m & \mathbf{0}_m & \cdots & \cdots & -a_{n-1}\mathbf{I}_m\\ \mathbf{0}_m & \mathbf{I}_m & \cdots & \mathbf{0}_m & -a_{n-2}\mathbf{I}_m\\ \vdots & \vdots & \ddots & \vdots & \vdots\\ \mathbf{0}_m & \mathbf{0}_m & \cdots & \mathbf{I}_m & -a_1\mathbf{I}_m\end{bmatrix} \tag{5-117}$$

$$\boldsymbol{B}_o=\begin{bmatrix}\boldsymbol{\beta}_n\\ \boldsymbol{\beta}_{n-1}\\ \vdots\\ \boldsymbol{\beta}_1\end{bmatrix} \tag{5-118}$$

$$\boldsymbol{C}_o=\begin{bmatrix}\mathbf{0}_m & \mathbf{0}_m & \cdots & \mathbf{0}_m & \mathbf{I}_m\end{bmatrix} \tag{5-119}$$

$\mathbf{0}_m$ 和 $\mathbf{I}_m$ 分别为 m 阶零矩阵和单位矩阵；m 为输出向量的维数。

可见，能控标准型实现的维数是 nr，能观测标准型实现的维数是 nm。而且与单输入单输出系统不同，多输入多输出系统的能观测标准型并不是能控标准型的简单转置。

【例 5-18】 试求

$$\boldsymbol{G}(s)=\begin{bmatrix}\dfrac{s+2}{s+1} & \dfrac{1}{s+3}\\ \dfrac{s}{s+1} & \dfrac{s+1}{s+2}\end{bmatrix}$$

的能控标准型实现和能观测标准型实现。

解　首先将 $\boldsymbol{G}(s)$ 化成严格真有理分式，根据式(5-112) 可算得

$$\boldsymbol{G}(s)=\boldsymbol{C}(s\mathbf{I}-\boldsymbol{A})^{-1}\boldsymbol{B}+\boldsymbol{D}=\begin{bmatrix}\dfrac{1}{s+1} & \dfrac{1}{s+3}\\ -\dfrac{1}{s+1} & -\dfrac{1}{s+2}\end{bmatrix}+\begin{bmatrix}1 & 0\\1 & 1\end{bmatrix}$$

将 $\boldsymbol{C}(s\mathbf{I}-\boldsymbol{A})^{-1}\boldsymbol{B}$ 写成按 s 降幂排列的格式，即

$$\begin{bmatrix}\dfrac{1}{s+1} & \dfrac{1}{s+3}\\ -\dfrac{1}{s+1} & -\dfrac{1}{s+2}\end{bmatrix}=\frac{1}{s^3+6s^2+11s+6}\begin{bmatrix}s^2+5s+6 & s^2+3s+2\\-(s^2+5s+6) & -(s^2+4s+3)\end{bmatrix}$$

$$=\frac{1}{s^3+6s^2+11s+6}\left\{\begin{bmatrix}1 & 1\\-1 & -1\end{bmatrix}s^2+\begin{bmatrix}5 & 3\\-5 & -4\end{bmatrix}s+\begin{bmatrix}6 & 2\\-6 & -3\end{bmatrix}\right\}$$

对照式(5-113)，可得

$$a_1=6,\ a_2=11,\ a_3=6$$

$$\boldsymbol{\beta}_1=\begin{bmatrix}1 & 1\\-1 & -1\end{bmatrix},\ \boldsymbol{\beta}_2=\begin{bmatrix}5 & 3\\-5 & -4\end{bmatrix},\ \boldsymbol{\beta}_3=\begin{bmatrix}6 & 2\\-6 & -3\end{bmatrix}$$

$$r=2,\ m=2$$

将上述 a_i、$\boldsymbol{\beta}_i(i=1,2,3)$ 及 $r=2$ 代入式(5-114)、式(5-115) 及式(5-116)，便可得到能控标准型的各系数矩阵，即

$$\boldsymbol{A}_c=\begin{bmatrix}\mathbf{0}_2 & \mathbf{I}_2 & \mathbf{0}_2\\ \mathbf{0}_2 & \mathbf{0}_2 & \mathbf{I}_2\\ -a_3\mathbf{I}_2 & -a_2\mathbf{I}_2 & -a_1\mathbf{I}_2\end{bmatrix}=\begin{bmatrix}0 & 0 & 1 & 0 & 0 & 0\\0 & 0 & 0 & 1 & 0 & 0\\0 & 0 & 0 & 0 & 1 & 0\\0 & 0 & 0 & 0 & 0 & 1\\-6 & 0 & -11 & 0 & -6 & 0\\0 & -6 & 0 & -11 & 0 & -6\end{bmatrix},\ \boldsymbol{B}_c=\begin{bmatrix}\mathbf{0}_2\\ \mathbf{0}_2\\ \mathbf{I}_2\end{bmatrix}=\begin{bmatrix}0 & 0\\0 & 0\\0 & 0\\0 & 0\\1 & 0\\0 & 1\end{bmatrix}$$

$$\boldsymbol{C}_c=[\boldsymbol{\beta}_3\quad \boldsymbol{\beta}_2\quad \boldsymbol{\beta}_1]=\begin{bmatrix}6 & 2 & 5 & 3 & 1 & 1\\-6 & -3 & -5 & -4 & -1 & -1\end{bmatrix},\ \boldsymbol{D}=\begin{bmatrix}1 & 0\\1 & 1\end{bmatrix}$$

类似地，将 a_i、$\boldsymbol{\beta}_i(i=1,2,3)$，及 $m=2$ 代入式(5-117)～式(5-119)，可得能观测标准型各系数矩阵，即

$$\boldsymbol{A}_o=\begin{bmatrix}\mathbf{0}_2 & \mathbf{0}_2 & -a_3\mathbf{I}_2\\ \mathbf{I}_2 & \mathbf{0}_2 & -a_2\mathbf{I}_2\\ \mathbf{0}_2 & \mathbf{I}_2 & -a_1\mathbf{I}_2\end{bmatrix}=\begin{bmatrix}0 & 0 & 0 & 0 & -6 & 0\\0 & 0 & 0 & 0 & 0 & -6\\1 & 0 & 0 & 0 & -11 & 0\\0 & 1 & 0 & 0 & 0 & -11\\0 & 0 & 1 & 0 & -6 & 0\\0 & 0 & 0 & 1 & 0 & -6\end{bmatrix},\ \boldsymbol{B}_o=\begin{bmatrix}\boldsymbol{\beta}_3\\ \boldsymbol{\beta}_2\\ \boldsymbol{\beta}_1\end{bmatrix}=\begin{bmatrix}6 & 2\\-6 & -3\\5 & 3\\-5 & -4\\1 & 1\\-1 & -1\end{bmatrix}$$

$$\boldsymbol{C}_o=[\mathbf{0}_2\quad \mathbf{0}_2\quad \mathbf{I}_2]=\begin{bmatrix}0 & 0 & 0 & 0 & 1 & 0\\0 & 0 & 0 & 0 & 0 & 1\end{bmatrix},\ \boldsymbol{D}=\begin{bmatrix}1 & 0\\1 & 1\end{bmatrix}$$

结果表明，多变量系统的能控标准型实现和能观测标准型实现之间并不是一个简单的转置关系。

5.9.3　最小实现

传递函数矩阵只能反映系统中能控且能观子系统的动力学行为。对于一个可实现的传递函数矩阵来说，将有无穷多个状态空间表达式与之对应。从工程角度看，如何寻求维数最小的一类实现，具有重要的现实意义。

(1) 最小实现的定义　若传递函数矩阵 $\boldsymbol{G}(s)$ 的一个实现为

$$\begin{cases}\dot{\boldsymbol{x}}=\boldsymbol{A}\boldsymbol{x}+\boldsymbol{B}\boldsymbol{u}\\ \boldsymbol{y}=\boldsymbol{C}\boldsymbol{x}\end{cases} \tag{5-120}$$

如果 $\boldsymbol{G}(s)$ 不存在其他实现

$$\begin{cases}\dot{\tilde{\boldsymbol{x}}}=\tilde{\boldsymbol{A}}\tilde{\boldsymbol{x}}+\tilde{\boldsymbol{B}}\boldsymbol{u}\\ \boldsymbol{y}=\tilde{\boldsymbol{C}}\tilde{\boldsymbol{x}}\end{cases} \tag{5-121}$$

使 $\tilde{\boldsymbol{x}}$ 的维数小于 $\boldsymbol{x}$ 的维数，则称式(5-120) 的实现为最小实现。

由于传递函数矩阵只能反映系统中能控和能观测子系统的动力学行为，因此把系统中不能控或不能观测的状态变量消去，不会影响系统的传递函数矩阵。即这些不能控或不能观测状态变量的存在将使系统成为非最小实现。因此，将有如下判别最小实现的方法。

(2) 寻求最小实现的步骤

定理 5-16　传递函数矩阵 $\boldsymbol{G}(s)$ 的一个实现 $\Sigma(\boldsymbol{A},\boldsymbol{B},\boldsymbol{C})$，即

$$\begin{cases}\dot{\boldsymbol{x}}=\boldsymbol{A}\boldsymbol{x}+\boldsymbol{B}\boldsymbol{u}\\ \boldsymbol{y}=\boldsymbol{C}\boldsymbol{x}\end{cases}$$

为最小实现的充分必要条件是 $\Sigma(\boldsymbol{A},\boldsymbol{B},\boldsymbol{C})$ 既是状态完全能控的又是状态完全能观测的。

这个定理的证明从略。

根据这个定理可以方便地确定任何一个具有严格真有理分式的传递函数矩阵 $\boldsymbol{G}(s)$ 的最小实现。一般步骤如下。

① 对给定传递函数矩阵 $\boldsymbol{G}(s)$，先初选出一种实现 $\Sigma(\boldsymbol{A},\boldsymbol{B},\boldsymbol{C})$，通常最方便的是选取能控标准型或能观测标准型实现。

② 对初选的实现 $\Sigma(\boldsymbol{A},\boldsymbol{B},\boldsymbol{C})$，找出其状态完全能控且完全能观部分 $\widetilde{\Sigma}(\tilde{\boldsymbol{A}}_1,\tilde{\boldsymbol{B}}_1,\tilde{\boldsymbol{C}}_1)$，于是这个既能控又能观部分就是 $\boldsymbol{G}(s)$ 的最小实现。

【例 5-19】　试求传递函数矩阵

$$\boldsymbol{G}(s)=\begin{bmatrix}\dfrac{1}{(s+1)(s+2)} & \dfrac{1}{(s+2)(s+3)}\end{bmatrix}$$

的最小实现。

解　因为 $\boldsymbol{G}(s)$ 各元素都是严格真有理分式，直接将它写成按 s 降幂排列的标准格式，即

$$\boldsymbol{G}(s)=\begin{bmatrix}\dfrac{(s+3)}{(s+1)(s+2)(s+3)} & \dfrac{(s+1)}{(s+1)(s+2)(s+3)}\end{bmatrix}$$

$$=\frac{1}{(s+1)(s+2)(s+3)}[(s+3)\quad(s+1)]=\frac{[1\quad 1]s+[3\quad 1]}{s^3+6s^2+11s+6}$$

对照式(5-113)，可知

$$a_1=6,\ a_2=11,\ a_3=6$$

$$\boldsymbol{\beta}_1=[0\quad 0],\ \boldsymbol{\beta}_2=[1\quad 1],\ \boldsymbol{\beta}_3=[3\quad 1]$$

输出向量的维数 $m=1$，输入向量的维数 $r=2$，先采用能观测标准型实现。

$$\boldsymbol{A}_o=\begin{bmatrix}\boldsymbol{0}_1 & \boldsymbol{0}_1 & -a_3\boldsymbol{I}_1\\ \boldsymbol{I}_1 & \boldsymbol{0}_1 & -a_2\boldsymbol{I}_1\\ \boldsymbol{0}_1 & \boldsymbol{I}_1 & -a_1\boldsymbol{I}_1\end{bmatrix}=\begin{bmatrix}0 & 0 & -6\\ 1 & 0 & -11\\ 0 & 1 & -6\end{bmatrix},\ \boldsymbol{B}_o=\begin{bmatrix}\boldsymbol{\beta}_3\\ \boldsymbol{\beta}_2\\ \boldsymbol{\beta}_1\end{bmatrix}=\begin{bmatrix}3 & 1\\ 1 & 1\\ 0 & 0\end{bmatrix}$$

$$\boldsymbol{c}_o=[\boldsymbol{0}_1\quad \boldsymbol{0}_1\quad \boldsymbol{I}_1]=[0\quad 0\quad 1]$$

检验所求得的能观测标准型实现$\Sigma_o(\boldsymbol{A}_o,\boldsymbol{B}_o,\boldsymbol{c}_o)$是否状态完全能控。

$$\boldsymbol{Q}_c=[\boldsymbol{B}_o\quad \boldsymbol{A}_o\boldsymbol{B}_o\quad \boldsymbol{A}_o^2\boldsymbol{B}_o]=\begin{bmatrix}3 & 1 & 0 & 0 & -6 & -6\\ 1 & 1 & 3 & 1 & -11 & -11\\ 0 & 0 & 1 & 1 & -3 & -5\end{bmatrix}$$

$$\operatorname{rank}\boldsymbol{Q}_c=3=n$$

所以，$\Sigma_o(\boldsymbol{A}_o,\boldsymbol{B}_o,\boldsymbol{c}_o)$是状态能控且能观测的，故为最小实现。

【例 5-20】 试求下列传递函数矩阵的最小实现。

$$\boldsymbol{G}(s)=\begin{bmatrix}\dfrac{s+2}{s+1} & \dfrac{1}{s+3}\\ \dfrac{s}{s+1} & \dfrac{s+1}{s+2}\end{bmatrix}$$

解

① 将$\boldsymbol{G}(s)$各元素化成严格真有理分式，并写出相应的能控标准型（或能观测标准型）。本例所求系统的能控标准型已经在例 5-18 中求出。

$$\boldsymbol{A}_c=\begin{bmatrix}0 & 0 & 1 & 0 & 0 & 0\\ 0 & 0 & 0 & 1 & 0 & 0\\ 0 & 0 & 0 & 0 & 1 & 0\\ 0 & 0 & 0 & 0 & 0 & 1\\ -6 & 0 & -11 & 0 & -6 & 0\\ 0 & -6 & 0 & -11 & 0 & -6\end{bmatrix},\ \boldsymbol{B}_c=\begin{bmatrix}0 & 0\\ 0 & 0\\ 0 & 0\\ 0 & 0\\ 1 & 0\\ 0 & 1\end{bmatrix}$$

$$\boldsymbol{C}_c=\begin{bmatrix}6 & 2 & 5 & 3 & 1 & 1\\ -6 & -3 & -5 & -4 & -1 & -1\end{bmatrix},\ \boldsymbol{D}=\begin{bmatrix}1 & 0\\ 1 & 1\end{bmatrix}$$

② 判别该能控标准型的实现是否状态完全能观测。

$$\boldsymbol{Q}_o=\begin{bmatrix}\boldsymbol{C}_c\\ \boldsymbol{C}_c\boldsymbol{A}_c\\ \boldsymbol{C}_c\boldsymbol{A}_c^2\end{bmatrix}=\begin{bmatrix}6 & 2 & 5 & 3 & 1 & 1\\ -6 & -3 & -5 & -4 & -1 & -1\\ -6 & -6 & -5 & -9 & -1 & -3\\ 6 & 6 & 5 & 8 & 1 & 2\\ 6 & 18 & 5 & 27 & 1 & 9\\ -6 & -12 & -5 & -16 & -1 & -4\end{bmatrix}$$

因为$\operatorname{rank}\boldsymbol{Q}_o=3<n=6$，所以该能控标准型实现不是最小实现。为此必须按能观测性进行结构分解。

③ 根据式(5-100) 构造变换矩阵$\boldsymbol{T}_o^{-1}$，将系统按能观测性进行分解。取

$$T_o^{-1}=\begin{bmatrix}6&2&5&3&1&1\\-6&-3&-5&-4&-1&-1\\-6&-6&-5&-9&-1&-3\\1&0&0&0&0&0\\0&1&0&0&0&0\\0&0&1&0&0&0\end{bmatrix}$$

利用分块矩阵的求逆公式，求得

$$T_o=\begin{bmatrix}0&0&0&1&0&0\\0&0&0&0&1&0\\0&0&0&0&0&1\\-1&-1&0&0&-1&0\\\frac{3}{2}&0&\frac{1}{2}&-6&0&-5\\\frac{5}{2}&3&-\frac{1}{2}&0&1&0\end{bmatrix}$$

于是

$$\hat{A}=T_o^{-1}A_cT_o=\left[\begin{array}{ccc:ccc}0&0&1&0&0&0\\-\frac{3}{2}&-2&-\frac{1}{2}&0&0&0\\-3&0&-4&0&0&0\\\hdashline 0&0&0&0&0&1\\-1&-1&0&0&-1&0\\\frac{3}{2}&0&\frac{1}{2}&-6&0&-5\end{array}\right]=\begin{bmatrix}\hat{A}_{11}&\mathbf{0}\\\hat{A}_{21}&\hat{A}_{22}\end{bmatrix}$$

$$\hat{B}=T_o^{-1}B_c=\left[\begin{array}{cc}1&1\\-1&-1\\-1&-3\\\hdashline 0&0\\0&0\\0&0\end{array}\right]=\begin{bmatrix}\hat{B}_1\\\mathbf{0}\end{bmatrix}$$

$$\hat{C}=C_cT_o=\left[\begin{array}{ccc:ccc}1&0&0&0&0&0\\0&1&0&0&0&0\end{array}\right]=\begin{bmatrix}\hat{C}_1&\mathbf{0}\end{bmatrix}$$

经检验$\hat{\Sigma}(\hat{A}_{11},\hat{B}_1,\hat{C}_1)$是能控且能观测的子系统，因此，$G(s)$ 的最小实现为

$$\hat{A}_m=\hat{A}_{11}=\begin{bmatrix}0&0&1\\-\frac{3}{2}&-2&-\frac{1}{2}\\-3&0&-4\end{bmatrix},\ \hat{B}_m=\hat{B}_1=\begin{bmatrix}1&1\\-1&-1\\-1&-3\end{bmatrix}$$

$$\hat{C}_m=\hat{C}_1=\begin{bmatrix}1&0&0\\0&1&0\end{bmatrix},\ D=\begin{bmatrix}1&0\\1&1\end{bmatrix}$$

若根据上面 $\hat{A}_m$、$\hat{B}_m$、$\hat{C}_m$、D 求系统传递函数矩阵，则可检验所得结果。

$$\hat{C}_m(s\mathbf{I}-\hat{A}_m)^{-1}\hat{B}_m+D=\begin{bmatrix}1&0&0\\0&1&0\end{bmatrix}\begin{bmatrix}s&0&-1\\\frac{3}{2}&s+2&\frac{1}{2}\\3&0&s+4\end{bmatrix}^{-1}\begin{bmatrix}1&1\\-1&-1\\-1&-3\end{bmatrix}+\begin{bmatrix}1&0\\1&1\end{bmatrix}$$

$$=\begin{bmatrix}\frac{s+2}{s+1}&\frac{1}{s+3}\\\frac{s}{s+1}&\frac{s+1}{s+2}\end{bmatrix}$$

④ 也可先写出能观测标准型实现$\Sigma(A_o,B_o,C_o)$，即

$$A_o=\begin{bmatrix}0&0&0&0&-6&0\\0&0&0&0&0&-6\\1&0&0&0&-11&0\\0&1&0&0&0&-11\\0&0&1&0&-6&0\\0&0&0&1&0&-6\end{bmatrix},\ B_o=\begin{bmatrix}6&2\\-6&-3\\5&3\\-5&-4\\1&1\\-1&-1\end{bmatrix}$$

$$C_o=\begin{bmatrix}0&0&0&0&1&0\\0&0&0&0&0&1\end{bmatrix}$$

然后将$\Sigma(A_o,B_o,C_o)$按能控性分解，根据式(5-93) 选择变换矩阵T_c，有

$$T_c=\begin{bmatrix}6&2&-6&1&0&0\\-6&-3&6&0&1&0\\5&3&-9&0&0&1\\-5&-4&8&0&0&0\\1&1&-3&0&0&0\\-1&-1&2&0&0&0\end{bmatrix}$$

计算得
$$T_c^{-1}=\begin{bmatrix}0&0&0&-1&0&4\\0&0&0&1&-2&-7\\0&0&0&0&-1&-1\\1&0&0&4&-2&-16\\0&1&0&-3&0&9\\0&0&1&2&-3&-8\end{bmatrix}$$

于是
$$\tilde{A}=T_c^{-1}A_oT_c=\begin{bmatrix}\tilde{A}_{11}&\tilde{A}_{12}\\\mathbf{0}&\tilde{A}_{22}\end{bmatrix}=\left[\begin{array}{ccc|ccc}-1&0&0&0&-1&0\\0&0&-6&0&1&-2\\0&1&-5&0&0&-1\\\hline 0&0&0&0&4&-2\\0&0&0&0&-3&0\\0&0&0&1&2&-3\end{array}\right]$$

$$\widetilde{\boldsymbol{B}}=\boldsymbol{T}_c^{-1}\boldsymbol{B}_o=\begin{bmatrix}\widetilde{\boldsymbol{B}}_1\\ \boldsymbol{0}\end{bmatrix}=\begin{bmatrix}1&0\\0&1\\0&0\\ \hdashline 0&0\\0&0\\0&0\end{bmatrix}$$

$$\widetilde{\boldsymbol{C}}=\boldsymbol{C}_o\boldsymbol{T}_c=[\widetilde{\boldsymbol{C}}_1\quad \boldsymbol{0}]=\left[\begin{array}{ccc:ccc}1&1&-3&0&0&0\\-1&-1&2&0&0&0\end{array}\right]$$

$\widetilde{\Sigma}(\widetilde{\boldsymbol{A}}_{11},\widetilde{\boldsymbol{B}}_1,\widetilde{\boldsymbol{C}}_1)$是能控且能观测的子系统，故 $\boldsymbol{G}(s)$ 的最小实现为

$$\widetilde{\boldsymbol{A}}_m=\widetilde{\boldsymbol{A}}_{11}=\begin{bmatrix}-1&0&0\\0&0&-6\\0&1&-5\end{bmatrix},\ \widetilde{\boldsymbol{B}}_m=\widetilde{\boldsymbol{B}}_1=\begin{bmatrix}1&0\\0&1\\0&0\end{bmatrix}$$

$$\widetilde{\boldsymbol{C}}_m=\widetilde{\boldsymbol{C}}_1=\begin{bmatrix}1&1&-3\\-1&-1&2\end{bmatrix},\ \boldsymbol{D}=\begin{bmatrix}1&0\\1&1\end{bmatrix}$$

通过以上计算，说明传递函数矩阵的实现不是唯一的，最小实现也不是唯一的，但是最小实现的维数是唯一的。如果$\hat{\Sigma}(\hat{\boldsymbol{A}}_m,\hat{\boldsymbol{B}}_m,\hat{\boldsymbol{C}}_m)$和$\widetilde{\Sigma}(\widetilde{\boldsymbol{A}}_m,\widetilde{\boldsymbol{B}}_m,\widetilde{\boldsymbol{C}}_m)$是同一传递函数矩阵 $\boldsymbol{G}(s)$ 的两个最小实现，那么它们之间必存在一状态非奇异变换 $\hat{\boldsymbol{x}}=\boldsymbol{P}\tilde{\boldsymbol{x}}$，使

$$\widetilde{\boldsymbol{A}}_m=\boldsymbol{P}^{-1}\hat{\boldsymbol{A}}_m\boldsymbol{P},\ \widetilde{\boldsymbol{B}}_m=\boldsymbol{P}^{-1}\hat{\boldsymbol{B}}_m,\ \widetilde{\boldsymbol{C}}_m=\hat{\boldsymbol{C}}_m\boldsymbol{P}$$

也就是说，同一传递函数的最小实现是代数等价的。

5.10 传递函数矩阵与能控性和能观测性之间的关系

系统的能控且能观测性与其传递函数矩阵的最小实现是同义的，对于单输入系统、单输出系统或者单输入单输出系统，要使系统是能控并能观测的充分必要条件是其传递函数的分子、分母间没有零极点对消现象。对于多输入多输出系统来说，传递函数矩阵没有零极点对消，只是系统最小实现的充分条件，也就是说，即使出现零极点对消，这种系统仍有可能是能控和能观测的。本节只讨论单输入单输出系统的传递函数中零极点对消与状态能控性和能观测性之间的关系。

定理 5-17　对于一个单输入单输出系统$\Sigma(\boldsymbol{A},\boldsymbol{b},\boldsymbol{c})$，即

$$\begin{cases}\dot{\boldsymbol{x}}=\boldsymbol{A}\boldsymbol{x}+\boldsymbol{b}u\\ y=\boldsymbol{c}\boldsymbol{x}\end{cases}\tag{5-122}$$

欲使其是状态完全能控且状态完全能观测的充分必要条件是传递函数

$$G(s)=\boldsymbol{c}(s\mathbf{I}-\boldsymbol{A})^{-1}\boldsymbol{b}\tag{5-123}$$

的分子、分母间没有零极点对消。

证明

必要性：如果$\Sigma(\boldsymbol{A},\boldsymbol{b},\boldsymbol{c})$不是 $G(s)$ 的最小实现，则必存在另一系统$\widetilde{\Sigma}(\widetilde{\boldsymbol{A}},\tilde{\boldsymbol{b}},\tilde{\boldsymbol{c}})$，即

$$\begin{cases}\dot{\tilde{\boldsymbol{x}}}=\widetilde{\boldsymbol{A}}\tilde{\boldsymbol{x}}+\tilde{\boldsymbol{b}}u\\ y=\tilde{\boldsymbol{c}}\tilde{\boldsymbol{x}}\end{cases}\tag{5-124}$$

有更小的维数，使

$$\tilde{\boldsymbol{c}}(s\mathbf{I}-\tilde{\boldsymbol{A}})^{-1}\tilde{\boldsymbol{b}}=\boldsymbol{c}(s\mathbf{I}-\boldsymbol{A})^{-1}\boldsymbol{b}=G(s) \tag{5-125}$$

由于 $\tilde{\boldsymbol{A}}$ 的阶次比 $\boldsymbol{A}$ 低，于是特征多项式 $\det(s\mathbf{I}-\tilde{\boldsymbol{A}})$ 的阶次也一定比 $\det(s\mathbf{I}-\boldsymbol{A})$ 的阶次低。

但是欲使式(5-125) 成立，必然是 $\boldsymbol{c}(s\mathbf{I}-\boldsymbol{A})^{-1}\boldsymbol{b}$ 的分子、分母间出现零极点对消。于是反设不成立。必要性得证。

充分性：如果 $\boldsymbol{c}(s\mathbf{I}-\boldsymbol{A})^{-1}\boldsymbol{b}$ 的分子、分母不出现零极点对消，则 $\sum(\boldsymbol{A},\boldsymbol{b},\boldsymbol{c})$ 一定是状态完全能控的且是状态完全能观测的。

设 $\boldsymbol{c}(s\mathbf{I}-\boldsymbol{A})^{-1}\boldsymbol{b}$ 的分子、分母出现零极点对消，那么 $\boldsymbol{c}(s\mathbf{I}-\boldsymbol{A})^{-1}\boldsymbol{b}$ 将退化为一个降阶的传递函数。根据这个降阶的没有零极点对消的传递函数，可以找到一个更小维数的实现。现假设 $\boldsymbol{c}(s\mathbf{I}-\boldsymbol{A})^{-1}\boldsymbol{b}$ 的分子、分母不出现零极点对消，于是对应的 $\sum(\boldsymbol{A},\boldsymbol{b},\boldsymbol{c})$ 一定是最小实现，即 $\sum(\boldsymbol{A},\boldsymbol{b},\boldsymbol{c})$ 是状态完全能控并完全能观测的。充分性得证。

利用这个关系可以根据传递函数的分子和分母是否出现零极点对消，方便地判别相应的实现是否是能控且能观测的。但应注意，如果传递函数出现了零极点对消现象，还不能确定系统是不能控的还是不能观测的，还是既不能控又不能观测的。下面举例说明。

【例 5-21】 系统的传递函数为

$$G(s)=\frac{Y(s)}{U(s)}=\frac{(s+2.5)}{(s+2.5)(s-1)}$$

试判别系统的能控性和能观测性。

解

① 因分子、分母有相同因式 $(s+2.5)$，故系统状态是不完全能控或不完全能观测的，或是既不完全能控又不完全能观测的。

② 上述传递函数的一个实现为

$$\begin{cases}\dot{\boldsymbol{x}}=\begin{bmatrix}1 & 0\\0 & -2.5\end{bmatrix}\boldsymbol{x}+\begin{bmatrix}1\\1\end{bmatrix}u\\ y=\begin{bmatrix}1 & 0\end{bmatrix}\boldsymbol{x}\end{cases}$$

可见系统是完全能控的，但不是完全能观测的，相应的结构图如图 5-15(a) 所示。

③ 上述传递函数的实现又可以是

$$\begin{cases}\dot{\boldsymbol{x}}=\begin{bmatrix}1 & 0\\0 & -2.5\end{bmatrix}\boldsymbol{x}+\begin{bmatrix}1\\0\end{bmatrix}u\\ y=\begin{bmatrix}1 & 1\end{bmatrix}\boldsymbol{x}\end{cases}$$

这时系统不是完全能控但却是完全能观测的，相应的系统结构如图 5-15(b) 所示。

④ 上述传递函数的实现还可以是

$$\begin{cases}\dot{\boldsymbol{x}}=\begin{bmatrix}1 & 0\\0 & -2.5\end{bmatrix}\boldsymbol{x}+\begin{bmatrix}1\\0\end{bmatrix}u\\ y=\begin{bmatrix}1 & 0\end{bmatrix}\boldsymbol{x}\end{cases}$$

这时系统是既不完全能控也不完全能观测的，相应的系统结构如图 5-15(c) 所示。

通过这个例子可以看到，在经典控制理论中基于传递函数零极点对消原则的设计方法虽然简单直观，但是它破坏了系统状态的能控性或能观测性。不能控部分的作用在某些情况下会引起系统品质的变坏，甚至使系统成为不稳定的。

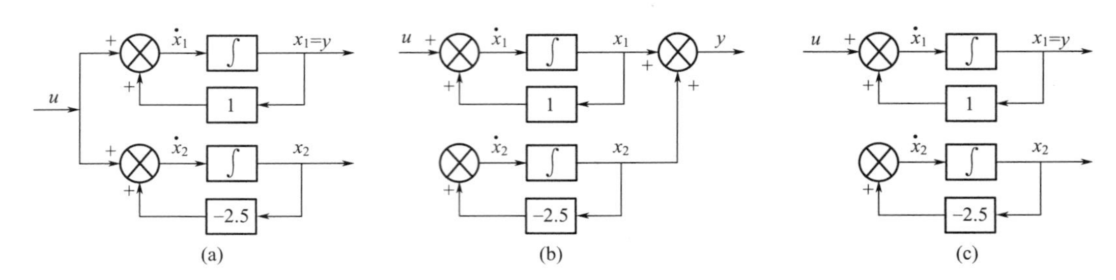

图 5-15 例 5-21 系统实现的模拟结构图

5.11 利用 MATLAB 分析系统的能控性与能观测性

MATLAB 软件提供了各种矩阵运算和矩阵指标（如矩阵的秩）的求解，而能控性和能观测性的判断实际上是一些矩阵的运算。

(1) 运用 MATLAB 进行能控性分析 MATLAB 提供了计算系统能控性矩阵的函数 ctrb，其调用格式为 $\boldsymbol{Q}_c=\mathrm{ctrb}(\boldsymbol{A},\boldsymbol{B})$，$\boldsymbol{A}$ 为系统矩阵，$\boldsymbol{B}$ 为控制矩阵。求秩运算函数 rank，其调用格式为 $R=\mathrm{rank}\ (\boldsymbol{Q}_c)$。

(2) 运用 MATLAB 进行能观测性分析 MATLAB 提供了计算系统能观测性矩阵的函数 obsv，其调用格式为 $\boldsymbol{Q}_o=\mathrm{obsv}(\boldsymbol{A},\boldsymbol{C})$，$\boldsymbol{A}$ 为系统矩阵，$\boldsymbol{C}$ 为输出矩阵。求秩运算函数的调用格式为 $R=\mathrm{rank}(\boldsymbol{Q}_o)$。

下面举例说明利用 MATLAB 求取系统能控性与能观测性的方法。

【例 5-22】 设系统为

$$\dot{\boldsymbol{x}}=\begin{bmatrix}0&1&0&0\\0&0&-1&0\\0&0&0&1\\0&0&5&0\end{bmatrix}\boldsymbol{x}+\begin{bmatrix}0\\1\\0\\-2\end{bmatrix}u\quad y=[1\quad 0\quad 0\quad 0]\boldsymbol{x}$$

试判断系统的能控性与能观测性。

解

① 判断系统的能控性。

输入程序为

```
A=[0 1 0 0;0 0 -1 0;0 0 0 1;0 0 5 0];
B=[0;1;0;-2];
Qc=ctrb(A,B)
R=rank(Qc)
```

可得结果为

$$\mathrm{Qc}=\begin{bmatrix}0&1&0&2\\1&0&2&0\\0&-2&0&-10\\-2&0&-10&0\end{bmatrix}\qquad \mathrm{R}=4$$

系统的能控性矩阵 $\boldsymbol{Q}_c$ 的秩是 4，等于系统的维数 4，故系统是状态完全能控的。

② 判断系统的能观测性。

输入程序为

```
A=[0 1 0 0;0 0 -1 0;0 0 0 1;0 0 5 0];
C=[1 0 0 0];
Qo=obsv(A,C)
R=rank(Qo)
```

可得结果为

$$Qo=\begin{bmatrix}1 & 0 & 0 & 0\\0 & 1 & 0 & 0\\0 & 0 & -1 & 0\\0 & 0 & 0 & -1\end{bmatrix}\qquad R=4$$

系统的能观测性矩阵 $\boldsymbol{Q}_o$的秩是 4，等于系统的维数 4，故系统是状态完全能观测的。

在 MATLAB 中，可将线性系统化为标准型，下面通过两个例题介绍具体应用。

【例 5-23】 已知系统的状态方程为

$$\dot{\boldsymbol{x}}=\begin{bmatrix}-2 & 2 & -1\\0 & -2 & 0\\1 & -4 & 0\end{bmatrix}\boldsymbol{x}+\begin{bmatrix}0\\1\\1\end{bmatrix}u$$

试将系统状态方程化为能控标准型。

解　可编写程序如下。

```
A=[-2 2 -1; 0 -2 0; 1 -4 0]; b=[0 1 1]';
Qc=ctrb(A, b); n=rank(A);
If det(Qc)~=0
  p1=inv(Qc);
end
p1=p1(n,:)
P=[p1; p1 * A; p1 * A * A];
Ac=P * A * inv(P)
bc=P * b
```

执行程序得到系统能控标准型的矩阵为

$$\boldsymbol{A}_c=\begin{bmatrix}0 & 1 & 0\\0 & 0 & 1\\-2 & -5 & -4\end{bmatrix},\ \boldsymbol{b}_c=\begin{bmatrix}0\\0\\1\end{bmatrix}$$

【例 5-24】 已知系统状态空间表达式为

$$\begin{cases}\begin{bmatrix}\dot{x}_1\\\dot{x}_2\end{bmatrix}=\begin{bmatrix}1 & -1\\1 & 1\end{bmatrix}\begin{bmatrix}x_1\\x_2\end{bmatrix}+\begin{bmatrix}-1\\1\end{bmatrix}u\\ y=\begin{bmatrix}1 & 1\end{bmatrix}\begin{bmatrix}x_1\\x_2\end{bmatrix}\end{cases}$$

试将系统的动态方程转化为能观测标准型，并求出变换矩阵 $\boldsymbol{T}$。

解　编写程序如下。

```
A=[1 -1;1 1]; b=[-1; 1]; c=[1 1];
```

```
Qo=obsv(A, c); n=rank(A);
T1=inv(Qo); T1=T1(:, n);
T=[T1 A * T1]
Ao=inv(T) * A * T
bo=inv(T) * b
co=c * T
```

运行程序得到系统能观测标准型的各矩阵以及转换矩阵为

$$\boldsymbol{A}_{\mathrm{o}}=\begin{bmatrix}0 & -2\\1 & 2\end{bmatrix},\ \boldsymbol{b}_{\mathrm{o}}=\begin{bmatrix}-2\\0\end{bmatrix},\ \boldsymbol{c}_{\mathrm{o}}=\begin{bmatrix}0 & 1\end{bmatrix},\ \boldsymbol{T}=\begin{bmatrix}0.5 & 1\\-0.5 & 0\end{bmatrix}$$

5.12 小结

① 系统的能控性和能观测性定义。能控性：线性定常连续系统如果存在一个分段连续的输入 $\boldsymbol{u}$，能在有限时间区间 $[t_0, t_f]$ 内，使系统由某一初始状态 $\boldsymbol{x}(t_0)$，转移到指定的任一终端状态 $\boldsymbol{x}(t_f)$，则称此系统是状态完全能控的。能观测性：线性定常连续系统，如果对任意给定的输入 $\boldsymbol{u}$，在有限观测时间 $t_f>t_0$，使根据 $[t_0, t_f]$ 期间的输出 $\boldsymbol{y}$ 能唯一地确定系统在初始时刻的状态 $\boldsymbol{x}(t_0)$，则称系统是状态完全能观测的。

② 线性定常系统的能控性判据：

a. $\mathrm{rank}\,\boldsymbol{Q}_{\mathrm{c}}=\mathrm{rank}(\boldsymbol{B}\quad \boldsymbol{AB}\quad \boldsymbol{A}^2\boldsymbol{B}\quad \cdots\quad \boldsymbol{A}^{n-1}\boldsymbol{B})=n$。

b. 当 $\boldsymbol{A}$ 为对角矩阵且特征根互异时，控制矩阵 $\boldsymbol{B}$ 中无全零行；当 $\boldsymbol{A}$ 为约当矩阵且相同特征值分布在一个约当小块内时，$\boldsymbol{B}$ 中与每个约当小块最后一行对应的行不全为零，且 $\boldsymbol{B}$ 中相异特征值对应的行不全为零。

c. 输入-状态间的传递函数矩阵 $(s\mathbf{I}-\boldsymbol{A})^{-1}\boldsymbol{B}$ 的行向量是线性无关的。

d. 单输入单输出系统由状态空间表达式导出的传递函数没有零极点对消。

③ 线性定常系统的能观测性判据：

a. $\mathrm{rank}\,\boldsymbol{Q}_{\mathrm{o}}=\mathrm{rank}\begin{bmatrix}\boldsymbol{C}\\\boldsymbol{CA}\\\vdots\\\boldsymbol{CA}^{n-1}\end{bmatrix}=n$。

b. 当 $\boldsymbol{A}$ 为对角矩阵且特征根互异时，矩阵 $\boldsymbol{C}$ 中无全零列；当 $\boldsymbol{A}$ 为约当矩阵且相同特征值分布在一个约当小块内时，$\boldsymbol{C}$ 中与每个约当小块第一列对应的列不全为零，且 $\boldsymbol{C}$ 中相异特征值对应的列不全为零。

c. 状态-输出间的传递函数矩阵 $\boldsymbol{C}(s\mathbf{I}-\boldsymbol{A})^{-1}$ 的列向量是线性无关的。

d. 单输入单输出系统由状态空间表达式导出的传递函数没有零极点对消。

④ 时变系统的系统矩阵 $\boldsymbol{A}(t)$、控制矩阵 $\boldsymbol{B}(t)$ 和输出矩阵 $\boldsymbol{C}(t)$ 的元素是时间的函数，所以不能像定常系统那样，由 $(\boldsymbol{A}, \boldsymbol{B})$ 对与 $(\boldsymbol{A}, \boldsymbol{C})$ 对构成能控性矩阵和能观测性矩阵，然后检验其秩，而必须由有关时变矩阵构成格拉姆（Gram）矩阵，并由其非奇异性来作为判别的依据。

⑤ 线性定常离散系统能控性判据为系统能控性矩阵满秩，即 $\mathrm{rank}\,\boldsymbol{Q}_{\mathrm{c}}=\mathrm{rank}[\boldsymbol{H}\quad \boldsymbol{GH}\quad \cdots\quad \boldsymbol{G}^{n-2}\boldsymbol{H}\quad \boldsymbol{G}^{n-1}\boldsymbol{H}]=n$；线性定常离散系统能观测性判据为能观测性矩阵满

秩，即 $\text{rank}\,\boldsymbol{Q}_o^{\mathrm{T}}=\text{rank}[\boldsymbol{C}^{\mathrm{T}}\quad \boldsymbol{G}^{\mathrm{T}}\boldsymbol{C}^{\mathrm{T}}\quad \cdots\quad (\boldsymbol{G}^{n-1})^{\mathrm{T}}\boldsymbol{C}^{\mathrm{T}}]=n$。

⑥ 若系统 $\sum_1(\boldsymbol{A}_1,\boldsymbol{B}_1,\boldsymbol{C}_1)$ 和 $\sum_2(\boldsymbol{A}_2,\boldsymbol{B}_2,\boldsymbol{C}_2)$ 是互为对偶的两个系统，则 $\sum_1$ 的能控性等价于 $\sum_2$ 的能观测性，$\sum_1$ 的能观测性等价于 $\sum_2$ 的能控性。或者说，若 $\sum_1$ 是状态完全能控的（或完全能观测的），则 $\sum_2$ 是状态完全能观测的（或完全能控的）。

⑦ 把状态空间表达式化成能控标准型（或能观测标准型）的理论根据是状态的非奇异变换不改变其能控性（或能观测性），只有系统是状态完全能控的（或能观测的）才能化成能控（或能观测）标准型。

⑧ 如果线性系统是不完全能控和不完全能观测的，若对该系统同时按能控性和能观测性进行分解，则可以把系统分解成能控且能观测、能控不能观测、不能控能观测、不能控不能观测四部分。但是，并非所有系统都能分解成有这四个部分的。

⑨ 对于给定传递函数矩阵 $\boldsymbol{G}(s)$，若有一状态空间表达式 $\sum(\boldsymbol{A},\boldsymbol{B},\boldsymbol{C},\boldsymbol{D})$，满足 $\boldsymbol{C}(s\mathbf{I}-\boldsymbol{A})^{-1}\boldsymbol{B}+\boldsymbol{D}=\boldsymbol{G}(s)$，则称该状态空间表达式 $\sum(\boldsymbol{A},\boldsymbol{B},\boldsymbol{C},\boldsymbol{D})$ 为传递函数矩阵 $\boldsymbol{G}(s)$ 的一个实现。当系统阶数等于传递函数矩阵的阶数时，称该系统为 $\boldsymbol{G}(s)$ 的一个最小实现。最小实现的常用标准形式有能控标准型实现和能观测标准型实现等。

最后利用 MATLAB 实现了系统的能控性与能观测性判别分析。

习　　题

5-1　判断题 5-1 图中两个系统的状态能控性和能观测性。系统中 a，b，c，d 的取值对能控性和能观测性是否有关，若有关，其取值条件如何？

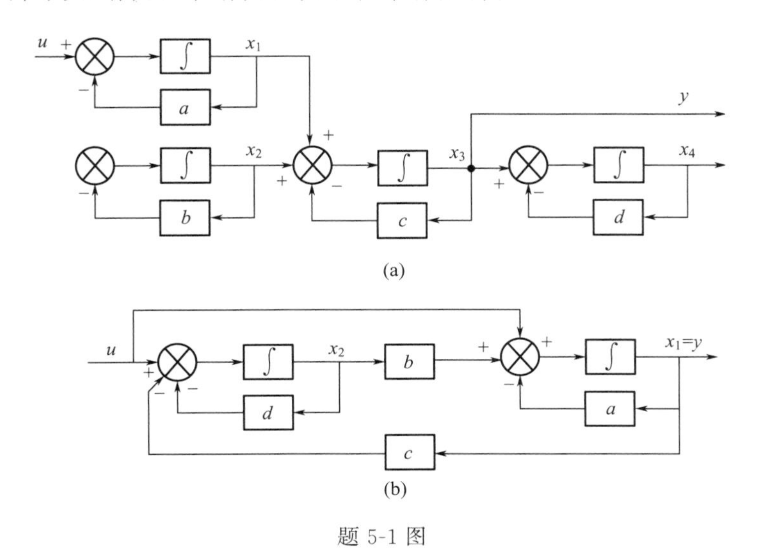

题 5-1 图

5-2　线性定常系统为

$$\begin{cases}\dot{\boldsymbol{x}}=\begin{bmatrix}-3 & 1\\ 1 & -3\end{bmatrix}\boldsymbol{x}+\begin{bmatrix}1 & 1\\ 1 & 1\end{bmatrix}\boldsymbol{u}\\ \boldsymbol{y}=\begin{bmatrix}1 & 1\\ 1 & -1\end{bmatrix}\boldsymbol{x}\end{cases}$$

试判别其能控性和能观测性。

5-3 确定使下列系统为状态完全能控和状态完全能观测的待定常数 α_i 和 β_i：

(1) $\boldsymbol{A}=\begin{bmatrix}\alpha_1 & 1\\ 0 & \alpha_2\end{bmatrix}$，$\boldsymbol{b}=\begin{bmatrix}1\\ 1\end{bmatrix}$，$\boldsymbol{c}=\begin{bmatrix}1 & -1\end{bmatrix}$；

(2) $\boldsymbol{A}=\begin{bmatrix}\alpha_1 & \alpha_2\\ \alpha_3 & \alpha_4\end{bmatrix}$，$\boldsymbol{b}=\begin{bmatrix}1\\ 1\end{bmatrix}$，$\boldsymbol{c}=\begin{bmatrix}1 & 0\end{bmatrix}$；

(3) $\boldsymbol{A}=\begin{bmatrix}0 & 0 & 2\\ 1 & 0 & -3\\ 0 & 1 & -4\end{bmatrix}$，$\boldsymbol{b}=\begin{bmatrix}1\\ \beta_2\\ \beta_3\end{bmatrix}$，$\boldsymbol{c}=\begin{bmatrix}0 & 0 & 1\end{bmatrix}$。

5-4 设系统的传递函数为

$$G(s)=\frac{Y(s)}{U(s)}=\frac{s+a}{s^3+10s^2+27s+18}$$

(1) 当 a 取何值时，系统将是完全能控或完全能观测的；

(2) 当 a 取上述值时，求系统完全能控的状态空间表达式；

(3) 当 a 取上述值时，求系统完全能观测的状态空间表达式。

5-5 已知系统的微分方程为 $\dddot{y}+6\ddot{y}+11\dot{y}+6y=6u$，试写出其对偶系统的状态空间表达式及其传递函数。

5-6 已知系统的传递函数为

$$G(s)=\frac{s^2+6s+8}{s^2+4s+3}$$

试求其能控标准型和能观测标准型。

5-7 给定下列状态空间表达式，试判别该系统是否能够变换为能控和能观测标准型。

$$\begin{cases}\dot{\boldsymbol{x}}=\begin{bmatrix}0 & 1 & 0\\ -2 & -3 & 0\\ -1 & 1 & -3\end{bmatrix}\boldsymbol{x}+\begin{bmatrix}0\\ 1\\ 2\end{bmatrix}u\\ y=\begin{bmatrix}0 & 0 & 1\end{bmatrix}\boldsymbol{x}\end{cases}$$

5-8 试将下列系统按能控性进行结构分解：

(1) $\boldsymbol{A}=\begin{bmatrix}1 & 2 & -1\\ 0 & 1 & 0\\ 0 & -4 & 3\end{bmatrix}$，$\boldsymbol{b}=\begin{bmatrix}0\\ 0\\ 1\end{bmatrix}$，$\boldsymbol{c}=\begin{bmatrix}1 & -1 & 1\end{bmatrix}$；

(2) $\boldsymbol{A}=\begin{bmatrix}-2 & 2 & -1\\ 0 & -2 & 0\\ 1 & -4 & 0\end{bmatrix}$，$\boldsymbol{b}=\begin{bmatrix}0\\ 0\\ 1\end{bmatrix}$，$\boldsymbol{c}=\begin{bmatrix}1 & -1 & 1\end{bmatrix}$。

5-9 试将下列系统按能观测性进行结构分解：

(1) $\boldsymbol{A}=\begin{bmatrix}1 & 2 & -1\\ 0 & 1 & 0\\ 0 & -4 & 3\end{bmatrix}$，$\boldsymbol{b}=\begin{bmatrix}0\\ 0\\ 1\end{bmatrix}$，$\boldsymbol{c}=\begin{bmatrix}1 & -1 & 1\end{bmatrix}$；

(2) $\boldsymbol{A}=\begin{bmatrix}-2 & 2 & -1\\ 0 & -2 & 0\\ 1 & -4 & 0\end{bmatrix}$，$\boldsymbol{b}=\begin{bmatrix}0\\ 0\\ 1\end{bmatrix}$，$\boldsymbol{c}=\begin{bmatrix}1 & -1 & 1\end{bmatrix}$。

5-10 试将下列系统按能控性和能观测性进行结构分解：

(1) $\boldsymbol{A}=\begin{bmatrix}1 & 0 & 0\\ 2 & 2 & 3\\ -2 & 0 & 1\end{bmatrix}$，$\boldsymbol{b}=\begin{bmatrix}1\\ 2\\ 2\end{bmatrix}$，$\boldsymbol{c}=[1 \quad 1 \quad 2]$；

(2) $\boldsymbol{A}=\begin{bmatrix}1 & 0 & 0 & 0\\ 2 & -3 & 0 & 0\\ 1 & 0 & -2 & 0\\ 4 & -1 & -2 & -4\end{bmatrix}$，$\boldsymbol{b}=\begin{bmatrix}0\\ 0\\ 1\\ 2\end{bmatrix}$，$\boldsymbol{c}=[3 \quad 0 \quad 1 \quad 0]$。

5-11 求下列传递函数矩阵的最小实现：

(1) $\boldsymbol{G}(s)=\begin{bmatrix}\frac{1}{s+1} & \frac{1}{s+1}\\ \frac{1}{s+1} & \frac{1}{s+1}\end{bmatrix}$；(2) $\boldsymbol{G}(s)=\begin{bmatrix}\frac{1}{s} & \frac{1}{s^2}\\ \frac{1}{s^2} & \frac{1}{s^3}\end{bmatrix}$。

5-12 设Σ_1和Σ_2是两个能控且能观测的系统，其中

$$\Sigma_1：\boldsymbol{A}_1=\begin{bmatrix}0 & 1\\ -3 & -4\end{bmatrix}，\boldsymbol{b}_1=\begin{bmatrix}0\\ 1\end{bmatrix}，\boldsymbol{c}_1=[2 \quad 1]$$

$$\Sigma_2：A_2=-2，b_2=1，c_2=1$$

(1) 试分析由Σ_1和Σ_2所组成的串联系统的能控性和能观测性，并写出其传递函数；

(2) 试分析由Σ_1和Σ_2所组成的并联系统的能控性和能观测性，并写出其传递函数。

第6章 状态负反馈和状态观测器设计

控制系统的分析和综合是控制系统研究的两大课题。系统分析包括已知系统的状态空间表达式，进行状态方程式的求解；能控性和能观测性分析；能控性和能观测性分解；稳定性分析；化成各种标准型等。这几部分内容已在第2章至第5章进行了阐述。系统综合包括设计控制器，寻求改善系统性能的各种控制规律，以保证系统的各种性能指标要求都得到满足。这部分内容将在本章进行重点阐述。

6.1 线性反馈控制系统的结构类别

无论在经典控制理论还是在现代控制理论中，负反馈都是系统设计的主要方式。由于经典控制理论是用传递函数来描述系统的，因此，只能从输出引出信号作为反馈量。而现代控制理论使用系统内部状态来描述系统，所以除了可以从输出引出反馈信号外，还可以从系统的状态引出信号作为反馈量以实现状态负反馈。采用状态负反馈不但可以实现任意配置闭环系统的极点，而且也是实现系统解耦和构成线性最优调节器的主要手段。

6.1.1 状态负反馈

状态负反馈就是将系统的状态向量通过线性反馈矩阵反馈到输入端，与参考输入向量进行比较，然后产生控制作用，形成闭环控制系统。多输入多输出系统的状态负反馈结构图如图6-1所示。

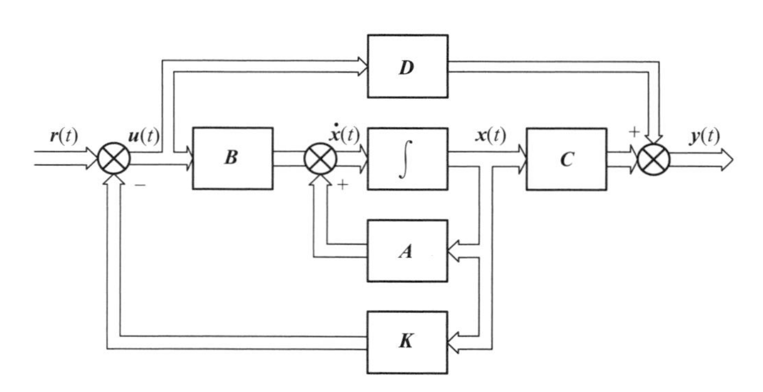

图6-1 多输入多输出系统的状态负反馈结构图

图6-1中，被控系统$\Sigma_0(\boldsymbol{A},\boldsymbol{B},\boldsymbol{C},\boldsymbol{D})$的状态空间表达式为

$$\begin{cases}\dot{\boldsymbol{x}}=\boldsymbol{A}\boldsymbol{x}+\boldsymbol{B}\boldsymbol{u}\\ \boldsymbol{y}=\boldsymbol{C}\boldsymbol{x}+\boldsymbol{D}\boldsymbol{u}\end{cases} \tag{6-1}$$

式中 $\boldsymbol{x}$——n 维状态向量；

$\boldsymbol{u}$——r 维输入向量；

$\boldsymbol{y}$——m 维输出向量；

$\boldsymbol{A}$——$n\times n$ 系统矩阵；

$\boldsymbol{B}$——$n\times r$ 输入矩阵；

$\boldsymbol{C}$——$m\times n$ 输出矩阵；

$\boldsymbol{D}$——$m\times r$ 直接传递矩阵。

状态负反馈控制律为

$$\boldsymbol{u}=\boldsymbol{r}-\boldsymbol{K}\boldsymbol{x} \tag{6-2}$$

式中 $\boldsymbol{r}$——r 维参考输入向量；

$\boldsymbol{K}$——$r\times n$ 状态负反馈矩阵。对于单输入系统，$\boldsymbol{K}$ 为 $1\times n$ 的行矩阵。

把式(6-2) 代入式(6-1) 中整理后，可得状态负反馈闭环系统的状态空间表达式，即

$$\begin{cases}\dot{\boldsymbol{x}}=(\boldsymbol{A}-\boldsymbol{B}\boldsymbol{K})\boldsymbol{x}+\boldsymbol{B}\boldsymbol{r}\\ \boldsymbol{y}=(\boldsymbol{C}-\boldsymbol{D}\boldsymbol{K})\boldsymbol{x}+\boldsymbol{D}\boldsymbol{r}\end{cases} \tag{6-3}$$

若 $\boldsymbol{D}=\boldsymbol{0}$，则

$$\begin{cases}\dot{\boldsymbol{x}}=(\boldsymbol{A}-\boldsymbol{B}\boldsymbol{K})\boldsymbol{x}+\boldsymbol{B}\boldsymbol{r}\\ \boldsymbol{y}=\boldsymbol{C}\boldsymbol{x}\end{cases} \tag{6-4}$$

简记为 $\Sigma_{\mathrm{K}}[(\boldsymbol{A}-\boldsymbol{B}\boldsymbol{K}),\boldsymbol{B},\boldsymbol{C}]$。

经过状态负反馈后，系统的传递函数矩阵为

$$\boldsymbol{G}_{\mathrm{K}}(s)=\boldsymbol{C}\left[s\boldsymbol{I}-(\boldsymbol{A}-\boldsymbol{B}\boldsymbol{K})\right]^{-1}\boldsymbol{B}$$

由此可见，经过状态负反馈后，输入矩阵 $\boldsymbol{B}$ 和输出矩阵 $\boldsymbol{C}$ 没有变化，仅仅是系统矩阵 $\boldsymbol{A}$ 发生了变化，变成了 $\boldsymbol{A}-\boldsymbol{B}\boldsymbol{K}$，也就是说状态负反馈矩阵 $\boldsymbol{K}$ 的引入，没有引入新的状态变量，也不增加系统的维数，但通过 $\boldsymbol{K}$ 的选择可以有条件自由改变系统的特征值，从而使系统获得所要求的性能。

6.1.2 输出负反馈

输出负反馈就是将系统的输出向量通过线性负反馈矩阵反馈到输入端，与参考输入向量进行比较，然后产生控制作用，形成闭环控制系统。经典控制理论中所讨论的负反馈就是这种反馈形式。多输入多输出系统的输出负反馈结构图如图 6-2 所示。

图 6-2 中，被控系统 $\Sigma_0(\boldsymbol{A},\boldsymbol{B},\boldsymbol{C},\boldsymbol{D})$ 的状态空间表达式为

$$\begin{cases}\dot{\boldsymbol{x}}=\boldsymbol{A}\boldsymbol{x}+\boldsymbol{B}\boldsymbol{u}\\ \boldsymbol{y}=\boldsymbol{C}\boldsymbol{x}+\boldsymbol{D}\boldsymbol{u}\end{cases} \tag{6-5}$$

式中 $\boldsymbol{x}$——n 维状态向量；

$\boldsymbol{u}$——r 维输入向量；

$\boldsymbol{y}$——m 维输出向量；

$\boldsymbol{A}$——$n\times n$ 系统矩阵；

$\boldsymbol{B}$——$n\times r$ 输入矩阵；

$\boldsymbol{C}$——$m\times n$ 输出矩阵；

$\boldsymbol{D}$——$m\times r$ 直接传递矩阵。

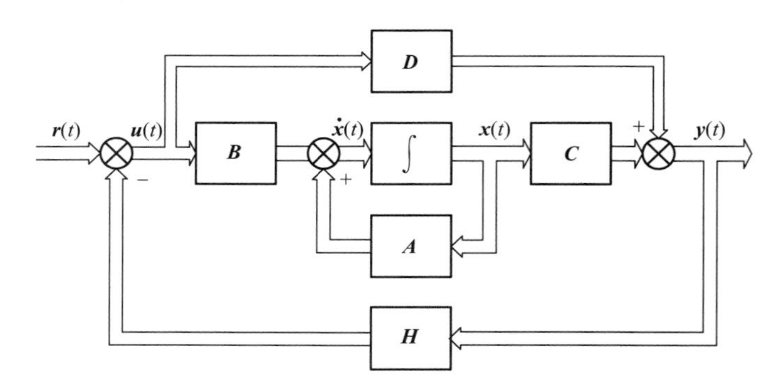

图 6-2 多输入多输出系统的输出负反馈结构图

输出负反馈控制律为

$$\boldsymbol{u}=\boldsymbol{r}-\boldsymbol{H}\boldsymbol{y} \tag{6-6}$$

式中 $\boldsymbol{r}$——r 维参考输入向量；

$\boldsymbol{H}$——$r\times m$ 输出负反馈矩阵，对于单输入单输出系统，$\boldsymbol{H}$ 为标量。

把式(6-5) 代入式(6-6) 中整理后，得

$$\boldsymbol{u}=(\mathbf{I}+\boldsymbol{HD})^{-1}(\boldsymbol{r}-\boldsymbol{HCx})$$

再将上式代入式(6-5)，可得输出负反馈闭环系统的状态空间表达式为

$$\begin{cases}\dot{\boldsymbol{x}}=[\boldsymbol{A}-\boldsymbol{B}(\mathbf{I}+\boldsymbol{HD})^{-1}\boldsymbol{HC}]\boldsymbol{x}+\boldsymbol{B}(\mathbf{I}+\boldsymbol{HD})^{-1}\boldsymbol{r}\\ \boldsymbol{y}=[\boldsymbol{C}-\boldsymbol{D}(\mathbf{I}+\boldsymbol{HD})^{-1}\boldsymbol{HC}]\boldsymbol{x}+\boldsymbol{D}(\mathbf{I}+\boldsymbol{HD})^{-1}\boldsymbol{r}\end{cases} \tag{6-7}$$

若 $\boldsymbol{D}=\boldsymbol{0}$，则

$$\begin{cases}\dot{\boldsymbol{x}}=(\boldsymbol{A}-\boldsymbol{BHC})\boldsymbol{x}+\boldsymbol{Br}\\ \boldsymbol{y}=\boldsymbol{Cx}\end{cases} \tag{6-8}$$

简记为$\sum_{\mathrm{H}}[(\boldsymbol{A}-\boldsymbol{BHC}),\boldsymbol{B},\boldsymbol{C}]$。

经过输出负反馈后，系统的传递函数为

$$\boldsymbol{G}_{\mathrm{H}}(s)=\boldsymbol{C}[s\mathbf{I}-(\boldsymbol{A}-\boldsymbol{BHC})]^{-1}\boldsymbol{B}$$

若原被控系统的传递函数矩阵为

$$\boldsymbol{G}_0(s)=\boldsymbol{C}(s\mathbf{I}-\boldsymbol{A})^{-1}\boldsymbol{B}$$

则$\boldsymbol{G}_0(s)$ 和$\boldsymbol{G}_{\mathrm{H}}(s)$ 有如下关系，即

$$\boldsymbol{G}_{\mathrm{H}}(s)=[\mathbf{I}+\boldsymbol{G}_0(s)\boldsymbol{H}]^{-1}\boldsymbol{G}_0(s)$$

或

$$\boldsymbol{G}_{\mathrm{H}}(s)=\boldsymbol{G}_0(s)[\mathbf{I}+\boldsymbol{H}\boldsymbol{G}_0(s)]^{-1}$$

由此可见，经过输出负反馈后，输入矩阵 $\boldsymbol{B}$ 和输出矩阵 $\boldsymbol{C}$ 没有变化，仅仅是系统矩阵 $\boldsymbol{A}$ 变成了 $\boldsymbol{A}-\boldsymbol{BHC}$；闭环系统同样没有引入新的状态变量，也不增加系统的维数。但由于系统输出所包含的信息不是系统的全部信息，即 $m<n$，所以输出负反馈只能看成是一种部分状态负反馈。只有当 $\mathrm{rank}\,\boldsymbol{C}=n$ 时，才能等同于全状态负反馈。因此，在不增加补偿器的条件下，输出负反馈的效果显然不如状态负反馈好，但输出负反馈在工程实现上的方便性则是其突出的优点。

6.1.3 从输出到状态向量导数 $\dot{x}$ 的负反馈

从系统输出到状态向量导数 $\dot{\boldsymbol{x}}$ 的线性负反馈就是将系统的输出向量通过线性负反馈矩阵 $\boldsymbol{L}$ 反馈到状态向量导数 $\dot{\boldsymbol{x}}$，形成闭环控制系统。这种反馈形式在状态观测器中获得了应用。多输入多输出系统从输出到 $\dot{\boldsymbol{x}}$ 反馈的结构图如图 6-3 所示。

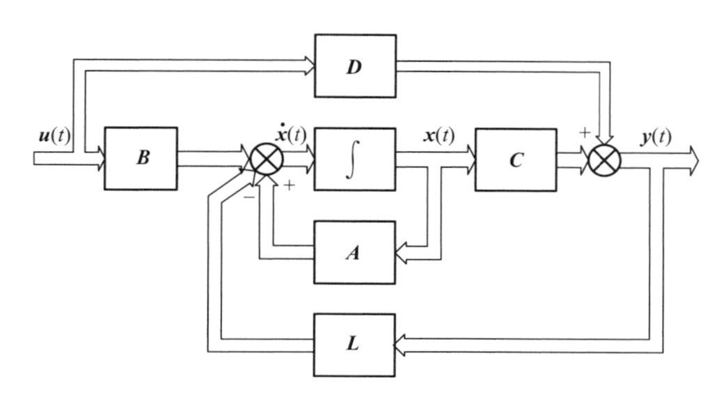

图 6-3　多输入多输出系统从输出到 $\dot{\boldsymbol{x}}$ 负反馈的结构图

图 6-3 中，被控系统 $\Sigma_0(\boldsymbol{A},\boldsymbol{B},\boldsymbol{C},\boldsymbol{D})$ 的状态空间表达式为

$$\begin{cases}\dot{\boldsymbol{x}}=\boldsymbol{A}\boldsymbol{x}+\boldsymbol{B}\boldsymbol{u}\\ \boldsymbol{y}=\boldsymbol{C}\boldsymbol{x}+\boldsymbol{D}\boldsymbol{u}\end{cases} \tag{6-9}$$

式中　$\boldsymbol{x}$——n 维状态向量；
$\boldsymbol{u}$——r 维输入向量；
$\boldsymbol{y}$——m 维输出向量；
$\boldsymbol{A}$——$n\times n$ 系统矩阵；
$\boldsymbol{B}$——$n\times r$ 输入矩阵；
$\boldsymbol{C}$——$m\times n$ 输出矩阵；
$\boldsymbol{D}$——$m\times r$ 直接传递矩阵。

加入输出到状态向量导数 $\dot{\boldsymbol{x}}$ 的线性负反馈，可得闭环系统，即

$$\begin{cases}\dot{\boldsymbol{x}}=\boldsymbol{A}\boldsymbol{x}-\boldsymbol{L}\boldsymbol{y}+\boldsymbol{B}\boldsymbol{u}\\ \boldsymbol{y}=\boldsymbol{C}\boldsymbol{x}+\boldsymbol{D}\boldsymbol{u}\end{cases} \tag{6-10}$$

式中　$\boldsymbol{L}$——$n\times m$ 线性反馈矩阵，对单输出系统，$\boldsymbol{L}$ 为 $n\times 1$ 的列矩阵。

把式(6-10) 中 $\boldsymbol{y}$ 代入第 1 式中整理后，得

$$\begin{cases}\dot{\boldsymbol{x}}=(\boldsymbol{A}-\boldsymbol{L}\boldsymbol{C})\boldsymbol{x}+(\boldsymbol{B}-\boldsymbol{L}\boldsymbol{D})\boldsymbol{u}\\ \boldsymbol{y}=\boldsymbol{C}\boldsymbol{x}+\boldsymbol{D}\boldsymbol{u}\end{cases} \tag{6-11}$$

若 $\boldsymbol{D}=\boldsymbol{0}$，则

$$\begin{cases}\dot{\boldsymbol{x}}=(\boldsymbol{A}-\boldsymbol{L}\boldsymbol{C})\boldsymbol{x}+\boldsymbol{B}\boldsymbol{u}\\ \boldsymbol{y}=\boldsymbol{C}\boldsymbol{x}\end{cases} \tag{6-12}$$

简记为 $\Sigma_L[(\boldsymbol{A}-\boldsymbol{L}\boldsymbol{C}),\boldsymbol{B},\boldsymbol{C}]$。

闭环系统的传递函数矩阵为

$$G_L(s)=C[sI-(A-LC)]^{-1}B$$

由此可见，从系统输出到状态向量导数 $\dot{x}$ 的线性负反馈，输入矩阵 B 和输出矩阵 C 没有变化，仅仅是系统矩阵 A 变成了 $A-LC$，闭环系统同样没有引入新的状态变量，也不增加系统的维数。

6.1.4 闭环系统的能控性和能观测性

引入各种反馈构成闭环后，系统的能控性与能观测性是关系到能否实现状态控制与状态观测的重要问题。

定理 6-1 状态负反馈不改变被控系统$\Sigma_0(A,B,C,D)$的能控性，但却不一定能保持原系统的能观测性。

证明 被控系统$\Sigma_0(A,B,C,D)$和状态负反馈系统$\Sigma_K[(A-BK),B,C]$的能控性矩阵分别为

$$Q_{c0}=[B \quad AB \quad A^2B \quad \cdots \quad A^{n-1}B]$$

和

$$Q_{cK}=[B \quad (A-BK)B \quad (A-BK)^2B \quad \cdots \quad (A-BK)^{n-1}B]$$

由于$(A-BK)B=AB-B(KB)$，这表明$(A-BK)B$的列向量可以由$[B \quad AB]$的列向量的线性组合来表示。同理，$(A-BK)^2B$的列向量可以由$[B \quad AB \quad A^2B]$的列向量的线性组合来表示。依次类推，于是就有$[B \quad (A-BK)B \quad (A-BK)^2B\cdots(A-BK)^{n-1}B]$的列向量可以由$[B \quad AB \quad A^2B \quad \cdots \quad A^{n-1}B]$的列向量的线性组合表示。因此，$Q_{cK}$可看作是由$Q_{c0}$经初等变换得到的，而矩阵进行初等变换并不改变矩阵的秩。所以Q_{cK}与Q_{c0}的秩相同，能控性不变得证。

关于状态负反馈不保持系统的能观测性可进行如下解释。例如，对单输入单输出系统，状态负反馈会改变系统的极点，但不影响系统的零点。这样就可能会出现把闭环系统的极点配置在原系统的零点处，使传递函数出现零极点对消现象，因而破坏了系统的能观测性。

定理 6-2 输出负反馈不改变被控系统$\Sigma_0(A,B,C,D)$的能控性和能观测性。

证明 因为输出负反馈中的 HC 等效于状态负反馈中的K，那么输出负反馈也保持了被控系统的能控性不变。

关于能观测性不变，可由能观测性矩阵

$$Q_{o0}=\begin{bmatrix} C \\ CA \\ \vdots \\ CA^{n-1} \end{bmatrix} \quad \text{和} \quad Q_{oH}=\begin{bmatrix} C \\ C(A-BHC) \\ \vdots \\ C(A-BHC)^{n-1} \end{bmatrix}$$

仿照定理 6-1 的证明方法，同样可以把Q_{oH}看作是Q_{o0}经初等变换的结果，而初等变换不改变矩阵的秩，因此能观测性不变。

定理 6-3 输出到状态向量导数 $\dot{x}$ 的负反馈不改变被控系统$\Sigma_0(A,B,C,D)$能观测性，但却不一定能保持系统的能控性。

关于这个定理的证明根据对偶原理，仿照定理 6-1 的证明不难获得。

【例 6-1】 设系统的状态空间表达式为

$$\begin{cases}\dot{\boldsymbol{x}}=\begin{bmatrix}1 & 2\\3 & 1\end{bmatrix}\boldsymbol{x}+\begin{bmatrix}0\\1\end{bmatrix}u\\y=[1\quad 2]\boldsymbol{x}\end{cases}$$

试分析系统引入状态负反馈 $\boldsymbol{k}=[3\quad 1]$ 后的能控性与能观测性。

解　容易验证原系统是能控且能观测的。引入 $\boldsymbol{k}=[3\quad 1]$ 后，闭环系统 $\sum_{\mathrm{K}}[(\boldsymbol{A}-\boldsymbol{bk}),\boldsymbol{b},\boldsymbol{c}]$ 的状态空间表达式根据式(6-4) 可得

$$\begin{cases}\dot{\boldsymbol{x}}=\begin{bmatrix}1 & 2\\0 & 0\end{bmatrix}\boldsymbol{x}+\begin{bmatrix}0\\1\end{bmatrix}r\\y=[1\quad 2]\boldsymbol{x}\end{cases}$$

不难判断，系统 $\sum_{\mathrm{K}}[(\boldsymbol{A}-\boldsymbol{bk}),\boldsymbol{b},\boldsymbol{c}]$ 是能控的，但不是能观测的。可见引入状态负反馈 $\boldsymbol{k}=[3\quad 1]$ 后，闭环系统保持能控性不变，而不能保持能观测性。实际上这反映在传递函数上出现了零极点对消的现象。

6.2　闭环系统的极点配置

控制系统的稳定性和各种品质指标，在很大程度上和该系统的极点在 s 平面的分布有关。在设计系统时，为了保证系统具有期望的特性，往往给定一组期望极点，或根据时域指标转换一组等价期望极点，然后进行极点配置。极点配置就是通过选择负反馈增益矩阵，将闭环系统的极点恰好配置在 s 平面所期望的位置上，以获得所期望的动态性能。本节重点讨论单输入单输出系统在已知期望极点的情况下，如何设计负反馈增益矩阵。

6.2.1　采用状态负反馈实现极点配置

单输入单输出线性定常系统通过状态负反馈所得闭环系统的状态空间表达式为

$$\begin{cases}\dot{\boldsymbol{x}}=(\boldsymbol{A}-\boldsymbol{bk})\boldsymbol{x}+\boldsymbol{b}r\\y=\boldsymbol{cx}\end{cases}\tag{6-13}$$

式中　$\boldsymbol{k}$——负反馈矩阵，为 $1\times n$ 的行矩阵。

为了求得状态负反馈矩阵 $\boldsymbol{k}$，实现期望极点配置，有下面的极点配置定理。

定理 6-4　通过状态的线性负反馈，可实现闭环系统 $\sum_{\mathrm{K}}[(\boldsymbol{A}-\boldsymbol{bk}),\boldsymbol{b},\boldsymbol{c}]$ 极点任意配置的充分必要条件是被控系统 $\sum_{0}(\boldsymbol{A},\boldsymbol{b},\boldsymbol{c})$ 的状态是完全能控的。

证明

充分性　若被控系统的状态是完全能控的，那么闭环系统必能任意配置极点。

因为被控系统的状态是完全能控的，则必然存在一个线性非奇异变换矩阵 $\boldsymbol{P}$，利用 $\tilde{\boldsymbol{x}}=\boldsymbol{Px}$ 线性变换，将其化成能控标准型，即

$$\begin{cases}\dot{\tilde{\boldsymbol{x}}}=\tilde{\boldsymbol{A}}\tilde{\boldsymbol{x}}+\tilde{\boldsymbol{b}}u\\y=\tilde{\boldsymbol{c}}\tilde{\boldsymbol{x}}\end{cases}\tag{6-14}$$

其中

$$\widetilde{\boldsymbol{A}}=\boldsymbol{PAP}^{-1}=\begin{bmatrix} 0 & 1 & \cdots & 0 \\ \vdots & \vdots & \ddots & \vdots \\ 0 & 0 & \cdots & 1 \\ -a_n & -a_{n-1} & \cdots & -a_1 \end{bmatrix}$$

$$\widetilde{\boldsymbol{b}}=\boldsymbol{Pb}=\begin{bmatrix} 0 \\ \vdots \\ 0 \\ 1 \end{bmatrix}$$

$$\widetilde{\boldsymbol{c}}=\boldsymbol{cP}^{-1}=[c_n \quad c_{n-1} \quad \cdots \quad c_1]$$

被控系统$\Sigma_0(\boldsymbol{A},\boldsymbol{b},\boldsymbol{c})$的传递函数为

$$G_0(s)=\boldsymbol{c}(s\mathbf{I}-\boldsymbol{A})^{-1}\boldsymbol{b}=\frac{c_1 s^{n-1}+\cdots+c_{n-1}s+c_n}{s^n+a_1 s^{n-1}+\cdots+a_{n-1}s+a_n} \tag{6-15}$$

因为线性变换不改变系统的特征值，故系统$\Sigma_0(\boldsymbol{A},\boldsymbol{b},\boldsymbol{c})$的特征多项式为

$$f_0(s)=|s\mathbf{I}-\boldsymbol{A}|=|s\mathbf{I}-\widetilde{\boldsymbol{A}}|=s^n+a_1 s^{n-1}+\cdots+a_{n-1}s+a_n \tag{6-16}$$

在能控标准型的基础上，引入状态负反馈，即

$$u=r-\widetilde{\boldsymbol{k}}\,\widetilde{\boldsymbol{x}}$$

其中 $$\widetilde{\boldsymbol{k}}=[\widetilde{k}_n \quad \widetilde{k}_{n-1} \quad \cdots \quad \widetilde{k}_1]$$

将上式代入式(6-14) 中，可求得以 $\widetilde{\boldsymbol{x}}$ 为状态向量的闭环系统的状态空间表达式为

$$\begin{cases} \dot{\widetilde{\boldsymbol{x}}}=(\widetilde{\boldsymbol{A}}-\widetilde{\boldsymbol{b}}\widetilde{\boldsymbol{k}})\widetilde{\boldsymbol{x}}+\widetilde{\boldsymbol{b}}r \\ y=\widetilde{\boldsymbol{c}}\widetilde{\boldsymbol{x}} \end{cases}$$

其中 $$\widetilde{\boldsymbol{A}}-\widetilde{\boldsymbol{b}}\widetilde{\boldsymbol{k}}=\begin{bmatrix} 0 & 1 & \cdots & 0 \\ \vdots & \vdots & \ddots & \vdots \\ 0 & 0 & \cdots & 1 \\ -(a_n+\widetilde{k}_n) & -(a_{n-1}+\widetilde{k}_{n-1}) & \cdots & -(a_1+\widetilde{k}_1) \end{bmatrix}$$

$\widetilde{\boldsymbol{b}}$ 和 $\widetilde{\boldsymbol{c}}$ 矩阵不变。$\widetilde{\boldsymbol{c}}$ 矩阵不变表明增加状态负反馈后，仅能改变系统传递函数的极点，而不能改变传递函数的零点。

其对应的特征多项式为

$$f_{\widetilde{K}}(s)=s^n+(a_1+\widetilde{k}_1)s^{n-1}+\cdots+(a_{n-1}+\widetilde{k}_{n-1})s+(a_n+\widetilde{k}_n) \tag{6-17}$$

闭环系统的传递函数为

$$G_{\widetilde{K}}(s)=\widetilde{\boldsymbol{c}}[s\mathbf{I}-(\widetilde{\boldsymbol{A}}-\widetilde{\boldsymbol{b}}\widetilde{\boldsymbol{k}})]^{-1}\widetilde{\boldsymbol{b}}=\frac{c_1 s^{n-1}+\cdots+c_{n-1}s+c_n}{s^n+(a_1+\widetilde{k}_1)s^{n-1}+\cdots+(a_{n-1}+\widetilde{k}_{n-1})s+(a_n+\widetilde{k}_n)}$$

对于物理可实现的系统，期望的闭环极点可以是负实数，也可以是具有负实部的共轭复数对。假如任意配置的 n 个期望闭环极点为 $s_1^*,s_2^*,\cdots,s_n^*$，则期望的闭环系统特征多项式为

$$f^*(s)=(s-s_1^*)(s-s_2^*)\cdots(s-s_n^*)=s^n+a_1^* s^{n-1}+a_2^* s^{n-2}+\cdots+a_{n-1}^* s+\boldsymbol{a}_n^* \tag{6-18}$$

比较式(6-17) 和式(6-18)，令 s 的同次幂的系数相等，则有

$$\widetilde{k}_i=a_i^*-a_i\ (i=1,2,\cdots,n)$$

于是得 $\tilde{\boldsymbol{k}}=[\tilde{k}_n \quad \tilde{k}_{n-1} \quad \cdots \quad \tilde{k}_1]=[a_n^*-a_n \quad a_{n-1}^*-a_{n-1} \quad \cdots \quad a_1^*-a_1]$　　(6-19)

该结果表明 $\tilde{\boldsymbol{k}}$ 是存在的。又根据状态负反馈控制规律在非奇异变换前后的表达式

$$u=r-\boldsymbol{kx}=r-\boldsymbol{kP}^{-1}\tilde{\boldsymbol{x}}$$

和

$$u=r-\tilde{\boldsymbol{k}}\tilde{\boldsymbol{x}}$$

可得到原系统 $\Sigma_0(\boldsymbol{A},\boldsymbol{b},\boldsymbol{c})$ 的状态负反馈矩阵 $\boldsymbol{k}$ 的表达式为

$$\boldsymbol{k}=\tilde{\boldsymbol{k}}\boldsymbol{P}$$

由于 $\boldsymbol{P}$ 为非奇异变换矩阵，所以 $\boldsymbol{k}$ 矩阵是存在的，表明当被控系统的状态是完全能控时，可以实现闭环系统极点的任意配置。

必要性　如果被控系统通过状态的线性负反馈可实现极点的任意配置，需证明被控系统的状态是完全能控的。

采用反证法，假设被控系统可实现极点的任意配置，但被控系统的状态不完全能控。

因为被控系统为不完全能控，必定可以采用非奇异线性变换，将系统分解为能控和不能控两部分，即

$$\begin{cases}\dot{\bar{\boldsymbol{x}}}=\begin{bmatrix}\bar{\boldsymbol{A}}_c & \bar{\boldsymbol{A}}_{12}\\ \boldsymbol{0} & \bar{\boldsymbol{A}}_{\bar{c}}\end{bmatrix}\bar{\boldsymbol{x}}+\begin{bmatrix}\bar{\boldsymbol{b}}_1\\ \boldsymbol{0}\end{bmatrix}u\\ y=[\bar{\boldsymbol{c}}_1 \quad \bar{\boldsymbol{c}}_2]\bar{\boldsymbol{x}}\end{cases}$$

引入状态负反馈

$$u=r-\bar{\boldsymbol{k}}\,\bar{\boldsymbol{x}}$$

其中

$$\bar{\boldsymbol{k}}=[\bar{\boldsymbol{k}}_c \quad \bar{\boldsymbol{k}}_{\bar{c}}]$$

系统变为

$$\begin{cases}\dot{\bar{\boldsymbol{x}}}=\begin{bmatrix}\bar{\boldsymbol{A}}_c-\bar{\boldsymbol{b}}_1\bar{\boldsymbol{k}}_c & \bar{\boldsymbol{A}}_{12}-\bar{\boldsymbol{b}}_1\bar{\boldsymbol{k}}_{\bar{c}}\\ \boldsymbol{0} & \bar{\boldsymbol{A}}_{\bar{c}}\end{bmatrix}\bar{\boldsymbol{x}}+\begin{bmatrix}\bar{\boldsymbol{b}}_1\\ \boldsymbol{0}\end{bmatrix}r\\ y=[\bar{\boldsymbol{c}}_1 \quad \bar{\boldsymbol{c}}_2]\bar{\boldsymbol{x}}\end{cases}$$

相应的特征多项式为

$$|s\mathbf{I}-(\bar{\boldsymbol{A}}-\overline{\boldsymbol{bk}})|=\begin{vmatrix}s\mathbf{I}-(\bar{\boldsymbol{A}}_c-\bar{\boldsymbol{b}}_1\bar{\boldsymbol{k}}_c) & -(\bar{\boldsymbol{A}}_{12}-\bar{\boldsymbol{b}}_1\bar{\boldsymbol{k}}_{\bar{c}})\\ \boldsymbol{0} & s\mathbf{I}-\bar{\boldsymbol{A}}_{\bar{c}}\end{vmatrix}=|s\mathbf{I}-(\bar{\boldsymbol{A}}_c-\bar{\boldsymbol{b}}_1\bar{\boldsymbol{k}}_c)|\,|s\mathbf{I}-\bar{\boldsymbol{A}}_{\bar{c}}|$$

由此可见，利用状态的线性负反馈只能改变系统能控部分的极点，而不能改变系统不能控部分的极点，也就是说，在这种情况下不可能任意配置系统的全部极点，这与假设相矛盾，于是系统是完全能控的。必要性得证。

求取状态负反馈矩阵 $\boldsymbol{k}$ 的方法如下。

方法一　根据

$$f_K(s)=|s\mathbf{I}-(\boldsymbol{A}-\boldsymbol{bk})|$$

和式(6-18)

$$f^*(s)=(s-s_1^*)(s-s_2^*)\cdots(s-s_n^*)=s^n+a_1^*s^{n-1}+a_2^*s^{n-2}+\cdots+a_{n-1}^*s+a_n^*$$

使两个多项式 s 对应项的系数相等，得到一个 n 元一次方程组，即可求出

$$\boldsymbol{k}=[k_n \quad k_{n-1} \quad \cdots \quad k_1]$$

方法二　在充分性的证明过程中，已得

$$\boldsymbol{k}=\tilde{\boldsymbol{k}}\boldsymbol{P}$$

其中，$\boldsymbol{P}$ 为将系统 $\Sigma_0(\boldsymbol{A},\boldsymbol{b},\boldsymbol{c})$ 化成能控标准型的非奇异变换矩阵，即

$$P=\begin{bmatrix} p_1 \\ p_1 A \\ \vdots \\ p_1 A^{n-1} \end{bmatrix}$$

$$p_1=[0 \quad \cdots \quad 0 \quad 1][b \quad Ab \quad \cdots \quad A^{n-1}b]^{-1}=[0 \quad \cdots \quad 0 \quad 1]Q_c^{-1}$$

代入上式，得

$$k=\tilde{k}P=[a_n^*-a_n \quad a_{n-1}^*-a_{n-1} \quad \cdots \quad a_1^*-a_1]\begin{bmatrix} p_1 \\ p_1 A \\ \vdots \\ p_1 A^{n-1} \end{bmatrix}$$

$$=p_1[a_n^* \mathbf{I}+a_{n-1}^* A+\cdots+a_1^* A^{n-1}]-p_1[a_n \mathbf{I}+a_{n-1}A+\cdots+a_1 A^{n-1}]$$

$$=p_1[a_n^* \mathbf{I}+a_{n-1}^* A+\cdots+a_1^* A^{n-1}+A^n]$$

$$=[0 \quad \cdots \quad 0 \quad 1]Q_c^{-1}f^*(A)$$

即

$$k=[0 \quad \cdots \quad 0 \quad 1]Q_c^{-1}f^*(A) \tag{6-20}$$

其中

$$f^*(A)=a_n^* \mathbf{I}+a_{n-1}^* A+\cdots+a_1^* A^{n-1}+A^n$$

是将式(6-18) 中 s 换成系统矩阵 A 的矩阵多项式，Q_c 为能控性矩阵。

【例 6-2】 已知系统的状态空间表达式为

$$\begin{cases} \dot{x}=\begin{bmatrix} 2 & 1 \\ -1 & 1 \end{bmatrix}x+\begin{bmatrix} 1 \\ 2 \end{bmatrix}u \\ y=[1 \quad 0]x \end{cases}$$

试求取状态负反馈矩阵 k，使闭环系统的极点配置在－1 和－2 上。

解 因

$$\text{rank}\, Q_c=\text{rank}[b \quad Ab]=\text{rank}\begin{bmatrix} 1 & 4 \\ 2 & 1 \end{bmatrix}=2=n$$

故被控系统的状态完全能控，通过状态的线性负反馈可以实现闭环系统极点的任意配置。下面通过两种方法求解状态负反馈矩阵 k。

方法一 设 $k=[k_2 \quad k_1]$，则 $f_K(s)=|s\mathbf{I}-(A-bk)|=\begin{vmatrix} s-2+k_2 & -1+k_1 \\ 1+2k_2 & s-1+2k_1 \end{vmatrix}$

$$=s^2+(-3+2k_1+k_2)s+(3-5k_1+k_2)$$

而期望的特征多项式为

$$f^*(s)=(s-s_1^*)(s-s_2^*)=(s+1)(s+2)=s^2+3s+2$$

比较以上两式的 s 同次幂系数，可求得

$$k=[k_2 \quad k_1]=[4 \quad 1]$$

方法二 由 $f^*(s)=s^2+3s+2$，得 $f^*(A)=A^2+3A+2\mathbf{I}$

$$=\begin{bmatrix} 2 & 1 \\ -1 & 1 \end{bmatrix}^2+3\begin{bmatrix} 2 & 1 \\ -1 & 1 \end{bmatrix}+2\begin{bmatrix} 1 & 0 \\ 0 & 1 \end{bmatrix}=\begin{bmatrix} 11 & 6 \\ -6 & 5 \end{bmatrix}$$

根据式(6-20) 有

$$k=[0 \quad \cdots \quad 0 \quad 1]Q_c^{-1}f^*(A)=[0 \quad 1]\begin{bmatrix} 1 & 4 \\ 2 & 1 \end{bmatrix}^{-1}\begin{bmatrix} 11 & 6 \\ -6 & 5 \end{bmatrix}=[4 \quad 1]$$

根据被控系统的状态空间表达式和状态负反馈矩阵 $\boldsymbol{k}$，可画出引入状态负反馈后闭环系统的结构图，如图 6-4 所示。

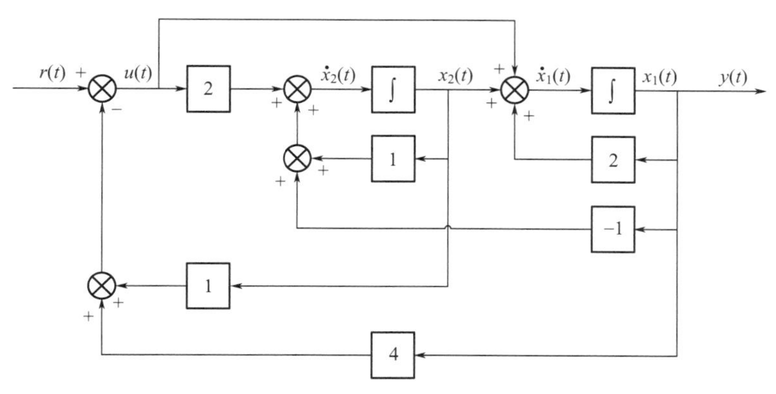

图 6-4 闭环系统的结构图

需要指出：

① 对于状态能控的单输入单输出系统，线性状态负反馈只能配置系统的极点，不能配置系统的零点；

② 当系统不完全能控时，状态负反馈矩阵只能改变系统能控部分的极点，而不能影响不能控部分的极点。

6.2.2 采用从输出到输入端负反馈实现极点配置

定理 6-5 对状态完全能控的单输入单输出系统$\Sigma_0(\boldsymbol{A},\boldsymbol{b},\boldsymbol{c})$，不能采用输出到输入端线性负反馈来实现闭环系统极点的任意配置。

不能任意配置极点，正是输出线性负反馈的缺点。为了克服这个缺点，在经典控制理论中，往往采取引入附加校正网络，通过增加开环零极点的方法改变根轨线走向，从而使其落在指定的期望位置上。

在现代控制理论中，常常要通过引入一个动态子系统来改善系统性能，将这种动态子系统称为动态补偿器。它与被控系统的连接方式如图 6-5 所示，图 6-5(a) 为串联连接，图 6-5(b) 为负反馈连接。此类系统的维数等于被控系统与动态补偿器两者维数之和。闭环系统的零点，在串联连接的情况下，是被控系统零点与动态补偿器零点的总和；在负反馈连接的情况下，则是被控系统零点与动态补偿器极点的总和。

定理 6-6 对状态完全能控的单输入单输出系统$\Sigma_0(\boldsymbol{A},\boldsymbol{b},\boldsymbol{c})$，通过带动态补偿器的输出负反馈实现极点任意配置的充分必要条件是：系统$\Sigma_0(\boldsymbol{A},\boldsymbol{b},\boldsymbol{c})$ 的状态完全能观测；动态补偿器的阶数为 $n-1$。

动态补偿器的阶数等于 $n-1$ 是任意配置极点的条件之一。在处理具体问题时，如果并不要求“任意”配置极点，那么所选补偿器的阶数可进一步降低。

6.2.3 采用从输出到状态向量导数 $\dot{x}$ 的负反馈实现极点配置

单输入单输出线性定常系统引入输出到状态向量导数 $\dot{\boldsymbol{x}}$ 的负反馈后，闭环系统的状态空间表达式为

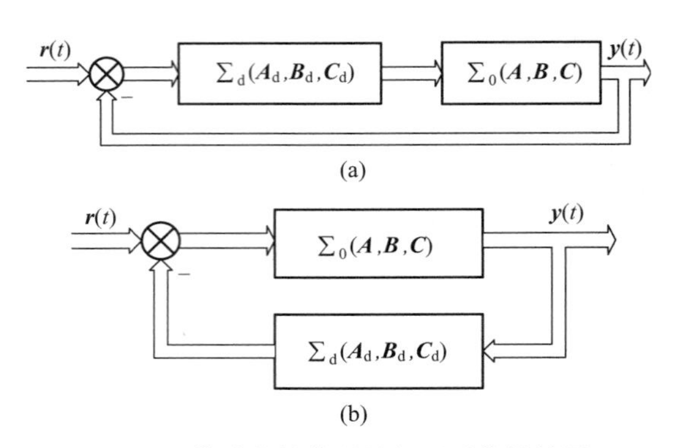

图 6-5 带动态补偿器的闭环系统结构图

$$\begin{cases}\dot{\boldsymbol{x}}=(\boldsymbol{A}-\boldsymbol{lc})\boldsymbol{x}+\boldsymbol{b}u\\ y=\boldsymbol{cx}\end{cases}$$

式中 $\boldsymbol{l}$——负反馈矩阵，为 $n\times1$ 列矩阵。

为了求得输出负反馈矩阵 $\boldsymbol{l}$，实现期望极点配置，给出下面的极点配置定理。

定理 6-7 从输出到状态向量导数 $\dot{\boldsymbol{x}}$ 的负反馈，可实现闭环系统$\Sigma_L[(\boldsymbol{A}-\boldsymbol{lc}),\boldsymbol{b},\boldsymbol{c}]$ 极点任意配置的充分必要条件是被控系统$\Sigma_0(\boldsymbol{A},\boldsymbol{b},\boldsymbol{c})$ 的状态是完全能观测的。

定理的证明，应用对偶原理，仿照定理 6-4 的证明过程即可得证。在后述的状态观测器的设计中有其具体应用。定理 6-7 同样适用于多输出系统，只是设计方法比较麻烦。

【例 6-3】 已知系统的状态空间表达式为

$$\begin{cases}\dot{\boldsymbol{x}}=\begin{bmatrix}0 & 1\\ -2 & -3\end{bmatrix}\boldsymbol{x}+\begin{bmatrix}0\\ 1\end{bmatrix}u\\ y=[2\quad 0]\boldsymbol{x}\end{cases}$$

利用输出到状态向量导数 $\dot{\boldsymbol{x}}$ 的负反馈，使闭环系统的两个极点都配置在 -10 上，求线性负反馈矩阵 $\boldsymbol{l}$。

解 由于 $$\operatorname{rank}\boldsymbol{Q}_o=\operatorname{rank}\begin{bmatrix}\boldsymbol{c}\\ \boldsymbol{cA}\end{bmatrix}=\operatorname{rank}\begin{bmatrix}2 & 0\\ 0 & 2\end{bmatrix}=2=n$$

所以，被控系统的状态完全能观测，通过输出到状态向量导数 $\dot{\boldsymbol{x}}$ 的负反馈可以实现闭环系统极点的任意配置。

设 $$\boldsymbol{l}=\begin{bmatrix}l_2\\ l_1\end{bmatrix}$$

则 $$f_L(s)=|s\mathbf{I}-(\boldsymbol{A}-\boldsymbol{lc})|=\begin{vmatrix}s+2l_2 & -1\\ 2+2l_1 & s+3\end{vmatrix}=s^2+(3+2l_2)s+(2l_1+6l_2+2)$$

而期望的特征多项式为

$$f^*(s)=(s-s_1^*)(s-s_2^*)=(s+10)(s+10)=s^2+20s+100$$

比较以上两式的 s 同次幂系数，可求得

$$\boldsymbol{l}=\begin{bmatrix}l_2\\ l_1\end{bmatrix}=\begin{bmatrix}8.5\\ 23.5\end{bmatrix}$$

闭环系统的状态空间表达式为

$$\begin{cases}\dot{\boldsymbol{x}}=\begin{bmatrix}-17 & 1\\ -49 & -3\end{bmatrix}\boldsymbol{x}+\begin{bmatrix}0\\ 1\end{bmatrix}u\\ y=[2\quad 0]\boldsymbol{x}\end{cases}$$

6.2.4 多输入多输出系统的极点配置

首先介绍零化多项式、最小多项式和系统的循环性等概念。

(1) 零化多项式和最小多项式

定义 6-1 设 $\mathbf{A}$ 为 $n\times n$ 方阵，如果存在多项式 $\varphi(s)$，使 $\varphi(\mathbf{A})=\mathbf{0}$，即 $\varphi(\mathbf{A})$ 是零矩阵，则称 $\varphi(s)$ 为 $\mathbf{A}$ 的零化多项式。

对任何 $n\times n$ 矩阵 $\mathbf{A}$ 都存在零化多项式，且零化多项式不唯一，其最高幂次不会超过 n。凯莱-哈密顿定理指出，对于 $n\times n$ 矩阵 $\mathbf{A}$，必满足其本身的特征多项式。$\mathbf{A}$ 的特征多项式为

$$f(s)=|s\mathbf{I}-\mathbf{A}|=s^n+a_1s^{n-1}+\cdots+a_{n-1}s+a_n$$

则

$$f(\mathbf{A})=\mathbf{A}^n+a_1\mathbf{A}^{n-1}+\cdots+a_{n-1}\mathbf{A}+a_n\mathbf{I}=\mathbf{0} \tag{6-21}$$

特征多项式是 $\mathbf{A}$ 的零化多项式，但并不一定就是 $\mathbf{A}$ 所满足的幂次最低的零化多项式。在所有的零化多项式中幂次最低的就是 $\mathbf{A}$ 的最小多项式。

定义 6-2 设 $\mathbf{A}$ 为 $n\times n$ 矩阵，$\phi(s)$ 是 $\mathbf{A}$ 的一个首 1（首项系数为 1）的零化多项式，而对 $\mathbf{A}$ 的任何零化多项式 $\varphi(s)$，都有

$$\deg\phi(s)\leqslant\deg\varphi(s) \tag{6-22}$$

则称 $\phi(s)$ 为矩阵 $\mathbf{A}$ 的最小多项式。其中，$\deg f(x)$ 表示多项式 $f(x)$ 的最高幂次数。

最小多项式 $\phi(s)$ 的计算方法：首先计算特征矩阵 $s\mathbf{I}-\mathbf{A}$ 的伴随矩阵 $\mathrm{adj}(s\mathbf{I}-\mathbf{A})$，再求其各个元的最大公因子，用 $d_1(s)$ 表示，$d_1(s)$ 的最高幂次项的系数为 1，则矩阵 $\mathbf{A}$ 的最小多项式为

$$\phi(s)=\frac{|s\mathbf{I}-\mathbf{A}|}{d_1(s)} \tag{6-23}$$

如果 $\mathrm{adj}(s\mathbf{I}-\mathbf{A})$ 的所有元中不存在最大公因式，即 $d_1(s)=1$，则 $\phi(s)$ 就是 $\mathbf{A}$ 的特征多项式。

【例 6-4】 给定矩阵

$$\mathbf{A}=\begin{bmatrix}2&0&0\\0&2&0\\0&3&1\end{bmatrix}$$

试求其最小多项式。

解 特征多项式为

$$|s\mathbf{I}-\mathbf{A}|=(s-1)(s-2)^2$$

$s\mathbf{I}-\mathbf{A}$ 的伴随矩阵为

$$\mathrm{adj}(s\mathbf{I}-\mathbf{A})=\begin{bmatrix}(s-1)(s-2)&0&0\\0&(s-1)(s-2)&0\\0&3(s-2)&(s-2)^2\end{bmatrix}$$

其最大公因式为

$$d_1(s)=s-2$$

故 $\mathbf{A}$ 的最小多项式为

$$\phi(s)=\frac{|s\mathbf{I}-\mathbf{A}|}{d_1(s)}=(s-1)(s-2)$$

(2) 系统的循环性

定义 6-3 对于线性定常系统 $\Sigma_0(\mathbf{A},\mathbf{B},\mathbf{C})$，系统矩阵 $\mathbf{A}$ 的特征多项式 $\det(s\mathbf{I}-\mathbf{A})$ 等

于其最小多项式 $\phi(s)$ 时，称线性定常系统 $\Sigma_0(\boldsymbol{A},\boldsymbol{B},\boldsymbol{C})$ 具有循环性，同时 $\boldsymbol{A}$ 也称为循环矩阵。

当系统矩阵 $\boldsymbol{A}$ 的特征值互不相同；或把 $\boldsymbol{A}$ 化成约当标准型，且一个特征值只对应一个约当块时，此系统一定是循环系统。

如果一个系统不是循环系统，就无法使用下面介绍的多输入系统的极点配置方法，因此必须把一个非循环系统先循环化。我们不加证明地引入下列计算方法。

在系统中预加一个状态负反馈，状态负反馈系数矩阵为 $\boldsymbol{K}_1$，可以人为地选择，然后检验 $\boldsymbol{A}-\boldsymbol{BK}_1$ 是否为循环矩阵，如果 $\boldsymbol{A}-\boldsymbol{BK}_1$ 不是循环矩阵，应重新选择 $\boldsymbol{K}_1$ 直到 $\boldsymbol{A}-\boldsymbol{BK}_1$ 为循环矩阵为止。

(3) 多输入系统的极点配置方法 本节只介绍多输入系统利用状态负反馈实现极点配置的设计方法，对于多输出系统利用输出到状态向量导数 $\dot{\boldsymbol{x}}$ 的负反馈的设计方法，可参照多输入系统状态负反馈实现极点配置的设计方法利用对偶原理进行。

定理 6-8 对于 n 维多输入系统，实现极点任意配置的充分必要条件是，被控系统 $\Sigma_0(\boldsymbol{A},\boldsymbol{B},\boldsymbol{C})$ 的状态是完全能控的。

给定一个 n 维多输入线性定常系统 $\Sigma_0(\boldsymbol{A},\boldsymbol{B},\boldsymbol{C})$，系统的状态完全能控，并任意给定 n 个期望的特征值，计算 $r\times n$ 的实常数矩阵 $\boldsymbol{K}$ 可按下列方法进行。

① 检验 $\boldsymbol{A}$ 的循环性，若 $\boldsymbol{A}$ 循环，让 $\overline{\boldsymbol{A}}=\boldsymbol{A}$；若 $\boldsymbol{A}$ 非循环，选一个 $r\times n$ 的实常数矩阵 $\boldsymbol{K}_1$，使 $\overline{\boldsymbol{A}}=\boldsymbol{A}-\boldsymbol{BK}_1$ 为循环矩阵。

② 选取一个 $r\times 1$ 实常数矩阵 $\boldsymbol{\rho}$，令 $\boldsymbol{b}=\boldsymbol{B\rho}$，则 $\boldsymbol{b}$ 为 $n\times 1$ 的矩阵，使 $\Sigma(\overline{\boldsymbol{A}},\boldsymbol{b})$ 完全能控。$\Sigma(\overline{\boldsymbol{A}},\boldsymbol{b})$ 就构成一个等效的状态完全能控单输入系统。

③ 对等效的状态完全能控单输入系统 $\Sigma(\overline{\boldsymbol{A}},\boldsymbol{b})$，采用前面介绍的单输入单输出系统极点配置方法设计状态负反馈矩阵 $\boldsymbol{k}$。

④ 当 $\boldsymbol{A}$ 循环时，状态负反馈矩阵 $\boldsymbol{K}=\boldsymbol{k\rho}$；当 $\boldsymbol{A}$ 非循环时，状态负反馈矩阵 $\boldsymbol{K}=\boldsymbol{k\rho}+\boldsymbol{K}_1$。

从以上计算方法可以看出，尽管给定系统期望的特征值，由于 $\boldsymbol{K}_1$ 和 $\boldsymbol{\rho}$ 选择的任意性，使状态负反馈矩阵 $\boldsymbol{K}$ 非唯一，通常总是通过 $\boldsymbol{K}_1$ 和 $\boldsymbol{\rho}$ 选择使 $\boldsymbol{K}$ 中的元素尽可能小。

6.2.5 系统的镇定问题

如果 n 维线性定常系统 $\Sigma_0(\boldsymbol{A},\boldsymbol{B})$ 状态完全能控，在 6.2.1 中已经介绍了采用状态负反馈可以任意配置 $\boldsymbol{A}-\boldsymbol{BK}$ 的 n 个极点。这也说明，对于完全能控的不稳定系统，总可以求得线性状态负反馈矩阵 $\boldsymbol{K}$，使系统变为渐近稳定的，即 $\boldsymbol{A}-\boldsymbol{BK}$ 的特征值均具有负实部，这就是系统的镇定问题。

假如 $\Sigma_0(\boldsymbol{A},\boldsymbol{B})$ 状态不完全能控，那么有多少个特征值可以配置？哪些特征值可以配置？系统在什么条件下是可以镇定的呢？下面来回答这几个问题。

设 n 阶线性定常系统 $\Sigma_0(\boldsymbol{A},\boldsymbol{B},\boldsymbol{C})$ 的状态空间表达式为

$$\begin{cases}\dot{\boldsymbol{x}}=\boldsymbol{Ax}+\boldsymbol{Bu}\\ \boldsymbol{y}=\boldsymbol{Cx}\end{cases}\tag{6-24}$$

当式(6-24) 状态不完全能控时，其能控性矩阵的秩 $\operatorname{rank}\boldsymbol{Q}_c=n_1<\boldsymbol{n}$，可以对其状态方程进行能控性分解，经线性变换，其状态方程变为

$$\begin{bmatrix}\dot{\bar{\boldsymbol{x}}}_1\\ \dot{\bar{\boldsymbol{x}}}_2\end{bmatrix}=\begin{bmatrix}\bar{\boldsymbol{A}}_{11} & \bar{\boldsymbol{A}}_{12}\\ \boldsymbol{0} & \bar{\boldsymbol{A}}_{22}\end{bmatrix}\begin{bmatrix}\bar{\boldsymbol{x}}_1\\ \bar{\boldsymbol{x}}_2\end{bmatrix}+\begin{bmatrix}\bar{\boldsymbol{B}}_1\\ \boldsymbol{0}\end{bmatrix}\boldsymbol{u} \tag{6-25}$$

或者变为约当标准型状态方程。其中的 n_1 维状态方程

$$\dot{\bar{\boldsymbol{x}}}_1=\bar{\boldsymbol{A}}_{11}\bar{\boldsymbol{x}}_1+\bar{\boldsymbol{A}}_{12}\bar{\boldsymbol{x}}_2+\bar{\boldsymbol{B}}_1\boldsymbol{u} \tag{6-26}$$

是状态完全能控的。

$n_1\times n_1$ 方阵 $\bar{\boldsymbol{A}}_{11}$ 的 n_1 个特征值为能控因子，而 $(n-n_1)\times(n-n_1)$ 方阵 $\bar{\boldsymbol{A}}_{22}$ 的 $n-n_1$ 个特征值为不能控因子。所以当系统 $\Sigma_0(\boldsymbol{A},\boldsymbol{B},\boldsymbol{C})$ 的状态不完全能控时，其中的 n_1 维能控子系统 $\Sigma(\bar{\boldsymbol{A}}_{11},\bar{\boldsymbol{B}}_1)$ 采用状态负反馈，可以配置 $\bar{\boldsymbol{A}}_{11}-\bar{\boldsymbol{B}}_1\bar{\boldsymbol{K}}_1$ 的 n_1 个特征值，计算出 $r\times n_1$ 状态负反馈矩阵 $\bar{\boldsymbol{K}}_1$。而 $n-n_1$ 维不能控子系统 $\Sigma(\bar{\boldsymbol{A}}_{22},\boldsymbol{0})$ 的 $n-n_1$ 个状态是不能控的，显然不能采用状态负反馈配置其特征值。

定理 6-9　假设不稳定的线性系统 $\Sigma_0(\boldsymbol{A},\boldsymbol{B},\boldsymbol{C})$ 是状态完全能控的，则一定存在线性状态负反馈矩阵 $\boldsymbol{K}$，实现系统的镇定。假如线性系统 $\Sigma_0(\boldsymbol{A},\boldsymbol{B},\boldsymbol{C})$ 的状态是不完全能控的，采用状态负反馈实现系统镇定的充分必要条件是，系统的不能控部分为渐近稳定的。

镇定问题实际上是极点配置问题的一种特殊情况，与 n 个极点配置的问题相比，镇定问题的条件是较弱的。

【例 6-5】　被控系统的状态方程为

$$\dot{\boldsymbol{x}}=\boldsymbol{A}\boldsymbol{x}+\boldsymbol{b}u=\begin{bmatrix}1&0&0\\0&2&0\\0&0&-5\end{bmatrix}\boldsymbol{x}+\begin{bmatrix}1\\1\\0\end{bmatrix}u \tag{6-27}$$

试利用状态负反馈实现系统镇定。

解　被控系统的状态方程为对角标准型，$\boldsymbol{b}$ 中第三行的元素为 0，可直接得出 $\Sigma_0(\boldsymbol{A},\boldsymbol{b})$ 的状态不完全能控，有两个状态是能控的，即 $\boldsymbol{Q}_c$ 的秩为 2，或者用下列计算获得

$$\operatorname{rank}\boldsymbol{Q}_c=\operatorname{rank}[\boldsymbol{b}\quad \boldsymbol{A}\boldsymbol{b}\quad \boldsymbol{A}^2\boldsymbol{b}]=\operatorname{rank}\begin{bmatrix}1&1&1\\1&2&4\\0&0&0\end{bmatrix}=2$$

被控系统中的 2 维能控子系统的状态方程为

$$\dot{\bar{\boldsymbol{x}}}_1=\bar{\boldsymbol{A}}_{11}\bar{\boldsymbol{x}}_1+\bar{\boldsymbol{A}}_{12}\bar{\boldsymbol{x}}_2+\bar{\boldsymbol{b}}_1u=\begin{bmatrix}1&0\\0&2\end{bmatrix}\bar{\boldsymbol{x}}_1+\begin{bmatrix}1\\1\end{bmatrix}u \tag{6-28}$$

由于不稳定的特征值 $\bar{\lambda}_1=1$，$\bar{\lambda}_2=2$，它们是属于 2 维能控子系统的特征值，而不能控子系统的特征值 $\bar{\lambda}_3=-5$ 是稳定的，因此被控系统式(6-27) 是可镇定的，采用状态负反馈可以将 2 维能控子系统的 2 个不稳定特征值配置为期望的稳定特征值。

设指定的期望特征值为 $\bar{\lambda}_{1,2}^*=-2\pm\mathrm{j}2$，则 2 维能控子系统的期望特征多项式为

$$f_c^*(s)=(s-\bar{\lambda}_1^*)(s-\bar{\lambda}_2^*)=(s+2-\mathrm{j}2)(s+2+\mathrm{j}2)=s^2+4s+8 \tag{6-29}$$

引入状态负反馈

$$u=r-\bar{\boldsymbol{k}}_1\bar{\boldsymbol{x}}_1$$

1×2 状态负反馈矩阵 $\bar{\boldsymbol{k}}_1$ 为

$$\bar{\boldsymbol{k}}_1=[\bar{k}_2\quad \bar{k}_1]$$

2 维状态负反馈子系统的特征多项式为

$$\begin{aligned}f_{cK}(s)&=|s\mathbf{I}-(\bar{\boldsymbol{A}}_{11}-\bar{\boldsymbol{b}}_1\bar{\boldsymbol{k}}_1)|=\begin{vmatrix}s-1+\bar{k}_2 & \bar{k}_1\\ \bar{k}_2 & s-2+\bar{k}_1\end{vmatrix}\\&=s^2+(\bar{k}_1+\bar{k}_2-3)s+(-\bar{k}_1-2\bar{k}_2+2)\end{aligned} \tag{6-30}$$

两特征多项式(6-29)和式(6-30)应相等，它们的同次幂项系数相等，得

$$\begin{cases}\overline{k}_1+\overline{k}_2-3=4\\ -\overline{k}_1-2\overline{k}_2+2=8\end{cases}$$

求解得 $\overline{k}_1=20$，$\overline{k}_2=-13$。于是，配置 2 维能控子系统的特征值为期望值时，其 1×2 状态负反馈矩阵为

$$\overline{\boldsymbol{k}}_1=[\overline{k}_2\quad \overline{k}_1]=[-13\quad 20]$$

本例中的能控子系统是直接从原状态方程分解得来的，因此所得$\overline{\boldsymbol{K}}_1$ 就是$\boldsymbol{K}_1$。如果能控子系统是经过线性变换后再进行能控性分解得来的，对能控子系统加状态负反馈实现极点配置和镇定后，再把不能控子系统和镇定后的能控子系统合起来，进行线性反变换，求得从原系统状态变量负反馈的 $\boldsymbol{K}$ 和闭环系统的状态方程。

定理 6-10 假如不稳定的线性系统 $\Sigma_0(\boldsymbol{A},\boldsymbol{B},\boldsymbol{C})$ 是状态完全能观测的，则一定存在从输出到状态向量导数 $\dot{\boldsymbol{x}}$ 的线性负反馈，实现系统的镇定。假如线性系统 $\Sigma_0(\boldsymbol{A},\boldsymbol{B},\boldsymbol{C})$ 的状态是不完全能观测的，则从输出到状态向量导数 $\dot{\boldsymbol{x}}$ 的线性负反馈，实现系统镇定的充分必要条件是，系统的不能观测部分为渐近稳定的。

定理 6-10 和定理 6-9 具有对偶性，关于它的证明不再赘述。

应用输出至输入的线性负反馈，不一定能实现极点的任意配置，同样，也只能在一定条件下对某些系统实现镇定，不是对所有的能控和能观测的系统都能实现镇定。下面举例说明。

【例 6-6】 有单输入双输出系统

$$\begin{cases}\dot{\boldsymbol{x}}=\begin{bmatrix}0 & 1 & 0\\ 0 & 0 & -1\\ -1 & 0 & 0\end{bmatrix}\boldsymbol{x}+\begin{bmatrix}0\\ 1\\ 0\end{bmatrix}u\\ \boldsymbol{y}=\begin{bmatrix}1 & 0 & 0\\ 0 & 0 & 1\end{bmatrix}\boldsymbol{x}\end{cases}$$

试分析能否通过引入输出至输入的线性负反馈实现系统镇定。

解 系统的特征多项式为

$$|s\mathbf{I}-\boldsymbol{A}|=\begin{vmatrix}s & -1 & 0\\ 0 & s & 1\\ 1 & 0 & s\end{vmatrix}=s^3-1$$

系统显然是不稳定的。但系统状态是完全能控的，因为能控性矩阵

$$\boldsymbol{Q}_c=[\boldsymbol{b}\quad \boldsymbol{A}\boldsymbol{b}\quad \boldsymbol{A}^2\boldsymbol{b}]=\begin{bmatrix}0 & 1 & 0\\ 1 & 0 & 0\\ 0 & 0 & -1\end{bmatrix}$$

的秩为 3。同时，能观测性矩阵

$$\boldsymbol{Q}_o=\begin{bmatrix}\boldsymbol{C}\\ \boldsymbol{C}\boldsymbol{A}\\ \boldsymbol{C}\boldsymbol{A}^2\end{bmatrix}=\begin{bmatrix}1 & 0 & 0\\ 0 & 0 & 1\\ 0 & 1 & 0\\ -1 & 0 & 0\\ 0 & 0 & -1\\ 0 & -1 & 0\end{bmatrix}$$

的秩为 3，系统也是状态完全能观测的。

引入输出至输入的线性负反馈，$u=r-\boldsymbol{h}\boldsymbol{y}$，反馈矩阵 $\boldsymbol{h}=[h_1\quad h_2]$，引入负反馈后闭

环系统式(6-8) 的系统矩阵为

$$A-bhC=\begin{bmatrix}0&1&0\\0&0&-1\\-1&0&0\end{bmatrix}-\begin{bmatrix}0\\1\\0\end{bmatrix}\begin{bmatrix}h_1&h_2\end{bmatrix}\begin{bmatrix}1&0&0\\0&0&1\end{bmatrix}=\begin{bmatrix}0&1&0\\-h_1&0&-1-h_2\\-1&0&0\end{bmatrix}$$

闭环系统的特征多项式为

$$|s-(A-bhC)|=\begin{vmatrix}s&-1&0\\h_1&s&1+h_2\\1&0&s\end{vmatrix}=s^3+h_1s-(1+h_2)$$

它缺 s^2 项，所以根据劳斯稳定性判据，无论怎么选择 $\boldsymbol{h}$，均不能使系统稳定，更谈不上极点的任意配置。

6.3 系统的解耦控制

对于一个多输入多输出的系统

$$\begin{cases}\dot{x}=Ax+Bu\\y=Cx\end{cases}\tag{6-31}$$

假设输入向量和输出向量的维数相同，即 $r=m$，且 $r=m\leqslant n$，则输出和输入之间的传递关系为

$$\begin{bmatrix}y_1(s)\\y_2(s)\\\vdots\\y_m(s)\end{bmatrix}=\begin{bmatrix}G_{11}(s)&G_{12}(s)&\cdots&G_{1m}(s)\\G_{21}(s)&G_{22}(s)&\cdots&G_{2m}(s)\\\vdots&\vdots&\ddots&\vdots\\G_{m1}(s)&G_{m2}(s)&\cdots&G_{mm}(s)\end{bmatrix}\begin{bmatrix}u_1(s)\\u_2(s)\\\vdots\\u_m(s)\end{bmatrix}\tag{6-32}$$

将其展开后有

$$y_i(s)=G_{i1}(s)u_1(s)+G_{i2}(s)u_2(s)+\cdots+G_{im}(s)u_m(s),i=1,2,\cdots,m\tag{6-33}$$

由式(6-33) 可见，每一个输出都受到各个输入的控制，也就是每一个输入都会对各个输出产生控制作用。我们把这种输入和输出之间存在相互耦合关系的系统称为耦合系统。

耦合系统要想确定一个输入去调整一个输出，而不影响其他输出，几乎是不可能的，这就给系统的控制带来巨大的困难。因此，需要设法消除这种交叉耦合，以实现分离控制。即针对输入输出相互关联的多变量系统，寻求适当的控制规律，实现每一个输出仅受相应的一个输入的控制，每一个输入也仅能控制相应的一个输出，这样的问题就称为解耦控制。

系统实现解耦后，其传递函数矩阵化为如下对角矩阵，即

$$\tilde{G}(s)=\begin{bmatrix}\tilde{G}_{11}(s)&0&\cdots&0\\0&\tilde{G}_{22}(s)&\cdots&0\\\vdots&\vdots&\ddots&\vdots\\0&0&\cdots&\tilde{G}_{mm}(s)\end{bmatrix}\tag{6-34}$$

由于对角矩阵中，主对角线上的元素都是线性无关的，因此，系统中只有相同序号的输入输出之间才存在传递关系，而非相同序号的输入输出之间是不存在传递关系的。多输入多输出系统达到解耦后，就可以认为是由多个独立的单输入单输出子系统组成，从而可实现解

耦控制，如图 6-6 所示。

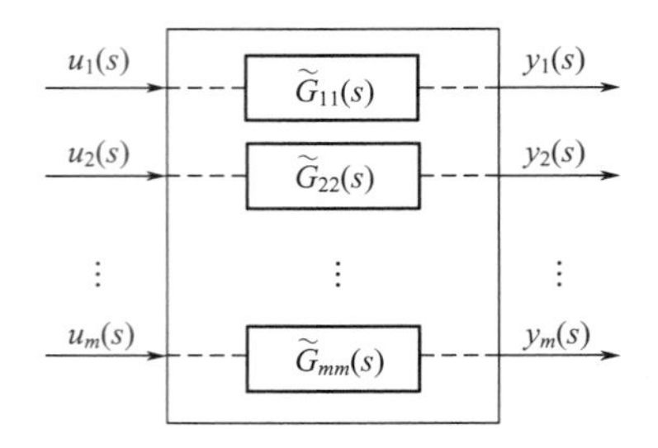

图 6-6　解耦系统

要完全解决上述解耦问题，必须解决两个方面的问题：一是确定系统能解耦的充分必要条件；二是确定解耦控制规律和系统的结构。这两个问题因解耦方法不同而不同。

线性系统解耦常用的方法有两种：一种方法是在被解耦系统中串联一个解耦器，此方法称为串联解耦，这种方法会增加系统的维数；另一种方法是状态负反馈解耦，这种方法不增加系统的维数，但其实现解耦的条件要比第一种方法苛刻得多。

6.3.1　串联解耦

对于具有耦合关系的多输入多输出系统，其输入和输出的维数相同。串联解耦就是采用输出负反馈加补偿器的方法来使其得到解耦，其结构如图 6-7 所示。

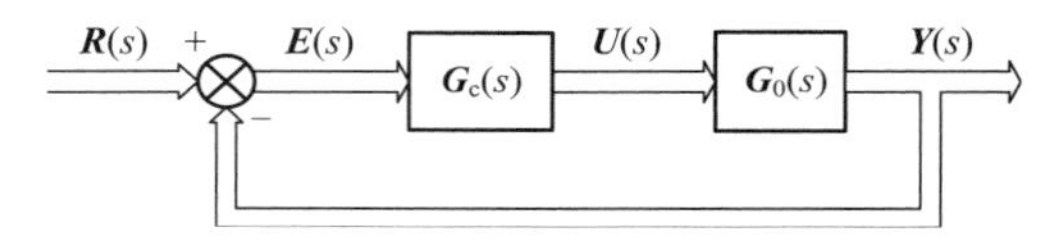

图 6-7　串联解耦系统的结构图

图 6-7 中，$\boldsymbol{G}_0(s)$ 是被控对象的传递函数矩阵，$\boldsymbol{G}_c(s)$ 是串联解耦器的传递函数矩阵。闭环系统有下列关系，即

$$\boldsymbol{G}_K(s)=\boldsymbol{G}_0(s)\boldsymbol{G}_c(s),\ \boldsymbol{Y}(s)=\boldsymbol{G}_K(s)\boldsymbol{E}(s),\ \boldsymbol{E}(s)=\boldsymbol{R}(s)-\boldsymbol{Y}(s)$$

$$\boldsymbol{Y}(s)=[\mathbf{I}+\boldsymbol{G}_K(s)]^{-1}\boldsymbol{G}_K(s)\boldsymbol{R}(s)=\widetilde{\boldsymbol{G}}(s)\boldsymbol{R}(s) \tag{6-35}$$

$$\widetilde{\boldsymbol{G}}(s)=[\mathbf{I}+\boldsymbol{G}_K(s)]^{-1}\boldsymbol{G}_K(s)$$

$\boldsymbol{G}_K(s)$ 为控制系统的开环传递函数矩阵，$\widetilde{\boldsymbol{G}}(s)$ 是系统的闭环传递函数矩阵。当系统达到解耦以后，$\widetilde{\boldsymbol{G}}(s)$ 就是一个非奇异的对角矩阵，其对角线上的元素就是在满足输入输出之间动静态关系的条件下所确定的传递函数，由式(6-35) 求解出系统的开环传递函数矩阵 $\boldsymbol{G}_K(s)$ 为

$$\boldsymbol{G}_K(s)=\widetilde{\boldsymbol{G}}(s)[\mathbf{I}-\widetilde{\boldsymbol{G}}(s)]^{-1} \tag{6-36}$$

$\widetilde{\boldsymbol{G}}(s)$ 为对角矩阵，则 $\mathbf{I}-\widetilde{\boldsymbol{G}}(s)$ 也是对角矩阵，一般情况下它的逆总是存在的，$\boldsymbol{G}_K(s)$ 是两个对角矩阵的乘积，它也必然是对角矩阵。

开环传递函数矩阵为

$$\boldsymbol{G}_K(s)=\boldsymbol{G}_0(s)\boldsymbol{G}_c(s)$$

要想从中解出串联解耦器的传递函数矩阵$\boldsymbol{G}_c(s)$，就必须要求$\boldsymbol{G}_0(s)$ 的逆存在。当$\boldsymbol{G}_0^{-1}(s)$ 存在时，则通过

$$G_{c}(s)=G_{0}^{-1}(s)G_{K}(s) \tag{6-37}$$

即可解出串联解耦器的传递函数矩阵$G_c(s)$。但是，这种方法不能保证所导出的$G_c(s)$一定为真或严格真有理分式，因而不一定具有物理可实现性。

【例 6-7】 已知某双输入双输出系统的被控对象的传递函数矩阵为$G_0(s)$。系统解耦后，要求闭环传递函数矩阵为$\widetilde{G}(s)$。

$$G_0(s)=\begin{bmatrix}\dfrac{1}{2s+1} & 0\\ 1 & \dfrac{1}{s+1}\end{bmatrix},\ \widetilde{G}(s)=\begin{bmatrix}\dfrac{1}{s+1} & 0\\ 0 & \dfrac{1}{5s+1}\end{bmatrix}$$

试求解耦器的传递函数矩阵$G_c(s)$。

解　由式(6-36) 可得系统开环传递函数矩阵为

$$G_K(s)=\widetilde{G}(s)[I-\widetilde{G}(s)]^{-1}=\begin{bmatrix}\dfrac{1}{s+1} & 0\\ 0 & \dfrac{1}{5s+1}\end{bmatrix}\begin{bmatrix}1-\dfrac{1}{s+1} & 0\\ 0 & 1-\dfrac{1}{5s+1}\end{bmatrix}^{-1}$$

$$=\begin{bmatrix}\dfrac{1}{s+1} & 0\\ 0 & \dfrac{1}{5s+1}\end{bmatrix}\begin{bmatrix}\dfrac{s+1}{s} & 0\\ 0 & \dfrac{5s+1}{5s}\end{bmatrix}=\begin{bmatrix}\dfrac{1}{s} & 0\\ 0 & \dfrac{1}{5s}\end{bmatrix}$$

由式(6-37) 可得解耦器的传递函数矩阵$G_c(s)$为

$$G_c(s)=G_0^{-1}(s)G_K(s)=\begin{bmatrix}\dfrac{1}{2s+1} & 0\\ 1 & \dfrac{1}{s+1}\end{bmatrix}^{-1}\begin{bmatrix}\dfrac{1}{s} & 0\\ 0 & \dfrac{1}{5s}\end{bmatrix}$$

$$=\begin{bmatrix}2s+1 & 0\\ -(2s+1)(s+1) & s+1\end{bmatrix}\begin{bmatrix}\dfrac{1}{s} & 0\\ 0 & \dfrac{1}{5s}\end{bmatrix}=\begin{bmatrix}\dfrac{2s+1}{s} & 0\\ \dfrac{-(2s+1)(s+1)}{s} & \dfrac{s+1}{5s}\end{bmatrix}$$

$$=\begin{bmatrix}G_{c11}(s) & G_{c12}(s)\\ G_{c21}(s) & G_{c22}(s)\end{bmatrix}$$

上式所求出的解耦器的传递函数矩阵$G_c(s)$中，$G_{c11}(s)$和$G_{c22}(s)$是比例积分（PI）控制器，$G_{c21}(s)$是比例积分微分（PID）控制器。串联解耦系统的结构图如图 6-8 所示。

6.3.2　负反馈解耦

对于输入和输出维数相同的具有相互耦合的多输入多输出系统，采用状态负反馈结合输入变换也可以实现其解耦。

对于多输入多输出系统，如果采用输入变换的线性状态负反馈控制，则

$$u=-Kx+Fr \tag{6-38}$$

式中　K——$m\times n$ 的实常数负反馈矩阵；

F——$m\times m$ 的实常数非奇异变换矩阵；

r——m 维的输入向量。

其结构图如图 6-9 所示。图中，虚线框内为待解耦的系统。

将式(6-38) 代入式(6-31) 中，可得带输入变换状态负反馈闭环控制系统的状态空间表

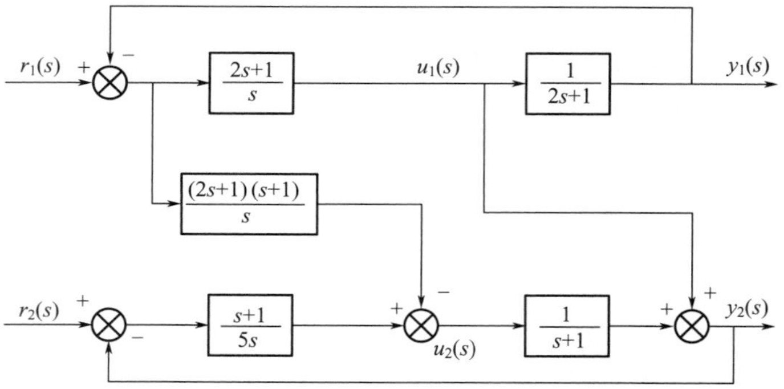

图 6-8 串联解耦系统的结构图

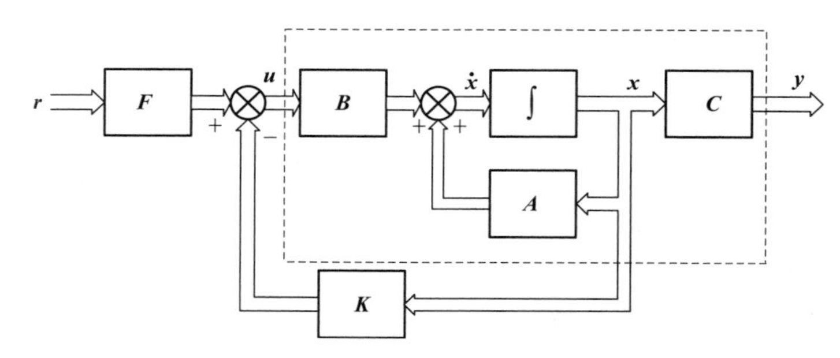

图 6-9 状态负反馈解耦系统的结构图

达式为

$$\begin{cases}\dot{\boldsymbol{x}}=(\boldsymbol{A}-\boldsymbol{BK})\boldsymbol{x}+\boldsymbol{BFr}\\ \boldsymbol{y}=\boldsymbol{Cx}\end{cases} \tag{6-39}$$

则闭环系统的传递函数矩阵为

$$\boldsymbol{G}_{\mathrm{KF}}(s)=\boldsymbol{C}\left[s\mathbf{I}-(\boldsymbol{A}-\boldsymbol{BK})\right]^{-1}\boldsymbol{BF} \tag{6-40}$$

如果能找到某个 $\boldsymbol{K}$ 矩阵和 $\boldsymbol{F}$ 矩阵，使 $\boldsymbol{G}_{\mathrm{KF}}(s)$ 变为形如式(6-34) 的对角矩阵，就可实现系统的解耦。下面阐明如何求 $\boldsymbol{K}$ 矩阵和 $\boldsymbol{F}$ 矩阵，以及在什么条件下通过状态负反馈可以实现解耦等问题。

(1) 传递函数矩阵的两个特征量

定义 6-4 若已知待解耦系统状态空间表达式，则 d_i 是 0 到 $n-1$ 之间使下列不等式

$$\boldsymbol{c}_i\boldsymbol{A}^{d_i}\boldsymbol{B}\neq\boldsymbol{0} \tag{6-41}$$

成立的最小的整数。$\boldsymbol{c}_i$ 是矩阵 $\boldsymbol{C}$ 的第 i 行向量。当下式

$$\boldsymbol{c}_i\boldsymbol{A}^{j}\boldsymbol{B}=\boldsymbol{0},\ j=1,2,\cdots,n-1 \tag{6-42}$$

成立时，则取

$$d_i=n-1 \tag{6-43}$$

若已知待解耦系统的传递函数矩阵 $\boldsymbol{G}(s)$，$\boldsymbol{g}_i(s)$ 为 $\boldsymbol{G}(s)$ 的第 i 行传递函数向量，即

$$\boldsymbol{g}_i(s)=\left[g_{i1}(s)\quad g_{i2}(s)\quad\cdots\quad g_{im}(s)\right] \tag{6-44}$$

再设 σ_{ij} 为 $g_{ij}(s)$ 的分母多项式与分子多项式的次数之差，则 d_i 定义为

$$d_i=\min\{\sigma_{i1},\sigma_{i2},\cdots,\sigma_{im}\}-1,\ i=1,2,\cdots,m \tag{6-45}$$

可以证明这两种定义具有一致性。

定义 6-5　若已知待解耦系统状态空间表达式，则$\boldsymbol{e}_i$ 为

$$\boldsymbol{e}_i=\boldsymbol{c}_i\boldsymbol{A}^{d_i}\boldsymbol{B},\ i=1,2,\cdots,m \tag{6-46}$$

若已知待解耦系统的传递函数矩阵 $\boldsymbol{G}(s)$，则$\boldsymbol{e}_i$ 为

$$\boldsymbol{e}_i=\lim_{s\to\infty}s^{d_i+1}\boldsymbol{g}_i(s),\ i=1,2,\cdots,m \tag{6-47}$$

同样也可以证明这两种定义具有一致性。

(2) 能解耦性判据

定理 6-11　待解耦系统$\Sigma_0(\boldsymbol{A},\boldsymbol{B},\boldsymbol{C})$，采用状态负反馈和输入变换进行解耦的充分必要条件是下列 $m\times m$ 矩阵

$$\boldsymbol{E}=\begin{bmatrix}\boldsymbol{e}_1\\ \boldsymbol{e}_2\\ \vdots\\ \boldsymbol{e}_m\end{bmatrix} \tag{6-48}$$

为非奇异。$\boldsymbol{E}$ 称为能解耦性判别矩阵。

(3) 积分型解耦

定理 6-12　若系统$\Sigma_0(\boldsymbol{A},\boldsymbol{B},\boldsymbol{C})$ 满足状态负反馈能解耦的条件，则闭环系统$\Sigma_{\overline{\mathrm{K}}\overline{\mathrm{F}}}[(\boldsymbol{A}-\boldsymbol{B}\overline{\boldsymbol{K}}),\boldsymbol{B}\overline{\boldsymbol{F}},\boldsymbol{C}]$ 是一个积分型解耦系统。状态负反馈矩阵 $\overline{\boldsymbol{K}}$ 和输入变换矩阵 $\overline{\boldsymbol{F}}$ 分别为

$$\overline{\boldsymbol{K}}=\boldsymbol{E}^{-1}\boldsymbol{L},\ \overline{\boldsymbol{F}}=\boldsymbol{E}^{-1} \tag{6-49}$$

其中，$m\times m$ 矩阵$\boldsymbol{L}$ 定义如下，即

$$\boldsymbol{L}=\begin{bmatrix}\boldsymbol{c}_1\boldsymbol{A}^{d_1+1}\\ \boldsymbol{c}_2\boldsymbol{A}^{d_2+1}\\ \vdots\\ \boldsymbol{c}_m\boldsymbol{A}^{d_m+1}\end{bmatrix} \tag{6-50}$$

闭环系统的传递函数矩阵$\boldsymbol{G}_{\overline{\mathrm{K}}\overline{\mathrm{F}}}(s)$ 为

$$\boldsymbol{G}_{\overline{\mathrm{K}}\overline{\mathrm{F}}}(s)=\boldsymbol{C}(s\mathbf{I}-\boldsymbol{A}+\boldsymbol{B}\overline{\boldsymbol{K}})^{-1}\boldsymbol{B}\overline{\boldsymbol{F}}$$

$$=\begin{bmatrix}\dfrac{1}{s^{d_1+1}} & 0 & \cdots & 0\\ 0 & \dfrac{1}{s^{d_2+1}} & \cdots & 0\\ \vdots & \vdots & \ddots & \vdots\\ 0 & 0 & \cdots & \dfrac{1}{s^{d_m+1}}\end{bmatrix} \tag{6-51}$$

关于定理 6-11 和定理 6-12 的严格证明，由于比较复杂，在此不叙述。

利用式(6-38) 的控制规律可以使系统解耦，得到的只是积分型解耦，其每个子系统都相当于一个 (d_i+1) 阶积分器的独立子系统。由于积分解耦的极点都在 s 平面的原点，所以它是不稳定系统，无法在实际中使用。因此，在积分解耦的基础上，对每一个子系统按单输入单输出系统的极点配置方法，用状态负反馈把位于原点的极点配置到期望的位置上。这样，不但使系统实现了解耦，而且也能满足性能指标的要求。

(4) 解耦控制的综合设计 对于满足可解耦条件的多输入多输出系统$\Sigma_0(\boldsymbol{A},\boldsymbol{B},\boldsymbol{C})$，应用$\overline{\boldsymbol{F}}=\boldsymbol{E}^{-1}$和$\overline{\boldsymbol{K}}=\boldsymbol{E}^{-1}\boldsymbol{L}$的输入变换和状态负反馈，可实现积分型解耦。下面介绍在此基础上根据性能要求配置各子系统的极点。

系统积分解耦后状态空间表达式为

$$\begin{cases}\dot{\boldsymbol{x}}=\overline{\boldsymbol{A}}\boldsymbol{x}+\overline{\boldsymbol{B}}\boldsymbol{r}\\ \boldsymbol{y}=\overline{\boldsymbol{C}}\boldsymbol{x}\end{cases} \tag{6-52}$$

其中，$\overline{\boldsymbol{A}}=\boldsymbol{A}-\boldsymbol{B}\boldsymbol{E}^{-1}\boldsymbol{L}$，$\overline{\boldsymbol{B}}=\boldsymbol{B}\boldsymbol{E}^{-1}$，$\overline{\boldsymbol{C}}=\boldsymbol{C}$。

当$\Sigma_0(\boldsymbol{A},\boldsymbol{B},\boldsymbol{C})$为完全能控时，$\Sigma_{\overline{K}\,\overline{F}}(\overline{\boldsymbol{A}},\overline{\boldsymbol{B}},\overline{\boldsymbol{C}})$仍保持完全能控性。但要判别系统的能观测性，当$\Sigma_{\overline{K}\,\overline{F}}(\overline{\boldsymbol{A}},\overline{\boldsymbol{B}},\overline{\boldsymbol{C}})$为完全能观测时，一定可以通过线性非奇异变换将$\Sigma_{\overline{K}\,\overline{F}}(\overline{\boldsymbol{A}},\overline{\boldsymbol{B}},\overline{\boldsymbol{C}})$化为解耦标准型，即

$$\widetilde{\boldsymbol{A}}=\boldsymbol{T}^{-1}\overline{\boldsymbol{A}}\boldsymbol{T}=\begin{bmatrix}\widetilde{\boldsymbol{A}}_1 & 0 & \cdots & 0\\ 0 & \widetilde{\boldsymbol{A}}_2 & \cdots & 0\\ \vdots & \vdots & \ddots & \vdots\\ 0 & 0 & \cdots & \widetilde{\boldsymbol{A}}_m\end{bmatrix},\ \widetilde{\boldsymbol{B}}=\boldsymbol{T}^{-1}\overline{\boldsymbol{B}}=\begin{bmatrix}\widetilde{\boldsymbol{b}}_1 & 0 & \cdots & 0\\ 0 & \widetilde{\boldsymbol{b}}_2 & \cdots & 0\\ \vdots & \vdots & \ddots & \vdots\\ 0 & 0 & \cdots & \widetilde{\boldsymbol{b}}_m\end{bmatrix}$$

$$\widetilde{\boldsymbol{C}}=\overline{\boldsymbol{C}}\boldsymbol{T}=\begin{bmatrix}\widetilde{\boldsymbol{c}}_1 & 0 & \cdots & 0\\ 0 & \widetilde{\boldsymbol{c}}_2 & \cdots & 0\\ \vdots & \vdots & \ddots & \vdots\\ 0 & 0 & \cdots & \widetilde{\boldsymbol{c}}_m\end{bmatrix}$$

其中 $$\widetilde{\boldsymbol{A}}_i=\left[\begin{array}{c:ccc}0 & 1 & \cdots & 0\\ \vdots & \vdots & \ddots & \vdots\\ 0 & 0 & \cdots & 1\\ \hdashline 0 & 0 & \cdots & 0\end{array}\right]_{m_i\times m_i},\ \widetilde{\boldsymbol{b}}_i=\begin{bmatrix}0\\ \vdots\\ 0\\ 1\end{bmatrix}_{m_i\times 1},\ \widetilde{\boldsymbol{c}}_i=[1\quad 0\quad \cdots\quad 0]_{1\times m_i}$$

$$m_i=d_i+1,\ i=1,2,\cdots,m,\ \sum_{i=1}^{m}m_i=n$$

线性变换矩阵$\boldsymbol{T}$用下列公式计算，即

$$\boldsymbol{T}=\overline{\boldsymbol{Q}}_c\widetilde{\boldsymbol{Q}}_c^{\mathrm{T}}(\widetilde{\boldsymbol{Q}}_c\widetilde{\boldsymbol{Q}}_c^{\mathrm{T}})^{-1},\ \boldsymbol{T}^{-1}=(\widetilde{\boldsymbol{Q}}_o^{\mathrm{T}}\widetilde{\boldsymbol{Q}}_o)^{-1}\widetilde{\boldsymbol{Q}}_o^{\mathrm{T}}\overline{\boldsymbol{Q}}_o \tag{6-53}$$

其中 $$\overline{\boldsymbol{Q}}_c=[\overline{\boldsymbol{B}}\quad \overline{\boldsymbol{A}}\,\overline{\boldsymbol{B}}\quad \cdots\quad \overline{\boldsymbol{A}}^{n-1}\overline{\boldsymbol{B}}],\ \widetilde{\boldsymbol{Q}}_c=[\widetilde{\boldsymbol{B}}\quad \widetilde{\boldsymbol{A}}\,\widetilde{\boldsymbol{B}}\quad \cdots\quad \widetilde{\boldsymbol{A}}^{n-1}\widetilde{\boldsymbol{B}}]$$

$$\overline{\boldsymbol{Q}}_o=\begin{bmatrix}\overline{\boldsymbol{C}}\\ \overline{\boldsymbol{C}\boldsymbol{A}}\\ \vdots\\ \overline{\boldsymbol{C}\boldsymbol{A}}^{n-1}\end{bmatrix},\ \widetilde{\boldsymbol{Q}}_o=\begin{bmatrix}\widetilde{\boldsymbol{C}}\\ \widetilde{\boldsymbol{C}}\,\widetilde{\boldsymbol{A}}\\ \vdots\\ \widetilde{\boldsymbol{C}}\,\widetilde{\boldsymbol{A}}^{n-1}\end{bmatrix}$$

设状态负反馈矩阵为

$$\widetilde{\boldsymbol{K}}=\begin{bmatrix}\widetilde{\boldsymbol{k}}_1 & 0 & \cdots & 0\\ 0 & \widetilde{\boldsymbol{k}}_2 & \cdots & 0\\ \vdots & \vdots & \ddots & \vdots\\ 0 & 0 & \cdots & \widetilde{\boldsymbol{k}}_m\end{bmatrix} \tag{6-54}$$

其中　　$\widetilde{\boldsymbol{k}}_i=[\widetilde{k}_{i(d_i+1)}\quad \widetilde{k}_{id_i}\quad \cdots\quad \widetilde{k}_{i1}],\quad i=1,2,\cdots,m$

$\widetilde{\boldsymbol{k}}_i$ 为对应于每一个独立的单输入单输出系统的状态负反馈矩阵。

按照式(6-54) 的形式选择 $\widetilde{\boldsymbol{K}}$，闭环系统的传递函数矩阵为

$$\widetilde{\boldsymbol{C}}(s\mathbf{I}-\widetilde{\boldsymbol{A}}+\widetilde{\boldsymbol{B}}\widetilde{\boldsymbol{K}})^{-1}\widetilde{\boldsymbol{B}}=\begin{bmatrix}\widetilde{\boldsymbol{c}}_1(s\mathbf{I}-\widetilde{\boldsymbol{A}}_1+\widetilde{\boldsymbol{b}}_1\widetilde{\boldsymbol{k}}_1)^{-1}\widetilde{\boldsymbol{b}}_1 & \cdots & \mathbf{0}\\ \vdots & \ddots & \vdots\\ \mathbf{0} & \cdots & \widetilde{\boldsymbol{c}}_m(s\mathbf{I}-\widetilde{\boldsymbol{A}}_m+\widetilde{\boldsymbol{b}}_m\widetilde{\boldsymbol{k}}_m)^{-1}\widetilde{\boldsymbol{b}}_m\end{bmatrix}$$

仍然是解耦系统，其中

$$\widetilde{\boldsymbol{A}}_i-\widetilde{\boldsymbol{b}}_i\widetilde{\boldsymbol{k}}_i=\begin{bmatrix}0 & 1 & \cdots & 0\\ \vdots & \vdots & \ddots & \vdots\\ 0 & 0 & \cdots & 1\\ -\widetilde{k}_{i(d_i+1)} & -\widetilde{k}_{id_i} & \cdots & -\widetilde{k}_{i1}\end{bmatrix}_{m_i\times m_i},\quad i=1,2,\cdots,m$$

则　　$f_{\widetilde{\mathrm{K}}_i}(s)=|s\mathbf{I}-\widetilde{\boldsymbol{A}}_i+\widetilde{\boldsymbol{b}}_i\widetilde{\boldsymbol{k}}_i|=s^{d_i+1}+\widetilde{k}_{i1}s^{d_i}+\cdots+\widetilde{k}_{id_i}s+\widetilde{k}_{i(d_i+1)}$

当依据性能指标确定每一个子系统期望的极点，即已知 s_{i1}^*，s_{i2}^*，…，$s_{i(d_i+1)}^*$时，各子系统期望的特征方程为

$$f_i^*(s)=\prod_{j=1}^{d_i+1}(s-s_{ij}^*) \tag{6-55}$$

使 $f_i^*(s)$ 和 $f_{\widetilde{\mathrm{K}}_i}(s)$ 对应的同次幂项系数相等，即可求出 $\widetilde{\boldsymbol{k}}_i$ 以及 $\widetilde{\boldsymbol{K}}$。

对原系统 $\Sigma(\boldsymbol{A},\boldsymbol{B},\boldsymbol{C})$，满足动态解耦和期望极点配置的输入变换矩阵 $\overline{\boldsymbol{F}}$ 和状态负反馈矩阵 $\overline{\boldsymbol{K}}$ 分别为

$$\overline{\boldsymbol{K}}=\boldsymbol{E}^{-1}\boldsymbol{L}+\boldsymbol{E}^{-1}\widetilde{\boldsymbol{K}}\boldsymbol{T}^{-1},\ \overline{\boldsymbol{F}}=\boldsymbol{E}^{-1} \tag{6-56}$$

当 $\Sigma_{\overline{\mathrm{KF}}}(\overline{\boldsymbol{A}},\overline{\boldsymbol{B}},\overline{\boldsymbol{C}})$ 为不完全能观测时，先进行能观测性结构分解，将能控能观测子系统化为解耦标准型，再进行极点配置。

【例 6-8】 已知系统 $\Sigma_0(\boldsymbol{A},\boldsymbol{B},\boldsymbol{C})$

$$\boldsymbol{A}=\begin{bmatrix}0 & 1 & 0 & 0\\ 3 & 0 & 0 & 2\\ 0 & 0 & 0 & 1\\ 0 & -2 & 0 & 0\end{bmatrix},\ \boldsymbol{B}=\begin{bmatrix}0 & 0\\ 1 & 0\\ 0 & 0\\ 0 & 1\end{bmatrix},\ \boldsymbol{C}=\begin{bmatrix}1 & 0 & 0 & 0\\ 0 & 0 & 1 & 0\end{bmatrix}$$

要求使系统解耦并将极点配置在−1，−1，−1，−1 上。

解

① 计算 $\{d_1,d_2\}$ 和 $\{\boldsymbol{e}_1,\boldsymbol{e}_2\}$。

$\boldsymbol{c}_1\boldsymbol{A}^0\boldsymbol{B}=[0\quad 0]$，$\boldsymbol{c}_1\boldsymbol{A}^1\boldsymbol{B}=[1\quad 0]$，则 $d_1=1$。

$\boldsymbol{c}_2\boldsymbol{A}^0\boldsymbol{B}=[0\quad 0]$，$\boldsymbol{c}_2\boldsymbol{A}^1\boldsymbol{B}=[0\quad 1]$，则 $d_2=1$。

$$\boldsymbol{E}=\begin{bmatrix}\boldsymbol{c}_1\boldsymbol{A}\boldsymbol{B}\\ \boldsymbol{c}_2\boldsymbol{A}\boldsymbol{B}\end{bmatrix}=\begin{bmatrix}1&0\\0&1\end{bmatrix},\ \boldsymbol{L}=\begin{bmatrix}\boldsymbol{c}_1\boldsymbol{A}^2\\ \boldsymbol{c}_2\boldsymbol{A}^2\end{bmatrix}=\begin{bmatrix}3&0&0&2\\0&-2&0&0\end{bmatrix}$$

② 判断可解耦性。由于

$$\boldsymbol{E}=\begin{bmatrix}1&0\\0&1\end{bmatrix}$$

是非奇异矩阵，因此该系统可以采用状态负反馈实现解耦。

③ 积分型解耦系统。依照定理 6-12 状态负反馈矩阵为 $\overline{\boldsymbol{K}}=\boldsymbol{E}^{-1}\boldsymbol{L}=\begin{bmatrix}3&0&0&2\\0&-2&0&0\end{bmatrix}$

输入变换矩阵为

$$\overline{\boldsymbol{F}}=\boldsymbol{E}^{-1}=\begin{bmatrix}1&0\\0&1\end{bmatrix}$$

积分型解耦系统的系数矩阵为

$$\overline{\boldsymbol{A}}=\boldsymbol{A}-\boldsymbol{B}\boldsymbol{E}^{-1}\boldsymbol{L}=\left[\begin{array}{cc:cc}0&1&0&0\\0&0&0&0\\ \hdashline 0&0&0&1\\0&0&0&0\end{array}\right],\ \overline{\boldsymbol{B}}=\boldsymbol{B}\boldsymbol{E}^{-1}=\left[\begin{array}{c:c}0&0\\1&0\\ \hdashline 0&0\\0&1\end{array}\right],\ \overline{\boldsymbol{C}}=\boldsymbol{C}=\left[\begin{array}{cc:cc}1&0&0&0\\ \hdashline 0&0&1&0\end{array}\right]$$

④ 判别 $\Sigma_{\overline{\mathrm{K}}\overline{\mathrm{F}}}(\overline{\boldsymbol{A}},\overline{\boldsymbol{B}},\overline{\boldsymbol{C}})$ 的能观测性。

$$\begin{bmatrix}\overline{\boldsymbol{C}}\\ \overline{\boldsymbol{C}\boldsymbol{A}}\\ \vdots\\ \overline{\boldsymbol{C}\boldsymbol{A}}^{n-1}\end{bmatrix}=\begin{bmatrix}1&0&0&0\\0&0&1&0\\0&1&0&0\\0&0&0&1\\ *&*&*&*\end{bmatrix}$$

用 * 代表没必要再计算的其余行，由上式可知 $\Sigma_{\overline{\mathrm{K}}\overline{\mathrm{F}}}(\overline{\boldsymbol{A}},\overline{\boldsymbol{B}},\overline{\boldsymbol{C}})$ 是完全能观测的。且 $\Sigma_{\overline{\mathrm{K}}\overline{\mathrm{F}}}(\overline{\boldsymbol{A}},\overline{\boldsymbol{B}},\overline{\boldsymbol{C}})$已经是解耦标准型，则 $\widetilde{\boldsymbol{A}}=\overline{\boldsymbol{A}}$，$\widetilde{\boldsymbol{B}}=\overline{\boldsymbol{B}}$，$\widetilde{\boldsymbol{C}}=\overline{\boldsymbol{C}}$。

⑤ 确定状态负反馈矩阵 $\widetilde{\boldsymbol{K}}$。基于上述 $\{\widetilde{\boldsymbol{A}},\widetilde{\boldsymbol{B}},\widetilde{\boldsymbol{C}}\}$ 的计算结果，设 2×4 负反馈矩阵 $\widetilde{\boldsymbol{K}}$ 为两个分块对角矩阵，其结构形式为

$$\widetilde{\boldsymbol{K}}=\left[\begin{array}{cc:cc}\widetilde{k}_{12}&\widetilde{k}_{11}&0&0\\ \hdashline 0&0&\widetilde{k}_{22}&\widetilde{k}_{21}\end{array}\right]$$

解耦后单输入单输出系统均为 2 阶系统。因此，期望的极点就分为两组，即

$$s_{11}^*=-1,\ s_{12}^*=-1 \text{ 和 } s_{21}^*=-1,\ s_{22}^*=-1$$

两个期望的特征多项式为

$$f_1^*(s)=s^2+2s+1,\ f_2^*(s)=s^2+2s+1$$

加上状态负反馈 $\widetilde{\boldsymbol{K}}$ 后，系统矩阵为

$$\widetilde{\boldsymbol{A}}-\widetilde{\boldsymbol{B}}\widetilde{\boldsymbol{K}}=\begin{bmatrix}0&1&0&0\\-\widetilde{k}_{12}&-\widetilde{k}_{11}&0&0\\0&0&0&1\\0&0&-\widetilde{k}_{22}&-\widetilde{k}_{21}\end{bmatrix}$$

按照设计状态负反馈矩阵的计算方法可求得 $\widetilde{k}_{12}=1$，$\widetilde{k}_{11}=2$，$\widetilde{k}_{22}=1$，$\widetilde{k}_{21}=2$。

⑥ 计算原系统 $\Sigma(\boldsymbol{A},\boldsymbol{B},\boldsymbol{C})$ 的状态负反馈矩阵 $\overline{\boldsymbol{K}}$ 和输入变换矩阵 $\overline{\boldsymbol{F}}$。

$$\overline{\boldsymbol{K}}=\boldsymbol{E}^{-1}\boldsymbol{L}+\boldsymbol{E}^{-1}\widetilde{\boldsymbol{K}}\boldsymbol{T}^{-1}=\begin{bmatrix}3&0&0&2\\0&-2&0&0\end{bmatrix}+\begin{bmatrix}1&2&0&0\\0&0&1&2\end{bmatrix}=\begin{bmatrix}4&2&0&2\\0&-2&1&2\end{bmatrix}$$

$$\overline{\boldsymbol{F}}=\boldsymbol{E}^{-1}=\begin{bmatrix}1&0\\0&1\end{bmatrix}$$

解耦系统的传递函数矩阵为

$$\boldsymbol{G}_{\overline{K}\,\overline{F}}(s)=\overline{\boldsymbol{C}}(s\mathbf{I}-\overline{\boldsymbol{A}}+\overline{\boldsymbol{B}}\,\overline{\boldsymbol{K}})^{-1}\overline{\boldsymbol{B}}\,\overline{\boldsymbol{F}}=\begin{bmatrix}\dfrac{1}{s^2+2s+1}&0\\0&\dfrac{1}{s^2+2s+1}\end{bmatrix}$$

6.4 状态观测器的设计

由5.2.1已知，当系统的状态完全能控时，可以通过状态的线性负反馈实现极点的任意配置，但是系统状态变量的物理意义有时很不明确，不是都能用物理方法测量得到的，有些根本无法测量，给状态负反馈的物理实现造成了困难。为此，人们就提出了状态观测或状态重构问题，就是想办法构造出一个系统来，这个系统是以原系统的输入和输出为其输入，其状态就是对原系统状态的估计。用来估计原系统状态的系统就称为状态估计器或状态观测器。

6.4.1 状态重构问题

设线性定常系统的状态空间表达式为

$$\begin{cases}\dot{\boldsymbol{x}}=\boldsymbol{A}\boldsymbol{x}+\boldsymbol{B}\boldsymbol{u}\\\boldsymbol{y}=\boldsymbol{C}\boldsymbol{x}\end{cases}\tag{6-57}$$

将输出方程对 t 逐次求导，代入状态方程并整理可得

$$\begin{aligned}&\boldsymbol{y}=\boldsymbol{C}\boldsymbol{x}\\&\dot{\boldsymbol{y}}-\boldsymbol{C}\boldsymbol{B}\boldsymbol{u}=\boldsymbol{C}\boldsymbol{A}\boldsymbol{x}\\&\ddot{\boldsymbol{y}}-\boldsymbol{C}\boldsymbol{B}\dot{\boldsymbol{u}}-\boldsymbol{C}\boldsymbol{A}\boldsymbol{B}\boldsymbol{u}=\boldsymbol{C}\boldsymbol{A}^2\boldsymbol{x}\\&\vdots\\&\boldsymbol{y}^{(n-1)}-\boldsymbol{C}\boldsymbol{B}\boldsymbol{u}^{(n-2)}-\boldsymbol{C}\boldsymbol{A}\boldsymbol{B}\boldsymbol{u}^{(n-3)}-\cdots-\boldsymbol{C}\boldsymbol{A}^{n-2}\boldsymbol{B}\boldsymbol{u}=\boldsymbol{C}\boldsymbol{A}^{n-1}\boldsymbol{x}\end{aligned}$$

即

$$\begin{bmatrix}\boldsymbol{y}\\\dot{\boldsymbol{y}}-\boldsymbol{C}\boldsymbol{B}\boldsymbol{u}\\\vdots\\\boldsymbol{y}^{(n-1)}-\boldsymbol{C}\boldsymbol{B}\boldsymbol{u}^{(n-2)}-\boldsymbol{C}\boldsymbol{A}\boldsymbol{B}\boldsymbol{u}^{(n-3)}-\cdots-\boldsymbol{C}\boldsymbol{A}^{n-2}\boldsymbol{B}\boldsymbol{u}\end{bmatrix}=\begin{bmatrix}\boldsymbol{C}\\\boldsymbol{C}\boldsymbol{A}\\\vdots\\\boldsymbol{C}\boldsymbol{A}^{n-1}\end{bmatrix}\boldsymbol{x}=\boldsymbol{Q}_o\boldsymbol{x}$$

若系统状态完全能观测，即 $\operatorname{rank}\boldsymbol{Q}_o=n$，上式中的 $\boldsymbol{x}$ 才能有唯一解。即只有当系统是状态完全能观测时，其状态向量可以由它的输入、输出以及输入、输出的各阶导数的线性组合构造出来。也就是说，对于一个能观测的系统，它的状态变量尽管不能直接测量，但是通过其输入和输出以及它们的导数，可以把它重构出来。从理论上看，这种状态重构思想是合理的，而且是可行的，但是从工程实际观点出发，这种重构状态的办法是不可取的，因为它将用到输入、输出信号的微分，而当其输入、输出信号中包含有噪声时，将会使状态向量的计算估计值产生很大的误差，这是不允许的。

为了避免使用微分器，一个直观的想法就是人为地构造一个结构和参数与原系统$\sum_0(\boldsymbol{A},\boldsymbol{B},\boldsymbol{C})$相同的系统$\hat{\sum}(\boldsymbol{A},\boldsymbol{B},\boldsymbol{C})$，将原系统的状态 $\boldsymbol{x}$ 估计出来，如图 6-10 所示。

设估计系统的状态空间表达式为

$$\begin{cases}\dot{\hat{\boldsymbol{x}}}=\boldsymbol{A}\hat{\boldsymbol{x}}+\boldsymbol{B}\boldsymbol{u}\\ \hat{\boldsymbol{y}}=\boldsymbol{C}\hat{\boldsymbol{x}}\end{cases} \tag{6-58}$$

向量 $\hat{\boldsymbol{x}}$ 上的符号“ˆ”表示估计值。

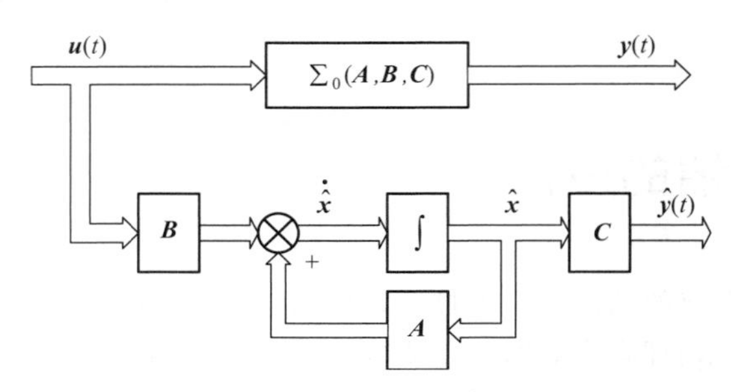

图 6-10 开环观测器结构图

比较式(6-57) 和式(6-58) 可得

$$\dot{\boldsymbol{x}}-\dot{\hat{\boldsymbol{x}}}=\boldsymbol{A}(\boldsymbol{x}-\hat{\boldsymbol{x}})$$

其解为

$$\boldsymbol{x}-\hat{\boldsymbol{x}}=\mathrm{e}^{\boldsymbol{A}t}[\boldsymbol{x}(0)-\hat{\boldsymbol{x}}(0)]$$

讨论：

① 理想情况，新构造系统的 $\boldsymbol{A}$、$\boldsymbol{B}$ 和原系统的 $\boldsymbol{A}$、$\boldsymbol{B}$ 完全一样，且设置 $\boldsymbol{x}(0)=\hat{\boldsymbol{x}}(0)$ 时，观测器的状态 $\hat{\boldsymbol{x}}$ 才能严格等于系统的实际状态 $\boldsymbol{x}$。但这一点是很难做到的，尤其是将 $\hat{\boldsymbol{x}}(0)$和 $\boldsymbol{x}(0)$ 设置完全一致，实际上是不可能的。

② 当 $\boldsymbol{x}(0)\neq\hat{\boldsymbol{x}}(0)$ 时，$\boldsymbol{x}(0)-\hat{\boldsymbol{x}}(0)$ 的变化就取决于状态转移矩阵 $\mathrm{e}^{\boldsymbol{A}t}$的情况，如果 $\boldsymbol{A}$ 的特征值都具有负实部时，$\mathrm{e}^{\boldsymbol{A}t}$的每一项都是衰减的，当过渡过程结束后 $\hat{\boldsymbol{x}}(t)=\boldsymbol{x}(t)$；$\boldsymbol{A}$ 的特征值只要有一个是正实部时，$\mathrm{e}^{\boldsymbol{A}t}$就是发散的，$\hat{\boldsymbol{x}}(t)$ 和 $\boldsymbol{x}(t)$ 什么时候都不会相等。再加上干扰和参数变化也将加大它们之间的差别，所以这种开环观测器是没有实际意义的。

如果利用输出偏差对状态进行校正，便可构成渐近状态观测器，其结构图如图 6-11 所示。当观测器的状态 $\hat{\boldsymbol{x}}$ 与系统的实际状态 $\boldsymbol{x}$ 不相等时，反映到它们的输出 $\hat{\boldsymbol{y}}$ 和 $\boldsymbol{y}$ 也不相等，于是产生误差信号 $\boldsymbol{y}-\hat{\boldsymbol{y}}=\boldsymbol{y}-\boldsymbol{C}\hat{\boldsymbol{x}}$，经反馈矩阵$\boldsymbol{L}_{n\times m}$加到观测器的$\dot{\hat{\boldsymbol{x}}}$上，参与调整观测器的状态 $\hat{\boldsymbol{x}}$，使其以一定的速度趋近于系统的真实状态 $\boldsymbol{x}$。此时观测器的方程变为

$$\dot{\hat{\boldsymbol{x}}}=\boldsymbol{A}\hat{\boldsymbol{x}}+\boldsymbol{B}\boldsymbol{u}+\boldsymbol{L}(\boldsymbol{y}-\boldsymbol{C}\hat{\boldsymbol{x}})=(\boldsymbol{A}-\boldsymbol{L}\boldsymbol{C})\hat{\boldsymbol{x}}+\boldsymbol{B}\boldsymbol{u}+\boldsymbol{L}\boldsymbol{y} \tag{6-59}$$

由上式可知这个观测器通过对原系统的输入 $\boldsymbol{u}$ 和原系统的输出 $\boldsymbol{y}$ 的检测，估计出原系统的状态，这就是状态观测器。

下面分析观测器存在的条件。原系统的状态方程和观测器的状态方程分别为

$$\dot{\boldsymbol{x}}=\boldsymbol{A}\boldsymbol{x}+\boldsymbol{B}\boldsymbol{u}\qquad \dot{\hat{\boldsymbol{x}}}=(\boldsymbol{A}-\boldsymbol{L}\boldsymbol{C})\hat{\boldsymbol{x}}+\boldsymbol{B}\boldsymbol{u}+\boldsymbol{L}\boldsymbol{y}$$

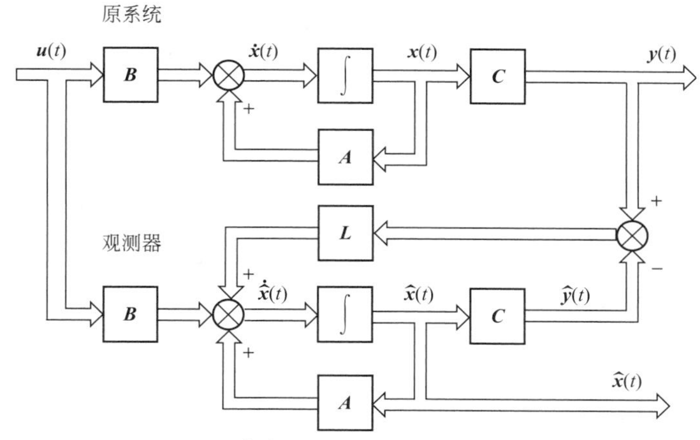

图 6-11 多变量系统的状态观测器结构图

两式相减，得

$$\dot{x}-\dot{\hat{x}}=(A-LC)(x-\hat{x}) \tag{6-60}$$

该齐次方程式的解为

$$x-\hat{x}=e^{(A-LC)t}[x(0)-\hat{x}(0)] \tag{6-61}$$

在式(6-61)中，只要选择观测器的系统矩阵 $A-LC$ 的特征值都具有负实部，观测器就是渐近稳定的，过渡过程结束后 $\hat{x}(t)$ 和 $x(t)$ 相等，即所谓的渐近状态观测器。这就要求通过 L 矩阵的选择使 $A-LC$ 矩阵的特征值（即观测器的闭环极点）实现任意配置。观测器的反馈实际上就是 $\hat{y}(t)$ 到 $\dot{\hat{x}}(t)$ 的负反馈，这种反馈实现极点任意配置的条件是原系统的状态必须是完全能观测的。

如果系统的状态不完全能观测，状态观测器存在的充分必要条件是不能观测子系统是渐近稳定的。因为通过结构分解之后，能观测子系统的极点可以通过 $\overline{L}_1$ 矩阵的选择实现极点的任意配置。不能观测子系统不能实现极点的任意配置，最低要求它是渐近稳定的，这种情况下只能保证观测器存在，但不能保证观测器极点的任意配置。因此，观测器逼近 $x(t)$ 的速度将受到不能观测子系统的限制。

6.4.2 观测器的存在性

由前面的分析已经明确，对于完全能观测的线性定常系统，其观测器总是存在的，这只是充分条件，不是必要条件。观测器存在的充分必要条件由下面的定理给出。

定理 6-13 线性定常系统 $\Sigma_0(A,B,C)$，其观测器存在的充分必要条件是不能观测的部分是渐近稳定的。

证明 因 $\Sigma_0(A,B,C)$ 是状态不完全能观测，故可进行结构分析，把其状态变量分为能观测和不能观测两部分。系统状态方程具有如下形式，即

$$\begin{bmatrix}\dot{x}_1\\ \dot{x}_2\end{bmatrix}=\begin{bmatrix}A_{11} & 0\\ A_{21} & A_{22}\end{bmatrix}\begin{bmatrix}\dot{x}_1\\ \dot{x}_2\end{bmatrix}+\begin{bmatrix}B_1\\ B_2\end{bmatrix}u \qquad y=[C_1 \quad 0]\begin{bmatrix}x_1\\ x_2\end{bmatrix}$$

x_1 为能观测状态；x_2 为不能观测状态；A_{11}、B_1、C_1 为 $\Sigma_0(A,B,C)$ 的能观测部分。

构造如下观测器动态系统，即

$$\dot{\hat{x}}=A\hat{x}+Bu+G(y-C\hat{x}),\ G=\begin{bmatrix}G_1\\ G_2\end{bmatrix}$$

即 $$\dot{\hat{\boldsymbol{x}}}=(\boldsymbol{A}-\boldsymbol{GC})\hat{\boldsymbol{x}}+\boldsymbol{Bu}+\boldsymbol{GCx},\ \boldsymbol{G}=\begin{bmatrix}\boldsymbol{G}_1\\ \boldsymbol{G}_2\end{bmatrix}$$

由此不难导出

$$\begin{aligned}\dot{\boldsymbol{x}}-\dot{\hat{\boldsymbol{x}}}&=\begin{bmatrix}\dot{\boldsymbol{x}}_1\\ \dot{\boldsymbol{x}}_2\end{bmatrix}-\begin{bmatrix}\dot{\hat{\boldsymbol{x}}}_1\\ \dot{\hat{\boldsymbol{x}}}_2\end{bmatrix}\\ &=\begin{bmatrix}\boldsymbol{A}_{11}\boldsymbol{x}_1+\boldsymbol{B}_1\boldsymbol{u}\\ \boldsymbol{A}_{21}\boldsymbol{x}_1+\boldsymbol{A}_{22}\boldsymbol{x}_2+\boldsymbol{B}_2\boldsymbol{u}\end{bmatrix}-\begin{bmatrix}(\boldsymbol{A}_{11}-\boldsymbol{G}_1\boldsymbol{C}_1)\hat{\boldsymbol{x}}_1+\boldsymbol{B}_1\boldsymbol{u}+\boldsymbol{G}_1\boldsymbol{C}_1\boldsymbol{x}_1\\ (\boldsymbol{A}_{21}-\boldsymbol{G}_2\boldsymbol{C}_1)\hat{\boldsymbol{x}}_1+\boldsymbol{A}_{22}\hat{\boldsymbol{x}}_2+\boldsymbol{B}_2\boldsymbol{u}+\boldsymbol{G}_2\boldsymbol{C}_1\boldsymbol{x}_1\end{bmatrix}\\ &=\begin{bmatrix}(\boldsymbol{A}_{11}-\boldsymbol{G}_1\boldsymbol{C}_1)(\boldsymbol{x}_1-\hat{\boldsymbol{x}}_1)\\ (\boldsymbol{A}_{21}-\boldsymbol{G}_2\boldsymbol{C}_1)(\boldsymbol{x}_1-\hat{\boldsymbol{x}}_1)+\boldsymbol{A}_{22}(\boldsymbol{x}_2-\hat{\boldsymbol{x}}_2)\end{bmatrix}\end{aligned}$$

第一部分（$\boldsymbol{x}_1-\hat{\boldsymbol{x}}_1$）显然有

$$\dot{\boldsymbol{x}}_1-\dot{\hat{\boldsymbol{x}}}_1=(\boldsymbol{A}_{11}-\boldsymbol{G}_1\boldsymbol{C}_1)(\boldsymbol{x}_1-\hat{\boldsymbol{x}}_1)$$

通过适当地选择$\boldsymbol{G}_1$，可使$\boldsymbol{A}_{11}-\boldsymbol{G}_1\boldsymbol{C}_1$的特征值均具有负实部，所以

$$\lim_{t\to\infty}(\boldsymbol{x}_1-\hat{\boldsymbol{x}}_1)=\lim_{t\to\infty}\mathrm{e}^{(\boldsymbol{A}_{11}-\boldsymbol{G}_1\boldsymbol{C}_1)t}[\boldsymbol{x}_1(0)-\hat{\boldsymbol{x}}_1(0)]=\boldsymbol{0}$$

第二部分（$\boldsymbol{x}_2-\hat{\boldsymbol{x}}_2$）有

$$\dot{\boldsymbol{x}}_2-\dot{\hat{\boldsymbol{x}}}_2=(\boldsymbol{A}_{21}-\boldsymbol{G}_2\boldsymbol{C}_1)(\boldsymbol{x}_1-\hat{\boldsymbol{x}}_1)+\boldsymbol{A}_{22}(\boldsymbol{x}_2-\hat{\boldsymbol{x}}_2)$$

可导出

$$\boldsymbol{x}_2-\hat{\boldsymbol{x}}_2=\mathrm{e}^{\boldsymbol{A}_{22}t}[\boldsymbol{x}_2(0)-\hat{\boldsymbol{x}}_2(0)]+\int_0^t\mathrm{e}^{\boldsymbol{A}_{22}(t-\tau)}(\boldsymbol{A}_{21}-\boldsymbol{G}_2\boldsymbol{C}_1)\mathrm{e}^{(\boldsymbol{A}_{11}-\boldsymbol{G}_1\boldsymbol{C}_1)\tau}[\boldsymbol{x}_1(0)-\hat{\boldsymbol{x}}_1(0)]\mathrm{d}\tau$$

上式中 $$\lim_{\tau\to\infty}\mathrm{e}^{(\boldsymbol{A}_{11}-\boldsymbol{G}_1\boldsymbol{C}_1)\tau}=\boldsymbol{0}\text{（由于选择}\boldsymbol{G}_1\text{）}$$

已成立，因此仅当

$$\lim_{t\to\infty}\mathrm{e}^{\boldsymbol{A}_{22}t}=\boldsymbol{0}$$

成立时，对任意$\boldsymbol{x}_2(0)$和$\hat{\boldsymbol{x}}_2(0)$，才有

$$\lim_{t\to\infty}(\boldsymbol{x}_2-\hat{\boldsymbol{x}}_2)=\boldsymbol{0}$$

即 $$\lim_{t\to\infty}(\boldsymbol{x}-\hat{\boldsymbol{x}})=\boldsymbol{0}$$

而$\lim\limits_{t\to\infty}\mathrm{e}^{\boldsymbol{A}_{22}t}=\boldsymbol{0}$等价于$\boldsymbol{A}_{22}$的特征值均具有负实部，即$\Sigma_0(\boldsymbol{A},\boldsymbol{B},\boldsymbol{C})$的不能观测部分是渐近稳定的。

6.4.3 全维观测器的设计

根据前面的分析，可得构造观测器的原则如下。

① 观测器$\Sigma_L(\boldsymbol{A}-\boldsymbol{LC},\boldsymbol{B},\boldsymbol{C})$应以原系统$\Sigma_0(\boldsymbol{A},\boldsymbol{B},\boldsymbol{C})$的输入$\boldsymbol{u}$和输出$\boldsymbol{y}$为其输入量。

② 为满足$\lim\limits_{t\to\infty}\|\boldsymbol{x}-\hat{\boldsymbol{x}}\|\to 0$，原系统$\Sigma_0(\boldsymbol{A},\boldsymbol{B},\boldsymbol{C})$或为完全能观测，或其不能观测子系统是渐近稳定的。

③ $\Sigma_L(\boldsymbol{A}-\boldsymbol{LC},\boldsymbol{B},\boldsymbol{C})$的状态$\hat{\boldsymbol{x}}(t)$应以足够快的速度渐近于$\boldsymbol{x}$，即$\Sigma_L(\boldsymbol{A}-\boldsymbol{LC},\boldsymbol{B},\boldsymbol{C})$应有足够宽的频带。

全维观测器的状态方程式为

$$\dot{\hat{\boldsymbol{x}}}=(\boldsymbol{A}-\boldsymbol{LC})\hat{\boldsymbol{x}}+\boldsymbol{Bu}+\boldsymbol{Ly}\tag{6-62}$$

因为观测器的状态维数和原系统的状态维数相同，因此称全维观测器。全维观测器就是

对原系统的所有状态都进行估计。

其特征多项式为 $f_L(s)=|s\mathbf{I}-(\boldsymbol{A}-\boldsymbol{LC})|$

观测器的设计实际上就是 $\boldsymbol{L}$ 矩阵的确定，当观测器的极点给定之后，依据 $\hat{\boldsymbol{y}}(t)$ 到 $\dot{\hat{\boldsymbol{x}}}(t)$ 的反馈配置极点的方法，即可确定 $\boldsymbol{L}$ 矩阵。

在选择观测器的极点时，人们总是希望 $\hat{\boldsymbol{x}}(t)$ 越快地逼近 $\boldsymbol{x}(t)$ 越好，即希望观测器的极点配置在 s 平面的很负的地方。但是，$\hat{\boldsymbol{x}}(t)$ 逼近 $\boldsymbol{x}(t)$ 太快了，也是不恰当的。因为误差 $\boldsymbol{x}(t)-\hat{\boldsymbol{x}}(t)$ 衰减得太快了，观测器的频带加宽，抗高频干扰的能力会下降，也会造成 $\boldsymbol{L}$ 矩阵实现上的困难。所以 $\boldsymbol{L}$ 矩阵的选择使观测器比被估计系统稍快一些就可以了。

下面利用对偶原理根据求单输入单输出系统状态负反馈矩阵 $\boldsymbol{K}$ 的设计方法，介绍确定单输入单输出系统全维观测器的反馈矩阵 $\boldsymbol{L}$ 的设计方法。

若单输入单输出系统

$$\begin{cases}\dot{\boldsymbol{x}}=\boldsymbol{A}\boldsymbol{x}+\boldsymbol{b}u\\ y=\boldsymbol{c}\boldsymbol{x}\end{cases}$$

状态是完全能观测的，那么它的对偶系统

$$\begin{cases}\dot{\boldsymbol{z}}=\boldsymbol{A}^{\mathrm{T}}\boldsymbol{z}+\boldsymbol{c}^{\mathrm{T}}v\\ w=\boldsymbol{b}^{\mathrm{T}}\boldsymbol{z}\end{cases}$$

便是完全能控的，这时采用状态负反馈矩阵 $\boldsymbol{l}^{\mathrm{T}}$，有

$$v=r-\boldsymbol{l}^{\mathrm{T}}\boldsymbol{z}$$

闭环后的状态方程为

$$\dot{\boldsymbol{z}}=(\boldsymbol{A}^{\mathrm{T}}-\boldsymbol{c}^{\mathrm{T}}\boldsymbol{l}^{\mathrm{T}})\boldsymbol{z}+\boldsymbol{c}^{\mathrm{T}}r$$

根据式(6-20)，可得负反馈矩阵 $\boldsymbol{l}^{\mathrm{T}}$ 的解为

$$\begin{aligned}\boldsymbol{l}^{\mathrm{T}}&=[0\ \ \cdots\ \ 0\ \ 1]\boldsymbol{Q}_c^{-1}f_L^{**}(\boldsymbol{A}^{\mathrm{T}})\\ &=[0\ \ \cdots\ \ 0\ \ 1][\boldsymbol{c}^{\mathrm{T}}\ \ \boldsymbol{A}^{\mathrm{T}}\boldsymbol{c}^{\mathrm{T}}\ \ \cdots\ \ (\boldsymbol{A}^{\mathrm{T}})^{n-1}\boldsymbol{c}^{\mathrm{T}}]^{-1}f_L^{**}(\boldsymbol{A}^{\mathrm{T}})\end{aligned}$$

可得观测器的反馈矩阵 $\boldsymbol{l}$ 为

$$\boldsymbol{l}=f_L^{**}(\boldsymbol{A})\begin{bmatrix}\boldsymbol{c}\\ \boldsymbol{c}\boldsymbol{A}\\ \vdots\\ \boldsymbol{c}\boldsymbol{A}^{n-1}\end{bmatrix}^{-1}\begin{bmatrix}0\\0\\ \vdots\\1\end{bmatrix}=f_L^{**}(\boldsymbol{A})\boldsymbol{Q}_o^{-1}\begin{bmatrix}0\\0\\ \vdots\\1\end{bmatrix}\tag{6-63}$$

$f_L^{**}(\boldsymbol{A})$ 为将期望的特征多项式 $f_L^{**}(s)$ 中的 s 换成 $\boldsymbol{A}$ 后的矩阵多项式。

另一种比较实用的求矩阵 $\boldsymbol{l}$ 的方法是根据观测器的特征多项式

$$f_L(s)=|s\mathbf{I}-(\boldsymbol{A}-\boldsymbol{l}\boldsymbol{c})|$$

和期望的特征多项式

$$f_L^{**}(s)=(s-s_1^{**})(s-s_2^{**})\cdots(s-s_n^{**})$$

s_1^{**}，s_2^{**}，…，s_n^{**} 是观测器期望的极点，期望的极点一般选定在左半 s 平面内比闭环系统的期望极点 s_1^*，s_2^*，…，s_n^* 更负的位置。使上面两个多项式同次幂对应项的系数相等，得到由 n 个方程组成的 n 元一次方程组，即可求出反馈矩阵，即

$$\boldsymbol{l}=\begin{bmatrix}l_n\\ l_{n-1}\\ \vdots\\ l_1\end{bmatrix}$$

【例 6-9】 已知一系统的状态空间表达式为

$$\begin{cases}\dot{\boldsymbol{x}}=\begin{bmatrix}-1 & 1\\ 0 & -2\end{bmatrix}\boldsymbol{x}+\begin{bmatrix}0\\1\end{bmatrix}u\\ y=[2\ \ 0]x\end{cases}$$

试设计一个状态观测器，使其极点为-10，-10。

解

① 判断系统的能观测性。因为

$$\mathrm{rank}\,\boldsymbol{Q}_{\mathrm{o}}=\mathrm{rank}\begin{bmatrix}\boldsymbol{c}\\ \boldsymbol{cA}\end{bmatrix}=\mathrm{rank}\begin{bmatrix}2 & 0\\ -2 & 2\end{bmatrix}=2$$

所以系统是状态完全能观测的，故可构造能任意配置极点的全维状态观测器。

② 观测器的期望特征多项式为

$$f_{\mathrm{L}}^{**}(s)=(s+10)(s+10)=s^2+20s+100$$

③ 计算$f_{\mathrm{L}}^{**}(\boldsymbol{A})$。

$$\begin{aligned}f_{\mathrm{L}}^{**}(\boldsymbol{A})&=\boldsymbol{A}^2+20\boldsymbol{A}+100\boldsymbol{I}\\ &=\begin{bmatrix}1 & -3\\ 0 & 4\end{bmatrix}+\begin{bmatrix}-20 & 20\\ 0 & -40\end{bmatrix}+\begin{bmatrix}100 & 0\\ 0 & 100\end{bmatrix}=\begin{bmatrix}81 & 17\\ 0 & 64\end{bmatrix}\end{aligned}$$

④ 求观测器的反馈矩阵$\boldsymbol{l}=\begin{bmatrix}l_2\\ l_1\end{bmatrix}$。根据式(6-63)，可得

$$\boldsymbol{l}=f_{\mathrm{L}}^{**}(\boldsymbol{A})\boldsymbol{Q}_{\mathrm{o}}^{-1}\begin{bmatrix}0\\ 1\end{bmatrix}=\begin{bmatrix}81 & 17\\ 0 & 64\end{bmatrix}\begin{bmatrix}2 & 0\\ -2 & 2\end{bmatrix}^{-1}\begin{bmatrix}0\\ 1\end{bmatrix}=\begin{bmatrix}8.5\\ 32\end{bmatrix}$$

⑤ 带观测器的系统结构图如图6-12所示。

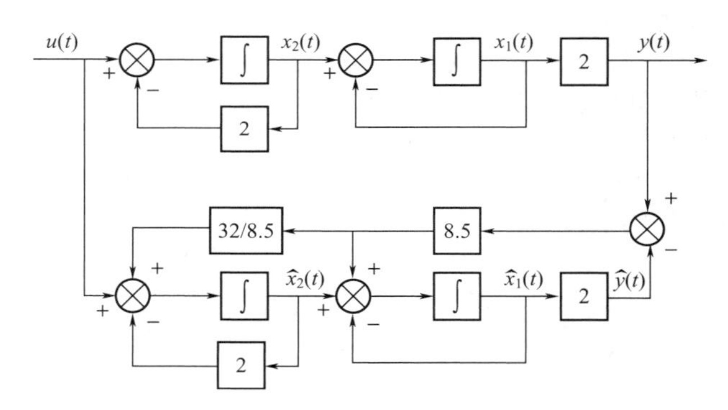

图6-12 带观测器的系统结构图

6.4.4 降维观测器的设计

前面所讨论的状态观测器其维数和被控系统的维数相同，故称为全维观测器。实际上，系统的输出量$\boldsymbol{y}$总是可以测量的。因此，可以利用系统的输出量$\boldsymbol{y}$来直接产生部分状态变量，从而降低观测器的维数。可以证明，只要系统状态是完全能观测的，若输出为m维，待观测的状态为$n-m$维，则当$\mathrm{rank}\,\boldsymbol{C}=m$时，观测器状态的维数就可以减少为$n-m$维，也就是说用$n-m$维的状态观测器可以代替全维观测器，这样的观测器就是降维观测器。

定理6-14 已知线性定常系统$\Sigma_0(\boldsymbol{A},\boldsymbol{B},\boldsymbol{C})$

$$\begin{cases}\dot{\boldsymbol{x}}=\boldsymbol{Ax}+\boldsymbol{Bu}\\ \boldsymbol{y}=\boldsymbol{Cx}\end{cases}\tag{6-64}$$

式中 $\boldsymbol{x}$——n维状态向量；

$\boldsymbol{u}$——r 维输入向量；

$\boldsymbol{y}$——m 维输出向量；

$\boldsymbol{A}$——$n\times n$ 系统矩阵；

$\boldsymbol{B}$——$n\times r$ 输入矩阵；

$\boldsymbol{C}$——$m\times n$ 输出矩阵。

假设系统状态完全能观测，且 rank $\boldsymbol{C}=m$，则存在 $n-m$ 维的降维观测器，为

$$\begin{cases}\dot{\boldsymbol{z}}=(\overline{\boldsymbol{A}}_{22}-\overline{\boldsymbol{L}}\,\overline{\boldsymbol{A}}_{12})\boldsymbol{z}+[(\overline{\boldsymbol{A}}_{22}-\overline{\boldsymbol{L}}\,\overline{\boldsymbol{A}}_{12})\overline{\boldsymbol{L}}+(\overline{\boldsymbol{A}}_{21}-\overline{\boldsymbol{L}}\,\overline{\boldsymbol{A}}_{11})]\boldsymbol{y}+(\overline{\boldsymbol{B}}_{2}-\overline{\boldsymbol{L}}\,\overline{\boldsymbol{B}}_{1})\boldsymbol{u}\\ \hat{\overline{\boldsymbol{x}}}_{2}=\boldsymbol{z}+\overline{\boldsymbol{L}}\boldsymbol{y}\end{cases}$$

此时，状态 $\boldsymbol{x}$ 的渐近估计为

$$\hat{\boldsymbol{x}}=\boldsymbol{T}\hat{\overline{\boldsymbol{x}}}=\boldsymbol{T}\begin{bmatrix}\hat{\overline{\boldsymbol{x}}}_{1}\\ \hat{\overline{\boldsymbol{x}}}_{2}\end{bmatrix}=\boldsymbol{T}\begin{bmatrix}\boldsymbol{y}\\ \boldsymbol{z}+\overline{\boldsymbol{L}}\boldsymbol{y}\end{bmatrix}$$

其中 $\overline{\boldsymbol{A}}=\boldsymbol{T}^{-1}\boldsymbol{A}\boldsymbol{T}=\begin{bmatrix}\overline{\boldsymbol{A}}_{11} & \overline{\boldsymbol{A}}_{12}\\ \overline{\boldsymbol{A}}_{21} & \overline{\boldsymbol{A}}_{22}\end{bmatrix}$，$\overline{\boldsymbol{B}}=\boldsymbol{T}^{-1}\boldsymbol{B}=\begin{bmatrix}\overline{\boldsymbol{B}}_{1}\\ \overline{\boldsymbol{B}}_{2}\end{bmatrix}$，$\overline{\boldsymbol{C}}=\boldsymbol{C}\boldsymbol{T}=[\mathbf{I}_m \quad \mathbf{0}]$

$$\boldsymbol{T}^{-1}=\begin{bmatrix}\boldsymbol{C}\\ \boldsymbol{C}_{2}\end{bmatrix}$$

$\boldsymbol{C}_2$ 为 $(n-m)\times n$ 矩阵且在保证 rank $\boldsymbol{T}^{-1}=n$ 的前提下任选。

证明　对原系统 $\Sigma_0(\boldsymbol{A},\boldsymbol{B},\boldsymbol{C})$，为了构造 $n-m$ 维状态观测器，首先将和 m 个输出量相当的状态变量分离出来。为此，令

$$\boldsymbol{T}^{-1}=\begin{bmatrix}\boldsymbol{C}\\ \boldsymbol{C}_{2}\end{bmatrix}=\begin{bmatrix}\boldsymbol{C}_{11} & \boldsymbol{C}_{12}\\ \boldsymbol{C}_{21} & \boldsymbol{C}_{22}\end{bmatrix}$$

$\boldsymbol{C}_{11}$ 和 $\boldsymbol{C}_{12}$ 分别为 $m\times m$ 和 $m\times(n-m)$ 矩阵，$\boldsymbol{C}_{21}$ 和 $\boldsymbol{C}_{22}$ 分别为 $(n-m)\times m$ 和 $(n-m)\times(n-m)$ 矩阵。令非奇异线性变换矩阵 $\boldsymbol{T}$ 具有和 $\boldsymbol{T}^{-1}$ 相同的分块形式，即

$$\boldsymbol{T}=\begin{bmatrix}\boldsymbol{E}_{11} & \boldsymbol{E}_{12}\\ \boldsymbol{E}_{21} & \boldsymbol{E}_{22}\end{bmatrix}$$

则　$$\boldsymbol{T}^{-1}\boldsymbol{T}=\begin{bmatrix}\boldsymbol{C}_{11} & \boldsymbol{C}_{12}\\ \boldsymbol{C}_{21} & \boldsymbol{C}_{22}\end{bmatrix}\begin{bmatrix}\boldsymbol{E}_{11} & \boldsymbol{E}_{12}\\ \boldsymbol{E}_{21} & \boldsymbol{E}_{22}\end{bmatrix}=\begin{bmatrix}\boldsymbol{C}_{11}\boldsymbol{E}_{11}+\boldsymbol{C}_{12}\boldsymbol{E}_{21} & \boldsymbol{C}_{11}\boldsymbol{E}_{12}+\boldsymbol{C}_{12}\boldsymbol{E}_{22}\\ \boldsymbol{C}_{21}\boldsymbol{E}_{11}+\boldsymbol{C}_{22}\boldsymbol{E}_{21} & \boldsymbol{C}_{21}\boldsymbol{E}_{12}+\boldsymbol{C}_{22}\boldsymbol{E}_{22}\end{bmatrix}=\begin{bmatrix}\mathbf{I}_m & \mathbf{0}\\ \mathbf{0} & \mathbf{I}_{n-m}\end{bmatrix}$$

取线性变换

$$\boldsymbol{x}=\boldsymbol{T}\overline{\boldsymbol{x}}$$

则式(6-64) 可变换为

$$\begin{cases}\dot{\overline{\boldsymbol{x}}}=\overline{\boldsymbol{A}}\overline{\boldsymbol{x}}+\overline{\boldsymbol{B}}\boldsymbol{u}\\ \boldsymbol{y}=\overline{\boldsymbol{C}}\overline{\boldsymbol{x}}\end{cases}\tag{6-65}$$

其中
$$\overline{\boldsymbol{A}}=\boldsymbol{T}^{-1}\boldsymbol{A}\boldsymbol{T}=\begin{bmatrix}\overline{\boldsymbol{A}}_{11} & \overline{\boldsymbol{A}}_{12}\\ \overline{\boldsymbol{A}}_{21} & \overline{\boldsymbol{A}}_{22}\end{bmatrix},\ \overline{\boldsymbol{B}}=\boldsymbol{T}^{-1}\boldsymbol{B}=\begin{bmatrix}\overline{\boldsymbol{B}}_{1}\\ \overline{\boldsymbol{B}}_{2}\end{bmatrix}$$

$$\overline{\boldsymbol{C}}=\boldsymbol{C}\boldsymbol{T}=[\boldsymbol{C}_{11}\quad \boldsymbol{C}_{12}]\begin{bmatrix}\boldsymbol{E}_{11} & \boldsymbol{E}_{12}\\ \boldsymbol{E}_{21} & \boldsymbol{E}_{22}\end{bmatrix}=[\mathbf{I}_m\quad \mathbf{0}]$$

或
$$\begin{cases}\dot{\overline{\boldsymbol{x}}}_1=\overline{\boldsymbol{A}}_{11}\overline{\boldsymbol{x}}_1+\overline{\boldsymbol{A}}_{12}\overline{\boldsymbol{x}}_2+\overline{\boldsymbol{B}}_1\boldsymbol{u}\\ \dot{\overline{\boldsymbol{x}}}_2=\overline{\boldsymbol{A}}_{21}\overline{\boldsymbol{x}}_1+\overline{\boldsymbol{A}}_{22}\overline{\boldsymbol{x}}_2+\overline{\boldsymbol{B}}_2\boldsymbol{u}\\ \boldsymbol{y}=\overline{\boldsymbol{x}}_1\end{cases}\tag{6-66}$$

由式(6-66) 可以看出，状态 $\overline{\boldsymbol{x}}_1$ 能够直接由输出量 $\boldsymbol{y}$ 获得，不必再通过观测器观测，所

以只要求估计$\bar{x}_2$的值，现将$n-m$维状态变量$\bar{x}_2$由观测器进行重构。由式(6-66)可得关于$\bar{x}_2$的表达式为

$$\begin{cases}\dot{\bar{x}}_2=\bar{A}_{22}\bar{x}_2+\bar{A}_{21}y+\bar{B}_2u\\ \dot{y}=\bar{A}_{12}\bar{x}_2+\bar{A}_{11}y+\bar{B}_1u\end{cases}$$

如令

$$\begin{cases}\bar{u}=\bar{A}_{21}y+\bar{B}_2u\\ w=\dot{y}-\bar{A}_{11}y-\bar{B}_1u\end{cases} \tag{6-67}$$

则有

$$\begin{cases}\dot{\bar{x}}_2=\bar{A}_{22}\bar{x}_2+\bar{u}\\ w=\bar{A}_{12}\bar{x}_2\end{cases} \tag{6-68}$$

式(6-68)是n维系统式(6-66)的$n-m$维子系统，其中$\bar{u}$为输入向量，w为输出向量。由于系统式(6-65)的状态变量是完全能观测的，其中部分状态变量当然也是能观测的，所以子系统式(6-68)就一定是能观测的。根据式(6-62)，可写出子系统$\Sigma(\bar{A}_{22},\bar{A}_{12})$的观测器方程为

$$\dot{\hat{\bar{x}}}_2=(\bar{A}_{22}-\bar{L}\ \bar{A}_{12})\hat{\bar{x}}_2+\bar{u}+\bar{L}w$$

将式(6-67)代入上式，得

$$\dot{\hat{\bar{x}}}_2=(\bar{A}_{22}-\bar{L}\ \bar{A}_{12})\hat{\bar{x}}_2+\bar{A}_{21}y+\bar{B}_2u+\bar{L}(\dot{y}-\bar{A}_{11}y-\bar{B}_1u) \tag{6-69}$$

为了消去等式右边y的导数项，进行变换，即

$$z=\hat{\bar{x}}_2-\bar{L}y$$

则式(6-69)可写成

$$\dot{z}=(\bar{A}_{22}-\bar{L}\ \bar{A}_{12})(z+\bar{L}y)+(\bar{A}_{21}-\bar{L}\ \bar{A}_{11})y+(\bar{B}_2-\bar{L}\ \bar{B}_1)u \tag{6-70}$$

即有

$$\begin{cases}\dot{z}=(\bar{A}_{22}-\bar{L}\ \bar{A}_{12})(z+\bar{L}y)+(\bar{A}_{21}-\bar{L}\ \bar{A}_{11})y+(\bar{B}_2-\bar{L}\ \bar{B}_1)u\\ \hat{\bar{x}}_2=z+\bar{L}y\end{cases}$$

以上两式为在$\mathrm{rank}\,C=m$条件下，降维观测器的构造公式。由上式可首先对状态变量z进行估计，在得到z之后，就可根据$\hat{\bar{x}}_2=z+\bar{L}y$得到$\hat{\bar{x}}_2$，即状态变量$\bar{x}_2$的估计值。其中$\bar{L}$就是要求选择的降维观测器的反馈矩阵，$u$和$y$都是原系统的输入和输出。

经变换后系统状态变量的估计值可表示成

$$\hat{\bar{x}}=\begin{bmatrix}\hat{\bar{x}}_1\\ \hat{\bar{x}}_2\end{bmatrix}=\begin{bmatrix}y\\ z+\bar{L}y\end{bmatrix}$$

而原系统的状态变量估计值为

$$\hat{x}=T\hat{\bar{x}}=T\begin{bmatrix}y\\ z+\bar{L}y\end{bmatrix}$$

最后讨论状态变量的估计值$\hat{\bar{x}}_2$趋向$\bar{x}_2$的速度。令

$$e=\bar{x}_2-\hat{\bar{x}}_2$$

则

$$\dot{e}=\dot{\bar{x}}_2-\dot{\hat{\bar{x}}}_2=\dot{\bar{x}}_2-(\dot{z}+\bar{L}\ \dot{\bar{x}}_1)=\bar{A}_{21}\bar{x}_1+\bar{A}_{22}\bar{x}_2+\bar{B}_2u-(\bar{A}_{22}-\bar{L}\ \bar{A}_{12})(z+\bar{L}\ \bar{x}_1)-(\bar{A}_{21}-\bar{L}\ \bar{A}_{11})\bar{x}_1-(\bar{B}_2-\bar{L}\ \bar{B}_1)u-\bar{L}\ \bar{A}_{11}\bar{x}_1-\bar{L}\ \bar{A}_{12}\bar{x}_2-\bar{L}\ \bar{B}_1u=(\bar{A}_{22}-\bar{L}\ \bar{A}_{12})(\bar{x}_2-z-\bar{L}\ \bar{x}_1)$$

因为子系统$\Sigma(\bar{A}_{22},\bar{A}_{12})$是能观测的，便可以用观测器的反馈矩阵$\bar{L}$任意配置$\bar{A}_{22}-$

$\overline{L}\ \overline{A}_{12}$的特征值，或者说，能够使 $z+\overline{L}y$ 以任意的速度趋向$\overline{x}_2$，那么 $z+\overline{L}y$ 便成为$\overline{x}_2$ 的估计值。

以上分析表明，观测器的极点仅决定了状态变量估计值$\hat{\overline{x}}_2$ 以什么样的速度趋向真实状态向量$\overline{x}_2$，而对系统的输入输出特性没有影响。

【例 6-10】 已知某系统的状态空间表达式为

$$\begin{cases}\dot{x}=\begin{bmatrix}0 & 1 & 0\\0 & 0 & 1\\-6 & -11 & -6\end{bmatrix}x+\begin{bmatrix}0\\0\\1\end{bmatrix}u\\ y=\begin{bmatrix}1 & 0 & 0\\0 & 1 & 0\end{bmatrix}x\end{cases}$$

试求降维观测器，并使它的极点位于−5 处。

解　因系统完全能观测和 rank $C=m=2$，且 $n=3$，则 $n-m=1$，所以只要设计一个一维观测器即可。

① 系统的输出矩阵 C 为

$$C=\begin{bmatrix}1 & 0 & 0\\0 & 1 & 0\end{bmatrix}$$

② 求线性变换矩阵 T。由

$$T^{-1}=\begin{bmatrix}C\\C_2\end{bmatrix}=\begin{bmatrix}1 & 0 & 0\\0 & 1 & 0\\0 & 0 & 1\end{bmatrix}$$

得

$$T=\begin{bmatrix}1 & 0 & 0\\0 & 1 & 0\\0 & 0 & 1\end{bmatrix}$$

③ 求 $\overline{A}$ 和 $\overline{b}$。

$$\overline{A}=T^{-1}AT=\begin{bmatrix}0 & 1 & 0\\0 & 0 & 1\\-6 & -11 & -6\end{bmatrix},\ \overline{b}=T^{-1}b=\begin{bmatrix}0\\0\\1\end{bmatrix}$$

将 $\overline{A}$ 和 $\overline{b}$ 分块得

$$\overline{A}_{11}=\begin{bmatrix}0 & 1\\0 & 0\end{bmatrix},\ \overline{A}_{12}=\begin{bmatrix}0\\1\end{bmatrix},\ \overline{A}_{21}=[-6\quad -11],\ \overline{A}_{22}=[-6]$$

$$\overline{b}_1=\begin{bmatrix}0\\0\end{bmatrix},\ \overline{b}_2=[1]$$

④ 求降维观测器的反馈矩阵 $\overline{l}=[\overline{l}_{12}\quad \overline{l}_{11}]$，降维观测器的特征多项式为

$$f_{\mathrm{L}}(s)=|s\mathbf{I}-(\overline{A}_{22}-\overline{l}\,\overline{A}_{12})|=\left|s-\left(-6-[\overline{l}_{12}\quad \overline{l}_{11}]\begin{bmatrix}0\\1\end{bmatrix}\right)\right|=s+6+\overline{l}_{11}$$

期望特征多项式为

$$f_{\mathrm{L}}^{**}(s)=s+5$$

比较以上两式的 s 同次幂系数可得 $\overline{l}_{11}=-1$，而 $\overline{l}_{12}$可以任意选，如取 $\overline{l}_{12}=0$，则有

$$\overline{l}=[\overline{l}_{12}\quad \overline{l}_{11}]=[0\quad -1]$$

⑤ 求降维观测器方程。根据式(6-70)，可得降维观测器的状态方程为

$$\dot{\boldsymbol{z}}=(\overline{\boldsymbol{A}}_{22}-\bar{\boldsymbol{l}}\,\overline{\boldsymbol{A}}_{12})(\boldsymbol{z}+\bar{\boldsymbol{l}}\boldsymbol{y})+(\overline{\boldsymbol{A}}_{21}-\bar{\boldsymbol{l}}\,\overline{\boldsymbol{A}}_{11})\boldsymbol{y}+(\bar{\boldsymbol{b}}_2-\bar{\boldsymbol{l}}\,\bar{\boldsymbol{b}}_1)\boldsymbol{u}$$

$$=\left(-6-[0\quad -1]\begin{bmatrix}0\\1\end{bmatrix}\right)\left(z+[0\quad -1]\begin{bmatrix}y_1\\y_2\end{bmatrix}\right)+$$

$$\left([-6\quad -11]-[0\quad -1]\begin{bmatrix}0&1\\0&0\end{bmatrix}\right)\begin{bmatrix}y_1\\y_2\end{bmatrix}+\left(1-[0\quad -1]\begin{bmatrix}0\\0\end{bmatrix}\right)u$$

$$=-5z-6y_1-6y_2+u$$

⑥ 求状态变量估计值。因变换后系统状态变量的估计值为

$$\hat{\bar{\boldsymbol{x}}}=\begin{bmatrix}\hat{\bar{\boldsymbol{x}}}_1\\\hat{\bar{\boldsymbol{x}}}_2\end{bmatrix}=\begin{bmatrix}\boldsymbol{y}\\z+\bar{\boldsymbol{l}}\boldsymbol{y}\end{bmatrix}=\begin{bmatrix}\boldsymbol{y}\\z-y_2\end{bmatrix}=\begin{bmatrix}y_1\\y_2\\z-y_2\end{bmatrix}$$

故原系统的状态变量估计值为

$$\hat{\boldsymbol{x}}=\boldsymbol{T}\hat{\bar{\boldsymbol{x}}}=\hat{\bar{\boldsymbol{x}}}=\begin{bmatrix}y_1\\y_2\\z-y_2\end{bmatrix}$$

⑦ 系统结构图如图 6-13 所示。

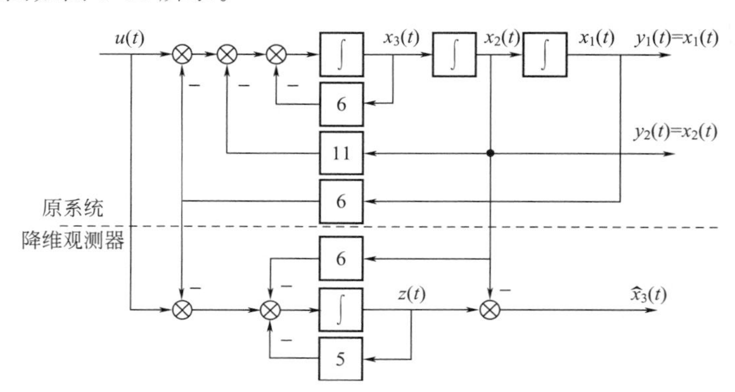

图 6-13　带降维观测器的系统结构图

6.5　带状态观测器的闭环控制系统

状态观测器解决了被控系统的状态重构问题，为那些状态变量不能直接测量的系统实现状态负反馈创造了条件。然而，这种依靠状态观测器所构成的状态负反馈系统和直接进行状态负反馈的系统之间究竟有何异同，这正是本节要讨论的问题。

6.5.1　带状态观测器的闭环控制系统的结构

现在要用状态负反馈改善系统的性能，而状态变量信息是由观测器提供的，这时，整个系统便由三部分组成，即被控系统、观测器和控制器。图 6-14 是一个带有全维状态观测器的状态负反馈系统。

设状态完全能控并完全能观测的被控系统 $\Sigma_0(\boldsymbol{A},\boldsymbol{B},\boldsymbol{C})$ 为

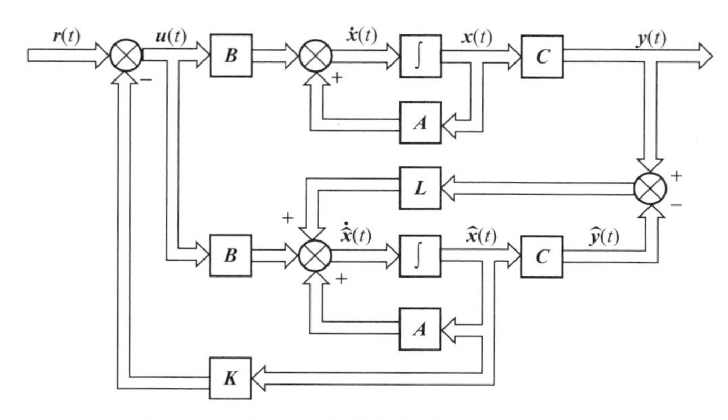

图 6-14　带状态观测器的状态负反馈系统

$$\begin{cases}\dot{x}=Ax+Bu\\ y=Cx\end{cases}$$

状态负反馈控制规律为

$$u=r-K\hat{x}$$

状态观测器方程为

$$\dot{\hat{x}}=(A-LC)\hat{x}+Bu+Ly$$

由以上三式可得整个闭环系统的状态空间表达式为

$$\begin{cases}\dot{x}=Ax-BK\hat{x}+Br\\ \dot{\hat{x}}=LCx+(A-LC-BK)\hat{x}+Br\\ y=Cx\end{cases}$$

将它写成分块矩阵的形式为

$$\begin{cases}\begin{bmatrix}\dot{x}\\ \dot{\hat{x}}\end{bmatrix}=\begin{bmatrix}A & -BK\\ LC & A-LC-BK\end{bmatrix}\begin{bmatrix}x\\ \hat{x}\end{bmatrix}+\begin{bmatrix}B\\ B\end{bmatrix}r\\ y=\begin{bmatrix}C & 0\end{bmatrix}\begin{bmatrix}x\\ \hat{x}\end{bmatrix}\end{cases}\tag{6-71}$$

或

$$\begin{cases}\begin{bmatrix}\dot{x}\\ \dot{x}-\dot{\hat{x}}\end{bmatrix}=\begin{bmatrix}A-BK & BK\\ 0 & A-LC\end{bmatrix}\begin{bmatrix}x\\ x-\hat{x}\end{bmatrix}+\begin{bmatrix}B\\ 0\end{bmatrix}r\\ y=\begin{bmatrix}C & 0\end{bmatrix}\begin{bmatrix}x\\ x-\hat{x}\end{bmatrix}\end{cases}\tag{6-72}$$

6.5.2　带状态观测器的闭环控制系统的特征

(1) 闭环极点设计的分离性　由于式(6-71) 和式(6-72) 的状态变量之间的关系为

$$\begin{bmatrix}x\\ \hat{x}\end{bmatrix}=\begin{bmatrix}I & 0\\ I & -I\end{bmatrix}\begin{bmatrix}x\\ x-\hat{x}\end{bmatrix}$$

也就是说，将式(6-71) 进行非奇异线性变换，就能得到式(6-72)，而非奇异线性变换并不

改变系统的特征值，因此根据式(6-72)便可得到组合系统式(6-71)的特征多项式为

$$\begin{vmatrix} s\mathbf{I}-(\boldsymbol{A}-\boldsymbol{BK}) & -\boldsymbol{BK} \\ \mathbf{0} & s\mathbf{I}-(\boldsymbol{A}-\boldsymbol{LC}) \end{vmatrix} = |s\mathbf{I}-(\boldsymbol{A}-\boldsymbol{BK})|\,|s\mathbf{I}-(\boldsymbol{A}-\boldsymbol{LC})|$$

以上分析表明，由观测器构成状态负反馈的闭环系统，其特征多项式等于状态负反馈部分的特征多项式$|s\mathbf{I}-(\boldsymbol{A}-\boldsymbol{BK})|$和观测器部分的特征多项式$|s\mathbf{I}-(\boldsymbol{A}-\boldsymbol{LC})|$的乘积，而且两者相互独立。因此，只要原系统$\sum_0(\boldsymbol{A},\boldsymbol{B},\boldsymbol{C})$状态完全能控并完全能观测，则系统的状态负反馈矩阵$\boldsymbol{K}$和观测器反馈矩阵$\boldsymbol{L}$可分别根据各自的要求，独立进行配置。这种性质被称为分离性。

同样可以证明，用降维观测器构成的状态负反馈系统也具有分离性。

(2) 传递函数矩阵的不变性 因非奇异线性变换同样不改变系统的输入和输出之间的关系，所以组合系统式(6-71)的传递函数矩阵同样可由式(6-72)求得，即

$$\boldsymbol{G}(s)=[\boldsymbol{C}\quad \mathbf{0}]\begin{vmatrix} s\mathbf{I}-(\boldsymbol{A}-\boldsymbol{BK}) & -\boldsymbol{BK} \\ \mathbf{0} & s\mathbf{I}-(\boldsymbol{A}-\boldsymbol{LC}) \end{vmatrix}^{-1}\begin{bmatrix}\boldsymbol{B}\\ \mathbf{0}\end{bmatrix}$$

根据分块矩阵的求逆公式

$$\begin{bmatrix}\boldsymbol{R} & \boldsymbol{S}\\ \mathbf{0} & \boldsymbol{T}\end{bmatrix}^{-1}=\begin{bmatrix}\boldsymbol{R}^{-1} & -\boldsymbol{R}^{-1}\boldsymbol{S}\boldsymbol{T}^{-1}\\ \mathbf{0} & \boldsymbol{T}^{-1}\end{bmatrix}$$

有

$$\begin{aligned}\boldsymbol{G}(s)&=[\boldsymbol{C}\quad \mathbf{0}]\begin{vmatrix} [s\mathbf{I}-(\boldsymbol{A}-\boldsymbol{BK})]^{-1} & [s\mathbf{I}-(\boldsymbol{A}-\boldsymbol{BK})]^{-1}\boldsymbol{BK}[s\mathbf{I}-(\boldsymbol{A}-\boldsymbol{LC})]^{-1} \\ \mathbf{0} & [s\mathbf{I}-(\boldsymbol{A}-\boldsymbol{LC})]^{-1} \end{vmatrix}\begin{bmatrix}\boldsymbol{B}\\ \mathbf{0}\end{bmatrix}\\ &=\boldsymbol{C}[s\mathbf{I}-(\boldsymbol{A}-\boldsymbol{BK})]^{-1}\boldsymbol{B}\end{aligned}$$

上式表明，带观测器的状态负反馈闭环系统的传递函数矩阵等于直接状态负反馈闭环系统的传递函数矩阵。或者说，它与是否采用观测器负反馈无关。因此，观测器渐近给出$\hat{\boldsymbol{x}}$并不影响闭环系统的特性。

(3) 观测器负反馈与直接状态负反馈的等效性 由式(6-61)可以看出，通过选择$\boldsymbol{L}$矩阵，可使$\boldsymbol{A}-\boldsymbol{LC}$的特征值均具有负实部，所以必有$\lim\limits_{t\to\infty}\|\boldsymbol{x}-\hat{\boldsymbol{x}}\|\to 0$，因此，当$t\to\infty$，必有

$$\begin{cases}\dot{\boldsymbol{x}}=(\boldsymbol{A}-\boldsymbol{BK})\boldsymbol{x}+\boldsymbol{Br}\\ \boldsymbol{y}=\boldsymbol{Cx}\end{cases}$$

成立。这表明，带观测器的状态负反馈系统，只有当$t\to\infty$，进入稳定状态时，才会与直接状态负反馈系统完全等价。但是，可通过选择$\boldsymbol{L}$矩阵来加快$\|\boldsymbol{x}-\hat{\boldsymbol{x}}\|\to 0$的速度，即加快$\hat{\boldsymbol{x}}$渐近于$\boldsymbol{x}$的速度。

【例 6-11】 设被控系统的传递函数为

$$G(s)=\frac{1}{s(s+6)}$$

试用状态负反馈将闭环系统极点配置为$-4\pm j6$，并设计实现状态负反馈的全维及降维观测器。

解

① 由传递函数可知，此系统状态既完全能控又完全能观测，因而存在状态负反馈及状态观测器。下面根据分离性分别设计$\boldsymbol{k}$矩阵和$\boldsymbol{l}$矩阵。

② 求状态负反馈矩阵$\boldsymbol{k}$。为方便$\boldsymbol{k}$矩阵和观测器的设计，可直接写出系统的能控标准型实现，即

$$\begin{cases}\dot{\boldsymbol{x}}=\begin{bmatrix}0 & 1\\0 & -6\end{bmatrix}\boldsymbol{x}+\begin{bmatrix}0\\1\end{bmatrix}u\\ y=[1 \quad 0]\boldsymbol{x}\end{cases}$$

令

$$\boldsymbol{k}=[k_2 \quad k_1]$$

将闭环特征多项式

$$f_{\mathrm{K}}(s)=|s\mathbf{I}-(\boldsymbol{A}-\boldsymbol{bk})|=\begin{vmatrix}s & -1\\k_2 & s+6+k_1\end{vmatrix}=s^2+(6+k_1)s+k_2$$

与期望特征多项式

$$f^*(s)=(s+4-\mathrm{j}6)(s+4+\mathrm{j}6)=s^2+8s+52$$

比较 s 的同次幂系数，得 $k_1=2$，$k_2=52$，即

$$\boldsymbol{k}=[52 \quad 2]$$

③ 求全维观测器。为了使观测器的状态变量 $\hat{\boldsymbol{x}}$ 能较快地趋向原系统的状态变量 $\boldsymbol{x}$，且又考虑到噪声过滤及 $\boldsymbol{l}$ 矩阵系数值不要太大，一般取观测器的极点离虚轴的距离比闭环系统期望极点的位置远 2～3 倍为宜。本例取观测器的极点位于 -10 处。

$$\boldsymbol{l}=\begin{bmatrix}l_2\\l_1\end{bmatrix}$$

则观测器的特征多项式

$$f_{\mathrm{L}}(s)=|s\mathbf{I}-(\boldsymbol{A}-\boldsymbol{lc})|=\begin{vmatrix}s+l_2 & -1\\l_1 & s+6\end{vmatrix}=s^2+(6+l_2)s+l_1+6l_2$$

与期望特征多项式

$$f_{\mathrm{L}}^{**}(s)=(s+10)^2=s^2+20s+100$$

比较 s 的同次幂系数，得 $l_1=16, l_2=14$，即

$$\boldsymbol{l}=\begin{bmatrix}14\\16\end{bmatrix}$$

全维观测器方程为

$$\dot{\hat{\boldsymbol{x}}}=(\boldsymbol{A}-\boldsymbol{lc})\hat{\boldsymbol{x}}+\boldsymbol{b}u+\boldsymbol{l}y=\begin{bmatrix}-14 & 1\\-16 & -6\end{bmatrix}\hat{\boldsymbol{x}}+\begin{bmatrix}0\\1\end{bmatrix}u+\begin{bmatrix}14\\16\end{bmatrix}y$$

其结构图如图 6-15 所示。

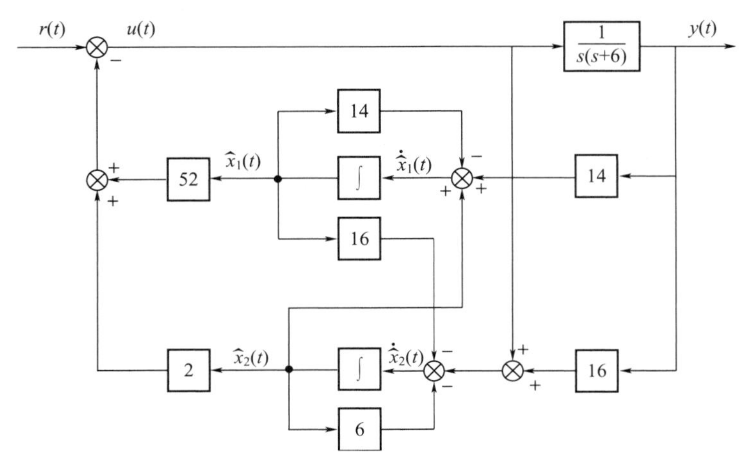

图 6-15 全维观测器状态负反馈闭环系统结构图

④ 求降维观测器。因 rank $\boldsymbol{c}=m=1$，$n=2$，$n-m=1$，所以只要设计一个一维观测器即可。

设降维观测器的极点为-10，$\overline{L}=\bar{l}_1$。因

$$\overline{A}_{11}=0,\ \overline{A}_{12}=1,\ \overline{A}_{21}=0,\ \overline{A}_{22}=-6,\ \bar{b}_1=0,\ \bar{b}_2=1$$

故降维观测器的特征多项式为

$$f_{\mathrm{L}}(s)=|s-(\overline{A}_{22}-\overline{L}\overline{A}_{12})|=s+6+\bar{l}_1$$

与期望特征多项式

$$f_{\mathrm{L}}^{**}(s)=s+10$$

比较得$\bar{l}_1=4$，即$\overline{L}=4$。

降维观测器方程为

$$\begin{cases}\dot{z}=(\overline{A}_{22}-\overline{L}\overline{A}_{12})(z+\overline{L}y)+(\overline{A}_{21}-\overline{L}\overline{A}_{11})y+(\bar{b}_2-\overline{L}\bar{b}_1)u\\ \quad=-10z-40y+u\\ \hat{x}_1=y\\ \hat{x}_2=z+\overline{L}y=z+4y\end{cases}$$

其结构图如图6-16所示。

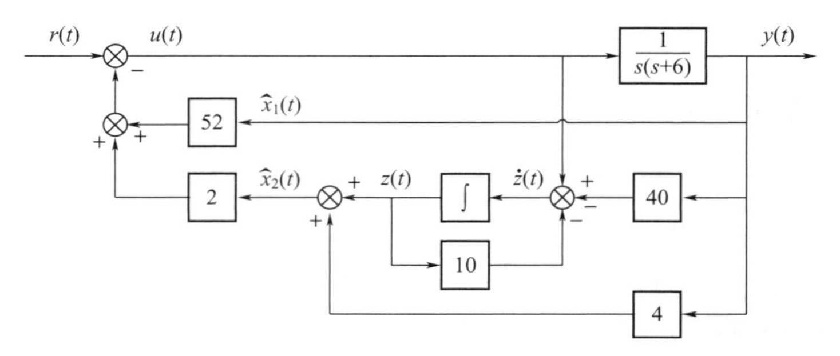

图6-16　降维观测器状态负反馈闭环结构图

6.6　利用MATLAB设计系统的状态负反馈和状态观测器

MATLAB控制系统工具箱中提供了很多函数用来进行系统的状态负反馈控制律和状态观测器的设计。

6.6.1　状态负反馈闭环系统的极点配置

当系统完全能控时，通过状态负反馈可实现闭环系统极点的任意配置。关键是求解状态负反馈矩阵$\boldsymbol{K}$，当系统的阶数大于3以后，或为多输入多输出系统时，具体设计要困难得多。如果采用MATLAB进行辅助设计，问题就简单多了。

【例6-12】　已知系统的状态方程为

$$\dot{\boldsymbol{x}}=\begin{bmatrix}-2 & -1 & 1\\ 1 & 0 & 1\\ -1 & 0 & 1\end{bmatrix}\boldsymbol{x}+\begin{bmatrix}1\\ 1\\ 1\end{bmatrix}u$$

采用状态负反馈，将系统的极点配置到-1，-2，-3，求状态负反馈矩阵$\boldsymbol{K}$。

解　MATLAB程序为

```
% Example6_12.m
```

```
A=[-2  -1  1;  1  0  1;  -1  0 1];
b=[1;  1;  1];
Qc=ctrb(A, b);
rc=rank(Qc);
f=conv([1,1], conv([1,2], [1,3]));
K=[zeros(1, length(A)-1)  1] * inv(Qc) * polyvalm(f, A)
```

执行后得

```
K=
  -1  2  4
```

在MATLAB的控制系统工具箱中提供了单输入单输出系统极点配置函数acker（），该函数的调用格式为

$$\boldsymbol{K}=\text{acker}(\boldsymbol{A},\boldsymbol{b},\boldsymbol{P})$$

其中，$\boldsymbol{P}$ 为给定的期望极点，$\boldsymbol{K}$ 为状态负反馈矩阵。

对例6-12，采用下面命令可得同样结果。

```
>>A=[-2  -1  1;  1  0  1;  -1  0  1]; b=[1;  1;  1];
>>rc=rank(ctrb(A, b));
>>P=[-1  -2  -3];
>>K=acker(A, b, P)
```

结果显示

```
K=
  -1  2  4
```

6.6.2 状态观测器的设计

(1) 全维状态观测器的设计 极点配置是基于状态负反馈，因此状态 $\boldsymbol{x}$ 必须可测量，当状态不能测量时，则应设计状态观测器来估计状态。

对于系统

$$\begin{cases}\dot{\boldsymbol{x}}=\boldsymbol{A}\boldsymbol{x}+\boldsymbol{B}\boldsymbol{u}\\ \boldsymbol{y}=\boldsymbol{C}\boldsymbol{x}\end{cases} \tag{6-73}$$

若其状态完全能观测，则可构造状态观测器。式(6-59)为状态观测器的方程，式(6-63)为反馈矩阵 $\boldsymbol{L}$ 的计算公式。在 *MATLAB* 设计中，利用对偶原理，可使设计问题大为简化，求解过程如下。

首先构造系统式(6-73)的对偶系统，即

$$\begin{cases}\dot{\boldsymbol{z}}=\boldsymbol{A}^{\mathrm{T}}\boldsymbol{z}+\boldsymbol{C}^{\mathrm{T}}\boldsymbol{v}\\ \boldsymbol{w}=\boldsymbol{B}^{\mathrm{T}}\boldsymbol{z}\end{cases} \tag{6-74}$$

然后，对偶系统按极点配置求状态负反馈矩阵 $\boldsymbol{K}$，即

$\boldsymbol{K}=\text{acker}(\boldsymbol{A}^{\mathrm{T}},\boldsymbol{C}^{\mathrm{T}},\boldsymbol{P})$ 或 $\boldsymbol{K}=\text{place}(\boldsymbol{A}^{\mathrm{T}},\boldsymbol{C}^{\mathrm{T}},\boldsymbol{P})$。

原系统的状态观测器的反馈矩阵 $\boldsymbol{L}$，为其对偶系统的状态负反馈矩阵 $\boldsymbol{K}$ 的转置，即 $\boldsymbol{L}=\boldsymbol{K}^{\mathrm{T}}$

其中，$\boldsymbol{P}$ 为给定的观测器期望极点，$\boldsymbol{L}$ 为状态观测器的反馈矩阵。

【例6-13】 已知开环系统

$$\begin{cases}\dot{\boldsymbol{x}}=\boldsymbol{A}\boldsymbol{x}+\boldsymbol{b}u\\ y=\boldsymbol{c}\boldsymbol{x}\end{cases}$$

其中
$$A=\begin{bmatrix}0 & 1 & 0\\0 & 0 & 1\\-6 & -11 & -6\end{bmatrix},\ b=\begin{bmatrix}0\\0\\1\end{bmatrix},\ c=[1\quad 0\quad 0]$$
设计全维状态观测器，使观测器的闭环极点为$-2\pm j2\sqrt{3}$，-5。

解 为求出状态观测器的反馈矩阵 $\boldsymbol{L}$，先为原系统构造一对偶系统。

$$\begin{cases}\dot{\boldsymbol{z}}=\boldsymbol{A}^{\mathrm{T}}\boldsymbol{z}+\boldsymbol{C}^{\mathrm{T}}v\\ w=\boldsymbol{B}^{\mathrm{T}}\boldsymbol{z}\end{cases}$$

采用极点配置方法对对偶系统进行闭环极点的配置，得到负反馈矩阵 $\boldsymbol{K}$，再由对偶原理得到原系统的状态观测器的反馈矩阵 $\boldsymbol{L}$。

MATLAB 程序为

```
% Example6_13. m
A=[0  1  0; 0  0  1;-6  -11  -6];
b=[0;  0;  1];
c=[1  0  0];
disp('The Rank of Observability Matrix')
r0=rank(obsv(A, c))
A1=A'; b1=c'; c1=b';
P=[-2+2 * sqrt(3) * j  -2-2 * sqrt(3) * j  -5];
K=acker(A1, b1, P);
L=K'
```

执行后得

```
The Rankof Observability Matrix
r0=
3
L=
3.0000
7.0000
-1.0000
```

由于 rank $\boldsymbol{Q}_c=3$，所以系统状态完全能观测，因此可设计全维状态观测器。

(2) 降维观测器的设计 已知线性定常系统

$$\begin{cases}\dot{\boldsymbol{x}}=\boldsymbol{Ax}+\boldsymbol{Bu}\\ \boldsymbol{y}=\boldsymbol{Cx}\end{cases}\tag{6-75}$$

状态完全能观测，则可将状态 $\boldsymbol{x}$ 分为可测量和不可测量两部分，通过特定线性非奇异变换可导出系统状态空间表达式的分块矩阵形式，即

$$\begin{cases}\begin{bmatrix}\dot{\bar{\boldsymbol{x}}}_1\\ \dot{\bar{\boldsymbol{x}}}_2\end{bmatrix}=\begin{bmatrix}\bar{\boldsymbol{A}}_{11} & \bar{\boldsymbol{A}}_{12}\\ \bar{\boldsymbol{A}}_{21} & \bar{\boldsymbol{A}}_{22}\end{bmatrix}\begin{bmatrix}\bar{\boldsymbol{x}}_1\\ \bar{\boldsymbol{x}}_2\end{bmatrix}+\begin{bmatrix}\bar{\boldsymbol{B}}_1\\ \bar{\boldsymbol{B}}_2\end{bmatrix}\boldsymbol{u}\\ \boldsymbol{y}=[\boldsymbol{I}\quad \boldsymbol{0}]\begin{bmatrix}\bar{\boldsymbol{x}}_1\\ \bar{\boldsymbol{x}}_2\end{bmatrix}\end{cases}$$

由上式可以看出，状态$\bar{\boldsymbol{x}}_1$ 能够直接由输出量 $\boldsymbol{y}$ 获得，不必再通过观测器观测，所以只要求对 $n-m$ 维状态变量由观测器进行重构。由上式可得关于$\bar{\boldsymbol{x}}_2$ 的状态方程为

$$\begin{cases}\dot{\bar{\boldsymbol{x}}}_2=\overline{\boldsymbol{A}}_{22}\bar{\boldsymbol{x}}_2+\overline{\boldsymbol{A}}_{21}\boldsymbol{y}+\overline{\boldsymbol{B}}_2\boldsymbol{u}\\ \dot{\boldsymbol{y}}-\overline{\boldsymbol{A}}_{11}\boldsymbol{y}-\overline{\boldsymbol{B}}_1\boldsymbol{u}=\overline{\boldsymbol{A}}_{12}\bar{\boldsymbol{x}}_2\end{cases}$$

与全维状态观测器方程进行对比，可得到两者之间的对应关系，见表 6-1。

表 6-1　全维与降维状态观测器各物理量的对比

项目	全维观测器	降维观测器	项目	全维观测器	降维观测器
状态向量	$\boldsymbol{x}$	$\bar{\boldsymbol{x}}_2$	输出向量	$\boldsymbol{y}$	$\dot{\boldsymbol{y}}-\overline{\boldsymbol{A}}_{11}\boldsymbol{y}-\overline{\boldsymbol{B}}_1\boldsymbol{u}$
系统矩阵	$\boldsymbol{A}$	$\overline{\boldsymbol{A}}_{22}$	输出矩阵	$\boldsymbol{C}$	$\overline{\boldsymbol{A}}_{12}$
控制作用	$\boldsymbol{Bu}$	$\overline{\boldsymbol{A}}_{21}\boldsymbol{y}+\overline{\boldsymbol{B}}_2\boldsymbol{u}$	反馈矩阵	$\boldsymbol{L}_{n\times 1}$	$\boldsymbol{L}_{(n-m)\times 1}$

由此可得降维状态观测器的等效方程为

$$\begin{cases}\dot{\boldsymbol{z}}=\boldsymbol{A}_{\mathrm{ro}}\boldsymbol{z}+\boldsymbol{B}_{\mathrm{ro}}\boldsymbol{v}\\ \boldsymbol{w}=\boldsymbol{C}_{\mathrm{ro}}\boldsymbol{z}\end{cases}\tag{6-76}$$

其中，$\boldsymbol{A}_{\mathrm{ro}}=\overline{\boldsymbol{A}}_{22}$，$\boldsymbol{B}_{\mathrm{ro}}\boldsymbol{v}=\overline{\boldsymbol{A}}_{21}\boldsymbol{y}+\overline{\boldsymbol{B}}_2\boldsymbol{u}$，$\boldsymbol{C}_{\mathrm{ro}}=\overline{\boldsymbol{A}}_{12}$。下标 ro 是 reduced-order observer 的缩写。

然后，使用 MATLAB 的函数 place（ ）或 acker（ ），根据全维状态观测器的设计方法求解反馈矩阵 $\boldsymbol{L}$。

降维观测器的方程为

$$\begin{cases}\dot{\boldsymbol{z}}=(\overline{\boldsymbol{A}}_{22}-\overline{\boldsymbol{L}}\ \overline{\boldsymbol{A}}_{12})(\boldsymbol{z}+\overline{\boldsymbol{L}}\boldsymbol{y})+(\overline{\boldsymbol{A}}_{21}-\overline{\boldsymbol{L}}\ \overline{\boldsymbol{A}}_{11})\boldsymbol{y}+(\overline{\boldsymbol{B}}_2-\overline{\boldsymbol{L}}\ \overline{\boldsymbol{B}}_1)\boldsymbol{u}\\ \hat{\bar{\boldsymbol{x}}}_2=\boldsymbol{z}+\overline{\boldsymbol{L}}\boldsymbol{y}\end{cases}\tag{6-77}$$

【例 6-14】 设开环系统

$$\begin{cases}\dot{\boldsymbol{x}}=\boldsymbol{Ax}+\boldsymbol{b}u\\ y=\boldsymbol{cx}\end{cases}$$

其中
$$\boldsymbol{A}=\begin{bmatrix}0&1&0\\0&0&1\\-6&-11&-6\end{bmatrix},\ \boldsymbol{b}=\begin{bmatrix}0\\0\\1\end{bmatrix},\ \boldsymbol{c}=[1\quad 0\quad 0]$$

设计降维状态观测器，使闭环极点为 $-2\pm \mathrm{j}2\sqrt{3}$。

解　由于 x_1 可测量，因此只需设计 x_2 和 x_3 的状态观测器，故根据原系统可得不可测量部分的状态空间表达式为

$$\begin{cases}\dot{\bar{\boldsymbol{x}}}_2=\overline{\boldsymbol{A}}_{22}\bar{\boldsymbol{x}}_2+\overline{\boldsymbol{A}}_{21}y+\bar{\boldsymbol{b}}_2u\\ \dot{y}-\overline{\boldsymbol{A}}_{11}y-\bar{\boldsymbol{b}}_1u=\overline{\boldsymbol{A}}_{12}\bar{\boldsymbol{x}}_2\end{cases}$$

其中
$$\overline{\boldsymbol{A}}_{11}=[0],\ \overline{\boldsymbol{A}}_{12}=[1\quad 0],\ \overline{\boldsymbol{A}}_{21}=\begin{bmatrix}0\\-6\end{bmatrix},\ \overline{\boldsymbol{A}}_{22}=\begin{bmatrix}0&1\\-11&-6\end{bmatrix}$$

$$\bar{\boldsymbol{b}}_1=[0],\ \bar{\boldsymbol{b}}_2=\begin{bmatrix}0\\1\end{bmatrix}$$

等效系统为

$$\begin{cases}\dot{\boldsymbol{z}}=\boldsymbol{A}_{\mathrm{ro}}\boldsymbol{z}+\boldsymbol{b}_{\mathrm{ro}}v\\ w=\boldsymbol{c}_{\mathrm{ro}}\boldsymbol{z}\end{cases}$$

其中
$$\boldsymbol{A}_{\mathrm{ro}}=\overline{\boldsymbol{A}}_{22},\ \boldsymbol{b}_{\mathrm{ro}}v=\overline{\boldsymbol{A}}_{21}y+\bar{\boldsymbol{b}}_2u,\ \boldsymbol{c}_{\mathrm{ro}}=\overline{\boldsymbol{A}}_{12}$$

MATLAB 程序为

```
% Example6_14. m
A=[0  1  0; 0  0  1;-6  -11  -6]; b=[0;  0;  1]; c=[1  0  0];
A11=[A(1, 1)]; A12=[A(1, 2:3)];
A21=[A(2:3, 1)]; A22=[A(2:3, 2:3)];
B1=b(1,1); B2=b(2:3, 1);
Aro=A22; Cro=A12;
r0=rank (obsv (Aro,Cro) )
P=[-2+2 * sqrt(3) * j  -2-2 * sqrt(3) * j];
K=acker (Aro', Cro', P);
L=K'
```

执行后得

```
r0=           L=
2             -2
              17
```

6.6.3 带状态观测器的闭环系统极点配置

状态观测器解决了被控系统的状态重构问题，为那些状态变量不能直接测量的系统实现状态负反馈创造了条件。带状态观测器的状态负反馈系统由三部分组成，即被控系统、观测器和状态负反馈控制律。

设状态完全能控且完全能观测的被控系统为

$$\begin{cases}\dot{\boldsymbol{x}}=\boldsymbol{A}\boldsymbol{x}+\boldsymbol{B}\boldsymbol{u}\\ \boldsymbol{y}=\boldsymbol{C}\boldsymbol{x}\end{cases}$$

状态负反馈控制律为

$$\boldsymbol{u}=\boldsymbol{r}-\boldsymbol{K}\hat{\boldsymbol{x}}$$

状态观测器方程为

$$\dot{\hat{\boldsymbol{x}}}=(\boldsymbol{A}-\boldsymbol{L}\boldsymbol{C})\hat{\boldsymbol{x}}+\boldsymbol{B}\boldsymbol{u}+\boldsymbol{L}\boldsymbol{y}$$

由以上三式可得闭环系统的状态空间表达式为

$$\begin{cases}\dot{\boldsymbol{x}}=\boldsymbol{A}\boldsymbol{x}-\boldsymbol{B}\boldsymbol{K}\hat{\boldsymbol{x}}+\boldsymbol{B}\boldsymbol{r}\\ \dot{\hat{\boldsymbol{x}}}=\boldsymbol{L}\boldsymbol{C}\boldsymbol{x}+(\boldsymbol{A}-\boldsymbol{L}\boldsymbol{C}-\boldsymbol{B}\boldsymbol{K})\hat{\boldsymbol{x}}+\boldsymbol{B}\boldsymbol{r}\\ \boldsymbol{y}=\boldsymbol{C}\boldsymbol{x}\end{cases}$$

根据分离原理，系统的状态负反馈矩阵 $\boldsymbol{K}$ 和观测器反馈矩阵 $\boldsymbol{L}$ 可分别设计。

【例 6-15】 已知开环系统

$$\begin{cases}\dot{\boldsymbol{x}}=\begin{bmatrix}0 & 1\\ 20.6 & 0\end{bmatrix}\boldsymbol{x}+\begin{bmatrix}0\\ 1\end{bmatrix}u\\ y=[1\quad 0]\boldsymbol{x}\end{cases}$$

设计状态负反馈使闭环极点为$-1.8\pm j2.4$，设计状态观测器使其闭环极点为-8，-8。

解 状态负反馈和状态观测器的设计分开进行，状态观测器的设计借助于对偶原理。在设计之前，应先判别系统的状态能控性和能观测性，MATLAB 的程序如下。

```
% Example6_15. m
A=[0  1; 20.6  0]; b=[0;1]; c=[1  0];
```

```
% Check Controllability and Observability
disp ('The Rank of Controllability Matrix')
rc=rank (ctrb(A, b))
disp ('The Rank of Observability Matrix')
ro=rank (obsv(A, c))
% Design Regulator
P=[-1.8+2.4*j  -1.8-2.4*j];
K=acker(A, b, P)
% Design State Observer
Al=A'; b1=c'; c1=b'; Pl=[-8  -8];
Kl=acker(A1, b1, P1); L=Kl'
```

执行后得

```
The Rank of Controllability Matrix
rc=
  2
The Rank of Observability Matrix
ro=             K=                          L=
2               29.6000      3.6000         16.0000
                                            84.6000
```

6.7 小结

(1) 状态负反馈和极点配置

① 利用状态负反馈实现闭环系统极点任意配置的充分必要条件是被控系统是状态完全能控的。

② 状态负反馈不改变系统的零点，只改变系统的极点。

③ 在引入状态负反馈后，系统能控性不变，但却不一定能保持系统的能观测性。对于单输入单输出无零点系统，引入状态负反馈不会出现零点、极点相消，故其状态能观测性与原系统保持一致。

④ 多输入系统实现极点配置的状态负反馈矩阵 $\boldsymbol{K}$ 不唯一。

(2) 输出负反馈和极点配置

① 利用输出到输入端的线性负反馈一般不能实现闭环系统极点的任意配置。

② 在引入输出到输入端的线性负反馈后，系统的状态能控性和能观测性不变。

③ 利用输出到状态向量导数 $\dot{x}$ 的负反馈实现闭环极点任意配置的充分必要条件是被控对象状态是完全能观测的。

④ 在引入输出到状态向量导数 $\dot{x}$ 的负反馈后，系统的状态能观测性不变，但却不一定能保持系统的状态能控性。单输入单输出无零点的系统引入输出到状态向量导数 $\dot{x}$ 的负反馈不会出现零点、极点相消，故其能控性与原系统保持一致。

⑤ 两种输出负反馈都不改变系统的零点，只改变系统的极点。

(3) 解耦控制

① 输入和输出维数相同的线性定常系统，串联解耦的条件是被控系统的传递函数矩阵

的逆存在。

② 输入和输出维数相同的线性定常系统，负反馈解耦的条件是能解耦性判别矩阵的逆存在。

(4) 系统的镇定

① 假如不稳定的线性定常系统是状态完全能控的，则一定存在线性状态负反馈矩阵 $\boldsymbol{K}$，实现系统的镇定。

② 假如线性定常系统的状态是不完全能控的，则存在线性状态负反馈矩阵 $\boldsymbol{K}$，实现系统镇定的充分必要条件是，系统的不能控部分为渐近稳定。

③ 假如不稳定的线性定常系统是状态完全能观测的，则一定存在从输出到状态向量导数 $\dot{\boldsymbol{x}}$ 的线性负反馈，实现系统的镇定。

④ 假如线性定常系统的状态是不完全能观测的，则存在从输出到状态向量导数 $\dot{\boldsymbol{x}}$ 的线性反馈，实现系统镇定的充分必要条件是，系统的不能观测部分为渐近稳定的。

(5) 状态观测器的设计　若被控系统 $\sum_0(\boldsymbol{A},\boldsymbol{B},\boldsymbol{C})$ 能观测，则其状态可用 $\dot{\hat{\boldsymbol{x}}}=(\boldsymbol{A}-\boldsymbol{LC})\hat{\boldsymbol{x}}+\boldsymbol{Bu}+\boldsymbol{Ly}$ 的全维状态观测器给出估计值，矩阵 $\boldsymbol{L}$ 按任意配置极点的需要来选择，以决定逼近误差衰减的速度。

(6) 分离原理　若被控系统能控能观测，当用状态观测器估计值构成状态负反馈时，其系统的极点配置和观测器设计可分别独立进行，即矩阵 $\boldsymbol{K}$ 和 $\boldsymbol{L}$ 的设计可分别独立进行。

习　题

6-1　已知系统结构图如题 6-1 图所示。

(1) 写出系统状态空间表达式；

(2) 试设计一个状态负反馈矩阵 $\boldsymbol{k}$，将闭环系统特征值配置在 $-1\pm \mathrm{j}3$ 上。

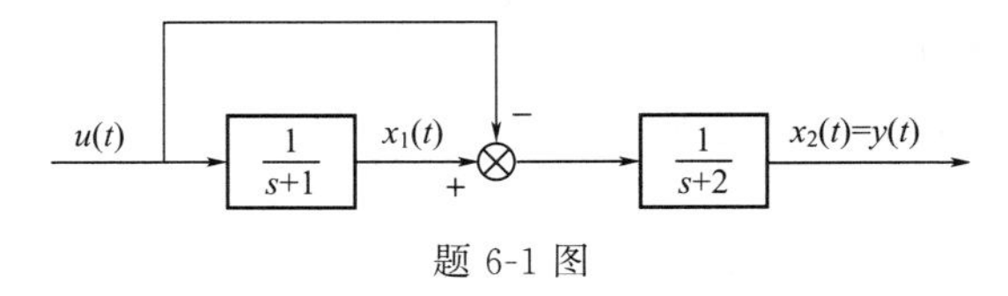

题 6-1 图

6-2　已知系统的传递函数为

$$\frac{y(s)}{u(s)}=\frac{10}{s(s+1)(s+2)}$$

试设计一个状态负反馈矩阵 $\boldsymbol{k}$，使闭环系统的极点为 -2，$-1\pm \mathrm{j}$。

6-3　已知系统的传递函数为

$$G(s)=\frac{(s-1)(s+2)}{(s+1)(s-2)(s+3)}$$

试问能否利用状态负反馈，将传递函数变为

$$G_{\mathrm{K}}(s)=\frac{(s-1)}{(s+2)(s+3)} \text{和} G_{\mathrm{K}}(s)=\frac{(s+2)}{(s+1)(s+3)}$$

若有可能，试分别求出状态负反馈矩阵 $\boldsymbol{k}$，并画出结构图。

6-4　已知系统的状态空间表达式为

$$\begin{cases}\dot{\boldsymbol{x}}=\begin{bmatrix}0 & 0 & -1\\ 1 & 0 & -3\\ 0 & 1 & -3\end{bmatrix}\boldsymbol{x}+\begin{bmatrix}1\\ 1\\ 0\end{bmatrix}u\\ y=\begin{bmatrix}0 & 1 & -2\end{bmatrix}\boldsymbol{x}\end{cases}$$

试判断系统的状态能控性和能观测性。若不完全能控，用结构分解将系统分解为状态能控和不能控的子系统，并讨论能否用状态负反馈使闭环系统镇定。

6-5　已知系统的传递函数为

$$G(s)=\frac{s+1}{s^2(s+3)}$$

试设计一个状态负反馈矩阵，将闭环系统的极点配置在-2，-2和-1处，并说明所得的闭环系统是否能观测。

6-6　已知系统的状态方程为

$$\dot{\boldsymbol{x}}=\begin{bmatrix}-1 & 0 & 0\\ 0 & 0 & 1\\ 0 & -3 & 1\end{bmatrix}\boldsymbol{x}+\begin{bmatrix}0\\ 0\\ 1\end{bmatrix}u$$

试判定系统是否可采用状态负反馈分别配置以下两组闭环特征值：$\{-2,-2,-1\}$；$\{-2,-2,-3\}$。若能配置，求出负反馈矩阵 $\boldsymbol{k}$。

6-7　试判断下列系统通过状态负反馈能否镇定：

(1) $\dot{\boldsymbol{x}}=\begin{bmatrix}-1 & -2 & -2\\ 0 & -1 & 1\\ 1 & 0 & -1\end{bmatrix}\boldsymbol{x}+\begin{bmatrix}2\\ 0\\ 1\end{bmatrix}u$；

(2) $\dot{\boldsymbol{x}}=\left[\begin{array}{ccc:cc}-2 & 1 & 0 & 0 & 0\\ 0 & -2 & 1 & 0 & 0\\ 0 & 0 & -2 & 0 & 0\\ \hdashline 0 & 0 & 0 & -5 & 1\\ 0 & 0 & 0 & 0 & -5\end{array}\right]\boldsymbol{x}+\begin{bmatrix}4\\ 5\\ 0\\ 7\\ 0\end{bmatrix}u$。

6-8　已知系统状态空间表达式为

$$\begin{cases}\dot{\boldsymbol{x}}=\begin{bmatrix}1 & 0 & 1\\ 1 & 0 & 0\\ 0 & 1 & 0\end{bmatrix}\boldsymbol{x}+\begin{bmatrix}1\\ 1\\ 0\end{bmatrix}u\\ \boldsymbol{y}=\begin{bmatrix}1 & 0 & 0\\ 0 & 1 & 0\end{bmatrix}\boldsymbol{x}\end{cases}$$

(1) 应用状态负反馈镇定系统；

(2) 应用线性输出负反馈可否镇定，为什么？

6-9　已知系统状态空间表达式为

$$\begin{cases}\dot{\boldsymbol{x}}=\begin{bmatrix}0 & 1\\ 0 & 0\end{bmatrix}\boldsymbol{x}+\begin{bmatrix}0\\ 1\end{bmatrix}u\\ y=\begin{bmatrix}1 & 0\end{bmatrix}\boldsymbol{x}\end{cases}$$

试设计一状态观测器，使观测器的极点为$-r$，$-2r(r>0)$。

6-10　已知系统的状态空间表达式为

$$\begin{cases}\dot{\boldsymbol{x}}=\begin{bmatrix}0 & 1 & 0\\0 & 0 & 1\\0 & 0 & 0\end{bmatrix}\boldsymbol{x}+\begin{bmatrix}0\\0\\1\end{bmatrix}u\\y=\begin{bmatrix}1 & 0 & 0\end{bmatrix}\boldsymbol{x}\end{cases}$$

(1) 设计一个降维状态观测器，将观测器的极点配置在－4，－5处；

(2) 画出其结构图。

6-11　已知系统的传递函数为

$$G(s)=\frac{1}{s(s+1)(s+2)}$$

(1) 确定一个状态负反馈矩阵 $\boldsymbol{k}$，使闭环系统的极点为－3，$-1/2\pm \mathrm{j}\sqrt{3}/2$；

(2) 确定一个全维状态观测器，并使观测器的极点全配置在－5处；

(3) 确定一个降维状态观测器，并使观测器的极点配置在－5处；

(4) 分别画出闭环系统的结构图；

(5) 求出闭环系统的传递函数。

6-12　设系统的状态空间表达式为

$$\begin{cases}\dot{\boldsymbol{x}}=\boldsymbol{A}\boldsymbol{x}+\boldsymbol{B}\boldsymbol{u}\\\boldsymbol{y}=\boldsymbol{C}\boldsymbol{x}\end{cases}$$

现引入状态负反馈 $\boldsymbol{u}=\boldsymbol{r}-\boldsymbol{K}\hat{\boldsymbol{x}}$ 构成闭环系统，$\hat{\boldsymbol{x}}$ 为 $\boldsymbol{x}$ 的估计值。

(1) 写出该系统状态变量的全维渐近观测器的状态方程；

(2) 写出带状态负反馈全维观测器的闭环系统的状态方程，并画出包括状态负反馈及全维观测器的闭环系统结构图。

6-13　已知系统的状态空间表达式为

$$\begin{cases}\dot{\boldsymbol{x}}=\begin{bmatrix}-5 & -1\\6 & 0\end{bmatrix}\boldsymbol{x}+\begin{bmatrix}0\\2\end{bmatrix}u\\y=\begin{bmatrix}0 & 1\end{bmatrix}\boldsymbol{x}\end{cases}$$

(1) 画出系统结构图；

(2) 求系统的传递函数；

(3) 判定系统能控性和能观测性；

(4) 求系统状态转移矩阵 $\boldsymbol{\Phi}(t)$；

(5) 当 $\boldsymbol{x}(0)=[0\quad 3]^{\mathrm{T}}$、$u(0)=0$ 时，求系统的输出 $y(t)$；

(6) 设计全维状态观测器，将观测器极点配置在 $-10\pm \mathrm{j}10$ 处；

(7) 在 (6) 的基础上，设计状态负反馈矩阵 $\boldsymbol{k}$，将闭环系统的极点配置在 $-5\pm \mathrm{j}5$ 处；

(8) 画出系统的总体结构图。

6-14　对题6-11中的系统：

(1) 用MATLAB仿真确定一个状态负反馈矩阵 $\boldsymbol{k}$ 使闭环系统的极点为－3，$-1/2\pm \mathrm{j}\sqrt{3}/2$；

(2) 用MATLAB仿真确定一个全维状态观测器，并使观测器的极点全配置在－5处；

(3) 用MATLAB仿真确定一个降维状态观测器，并使观测器的极点配置在－5处。

第7章
最优控制原理及系统设计

最优控制研究的主要问题是根据已建立的被控对象的数学模型，选择一个容许的控制律，使被控对象按预定要求运行，并使给定的某一性能指标达到极大值（或极小值）。

7.1 最优控制的基本概念

7.1.1 最优控制问题的数学描述

最优控制是一门工程背景很强的学科分支，其研究的问题都是从大量实际问题中提炼出来的，它尤其与航空、航天、航海的制导、导航和控制技术密不可分。下面首先以飞船的月球软着陆控制问题为例，从中可以归纳出最优控制问题的数学描述。

(1) 最优控制问题实例 飞船靠其发动机产生一与月球重力方向相反的推力 $f(t)$，赖以控制飞船实现软着陆（落到月球上时速度为零）。问题要求选择一最好的发动机推力 $f(t)$，使燃料消耗最少。

设飞船质量为 $m(t)$，是飞船自身质量 m_s 及所带燃料质量 $m_f(t)$ 之和。它的高度和垂直速度分别为 $h(t)$ 和 $v(t)$，月球的重力加速度可视为常数 g。

飞船在 $t=0$ 时刻开始进入着陆过程，其运动方程为

$$\begin{cases}\dot{h}(t)=v(t)\\ \dot{v}(t)=\dfrac{f(t)}{m(t)}-g\\ \dot{m}(t)=-kf(t)\end{cases} \tag{7-1}$$

式中 k——常数。

要求控制飞船从初始状态

$$h(0)=h_0,\ v(0)=v_0,\ m(0)=m_s+m_f(0) \tag{7-2}$$

出发，在某一终端 t_f 时刻实现软着陆，即

$$h(t_f)=0,\ v(t_f)=0 \tag{7-3}$$

控制过程中推力 $f(t)$ 不能超过发动机所能提供的最大推力 f_{max}，即

$$0\leqslant f(t)\leqslant f_{max} \tag{7-4}$$

满足上述约束，使飞船实现软着陆的推力程序 $f(t)$ 不止一种，其中消耗燃料最少的才是问题所要求的最好推力程序，即问题可归纳为求性能指标

$$J=m(t_f) \tag{7-5}$$

最大的数学问题。

最优控制任务是在满足方程式(7-1)和式(7-4)的推力约束条件下，寻求发动机推力的最优变化律 $f^*(t)$，使飞船由已知初态式(7-2)转移到要求的终端状态式(7-3)，并使性能指标 $J=m(t_f)$ 最大，从而使飞船软着陆过程中燃料消耗量最小。

以上通过对飞船的燃耗最优控制的分析可知，凡属最优控制问题的数学描述，应包含以下几方面的内容。

(2) 受控系统的数学模型 受控系统的数学模型即系统的微分方程，它反映了动态系统在运动过程中所应遵循的物理规律。在集中参数情况下，动态系统的运动规律可以用一组一阶常微分方程（即状态方程）来描述，即

$$\dot{\boldsymbol{x}}(t)=\boldsymbol{f}[\boldsymbol{x}(t),\boldsymbol{u}(t),t] \tag{7-6}$$

式中 $\boldsymbol{x}(t)$——n 维状态向量；

$\boldsymbol{u}(t)$——r 维控制向量；

$\boldsymbol{f}(\cdot)$——关于 $\boldsymbol{x}(t)$、$\boldsymbol{u}(t)$ 和 t 的 n 维函数向量；

t——实数自变量。

式(7-6)不仅能概括式(7-1)所述飞船的方程，而且它还可以概括一切具有集中参数的受控系统数学模型。非线性定常系统、线性时变系统和线性定常系统的状态方程

$$\dot{\boldsymbol{x}}(t)=\boldsymbol{f}[\boldsymbol{x}(t),\boldsymbol{u}(t)]$$

$$\dot{\boldsymbol{x}}(t)=\boldsymbol{A}(t)\boldsymbol{x}(t)+\boldsymbol{B}(t)\boldsymbol{u}(t)$$

$$\dot{\boldsymbol{x}}(t)=\boldsymbol{A}\boldsymbol{x}(t)+\boldsymbol{B}\boldsymbol{u}(t)$$

都是式(7-6)系统的一种特例。

(3) 边界条件与目标集 动态系统的运动过程，是系统从状态空间的一个状态到另一个状态的转移，其运动轨线在状态空间中形成状态轨线曲线 $\boldsymbol{x}(t)$。为了确定要求的曲线 $\boldsymbol{x}(t)$，需要确定初始状态 $\boldsymbol{x}(t_0)$ 和终端状态 $\boldsymbol{x}(t_f)$，这是求解状态方程式(7-6)必需的边界条件。

在最优控制问题中，初始时刻 t_0 和初始状态 $\boldsymbol{x}(t_0)$ 通常是已知的，但是终端时刻 t_f 和终端状态 $\boldsymbol{x}(t_f)$ 可以固定，也可以不固定。

一般来说，对终端的要求可以用如下的终端等式或不等式约束条件来表示，即

$$\begin{cases}\boldsymbol{N}_1[\boldsymbol{x}(t_f),t_f]=0\\ \boldsymbol{N}_2[\boldsymbol{x}(t_f),t_f]\leqslant 0\end{cases} \tag{7-7}$$

$\boldsymbol{N}_1$、$\boldsymbol{N}_2$ 分别为终端等式和不等式约束集，它们概括了对终端的一般要求。实际上，终端约束规定了状态空间的一个时变或非时变的集合，此种满足终端约束的状态集合称为目标集 $\boldsymbol{M}$，可表示为

$$\boldsymbol{M}=\{\boldsymbol{x}(t_f)\mid \boldsymbol{x}(t_f)\in\boldsymbol{R}^n,\ \boldsymbol{N}_1[\boldsymbol{x}(t_f),t_f]=0,\ \boldsymbol{N}_2[\boldsymbol{x}(t_f),t_f]\leqslant 0\}$$

(4) 容许控制 控制向量 $\boldsymbol{u}(t)$ 的各个分量 $u_i(t)$ 通常是具有不同物理属性的控制量。在实际控制问题中，大多数控制量受客观条件限制只能在一定范围内取值，如式(7-4)所示。这种限制范围，通常可用如下不等式的约束条件来表示，即

$$0\leqslant\|\boldsymbol{u}(t)\|\leqslant\|\boldsymbol{u}_{\max}\| \tag{7-8}$$

或

$$|u_i|\leqslant u_{\max i},\ i=1,2,\cdots,r \tag{7-9}$$

式(7-8)和式(7-9)规定了控制空间 $\boldsymbol{R}^r$ 中的一个闭集。

由控制约束条件所规定的点集称为控制域，并记为 $\boldsymbol{R}_u$。凡在闭区间 $[t_0,t_f]$ 上有定义，且在控制域 $\boldsymbol{R}_u$ 内取值的每一个控制函数 $\boldsymbol{u}(t)$ 均成为容许控制，并记为 $\boldsymbol{u}(t)\in\boldsymbol{R}_u$。

通常假定容许控制 $\boldsymbol{u}(t)\in\boldsymbol{R}_u$ 是一有界连续函数或者是分段连续函数。需要指出，控制

域为开集或闭集，其处理方法有很大差别。后者的处理较难，结果也很复杂。

（5）性能指标　从给定初态 $\boldsymbol{x}(t_0)$ 到目标集 $\boldsymbol{M}$ 的转移可通过不同的控制律 $\boldsymbol{u}(t)$ 来实现，为了在各种可行的控制律中找出一种效果最好的控制，这就需要首先建立一种评价控制效果好坏或控制品质优劣的性能指标函数。性能指标的内容与形式，取决于最优控制问题所完成的任务，不同的最优控制问题，有不同的性能指标，即使是同一问题其性能指标也可能不同。通常情况下，对连续系统时间函数性能指标可以归纳为以下三种类型。

① 综合型性能指标

$$J[\boldsymbol{u}(\cdot)]=F[\boldsymbol{x}(t_f),t_f]+\int_{t_0}^{t_f}L[\boldsymbol{x}(t),\boldsymbol{u}(t),t]\mathrm{d}t \tag{7-10}$$

式中　$L(\cdot)$——标量函数，它是向量 $\boldsymbol{x}(t)$ 和 $\boldsymbol{u}(t)$ 的函数，称为动态性能指标；

$F(\cdot)$——标量函数，与终端时间 t_f 及终端状态 $\boldsymbol{x}(t_f)$ 有关，称为终端性能指标；

$J(\cdot)$——标量，对每个控制函数都有一个对应值；

$\boldsymbol{u}(\cdot)$——控制函数整体，$\boldsymbol{u}(t)$ 表示 t 时刻的控制向量。

式(7-10) 类型的性能指标称为综合型或波尔扎（Bolza）型问题，它可以用来描述具有终端约束下的最小积分控制，或在积分约束下的终端最小时间控制。

② 积分型性能指标。若不计终端性能指标，则式(7-10) 成为如下形式，即

$$J[\boldsymbol{u}(\cdot)]=\int_{t_0}^{t_f}L[\boldsymbol{x}(t),\boldsymbol{u}(t),t]\mathrm{d}t \tag{7-11}$$

这时的性能指标称为积分型或拉格朗日（Lagrange）型问题，它更强调系统的过程要求。在自动控制中，要求调节过程的某种积分评价为最小（或最大）就属于这一类问题。

③ 终端型性能指标。若不计动态性能指标，式(7-10) 成为如下形式，即

$$J[\boldsymbol{u}(\cdot)]=F[\boldsymbol{x}(t_f),t_f] \tag{7-12}$$

这时的性能指标称为终端型或麦耶尔（Mager）型问题，它要求找出使终端的某一函数为最小（或最大）值的控制 $\boldsymbol{u}(t)$，终端处某些变量的最终值不是预先规定的。

以上讨论表明，所有最优控制可以用上述三种类型的性能指标之一来表示，而综合型问题是更普遍的情况。通过一些简单的数学处理，即引入适合的辅助变量，它们三者可以相互转换。

综上所述，性能指标与系统所受的控制作用和系统的状态有关，但是它不仅取决于某个固定时刻的控制向量和状态向量，而且与状态转移过程中的控制向量 $\boldsymbol{u}(t)$ 和状态曲线 $\boldsymbol{x}(t)$ 有关，因此性能指标是一个泛函。

7.1.2　最优控制的提法

最优控制的提法就是将通常的最优控制问题抽象成一个数学问题，并用数学语言严格地表述出来。最优控制可分为静态最优控制和动态最优控制两大类。

（1）静态最优控制　静态最优控制是指在稳定工况下实现最优，它反映系统达到稳态后的静态关系。大多数生产过程的受控对象可以用静态最优控制来处理，并且具有足够的精度。静态最优控制一般可用一个目标函数 $J=f(\boldsymbol{x})$ 和若干个等式或不等式约束条件来描述。要求在满足约束条件下，使目标函数 J 为最大（或最小）。

【例 7-1】　已知函数 $f(\boldsymbol{x})=x_1^2+x_2^2$，等式约束条件为工 $x_1+x_2=3$，求函数的条件极值。

解　求解此类问题有多种方法，如消元法和拉格朗日乘子法。

① 消元法。根据题意，由约束条件得

$$x_2=3-x_1$$

将上式代入已知函数，得

$$f(\boldsymbol{x})=x_1^2+(3-x_1)^2$$

为了求极值，将 f 对 x_1 求微分，并令微分结果等于零，即

$$\frac{\partial f}{\partial x_1}=2x_1-2(3-x_1)=0$$

求解上式得

$$x_1=3/2$$

则

$$x_2=3-x_1=3-3/2=3/2$$

② 拉格朗日乘子法。首先引入一个拉格朗日乘子 λ，得到一个可调整的新函数，即

$$H(x_1,x_2,\lambda)=x_1^2+x_2^2+\lambda(x_1+x_2-3)$$

此时，H 已成为没有约束条件的三元函数，它与 x_1、x_2 和 λ 有关。这样求 H 的极值问题即为求无条件极值的问题，其极值条件为

$$\begin{cases}\dfrac{\partial H}{\partial x_1}=2x_1+\lambda=0\\ \dfrac{\partial H}{\partial x_2}=2x_2+\lambda=0\\ \dfrac{\partial H}{\partial \lambda}=x_1+x_2-3=0\end{cases}$$

联立求解上式，则得

$$x_1=x_2=3/2,\ \lambda=-3$$

计算结果表明，两种方法所得结果相同。但消元法只适用于简单的情况，而拉格朗日乘子法具有普遍意义。由例 7-1 可见，静态最优是一个函数求极值问题，求解静态最优控制问题常用的方法有经典微分法、线性规划、分割法（优选法）和插值法等。

(2) 动态最优控制 动态最优是指系统从一个工况变化到另一个工况的过程中，应满足最优要求。动态最优控制要求寻找出控制作用的一个或一组函数（而不是一个或一组数值），使性能指标在满足约束条件下为最优值，在数学上这是属于泛函求极值的问题。

根据以上最优控制问题的基本组成部分，动态最优控制问题的数学描述为：在一定的约束条件下，受控系统的状态方程

$$\dot{\boldsymbol{x}}(t)=\boldsymbol{f}[x(t),\boldsymbol{u}(t),t] \tag{7-13}$$

和目标函数

$$J[\boldsymbol{u}(\cdot)]=F[\boldsymbol{x}(t_f),t_f]+\int_{t_0}^{t_f}L[\boldsymbol{x}(t),\boldsymbol{u}(t),t]\mathrm{d}t \tag{7-14}$$

为最小的最优控制向量 $\boldsymbol{u}^*(t)$。

求解动态最优控制问题有经典变分法、极大（极小）值原理、动态规划和线性二次型最优控制法等。对于动态系统，当控制无约束时，采用经典微分法或经典变分法；当控制有约束时，采用极大值原理或动态规划；如果系统是线性的，性能指标是二次型形式的，则可采用线性二次型最优控制法求解。

在求解动态最优问题中，若将时域 $[t_0,t_f]$ 分成许多段有限区域，在每一分段内，将变量近似看作常量，那么动态最优化问题可近似按分段静态最优化问题处理，这就是离散时间最优化问题，显然分段越多，近似的精确程度越大。所以静态最优和动态最优问题不是截然分立、毫无联系的。

7.2 变分法基础

变分法是研究泛函极值的一种经典方法，本节先介绍变分法的基本概念，然后介绍两个经典变分问题。本节是后续各节中运用变分法求解最优控制问题的基础。

7.2.1 泛函与变分

求泛函的极大值或极小值问题称为变分问题，求泛函极值的方法称为变分法。

(1) 泛函 设对自变量 t 存在一类函数 $\{x(t)\}$。如果对于每个函数 $x(t)$，有一个 J 值与之对应，则变量 J 称为依赖于函数 $x(t)$ 的泛函数，简称泛函，记作 $J=J[x(t)]$。

如同函数 $x(t)$ 规定了数 x 对应于数 t 一样，泛函规定了数 J 与函数 $x(t)$ 的对应关系。需要强调的是，$J=J[x(t)]$ 中的 $x(t)$ 应理解为某一特定函数的整体，而不是对应于 t 的函数值 $x(t)$。函数 $x(t)$ 称泛函 J 的宗量（自变量），为强调泛函的宗量 $x(t)$ 是函数的整体，有时将泛函表示为 $J=J[x(\cdot)]$。

由上述泛函定义可见，泛函为标量，其值由函数的选取而定。

(2) 泛函的变分 变分在泛函研究中的作用，如同微分在函数研究中的作用。泛函的变分与函数的微分，其定义式几乎完全相同。

① 泛函变分的定义。连续泛函 $J[x(t)]$ 的增量可以表示为

$$\Delta J=J[x(t)+\delta x(t)]-J[x(t)]=L[x(t),\delta x(t)]+r[x(t),\delta x(t)] \tag{7-15}$$

$L[x(t),\delta x(t)]$ 是泛函增量的线性主部，它是 $\delta x(t)$ 的线性连续泛函；$r[x(t),\delta x(t)]$ 是关于 $\delta x(t)$ 的高阶无穷小。把第一项 $L[x(t),\delta x(t)]$ 称为泛函的变分，并记为

$$\delta J=L[x(t),\delta x(t)]$$

由于泛函的变分是泛函增量的线性主部，所以泛函的变分也可以称为泛函的微分。当泛函具有微分时，即其增量 ΔJ 可用式(7-15) 表达时，则称泛函是可微的。

② 泛函变分的求法。

定理 7-1 连续泛函 $J[x(t)]$ 的变分等于泛函 $J[x(t)+\alpha\delta x(t)]$ 对 α 的导数在 $\alpha=0$ 时的值，即

$$\delta J=\frac{\partial}{\partial\alpha}J[x(t)+\alpha\delta x(t)]\bigg|_{\alpha=0}=L[x(t),\delta x(t)] \tag{7-16}$$

证明 因为可微泛函的增量为

$$\Delta J=J[x(t)+\alpha\delta x(t)]-J[x(t)]=L[x(t),\alpha\delta x(t)]+r[x(t),\alpha\delta x(t)]$$

由于 $L[x(t),\alpha\delta x(t)]$ 是 $\alpha\delta x(t)$ 的线性连续函数，因此有

$$L[x(t),\alpha\delta x(t)]=\alpha L[x(t),\delta x(t)]$$

又由于 $r[x(t),\alpha\delta x(t)]$ 是 $\alpha\delta x(t)$ 的高阶无穷小量，所以有

$$\lim_{\alpha\to0}\frac{r[x(t),\alpha\delta x(t)]}{\alpha}=\lim_{\alpha\to0}\frac{r[x(t),\alpha\delta x(t)]}{\alpha\delta x(t)}\delta x(t)=0$$

于是

$$\delta J=\frac{\partial}{\partial\alpha}J[x(t)+\alpha\delta x(t)]\bigg|_{\alpha=0}=\lim_{\alpha\to0}\frac{\Delta J}{\Delta\alpha}=\lim_{\alpha\to0}\frac{\Delta J}{\alpha}$$

$$=\lim_{\alpha\to0}\frac{L[x(t),\alpha\delta x(t)]}{\alpha}+\lim_{\alpha\to0}\frac{r[x(t),\alpha\delta x(t)]}{\alpha}=L[x(t),\delta x(t)]$$

由此可见，利用函数的微分法则，可以方便地计算泛函的变分。

(3) 泛函的极值

① 泛函极值的定义。如果泛函 $J[x(t)]$ 在任何一条与 $x=x_0(t)$ 接近的曲线上的值不小于 $J[x_0(t)]$，即

$$J[x(t)]-J[x_0(t)]\geqslant 0$$

则称泛函 $J[x(t)]$ 在曲线 $x_0(t)$ 上达到极小值。反之，若

$$J[x(t)]-J[x_0(t)]\leqslant 0$$

则称泛函 $J[x(t)]$ 在曲线 $x_0(t)$ 上达到极大值。

② 泛函极值的必要条件。

定理 7-2 可微泛函 $J[x(t)]$ 在 $x_0(t)$ 上达到极小（大）值，则在 $x=x_0(t)$ 上有 $\delta J=0$。

证明 因为对于给定的 δx 来说，$J[x_0(t)+\alpha\delta x(t)]$ 是实变量 α 的函数，根据假设可知，若泛函 $J[x_0(t)+\alpha\delta x(t)]$ 在 $\alpha=0$ 时达到极值，则在 $\alpha=0$ 时导数为零，即

$$\frac{\partial}{\partial\alpha}J[x_0(t)+\alpha\delta x(t)]\bigg|_{\alpha=0}=0 \tag{7-17}$$

式(7-17) 的左边部分就等于泛函 $J[x(t)]$ 的变分，加之 $\delta x(t)$ 是任意给定的，所以上述假设是成立的。

上式表明，泛函一次变分为零，是泛函达到极值的必要条件。

上面对单变量函数 $x(t)$ 的泛函 $J[x(t)]$ 性质问题的分析讨论，稍加变动就能用于包含多变量函数的泛函

$$J=J[x_1(t),x_2(t),\cdots,x_n(t)] \tag{7-18}$$

【例 7-2】 试求泛函 $J=\int_{t_1}^{t_2}x^2(t)\mathrm{d}t$ 的变分。

解 根据式(7-15) 和题意可得

$$\begin{aligned}\Delta J&=J[x(t)+\delta x(t)]-J[x(t)]=\int_{t_1}^{t_2}[x(t)+\delta x(t)]^2\mathrm{d}t-\int_{t_1}^{t_2}x^2(t)\mathrm{d}t\\&=\int_{t_1}^{t_2}2x(t)\delta x(t)\mathrm{d}t+\int_{t_1}^{t_2}[\delta x(t)]^2\mathrm{d}t\end{aligned}$$

泛函增量的线性主部为 $L[x(t),\delta x(t)]=\int_{t_1}^{t_2}2x(t)\delta x(t)\mathrm{d}t$

所以
$$\delta J=\int_{t_1}^{t_2}2x(t)\delta x(t)\mathrm{d}t$$

若按式(7-16)，则泛函的变分为

$$\begin{aligned}\delta J&=\frac{\partial}{\partial\alpha}J[x(t)+\alpha\delta x(t)]\bigg|_{\alpha=0}=\frac{\partial}{\partial\alpha}\int_{t_1}^{t_2}[x(t)+\alpha\delta x(t)]^2\mathrm{d}t\bigg|_{\alpha=0}\\&=\int_{t_1}^{t_2}2[x(t)+\alpha\delta x(t)]\delta x(t)\mathrm{d}t\bigg|_{\alpha=0}=\int_{t_1}^{t_2}2x(t)\delta x(t)\mathrm{d}t\end{aligned}$$

从上面的求解可知，两种方法的结果是一样的。

(4) 向量的微分 在最优控制理论中，经常遇到向量的微分，下面进行简要介绍。

① 向量对于标量的微分。

定义 7-1 n 维向量函数

$$\boldsymbol{a}(t)=[a_1(t)\quad a_2(t)\quad\cdots\quad a_n(t)]^{\mathrm{T}}$$

对时间 t 的导数定义为

$$\frac{\mathrm{d}\boldsymbol{a}(t)}{\mathrm{d}t}=\left[\frac{\mathrm{d}a_1(t)}{\mathrm{d}t}\quad\frac{\mathrm{d}a_2(t)}{\mathrm{d}t}\quad\cdots\quad\frac{\mathrm{d}a_n(t)}{\mathrm{d}t}\right]^{\mathrm{T}}$$

② 标量函数对于向量的微分。包括标量函数相对于列向量的导数，以及标量函数相对于行向量的导数，定义如下。

定义 7-2　设有标量函数

$$f(\boldsymbol{x})=f(x_1,x_2,\cdots,x_n)$$

以及 n 维列向量

$$\boldsymbol{x}=[x_1\quad x_2\quad\cdots\quad x_n]^{\mathrm{T}}$$

则标量函数 $f(\boldsymbol{x})$ 对于列向量 $\boldsymbol{x}$ 的导数定义为

$$\frac{\mathrm{d}f(\boldsymbol{x})}{\mathrm{d}\boldsymbol{x}}=\left[\frac{\mathrm{d}f(\boldsymbol{x})}{\mathrm{d}x_1}\quad\frac{\mathrm{d}f(\boldsymbol{x})}{\mathrm{d}x_2}\quad\cdots\quad\frac{\mathrm{d}f(\boldsymbol{x})}{\mathrm{d}x_n}\right]^{\mathrm{T}}$$

而标量函数 $f(\boldsymbol{x})$ 对于 n 维行向量$\boldsymbol{x}^{\mathrm{T}}$ 的导数定义为

$$\frac{\mathrm{d}f(\boldsymbol{x})}{\mathrm{d}\boldsymbol{x}^{\mathrm{T}}}=\left[\frac{\mathrm{d}f(\boldsymbol{x})}{\mathrm{d}x_1}\quad\frac{\mathrm{d}f(\boldsymbol{x})}{\mathrm{d}x_2}\quad\cdots\quad\frac{\mathrm{d}f(\boldsymbol{x})}{\mathrm{d}x_n}\right]$$

③ 向量函数对于向量的微分。包括行向量函数对于列向量的导数，以及列向量函数对于行向量的导数，定义如下。

定义 7-3　设有 m 维列向量函数

$$\boldsymbol{a}(\boldsymbol{x})=[a_1(\boldsymbol{x})\quad a_2(\boldsymbol{x})\quad\cdots\quad a_m(\boldsymbol{x})]^{\mathrm{T}}$$

则 m 维列向量函数$\boldsymbol{a}(x)$ 对应 n 维行向量$\boldsymbol{x}^{\mathrm{T}}$ 的导数，定义为如下 $m\times n$ 阶矩阵函数

$$\frac{\mathrm{d}\boldsymbol{a}(\boldsymbol{x})}{\mathrm{d}\boldsymbol{x}^{\mathrm{T}}}=\begin{bmatrix}\frac{\partial a_1}{\partial x_1} & \frac{\partial a_1}{\partial x_2} & \cdots & \frac{\partial a_1}{\partial x_n}\\ \frac{\partial a_2}{\partial x_1} & \frac{\partial a_2}{\partial x_2} & \cdots & \frac{\partial a_2}{\partial x_n}\\ \vdots & \vdots & \ddots & \vdots\\ \frac{\partial a_m}{\partial x_1} & \frac{\partial a_m}{\partial x_2} & \cdots & \frac{\partial a_m}{\partial x_n}\end{bmatrix}=\left[\frac{\partial a_i}{\partial x_j}\right]_{m\times n}$$

而 m 维行向量函数$\boldsymbol{a}^{\mathrm{T}}(\boldsymbol{x})$ 对应 n 维列向量 $\boldsymbol{x}$ 的导数，定义为如下 $n\times m$ 阶矩阵函数

$$\frac{\mathrm{d}\boldsymbol{a}^{\mathrm{T}}(\boldsymbol{x})}{\mathrm{d}\boldsymbol{x}}=\begin{bmatrix}\frac{\partial a_1}{\partial x_1} & \frac{\partial a_2}{\partial x_1} & \cdots & \frac{\partial a_m}{\partial x_1}\\ \frac{\partial a_1}{\partial x_2} & \frac{\partial a_2}{\partial x_2} & \cdots & \frac{\partial a_m}{\partial x_2}\\ \vdots & \vdots & \ddots & \vdots\\ \frac{\partial a_1}{\partial x_n} & \frac{\partial a_2}{\partial x_n} & \cdots & \frac{\partial a_m}{\partial x_n}\end{bmatrix}=\left[\frac{\partial a_j}{\partial x_i}\right]_{n\times m}$$

7.2.2　固定端点的变分问题

在这种情况下，因为终端的状态已固定，即 $x(t_{\mathrm{f}})=x_{\mathrm{f}}$，其性能指标中的终值项就没有存在的必要了。故在此种情况下仅需讨论积分型性能指标泛函，并给出以下定理。

定理 7-3　已知容许曲线 $x(t)$ 的始端状态 $x(t_0)=x_0$ 和终端状态 $x(t_{\mathrm{f}})=x_{\mathrm{f}}$，则使积分型性能指标泛函

$$J=\int_{t_0}^{t_f} L[x(t),\dot{x}(t),t]\mathrm{d}t$$

取极值的必要条件是容许极值曲线 $x^*(t)$ 满足如下欧拉方程

$$\frac{\partial L}{\partial x}-\frac{\mathrm{d}}{\mathrm{d}t}\frac{\partial L}{\partial \dot{x}}=0$$

及边界条件

$$x(t_0)=x_0 \text{ 和 } x(t_f)=x_f$$

其中，$L[x(t),\dot{x}(t),t]$ 及 $x(t)$ 在 $[t_0,t_f]$ 上至少二次连续可微。

证明　设 $x^*(t)$ 是满足条件 $x(t_0)=x_0$，$x(t_f)=x_f$，使泛函 J 达到极值的极值曲线，$x(t)$ 是 $x^*(t)$ 在无穷小 $\delta x(t)$ 邻域内的一条容许曲线（图 7-1），则 $x(t)$ 和 $x^*(t)$ 之间有如下关系，即 $x(t)=x^*(t)+\delta x(t), \dot{x}(t)=\dot{x}^*(t)+\delta\dot{x}(t)$

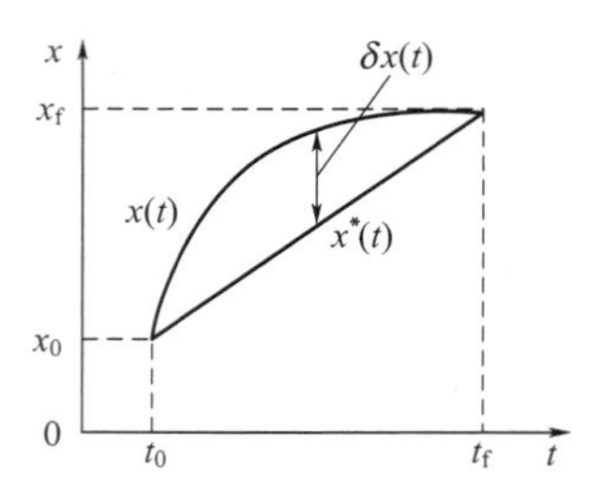

图 7-1　固定端点的情况

取泛函增量

$$\Delta J=J[x^*(t)+\delta x(t)]-J[x^*(t)]$$
$$=\int_{t_0}^{t_f}\{L[x^*(t)+\delta x(t),\dot{x}^*(t)+\delta\dot{x}(t),t]-L[x^*(t),\dot{x}^*(t),t]\}\mathrm{d}t$$

对于泛函 $L[x(t),\dot{x}(t),t]$，若它具有连续偏导数，则在 $\delta x(t)$ 邻域内，就有如下泰勒级数展开式，即

$$\Delta J=\int_{t_0}^{t_f}\left\{\frac{\partial L}{\partial x}\delta x(t)+\frac{\partial L}{\partial \dot{x}}\delta\dot{x}(t)+r[x^*(t),\dot{\boldsymbol{x}}^*(t),t]\right\}\mathrm{d}t \tag{7-19}$$

$r[x^*(t),\dot{x}^*(t),t]$ 为泰勒展开式中的高次项。

由变分定义可知，取式(7-19) 的主部，可得泛函 J 的变分为

$$\delta J=\int_{t_0}^{t_f}\left[\frac{\partial L}{\partial x}\delta x(t)+\frac{\partial L}{\partial \dot{\boldsymbol{x}}}\delta\dot{\boldsymbol{x}}(t)\right]\mathrm{d}t \tag{7-20}$$

对式(7-20) 的右边第二项利用分部积分法，可得

$$\delta J=\int_{t_0}^{t_f}\left[\frac{\partial L}{\partial x}-\frac{\mathrm{d}}{\mathrm{d}t}\times\frac{\partial L}{\partial \dot{\boldsymbol{x}}}\right]\delta x(t)\mathrm{d}t+\frac{\partial L}{\partial \dot{x}}\delta x(t)\bigg|_{t=t_0}^{t=t_f}$$

令 $\delta J=0$，并考虑到 $\delta x(t)$ 是一个满足 $\delta x(t_0)=\delta x(t_f)=0$ 的任意可微函数，故可得如下欧拉方程（欧拉-拉格朗日方程）

$$\frac{\partial L}{\partial x}-\frac{\mathrm{d}}{\mathrm{d}t}\frac{\partial L}{\partial \dot{\boldsymbol{x}}}=0 \tag{7-21}$$

及横截条件

$$\frac{\partial L}{\partial \dot{x}}\bigg|_{t=t_f}\delta x(t_f)-\frac{\partial L}{\partial \dot{x}}\bigg|_{t=t_0}\delta x(t_0)=0 \tag{7-22}$$

式(7-21) 是无约束及有约束泛函存在极值的必要条件之一，它与函数的性质有关。式

(7-22) 所示的横截条件方程则与函数性质和边界条件有关。由于在 t_0 和 t_f 固定，$x(t_0)$ 和 $x(t_f)$ 不变的情况下，必有 $\delta x(t_0)=0$ 和 $\delta x(t_f)=0$，因此式(7-22) 所示的横截条件方程，在两端固定的情况下，就退化为已知边界条件 $x(t_0)=x_0$ 和 $x(t_f)=x_f$。

定理证毕。

因为欧拉方程是一个二阶微分方程，所以其通解有两个任意常数，它们可由式(7-22) 横截条件给出的两点边界值来确定。需要强调，欧拉方程是泛函极值的必要条件，而不是充分条件。

【例 7-3】 设有泛函

$$J[x]=\int_0^{\pi/2}[\dot{x}^2(t)-x^2(t)]\mathrm{d}t$$

已知边界条件为 $x(0)=0$，$x(\pi/2)=2$。求使泛函达到极值的最优曲线 $x^*(t)$。

解　本例 $L(x,\dot{x})=\dot{x}^2-x^2$，因

$$\frac{\partial L}{\partial x}=-2x,\ \frac{\partial L}{\partial \dot{x}}=2\dot{x},\ \frac{\mathrm{d}}{\mathrm{d}t}\frac{\partial L}{\partial \dot{x}}=2\ddot{x}$$

故欧拉方程为

$$\ddot{x}(t)+x(t)=0$$

其通解为

$$x(t)=c_1\cos t+c_2\sin t$$

在上式中分别代入已知边界条件 $x(0)=0$ 和 $x(\pi/2)=2$，可求出 $c_1=0$，$c_2=2$，于是得

$$x^*(t)=2\sin t$$

以上所阐述的问题都属于单变量的欧拉问题，但是它可以很容易地推广到多变量系统中。设多变量系统的积分型性能指标泛函为

$$J=\int_{t_0}^{t_f}L[\boldsymbol{x}(t),\dot{\boldsymbol{x}}(t),t]\mathrm{d}t$$

$\boldsymbol{x}(t)$ 为系统的 n 维状态向量，$\boldsymbol{x}(t_0)=\boldsymbol{x}_0$，$\boldsymbol{x}(t_f)=\boldsymbol{x}_f$。

求多变量泛函 J 的极值，如同单变量时一样，可推导出极值存在的必要条件为满足如下欧拉方程

$$\frac{\partial L}{\partial \boldsymbol{x}}-\frac{\mathrm{d}}{\mathrm{d}t}\frac{\partial L}{\partial \dot{\boldsymbol{x}}}=\boldsymbol{0} \tag{7-23}$$

及横截条件

$$\left(\frac{\partial L}{\partial \dot{\boldsymbol{x}}}\right)^{\mathrm{T}}\Bigg|_{t=t_f}\delta\boldsymbol{x}(t_f)-\left(\frac{\partial L}{\partial \dot{\boldsymbol{x}}}\right)^{\mathrm{T}}\Bigg|_{t=t_0}\delta\boldsymbol{x}(t_0)=0$$

其中　$\left(\dfrac{\partial L}{\partial \boldsymbol{x}}\right)=\begin{bmatrix}\dfrac{\partial L}{\partial x_1} & \dfrac{\partial L}{\partial x_2} & \cdots & \dfrac{\partial L}{\partial x_n}\end{bmatrix}^{\mathrm{T}}$，$\left(\dfrac{\partial L}{\partial \dot{\boldsymbol{x}}}\right)=\begin{bmatrix}\dfrac{\partial L}{\partial \dot{x}_1} & \dfrac{\partial L}{\partial \dot{x}_2} & \cdots & \dfrac{\partial L}{\partial \dot{x}_n}\end{bmatrix}^{\mathrm{T}}$

式(7-23) 为多变量的欧拉方程，它是一个二阶矩阵微分方程，其解就是极值曲线 $\boldsymbol{x}^*(t)$。

7.2.3　可变端点的变分问题

在实际工程问题中，经常碰到可变端点的变分问题，即曲线的始端或终端是变动的，下面讨论多变量系统可变端点的变分问题。假定始端时刻 t_0 和始端状态 $\boldsymbol{x}(t_0)$ 都是固定的，即 $\boldsymbol{x}(t_0)=\boldsymbol{x}_0$。终端时刻 t_f 可变，终端状态 $\boldsymbol{x}(t_f)$ 受到终端边界线的约束。假设终端状态

$\boldsymbol{x}(t_f)$沿着目标曲线 $\boldsymbol{\varphi}(t)$ 变动，即应满足 $\boldsymbol{x}(t_f)=\boldsymbol{\varphi}(t_f)$，所以终端状态 $\boldsymbol{x}(t_f)$ 是终端时刻 t_f 的函数，如图 7-2 所示。

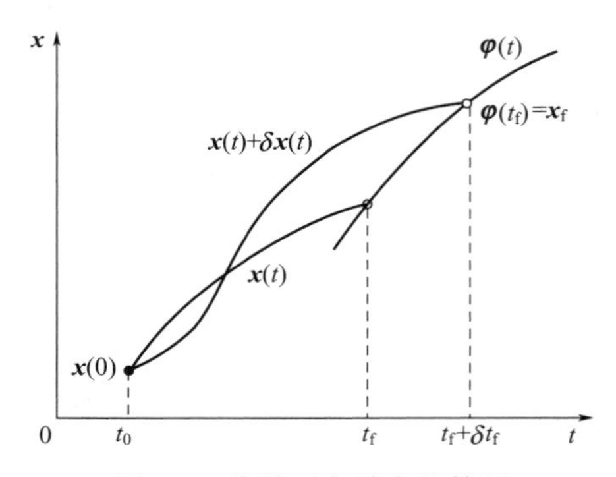

图 7-2　终端可变端点的情况

由图 7-2 可知，当状态曲线的终端时间 t_f 可变时，变分 $\delta t_f \neq 0$。终端为可变的典型例子是导弹的拦截问题。拦截器为了完成拦截导弹的任务，在某一时刻拦截器运动曲线的终端必须与导弹的运动曲线相遇。如果导弹的运动曲线已知为 $\boldsymbol{\varphi}(t)$，而假设拦截器的运动曲线为 $\boldsymbol{x}(t)$，则在 $t=t_f$ 时刻必须有 $\boldsymbol{x}(t_f)=\boldsymbol{\varphi}(t_f)$，即拦截器的终端状态位置与导弹的状态位置相重合。

因此，这类问题的提法是：寻找一条连续可微的极值曲线$\boldsymbol{x}^*(t)$，它由给定的点$(t_0, \boldsymbol{x}_0)$到给定曲线 $\boldsymbol{\varphi}(t_f)=\boldsymbol{x}(t_f)$ 上的点 $[t_f, \boldsymbol{\varphi}(t_f)]$，使性能指标泛函

$$J=\int_{t_0}^{t_f} L[\boldsymbol{x}(t), \dot{\boldsymbol{x}}(t), t] \mathrm{d}t \tag{7-24}$$

达到极值。其中，$\boldsymbol{x}(t)$ 是 n 维状态向量，t_f 是一个待定的量，如图 7-3 所示。

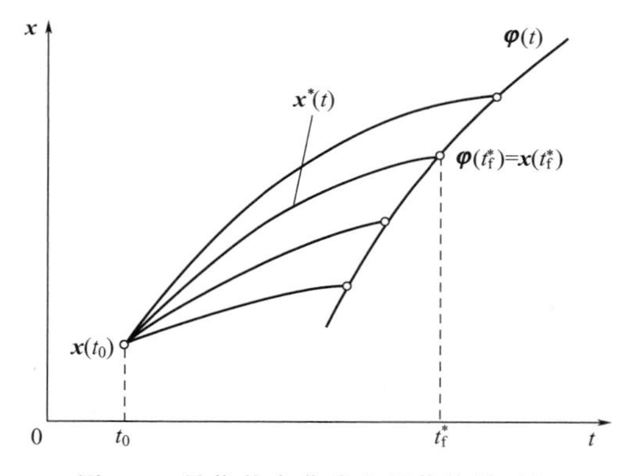

图 7-3　最优状态曲线和最优终端时间

定理 7-4　设容许曲线 $\boldsymbol{x}(t)$ 自一给定的点$(t_0, \boldsymbol{x}_0)$ 到达给定的曲线 $\boldsymbol{\varphi}(t_f)=\boldsymbol{x}(t_f)$ 上某一点 $[t_f, \boldsymbol{\varphi}(t_f)]$，则使性能指标泛函

$$J=\int_{t_0}^{t_f} L[\boldsymbol{x}(t), \dot{\boldsymbol{x}}(t), t] \mathrm{d}t$$

取极值的必要条件是极值曲线$\boldsymbol{x}^*(t)$ 满足欧拉方程

$$\frac{\partial L}{\partial \boldsymbol{x}}-\frac{\mathrm{d}}{\mathrm{d}t}\frac{\partial L}{\partial \dot{\boldsymbol{x}}}=\boldsymbol{0}$$

及始端边界条件和终端横截条件

$$\boldsymbol{x}(t_0)=\boldsymbol{x}_0$$

$$\left[L[\boldsymbol{x},\dot{\boldsymbol{x}},t]+(\dot{\boldsymbol{\varphi}}-\dot{\boldsymbol{x}})^{\mathrm{T}}\frac{\partial L}{\partial \dot{\boldsymbol{x}}}\right]\Bigg|_{t=t_f}=0$$

$$\boldsymbol{x}(t_f)=\boldsymbol{\varphi}(t_f)$$

其中，$\boldsymbol{x}(t)$ 应有连续的二阶导数，L 至少应二次连续可微，而 $\boldsymbol{\varphi}(t)$ 则应有连续的一阶导数。

证明　在始端固定，终端时刻 t_f 可变，终端状态受约束条件 $\boldsymbol{x}(t_f)=\boldsymbol{\varphi}(t_f)$ 时的变分问题可用图 7-4 来表示，图中$\boldsymbol{x}^*(t)$ 为极值曲线，$\boldsymbol{x}(t)$ 为$\boldsymbol{x}^*(t)$ 邻域内的任一条容许曲线，$(t_0,\boldsymbol{x}_0)$ 表示始点，点 $(\boldsymbol{x}_f,t_f)$ 到点 $(\boldsymbol{x}_f+\delta\boldsymbol{x}_f,\ t_f+\delta t_f)$ 表示变动端，$\boldsymbol{\varphi}(t)$ 表示终端约束曲线，要求 $\boldsymbol{x}(t_f)=\boldsymbol{\varphi}(t_f)$，$\delta t_f$ 和 $\delta\boldsymbol{x}_f$ 表示微变量，分别表示终端时刻 t_f 的变分和在终端时刻容许曲线 $\boldsymbol{x}(t)$ 的变分，$\delta\boldsymbol{x}(t_f)$ 表示容许曲线 $\boldsymbol{x}(t)$ 的变分在 t_f 时刻的值，由图可知它们之间存在如下近似关系式，即

$$\delta\boldsymbol{x}_f=\delta\boldsymbol{x}(t_f)+\dot{\boldsymbol{x}}(t_f)\delta t_f \tag{7-25}$$

$$\delta\boldsymbol{x}_f=\dot{\boldsymbol{\varphi}}(t_f)\delta t_f \tag{7-26}$$

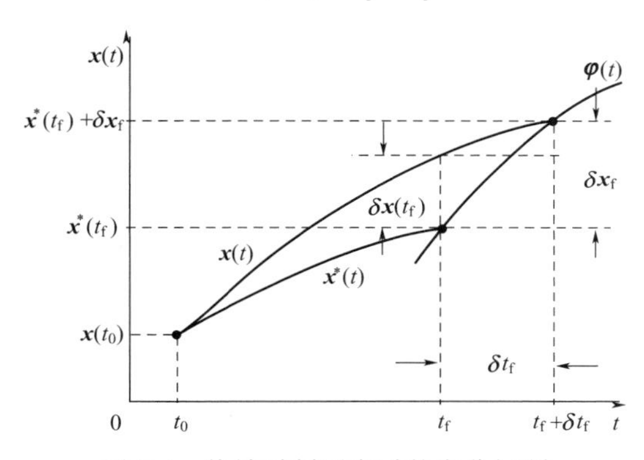

图 7-4　终端时刻可变时的变分问题

不难理解，如果某一极值曲线$\boldsymbol{x}^*(t)$ 能使式(7-24) 所示的泛函，在端点可变的情况下取极值，那么对于和极值曲线$\boldsymbol{x}^*(t)$ 有同样边界点的更窄的函数类来说，自然也能使泛函式(7-24) 达到极值。因此，$\boldsymbol{x}^*(t)$ 必能满足端点固定时的泛函极值必要条件，即$\boldsymbol{x}^*(t)$ 应当满足欧拉方程

$$\frac{\partial L}{\partial \boldsymbol{x}}-\frac{\mathrm{d}}{\mathrm{d}t}\frac{\partial L}{\partial \dot{\boldsymbol{x}}}=\boldsymbol{0}$$

此时欧拉方程通解中的任意常数不能再用边界条件 $\boldsymbol{x}(t_f)=\boldsymbol{x}_f$ 确定。因为终端可变时，终端边界条件 $\boldsymbol{x}(t_f)=\boldsymbol{x}_f$ 不再成立。所缺少的条件应改由极值的必要条件 $\delta J=0$ 导出。

若对 $\boldsymbol{x}$、$\dot{\boldsymbol{x}}$ 和 t_f 取变分，则泛函的增量为

$$\begin{aligned}\Delta J&=\int_{t_0}^{t_f+\delta t_f}L(\boldsymbol{x}+\delta\boldsymbol{x},\dot{\boldsymbol{x}}+\delta\dot{\boldsymbol{x}},t)\mathrm{d}t-\int_{t_0}^{t_f}L(\boldsymbol{x},\dot{\boldsymbol{x}},t)\mathrm{d}t\\&=\int_{t_f}^{t_f+\delta t_f}L(\boldsymbol{x}+\delta\boldsymbol{x},\dot{\boldsymbol{x}}+\delta\dot{\boldsymbol{x}},t)\mathrm{d}t+\int_{t_0}^{t_f}[L(\boldsymbol{x}+\delta\boldsymbol{x},\dot{\boldsymbol{x}}+\delta\dot{\boldsymbol{x}},t)-L(\boldsymbol{x},\dot{\boldsymbol{x}},t)]\mathrm{d}t\end{aligned}$$

一阶变分为

$$\delta J=\int_{t_f}^{t_f+\delta t_f}L(\boldsymbol{x}+\delta\boldsymbol{x},\dot{\boldsymbol{x}}+\delta\dot{\boldsymbol{x}},t)\mathrm{d}t+\int_{t_0}^{t_f}\left[\left(\frac{\partial L}{\partial \boldsymbol{x}}\right)^{\mathrm{T}}\delta\boldsymbol{x}+\left(\frac{\partial L}{\partial \dot{\boldsymbol{x}}}\right)^{\mathrm{T}}\delta\dot{\boldsymbol{x}}\right]\mathrm{d}t \tag{7-27}$$

对式(7-27) 等号右边的第一项利用积分中值定理，第二项利用分部积分公式，并令

$\delta J=0$可得

$$\delta J=L(\boldsymbol{x},\dot{\boldsymbol{x}},t)\big|_{t=t_f}\delta t_f+\int_{t_0}^{t_f}\left(\frac{\partial L}{\partial \boldsymbol{x}}-\frac{\mathrm{d}}{\mathrm{d}t}\frac{\partial L}{\partial \dot{\boldsymbol{x}}}\right)^{\mathrm{T}}\delta \boldsymbol{x}\,\mathrm{d}t+\left(\frac{\partial L}{\partial \dot{\boldsymbol{x}}}\right)^{\mathrm{T}}\delta \boldsymbol{x}\Bigg|_{t=t_0}^{t=t_f}=0 \tag{7-28}$$

式(7-28) 就是终端为可变边界时极值解的必要条件。

前已指出，在所述情况下，欧拉方程

$$\frac{\partial L}{\partial \boldsymbol{x}}-\frac{\mathrm{d}}{\mathrm{d}t}\frac{\partial L}{\partial \dot{\boldsymbol{x}}}=\boldsymbol{0}$$

仍然成立。又因为始端固定，$\delta \boldsymbol{x}(t_0)=\boldsymbol{0}$，根据式(7-28) 可得边界条件和横截条件为

$$\boldsymbol{x}(t_0)=\boldsymbol{x}_0 \tag{7-29}$$

$$L(\boldsymbol{x},\dot{\boldsymbol{x}},t)\big|_{t=t_f}\delta t_f+\left(\frac{\partial L}{\partial \dot{\boldsymbol{x}}}\right)^{\mathrm{T}}\Bigg|_{t=t_f}\delta \boldsymbol{x}(t_f)=0 \tag{7-30}$$

其中，式(7-29) 称为始端边界条件，式(7-30) 称为终端横截条件。

在始端固定的情况下，对于终端横截条件问题，可以按以下两种情况进行讨论。

① 终端时刻 t_f 可变，终端状态 $\boldsymbol{x}(t_f)$ 自由。在这种情况下，关系式(7-25) 成立，即有

$$\delta \boldsymbol{x}(t_f)=\delta \boldsymbol{x}_f-\dot{\boldsymbol{x}}(t_f)\delta t_f$$

将上式代入式(7-30) 整理得

$$\left[L(\boldsymbol{x},\dot{\boldsymbol{x}},t)-\dot{\boldsymbol{x}}^{\mathrm{T}}(t)\frac{\partial L}{\partial \dot{\boldsymbol{x}}}\right]\Bigg|_{t=t_f}\delta t_f+\left(\frac{\partial L}{\partial \dot{\boldsymbol{x}}}\right)^{\mathrm{T}}\Bigg|_{t=t_f}\delta \boldsymbol{x}_f=0$$

因为 $\delta \boldsymbol{x}_f$ 和 δt_f 均任意，故 t_f 可变，$\boldsymbol{x}(t_f)$ 自由时的终端横截条件为

$$\left[L(\boldsymbol{x},\dot{\boldsymbol{x}},t)-\dot{\boldsymbol{x}}^{\mathrm{T}}(t)\frac{\partial L}{\partial \dot{\boldsymbol{x}}}\right]\Bigg|_{t=t_f}=0$$

$$\left(\frac{\partial L}{\partial \dot{\boldsymbol{x}}}\right)^{\mathrm{T}}\Bigg|_{t=t_f}=\boldsymbol{0}$$

② 终端时刻 t_f 可变，终端状态 $\boldsymbol{x}(t_f)$ 有约束。设终端约束方程为

$$\boldsymbol{x}(t_f)=\boldsymbol{\varphi}(t_f)$$

在这种情况下，由于 $\delta \boldsymbol{x}_f$ 不能任意，它受以上条件的约束，同时满足式(7-25) 和式(7-26)，即有

$$\begin{cases}\delta \boldsymbol{x}(t_f)=\delta \boldsymbol{x}_f-\dot{\boldsymbol{x}}(t_f)\delta t_f\\ \delta \boldsymbol{x}_f=\dot{\boldsymbol{\varphi}}(t_f)\delta t_f\end{cases}$$

将以上两式代入式(7-30)，整理得

$$\left\{L(\boldsymbol{x},\dot{\boldsymbol{x}},t)+[\dot{\boldsymbol{\varphi}}(t)-\dot{\boldsymbol{x}}(t)]^{\mathrm{T}}\frac{\partial L}{\partial \dot{\boldsymbol{x}}}\right\}\Bigg|_{t=t_f}\delta t_f=0$$

由于 δt_f 的任意性，即 $\delta t_f\neq 0$，所以可得终端横截条件为

$$\left\{L(\boldsymbol{x},\dot{\boldsymbol{x}},t)+[\dot{\boldsymbol{\varphi}}(t)-\dot{\boldsymbol{x}}(t)]^{\mathrm{T}}\frac{\partial L}{\partial \dot{\boldsymbol{x}}}\right\}\Bigg|_{t=t_f}=0 \tag{7-31}$$

式(7-31) 建立了极值曲线的终端斜率 $\dot{\boldsymbol{x}}(t)$ 与给定的约束曲线的斜率 $\dot{\boldsymbol{\varphi}}(t)$ 之间的关系，这种关系也称为终端可变边界的终端横截条件。

定理证毕。

在控制工程中，目标曲线大多都是平行于 t 轴的一条直线。它相当于终端状态 $\boldsymbol{x}(t_f)$ 固定，终端时间 t_f 可变的情况。在这种情况下，$\dot{\boldsymbol{\varphi}}(t)=\boldsymbol{0}$，因此式(7-31) 的终端横截条件可简化为

$$\left\{L(\boldsymbol{x},\dot{\boldsymbol{x}},t)-[\dot{\boldsymbol{x}}(t)]^{\mathrm{T}}\frac{\partial L}{\partial \dot{\boldsymbol{x}}}\right\}\bigg|_{t=t_{\mathrm{f}}}=0$$

如果终端目标曲线 $\boldsymbol{\varphi}(t)$ 为垂直于 t 轴的直线，如图 7-5 所示，则 $\|\dot{\boldsymbol{\varphi}}(t)\|\rightarrow\infty$，式(7-31)可写成

$$\left[\frac{L(\boldsymbol{x},\dot{\boldsymbol{x}},t)}{\dot{\boldsymbol{\varphi}}(t)-\dot{\boldsymbol{x}}(t)}+\frac{\partial L}{\partial \dot{\boldsymbol{x}}}\right]\bigg|_{t=t_{\mathrm{f}}}=\mathbf{0}$$

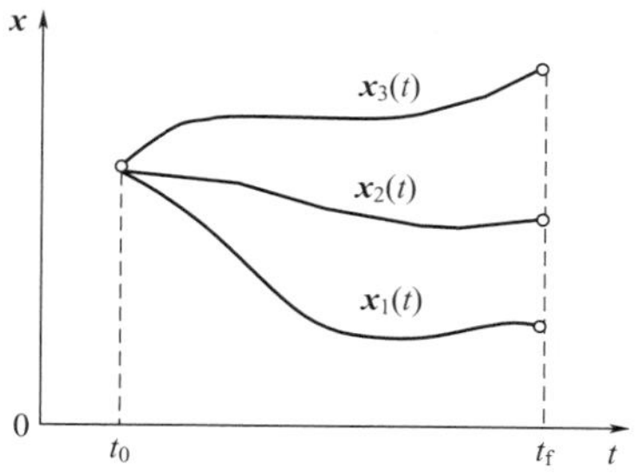

图 7-5　始端固定终端可变的边界条件

故终端横截条件变为

$$\frac{\partial L}{\partial \dot{\boldsymbol{x}}}\bigg|_{t=t_{\mathrm{f}}}=\mathbf{0} \tag{7-32}$$

此种情况，相当于终端时刻 t_{f} 固定，终端状态 $\boldsymbol{x}(t_{\mathrm{f}})$ 自由，这时 $\delta t_{\mathrm{f}}=0$，$\delta\boldsymbol{x}(t_{\mathrm{f}})\neq\mathbf{0}$，将其代入终端边界条件式(7-30) 中，也可得式(7-32) 所得结果。

如果终端状态 $\boldsymbol{x}(t_{\mathrm{f}})$ 也固定，即 $\delta\boldsymbol{x}(t_{\mathrm{f}})=\mathbf{0}$，这时系统就变成了固定端点的问题，式(7-30)就退化为终端边界条件 $\boldsymbol{x}(t_{\mathrm{f}})=\boldsymbol{x}_{\mathrm{f}}$。

若状态曲线 $\boldsymbol{x}(t)$ 的始端可变，终端固定，例如始端状态 $\boldsymbol{x}(t_0)$ 只能沿着给定的目标曲线 $\boldsymbol{\psi}(t)$ 变化时，则可用上面类似的推证求出始端横截条件为

$$\left\{[\dot{\boldsymbol{\psi}}(t)-\dot{\boldsymbol{x}}(t)]^{\mathrm{T}}\frac{\partial L}{\partial \dot{\boldsymbol{x}}}+L(\boldsymbol{x},\dot{\boldsymbol{x}},t)\right\}\bigg|_{t=t_0}=0$$

终端边界条件为

$$\boldsymbol{x}(t_{\mathrm{f}})=\boldsymbol{x}_{\mathrm{f}}$$

【例 7-4】 设性能指标泛函为 $J=\int_0^{t_{\mathrm{f}}}\sqrt{1+\dot{x}^2}\,\mathrm{d}t$，其中终端时刻 t_{f} 未给定。已知 $x(0)=1$，要求 $x(t_{\mathrm{f}})=\varphi(t_{\mathrm{f}})=2-t_{\mathrm{f}}$。求使泛函为极值的最优曲线 $x^*(t)$ 及相应的 t_{f}^* 和 J^*。

解　本例所给出的指标泛函就是 $x(t)$ 的弧长，约束方程 $\varphi(t)=2-t$ 为平面上的斜直线，如图 7-6 所示。本例问题的实质是求从 $x(0)$ 到直线 $\varphi(t)$ 并使弧长最短的曲线 $x^*(t)$。图 7-6 中，$x(t)$ 为一条任意的容许曲线。

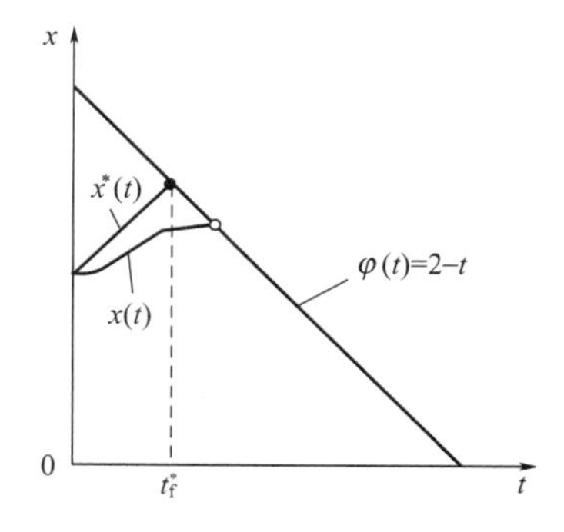

图 7-6　点到直线的最优曲线

由题意

$$L(x,\dot{x},t)=\sqrt{1+\dot{x}^2}$$

其偏导数为

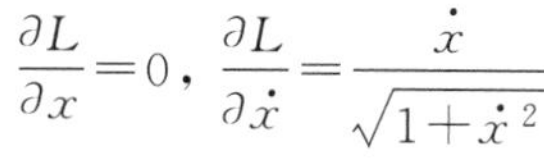

$$\frac{\partial L}{\partial x}=0,\ \frac{\partial L}{\partial \dot{x}}=\frac{\dot{x}}{\sqrt{1+\dot{x}^2}}$$

根据欧拉方程

$$\frac{\partial L}{\partial x}-\frac{\mathrm{d}}{\mathrm{d}t}\frac{\partial L}{\partial \dot{x}}=-\frac{\mathrm{d}}{\mathrm{d}t}\left(\frac{\dot{x}}{\sqrt{1+\dot{x}^2}}\right)=0$$

求得
$$\frac{\dot{x}}{\sqrt{1+\dot{x}^2}}=c, \dot{x}^2=\frac{c^2}{1-c^2}=a^2$$

c 为积分常数，a 为待定常数，因而 $\dot{x}=a$，$x=at+b$，b 也是待定常数，由 $x(0)=1$，求得 $b=1$。

由横截条件

$$\left[L+(\dot{\varphi}-\dot{x})^{\mathrm{T}}\frac{\partial L}{\partial \dot{x}}\right]\bigg|_{t=t_f}=\left[\sqrt{1+\dot{x}^2}+(-1-\dot{x})\frac{\dot{x}}{\sqrt{1+\dot{x}^2}}\right]\bigg|_{t=t_f}=0$$

解得 $\dot{x}(t_f)=1$。因为 $\dot{x}=a$，所以 $a=1$。从而最优曲线为 $x^*(t)=t+1$。

当 $t=t_f$ 时，$x(t_f)=\varphi(t_f)$，即 $t_f+1=2-t_f$，求出最优终端时刻 $t_f^*=0.5$。

将 $x^*(t)$ 及 t_f^* 代入指标泛函，可得最优性能指标为 $J^*=\int_0^{t_f^*}\sqrt{1+(\dot{x}^*)^2}\,\mathrm{d}t=0.707$。

7.3 应用变分法求解最优控制问题

前面讨论的泛函极值问题研究的是无约束条件的变分问题。而在最优控制中，容许函数 $\boldsymbol{x}(t)$ 除了要满足前面已讨论的端点限制条件外，还应满足某些约束条件（如系统的状态方程），它可以看成是一种等式约束条件。在这种情况下，可采用拉格朗日乘子法将具有等式约束的变分问题，转化成一种等价的无约束变分问题，从而在等式约束下将对泛函 J 求极值的最优控制问题，转化为在无约束条件下求哈密顿（Hamilton）函数 H 的极值问题。这种方法也称为哈密顿方法，它只适用于对控制变量和状态变量均没有约束的情况，亦即无约束优化问题。

7.3.1 固定端点的最优控制问题

设系统的状态方程为

$$\dot{\boldsymbol{x}}(t)=\boldsymbol{f}[\boldsymbol{x}(t),\boldsymbol{u}(t),t] \tag{7-33}$$

式中 $\boldsymbol{x}(t)$——n 维状态向量；
$\boldsymbol{u}(t)$——r 维控制向量；
$\boldsymbol{f}(\cdot)$——n 维向量函数。

系统的始端和终端满足

$$\boldsymbol{x}(t_0)=\boldsymbol{x}_0,\ \boldsymbol{x}(t_f)=\boldsymbol{x}_f$$

系统的性能指标泛函为

$$J=\int_{t_0}^{t_f}L[\boldsymbol{x}(t),\boldsymbol{u}(t),t]\mathrm{d}t \tag{7-34}$$

试确定最优控制向量 $\boldsymbol{u}^*(t)$ 和最优曲线 $\boldsymbol{x}^*(t)$，使系统式(7-33) 由已知初态 $\boldsymbol{x}_0$ 转移到终态 $\boldsymbol{x}_f$，并使给定的指标泛函式(7-34) 达到极值。

显然，上述问题是一个有等式约束的泛函极值问题，采用拉格朗日乘子法后，就把有约束泛函极值问题转化为无约束泛函极值问题，即

$$J=\int_{t_0}^{t_f}\{L(\boldsymbol{x},\boldsymbol{u},t)+\boldsymbol{\lambda}^{\mathrm{T}}(t)[\boldsymbol{f}(\boldsymbol{x},\boldsymbol{u},t)-\dot{\boldsymbol{x}}(t)]\}\mathrm{d}t \tag{7-35}$$

$\boldsymbol{\lambda}(t)=[\lambda_1(t) \quad \lambda_2(t) \quad \cdots \quad \lambda_n(t)]^{\mathrm{T}}$ 为拉格朗日乘子向量。

现引入一个标量函数

$$H[\boldsymbol{x}(t),\boldsymbol{u}(t),\boldsymbol{\lambda}(t),t]=L[\boldsymbol{x}(t),\boldsymbol{u}(t),t]+\boldsymbol{\lambda}^{\mathrm{T}}(t)\boldsymbol{f}[\boldsymbol{x}(t),\boldsymbol{u}(t),t] \tag{7-36}$$

H 为哈密顿函数，它是 $\boldsymbol{x}(t)$、$\boldsymbol{u}(t)$、$\boldsymbol{\lambda}(t)$ 和 t 的函数。

由式(7-35) 和式(7-36) 得

$$J=\int_{t_0}^{t_f}\{H[\boldsymbol{x}(t),\boldsymbol{u}(t),\boldsymbol{\lambda}(t),t]-\boldsymbol{\lambda}^{\mathrm{T}}(t)\dot{\boldsymbol{x}}(t)\}\mathrm{d}t \tag{7-37}$$

将式(7-37) 的最后一项，利用分部积分变换后得

$$J=\int_{t_0}^{t_f}\{H[\boldsymbol{x}(t),\boldsymbol{u}(t),\boldsymbol{\lambda}(t),t]+\dot{\boldsymbol{\lambda}}^{\mathrm{T}}(t)\boldsymbol{x}(t)\}\mathrm{d}t-\boldsymbol{\lambda}^{\mathrm{T}}(t)\boldsymbol{x}(t)\Big|_{t=t_0}^{t=t_f} \tag{7-38}$$

根据泛函极值存在的必要条件，上式取极值的必要条件是一阶变分为零，即 $\delta J=0$。在式(7-38) 中引起泛函 J 变分的是控制变量 $\boldsymbol{u}(t)$ 和状态变量 $\boldsymbol{x}(t)$ 的变分 $\delta\boldsymbol{u}(t)$ 和 $\delta\boldsymbol{x}(t)$，将式(7-38) 对它们分别取变分得

$$\delta J=\int_{t_0}^{t_f}\left[\left(\frac{\partial H}{\partial \boldsymbol{u}}\right)^{\mathrm{T}}\delta\boldsymbol{u}+\left(\frac{\partial H}{\partial \boldsymbol{x}}\right)^{\mathrm{T}}\delta\boldsymbol{x}+\dot{\boldsymbol{\lambda}}^{\mathrm{T}}\delta\boldsymbol{x}\right]\mathrm{d}t-\boldsymbol{\lambda}^{\mathrm{T}}\delta\boldsymbol{x}\Big|_{t=t_0}^{t=t_f}=0 \tag{7-39}$$

其中，$\delta\boldsymbol{x}=[\delta x_1 \quad \delta x_2 \quad \cdots \quad \delta x_n]^{\mathrm{T}}$，$\delta\boldsymbol{u}=[\delta u_1 \quad \delta u_2 \quad \cdots \quad \delta u_r]^{\mathrm{T}}$。

由于应用了拉格朗日乘子法后，$\boldsymbol{x}(t)$ 和 $\boldsymbol{u}(t)$ 可看作彼此独立的，$\delta\boldsymbol{x}$ 和 $\delta\boldsymbol{u}$ 不受约束，即 $\delta\boldsymbol{x}$ 和 $\delta\boldsymbol{u}$ 是任意的。换言之，$\delta\boldsymbol{x}\neq\boldsymbol{0}$，$\delta\boldsymbol{u}\neq\boldsymbol{0}$，因此从式(7-39) 可得泛函极值存在的必要条件如下。

伴随方程
$$\dot{\boldsymbol{\lambda}}=-\frac{\partial H}{\partial \boldsymbol{x}} \tag{7-40}$$

控制方程
$$\frac{\partial H}{\partial \boldsymbol{u}}=\boldsymbol{0} \tag{7-41}$$

横截条件
$$\boldsymbol{\lambda}^{\mathrm{T}}\delta\boldsymbol{x}\Big|_{t=t_0}^{t=t_f}=0 \tag{7-42}$$

根据哈密顿函数式(7-36) 可得状态方程为

$$\dot{\boldsymbol{x}}=\frac{\partial H}{\partial \boldsymbol{\lambda}}=\boldsymbol{f}[\boldsymbol{x}(t),\boldsymbol{u}(t),t] \tag{7-43}$$

伴随方程 [式(7-40)] 也称协状态方程。对于控制方程 [式(7-41)]，因为从 $\frac{\partial H}{\partial \boldsymbol{u}}=\boldsymbol{0}$ 可求出 $\boldsymbol{u}(t)$ 与 $\boldsymbol{x}(t)$ 和 $\boldsymbol{\lambda}(t)$ 的关系，它把状态方程与伴随方程联系起来，故也称耦合方程。

同时由式(7-39) 还可知，伴随方程和耦合方程实质上就是变分法中的欧拉方程。

上述四式就是最优控制问题式(7-34) 的最优解的必要条件。这些式也可从欧拉方程导出。若将式(7-37) 中的被积分部分改写成

$$G[\boldsymbol{x}(t),\boldsymbol{u}(t),\boldsymbol{\lambda}(t),t]=H[\boldsymbol{x}(t),\boldsymbol{u}(t),\boldsymbol{\lambda}(t),t]-\boldsymbol{\lambda}^{\mathrm{T}}(t)\dot{\boldsymbol{x}}(t)$$

则
$$J=\int_{t_0}^{t_f}G[\boldsymbol{x}(t),\boldsymbol{u}(t),\boldsymbol{\lambda}(t),t]\mathrm{d}t$$

由此可得
$$\frac{\partial G}{\partial \boldsymbol{x}}-\frac{\mathrm{d}}{\mathrm{d}t}\frac{\partial G}{\partial \dot{\boldsymbol{x}}}=\boldsymbol{0}$$

即
$$\frac{\partial H}{\partial \boldsymbol{x}}+\frac{\mathrm{d}}{\mathrm{d}t}\boldsymbol{\lambda}(t)=\boldsymbol{0},\ \dot{\boldsymbol{\lambda}}=-\frac{\partial H}{\partial \boldsymbol{x}}$$

$$\frac{\partial G}{\partial \boldsymbol{\lambda}}-\frac{\mathrm{d}}{\mathrm{d}t}\frac{\partial G}{\partial \dot{\boldsymbol{\lambda}}}=\boldsymbol{0}$$

即
$$\dot{\boldsymbol{x}}=\frac{\partial H}{\partial \boldsymbol{\lambda}}=\boldsymbol{f}(\boldsymbol{x},\boldsymbol{u},t)$$

$$\frac{\partial G}{\partial \boldsymbol{u}}-\frac{\mathrm{d}}{\mathrm{d}t}\frac{\partial G}{\partial \dot{\boldsymbol{u}}}=\boldsymbol{0}$$

即
$$\frac{\partial H}{\partial \boldsymbol{u}}=\boldsymbol{0}$$

状态方程与伴随方程通常合称为正则方程，其标量形式为

$$\frac{\mathrm{d}x_i}{\mathrm{d}t}=\frac{\partial H}{\partial \lambda_i}=f_i[\boldsymbol{x}(t),\boldsymbol{u}(t),t],\ i=1,2,\cdots,n$$

$$\frac{\mathrm{d}\lambda_i}{\mathrm{d}t}=-\frac{\partial H}{\partial x_i},\ i=1,2,\cdots,n$$

$x_i(t)$ 为第 i 个状态变量；$\lambda_i(t)$ 为第 i 个伴随变量。

故共有 $2n$ 个变量 $x_i(t)$ 和 $\lambda_i(t)$，同时就有 $2n$ 个边界条件，即

$$x_i(t_0)=x_{i0},\ x_i(t_\mathrm{f})=x_{i\mathrm{f}},\ i=1,2,\cdots,n$$

在固定端点的问题中，正则方程的边界条件是给定始端状态 $\boldsymbol{x}_0$ 和终端状态 $\boldsymbol{x}_\mathrm{f}$。由联立方程可解得两个未知函数，称为混合边界问题。但是在微分方程求解中，这类问题称为两点边值问题。

从 $\frac{\partial H}{\partial \boldsymbol{u}}=\boldsymbol{0}$ 可求得最优控制 $\boldsymbol{u}^*(t)$ 与 $\boldsymbol{x}(t)$ 和 $\boldsymbol{\lambda}(t)$ 的函数关系，将其代入正则方程组消去 $\boldsymbol{u}(t)$，就可求得 $\boldsymbol{x}^*(t)$ 和 $\boldsymbol{\lambda}^*(t)$ 的唯一解，它们被称为最优曲线和最优伴随向量。

综上所述，用哈密顿方法求解最优控制问题是将求泛函 J 的极值问题转化为求哈密顿函数 H 的极值问题。将上述内容归纳成如下定理。

定理 7-5 设系统的状态方程为

$$\dot{\boldsymbol{x}}(t)=\boldsymbol{f}[\boldsymbol{x}(t),\boldsymbol{u}(t),t]$$

则把状态 $\boldsymbol{x}(t)$ 自始端 $\boldsymbol{x}(t_0)=\boldsymbol{x}_0$，转移到终端 $\boldsymbol{x}(t_\mathrm{f})=\boldsymbol{x}_\mathrm{f}$，并使性能指标泛函

$$J=\int_{t_0}^{t_\mathrm{f}}L[\boldsymbol{x}(t),\boldsymbol{u}(t),t]\mathrm{d}t$$

取极值，以实现最优控制的必要条件如下。

① 最优曲线 $\boldsymbol{x}^*(t)$ 和最优伴随向量 $\boldsymbol{\lambda}^*(t)$ 满足正则方程

$$\dot{\boldsymbol{x}}=\frac{\partial H}{\partial \boldsymbol{\lambda}}\qquad \dot{\boldsymbol{\lambda}}=-\frac{\partial H}{\partial \boldsymbol{x}}$$

其中，$H[\boldsymbol{x}(t),\boldsymbol{u}(t),\boldsymbol{\lambda}(t),t]=L[\boldsymbol{x}(t),\boldsymbol{u}(t),t]+\boldsymbol{\lambda}^\mathrm{T}(t)\boldsymbol{f}[\boldsymbol{x}(t),\boldsymbol{u}(t),t]$。

② 最优控制 $\boldsymbol{u}^*(t)$ 满足控制方程

$$\frac{\partial H}{\partial \boldsymbol{u}}=\boldsymbol{0}$$

③ 边界条件

$$\boldsymbol{x}(t_0)=\boldsymbol{x}_0,\ \boldsymbol{x}(t_\mathrm{f})=\boldsymbol{x}_\mathrm{f}$$

当然，对于以上等式约束（状态方程约束）问题，也可首先利用状态方程得到 $\boldsymbol{u}(t)$ 与 $\boldsymbol{x}(t)$ 和 $\dot{\boldsymbol{x}}(t)$ 的关系，然后将其代入性能指标泛函中，可得如下形式，即

$$J=\int_{t_0}^{t_\mathrm{f}}L[\boldsymbol{x}(t),\dot{\boldsymbol{x}}(t),t]\mathrm{d}t$$

此时就变成无约束的最优控制问题，它完全可利用前面所述的欧拉方程求解。

【例 7-5】 设人造地球卫星姿态控制系统的状态方程为

$$\dot{\boldsymbol{x}}(t)=\begin{bmatrix}0 & 1\\0 & 0\end{bmatrix}\boldsymbol{x}(t)+\begin{bmatrix}0\\1\end{bmatrix}u(t)$$

性能指标泛函为

$$J=\frac{1}{2}\int_0^2 u^2(t)\mathrm{d}t$$

边界条件为

$$\boldsymbol{x}(0)=\begin{bmatrix}1\\1\end{bmatrix},\ \boldsymbol{x}(2)=\begin{bmatrix}0\\0\end{bmatrix}$$

试求使性能指标泛函取极值的最优曲线$\boldsymbol{x}^*(t)$ 和最优控制$\boldsymbol{u}^*(t)$。

解　由题意

$$L=\frac{1}{2}u^2,\ \boldsymbol{\lambda}^{\mathrm{T}}=[\lambda_1 \quad \lambda_2],\ \boldsymbol{f}=\begin{bmatrix}f_1\\f_2\end{bmatrix}=\begin{bmatrix}x_2\\u\end{bmatrix}$$

故标量函数为

$$H=L+\boldsymbol{\lambda}^{\mathrm{T}}\boldsymbol{f}=\frac{1}{2}u^2+\lambda_1 x_2+\lambda_2 u$$

$$G=H-\boldsymbol{\lambda}^{\mathrm{T}}(t)\dot{\boldsymbol{x}}(t)=\frac{1}{2}u^2+\lambda_1(x_2-\dot{x}_1)+\lambda_2(u-\dot{x}_2)$$

欧拉方程为

$$\frac{\partial G}{\partial x_1}-\frac{\mathrm{d}}{\mathrm{d}t}\frac{\partial G}{\partial \dot{x}_1}=\dot{\lambda}_1=0,\ \lambda_1=a$$

$$\frac{\partial G}{\partial x_2}-\frac{\mathrm{d}}{\mathrm{d}t}\frac{\partial G}{\partial \dot{x}_2}=\lambda_1+\dot{\lambda}_2=0,\ \lambda_2=-at+b$$

$$\frac{\partial G}{\partial u}-\frac{\mathrm{d}}{\mathrm{d}t}\frac{\partial G}{\partial \dot{u}}=u+\lambda_2=0,\ u=at-b$$

其中，常数 a、b 待定。

由状态方程等式约束得

$$\dot{x}_2=u=at-b,\ x_2=\frac{1}{2}at^2-bt+c$$

$$\dot{x}_1=x_2=\frac{1}{2}at^2-bt+c,\ x_1=\frac{1}{6}at^3-\frac{1}{2}bt^2+ct+d$$

其中，常数 c、d 待定。

代入已知边界条件 $x_1(0)=1$，$x_2(0)=1$，$x_1(2)=0$，$x_2(2)=0$，可求得 $a=3$，$b=3.5$，$c=d=1$，于是最优曲线为

$$x_1^*(t)=0.5t^3-1.75t^2+t+1,\ x_2^*(t)=1.5t^2-3.5t+1$$

最优控制为

$$u^*(t)=3t-3.5$$

7.3.2　可变端点的最优控制问题

对可变端点的最优控制问题，假定始端固定，终端可变。设系统的状态方程为

$$\dot{\boldsymbol{x}}(t)=\boldsymbol{f}[\boldsymbol{x}(t),\boldsymbol{u}(t),t] \tag{7-44}$$

式中　$\boldsymbol{x}(t)$——n 维状态向量；

　　$\boldsymbol{u}(t)$——r 维控制向量；

$\boldsymbol{f}(\cdot)$——n 维向量函数。

系统的始端满足

$$\boldsymbol{x}(t_0)=\boldsymbol{x}_0$$

系统的性能指标为

$$J=F[\boldsymbol{x}(t_f),t_f]+\int_{t_0}^{t_f}L[\boldsymbol{x}(t),\boldsymbol{u}(t),t]\mathrm{d}t \tag{7-45}$$

如何确定最优控制向量$\boldsymbol{u}^*(t)$ 和最优曲线$\boldsymbol{x}^*(t)$，使系统式(7-44) 由已知初态$\boldsymbol{x}_0$转移到要求的终端，并使给定的指标泛函式(7-45) 达到极值，对于终端边界条件可分为三种情况进行讨论。

(1) 终端时刻 t_f 固定，终端状态 $\boldsymbol{x}(t_f)$ 自由 首先引入拉格朗日乘子向量，将问题转化成无约束变分问题，然后再定义一个如式(7-36) 所示的哈密顿函数，则可得

$$\begin{aligned}J&=F[\boldsymbol{x}(t_f),t_f]+\int_{t_0}^{t_f}\{H[\boldsymbol{x}(t),\boldsymbol{u}(t),\boldsymbol{\lambda}(t),t]-\boldsymbol{\lambda}^{\mathrm{T}}(t)\dot{\boldsymbol{x}}(t)\}\mathrm{d}t\\&=F[\boldsymbol{x}(t_f),t_f]+\int_{t_0}^{t_f}\{H[\boldsymbol{x}(t),\boldsymbol{u}(t),\boldsymbol{\lambda}(t),t]+\dot{\boldsymbol{\lambda}}^{\mathrm{T}}(t)\boldsymbol{x}(t)\}\mathrm{d}t-\boldsymbol{\lambda}^{\mathrm{T}}(t)\boldsymbol{x}(t)\Big|_{t=t_0}^{t=t_f}\end{aligned} \tag{7-46}$$

系统性能指标 J 的一次变分为

$$\delta J=\left(\frac{\partial F}{\partial \boldsymbol{x}}\right)^{\mathrm{T}}\delta\boldsymbol{x}\Bigg|_{t=t_f}+\int_{t_0}^{t_f}\left[\left(\frac{\partial H}{\partial \boldsymbol{u}}\right)^{\mathrm{T}}\delta\boldsymbol{u}+\left(\frac{\partial H}{\partial \boldsymbol{x}}\right)^{\mathrm{T}}\delta\boldsymbol{x}+\dot{\boldsymbol{\lambda}}^{\mathrm{T}}\delta\boldsymbol{x}\right]\mathrm{d}t-\boldsymbol{\lambda}^{\mathrm{T}}\delta\boldsymbol{x}\Big|_{t=t_0}^{t=t_f}$$

泛函极值存在的必要条件为 $\delta J=0$，并考虑到 $\delta\boldsymbol{x}(t_0)=\boldsymbol{0}$，则可得

$$\delta J=\left[\left(\frac{\partial F}{\partial \boldsymbol{x}}\right)^{\mathrm{T}}-\boldsymbol{\lambda}^{\mathrm{T}}\right]\delta\boldsymbol{x}\Bigg|_{t=t_f}+\int_{t_0}^{t_f}\left[\left(\frac{\partial H}{\partial \boldsymbol{x}}\right)^{\mathrm{T}}+\dot{\boldsymbol{\lambda}}^{\mathrm{T}}\right]\delta\boldsymbol{x}\,\mathrm{d}t+\int_{t_0}^{t_f}\left(\frac{\partial H}{\partial \boldsymbol{u}}\right)^{\mathrm{T}}\delta\boldsymbol{u}\,\mathrm{d}t=0 \tag{7-47}$$

因此由式(7-47) 可得式(7-45) 存在极值的必要条件为

$$\left.\begin{array}{ll}\text{状态方程} & \dot{\boldsymbol{x}}=\dfrac{\partial H}{\partial \boldsymbol{\lambda}}=\boldsymbol{f}[\boldsymbol{x}(t),\boldsymbol{u}(t),t]\\ \text{伴随方程} & \dot{\boldsymbol{\lambda}}=-\dfrac{\partial H}{\partial \boldsymbol{x}}\\ \text{控制方程} & \dfrac{\partial H}{\partial \boldsymbol{u}}=\boldsymbol{0}\\ \text{横截条件} & \boldsymbol{\lambda}(t_f)=\dfrac{\partial F}{\partial \boldsymbol{x}}\Bigg|_{t=t_f}\end{array}\right\} \tag{7-48}$$

(2) 终端时刻 t_f 固定，终端状态 $\boldsymbol{x}(t_f)$ 有约束 假设终端状态的等式约束条件为

$$\boldsymbol{N}_1[\boldsymbol{x}(t_f),t_f]=\boldsymbol{0} \tag{7-49}$$

其中，$\boldsymbol{N}_1=[N_{11}\quad N_{12}\quad\cdots\quad N_{1m}]^{\mathrm{T}}$。

引用拉格朗日乘子向量$\boldsymbol{v}=[v_1\quad v_2\quad\cdots\quad v_m]^{\mathrm{T}}$，将式(7-49) 与式(7-46) 中的泛函相联系，于是有

$$J=F[\boldsymbol{x}(t_f),t_f]+\boldsymbol{v}^{\mathrm{T}}\boldsymbol{N}_1[\boldsymbol{x}(t_f),t_f]+\int_{t_0}^{t_f}[H-\boldsymbol{\lambda}^{\mathrm{T}}\dot{\boldsymbol{x}}(t)]\mathrm{d}t \tag{7-50}$$

令
$$F_1[\boldsymbol{x}(t_f),t_f]=F[\boldsymbol{x}(t_f),t_f]+\boldsymbol{v}^{\mathrm{T}}\boldsymbol{N}_1[\boldsymbol{x}(t_f),t_f]$$

则有
$$J=F_1[\boldsymbol{x}(t_f),t_f]+\int_{t_0}^{t_f}[H-\boldsymbol{\lambda}^{\mathrm{T}}\dot{\boldsymbol{x}}(t)]\mathrm{d}t \tag{7-51}$$

将式(7-51) 与式(7-46) 相比较，可知泛函数极值存在的必要条件式(7-48) 只是横截条件 $\boldsymbol{\lambda}(t_f)=\dfrac{\partial F}{\partial \boldsymbol{x}}\Big|_{t=t_f}$ 发生了变化。因此，只要将 F 变换成 F_1，其他方程均不改变。这样终端状态有约束的泛函数极值存在的必要条件为

状态方程 $$\dot{\boldsymbol{x}}=\frac{\partial H}{\partial \boldsymbol{\lambda}}=\boldsymbol{f}[\boldsymbol{x}(t),\boldsymbol{u}(t),t]$$

伴随方程 $$\dot{\boldsymbol{\lambda}}=-\frac{\partial H}{\partial \boldsymbol{x}}$$

控制方程 $$\frac{\partial H}{\partial \boldsymbol{u}}=\boldsymbol{0}$$

横截条件 $$\boldsymbol{\lambda}(t_f)=\left[\frac{\partial F}{\partial \boldsymbol{x}}+\left(\frac{\partial \boldsymbol{N}_1^{\mathrm{T}}}{\partial \boldsymbol{x}}\right)\boldsymbol{v}\right]\Bigg|_{t=t_f}$$

终端约束 $$\boldsymbol{N}_1[\boldsymbol{x}(t_f),t_f]=\boldsymbol{0}$$

【例 7-6】 设系统方程为

$$\begin{cases}\dot{x}_1(t)=x_2(t)\\ \dot{x}_2(t)=u(t)\end{cases}$$

求从已知初态 $x_1(0)=0$ 和 $x_2(0)=0$，在 $t_f=1$ 时转移到目标集（终端约束）$x_1(1)+x_2(1)=1$，且使性能指标

$$J=\frac{1}{2}\int_0^1 u^2(t)\mathrm{d}t$$

为最小的最优控制 $u^*(t)$ 和相应的最优曲线 $\boldsymbol{x}^*(t)$。

解 由题意 $$F[\boldsymbol{x}(t_f),t_f]=0,\ L(\cdot)=\frac{1}{2}u^2$$

$$N_1[\boldsymbol{x}(t_f)]=x_1(1)+x_2(1)-1=0$$

构造哈密顿函数 $$H=\frac{1}{2}u^2+\lambda_1 x_2+\lambda_2 u$$

由伴随方程 $\dot{\lambda}_1=-\frac{\partial H}{\partial x_1}=0,\ \lambda_1(t)=c_1,\ \dot{\lambda}_2=-\frac{\partial H}{\partial x_2}=-\lambda_1,\lambda_2(t)=-c_1t+c_2$

由控制方程 $$\frac{\partial H}{\partial u}=u+\lambda_2=0,u(t)=-\lambda_2(t)=c_1t-c_2$$

由状态方程 $\dot{x}_2(t)=u(t)=c_1t-c_2,x_2(t)=u(t)=\frac{1}{2}c_1t^2-c_2t+c_3$

$$\dot{x}_1(t)=x_2(t)=\frac{1}{2}c_1t^2-c_2t+c_3,x_1(t)=\frac{1}{6}c_1t^3-\frac{1}{2}c_2t^2+c_3t+c_4$$

根据已知初态 $$x_1(0)=x_2(0)=0$$

求出 $$c_3=c_4=0$$

再由目标集条件 $$x_1(1)+x_2(1)=1$$

求得 $$4c_1-9c_2=6$$

根据横截条件

$$\lambda_1(1)=\frac{\partial N_1^T}{\partial x_1(t)}v\Bigg|_{t=1}=v,\ \lambda_2(1)=\frac{\partial N_1^T}{\partial x_2(t)}v\Bigg|_{t=1}=v$$

得到 $\lambda_1(1)=\lambda_2(1)$，故有 $c_1=\frac{1}{2}c_2$。

于是解出 $$c_1=-\frac{3}{7},\ c_2=-\frac{6}{7}$$

从而，本例最优控制和最优状态曲线分别为

$$u^*(t)=-\frac{3}{7}(t-2),\ x_1^*(t)=-\frac{1}{14}t^2(t-6),\ x_2^*(t)=-\frac{3}{14}t(t-4)$$

(3) 终端时刻 t_f 可变，终端状态 $x(t_f)$ 有约束 假设系统终端满足约束

$$N_1[x(t_f),t_f]=0$$

其中，$N_1=[N_{11} \quad N_{12} \quad \cdots \quad N_{1m}]^T$。

利用拉格朗日乘子法，可得到无约束条件下的泛函，它与式(7-50)具有相同的形式，即

$$J=F[x(t_f),t_f]+v^T N_1[x(t_f),t_f]+\int_{t_0}^{t_f}\{H-\lambda^T\dot{x}(t)\}dt$$

由于 t_f 是可变的，故这时不仅有最优控制、最优曲线，而且还有最优终端时间需要确定，取泛函增量为

$$\begin{aligned}\Delta J=&F[x(t_f)+\delta x_f,t_f+\delta t_f]-F[x(t_f),t_f]\\&+v^T\{N_1[x(t_f)+\delta x_f,t_f+\delta t_f]-N_1[x(t_f),t_f]\}\\&+\int_{t_0}^{t_f+\delta t_f}\{H[x(t)+\delta x,u(t)+\delta u,\lambda(t),t]-\lambda^T(t)[\dot{x}(t)+\delta\dot{x}]\}dt\\&-\int_{t_0}^{t_f}\{H[x(t),u(t),\lambda(t),t]-\lambda^T(t)\dot{x}(t)\}dt\end{aligned} \tag{7-52}$$

对式(7-52)利用泰勒级数展开并取主部，以及应用积分中值定理，并考虑到 $\delta x(t_0)=0$，可得泛函的一次变分为

$$\begin{aligned}\delta J=&\left[\frac{\partial F}{\partial x(t_f)}\right]^T\delta x_f+\frac{\partial F}{\partial t_f}\delta t_f+v^T\left\{\left[\frac{\partial N_1^T}{\partial x(t_f)}\right]^T\delta x_f+\frac{\partial N_1}{\partial t_f}\delta t_f\right\}+(H-\lambda^T\dot{x})\big|_{t=t_f}\delta t_f\\&+\int_{t_0}^{t_f}\left[\left(\frac{\partial H}{\partial u}\right)^T\delta u+\left(\frac{\partial H}{\partial x}\right)^T\delta x+\dot{\lambda}^T\delta x\right]dt-\lambda^T\delta x\big|_{t=t_f}\\=&\left(\frac{\partial F}{\partial x(t_f)}\right)^T\delta x_f+v^T\left[\frac{\partial N_1^T}{\partial x(t_f)}\right]^T\delta x_f+\frac{\partial F}{\partial t_f}\delta t_f+v^T\frac{\partial N_1}{\partial t_f}\delta t_f+H\delta t_f\\&-\lambda^T(t_f)[\dot{x}(t_f)\delta t_f+\delta x(t_f)]+\int_{t_0}^{t_f}\left[\left(\frac{\partial H}{\partial u}\right)^T\delta u+\left(\frac{\partial H}{\partial x}\right)^T\delta x+\dot{\lambda}^T\delta x\right]dt\end{aligned} \tag{7-53}$$

将终端受约束时的条件式(7-25)

$$\delta x_f=\delta x(t_f)+\dot{x}(t_f)\delta t_f$$

代入式(7-53)，整理得

$$\begin{aligned}\delta J=&\left[\frac{\partial F}{\partial x(t_f)}+\frac{\partial N_1^T}{\partial x(t_f)}v-\lambda(t_f)\right]^T\delta x_f+\left(\frac{\partial F}{\partial t_f}+v^T\frac{\partial N_1}{\partial t_f}+H\right)\delta t_f\\&+\int_{t_0}^{t_f}\left[\left(\frac{\partial H}{\partial x}+\dot{\lambda}\right)^T\delta x+\left(\frac{\partial H}{\partial u}\right)^T\delta u\right]dt\end{aligned} \tag{7-54}$$

令式(7-54)等于零，考虑到式中各微变量 δt_f、δx_f、δx 和 δu 均是任意的，在这种情况下泛函极值存在的必要条件如下。

状态方程
$$\dot{x}=\frac{\partial H}{\partial\lambda}=f[x(t),u(t),t]$$

伴随方程
$$\dot{\lambda}=-\frac{\partial H}{\partial x}$$

控制方程
$$\frac{\partial H}{\partial u}=0$$

横截条件
$$\lambda(t_f)=\left(\frac{\partial F}{\partial x}+\frac{\partial N_1^T}{\partial x}v\right)\bigg|_{t=t_f}$$

$$\left(H+\frac{\partial F}{\partial t}+\boldsymbol{v}^{\mathrm{T}}\frac{\partial \boldsymbol{N}_1}{\partial t}\right)\bigg|_{t=t_f}=0$$

终端约束　$\boldsymbol{N}_1[\boldsymbol{x}(t_f),t_f]=\boldsymbol{0}$

总结以上结论，可以得到如下定理。

定理 7-6　设系统的状态方程是

$$\dot{\boldsymbol{x}}(t)=\boldsymbol{f}[\boldsymbol{x}(t),\boldsymbol{u}(t),t]$$

则为把状态 $\boldsymbol{x}(t)$ 自初始状态 $\boldsymbol{x}(t_0)=\boldsymbol{x}_0$，转移到满足约束条件 $\boldsymbol{N}_1[\boldsymbol{x}(t_f),t_f]=\boldsymbol{0}$ 的终端状态 $\boldsymbol{x}(t_f)$，其中 t_f 固定或可变，并使性能泛函

$$J=F[\boldsymbol{x}(t_f),t_f]+\int_{t_0}^{t_f}L[\boldsymbol{x}(t),\boldsymbol{u}(t),t]\mathrm{d}t$$

取极值，实现最优控制的必要条件如下。

① 最优曲线 $\boldsymbol{x}^*(t)$ 和最优伴随向量 $\boldsymbol{\lambda}^*(t)$ 满足以下正则方程

$$\dot{\boldsymbol{x}}(t)=\frac{\partial H}{\partial \boldsymbol{\lambda}}\qquad \dot{\boldsymbol{\lambda}}(t)=-\frac{\partial H}{\partial \boldsymbol{x}}$$

其中，$H[\boldsymbol{x}(t),\boldsymbol{u}(t),\boldsymbol{\lambda}(t),t]=L[\boldsymbol{x}(t),\boldsymbol{u}(t),t]+\boldsymbol{\lambda}^{\mathrm{T}}(t)\boldsymbol{f}[\boldsymbol{x}(t),\boldsymbol{u}(t),t]$。

② 最优控制 $\boldsymbol{u}^*(t)$ 满足控制方程

$$\frac{\partial H}{\partial \boldsymbol{u}}=\boldsymbol{0}$$

③ 始端边界条件与终端横截条件

$$\boldsymbol{x}(t_0)=\boldsymbol{x}_0$$

$$\boldsymbol{N}_1[\boldsymbol{x}(t_f),t_f]=\boldsymbol{0}$$

$$\boldsymbol{\lambda}(t_f)=\left(\frac{\partial F}{\partial \boldsymbol{x}}+\frac{\partial \boldsymbol{N}_1^{\mathrm{T}}}{\partial \boldsymbol{x}}\boldsymbol{v}\right)\bigg|_{t=t_f}$$

$$\boldsymbol{N}_1=[N_{11}\quad N_{12}\quad \cdots\quad N_{1m}]^{\mathrm{T}}$$

其中，$\boldsymbol{\lambda}=[\lambda_1\quad \lambda_2\quad \cdots\quad \lambda_n]^{\mathrm{T}}$ 和 $\boldsymbol{v}=[v_1\quad v_2\quad \cdots\quad v_m]^{\mathrm{T}}$ 为拉格朗日乘子向量。

④ 当终端时间 t_f 可变，则还需利用以下终端横截条件确定 t_f，即

$$\left(H+\frac{\partial F}{\partial t}+\boldsymbol{v}^{\mathrm{T}}\frac{\partial \boldsymbol{N}_1}{\partial t}\right)\bigg|_{t=t_f}=0$$

【例 7-7】　设一阶系统方程为 $\dot{x}(t)=u(t)$，已知 $x(0)=1$，要求 $x(t_f)=0$，试求使性能指标

$$J=t_f+\frac{1}{2}\int_0^{t_f}u^2(t)\mathrm{d}t$$

为极小的最优控制 $u^*(t)$，以及相应的最优曲线 $x^*(t)$、最优终端时刻 t_f^*、最小指标 J^*。其中，终端时刻 t_f 未给定。

解　由题意知

$$F[x(t_f),t_f]=t_f,\ L(\cdot)=\frac{1}{2}u^2,\ N_1[x(t_f)]=0$$

构造哈密顿函数

$$H=\frac{1}{2}u^2+\lambda u$$

由 $\dot{\lambda}(t)=-\frac{\partial H}{\partial x}=0$，得 $\lambda(t)=a$。

再由 $$\frac{\partial H}{\partial u}=u+\lambda=0,\ \frac{\partial^2 H}{\partial u^2}=1>0$$

得 $$u(t)=-\lambda(t)=-a$$

根据状态方程 $$\dot{x}(t)=u(t)=-a$$

得 $$x(t)=-at+b$$

代入 $x(0)=1$，解出 $$x(t)=-at+1$$

利用已知的终态条件 $$x(t_f)=-at_f+1=0$$

得 $$t_f=1/a$$

最后，根据横截条件 $$H(t_f)=-\frac{\partial F}{\partial t_f}=-1,\frac{1}{2}u^2(t_f)+\lambda(t_f)u(t_f)=-1$$

求得 $$\frac{1}{2}a^2-a^2=-1,a=\sqrt{2}$$

于是最优解为

$$u^*(t)=-\sqrt{2},x^*(t)=-\sqrt{2}t+1,t_f^*=\sqrt{2}/2,J^*=\sqrt{2}$$

7.4 极大值原理

极大值原理或称为极小值原理，随解最优控制问题时，是求哈密顿函数的极大值还是极小值而异。极大值原理（或极小值原理）是求解控制向量受到约束时的最优控制的基本原则，这是经典变分法求泛函极值的扩充，因为用经典变分法不能处理这类问题，所以这种方法又称为现代变分法。

7.4.1 连续系统的极大值原理

在实际控制系统中，有很多问题要求控制变量或状态变量在某一范围内变动，不允许它们超出规定的范围，这就对控制变量或状态变量构成不等式约束。在这种情况下，连续系统最优控制问题可描述如下。

设 n 维系统状态方程为

$$\dot{\boldsymbol{x}}(t)=\boldsymbol{f}[\boldsymbol{x}(t),\boldsymbol{u}(t),t] \tag{7-55}$$

式中 $\boldsymbol{x}(t)$——n 维状态向量；

$\boldsymbol{u}(t)$——r 维控制向量；

$\boldsymbol{f}(\cdot)$——n 维向量函数。

始端时间和始端状态为

$$\boldsymbol{x}(t_0)=\boldsymbol{x}_0$$

终端时间和终端状态满足约束方程

$$\boldsymbol{N}_1[\boldsymbol{x}(t_f),t_f]=\boldsymbol{0} \tag{7-56}$$

控制向量受不等式约束，即

$$\boldsymbol{g}[\boldsymbol{x}(t),\boldsymbol{u}(t),t]\geqslant 0 \tag{7-57}$$

满足式(7-55)和式(7-56)的状态曲线 $\boldsymbol{x}(t)$ 称为容许曲线。满足式(7-57)，并使 $\boldsymbol{x}(t)$ 成为容许曲线的分段连续函数 $\boldsymbol{u}(t)$ 称为容许控制，所有的容许控制函数构成容许控制集。

极大值原理讨论的问题就是在容许控制集中找一个容许控制 $\boldsymbol{u}(t)$，让它与其对应的容许曲线 $\boldsymbol{x}(t)$ 一起使下列性能指标泛函 J 为极小值，即

$$\min J=F[\boldsymbol{x}(t_f),t_f]+\int_{t_0}^{t_f}L[\boldsymbol{x}(t),\boldsymbol{u}(t),t]\mathrm{d}t$$

定理 7-7　设 n 维系统的状态方程为

$$\dot{\boldsymbol{x}}(t)=\boldsymbol{f}[\boldsymbol{x}(t),\boldsymbol{u}(t),t]$$

控制向量 $\boldsymbol{u}(t)$ 是分段连续函数，属于 r 维空间中的有界闭集，应满足 $\boldsymbol{g}[\boldsymbol{x}(t),\boldsymbol{u}(t),t]\geqslant 0$，则为把状态 $\boldsymbol{x}(t)$ 的初态 $\boldsymbol{x}(t_0)=\boldsymbol{x}_0$ 转移到满足终端边界条件 $\boldsymbol{N}_1[\boldsymbol{x}(t_f),t_f]=\boldsymbol{0}$ 的终端，其中 t_f 可变或固定，并使性能指标泛函

$$\min J=F[\boldsymbol{x}(t_f),t_f]+\int_{t_0}^{t_f}L[\boldsymbol{x}(t),\boldsymbol{u}(t),t]\mathrm{d}t$$

达极小值，实现最优控制的必要条件如下。

① 设 $\boldsymbol{u}^*(t)$ 是最优控制，$\boldsymbol{x}^*(t)$ 为由此产生的最优曲线，则存在一与 $\boldsymbol{u}^*(t)$ 和 $\boldsymbol{x}^*(t)$ 对应的最优伴随向量 $\boldsymbol{\lambda}^*(t)$，使 $\boldsymbol{x}^*(t)$ 和 $\boldsymbol{\lambda}^*(t)$ 满足正则方程

$$\dot{\boldsymbol{x}}(t)=\frac{\partial H}{\partial \boldsymbol{\lambda}}=\boldsymbol{f}[\boldsymbol{x}(t),\boldsymbol{u}(t),t]\qquad \dot{\boldsymbol{\lambda}}(t)=-\frac{\partial H}{\partial \boldsymbol{x}}$$

其中，哈密顿函数 $H[\boldsymbol{x}(t),\boldsymbol{u}(t),\boldsymbol{\lambda}(t),t]=L[\boldsymbol{x}(t),\boldsymbol{u}(t),t]+\boldsymbol{\lambda}^{\mathrm{T}}(t)\boldsymbol{f}[\boldsymbol{x}(t),\boldsymbol{u}(t),t]$。

② 在最优曲线 $\boldsymbol{x}^*(t)$ 上与最优控制 $\boldsymbol{u}^*(t)$ 对应的哈密顿函数为极小值的条件

$$H[\boldsymbol{x}^*(t),\boldsymbol{u}^*(t),\boldsymbol{\lambda}^*(t),t]=\min_{\boldsymbol{u}(t)\in \boldsymbol{R}_u}H[\boldsymbol{x}^*(t),\boldsymbol{u}(t),\boldsymbol{\lambda}^*(t),t]$$

③ 始端边界条件与终端横截条件

$$\boldsymbol{x}(t_0)=\boldsymbol{x}_0,\ \boldsymbol{N}_1[\boldsymbol{x}(t_f),t_f]=\boldsymbol{0},\ \boldsymbol{\lambda}(t_f)=\left.\left(\frac{\partial F}{\partial \boldsymbol{x}}+\frac{\partial \boldsymbol{N}_1^{\mathrm{T}}}{\partial \boldsymbol{x}}\boldsymbol{v}\right)\right|_{t=t_f}$$

④ 终端时刻 t_f 可变时，用来确定 t_f 的终端横截条件

$$\left.\left(H+\frac{\partial F}{\partial t}+\boldsymbol{v}^{\mathrm{T}}\frac{\partial \boldsymbol{N}_1}{\partial t}\right)\right|_{t=t_f}=0$$

极大值原理表明，使性能指标泛函 J 为极小值的控制必定使哈密顿函数 H 为极小值。即最优控制 $\boldsymbol{u}^*(t)$ 使哈密顿函数 H 取极小值，所谓“极小值原理”一词正源于此。这一原理首先由前苏联学者庞特里雅金（Pontryagin）等人提出并加以严格证明。

从表面上看极大值原理和经典的变分法对解同类问题只在条件②上有差别，前者为

$$H[\boldsymbol{x}^*(t),\boldsymbol{u}^*(t),\boldsymbol{\lambda}^*(t),t]=\min_{\boldsymbol{u}(t)\in \boldsymbol{R}_u}H[\boldsymbol{x}^*(t),\boldsymbol{u}(t),\boldsymbol{\lambda}^*(t),t]$$

即对一切 $t\in[t_0,t_f]$，$\boldsymbol{u}(t)$ 取遍 $\boldsymbol{R}_u$ 中的所有点，$\boldsymbol{u}^*(t)$ 使 H 为绝对极小值。而后者的相应条件为 $\dfrac{\partial H}{\partial \boldsymbol{u}}=\boldsymbol{0}$，即哈密顿函数 H 在 $\boldsymbol{u}^*(t)$ 处取驻值。它只能给出 H 的局部极值点，对于边界上的极值点无能为力，它仅是前者的一种特例。也就是说在极大值原理中，容许控制条件放宽了。另外，极大值原理不要求哈密顿函数对控制向量的可微性，因而扩大了应用范围。由此可见，极大值原理比经典变分法更具实用价值。

【例 7-8】　设一阶系统方程为 $\dot{x}(t)=x(t)-u(t)$，$x(0)=5$，其中控制约束为 $0.5\leqslant u(t)\leqslant 1$。试求使性能指标 $J=\int_0^1[x(t)+u(t)]\mathrm{d}t$ 为极小的最优控制 $u^*(t)$ 及最优曲线 $x^*(t)$。

解　令哈密顿函数为

$$H=x+u+\lambda(x-u)=(1+\lambda)x+(1-\lambda)u$$

由于 H 是 u 的线性函数，根据极大值原理知，使 H 绝对极小就相当于使性能指标极小，因此要求 $(1-\lambda)u$ 极小。因 u 的取值上限为 1，下限为 0.5，故应取

$$u^*(t)=\begin{cases}1, & \lambda>1\\0.5, & \lambda<1\end{cases}$$

由协态方程
$$\dot{\lambda}(t)=-\frac{\partial H}{\partial x}=-(1+\lambda)$$

得其解为
$$\lambda(t)=c\mathrm{e}^{-t}-1$$

其中常数 c 待定。

由横截条件
$$\lambda(1)=c\mathrm{e}^{-1}-1=0$$

求出
$$c=\mathrm{e}$$

于是
$$\lambda(t)=\mathrm{e}^{1-t}-1$$

显然，当 $\lambda(t_s)=1$ 时，$u^*(t)$ 产生切换，其中 t_s 为切换时间。

令 $\lambda(t_s)=\mathrm{e}^{1-t_s}-1=1$，得 $t_s=0.307$。故最优控制为

$$u^*(t)=\begin{cases}1, & 0\leqslant t<0.307\\0.5, & 0.307\leqslant t\leqslant 1\end{cases}$$

将 $u^*(t)$ 代入状态方程，有

$$\dot{x}(t)=\begin{cases}x(t)-1, & 0\leqslant t<0.307\\x(t)-0.5, & 0.307\leqslant t\leqslant 1\end{cases}$$

解得
$$x(t)=\begin{cases}c_1\mathrm{e}^t+1, & 0\leqslant t<0.307\\c_2\mathrm{e}^t+0.5, & 0.307\leqslant t\leqslant 1\end{cases}$$

代入 $x(0)=5$，求出 $c_1=4$，因而 $x^*(t)=4\mathrm{e}^t+1$，$0\leqslant t<0.307$。

在上式中，令 $t=0.307$，可以求出 $0\leqslant t<0.307$ 时 $x(t)$ 的初态 $x(0.307)=4\mathrm{e}^{0.307}+1=6.44$，从而求得 $c_2=4.37$。于是，最优曲线为

$$x^*(t)=\begin{cases}4\mathrm{e}^t+1, & 0\leqslant t<0.307\\4.37\mathrm{e}^t+0.5, & 0.307\leqslant t\leqslant 1\end{cases}$$

7.4.2　离散系统的极大值原理

离散系统最优化问题是最优控制理论和应用的重要部分，一方面是有些实际问题本身就是离散的，比如数字滤波问题；另一方面，即使实际问题本身是连续的，但是为了对连续过程进行计算机控制，就需要把时间进行离散化，从而得到一离散化系统。

设离散系统的状态方程为

$$\boldsymbol{x}(k+1)=\boldsymbol{f}[\boldsymbol{x}(k),\boldsymbol{u}(k),k]\quad k=0,1,2,\cdots,N-1$$

其始端状态满足
$$\boldsymbol{x}(0)=\boldsymbol{x}_0$$

终端时刻和终端状态满足约束方程
$$\boldsymbol{N}_1[\boldsymbol{x}(N),N]=\boldsymbol{0}$$

控制向量取值于
$$\boldsymbol{u}(k)\in\boldsymbol{R}_u$$

$\boldsymbol{R}_u$ 为容许控制域。

寻找控制序列 $\boldsymbol{u}(k)$，$k=0,1,2,\cdots,N-1$，使性能指标

$$J=F[\boldsymbol{x}(N),N]+\sum_{k=0}^{N-1}L[\boldsymbol{x}(k),\boldsymbol{u}(k),k]$$

取极小值。

比较一下连续系统和离散系统中最优控制问题的提法，可以看出，对于连续系统是在时间区间 $[t_0, t_f]$ 上寻求最优控制 $\boldsymbol{u}^*(t)$ 和相应的最优曲线 $\boldsymbol{x}^*(t)$，使性能指标为最小值。而对于离散系统是在离散时刻 $0,1,2,\cdots,N$ 上寻求 N 点最优控制向量序列 $\boldsymbol{u}^*(0)$，$\boldsymbol{u}^*(1)$，$\cdots$，$\boldsymbol{u}^*(N-1)$ 和相应的 N 点最优状态向量序列 $\boldsymbol{x}^*(1)$，$\boldsymbol{x}^*(2)$，$\cdots$，$\boldsymbol{x}^*(N)$（即最优离散状态轨线），以使性能指标为最小值。和连续系统一样，简称 $\boldsymbol{u}^*(k)(k=0,1,2,\cdots,N-1)$ 为最优控制序列，$\boldsymbol{x}^*(k)(k=1,2,\cdots,N)$ 为最优曲线序列。

定理 7-8 设离散系统的状态方程为

$$\boldsymbol{x}(k+1)=\boldsymbol{f}[\boldsymbol{x}(k),\boldsymbol{u}(k),k] \tag{7-58}$$

控制向量 $\boldsymbol{u}(k)$ 有如下不等式约束

$$\boldsymbol{u}(k)\in\boldsymbol{R}_u$$

$\boldsymbol{R}_u$ 为容许控制域。为把状态 $\boldsymbol{x}(k)$ 自始端状态 $\boldsymbol{x}(0)=\boldsymbol{x}_0$ 转移到满足终端边界条件

$$\boldsymbol{N}_1[\boldsymbol{x}(N),N]=\boldsymbol{0} \tag{7-59}$$

的终端状态，并使性能指标

$$J=F[\boldsymbol{x}(N),N]+\sum_{k=0}^{N-1}L[\boldsymbol{x}(k),\boldsymbol{u}(k),k] \tag{7-60}$$

取极小值，实现最优控制的必要条件如下。

① 最优状态向量序列 $\boldsymbol{x}^*(k)$ 和最优伴随向量序列 $\boldsymbol{\lambda}^*(k)$ 满足下列差分方程，即正则方程

$$\boldsymbol{x}(k+1)=\frac{\partial H[\boldsymbol{x}(k),\boldsymbol{u}(k),\boldsymbol{\lambda}(k+1),k]}{\partial\boldsymbol{\lambda}(k+1)}=\boldsymbol{f}[\boldsymbol{x}(k),\boldsymbol{u}(k),k]$$

$$\boldsymbol{\lambda}(k)=\frac{\partial H[\boldsymbol{x}(k),\boldsymbol{u}(k),\boldsymbol{\lambda}(k+1),k]}{\partial\boldsymbol{x}(k)}$$

其中，离散哈密顿函数为

$$H[\boldsymbol{x}(k),\boldsymbol{u}(k),\boldsymbol{\lambda}(k+1),k]=L[\boldsymbol{x}(k),\boldsymbol{u}(k),k]+\boldsymbol{\lambda}^{\mathrm{T}}(k+1)\boldsymbol{f}[\boldsymbol{x}(k),\boldsymbol{u}(k),k] \tag{7-61}$$

② 始端边界条件与终端横截条件为

$$\boldsymbol{x}(0)=\boldsymbol{x}_0$$

$$\boldsymbol{N}_1[\boldsymbol{x}(N),N]=\boldsymbol{0}$$

$$\boldsymbol{\lambda}(N)=\frac{\partial F}{\partial\boldsymbol{x}(N)}+\frac{\partial\boldsymbol{N}_1^{\mathrm{T}}}{\partial\boldsymbol{x}(N)}\boldsymbol{v}$$

③ 离散哈密顿函数对最优控制 $\boldsymbol{u}^*(k)(k=0,1,2,\cdots,N-1)$ 取极小值，即

$$H[\boldsymbol{x}^*(k),\boldsymbol{u}^*(k),\boldsymbol{\lambda}^*(k+1),k]=\min_{\boldsymbol{u}(k)\in\boldsymbol{R}_u}H[\boldsymbol{x}^*(k),\boldsymbol{u}(k),\boldsymbol{\lambda}^*(k+1),k] \tag{7-62}$$

若控制向量序列 $\boldsymbol{u}(k)$ 无约束，即没有容许控制域的约束，$\boldsymbol{u}(k)$ 可在整个控制域中取值，则上述的必要条件③的极值条件为

$$\frac{\partial H[\boldsymbol{x}(k),\boldsymbol{u}(k),\boldsymbol{\lambda}(k+1),k]}{\partial\boldsymbol{u}(k)}=\boldsymbol{0}$$

上列各式中，$k=0,1,2,\cdots,N-1$。

若始端状态给定 $\boldsymbol{x}(0)=\boldsymbol{x}_0$，而终端状态自由，此时上面条件②始端边界条件与终端横截条件变为

$$\boldsymbol{x}(0)=\boldsymbol{x}_0 \qquad \boldsymbol{\lambda}(N)=\frac{\partial F}{\partial\boldsymbol{x}(N)}$$

该定理表明，离散系统最优化问题归结为求解一个离散两点边值问题，且使离散性能指标泛函式(7-60)为极小与使哈密顿函数式(7-61)为极小是等价的，因为$\boldsymbol{u}^*(k)$是在所有容许控制域$\boldsymbol{u}(k)$中能使H为最小值的最优控制。因此，对上述离散极大值定理的理解与连续极大值原理相似。

【例 7-9】 设离散时间系统状态方程为

$$\boldsymbol{x}(k+1)=\begin{bmatrix}1 & 0.1\\0 & 1\end{bmatrix}\boldsymbol{x}(k)+\begin{bmatrix}0\\0.1\end{bmatrix}u(k)$$

已知边界条件

$$\boldsymbol{x}(0)=\begin{bmatrix}1\\0\end{bmatrix},\ \boldsymbol{x}(2)=\begin{bmatrix}0\\0\end{bmatrix}$$

试用离散极大值原理求最优控制序列，使性能指标$J=0.05\sum_{k=0}^{1}u^2(k)$取极小值，并求最优曲线序列。

解 构造离散哈密顿函数

$$H(k)=0.05u^2(k)+\lambda_1(k+1)[x_1(k)+0.1x_2(k)]+\lambda_2(k+1)[x_2(k)+0.1u(k)]$$

$\lambda_1(k+1)$和$\lambda_2(k+1)$为待定拉格朗日乘子序列。由伴随方程，有

$$\lambda_1(k)=\frac{\partial H}{\partial x_1(k)}=\lambda_1(k+1),\ \lambda_2(k)=\frac{\partial H}{\partial x_2(k)}=0.1\lambda_1(k+1)+\lambda_2(k+1)$$

所以

$$\lambda_1(0)=\lambda_1(1),\ \lambda_2(0)=0.1\lambda_1(1)+\lambda_2(1)$$

$$\lambda_1(1)=\lambda_1(2),\ \lambda_2(1)=0.1\lambda_1(2)+\lambda_2(2)$$

由极值条件

$$\frac{\partial H}{\partial u(k)}=0.1u(k)+0.1\lambda_2(k+1),\ \frac{\partial^2 H}{\partial u(k)^2}=0.1>0$$

故

$$u(k)=-\lambda_2(k+1)$$

可使$H(k)=\min$。令$k=0$和$k=1$，得$u(0)=-\lambda_2(1)$，$u(1)=-\lambda_2(2)$。

将$u(k)$表达式代入状态方程，可得

$$x_1(k+1)=x_1(k)+0.1x_2(k),\ x_2(k+1)=x_2(k)-0.1\lambda_2(k+1)$$

令k分别等于0和1，有

$$x_1(1)=x_1(0)+0.1x_2(0),\ x_2(1)=x_2(0)-0.1\lambda_2(1)$$

$$x_1(2)=x_1(1)+0.1x_2(1),\ x_2(2)=x_2(1)-0.1\lambda_2(2)$$

由已知边界条件$x_1(0)=1$，$x_2(0)=0$；$x_1(2)=0$，$x_2(2)=0$解出最优解

$$u^*(0)=-100,u^*(1)=100$$

$$\boldsymbol{x}^*(0)=\begin{bmatrix}1\\0\end{bmatrix},\ \boldsymbol{x}^*(1)=\begin{bmatrix}1\\-10\end{bmatrix},\ \boldsymbol{x}^*(2)=\begin{bmatrix}0\\0\end{bmatrix}$$

$$\boldsymbol{\lambda}^*(0)=\begin{bmatrix}2000\\300\end{bmatrix},\ \boldsymbol{\lambda}^*(1)=\begin{bmatrix}2000\\100\end{bmatrix},\ \boldsymbol{\lambda}^*(2)=\begin{bmatrix}2000\\-100\end{bmatrix}$$

7.5 线性二次型最优控制问题

对于线性系统，若取状态变量和控制变量的二次型函数的积分作为性能指标函数，则这种动态系统最优问题称为线性系统二次型性能指标的最优控制问题，简称线性二次型问题。

由于线性二次型问题的最优解具有统一的解析表达式，且可导出一个简单的线性状态负反馈控制律，构成闭环最优负反馈控制，便于工程实现，因而在实际工程控制中得到了广泛应用。

7.5.1　线性二次型问题

设线性时变系统的状态空间表达式为

$$\begin{cases}\dot{\boldsymbol{x}}(t)=\boldsymbol{A}(t)\boldsymbol{x}(t)+\boldsymbol{B}(t)\boldsymbol{u}(t),\boldsymbol{x}(t_0)=\boldsymbol{x}_0\\ \boldsymbol{y}(t)=\boldsymbol{C}(t)\boldsymbol{x}(t)\end{cases} \tag{7-63}$$

式中　$\boldsymbol{x}(t)$——n 维状态向量；

$\boldsymbol{u}(t)$——r 维控制向量，且不受约束；

$\boldsymbol{y}(t)$——m 维输出向量，$0<m\leqslant r\leqslant n$；

$\boldsymbol{A}(t)$，$\boldsymbol{B}(t)$，$\boldsymbol{C}(t)$——$n\times n$、$n\times r$、$m\times n$ 时变矩阵，在定常系统中是常数矩阵。

在工程实践中，总希望设计一个系统，使其输出 $\boldsymbol{y}(t)$ 尽量接近理想输出 $\boldsymbol{y}_r(t)$，为此定义误差向量

$$\boldsymbol{e}(t)=\boldsymbol{y}_r(t)-\boldsymbol{y}(t) \tag{7-64}$$

因此，最优控制的目的通常是设法寻找一个控制向量 $\boldsymbol{u}(t)$ 使误差向量 $\boldsymbol{e}(t)$ 最小。

由于假设控制向量 $\boldsymbol{u}(t)$ 不受约束，$\boldsymbol{e}(t)$ 趋于极小有可能导致 $\boldsymbol{u}(t)$ 极大，这在工程上意味着控制能量过大以至无法实现，把这一因素考虑在内，需要对控制能量加以约束。另外，如果实际问题中对终态控制精度要求甚严，应突出这种能量约束。关于以上问题，一般可用下面的泛函表示二次型性能指标，即

$$J=\frac{1}{2}\boldsymbol{e}^{\mathrm{T}}(t_f)\boldsymbol{F}\boldsymbol{e}(t_f)+\frac{1}{2}\int_{t_0}^{t_f}[\boldsymbol{e}^{\mathrm{T}}(t)\boldsymbol{Q}(t)\boldsymbol{e}(t)+\boldsymbol{u}^{\mathrm{T}}(t)\boldsymbol{R}(t)\boldsymbol{u}(t)]\,\mathrm{d}t \tag{7-65}$$

式中　$\boldsymbol{F}$——半正定 $m\times m$ 常值对称矩阵；

$\boldsymbol{Q}(t)$——半正定 $m\times m$ 对称矩阵；

$\boldsymbol{R}(t)$——正定 $r\times r$ 对称矩阵。

终端时刻 t_f 固定。要求确定最优控制 $\boldsymbol{u}^*(t)$，使性能指标式(7-65) 极小。

上述分析表明，使二次型指标式(7-65) 极小的物理意义是使系统在整个控制过程中的动态跟踪误差、控制能量消耗以及控制过程结束时的终端跟踪误差综合最优。

现根据 $\boldsymbol{C}(t)$ 矩阵和理想输出 $\boldsymbol{y}_r(t)$ 的不同情况，将线性二次型最优控制问题按以下三种类型分别进行阐述。

7.5.2　状态调节器

在系统状态空间表达式(7-63) 和二次型性能指标式(7-65) 中，如果满足 $\boldsymbol{C}(t)=\mathbf{I}$，$\boldsymbol{y}_r(t)=\mathbf{0}$，则有 $\boldsymbol{e}(t)=-\boldsymbol{y}(t)=-\boldsymbol{x}(t)$

从而性能指标式(7-65) 变为

$$J=\frac{1}{2}\boldsymbol{x}^{\mathrm{T}}(t_f)\boldsymbol{F}\boldsymbol{x}(t_f)+\frac{1}{2}\int_{t_0}^{t_f}[\boldsymbol{x}^{\mathrm{T}}(t)\boldsymbol{Q}(t)\boldsymbol{x}(t)+\boldsymbol{u}^{\mathrm{T}}(t)\boldsymbol{R}(t)\boldsymbol{u}(t)]\mathrm{d}t \tag{7-66}$$

式中　$\boldsymbol{F}$——半正定 $n\times n$ 常值对称矩阵；

$\boldsymbol{Q}(t)$——半正定 $n\times n$ 对称矩阵；

$\boldsymbol{R}(t)$——正定 $r\times r$ 对称矩阵。

$\boldsymbol{Q}(t)$，$\boldsymbol{R}(t)$ 在 $[t_0,t_f]$ 上均连续有界，终端时刻 t_f 固定。

当系统式(7-63) 受扰偏离原零平衡状态时，要求产生一控制向量，使系统状态 $\boldsymbol{x}(t)$ 恢复到原平衡状态附近，并使性能指标式(7-66) 极小。因而，称为状态调节器问题。

下面按终端时刻 t_f 有限或无限，将状态调节器问题分为有限时间的状态调节器问题和无限时间的状态调节器问题。

(1) 有限时间状态调节器 如果系统是线性时变的，终端时刻 t_f 是有限的，则这样的状态调节器称为有限时间状态调节器，其最优解由如下定理给出。

定理 7-9 设线性时变系统的状态方程如式(7-63) 所示。使性能指标式(7-66) 极小的最优控制 $\boldsymbol{u}^*(t)$ 存在的充分必要条件为

$$\boldsymbol{u}^*(t)=-\boldsymbol{R}^{-1}(t)\boldsymbol{B}^{\mathrm{T}}(t)\boldsymbol{P}(t)\boldsymbol{x}(t) \tag{7-67}$$

最优性能指标为

$$J^*=\frac{1}{2}\boldsymbol{x}^{\mathrm{T}}(t_0)\boldsymbol{P}(t_0)\boldsymbol{x}(t_0)$$

$\boldsymbol{P}(t)$ 为 $n\times n$ 对称非负定矩阵，满足下列黎卡提（Riccati）矩阵微分方程，即

$$-\dot{\boldsymbol{P}}(t)=\boldsymbol{P}(t)\boldsymbol{A}(t)+\boldsymbol{A}(t)^{\mathrm{T}}\boldsymbol{P}(t)-\boldsymbol{P}(t)\boldsymbol{B}(t)\boldsymbol{R}^{-1}(t)\boldsymbol{B}^{\mathrm{T}}(t)\boldsymbol{P}(t)+\boldsymbol{Q}(t) \tag{7-68}$$

其终端边界条件为

$$\boldsymbol{P}(t_f)=\boldsymbol{F} \tag{7-69}$$

而最优曲线 $\boldsymbol{x}^*(t)$，则是下列线性向量微分方程的解，即

$$\dot{\boldsymbol{x}}^*(t)=[\boldsymbol{A}(t)-\boldsymbol{B}(t)\boldsymbol{R}^{-1}(t)\boldsymbol{B}^{\mathrm{T}}(t)\boldsymbol{P}(t)]\boldsymbol{x}(t),\boldsymbol{x}(t_0)=\boldsymbol{x}_0 \tag{7-70}$$

证明

充分性 若式(7-67) 成立，需证明 $\boldsymbol{u}^*(t)$ 必为最优控制。

根据连续动态规划法中的哈密顿-雅可比方程

$$-\frac{\partial J^*[\boldsymbol{x}(t),t]}{\partial t}=\min_{\boldsymbol{u}(t)}\left\{L[\boldsymbol{x}(t),\boldsymbol{u}(t),t]+\left[\frac{\partial J^*[\boldsymbol{x}(t),t]}{\partial \boldsymbol{x}(t)}\right]^{\mathrm{T}}\boldsymbol{f}[\boldsymbol{x}(t),\boldsymbol{u}(t),t]\right\} \tag{7-71}$$

这里

$$\dot{\boldsymbol{x}}(t)=\boldsymbol{f}[\boldsymbol{x}(t),\boldsymbol{u}(t),t]=\boldsymbol{A}(t)\boldsymbol{x}(t)+\boldsymbol{B}(t)\boldsymbol{u}(t) \tag{7-72}$$

$$L[\boldsymbol{x}(t),\boldsymbol{u}(t),t]=\frac{1}{2}\boldsymbol{x}^{\mathrm{T}}(t)\boldsymbol{Q}(t)\boldsymbol{x}(t)+\frac{1}{2}\boldsymbol{u}^{\mathrm{T}}(t)\boldsymbol{R}(t)\boldsymbol{u}(t)$$

将其代入式(7-71)，有

$$\begin{aligned}-\frac{\partial J^*[\boldsymbol{x}(t),t]}{\partial t}=\min_{\boldsymbol{u}(t)}\Bigg\{&\frac{1}{2}\boldsymbol{x}^{\mathrm{T}}(t)\boldsymbol{Q}(t)\boldsymbol{x}(t)+\frac{1}{2}\boldsymbol{u}^{\mathrm{T}}(t)\boldsymbol{R}(t)\boldsymbol{u}(t)\\&+\left[\frac{\partial J^*[\boldsymbol{x}(t),t]}{\partial \boldsymbol{x}(t)}\right]^{\mathrm{T}}[\boldsymbol{A}(t)\boldsymbol{x}(t)+\boldsymbol{B}(t)\boldsymbol{u}(t)]\Bigg\}\end{aligned} \tag{7-73}$$

将式(7-73) 两边分别对 $\boldsymbol{u}(t)$ 求偏导，考虑到 $J^*[\boldsymbol{x}(t),t]$ 仅依赖于 $\boldsymbol{x}(t)$ 和 t，则有

$$\boldsymbol{0}=\boldsymbol{R}(t)\boldsymbol{u}(t)+\boldsymbol{B}^{\mathrm{T}}(t)\frac{\partial J^*[\boldsymbol{x}(t),t]}{\partial \boldsymbol{x}(t)}$$

即

$$\boldsymbol{u}^*(t)=-\boldsymbol{R}^{-1}(t)\boldsymbol{B}^{\mathrm{T}}(t)\frac{\partial J^*[\boldsymbol{x}(t),t]}{\partial \boldsymbol{x}(t)} \tag{7-74}$$

将式(7-74) 代入式(7-73) 有

$$-\frac{\partial J^*[\boldsymbol{x}(t),t]}{\partial t}=\frac{1}{2}\boldsymbol{x}^{\mathrm{T}}(t)\boldsymbol{Q}(t)\boldsymbol{x}(t)+\frac{1}{2}\left[\frac{\partial J^*[\boldsymbol{x}(t),t]}{\partial \boldsymbol{x}(t)}\right]^{\mathrm{T}}\boldsymbol{B}(t)\boldsymbol{R}^{-1}(t)\boldsymbol{B}^{\mathrm{T}}(t)\frac{\partial J^*[\boldsymbol{x}(t),t]}{\partial \boldsymbol{x}(t)}$$
$$+\boldsymbol{x}^{\mathrm{T}}(t)\boldsymbol{A}^{\mathrm{T}}(t)\frac{\partial J^*[\boldsymbol{x}(t),t]}{\partial \boldsymbol{x}(t)}-\left[\frac{\partial J^*[\boldsymbol{x}(t),t]}{\partial \boldsymbol{x}(t)}\right]^{\mathrm{T}}\boldsymbol{B}(t)\boldsymbol{R}^{-1}(t)\boldsymbol{B}^{\mathrm{T}}(t)\frac{\partial J^*[\boldsymbol{x}(t),t]}{\partial \boldsymbol{x}(t)}$$
$$=\frac{1}{2}\boldsymbol{x}^{\mathrm{T}}(t)\boldsymbol{Q}(t)\boldsymbol{x}(t)-\frac{1}{2}\left[\frac{\partial J^*[\boldsymbol{x}(t),t]}{\partial \boldsymbol{x}(t)}\right]^{\mathrm{T}}\boldsymbol{B}(t)\boldsymbol{R}^{-1}(t)\boldsymbol{B}^{\mathrm{T}}(t)\frac{\partial J^*[\boldsymbol{x}(t),t]}{\partial \boldsymbol{x}(t)}$$
$$+\boldsymbol{x}^{\mathrm{T}}(t)\boldsymbol{A}^{\mathrm{T}}(t)\frac{\partial J^*[\boldsymbol{x}(t),t]}{\partial \boldsymbol{x}(t)} \tag{7-75}$$

由于性能指标函数是二次型的，所以可以假设其解具有如下形式，即

$$J^*[\boldsymbol{x}(t),t]=\frac{1}{2}\boldsymbol{x}^{\mathrm{T}}(t)\boldsymbol{P}(t)\boldsymbol{x}(t) \tag{7-76}$$

$\boldsymbol{P}(t)$ 是 $n\times n$ 对称矩阵。

利用矩阵和向量的微分公式

$$\begin{cases}\dfrac{\partial}{\partial t}[\boldsymbol{x}^{\mathrm{T}}(t)\boldsymbol{P}(t)\boldsymbol{x}(t)]=\boldsymbol{x}^{\mathrm{T}}(t)\dot{\boldsymbol{P}}(t)\boldsymbol{x}(t)\\ \dfrac{\partial}{\partial \boldsymbol{x}}[\boldsymbol{x}^{\mathrm{T}}(t)\boldsymbol{P}(t)\boldsymbol{x}(t)]=2\boldsymbol{P}(t)\boldsymbol{x}(t)\end{cases}$$

可得

$$\begin{cases}\dfrac{\partial J^*[\boldsymbol{x}(t),t]}{\partial t}=\dfrac{1}{2}\boldsymbol{x}^{\mathrm{T}}(t)\dot{\boldsymbol{P}}(t)\boldsymbol{x}(t)\\ \dfrac{\partial J^*[\boldsymbol{x}(t),t]}{\partial \boldsymbol{x}}=\boldsymbol{P}(t)\boldsymbol{x}(t)\end{cases} \tag{7-77}$$

式(7-75) 可写成

$$-\frac{1}{2}\boldsymbol{x}^{\mathrm{T}}(t)\dot{\boldsymbol{P}}(t)\boldsymbol{x}(t)=\frac{1}{2}\boldsymbol{x}^{\mathrm{T}}(t)\boldsymbol{Q}(t)\boldsymbol{x}(t)-\frac{1}{2}\boldsymbol{x}^{\mathrm{T}}(t)\boldsymbol{P}(t)\boldsymbol{B}(t)\boldsymbol{R}^{-1}(t)\boldsymbol{B}^{\mathrm{T}}(t)\boldsymbol{P}(t)\boldsymbol{x}(t)$$
$$+\boldsymbol{x}^{\mathrm{T}}(t)\boldsymbol{A}^{\mathrm{T}}(t)\boldsymbol{P}(t)\boldsymbol{x}(t) \tag{7-78}$$

因式(7-78) 是一个二次型函数，故可写成

$$\frac{1}{2}\boldsymbol{x}^{\mathrm{T}}(t)\,[\dot{\boldsymbol{P}}(t)+\boldsymbol{Q}(t)-\boldsymbol{P}(t)\boldsymbol{B}(t)\boldsymbol{R}^{-1}(t)\boldsymbol{B}^{\mathrm{T}}(t)\boldsymbol{P}(t)+2\,\boldsymbol{A}^{\mathrm{T}}(t)\boldsymbol{P}(t)]\,\boldsymbol{x}(t)=0 \tag{7-79}$$

又因

$$\boldsymbol{A}^{\mathrm{T}}(t)\boldsymbol{P}(t)=\frac{1}{2}[\boldsymbol{A}^{\mathrm{T}}(t)\boldsymbol{P}(t)+\boldsymbol{P}(t)\boldsymbol{A}(t)]$$

将其代入式(7-79)，则有

$$\frac{1}{2}\boldsymbol{x}^{\mathrm{T}}(t)\,[\dot{\boldsymbol{P}}(t)+\boldsymbol{Q}(t)-\boldsymbol{P}(t)\boldsymbol{B}(t)\boldsymbol{R}^{-1}(t)\boldsymbol{B}^{\mathrm{T}}(t)\boldsymbol{P}(t)+\boldsymbol{A}^{\mathrm{T}}(t)\boldsymbol{P}(t)+\boldsymbol{P}(t)\boldsymbol{A}(t)]\,\boldsymbol{x}(t)=0$$

对于非零 $\boldsymbol{x}(t)$，矩阵 $\boldsymbol{P}(t)$ 应满足如下黎卡提方程，即

$$\dot{\boldsymbol{P}}(t)+\boldsymbol{Q}(t)-\boldsymbol{P}(t)\boldsymbol{B}(t)\boldsymbol{R}^{-1}(t)\boldsymbol{B}^{\mathrm{T}}(t)\boldsymbol{P}(t)+\boldsymbol{A}^{\mathrm{T}}(t)\boldsymbol{P}(t)+\boldsymbol{P}(t)\boldsymbol{A}(t)=\boldsymbol{0}$$

这是一个非线性矩阵微分方程，其边界条件推导如下。

当 $t=t_{\mathrm{f}}$ 时，由式(7-66) 和式(7-76)，得

$$J^*[\boldsymbol{x}(t_{\mathrm{f}}),t_{\mathrm{f}}]=\frac{1}{2}\boldsymbol{x}^{\mathrm{T}}(t_{\mathrm{f}})\boldsymbol{F}\boldsymbol{x}(t_{\mathrm{f}})=\frac{1}{2}\boldsymbol{x}^{\mathrm{T}}(t_{\mathrm{f}})\boldsymbol{P}(t_{\mathrm{f}})\boldsymbol{x}(t_{\mathrm{f}})$$

从而可得终端边界条件为

$$\boldsymbol{P}(t_{\mathrm{f}})=\boldsymbol{F}$$

最优控制由式(7-74) 和式(7-77) 得

$$\boldsymbol{u}^*(t)=-\boldsymbol{R}^{-1}(t)\boldsymbol{B}^{\mathrm{T}}(t)\boldsymbol{P}(t)\boldsymbol{x}(t) \tag{7-80}$$

最优曲线由式(7-72) 和式(7-80) 可得

$$\dot{\boldsymbol{x}}^*(t)=[\boldsymbol{A}(t)-\boldsymbol{B}(t)\boldsymbol{R}^{-1}(t)\boldsymbol{B}^{\mathrm{T}}(t)\boldsymbol{P}(t)]\boldsymbol{x}^*(t)$$

性能指标极小值为

$$J^*=\frac{1}{2}\boldsymbol{x}^{\mathrm{T}}(t_0)\boldsymbol{P}(t_0)\boldsymbol{x}(t_0)$$

必要性 若$\boldsymbol{u}^*(t)$ 为最优控制，需证明式(7-67) 成立。

因$\boldsymbol{u}^*(t)$ 为最优控制，故必满足极大值原理。构造哈密顿函数

$$H[\boldsymbol{x}(t),\boldsymbol{u}(t),\boldsymbol{\lambda}(t),t]=\frac{1}{2}\boldsymbol{x}^{\mathrm{T}}(t)\boldsymbol{Q}(t)\boldsymbol{x}(t)+\frac{1}{2}\boldsymbol{u}^{\mathrm{T}}(t)\boldsymbol{R}(t)\boldsymbol{u}(t)+\boldsymbol{\lambda}^{\mathrm{T}}(t)\boldsymbol{A}(t)\boldsymbol{x}(t)+\boldsymbol{\lambda}^{\mathrm{T}}(t)\boldsymbol{B}(t)\boldsymbol{u}(t)$$

由极值条件 $\dfrac{\partial H}{\partial \boldsymbol{u}(t)}=\boldsymbol{R}(t)\boldsymbol{u}(t)+\boldsymbol{B}^{\mathrm{T}}(t)\boldsymbol{\lambda}(t)=\boldsymbol{0}$，$\dfrac{\partial^2 H}{\partial \boldsymbol{u}^2(t)}=\boldsymbol{R}(t)>0$(正定)

故

$$\boldsymbol{u}(t)=-\boldsymbol{R}^{-1}(t)\boldsymbol{B}^{\mathrm{T}}(t)\boldsymbol{\lambda}(t) \tag{7-81}$$

可使哈密顿函数极小。

再由正则方程

$$\dot{\boldsymbol{x}}(t)=\frac{\partial H}{\partial \boldsymbol{\lambda}(t)}=\boldsymbol{A}(t)\boldsymbol{x}(t)-\boldsymbol{B}(t)\boldsymbol{R}^{-1}(t)\boldsymbol{B}^{\mathrm{T}}(t)\boldsymbol{\lambda}(t) \tag{7-82}$$

$$\dot{\boldsymbol{\lambda}}(t)=-\frac{\partial H}{\partial \boldsymbol{x}(t)}=-\boldsymbol{Q}(t)\boldsymbol{x}(t)-\boldsymbol{A}^{\mathrm{T}}(t)\boldsymbol{\lambda}(t) \tag{7-83}$$

因终端 $\boldsymbol{x}(t_{\mathrm{f}})$ 自由，所以横截条件为

$$\boldsymbol{\lambda}(t_f)=\frac{\partial}{\partial \boldsymbol{x}(t_{\mathrm{f}})}\left[\frac{1}{2}\boldsymbol{x}^{\mathrm{T}}(t_{\mathrm{f}})\boldsymbol{F}\boldsymbol{x}(t_{\mathrm{f}})\right]=\boldsymbol{F}\boldsymbol{x}(t_{\mathrm{f}}) \tag{7-84}$$

由于在式(7-84) 中，$\boldsymbol{\lambda}(t_{\mathrm{f}})$ 与 $\boldsymbol{x}(t_{\mathrm{f}})$ 存在线性关系，且正则方程又是线性的，因此可以假设

$$\boldsymbol{\lambda}(t)=\boldsymbol{P}(t)\boldsymbol{x}(t) \tag{7-85}$$

$\boldsymbol{P}(t)$ 为待定矩阵。

对式(7-85) 求导，得

$$\dot{\boldsymbol{\lambda}}(t)=\dot{\boldsymbol{P}}(t)\boldsymbol{x}(t)+\boldsymbol{P}(t)\dot{\boldsymbol{x}}(t) \tag{7-86}$$

根据式(7-82)、式(7-85) 和式(7-86)，得

$$\dot{\boldsymbol{\lambda}}(t)=[\dot{\boldsymbol{P}}(t)+\boldsymbol{P}(t)\boldsymbol{A}(t)-\boldsymbol{P}(t)\boldsymbol{B}(t)\boldsymbol{R}^{-1}(t)\boldsymbol{B}^{\mathrm{T}}(t)\boldsymbol{P}(t)]\boldsymbol{x}(t) \tag{7-87}$$

将式(7-85) 代入式(7-83) 中，可得

$$\dot{\boldsymbol{\lambda}}(t)=-[\boldsymbol{Q}(t)+\boldsymbol{A}^{\mathrm{T}}(t)\boldsymbol{P}(t)]\boldsymbol{x}(t) \tag{7-88}$$

比较式(7-87) 和式(7-88)，即证得黎卡提方程式(7-68) 成立。

在式(7-85) 中，令 $t=t_{\mathrm{f}}$，有

$$\boldsymbol{\lambda}(t_{\mathrm{f}})=\boldsymbol{P}(t_{\mathrm{f}})\boldsymbol{x}(t_{\mathrm{f}}) \tag{7-89}$$

比较式(7-89) 和式(7-84)，可证得黎卡提方程的边界条件式(7-69) 成立。

因 $\boldsymbol{P}(t)$ 可解，将式(7-85) 代入式(7-81)，证得$\boldsymbol{u}^*(t)$ 表达式(7-67) 成立。

显然，将式(7-67) 代入式(7-63) 得式(7-70) 最优闭环系统方程，其解必为最优曲线$\boldsymbol{x}^*(t)$。

由此可见，从二次型性能指标函数得出的最优控制是一状态负反馈形式。应该指出的是，对于有限时间状态调节器，上述定理推导过程中，对系统的稳定性、能控性和能观测性均无任何要求。在 $[t_0, t_f]$ 有限时，使二次型性能指标为最小的控制是状态线性负反馈。然而只要其控制区间是有限的，此种状态线性负反馈系统总是时变的。甚至当系统为定常时，即 $\boldsymbol{Q}$、$\boldsymbol{R}$、$\boldsymbol{A}$、$\boldsymbol{B}$ 均为常值矩阵时，这种状态线性负反馈系统仍为时变的。

【例 7-10】 设系统状态方程为

$$\begin{cases}\dot{x}_1(t)=x_2(t)\\ \dot{x}_2(t)=u(t)\end{cases}$$

初始条件
$$x_1(0)=1,\ x_2(0)=0$$

性能指标
$$J=\frac{1}{2}\int_0^{t_f}[x_1^2(t)+u^2(t)]\mathrm{d}t$$

其中，t_f 为某一给定值。试求最优控制 $u^*(t)$ 使 J 极小。

解　由题意得

$$\boldsymbol{A}=\begin{bmatrix}0 & 1\\ 0 & 0\end{bmatrix},\ \boldsymbol{b}=\begin{bmatrix}0\\ 1\end{bmatrix},\ \boldsymbol{F}=\boldsymbol{0},\ \boldsymbol{Q}=\begin{bmatrix}1 & 0\\ 0 & 0\end{bmatrix},\ R=1$$

由黎卡提方程

$$-\dot{\boldsymbol{P}}(t)=\boldsymbol{P}(t)\boldsymbol{A}(t)+\boldsymbol{A}(t)^{\mathrm{T}}\boldsymbol{P}(t)-\boldsymbol{P}(t)\boldsymbol{b}(t)R^{-1}(t)\boldsymbol{b}^{\mathrm{T}}(t)\boldsymbol{P}(t)+\boldsymbol{Q}(t),\ \boldsymbol{P}(t_f)=\boldsymbol{F}$$

并令，对称矩阵

$$\boldsymbol{P}(t)=\begin{bmatrix}p_{11}(t) & p_{12}(t)\\ p_{12}(t) & p_{22}(t)\end{bmatrix}$$

得下列微分方程组及相应的边界条件

$$\dot{p}_{11}(t)=-1+p_{12}^2(t),\qquad p_{11}(t_f)=0$$

$$\dot{p}_{12}(t)=-p_{11}(t)+p_{12}(t)p_{22}(t),\qquad p_{12}(t_f)=0$$

$$\dot{p}_{22}(t)=-2p_{12}(t)+p_{22}^2(t),\qquad p_{22}(t_f)=0$$

利用计算机逆时间方向求解上述微分方程组，可以得到 $\boldsymbol{P}(t)$，$t\in[0,t_f]$。

最优控制为

$$u^*(t)=-R^{-1}(t)\boldsymbol{b}^{\mathrm{T}}(t)\boldsymbol{P}(t)\boldsymbol{x}(t)=-p_{12}(t)x_1(t)-p_{22}(t)x_2(t)$$

$p_{12}(t)$ 和 $p_{22}(t)$ 是随时间变化的曲线，如图 7-7 所示。由于状态负反馈系数 $p_{12}(t)$ 和 $p_{22}(t)$ 都是时变的，在设计系统时，需离线算出 $p_{12}(t)$ 和 $p_{22}(t)$ 的值，并存储于计算机内，以便实时控制时调用。最优控制系统的结构图如图 7-8 所示。

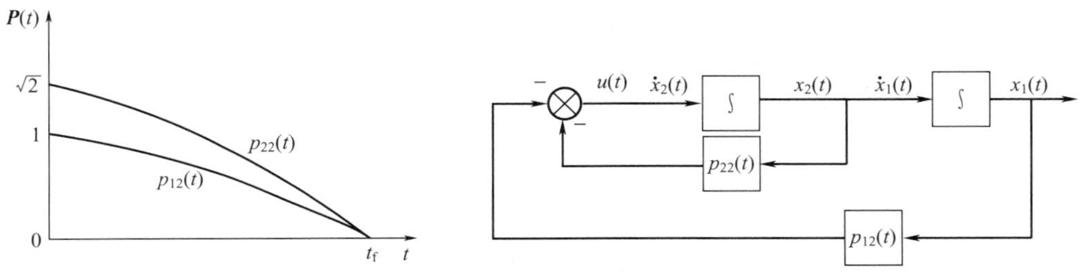

图 7-7　黎卡提方程解曲线　　图 7-8　最优控制系统结构图

(2) 无限时间状态调节器　如果终端时刻 $t_f\to\infty$，系统及性能指标中的各矩阵均为常值矩阵，则这样的状态调节器称为无限时间状态调节器。若系统受扰偏离原平衡状态后，希望系统能最优地恢复到原平衡状态不产生稳态误差，则必须采用无限时间状态调节器。

定理 7-10 设完全能控的线性定常系统的状态方程为

$$\begin{cases}\dot{\boldsymbol{x}}(t)=\boldsymbol{A}\boldsymbol{x}(t)+\boldsymbol{B}\boldsymbol{u}(t), \boldsymbol{x}(t_0)=\boldsymbol{x}_0\\ \boldsymbol{y}(t)=\boldsymbol{C}\boldsymbol{x}(t)\end{cases}$$

二次型性能指标为

$$J=\frac{1}{2}\int_{t_0}^{t_f}[\boldsymbol{x}^{\mathrm{T}}(t)\boldsymbol{Q}\boldsymbol{x}(t)+\boldsymbol{u}^{\mathrm{T}}(t)\boldsymbol{R}\boldsymbol{u}(t)]\,\mathrm{d}t \tag{7-90}$$

$\boldsymbol{Q}$ 为半正定 $n\times n$ 常值对称矩阵，且（$\boldsymbol{A},\boldsymbol{Q}^{1/2}$）对能观测；$\boldsymbol{R}$ 为正定 $r\times r$ 常值对称矩阵。使性能指标式(7-90) 极小的最优控制$\boldsymbol{u}^*(t)$ 存在，且唯一地由下式确定，即$\boldsymbol{u}^*(t)=-\boldsymbol{R}^{-1}\boldsymbol{B}^{\mathrm{T}}\boldsymbol{P}\boldsymbol{x}(t)$

$\boldsymbol{P}=\lim\limits_{t\to\infty}\boldsymbol{P}(t)$ 为正定对称常数矩阵，是代数黎卡提方程

$$\boldsymbol{P}\boldsymbol{A}+\boldsymbol{A}^{\mathrm{T}}\boldsymbol{P}-\boldsymbol{P}\boldsymbol{B}\boldsymbol{R}^{-1}\boldsymbol{B}^{\mathrm{T}}\boldsymbol{P}+\boldsymbol{Q}=\boldsymbol{0} \tag{7-91}$$

的解。此时最优性能指标为

$$J^*=\frac{1}{2}\boldsymbol{x}^{\mathrm{T}}(0)\boldsymbol{P}\boldsymbol{x}(0)$$

最优曲线$\boldsymbol{x}^*(t)$ 是下列状态方程的解，即

$$\dot{\boldsymbol{x}}(t)=(\boldsymbol{A}-\boldsymbol{B}\boldsymbol{R}^{-1}\boldsymbol{B}^{\mathrm{T}}\boldsymbol{P})\boldsymbol{x}(t) \tag{7-92}$$

在定理 7-10 中，利用 $\boldsymbol{P}$ 为常数矩阵，将时间有限时得到的黎卡提方程取极限，便可得到增益矩阵 $\boldsymbol{P}$，以及相关的结果。而卡尔曼证明了在 $\boldsymbol{F}=\boldsymbol{0}$，系统能控时，有

$$\lim_{t_f\to\infty}\boldsymbol{P}(t)=\boldsymbol{P}=\text{常数矩阵}$$

对该定理，需要进行如下几点说明。

① 式(7-92) 所示为最优闭环控制系统，其系统矩阵（$\boldsymbol{A}-\boldsymbol{B}\boldsymbol{R}^{-1}\boldsymbol{B}^{\mathrm{T}}\boldsymbol{P}$）必定具有负实部的特征值，而不管被控对象 $\boldsymbol{A}$ 是否稳定。这一点可利用反证法证明：假设闭环系统有一个或几个非负的实部，则必有一个或几个状态变量将不趋于零，因而性能指标函数将趋于无穷，因此假设不成立。

② 对不能控系统，有限时间的最优控制仍然存在，因为控制作用的区间 $[t_0, t_f]$ 是有限的，在此有限域内，不能控的状态变量引起的性能指标函数的变化是有限的。但对于 $t_f\to\infty$，为使性能指标函数在无限积分区间为有限量，则必须对系统提出状态完全能控的要求。

③ 对于无限时间状态调节器，通常在性能指标中不考虑终端指标，取权矩阵 $\boldsymbol{F}=\boldsymbol{0}$。

④ 关于增益矩阵 $\boldsymbol{P}(t)$ 的求取，根据代数黎卡提方程式(7-91)，可以 $\boldsymbol{P}(t_f)=\boldsymbol{0}$ 为初始条件，时间上逆向。这种逆向过程，在 $t_f\to\infty$时，$\boldsymbol{P}(t)$ 趋于稳定值。

【例 7-11】 设某系统的状态方程和初始条件为

$$\begin{cases}\dot{x}_1(t)=u(t), & x_1(0)=0\\ \dot{x}_2(t)=x_1(t), & x_2(0)=1\end{cases}$$

性能指标

$$J=\int_0^{\infty}[x_2^2(t)+\frac{1}{4}u^2(t)]\mathrm{d}t$$

试求最优控制 $u^*(t)$ 和最优性能指标 J^*。

解 本例为无限时间定常状态调节器问题，因

$$J=\frac{1}{2}\int_0^{\infty}[2x_2^2(t)+\frac{1}{2}u^2(t)]\mathrm{d}t=\frac{1}{2}\int_0^{\infty}\left\{[x_1 \quad x_2]\begin{bmatrix}0 & 0\\0 & 2\end{bmatrix}\begin{bmatrix}x_1\\x_2\end{bmatrix}+\frac{1}{2}u^2(t)\right\}\mathrm{d}t$$

故由题意得

$$\boldsymbol{A}=\begin{bmatrix}0&0\\1&0\end{bmatrix},\ \boldsymbol{b}=\begin{bmatrix}1\\0\end{bmatrix},\ \boldsymbol{Q}=\begin{bmatrix}0&0\\0&2\end{bmatrix},\ R=\frac{1}{2}$$

$(\boldsymbol{A},\boldsymbol{Q}^{1/2})$ 能观测。因为 $\mathrm{rank}[\boldsymbol{b}\quad \boldsymbol{Ab}]=\mathrm{rank}\begin{bmatrix}1&0\\0&1\end{bmatrix}=2$，系统状态完全能控，故无限时间状态调节器的最优控制 $u^*(t)$ 存在。

令 $\boldsymbol{P}=\begin{bmatrix}p_{11}&p_{12}\\p_{12}&p_{22}\end{bmatrix}$，由黎卡提方程 $\boldsymbol{PA}+\boldsymbol{A}^{\mathrm{T}}\boldsymbol{P}-\boldsymbol{Pb}R^{-1}\boldsymbol{b}^{\mathrm{T}}\boldsymbol{P}+\boldsymbol{Q}=\boldsymbol{0}$ 得代数方程组

$$\begin{cases}2p_{12}-2p_{11}^2=0\\p_{22}-2p_{11}p_{12}=0\\-2p_{12}^2+2=0\end{cases}$$

联立求解，得

$$\boldsymbol{P}=\begin{bmatrix}1&1\\1&2\end{bmatrix}>0$$

于是可得最优控制 $u^*(t)$ 和最优指标 J^* 为

$$u^*(t)=-R^{-1}\boldsymbol{b}^{\mathrm{T}}\boldsymbol{Px}(t)=-2x_1(t)-2x_2(t)$$

$$J^*[\boldsymbol{x}(t)]=\frac{1}{2}\boldsymbol{x}^{\mathrm{T}}(0)\boldsymbol{Px}(0)=1$$

闭环系统的状态方程为

$$\dot{\boldsymbol{x}}(t)=(\boldsymbol{A}-\boldsymbol{b}R^{-1}\boldsymbol{b}^{\mathrm{T}}\boldsymbol{P})\boldsymbol{x}(t)=\begin{bmatrix}-2&-2\\1&0\end{bmatrix}\boldsymbol{x}(t)=\widetilde{\boldsymbol{A}}\boldsymbol{x}(t)$$

其特征方程为

$$\det(\lambda I-\widetilde{\boldsymbol{A}})=\det\begin{bmatrix}\lambda+2&2\\-1&\lambda\end{bmatrix}=\lambda^2+2\lambda+2=0$$

闭环系统的特征值为 $\widetilde{\lambda}_{1,2}=-1\pm \mathrm{j}$，故闭环系统渐近稳定。

7.5.3　输出调节器

在线性时变系统中，如果理想输出向量 $\boldsymbol{y}_{\mathrm{r}}(t)=\boldsymbol{0}$，则有 $\boldsymbol{e}(t)=-\boldsymbol{y}(t)$。从而性能指标式(7-65) 演变为

$$J=\frac{1}{2}\boldsymbol{y}^{\mathrm{T}}(t_{\mathrm{f}})\boldsymbol{Fy}(t_{\mathrm{f}})+\frac{1}{2}\int_{t_0}^{t_{\mathrm{f}}}[\boldsymbol{y}^{\mathrm{T}}(t)\boldsymbol{Q}(t)\boldsymbol{y}(t)+\boldsymbol{u}^{\mathrm{T}}(t)\boldsymbol{R}(t)\boldsymbol{u}(t)]\,\mathrm{d}t \tag{7-93}$$

式中　$\boldsymbol{F}$——半正定的 $m\times m$ 常值对称矩阵；

$\boldsymbol{Q}(t)$——半正定的 $m\times m$ 对称矩阵；

$\boldsymbol{R}(t)$——正定 $r\times r$ 对称矩阵。

$\boldsymbol{Q}(t)$、$\boldsymbol{R}(t)$ 各元在 $[t_0,t_{\mathrm{f}}]$ 上连续有界，终端时刻 t_{f} 固定。

这时线性二次型最优控制问题为，当系统式(7-63) 受扰偏离原输出平衡状态时，要求产生一控制向量，使系统输出 $\boldsymbol{y}(t)$ 保持在原平衡状态附近，并使性能指标式(7-93) 极小，因而称为输出调节器。由于输出调节器问题可以转化成等效的状态调节器问题，那么所有对状态调节器成立的结论都可以推广到输出调节器问题中。

(1) 有限时间输出调节器　如果系统是线性时变的，终端时刻 t_{f} 是有限的，则这样的输出调节器称为有限时间输出调节器，其最优解由如下定理给出。

定理 7-11　设线性时变系统的状态空间表达式如式(7-63) 所示，则使性能指标式

(7-93)极小的唯一的最优控制为 $\boldsymbol{u}^*(t)=-\boldsymbol{R}^{-1}(t)\boldsymbol{B}^{\mathrm{T}}(t)\boldsymbol{P}(t)\boldsymbol{x}(t)$，最优性能指标为 $J^*=\frac{1}{2}\boldsymbol{x}^{\mathrm{T}}(t_0)\boldsymbol{P}(t_0)\boldsymbol{x}(t_0)$。

$\boldsymbol{P}(t)$ 为 $n\times n$ 对称非负定矩阵，满足下列黎卡提矩阵微分方程，即

$$-\dot{\boldsymbol{P}}(t)=\boldsymbol{P}(t)\boldsymbol{A}(t)+\boldsymbol{A}(t)^{\mathrm{T}}\boldsymbol{P}(t)-\boldsymbol{P}(t)\boldsymbol{B}(t)\boldsymbol{R}^{-1}(t)\boldsymbol{B}^{\mathrm{T}}(t)\boldsymbol{P}(t)+\boldsymbol{C}^{\mathrm{T}}(t)\boldsymbol{Q}(t)\boldsymbol{C}(t)$$

其终端边界条件为

$$\boldsymbol{P}(t_{\mathrm{f}})=\boldsymbol{C}^{\mathrm{T}}(t_{\mathrm{f}})\boldsymbol{F}\boldsymbol{C}(t_{\mathrm{f}})$$

而最优曲线 $\boldsymbol{x}^*(t)$ 满足下列线性向量微分方程，即

$$\dot{\boldsymbol{x}}(t)=[\boldsymbol{A}(t)-\boldsymbol{B}(t)\boldsymbol{R}^{-1}(t)\boldsymbol{B}^{\mathrm{T}}(t)\boldsymbol{P}(t)]\boldsymbol{x}(t),\boldsymbol{x}(t_0)=\boldsymbol{x}_0$$

证明　将输出方程 $\boldsymbol{y}(t)=\boldsymbol{C}(t)\boldsymbol{x}(t)$ 代入性能指标式(7-93)，可得

$$J=\frac{1}{2}\boldsymbol{x}^{\mathrm{T}}(t_{\mathrm{f}})\boldsymbol{F}_1\boldsymbol{x}(t_{\mathrm{f}})+\frac{1}{2}\int_{t_0}^{t_{\mathrm{f}}}[\boldsymbol{x}^{\mathrm{T}}(t)\boldsymbol{Q}_1(t)\boldsymbol{x}(t)+\boldsymbol{u}^{\mathrm{T}}(t)\boldsymbol{R}(t)\boldsymbol{u}(t)]\mathrm{d}t$$

其中，$\boldsymbol{F}_1=\boldsymbol{C}^{\mathrm{T}}(t_{\mathrm{f}})\boldsymbol{F}\boldsymbol{C}(t_{\mathrm{f}})$，$\boldsymbol{Q}_1(t)=\boldsymbol{C}^{\mathrm{T}}(t)\boldsymbol{Q}(t)\boldsymbol{C}(t)$。

因为 $\boldsymbol{F}=\boldsymbol{F}^{\mathrm{T}}\geqslant0$，$\boldsymbol{Q}(t)=\boldsymbol{Q}^{\mathrm{T}}(t)\geqslant0$，所以有二次型函数 $\boldsymbol{F}_1=\boldsymbol{F}_1^{\mathrm{T}}\geqslant0$，$\boldsymbol{Q}_1(t)=\boldsymbol{Q}_1^{\mathrm{T}}(t)\geqslant0$，而 $\boldsymbol{R}(t)=\boldsymbol{R}^{\mathrm{T}}(t)>0$ 不变，于是由有限时间状态调节器中的定理 7-9 知，本定理的全部结论成立。

对于上述分析，可得如下结论。

① 比较定理 7-9 与定理 7-11 可见，有限时间输出调节器的最优解与有限时间状态调节器的最优解，具有相同的最优控制与最优性能指标表达式，仅在黎卡提方程及其边界条件的形式上有微小的差别。

② 最优输出调节器的最优控制函数，并不是输出量 $\boldsymbol{y}(t)$ 的线性函数，而仍然是状态向量 $\boldsymbol{x}(t)$ 的线性函数，表明构成最优控制系统，需要全部状态信息反馈。

(2) 无限时间输出调节器　如果终端时刻 $t_{\mathrm{f}}\to\infty$，系统及性能指标中的各矩阵为常值矩阵时，则可以得到定常的状态反馈控制律，这样的最优输出调节器称为无限时间输出调节器。

定理 7-12　设状态完全能控和完全能观测的线性定常系统的状态空间表达式为

$$\begin{cases}\dot{\boldsymbol{x}}(t)=\boldsymbol{A}\boldsymbol{x}(t)+\boldsymbol{B}\boldsymbol{u}(t),\boldsymbol{x}(t_0)=\boldsymbol{x}_0\\ \boldsymbol{y}(t)=\boldsymbol{C}\boldsymbol{x}(t)\end{cases}$$

性能指标为

$$J=\frac{1}{2}\int_0^{\infty}[\boldsymbol{y}^{\mathrm{T}}(t)\boldsymbol{Q}\boldsymbol{y}(t)+\boldsymbol{u}^{\mathrm{T}}(t)\boldsymbol{R}\boldsymbol{u}(t)]\,\mathrm{d}t \tag{7-94}$$

$\boldsymbol{Q}$ 为半正定的 $m\times m$ 常值对称矩阵；$\boldsymbol{R}$ 为正定 $r\times r$ 常值对称矩阵。则存在使性能指标式(7-94) 极小的唯一的最优控制，即

$$\boldsymbol{u}^*(t)=-\boldsymbol{R}^{-1}\boldsymbol{B}^{\mathrm{T}}\boldsymbol{P}\boldsymbol{x}(t)$$

最优性能指标为

$$J^*=\frac{1}{2}\boldsymbol{x}^{\mathrm{T}}(0)\boldsymbol{P}\boldsymbol{x}(0) \tag{7-95}$$

$\boldsymbol{P}$ 为 $n\times n$ 常值对称正定矩阵，满足下列黎卡提矩阵代数方程，即

$$\boldsymbol{P}\boldsymbol{A}+\boldsymbol{A}^{\mathrm{T}}\boldsymbol{P}-\boldsymbol{P}\boldsymbol{B}\boldsymbol{R}^{-1}\boldsymbol{B}^{\mathrm{T}}\boldsymbol{P}+\boldsymbol{C}^{\mathrm{T}}\boldsymbol{Q}\boldsymbol{C}=\boldsymbol{0}$$

最优曲线 $\boldsymbol{x}^*(t)$ 满足下列线性向量微分方程，即

$$\dot{\boldsymbol{x}}(t)=[\boldsymbol{A}-\boldsymbol{B}\boldsymbol{R}^{-1}\boldsymbol{B}^{\mathrm{T}}\boldsymbol{P}]\boldsymbol{x}(t),\boldsymbol{x}(0)=\boldsymbol{x}_0$$

证明　将输出方程 $\boldsymbol{y}(t)=\boldsymbol{C}\boldsymbol{x}(t)$ 代入性能指标式(7-94)，可得

$$J=\frac{1}{2}\int_0^\infty [\boldsymbol{x}^{\mathrm{T}}(t)\boldsymbol{Q}_1\boldsymbol{x}(t)+\boldsymbol{u}^{\mathrm{T}}(t)\boldsymbol{R}\boldsymbol{u}(t)]\,\mathrm{d}t$$

其中，$\boldsymbol{Q}_1=\boldsymbol{C}^{\mathrm{T}}\boldsymbol{Q}\boldsymbol{C}$。

因 $\boldsymbol{Q}=\boldsymbol{Q}^{\mathrm{T}}\geqslant 0$，必有$\boldsymbol{Q}_1=\boldsymbol{Q}_1^{\mathrm{T}}\geqslant 0$，而 $\boldsymbol{R}(t)=\boldsymbol{R}^{\mathrm{T}}(t)>0$ 仍然成立，于是由无限时间状态调节器的定理 7-10 知，本定理的全部结论成立。

【例 7-12】　设某系统的状态空间表达式为

$$\begin{cases}\dot{x}_1(t)=x_2(t)\\ \dot{x}_2(t)=u(t)\end{cases}$$
$$y(t)=x_1(t)$$

性能指标为

$$J=\frac{1}{2}\int_0^\infty [y^2(t)+u^2(t)]\mathrm{d}t$$

试构造输出调节器，使性能指标为极小。

解　由题意知

$$\boldsymbol{A}=\begin{bmatrix}0 & 1\\ 0 & 0\end{bmatrix},\ \boldsymbol{b}=\begin{bmatrix}0\\ 1\end{bmatrix},\ \boldsymbol{c}=[1\quad 0],\ Q=1,\ R=1$$

因为　　$\mathrm{rank}[\boldsymbol{b}\quad \boldsymbol{A}\boldsymbol{b}]=\mathrm{rank}\begin{bmatrix}0 & 1\\ 1 & 0\end{bmatrix}=2$，$\mathrm{rank}\begin{bmatrix}\boldsymbol{c}\\ \boldsymbol{c}\boldsymbol{A}\end{bmatrix}=\mathrm{rank}\begin{bmatrix}1 & 0\\ 0 & 1\end{bmatrix}=2$

系统状态完全能控和完全能观测，故无限时间定常输出调节器的最优控制 $u^*(t)$ 存在。

令 $\boldsymbol{P}=\begin{bmatrix}p_{11} & p_{12}\\ p_{12} & p_{22}\end{bmatrix}$，由黎卡提方程 $\boldsymbol{P}\boldsymbol{A}+\boldsymbol{A}^{\mathrm{T}}\boldsymbol{P}-\boldsymbol{P}\boldsymbol{b}R^{-1}\boldsymbol{b}^{\mathrm{T}}\boldsymbol{P}+\boldsymbol{c}^{\mathrm{T}}Q\boldsymbol{c}=\boldsymbol{0}$ 得

$$\boldsymbol{P}=\begin{bmatrix}\sqrt{2} & 1\\ 1 & \sqrt{2}\end{bmatrix}>0$$

最优控制 $u^*(t)$ 为

$$u^*(t)=-R^{-1}\boldsymbol{b}^{\mathrm{T}}\boldsymbol{P}\boldsymbol{x}(t)=-x_1(t)-\sqrt{2}x_2(t)=-y(t)-\sqrt{2}\dot{y}(t)$$

闭环系统的状态方程为

$$\dot{\boldsymbol{x}}(t)=(\boldsymbol{A}-\boldsymbol{b}R^{-1}\boldsymbol{b}^{\mathrm{T}}\boldsymbol{P})\boldsymbol{x}(t)=\begin{bmatrix}0 & 1\\ -1 & -\sqrt{2}\end{bmatrix}\boldsymbol{x}(t)=\widetilde{\boldsymbol{A}}\boldsymbol{x}(t)$$

其特征方程为

$$\det(\lambda\boldsymbol{I}-\widetilde{\boldsymbol{A}})=\det\begin{bmatrix}\lambda & -1\\ 1 & \lambda+\sqrt{2}\end{bmatrix}=\lambda^2+\sqrt{2}\lambda+1=0$$

得闭环系统特性值为 $\widetilde{\lambda}_{1,2}=-\frac{\sqrt{2}}{2}\pm\mathrm{j}\frac{\sqrt{2}}{2}$，故闭环系统渐近稳定。

7.5.4　输出跟踪器

对线性时变系统，当 $\boldsymbol{C}(t)\neq\mathbf{I}$、$\boldsymbol{y}_{\mathrm{r}}(t)\neq\mathbf{0}$ 时，线性二次型最优控制问题可归结为，当理想输出向量$\boldsymbol{y}_{\mathrm{r}}(t)$ 作用于系统时，要求系统产生一控制向量，使系统实际输出向量 $\boldsymbol{y}(t)$ 始终跟踪$\boldsymbol{y}_{\mathrm{r}}(t)$ 的变化，并使性能指标式(7-65) 极小。这一类线性二次型最优控制问题称为输出跟踪器问题。

(1) 有限时间输出跟踪器 如果系统是线性时变的，终端时刻 t_f 是有限的，则称为有限时间输出跟踪器。

定理 7-13 设线性时变系统的状态空间表达式如式(7-63)所示。性能指标为

$$J=\frac{1}{2}\boldsymbol{e}^{\mathrm{T}}(t_f)\boldsymbol{F}\boldsymbol{e}(t_f)+\frac{1}{2}\int_{t_0}^{t_f}[\boldsymbol{e}^{\mathrm{T}}(t)\boldsymbol{Q}(t)\boldsymbol{e}(t)+\boldsymbol{u}^{\mathrm{T}}(t)\boldsymbol{R}(t)\boldsymbol{u}(t)]\,\mathrm{d}t \tag{7-96}$$

$\boldsymbol{F}$ 是半正定的 $m\times m$ 常值对称矩阵；$\boldsymbol{Q}(t)$ 是半正定的 $m\times m$ 对称矩阵；$\boldsymbol{R}(t)$ 是正定 $r\times r$ 对称矩阵。$\boldsymbol{Q}(t)$，$\boldsymbol{R}(t)$ 各元在 $[t_0,t_f]$ 上连续有界，t_f 固定。使性能指标式(7-96)为极小的最优解如下。

① 最优控制 $\boldsymbol{u}^*(t)=-\boldsymbol{R}^{-1}(t)\boldsymbol{B}^{\mathrm{T}}(t)[\boldsymbol{P}(t)\boldsymbol{x}(t)-\boldsymbol{g}(t)]$

$\boldsymbol{P}(t)$ 是 $n\times n$ 对称非负定实矩阵，满足如下黎卡提矩阵微分方程，即

$$-\dot{\boldsymbol{P}}(t)=\boldsymbol{P}(t)\boldsymbol{A}(t)+\boldsymbol{A}(t)^{\mathrm{T}}\boldsymbol{P}(t)-\boldsymbol{P}(t)\boldsymbol{B}(t)\boldsymbol{R}^{-1}(t)\boldsymbol{B}^{\mathrm{T}}(t)\boldsymbol{P}(t)+\boldsymbol{C}^{\mathrm{T}}(t)\boldsymbol{Q}(t)\boldsymbol{C}(t)$$

终端边界条件 $\boldsymbol{P}(t_f)=\boldsymbol{C}^{\mathrm{T}}(t_f)\boldsymbol{F}\boldsymbol{C}(t_f)$

$\boldsymbol{g}(t)$ 是 n 维伴随向量，满足如下向量微分方程，即

$$-\dot{\boldsymbol{g}}(t)=[\boldsymbol{A}(t)-\boldsymbol{B}(t)\boldsymbol{R}^{-1}(t)\boldsymbol{B}^{\mathrm{T}}(t)\boldsymbol{P}(t)]^{\mathrm{T}}\boldsymbol{g}(t)+\boldsymbol{C}^{\mathrm{T}}(t)\boldsymbol{Q}(t)\boldsymbol{y}_r(t) \tag{7-97}$$

终端边界条件 $\boldsymbol{g}(t_f)=\boldsymbol{C}^{\mathrm{T}}(t_f)\boldsymbol{F}\,\boldsymbol{y}_r(t_f)$

② 最优性能指标 $J^*=\dfrac{1}{2}\boldsymbol{x}^{\mathrm{T}}(t_0)\boldsymbol{P}\boldsymbol{x}(t_0)-\boldsymbol{g}^{\mathrm{T}}(t_0)\boldsymbol{x}(t_0)+\varphi(t_0)$

函数 $\varphi(t)$ 满足下列微分方程，即

$$\dot{\varphi}(t)=-\frac{1}{2}\boldsymbol{y}_r^{\mathrm{T}}(t)\boldsymbol{Q}(t)\boldsymbol{y}_r(t)\varphi(t)-\boldsymbol{g}^{\mathrm{T}}(t)\boldsymbol{B}(t)\boldsymbol{R}^{-1}(t)\boldsymbol{B}^{\mathrm{T}}(t)\boldsymbol{g}(t)$$

边界条件 $\varphi(t_f)=\boldsymbol{y}_r^{\mathrm{T}}(t_f)\boldsymbol{F}\,\boldsymbol{y}_r(t_f)$

③ 最优曲线 最优跟踪闭环系统方程

$$\dot{\boldsymbol{x}}(t)=[\boldsymbol{A}(t)-\boldsymbol{B}(t)\boldsymbol{R}^{-1}(t)\boldsymbol{B}^{\mathrm{T}}(t)\boldsymbol{P}(t)]\boldsymbol{x}(t)+\boldsymbol{B}(t)\boldsymbol{R}^{-1}(t)\boldsymbol{B}^{\mathrm{T}}(t)\boldsymbol{g}(t)$$

在初始条件 $\boldsymbol{x}(t_0)=\boldsymbol{x}_0$ 下的解，为最优曲线 $\boldsymbol{x}^*(t)$。

对上述定理的结论，进行如下几点说明。

① 定理 7-13 和定理 7-11 中的黎卡提方程和终端边界条件完全相同，表明最优输出跟踪器与最优输出调节器具有相同的反馈结构，而与理想输出 $\boldsymbol{y}_r(t)$ 无关。

② 定理 7-13 中的最优输出跟踪器闭环系统与定理 7-11 中的最优输出调节器闭环系统的特征值完全相等，两者的区别仅在于跟踪器中多了一个与伴随向量 $\boldsymbol{g}(t)$ 有关的输入项，形成了跟踪器中的前馈控制项。

③ 由定理 7-13 中伴随方程式(7-97) 可见，求解伴随向量 $\boldsymbol{g}(t)$ 需要理想输出 $\boldsymbol{y}_r(t)$ 的全部信息，从而使输出跟踪器最优控制 $\boldsymbol{u}^*(t)$ 的现在时刻值与理想输出 $\boldsymbol{y}_r(t)$ 的将来时刻值有关。在许多工程实际问题中，这往往是做不到的。为了便于设计输出跟踪器，往往假定理想输出 $\boldsymbol{y}_r(t)$ 的元素为典型函数，例如单位阶跃、单位斜坡或单位加速度函数等。

(2) 无限时间输出跟踪器 如果终端时刻 $t_f\to\infty$，系统及性能指标中的各矩阵均为常值矩阵，这样的输出跟踪器称为无限时间输出跟踪器。对于这类问题，目前还没有严格的一般性求解方法。当理想输出为常值向量时，有如下工程上可以应用的近似结果。

定理 7-14 设状态完全能控和完全能观测的线性定常系统的状态空间表达式为

$$\begin{cases}\dot{\boldsymbol{x}}(t)=\boldsymbol{A}\boldsymbol{x}(t)+\boldsymbol{B}\boldsymbol{u}(t),\boldsymbol{x}(t_0)=\boldsymbol{x}_0\\ \boldsymbol{y}(t)=\boldsymbol{C}\boldsymbol{x}(t)\end{cases}$$

性能指标为

$$J=\frac{1}{2}\int_{0}^{\infty}[\boldsymbol{e}^{\mathrm{T}}(t)\boldsymbol{Q}\boldsymbol{e}(t)+\boldsymbol{u}^{\mathrm{T}}(t)\boldsymbol{R}\boldsymbol{u}(t)]\,\mathrm{d}t \tag{7-98}$$

$\boldsymbol{Q}$ 为正定的 $m\times m$ 常值对称矩阵；$\boldsymbol{R}$ 为正定的 $r\times r$ 常值对称矩阵。使性能指标式(7-98)极小的近似最优控制为

$$\boldsymbol{u}^{*}(t)=-\boldsymbol{R}^{-1}\boldsymbol{B}^{\mathrm{T}}\boldsymbol{P}\boldsymbol{x}(t)+\boldsymbol{R}^{-1}\boldsymbol{B}^{\mathrm{T}}\boldsymbol{g}$$

$\boldsymbol{P}$ 为 $n\times n$ 常值对称正定矩阵，满足下列黎卡提矩阵代数方程，即

$$\boldsymbol{PA}+\boldsymbol{A}^{\mathrm{T}}\boldsymbol{P}-\boldsymbol{PB}\boldsymbol{R}^{-1}\boldsymbol{B}^{\mathrm{T}}\boldsymbol{P}+\boldsymbol{C}^{\mathrm{T}}\boldsymbol{QC}=\boldsymbol{0}$$

常值伴随向量为

$$\boldsymbol{g}=[\boldsymbol{PB}\boldsymbol{R}^{-1}\boldsymbol{B}^{\mathrm{T}}-\boldsymbol{A}^{\mathrm{T}}]^{-1}\boldsymbol{C}^{\mathrm{T}}\boldsymbol{Q}\,\boldsymbol{y}_{\mathrm{r}}$$

闭环系统方程 $\dot{\boldsymbol{x}}(t)=[\boldsymbol{A}-\boldsymbol{B}\boldsymbol{R}^{-1}\boldsymbol{B}^{\mathrm{T}}\boldsymbol{P}]\boldsymbol{x}(t)+\boldsymbol{B}\boldsymbol{R}^{-1}\boldsymbol{B}^{\mathrm{T}}\boldsymbol{g}$ 及初始状态 $\boldsymbol{x}(0)=\boldsymbol{x}_0$ 的解，为近似最优曲线 $\boldsymbol{x}^{*}(t)$。

【例 7-13】 设有一理想化轮船操纵系统，其从激励信号 $u(t)$ 到实际航向 $y(t)$ 的传递函数为 $4/s^2$，试设计最优激励信号 $u^{*}(t)$，使性能指标 $J=\int_{0}^{\infty}\{[y_{\mathrm{r}}(t)-y(t)]^2+u^2(t)\}\mathrm{d}t$ 极小。式中 $y_{\mathrm{r}}(t)=1(t)$ 为理想输出。

解

① 建立状态空间模型

根据传递函数

$$G(s)=\frac{Y(s)}{U(s)}=\frac{4}{s^2}$$

可得

$$\begin{cases}\dot{x}_1(t)=x_2(t)\\ \dot{x}_2(t)=4u(t)\end{cases}\qquad y(t)=x_1(t)$$

则

$$\boldsymbol{A}=\begin{bmatrix}0&1\\0&0\end{bmatrix},\ \boldsymbol{b}=\begin{bmatrix}0\\4\end{bmatrix},\ \boldsymbol{c}=[1\quad 0],\ Q=2,\ R=2$$

② 检验系统的状态能控性和能观测性

由于

$$\mathrm{rank}[\boldsymbol{b}\quad \boldsymbol{Ab}]=\mathrm{rank}\begin{bmatrix}0&4\\4&0\end{bmatrix}=2,\ \mathrm{rank}\begin{bmatrix}\boldsymbol{c}\\ \boldsymbol{cA}\end{bmatrix}=\mathrm{rank}\begin{bmatrix}1&0\\0&1\end{bmatrix}=2$$

因此系统的状态完全能控和完全能观测，故无限时间输出跟踪器的最优控制 $u^{*}(t)$ 存在。

③ 解黎卡提方程

令 $\boldsymbol{P}=\begin{bmatrix}p_{11}&p_{12}\\p_{12}&p_{22}\end{bmatrix}$，由黎卡提方程

$$\boldsymbol{PA}+\boldsymbol{A}^{\mathrm{T}}\boldsymbol{P}-\boldsymbol{Pb}R^{-1}\boldsymbol{b}^{\mathrm{T}}\boldsymbol{P}+\boldsymbol{c}^{\mathrm{T}}Q\boldsymbol{c}=\boldsymbol{0}$$

得代数方程组

$$\begin{cases}-8p_{12}^2+2=0\\ p_{11}-8p_{12}p_{22}=0\\ 2p_{12}-8p_{22}^2=0\end{cases}$$

联立求解，得

$$P=\begin{bmatrix}\sqrt{2} & 1/2\\ 1/2 & \sqrt{2}/4\end{bmatrix}>0$$

④ 求常值伴随向量

$$g=[PbR^{-1}b^{\mathrm{T}}-A^{\mathrm{T}}]^{-1}c^{\mathrm{T}}Qy_{\mathrm{r}}=\begin{bmatrix}\sqrt{2}\\ 1/2\end{bmatrix}$$

⑤ 确定最优控制 $u^*(t)$

$$\begin{aligned}u^*(t)&=-R^{-1}b^{\mathrm{T}}Px(t)+R^{-1}b^{\mathrm{T}}g\\&=-x_1(t)-\frac{\sqrt{2}}{2}x_2(t)+1=-y(t)-\frac{\sqrt{2}}{2}\dot{y}(t)+1\end{aligned}$$

⑥ 检验闭环系统的稳定性

闭环系统的状态方程为

$$\dot{x}(t)=(A-bR^{-1}b^{\mathrm{T}}P)x(t)+bR^{-1}b^{\mathrm{T}}g$$

闭环系统矩阵为

$$\widetilde{A}=A-bR^{-1}b^{\mathrm{T}}P=\begin{bmatrix}0 & 1\\ -4 & -2\sqrt{2}\end{bmatrix}$$

由闭环系统特征方程 $|\lambda I-\widetilde{A}|=\lambda^2+2\sqrt{2}\lambda+4=0$ 得闭环系统特征值为 $\widetilde{\lambda}_{1,2}=-\sqrt{2}\pm \mathrm{j}\sqrt{2}$，故闭环系统渐近稳定。

7.6 最小时间系统的控制

最小时间控制系统也称快速系统，它在导弹、宇宙飞船的姿态控制方面应用很广泛。若航天器的姿态受到某种扰动而偏离了给定的平衡状态，当偏离幅度不超过控制所允许的范围时，在最短时间内，控制航天器的姿态能恢复到给定的平衡状态，这就是最小时间控制的概念。

问题的提法：给定 n 阶线性定常系统，控制 $u(t)$ 是标量，状态方程为

$$\dot{x}(t)=Ax(t)+bu(t),\ x(t_0)=x_0$$

控制约束是 $-1\leqslant u(t)\leqslant 1$。

性能指标
$$J=\int_{t_0}^{t_f}1\mathrm{d}t$$

寻求在最短时间内使系统由初始状态转移到终止状态 $x(t_f)=x_f=0$，并使性能指标为极小的最优控制。这是终端状态固定、终端时间不固定的最优控制问题，可用极大值原理来分析。

哈密顿函数为

$$\begin{aligned}H[x(t),u(t),\lambda(t),t]&=L[x(t),u(t),t]+\lambda^T(t)[Ax(t)+bu(t)]\\&=1+\lambda^T(t)[Ax(t)+bu(t)]\end{aligned}$$

状态方程
$$\dot{x}(t)=Ax(t)+bu(t)=\frac{\partial H[x(t),u(t),\lambda(t),t]}{\partial \lambda}$$

伴随方程
$$\dot{\lambda}(t)=-\frac{\partial H[x(t),u(t),\lambda(t),t]}{\partial x}=-A^{\mathrm{T}}\lambda(t)$$

横截条件方程为

$$\lambda(t_f)=a\text{（为待定常数乘子）};\ x(t_0)=x_0,\ x(t_f)=0$$

由于控制作用受不等式约束，根据极大值原理，当哈密顿函数取极小值时的容许控制

$u(t)$即为最优控制。为使 H 函数取极小值，从

$$H[\boldsymbol{x}(t),u(t),\boldsymbol{\lambda}(t),t]=1+\boldsymbol{\lambda}^T(t)[\boldsymbol{A}\boldsymbol{x}(t)+\boldsymbol{b}u(t)]$$

可直观地看出：当$\boldsymbol{\lambda}^T\boldsymbol{b}>0$ 时，$u(t)=-1$；当$\boldsymbol{\lambda}^T\boldsymbol{b}<0$ 时，$u(t)=1$。或写成

$$u(t)=-\operatorname{sign}(\boldsymbol{\lambda}^T\boldsymbol{b})$$

根据$\boldsymbol{\lambda}^T\boldsymbol{b}$ 的符号取 $u(t)$ 的容许边界值，此即所谓“Bang-Bang”控制，也称“乒乓”控制。H 函数中$\boldsymbol{\lambda}^T\boldsymbol{b}u$ 这一项始终为负值，而且其幅值是容许控制中的最大值。

由状态方程与伴随方程求得 $\boldsymbol{\lambda}(t)$ 与 $\boldsymbol{x}(t)$ 的关系，再代入 $u(t)$ 中，就可得出按照状态反馈组成的最优控制的闭环控制规律。

在具体解法上必须指出，若系统状态变量 $\boldsymbol{x}$ 的维数不高，如 $n\leqslant 2$，且 $\boldsymbol{b}$ 不太复杂，则可仿照下述例题中的做法求得最优控制和最优轨线。

【例 7-14】 导弹飞行偏离预定轨道，要求在最短时间内返回轨道，如图 7-9 所示。设偏离角为 θ，围绕质心的转动惯量为 J，每个喷嘴产生的推力为 $F/2$，则总的推力矩 $2\times(F/2)\times l=Fl$，围绕质心的角加速度 $\ddot{\theta}=Fl/J=u$，令 $x_1=\theta$，则有

$$\begin{cases}\dot{x}_1=\dot{\theta}=x_2\\ \dot{x}_2=\ddot{\theta}=u\end{cases}$$

即

$$\dot{\boldsymbol{x}}(t)=\begin{bmatrix}0&1\\0&0\end{bmatrix}\boldsymbol{x}(t)+\begin{bmatrix}0\\1\end{bmatrix}u(t)$$

此系统为双积分系统。以上方程也可能代表其他系统的运动方程，如理想振荡器的运动方程。以上则是该例题的物理背景。

被控对象是由两个积分环节串联组成的二阶定常系统，其状态方程为

$$\dot{\boldsymbol{x}}(t)=\boldsymbol{A}\boldsymbol{x}(t)+\boldsymbol{b}u(t),\boldsymbol{x}(t_0)=\boldsymbol{x}_0$$

求使系统从初始状态$\boldsymbol{x}_0$ 以最短时间转移到终止状态 $\boldsymbol{x}(t_f)=\boldsymbol{0}$ 的最优控制。其中

$$\boldsymbol{A}=\begin{bmatrix}0&1\\0&1\end{bmatrix},\ \boldsymbol{b}=\begin{bmatrix}0\\1\end{bmatrix}$$

且控制受$-1\leqslant u(t)\leqslant 1$ 的约束。

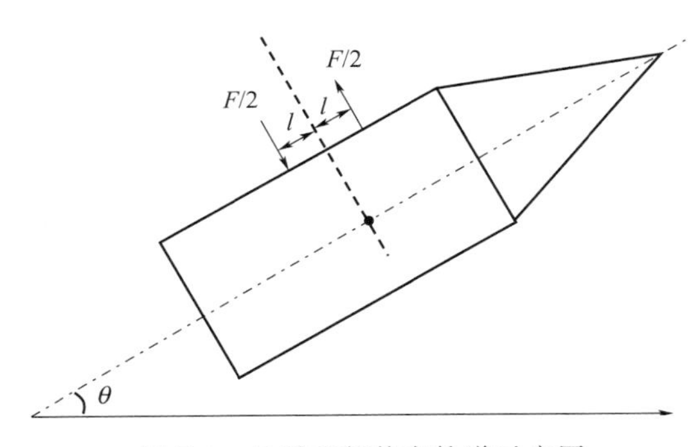

图 7-9　导弹飞行偏离轨道示意图

解　用庞德亚金极大值原理求解。根据题意，性能指标为

$$J=\int_{t_0}^{t_f}\mathrm{d}t$$

哈密尔顿函数 H 为

$$H[\boldsymbol{x}(t),u(t),\boldsymbol{\lambda}(t),t]=1+\boldsymbol{\lambda}^T(t)[\boldsymbol{A}\boldsymbol{x}(t)+\boldsymbol{b}u(t)]=1+\lambda_1x_2+\lambda_2u$$

伴随方程

$$\dot{\boldsymbol{\lambda}}(t)=-\boldsymbol{A}^{\mathrm{T}}\boldsymbol{\lambda}=-\begin{bmatrix}0&0\\1&0\end{bmatrix}\begin{bmatrix}\lambda_1(t)\\\lambda_2(t)\end{bmatrix}=-\begin{bmatrix}0\\\lambda_1(t)\end{bmatrix}$$

横截条件

$$\boldsymbol{\lambda}(t_{\mathrm{f}})=\boldsymbol{a}$$

$\boldsymbol{a}$ 为待定的常数乘子，即

$$\begin{cases}\dot{\lambda}_1=0\\\dot{\lambda}_2=-\lambda_1\end{cases}$$

解得

$$\begin{cases}\lambda_1(\mathrm{t})=\mathrm{c}_1\\\lambda_2(\mathrm{t})=-\mathrm{c}_1\mathrm{t}+\mathrm{c}_2\end{cases}$$

c_1、c_2 为由初始条件$\boldsymbol{x}_0$ 决定的常量。

为了使 H 对 u 有最小值，并考虑$-1\leqslant u(t)\leqslant 1$，显然要使系统在最短时间内转移至原点。由最优控制原理得

$$u^*(t)=-\mathrm{sign}(\boldsymbol{\lambda}^{\mathrm{T}}\boldsymbol{b})=-\mathrm{sign}\lambda_2(t)=-\mathrm{sign}(-c_1t+c_2)=\mathrm{sign}(c_1t-c_2)$$

不失一般性，取 $t_0=0$。图 7-10 给出了 $\lambda_2(t)$ 与 $u(t)$ 在某一初始状态下的图形。

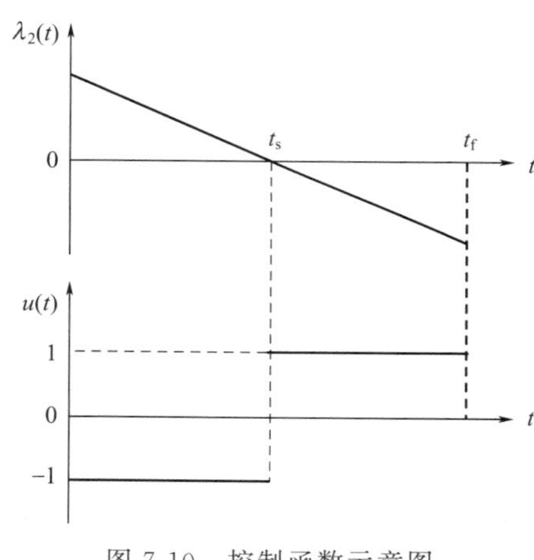

图 7-10 控制函数示意图

为了求出 $u(t)$ 和 $\boldsymbol{x}(t)$ 的关系，即组成状态反馈系统，需要将状态方程的解求出。已知控制 $u(t)=\pm 1$。

① 当 $u(t)=-1$ 时，状态方程为

$$\begin{cases}\dot{x}_1(t)=x_2(t)\\\dot{x}_2(t)=-1\end{cases}$$

解得 $x_2(t)=-t+x_{20}=-(t-x_{20})$ (7-99)

$$\begin{aligned}x_1(t)&=-\frac{1}{2}t^2+x_{20}t-\frac{1}{2}x_{20}^2+\frac{1}{2}x_{20}^2+x_{10}\\&=-\frac{1}{2}(t-x_{20})^2+(x_{10}+\frac{1}{2}x_{20}^2)\\&=-\frac{1}{2}x_2^2+(x_{10}+\frac{1}{2}x_{20}^2)\end{aligned}\tag{7-100}$$

② 当 $u(t)=1$ 时，状态方程为

$$\begin{cases}\dot{x}_1(t)=x_2(t)\\\dot{x}_2(t)=1\end{cases}$$

解得

$$x_2(t)=t+x_{20}\tag{7-101}$$

$$x_1(t)=\frac{1}{2}x_2^2+(x_{10}-\frac{1}{2}x_{20}^2)\tag{7-102}$$

显然，式(7-100)、式(7-102) 代表的是初始状态时的两个抛物线族，如图 7-11 所示，图中式(7-100) 表示的曲线族开口向左（非阴影部分），式(7-102) 表示的曲线族开口向右（阴影部分）。从图 7-11 中可以看出，x_1 轴上面的相点的移动方向是从左向右（因为 $x_2=\mathrm{d}x_1/\mathrm{d}t$ 为正）；x_1 轴下面的相点的移动方向是从右向左（因为 $x_2=\mathrm{d}x_1/\mathrm{d}t$ 为负）。在 $u=+1$区域内（阴影部分），由于 $\mathrm{d}x_2/\mathrm{d}t=u$ 为正。所以式(7-102) 的曲线族的运动方向是

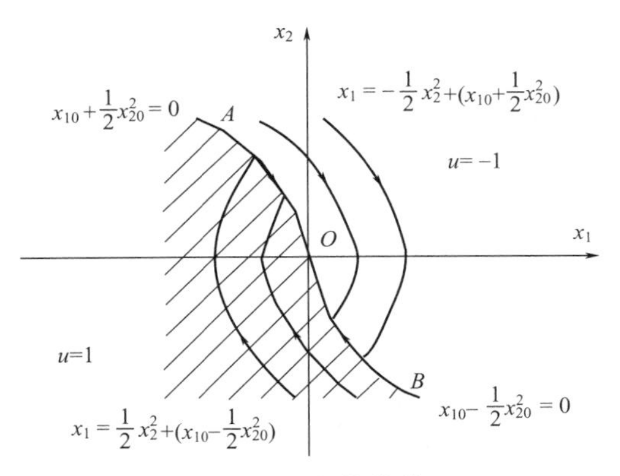

图 7-11　相轨线族

从下向上的；在 $u=-1$ 区域内（非阴影部分），由于 $\mathrm{d}x_2/\mathrm{d}t=u$ 为负，所以式(7-100) 的曲线族的运动方向是从上向下的。以上两族曲线下各有一条曲线能进入坐标原点，这就是在区域 $u=+1$ 内的曲线 $x_{10}-x_{20}^2/2=0$，以及在区域 $u=-1$ 内的曲线 $x_{10}+x_{20}^2/2=0$，两条曲线在坐标原点处相遇，它们对应的方程式分别是

$$\begin{cases}x_1=\dfrac{1}{2}x_2^2, & x_2<0\\ x_1=-\dfrac{1}{2}x_2^2, & x_2>0\end{cases}$$

将两式合写成

$$x_1=-\frac{1}{2}x_2|x_2|$$

这条通过坐标原点的相轨线（即图 7-11 中的曲线 AB）将整个相平面划分成 $u=+1$ 和 $u=-1$ 两个区域，曲线 AB 称为系统的最小时间开关曲线。

实现最优快速控制的方法如下：设系统的初始状态 $\boldsymbol{x}(t_0)=\boldsymbol{x}_0$，它处在 $u=-1$ 的区域内，在控制 $u=-1$ 的作用下，相点$\boldsymbol{x}_0$ 沿它所在的那条抛物线运动，直到与最小时间开关曲线 BO 相交为止，如图 7-12(a) 所示；相点到达 B 点后，将开关打至 $u=+1$ 的位置，于是系统便沿着曲线 BO 由 B 点运动至坐标原点，这一控制过程，即最优快速控制。控制方程如下。

根据式(7-102) 并令　$K(\boldsymbol{x})=x_1-\dfrac{1}{2}x_2^2=x_{10}-\dfrac{1}{2}x_{20}^2\leqslant 0$，$u=+1$(阴影部分)

根据式(7-100) 并令　$K(\boldsymbol{x})=x_1+\dfrac{1}{2}x_2^2=x_{10}+\dfrac{1}{2}x_{20}^2\geqslant 0$，$u=-1$(非阴影部分)

将以上两式合写成

$$K(\boldsymbol{x})=x_1+\frac{1}{2}x_2|x_2|$$

令

$$F(x_2)=\frac{1}{2}x_2|x_2|$$

则

$$K(\boldsymbol{x})=x_1+F(x_2)$$

此结果与控制方程相对应，即将 c_1、c_2 用 x_1、x_2 来表示，得

$$u(t)=-\mathrm{sign}\left[x_1(t)+\frac{1}{2}x_2(t)|x_2(t)|\right]$$

系统结构如图 7-12(b) 所示。

由以上分析可总结如下。

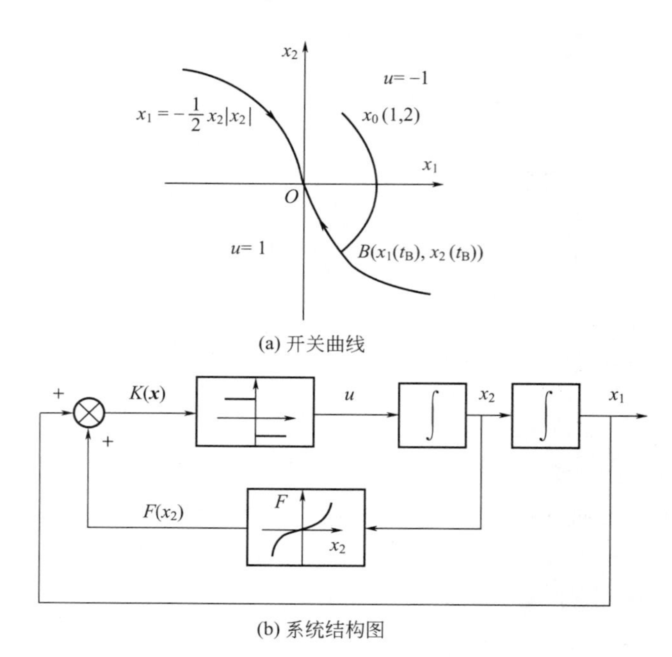

(a) 开关曲线

(b) 系统结构图

图 7-12　开关曲线与系统结构图

① 为实现“Bang-Bang”控制，系统中使用了继电器，并在相应过程中最多切换一次，因此最优转移时间 t_f^*，可由式(7-99)、式(7-101)求出。

例如，初始状态 $x_{10}=1$、$x_{20}=2$（图 7-12）。系统由初始状态 $x_{10}=1$、$x_{20}=2$ 转移到 $x_1(t_B)$、$x_2(t_B)$，所经的相轨线方程为

$$x_1=-\frac{1}{2}x_2^2+\left(x_{10}+\frac{1}{2}x_{20}^2\right)=-\frac{1}{2}x_2^2+3$$

系统由状态 B 点转移到坐标原点 O 所经的相轨线就是开关曲线，即 $x_1=\frac{1}{2}x_2^2$。

当 $t=t_B$ 时，两条相轨线上的点重合，即有 $\frac{1}{2}x_2^2=-\frac{1}{2}x_2^2+3$，解得 $x_2(t_B)=\pm\sqrt{3}$，其中 $+\sqrt{3}$ 不合理，故应取 $x_2(t_B)=-\sqrt{3}$，于是 $x_1(t_B)=3/2$。

下面可以求出 t_B 和总的响应时间。首先将 $x_2(t_B)=-\sqrt{3}$ 代入式(7-99)，得 $t_B=x_{20}-x_2(t_B)=2+\sqrt{3}$。

对于 $t>t_B$ 以后的一段时间，可以用 $x_1(t_B)=3/2$、$x_2(t_B)=-\sqrt{3}$ 作为后一段响应的初态，而以 $x_{2\ (t_f-t_B)}=0$ 作为终态，将它们代入式(7-101)中，得到 $t_f-t_B=x_{2\ (t_f-t_B)}-x_2(t_B)=\sqrt{3}$。

则系统由初态 $x_{10}=1$、$x_{20}=2$ 按时间最优控制所确定的最优轨线转移到坐标原点所需要的时间为 $t_f^*=t_B+(t_f-t_B)=2+2\sqrt{3}=5.46\text{s}$。

当 x_{10} 和 x_{20} 不同时，得到的 t_f^* 也不同，但都是最短时间。

② $u(t)$ 和 $\boldsymbol{x}(t)$ 的关系是非线性的，这与前面介绍的二次型性能指标最优控制形成的线性反馈是不同的。

同理，根据上述计算过程，如初始状态为 $x_{10}=-4$、$x_{20}=-8$，按时间最优控制转移到坐标原点所需的时间为20s。

7.7 利用MATLAB求解线性二次型最优控制问题

MATLAB控制系统工具箱中提供了很多求解线性二次型最优控制问题的函数，其中函数lqr（）和lqry（）可以直接求解二次型调节器问题及相关的黎卡提方程，它们的调用格式分别为

$$[\boldsymbol{K},\boldsymbol{P},\boldsymbol{r}]=\text{lqr}(\boldsymbol{A},\boldsymbol{B},\boldsymbol{Q},\boldsymbol{R})$$

和

$$[\boldsymbol{K}_{\text{o}},\boldsymbol{P},\boldsymbol{r}]=\text{lqry}(\boldsymbol{A},\boldsymbol{B},\boldsymbol{C},\boldsymbol{D},\boldsymbol{Q},\boldsymbol{R})$$

其中，矩阵 $\boldsymbol{A}$、$\boldsymbol{B}$、$\boldsymbol{C}$、$\boldsymbol{D}$、$\boldsymbol{Q}$、$\boldsymbol{R}$ 的意义是相当明显的；$\boldsymbol{K}$ 为状态负反馈矩阵；$\boldsymbol{K}_{\text{o}}$ 为输出负反馈矩阵；$\boldsymbol{P}$ 为黎卡提方程的解；$\boldsymbol{r}$ 为闭环系统特征值。

函数lqr（）用于求解线性二次型状态调节器问题，函数lqry（）用于求解线性二次型输出调节器问题，即目标函数中用输出 $\boldsymbol{y}$ 来代替状态 $\boldsymbol{x}$，此时目标函数为

$$J=\int_0^{\infty}[\boldsymbol{y}^{\text{T}}\boldsymbol{Q}\boldsymbol{y}+\boldsymbol{u}^{\text{T}}\boldsymbol{R}\boldsymbol{u}]\text{d}t$$

【例7-15】 已知系统的状态空间表达式为

$$\begin{cases}\dot{\boldsymbol{x}}=\begin{bmatrix}0&1&0\\0&0&1\\0&-2&-3\end{bmatrix}\boldsymbol{x}+\begin{bmatrix}0\\0\\1\end{bmatrix}u\\ y=[1\quad 0\quad 0]\boldsymbol{x}\end{cases}$$

求采用状态负反馈，即 $u(t)=-\boldsymbol{K}\boldsymbol{x}(t)$，使性能指标

$$J=\int_0^{\infty}[\boldsymbol{x}^{\text{T}}\boldsymbol{Q}\boldsymbol{x}+u^{\text{T}}Ru]\text{d}t$$

为最小的最优控制的状态负反馈矩阵 $\boldsymbol{K}$。其中

$$\boldsymbol{Q}=\begin{bmatrix}100&0&0\\0&1&0\\0&0&1\end{bmatrix},\ R=1$$

解 采用状态负反馈时的MATLAB程序为

```
% Example 7_15. m
A=[0 1 0; 0 0  1; 0  -2  -3]; B=[0; 0; 1];
C=[1  0 0]; D=0;
Q=diag([100, 1, 1]); R=1;
[K, P, r]=lqr(A, B, Q, R)
t=0: 0.1: 10;
figure(1); step(A-B * K, B, C, D, 1, t);  % 绘状态负反馈后系统输出的阶跃响应曲线
figure(2); [y,x,t]=step(A-B * K, B, C, D, 1, t);
plot(x, t)  % 绘状态负反馈后系统状态的响应曲线
```

执行后得如下结果及如图 7-13 和图 7-14 所示的响应曲线。

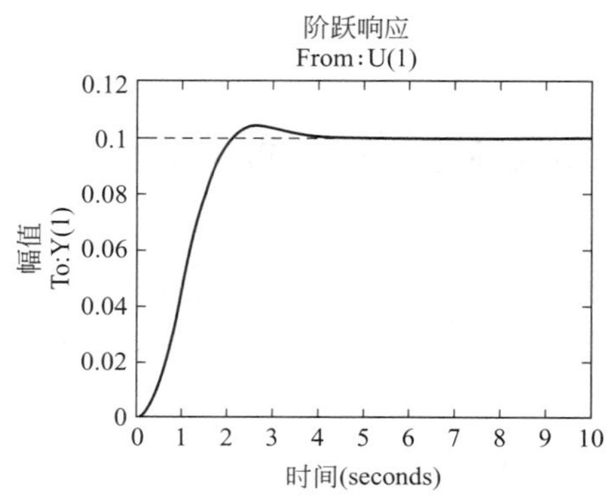

图 7-13　状态负反馈后系统输出的响应曲线

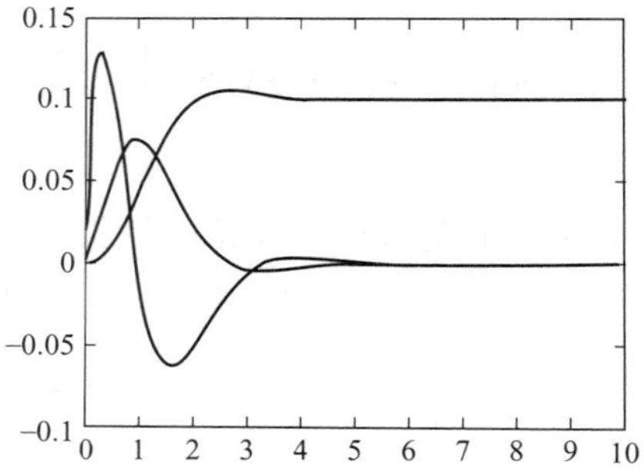

图 7-14　状态负反馈后系统状态的响应曲线

```
K=
10.0000   8.4223   2.1812
P=                                              r=
104.2225   51.8117   10.0000                    -2.6878
51.8117   37.9995    8.4223                     -1.2467+1.4718i
10.0000    8.4223    2.1812                     -1.2467-1.4718i
```

由此构成的闭环系统的三个极点均位于左半 s 平面，因而系统是渐近稳定的。实际上，因 $\boldsymbol{Q}>0$，由最优控制构成的闭环系统都是稳定的，因为它们是基于李雅普诺夫稳定性理论设计的。

【例 7-16】　对于例 7-15 所给系统，求采用输出负反馈，即 $u(t)=-Ky(t)$，使性能指标

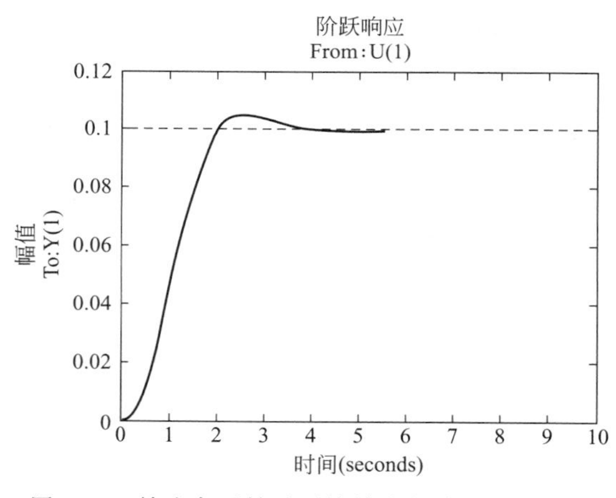

图 7-15　输出负反馈后系统输出的阶跃响应曲线

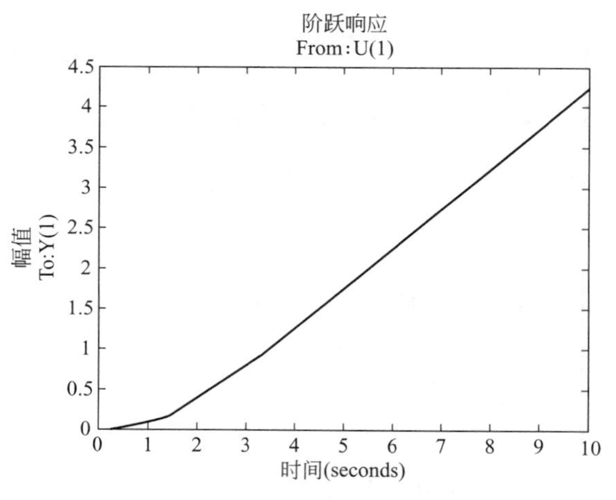

图 7-16　原系统输出的阶跃响应曲线

$$J=\int_0^{\infty}[y^{\mathrm{T}}Qy+u^{\mathrm{T}}Ru]\mathrm{d}t$$

为最小的最优控制的输出负反馈矩阵 $\boldsymbol{K}_o$。其中 $Q=100$，$R=1$。

解　采用输出负反馈时的 MATLAB 程序为

```
% Example 7_16. m
A=[0  1  0;0  0  1;0  -2  -3];B=[0; 0; 1];
C=[1  0  0]; D=0;
Q=diag([100]); R=1;
[Ko, P, r]=lqry(A, B, C, D, Q, R)
t=0: 0.1: 10;
figure(1); step(A-B*Ko, B, C, D, 1, t);  % 绘输出负反馈后系统输出的阶跃响应曲线
figure(2); step(A, B, C, D, 1, t);       % 绘制原系统输出的阶跃响应曲线
```

执行后得如下结果及如图7-15和图7-16所示的阶跃响应曲线。

```
Ko=
10.0000   8.2459   2.0489
P=                                  r=
102.4592   50.4894   10.0000        -2.5800
50.4894    35.7311   8.2459         -1.2345+1.5336i
10.0000    8.2459    2.0489         -1.2345 -1.5336i
```

比较输出负反馈后系统的阶跃响应曲线和输出负反馈前原系统的阶跃响应曲线，可见最优控制施加之后该系统的响应有了明显的改善。通过调节 $\boldsymbol{Q}$ 和 $\boldsymbol{R}$ 加权矩阵还可进一步改善系统的输出响应。

【例7-17】 已知可控整流装置供电给直流电机传动系统的结构图如图7-17所示。

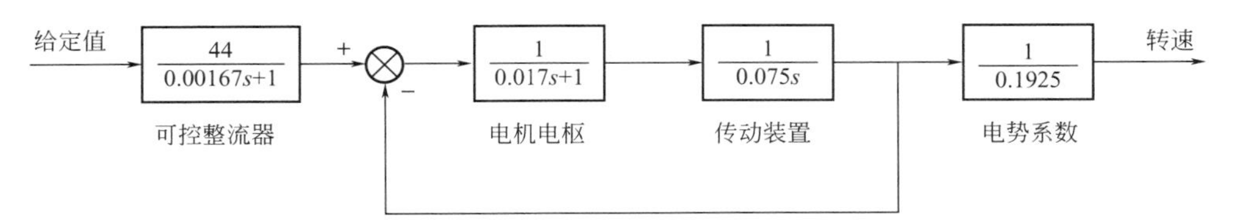

图7-17　可控整流装置供电给直流电机传动系统的结构图

欲对系统进行最优状态负反馈与输出负反馈控制，试分别计算状态负反馈增益矩阵与输出负反馈增益矩阵，并对其闭环系统进行阶跃响应仿真。

当采用状态负反馈控制时，取

$$\boldsymbol{Q}=\begin{bmatrix}1000 & 0 & 0\\ 0 & 1 & 0\\ 0 & 0 & 1\end{bmatrix},\ R=1$$

当采用输出负反馈控制时，取 $Q_o=1000$，$R=1$。

解

① 按图7-17建立系统的Simulink仿真结构图，并以文件名example7 _ 17 _ 1将其保存。

② 建立以下MATLAB程序。

```
% Example7_17. m
[A, B, C, D]=linmod2('example7_17_1');% 将系统结构图转换为状态空间表达式
% 求二次型最优控制系统的状态负反馈矩阵
Q=diag([1000, 1, 1]); R=1;
[K, P, r]=lqr(A, B, Q, R);
K                                % 显示状态负反馈增益矩阵
```

```
figure(1); t=0: 0.1: 10;
step(A-B * K, B, C, D,1,t);            % 绘状态负反馈后系统输出的阶跃响应曲线
% 求二次型最优控制系统的输出负反馈矩阵
Qo=diag([1000]); R=1;
[Ko, Po, ro]=lqry(A, B, C, D, Qo, R);
Ko                                     % 显示输出负反馈增益矩阵
figure(2); step(A-B * Ko, B, C, D,1,t);   % 绘输出负反馈后系统输出的阶跃响应曲线
```

执行后得如下结果及如图 7-18 和图 7-19 所示的阶跃响应曲线。

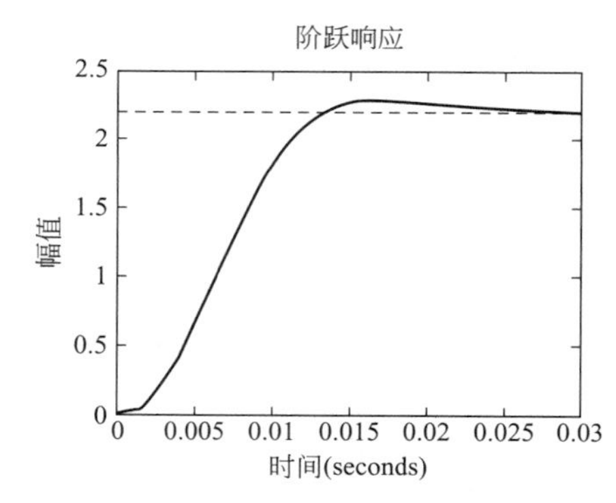

图 7-18 状态负反馈后系统的阶跃响应曲线

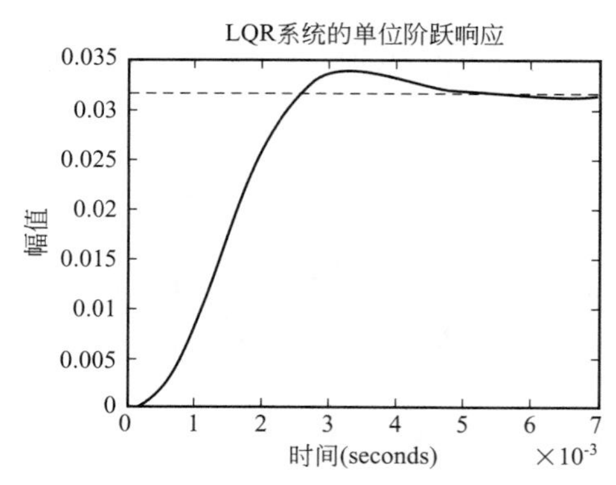

图 7-19 输出负反馈后系统的阶跃响应曲线

```
K=
31.1506   337.0313   9.8154
Ko=
1.0e+003 *
2.1888   2.4266   0.1669
```

7.8 小结

① 泛函及变分法。变分法是研究泛函极值的一种经典方法。求泛函的极大值和极小值问题都称为变分问题，求泛函极值的方法称为变分法。

a. 泛函。设对自变量 t，存在一类函数 $\{x(t)\}$。如果对于每个函数 $x(t)$，有一个 J 值与之对应，则变量 J 称为依赖于函数 $x(t)$ 的泛函，记作 $J=J[x(t)]$。

b. 泛函变分的定义。泛函的变分与函数的微分，其定义式几乎完全相当。若连续泛函 $J[x(t)]$ 的增量可以表示为

$$\Delta J=J[x(t)+\delta x(t)]-J[x(t)]=L[x(t),\delta x(t)]+r[x(t),\delta x(t)]$$

其中，$L[x(t),\delta x(t)]$ 是泛函增量的线性主部，它是 $\delta x(t)$ 的线性连续泛函，$r[x(t),\delta x(t)]$ 是关于 $\delta x(t)$ 的高阶无穷小，称 $L[x(t),\delta x(t)]$ 为泛函的变分，并记为 $\delta J=L[x(t),\delta x(t)]$

c. 泛函变分的求法。连续泛函 $J[x(t)]$ 的变分等于泛函 $J[x(t)+\alpha\delta x(t)]$ 对 α 的导数在 $\alpha=0$ 时的值，即

$$\delta J=\frac{\partial}{\partial \alpha}J[x(t)+\alpha\delta x(t)]\Big|_{\alpha=0}=L[x(t),\delta x(t)]$$

d. 泛函极值的必要条件。可微泛函 $J[x(t)]$ 在 $x_0(t)$ 上达到极小（大）值，则在 $x(t)=x_0(t)$ 上有 $\delta J=0$

② 应用变分法求解最优控制问题。在最优控制中，容许曲线 $x(t)$ 除了要满足端点限制条件外，还应满足某些约束条件，如系统的状态方程，它可以看成是一种等式约束条件。采用拉格朗日乘子法，将具有状态方程约束（等式约束）的变分问题，转化成一种等价的无约束变分问题，从而将对泛函 J 求极值的问题，转化为在无约束条件下求哈密顿函数 H 的极值问题。

③ 极大值原理。极大值原理是经典变分法求泛函极值的扩充，适用于求解控制向量受到约束时的最优控制问题。极大值原理表明，使性能指标泛函 J 为极小值的控制必定使哈密顿函数 H 为极小值，即最优控制 $\boldsymbol{u}^*(t)$ 使哈密顿函数 H 取极小值。

④ 线性二次型最优控制问题。对于线性时变系统，若取状态变量和控制变量的二次型函数的积分作为性能指标函数，此时的动态系统最优问题称为线性系统二次型性能指标的最优控制问题。由于线性二次型问题的最优解具有统一的解析表达式，且可导出一个简单的线性状态反馈控制律，易于构成闭环最优负反馈控制，便于工程实现，因而在解决实际工程问题中得到了广泛应用。

⑤ 最小时间控制问题。最小时间控制问题又称时间最优控制问题，是可用极大值原理求最优解的一种控制类型。它要求在容许控制范围内寻求最优控制，使系统以最短的时间从任意初始状态转移到要求的目标集。本章仅讨论了线性定常系统且目标集为状态空间原点，即末端固定的时间最优控制问题。

习　题

7-1　求性能指标 $J=\int_0^{\frac{\pi}{2}}(\dot{x}_1^2+\dot{x}_2^2+2x_1x_2)\mathrm{d}t$

在边界条件 $x_1(0)=x_2(0)=0, x_1(\pi/2)=x_2(\pi/2)=1$ 下的极值曲线。

7-2　已知性能指标为 $J=\int_0^R\sqrt{1+\dot{x}_1^2+\dot{x}_2^2}\,\mathrm{d}t$

求 J 在约束条件 $t^2+x_1^2=R^2$ 和边界条件 $x_1(0)=-R$，$x_2(0)=0$ 与 $x_1(R)=0$，$x_2(R)=\pi$ 下的极值。

7-3　设控制对象的方程为 $\dot{x}(t)=u(t), x(0)=x_0$

终端时刻 t_f 可变，终端约束 $x(t_f)=c_0$（常数）。求 $x^*(t)$ 和 $u^*(t)$，使泛函

$$J=\int_0^{t_f}(x^2+\dot{x}^2)\mathrm{d}t$$

极小。

7-4　已知系统的状态方程为 $\dot{x}(t)=u(t)$，$x(0)=1$

试确定最优控制 $u^*(t)$，使性能指标 $J=\int_0^1 \mathrm{e}^{2t}(x^2+u^2)\mathrm{d}t$

极小。

7-5　设离散系统差分方程为 $x(k+1)=x(k)+\alpha u(k)$，$x(0)=1$，$x(10)=0$

其中 α 为已知常数，性能指标为 $J=\dfrac{1}{2}\sum_{k=0}^{9}u^2(k)$

试确定使 J 为极小的最优控制序列 $u^*(k)$ 和最优离散轨线 $x^*(k)$。

7-6　设系统的状态方程为

$$\begin{cases}\dot{x}_1(t)=u_1(t),\ x_1(0)=0\\ \dot{x}_2(t)=x_1(t)+u_2(t),x_2(0)=0\end{cases}$$

性能指标为

$$J=\int_0^1(x_1+u_1^2+u_2^2)\mathrm{d}t$$

要求终端状态为 $x_1(1)=x_2(1)=1$，试确定最优控制 $u_1^*(t)$、$u_2^*(t)$，最优轨线 $x_1^*(t)$、$x_2^*(t)$ 及最优性能指标 J^*。

7-7　在题 7-6 中，如果 $u_1(t)$ 无约束，$u_2(t)\leqslant 1/4$，结果将如何？

7-8　设二阶系统状态方程为

$$\begin{bmatrix}\dot{x}_1(t)\\ \dot{x}_2(t)\end{bmatrix}=\begin{bmatrix}0 & 1\\ -1 & -1\end{bmatrix}\begin{bmatrix}x_1(t)\\ x_2(t)\end{bmatrix}+\begin{bmatrix}0\\ 1\end{bmatrix}u(t)$$

要求 $|u(t)|\leqslant 1$，试确定将系统由已知初始状态 $x(0)=x_0$ 最快地转移到终端状态 $x(t_f)=0$ 的最优控制 $u^*(t)$。

7-9　设系统方程及初始条件为

$$\begin{cases}\dot{x}_1(t)=-x_1(t)+u(t), & x_1(0)=1\\ \dot{x}_2(t)=x_1(t), & x_2(0)=0\end{cases}$$

其中 $|u(t)|\leqslant 1$。若系统终态 $x(t_f)$ 自由，试求性能指标 $J=x_2(t)=\min$ 的最优控制 $u^*(t)$。

7-10　设系统状态方程为

$$\begin{cases}\dot{x}_1(t)=-x_2(t)\\ \dot{x}_2(t)=u(t)\end{cases}$$

试确定最优控制 $u^*(t)$，使性能指标 $J=\dfrac{1}{2}\int_0^{\infty}[x_1^2(t)+u^2(t)]\mathrm{d}t$

取极小。

7-11　设系统状态方程及控制规律为

$$\begin{bmatrix}\dot{x}_1(t)\\ \dot{x}_2(t)\end{bmatrix}=\begin{bmatrix}0 & 1\\ 0 & 0\end{bmatrix}\begin{bmatrix}x_1(t)\\ x_2(t)\end{bmatrix}+\begin{bmatrix}0\\ 1\end{bmatrix}u(t)$$

$$u=-\boldsymbol{K}\boldsymbol{x}=-k_1x_1-k_2x_2$$

试确定 k_1，k_2，使性能指标

$$J=\int_0^{\infty}[\boldsymbol{x}^{\mathrm{T}}(t)\boldsymbol{x}(t)+u^2(t)]\mathrm{d}t$$

取极小。

7-12　设系统状态空间表达式为

$$\begin{bmatrix}\dot{x}_1(t)\\ \dot{x}_2(t)\end{bmatrix}=\begin{bmatrix}0 & 1\\ 0 & 0\end{bmatrix}\begin{bmatrix}x_1(t)\\ x_2(t)\end{bmatrix}+\begin{bmatrix}0\\ 1\end{bmatrix}u(t)$$

$$y=\begin{bmatrix}1 & 0\end{bmatrix}\begin{bmatrix}x_1(t)\\x_2(t)\end{bmatrix}$$

试确定最优控制 $u^*(t)$，使性能指标

$$J=\frac{1}{2}\int_0^{\infty}[y^2(t)+ru^2(t)]\mathrm{d}t,r>0$$

取极小。

参 考 文 献

[1] 谢克明. 现代控制理论. 北京：清华大学出版社，2007.

[2] 于长官. 现代控制理论. 哈尔滨：哈尔滨工业大学出版社，1997.

[3] 刘豹. 现代控制理论 . 第 2 版. 北京：机械工业出版社，2000.

[4] 张嗣瀛，高立群. 现代控制理论. 北京：清华大学出版社，2006.

[5] 胡寿松. 自动控制理论 . 第 4 版. 北京：科学出版社，2001.

[6] 齐晓慧，黄键群，董海瑞等. 现代控制理论及应用. 北京：国防工业出版社，2007.

[7] 蔡尚峰. 自动控制理论. 北京：机械工业出版社，1981.

[8] 楼顺天，于卫. 基于 MATLAB 的系统分析与设计—控制系统. 西安：西安电子科技大学出版社，1999.

[9] 韩致信. 现代控制理论及其 MATLAB 实现. 北京：电子工业出版社，2014.